普通高等教育材料科学与工程专业"优培工程"规划教材

U0353736

有机磨具

YOUJIMOJU

●主编　彭　进　邹文俊

郑州大学出版社
郑州

内容简介

本书系统地阐述了有机磨具涉及的高聚物结构与性能和粘接理论,并对有机磨具制造过程中的磨料、胶黏剂、辅助材料等原材料的性能、合成和改性技术及作用机制进行了详细论述,着重叙述了普通磨具制造原理、超硬材料树脂磨具制造原理和橡胶磨具制造原理。特别是对有机磨具的配方设计、成型工艺与设备、质量检测和应用领域进行了详细讨论。

本书将有机磨具制造理论与高分子化学与物理、粘接技术、有机磨具制备技术和磨削工艺与选择相结合,构建了比较完善的有机磨具制造理论体系。为有机磨具新产品的开发,新材料、新工艺、新设备的应用提供了理论基础。该书可作为高等学校本科教材,同时可供磨料磨具行业、超硬材料行业、涂附磨具行业及磨削加工领域的技术人员阅读和参考。

图书在版编目(CIP)数据

有机磨具/彭进,邹文俊主编. —郑州:郑州大学出版社,2017.10(2018.7 重印)
ISBN 978 - 7 - 5645 - 4419 - 5

Ⅰ.①有… Ⅱ.①彭… ②邹… Ⅲ.①有机材料 - 磨具
Ⅳ.①TG74

中国版本图书馆 CIP 数据核字(2017)第 113620 号

郑州大学出版社出版发行
郑州市大学路 40 号   邮政编码:450052
出版人:张功员   发行部电话:0371 - 66966070
全国新华书店经销
郑州龙洋印务有限公司印制
开本:787 mm×1 092 mm 1/16
印张:25.5
字数:604 千字
版次:2017 年 10 月第 1 版   印次:2018 年 7 月第 2 次印刷

书号:ISBN 978 - 7 - 5645 - 4419 - 5   定价:86.60 元

编写指导委员会

名誉主任　张　元

主　　任　邹文俊

委　　员　（以姓氏笔画为序）

王秦生　左宏森　李　颖　何伟春

陈　艳　陈金身　彭　进　邹文俊

本书作者

主　编　彭　进　邹文俊

编　委　（以姓氏笔画为序）

李亚萍　邹文俊　张琳琪

夏绍灵　彭　进　韩　平

程文喜

前　言

有机磨具是工业生产应用的重要磨削工具之一,它广泛应用于钢铁、汽车、航空、机床、仪表、量具刃具、化工、建筑、机械等方面的磨削加工。特别在精磨、抛光加工领域具有优越的加工特性。成为磨削加工中不可替代的工具。

随着高分子材料工业的发展,新型胶黏剂的合成与应用,使有机磨具的品种、产量、质量得以迅速扩展和提高。高效率、高精度、高速度、超硬材料有机磨具与数控磨床的成套使用,极大地促进了现代机械加工业的整体发展,在经济建设中起到重要作用。

本书系统地介绍了有机磨具制造基本理论,对普通树脂磨具、超硬材料树脂磨具、橡胶磨具制造进行了专门阐述。重点介绍了有机胶黏剂结构和性能、黏胶理论,有机磨具原材料的物化性能及作用,有机磨具制造的生产工艺、基本配方、工艺装备及产品质量检测。对各种有机磨具产品的应用范围和使用领域,特别是对有机磨具的新材料、新工艺进行了详细介绍,突出了应用。本书吸收了磨料磨具及相关领域的新技术、新成果,反映了有机磨具制造技术的发展趋势。

本书由河南工业大学彭进和邹文俊任主编。全书共分9章,其中第1,9章由邹文俊编写,第2章由夏绍灵编写,第3,4章由彭进编写,第5章由彭进、程文喜编写,第6章由张琳琪编写,第7章由邹文俊、韩平编写,第8章由李亚萍、韩平编写。全书由邹文俊统稿。

本书由燕山大学博士生导师廖波教授主审,在编写过程中得到河南工业大学、郑州磨料磨具磨削研究所、郑州白鸽(集团)股份有限公司的领导和专家大力支持,特别是郑州磨料磨具磨削研究所的张长伍高级工程师的热忱帮助。在此谨表以衷心感谢。

本书力求全面系统地反映近代有机磨具制造最新理论技术,由于内容涉及面广,谬误之处请广大读者批评指正。

编　者

2017 年 2 月

目录

1 有机磨具概论

树脂磨具是工业生产过程中应用的重要工具之一,它是随着整个工业的发展而发展起来的。在古代人们用可磨削物质、硬矿石和粗磨粒作为磨锐工具、用具和武器的简易手段。这就是最早的磨削。随着社会的发展,磨削工艺逐渐复杂,对磨具的要求越来越高。1825 年印度人开始用天然树脂虫胶做结合剂,以金刚砂作为磨料制造出天然树脂磨具,并用它来研磨钢材。随着化学工业和冶炼工业的发展,1901 年棕刚玉冶炼成功,1910年白刚玉也开始生产。1907 年发明工业酚醛树脂,1923 年将酚醛树脂作为结合剂,制备成酚醛树脂磨具。1946 年制成环氧树脂结合剂,20 世纪 50 年代初实现了工业生产化,它具有强度高、种类多、适应性强等优点,至今有机磨具结合剂仍以酚醛树脂和环氧树脂为基础,随着化学工业中高分子材料工业的发展,使人工合成树脂在磨具制造工业得到应用,从而开创了树脂磨具迅速发展的时期。如今树脂磨具品种繁多、规格齐全、应用领域广泛,在许多工业发达国家树脂磨具的产量已超过陶瓷磨具。

1.1 绪论

有机磨具是指以有机高分子化合物做结合剂,将一颗颗磨粒固结在一起,形成一种具有一定刚性(强度和硬度)的磨削工具。有机磨具包括以天然树脂和合成树脂做结合剂所制成的树脂磨具,以及由天然橡胶或合成橡胶结合剂所制成的橡胶磨具。

1.1.1 有机磨具的特性

有机磨具使用范围广,具有一定的弹性和较高的结合强度,并具有良好抛光性能。

1.1.1.1 树脂磨具的特点

在粗、精、细、抛等磨削工艺中均得到应用,其树脂磨具具有下列特点:

(1)结合强度高 与陶瓷结合剂相比,树脂结合剂结合强度高,其树脂砂轮磨削线速度达 80 ~ 120 m/s,并可承受较大的磨削压力。重负荷砂轮磨削压力高达 1 000 ~ 4 000 kg。它广泛应用于钢铁工业,如钢铁工业中各种钢锭、钢坯等荒磨工序。使用的高速重负荷专用砂轮等粗磨加工具有操作安全,适合高速磨削和大进给磨削,磨削效率高。

(2)具有一定的弹性 陶瓷磨具脆性大,韧性差;而树脂磨具具有良好的韧性,有一定的可塑性和延展性。其弹性模量(E)比陶瓷低得多,相差几十倍。所以,树脂磨具弹性较高,适宜于制备各种规格的薄片砂轮和高速切割砂轮。同时,由于有一定的弹性变形,可以缓冲磨削力的作用。因而磨削效果好,有抛光效果,能提高加工表面的粗糙度。

(3)能制成各种复杂形状和特殊要求的磨具 由于树脂结合剂磨具硬化温度低,可常温硬化,收缩率较小,可制成各种复杂形状和特殊要求的磨具。如采用玻璃纤维增强的树脂砂轮,易排屑、散热性好的多孔树脂砂轮和带沟槽砂轮;改善磨削工艺条件的螺栓紧固砂轮、电解磨削砂轮、抛光砂轮,以及筒形、碗形、蝶形等异形砂轮。

(4)适用范围广 由于新型树脂结合剂品种多,可以制成各种强度和性能的树脂磨具。因而,可广泛用于荒磨、粗磨、切割、半精磨、精磨、抛光等工序。树脂磨具结合强度大,使用速度高,耐冲击,适于粗磨和荒磨加工;树脂磨具具有良好的韧性,适用于切割加工工序;树脂磨具弹性好,有一定的抛光性,可用于精磨和抛光加工,树脂磨具耐热性较低,易磨损,适用于平面磨和精磨加工。

(5)有利于防止被磨削工件产生烧伤 树脂结合剂耐热性较低,可减少或避免烧伤工件现象。工件在磨削过程中产生的热量,首先使树脂炭化,促使钝化了的磨料自动脱落,露出新的锋利的磨粒,降低了磨削区域的热量,避免了工件烧伤。

(6)有利于专业化生产 树脂磨具硬化温度低,生产周期短,设备简单,有利于专业化生产。

1.1.1.2 树脂磨具的不足之处

(1)树脂磨具耐碱性、耐水性较差,易老化。一般有效存放期仅为一年,不能长期存放。

(2)树脂磨具耐热性较低,磨削加工时,磨耗较大,不太适合于成形磨削。

(3)树脂磨具气孔率低,磨削加工有气味,应注意环境污染问题。

1.1.2 有机磨具的应用

树脂磨具主要用于钢铁、汽车、轴承、铁道、车辆、造船、化工、仪表、航空航天、建材及其他机械加工工业。可用于加工各种非金属材料和金属材料。如木材、橡胶、塑料、玻璃、陶瓷、石材、铜、铝、铸铁、钢材等,以及硬质合金、高速钢高钒、钛钢、不锈钢等。此外,在粮食加工、医学及地质勘探等领域都得以应用。

根据加工目的和用量不同,可以进行荒磨、粗磨、半精磨、精磨、细磨和高精度高粗糙度磨削。同时,可根据加工对象的不同,进行外圆磨削、内圆磨削、平面磨削、工具磨削、专用磨削、电焊磨削、珩磨、超精加工、研磨及抛光等。

1.1.2.1 粗磨加工应用

粗磨是指以高效切削大量多余材料为主要特征的磨削方法。荒磨则是许多种粗磨加工广泛使用的俗称。

粗磨加工应用领域:

(1)用树脂荒磨砂轮和高速重负荷树脂砂轮,粗磨退火或不退火优质合金钢或不锈钢坯的精整加工。用于表面外观缺陷(焊缝、裂纹、氧化层等)的磨削加工。

(2)用树脂荒磨砂轮对铸件的浇口、冒口和坯缝进行磨削加工和一般性精整加工。

(3)用树脂荒磨砂轮对模锻、锻件的大毛刺或浇口整修后留下来的飞边,进行彻底地磨除。

(4)在焊接操作时,残留在焊件表面上的焊缝要采用荒磨平整焊缝和倒圆磨削。

(5)对大型板材气割成圆形或其他复杂形状时,气割所产生的熔渣,要采用便携式荒磨机磨除。如大型热轧建筑型钢和管切的粗切加工等。

1.1.2.2 手持磨削加工应用

手持磨削是磨削方法的综合概括。它们的共同特征是:无论是工件还是磨削机械的支承使工件与磨具相接触,制导和移动等均直接依靠手工进行。

手持磨削又分为固定式手持磨削和移动式手持磨削。将磨削机械固定,手持加工工件进行磨削的方式,称为固定式手持磨削。加工时采用的手持砂轮机进行可移动的磨削方式,称为移动式手持磨削。

手持磨削主要应用领域:

(1)用手提式树脂荒磨砂轮,加工庞大而笨重难以在磨床上安装的工件。如大型铸件的粗磨。

(2)用高速钹形砂轮或钢纸磨片,加工已装配有其他零件的工件。如重型建筑构件和船舶构件。

(3)对小型部件调整时需要进行的磨削加工。如在常见大型部件的有限部位上校正装配件。

(4)用高速钹形砂轮等,对工件最终成形或对工件与邻接部位接合处的倒圆,对已经装配或已经焊接的工件进行磨削。如对汽车车体的加工。

(5)用于形状不规则表面上的雕塑加工。如模具的加工。

(6)工件光整加工。即要求对工件进行倒圆或光整磨削,使其表面美观、性能满意,而对形状和尺寸无严格要求的程度。如用可弯曲钹形砂轮加工不锈钢制品,用 PVA 砂轮加工石材等。

(7)在工件表面的有限面积上做少量磨削,以便形成一种特殊的形状。例如各种刀具的锐磨等。

1.1.2.3 切割加工应用

树脂薄片砂轮主要用于冶金工业的钢棒、钢管、扁钢、角铁、槽钢、钢轨、钢板等金属材料的切割加工;半导体工业的硅、锗、蓝宝石、铁素体、石墨、陶瓷、石英等金属和非金属材料的精密超薄切片加工;建筑材料工业、化学工业、航空航天工业、机械工业、汽车工业、船舶工业的金属材料和非金属材料的切割加工。

在金属材料切割加工中,采用树脂薄片砂轮切割,具有以下优点:

(1)切割速度快。在切割金属材料时,切割砂轮的切割速度是其他切削方法(如锯、车切)的 10 倍。

(2)切割尺寸精度高。采用砂轮切割,其切口宽度和切割面的平整度,一般来说比金工锯切要好。

(3)切割表面平滑。砂轮切割后其表面经常无须进行精加工,而锯切后的切断面很明显。

(4)可用于硬质材料的切割加工。如淬硬钢和金属碳化物以及硬脆非金属材料的切割加工。

(5)磨具使用过程中,自锐性好,不需要修整。

(6)成本低。使用砂轮切割所需成本明显低于其他切割方法。

(7)其他方面的应用。如窄槽切口,或者淬硬钢或超硬非金属加工件的切缝等。

树脂磨具切割加工所具有的这些特性,使其在许多金属和非金属加工业,以及在工业生产的其他领域得到广泛应用。

1.1.2.4 常规磨削加工应用

(1)用树脂砂轮在外圆磨床或万能磨床上对轴类、套筒以及其他类型零件的圆柱面、圆锥面和肩端面进行磨削加工。

(2)用树脂砂轮外圆周面或砂轮端面。如螺栓紧固砂轮、大气孔砂轮、开槽砂轮、多孔砂轮和多孔带沟槽砂轮,以及杯形砂轮、筒形砂轮等,对机械零件的各种平面进行磨削加工,以满足平直度、表面粗糙度和平面之间相互位置精度等要求。

(3)用树脂砂轮的外圆面或树脂磨头,在内圆磨床、万能磨床或专用磨床上,对表面质量要求较高的通孔、盲孔、台阶孔、锥孔和轴承内沟道等部件进行内圆磨削加工。

(4)用树脂砂轮、树脂和橡胶导轮,在无心磨床上,采用柔性定位的方式,使用砂轮的外圆周面,对旋转对称的内圆或外圆表面进行无心磨削加工。

(5)用专用树脂砂轮磨螺纹砂轮。在螺纹磨床上,对高精度及表面粗糙度的传动螺纹、测量机件的螺纹、工量具螺纹和淬硬处理的螺纹部分进行螺纹加工。如螺纹、蜗杆、丝锥、滚刀、量规等带锥螺纹、多头螺纹、平行螺纹等磨削加工。

(6)用环氧树脂珩磨轮,及双锥面、蝶形、双蝶形、蜗杆式砂轮等,在齿轮磨床上,对经淬硬处理的齿轮进行齿轮磨削加工。

(7)用树脂强力磨砂轮,在工具磨削上,对具有较高的硬度、热硬性、耐磨性与足够的强度和韧性的切削工具材料,如碳素工具钢、合金工具钢、高速钢、硬质合金等,进行工具磨削加工。以达到理想的精度、表面粗糙度和正确的几何形状,使切削刃具具有较高的锋利性和耐用度。

1.1.2.5 其他专用磨削加工中的应用

(1)用树脂磨钢轨砂轮,在专用钢轨修磨列车上,对钢轨进行修磨加工。

(2)用导电树脂砂轮,在电解磨床上,对一些高硬度的零件,如各种硬质合金刀具、量具、挤压拉丝模具、轧辊等,以及普通磨削很难加工的小孔、深孔、薄壁筒、细长杆零件和复杂型面的零件,进行电解磨削加工。其中电解作用占加工量的95%。磨料的机械加工作用仅占5%。因此,电解磨削比普通磨削加工效率高。

(3)用PVA抛光轮、PU抛光轮、无纺布抛光轮等,在抛光机上,对石材、玻璃、不锈钢等进行抛光加工。

(4)磨录音机磁头、钟表、仪器行业所用的精磨抛光砂轮。如FBB砂轮等。

1.1.3 有机磨具的发展

我国树脂磨具的生产起始于原沈阳第一砂轮厂,1953年开始生产液体酚醛树脂磨具,六十多年来,经过磨料磨具行业广大工程技术人员的共同努力,其树脂磨具在产量上、产品规格和生产技术上都有很大的发展,为国民经济建设和发展起到了重要作用。

根据国内外发展情况,为了及时调整树脂磨具产品结构和提高产品质量,应从以下几个方面来考虑。

1.1.3.1 发展高效、高韧性磨料及其相应的磨具

重点生产和发展锆刚玉、单晶刚玉、微晶刚玉和烧结刚玉磨料以及相应的磨具。生产出质量优良的高速重负荷砂轮、磨钢轨修磨砂轮、整体磨削刀具用强力磨砂轮等。发

展锆刚玉、烧结刚玉、微晶刚玉,是为了制备高速重负荷砂轮和强力磨砂轮。发展微晶刚玉是解决轴承钢的磨削问题。烧结刚玉主要用于磨不锈钢的重负荷砂轮。锆刚玉用于钢轨修磨砂轮以及磨合金钢、不锈钢和钛钢。

1.1.3.2　发展精密磨具

提高磨削齿轮、螺纹、丝杆、轧辊、内孔、导轨、样板、刀具、发动机轴、销类、轴承、钢球等系列化砂轮,以及超精、珩磨等精密磨具品种加工的先进性、适应性、稳定性和成套性。特别是精加工数控磨床使用的精密磨具的标准化、系列化与互换性,提高精加工整体水平。

1.1.3.3　发展超硬材料树脂磨具

随着高品质人造金刚石与立方氮化硼及其聚晶体的生产应用,超硬材料树脂磨具发展迅速,特别是立方氮化硼树脂磨具,在平面磨削、外圆磨削、工具磨削和内圆磨削中得到应用,且效果良好,应用速度较高(如 45 ~ 60 m/s)。随着砂轮速度提高,法向磨削力相应减小,砂轮磨损下降,磨削比增大,加工表面粗糙度好,所以,立方氮化硼树脂砂轮逐渐采用高速磨削。镀衣金刚石树脂砂轮提高了树脂对金刚石的黏结力。砂轮耐用度高,在加工硬质合金方面得到广泛应用。

1.1.3.4　加强工艺设备的研究

为提高树脂磨具的平衡性、硬度均匀性以及几何尺寸精度,加强对工艺设备的研究。

(1)研究成型料混制均匀的新型混料机。

(2)研究松散成型料的配方与混料工艺。

(3)研究成型料混料均匀的检测方法,成型过程的工模具结构及摊料装置。

(4)研究成型工艺和压机精度及其辅助装置的结构,参数对砂轮平衡和硬度均匀性的影响。

(5)研究砂轮加工工艺,钻孔材料及钻孔方法。提高砂轮尺寸精度。

1.1.3.5　注重有机磨具产品的相关性能

(1)先进性　有机磨具产品在产品结构和产品性能方面,要达到国际先进水平具备国际市场竞争力,和国内市场产品一定的占有率。

(2)适应性　根据用户不同磨加工发展的需要,在提高基本系列产品质量的基础上,要发展专用系列产品和多种复合型系列产品。

(3)稳定性　在同类型的批量产品之间的各个产品,要求质量均匀一致,稳定、可靠,重复性好。

(4)成套性　首先要使产品满足各类磨床,特别是数控精密磨床,以及新型磨削工艺的配套需要。积极为汽车、轴承、冶金、机床工具、农机、航空、航天、军工、建材、交通、轻纺机械制造等工业,提供高质量的产品。

总之,随着高分子材料工业的发展,新型树脂结合剂不断涌现,以及数控磨床专用磨床的不断更新,树脂磨具的应用范围将越来越广,已成为机械加工行业必不可少的重要加工工具。

1.2　树脂磨具的结构与性能

树脂磨具是利用树脂做结合剂,将磨料黏结在一起形成具有不同形状的磨削工具,树脂磨具属于固结磨具之一。根据树脂磨具的形状可分为砂轮、砂瓦、油石、磨头、抛磨块。

1.2.1 树脂磨具的结构与磨具组织

树脂磨具是由磨料、结合剂、辅助材料和气孔四要素所构成的,如图1-1所示。

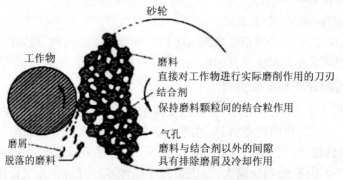

图1-1 树脂磨具的结构示意图

(1)磨料 磨料的切削刃同车刀、铣刀的刀刃一样,是磨削主导因素。磨具实际上就是磨粒的集合体,能进行切除工件表面的切屑,达到磨削的目的。

(2)结合剂 结合剂将磨粒与辅助材料黏结在一起,经过固化,成为具有一定形状和强度的磨具。并且,磨削过程中,磨粒的切削刃尖端钝化,磨削力增加。当磨削力超过磨粒的强度或结合剂的把持力时,磨粒出现破碎或脱落现象。生成新的切削刃,产生自锐作用。

(3)辅助材料 为了改善磨具某些性能,如增加强度、提高磨削性等。以适应某些特殊磨削加工需要。

(4)气孔 气孔起排屑或冷却作用。

树脂磨具内部结构的复杂性决定了树脂磨具的性能不但与结合剂和磨料有关,还与两者的体积分数、磨料的粒度、磨具的组织、密度、混料及固化工艺条件等有关。

实际生产和应用中可以制造紧密程度不同、密度不同的砂轮,以适应不同的研磨状态,使砂轮的磨料颗粒磨钝后能迅速破碎,而露出新磨刃以便继续研磨。所谓磨具组织,就是反映在磨具内起主要磨削作用的磨粒分布的疏密程度,也可以说是磨粒在磨具中的体积分布,以磨粒占磨具体积百分比来表示,也称为磨粒率。

根据国家标准GB/T 2484规定,磨具组织号按磨粒率从大到小顺序为0~14,其磨具组织号与磨粒率的关系式如式(1-1)所示,具体数值见表1-1:

$$V_g = 2 \times (31 - N) \tag{1-1}$$

式中 V_g——磨粒率,%,允差为±1.55%;

N——组织号(从0~14或更大)。

表1-1 组织号与磨料率关系

组织号	0	1	2	3	4	5	6	7	8	9	10	11	12	13	14
磨料率/%	62	60	58	56	54	52	50	48	46	44	42	40	38	36	34

磨具组织松紧与磨粒粒度有关,粗粒度磨具,由于磨粒颗粒尺寸大,所占体积百分比也大,即磨粒率高,所以一般粗粒度磨具组织比较紧密,组织号为0~5。反之,细粒度磨具,其颗粒尺寸小,表面积大,同样硬度时,所用结合剂量要比粗粒度磨具多,单位体积内

磨粒所占体积较少,故组织比较疏松,组织号较大。不同用途的砂轮其合适的组织号也不一样,例如硬而脆、导热性好的工件材料适合紧组织的磨具,大面积以及粗加工适合松组织磨具,如表1-2。

表1-2 砂轮组织和使用范围关系

砂轮组织	使用范围
紧(0~3)	①高速重负荷磨削和磨钢球砂轮;②成型磨削和高精密磨削;③用于切沟槽
中(4~7)	用于一般磨削场合
松(8~10)	①韧性大而硬度不高的工件;②热敏性强的工件;③易烧伤工件;④磨削区域大的场合

1.2.2 树脂磨具的主要性能

1.2.2.1 树脂磨具的机械性能

(1)力学性能　磨具强度包括抗拉强度、抗折强度、抗压强度和抗冲击强度。

抗拉强度也称为拉伸强度,反映磨具在最大张力下的强度。它是磨具制造、使用上的一个重要指标,直接与磨具在高速旋转时可能产生破裂的程度有关,为保证磨具的使用安全,磨具抗拉强度是磨具十分重要的性能。

抗折强度反映磨具的最大弯曲应力或弯曲极限。它与磨具磨削中成型磨削性能有关,例如螺纹磨削、曲轴磨削及各类型的切入磨削等,都要求磨具有较好的抗折强度。

抗拉强度小于抗折强度,它又是反映磨具在高速旋转时的抗破裂能力。

抗压强度反映在压力作用下磨具的强度极限,磨具在增大径向负荷磨削时磨粒磨钝断裂及磨具发生破裂程度与抗压强度有关。

抗冲击强度反映磨具在动负荷下抵抗冲击力的性能。

磨具强度取决于磨具制造工艺、结合剂性能和磨具规格。影响磨具强度的因素有:磨料的种类、粒度,结合剂种类及性能,磨具的硬度、组织、密度、混料及固化工艺条件,磨具形状,砂轮外径与孔径之比等。其中在磨具特性及规格给定之后,结合剂性能及固化工艺条件最重要。

(2)回转强度　砂轮的回转强度反映了砂轮抗张应力的大小和回转速度的高低。抗拉强度是通过拉力试验机把"8"字块试样拉断测定的,砂轮的破裂速度则是在砂轮回转过程中造成砂轮破裂时的速度。根据平均应力学说其关系式如下:

$$P = \frac{1}{3}(R^2 + Rr + r^2)\frac{\rho v^2}{gR^2} \qquad (1-2)$$

式中　P——最大抗拉强度值,kg/cm^2;

　　　R——砂轮半径,cm;

　　　r——砂轮内孔半径,cm;

　　　ρ——砂轮密度,g/cm^2;

　　　v——砂轮破裂速度,m/s;

　　　g——重力加速度,9.8 m/s^2。

一般在同样条件下,砂轮的抗拉强度值越高,其破裂速度也越高。因此,可以通过实验室"8"字块试样测出的抗拉强度,近似计算出砂轮回转破裂速度。有利于砂轮制备工艺配方设计。

砂轮的回转试验方法按国标 GB/T 2493 和 GB/T 2494 进行安全速度试验和破裂速度试验。安全速度指由制造商试验的线速度,破裂速度指磨具在回转离心力下破裂时的线速度。GB/T 2494 规定了不同类型和用途的磨具进行回转试验时采用的安全试验速度系数和破裂速度系数,见表 1-3。

表 1-3　回转强度试验速度系数

机器类型	磨具类型	最高工作速度 v_s/(m/s)	安全试验速度系数 f_{pr}	破裂速度系数 f_{br}
固定式设备	切割砂轮 (510 mm $\leqslant D \leqslant$ 750 mm)	$\leqslant 125$	1.1	1.41
	切割砂轮($D > 750$ mm)	$\leqslant 125$	1.1	1.32
	所有其他类型	全部	1.3	1.73
移动式设备	磨削和切割砂轮	$\leqslant 100$	1.3	1.73
手持式设备	磨削和切割砂轮	$\leqslant 100$	1.3	1.73

安全试验速度系数是安全试验速度与最高工作速度之比值:$f_{pr} = v_{pr\,s}/v_s$;破裂速度系数是最小破裂速度与最高工作速度之比:$f_{br} = v_{br\,min}/v_s$。

(3)树脂磨具的硬度　硬度是指磨粒在外力作用下从磨具表面脱落的难易程度。一般而言,硬度高的磨具,磨粒难以脱落,自锐性较差;硬度低的磨具,磨粒容易脱落,自锐性好。由于磨具在磨削时主要是磨粒对工件产生力的相互作用,当磨粒受外力作用后,必然使结合剂同时受到一定的外力作用。因此,磨具硬度是磨粒和结合剂受外力的综合反映,以结合剂把持磨粒从表面脱落的难易做判断。所以,决定磨具硬度主要不是磨粒本身的硬度,而是结合剂把持磨粒的能力。硬度不高的磨粒,可以制成硬度高的磨具;硬度高的磨粒,也可以制成硬度低的磨具。

磨具硬度是衡量磨具质量的重要指标之一,在磨具的所有物理机械性能中,它较能正确地反映磨具磨削的性能。目前,国内外测定磨具硬度的方法很多,其中手锥法、机械锥法、喷砂法和洛氏法是应用最广泛的方法。此外,还有声频法、超声法等测定方法。

根据机械行业标准 JB/T 7992 磨具的检查方法,粒度为 36# ~ 150# 树脂结合剂磨具,用喷砂硬度机检验硬度,精度为 180# ~ W5 树脂结合剂磨具,用洛氏硬度计检验硬度。

根据 GB/T 2484 规定,磨具硬度代号按软至硬顺序分为 A、B、C、D、E、F、G、H、J、K、L、M、N、P、Q、R、S、T、Y,共 19 级。我国的磨具硬度和其他国家和组织的对比如表 1-4。

表 1-4　磨具硬度对照表

硬度等级	中国 GB/T 2484	美国(诺顿公司)	日本 JIS	ISO
极软	A、B、C、D	A、B、C、D、E、F、G	A、B、C、D、E、F、G	A、B、C、D、E、F
很软	E、F、G	H、I、J、K	H、I、J	G、H、I
软	H、J、K		K、L	J、K
中软	L、M、N	L、M、N、O	M、N	L、M
硬	P、Q、R、S	P、Q、R、S	O、P、Q	N、O、P
很硬	T		R、S	Q、R
极硬	Y	T、U、V、W、X、Y、Z	T、U、V、W、X、Y、Z	T、U、V、W、X、Y、Z

但是,对于树脂结合剂磨具来说,由于本身具有较大的弹性,直接影响到硬度测定的

准确性。特别是对于弹性较大的树脂结合剂磨具,现行磨具硬度测定方法已不能真实反映出磨具硬度。

(4)侧向负荷 手持磨削的纤维增强铗形砂轮(27 型,28 型)、纤维增强平形切割砂轮(41 型)和纤维增强铗形切割砂轮(42 型)由于有时会进行侧向磨削,因此需要考察其在侧向力情况下最高工作速度时的抗侧向负荷能力和侧向抗冲击负荷能力。

单点侧向负荷指砂轮以最高工作速度转动时,侧面承受一个压轮加载时的最大负荷,如图 1 - 2 所示。

三点侧向负荷指砂轮以最高工作速度转动时,侧面除压轮外,在砂轮另一侧面安装两个被动托轮加载时的最大负荷,如图 1 - 3 所示。

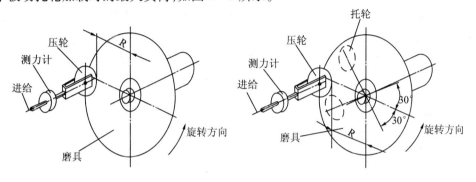

图 1 - 2 单点侧向负荷示意图   图 1 - 3 三点侧向负荷示意图

试验中当砂轮转速达到最高工作速度时,压轮以 3 mm/s 的进给速度开始加压直到砂轮破碎,此过程中最大的压力值即为砂轮的单点、三点侧向负荷。

侧向抗冲击负荷通过在砂轮侧向抗冲击试验机上当砂轮以最高工作速度转动时,采用钢制冲击撞针撞击到砂轮的一个侧面,如无相应的如图 1 - 4 所示的明显的可视损伤,对于切割砂轮提高一级冲击试验机的冲击力再做冲击试验。如果仍不出现图 1 - 5 所示的损失,则再次提高冲击力直至产生明显损伤或破裂。此时标称势能值即为砂轮的最大侧向抗冲击负荷。

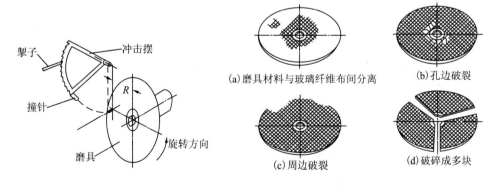

图 1 - 4 砂轮侧向抗冲击负荷试验机原理   图 1 - 5 冲击试验的损伤类型

(5)砂轮的不平衡 砂轮在旋转或运动时,由于本身的质量中心和它的旋转轴中心不相重合,而引起振动,称为砂轮不平衡。振动力的大小,以(克)来表示,称为不平衡值。砂轮的不平衡分为静不平衡、动不平衡和综合不平衡三类。

静不平衡:是指砂轮的重心与旋转中心线在同一平面上,但位于该中心线的一侧。

因此,做静平衡检查时,重的一边停留在中心轴线的下面。

动不平衡:是指砂轮重心与旋转中心线在同一平面上,其总重心位于旋转中心线上,因而,砂轮处于静止状态时是平衡的,但是,由于砂轮内部质量分布不匀,旋转时即会产生力偶,这种力偶在砂轮旋转时才发生,使砂轮出现动不平衡。

综合不平衡:是指砂轮同时存在静不平衡和动不平衡。砂轮不平衡大多数属于这种情况。

砂轮的平衡度反映了砂轮内部质量的分布状况,也反映了它在平衡过程中重心位置的变化。凡是具有正确的几何形状、内部质量分布均匀的砂轮,其平衡度也一定是好的;反之,由于砂轮内部质量分布不大均匀,会出现大小不同的不平衡值,这种不平衡值的大小直接影响着砂轮的回转强度。因此对于砂轮的不平衡值应该严格控制。对砂轮静平衡检查根据 GB 2492 进行。

砂轮静不平衡值,通常以放置在砂轮周边某一选择位置为使其平衡而补偿的质量来表示。允许的最大静不平衡数值 m_a,按式(1 – 3)计算:

$$m_a = K \sqrt{M} \qquad\qquad (1 - 3)$$

式中　M——砂轮的质量;

　　　m_a——砂轮允许极限不平衡值;

　　　K——与砂轮特性和使用条件有关的经验系数。K 系数值列于表 1 – 5:

表 1 – 5　砂轮特征系数 K 值

磨削方法	机床	砂轮名称	D/mm	K 与 v(m/s)的关系		
				$v \leqslant 40$	$40 < v \leqslant 63$	$63 < v \leqslant 100$
粗磨	手提砂轮机	平形砂轮 斜边砂轮 钹形砂轮	—	0.40	0.32	0.25
	双头砂轮机 摆动式砂轮机	平形砂轮	—	0.63	0.50	0.40
	重负荷磨床	重负荷树脂荒磨砂轮	—	0.80	0.63	0.50
精磨	平面磨床 外圆磨床 齿轮磨床 螺纹磨床 工具磨床 无心外圆磨床	平形砂轮 斜边砂轮 平形带锥砂机碟形砂轮 单、双面凹砂轮	≤305 <305 ~ 610 <610 ~ 1100 <1100	0.25 0.32 0.40 0.50	0.20 0.25 0.32 0.40	0.16 0.20 0.25 0.32
切断或开槽	手提砂轮机	平形砂轮 钹形砂轮	—	0.40	0.32	0.25
	固定式砂轮机 摆动式砂轮机	平形砂轮 钹形砂轮	≤305 <305	0.50 0.63	0.40 0.50	0.32 0.40

1.2.2.2　树脂磨具的热性能

由于砂轮在工作时与工件高速接触,产生大量的热,所以对砂轮热性能也有一定的要求。磨削时,砂轮圆周表面的速度极高,磨粒切刃与被加工工件的接触时间极短,一般为 $10^{-4} \sim 10^{-5}$ s。在这样短的时间内要完成切削,磨粒和工件间产生强烈的摩擦,并产生急剧的塑性变形,因而产生大量的磨削热,使磨削区域产生极高的磨削温度(400 ~ 1000 ℃)。树脂磨具采用高分子聚合物作为结合剂,其耐热性较差,因此树脂磨具的热性能主要由树脂结合剂决定。

树脂磨具连续工作时的最高工作温度,通常由树脂的热变形温度决定。热变形温度指的是树脂受热后,强度逐渐降低,受到一定的外力作用时发生变形的温度。根据测试方法,可以分为维卡软化温度、热变形温度以及马丁耐热温度等。

维卡软化温度和热变形温度可以采用热变形维卡温度测定仪测量,通过对高分子材料或聚合物施加一定的负荷,以一定的速度升温,当达到规定形变时所对应的温度。马丁耐热温度的测定是在马丁耐热烘箱内进行的,升温速度为 50 ℃/h,标准试样受弯曲应力 50 kg/cm² 时,试样条弯曲,指示器中读数下降 6 mm 时所对应的温度即为马丁耐热温度。

树脂磨具的耐热性也和树脂的热稳定性有关,通常用热失重分析仪 TGA 测量。

树脂磨具的导热性决定了磨削时产生的磨削热能否迅速传导,由于树脂为热的不良导体,所以干磨或干切时为提高树脂磨具的导热性,需要加入导热性好的材料提高树脂磨具的导热性,例如金属粉末、石墨等。

1.2.2.3 树脂磨具的耐化学性和耐老化性

树脂磨具的耐化学性相对于陶瓷磨具较差,这主要是由树脂结合剂的耐化学性决定的。树脂磨具在遇到酸、碱、盐、溶剂或其他化学物质时,这些化学物质一方面会破坏树脂与磨料的界面,另一方面会破坏树脂的链结构,从而影响树脂磨具的性能。耐化学性是塑料耐酸、碱、盐、溶剂和其他化学物质的能力。实验室中常用的是环境应力碎裂的耐化学性测试(ESCR)方法。

在 ESCR 测试中,测试条先在特定的测试夹具上弯曲至特定应变水准(通常 0、0.5%、1.0% 以及 1.5% 应变),接着将预测试的化学药剂施加于测试条的最高应变区域上。测试条在特定测试时间内一直持续地暴露于应变和化学药剂下,通常为七天。在测试期间结束后,从测试夹具上取下测试条并且分析特定材质特性的变化量。

材料的耐化学性也可以将材料浸泡在测试化学试剂(如酸、碱、盐水、蒸馏水等)中,浸泡温度25 ℃ 或 70 ℃,也可以选择其他温度,浸泡时间分别为短期时间 24 h,或标准时间 1 周,或长期时间 16 周,测试浸泡前试样的性能和浸泡后试样的性能比值。

树脂磨具的老化指的是磨具在受到外界环境因素主要是阳光、氧气、臭氧、热、水、机械应力、高能辐射、海水、盐雾、霉菌、细菌等作用下,由于高分子结构或组分内部具有易引起老化的弱点,如具有不饱和双键、支链、羰基、末端上的羟基等,使得树脂发生破坏,从而使得树脂磨具性能急剧下降。老化性能是一个综合因素共同作用的结果,为了研究方便,通常把材料的耐老化性老化分解为光老化、热老化、湿度老化、盐雾老化等或者这几个条件复合。

1.2.2.4 树脂磨具的磨削性能

树脂磨具中参与磨削的磨粒不断与工件摩擦而逐渐被磨钝,磨粒受的力也逐渐增大,当磨粒所受的力超过结合剂对磨粒的把持能力时,磨粒将从磨具表面脱落下来。而位于该磨粒下面的新的、锋利的磨粒暴露出来,形成磨具的自锐;另外,磨粒在与工件干涉过程中不断受到磨具与工件的挤压作用,如果这种挤压力超过磨粒自身的抗压强度时,则磨粒破碎产生新的锐力的切削刃。磨具的这种自锐能力是其他切削刀具所不具备的。

磨具的磨削性能是一个综合性能,研究中可以用磨削力来表征磨具的磨削性。固结磨具磨削工件时,砂轮用力把工件上多余的金属切掉,而工件却竭力抵抗着,对砂轮产生一种反作用力,这种反作用力就是磨削力。被加工工件材料加工材料不同,加工中所产生的磨削力就不同,工件材料越硬,强度越高时,磨削力也就越大。例如,磨削不锈钢或合金工具钢时,比磨削普通碳钢要困难。磨削脆性材料时,可根据它的硬度来确定磨削力的大小,这主要是不同的金属材料变形强度不同,变形越大的,磨削力越大。

铙形砂轮的磨削实验,通过采用磨削性能试验机用铙形砂轮打磨钢材或其他材料,分别统计磨除的金属重量与砂轮磨损的重量以及打磨时间等数据计算磨削比和金属切除率。

磨削比:$G = W_M / W_a$,磨削时磨除的金属重量与砂轮磨损的重量之比。

切除率:$Z = W_M / T_M$,单位时间内砂轮磨除的金属重量。

同样切割砂轮的切割实验采用手提或固定切割性能试验机在规定时间内切割钢材或其他材料,统计切除的金属总截面积与砂轮磨损的断面面积,计算磨削比和切除率。

磨削比:$G = S_M / S_a$,切割时切除的金属总截面积与砂轮磨损的断面面积之比。

金属切除率:$Z = S_a / T_M$,单位时间内砂轮切除的金属总截面积。

1.2.3 树脂磨具的特征及其标记

根据 GB/T 2484 和 GB/T 2485 规定,《固结磨具 一般要求》和《固结磨具 技术条件》对普通磨具形状、磨料粒度、硬度、组织、结合剂的代号和产品标记进行了规定。从而直接反映了磨具的基本性能,便于使用人员加以选择应用,充分发挥其效能。

普通磨具的特征及标记顺序为:

形状代号、尺寸(外径×厚度×孔径)、磨料、粒度、硬度、组织号、结合剂、最高工作速度。

产品标记示例:1—300×50×75—A 60 L 5 B—35 m/s

表示:平形砂轮,外径 300 mm,厚度 50 mm,孔径 75 mm,棕刚玉,粒度 60,硬度为 L,5号组织,树脂结合剂,最高工作速度 35 m/s。

GB/T 6409 规定了金刚石或立方氮化硼磨具的形状和尺寸及代号。超硬磨具的特征及标记顺序为:

形状代号、直径、总厚度、孔径、磨料层厚度、磨料牌号、粒度、结合剂、浓度

产品标记示例:1A1 50×4×10×3 RVD 100/120 B 75

表示:形状代号 1A1、$D = 50$ mm、$T = 4$ mm、$H = 10$ mm、$X = 3$ mm,磨料牌号金刚石 RVD,粒度 100/120,树脂结合剂,浓度 75%。

2 聚合物结构与性能

2.1 聚合物基本概念、命名与分类

2.1.1 基本概念

在有机磨具的组成中,有机胶黏剂起着非常重要的作用。在胶黏剂的黏合作用下,磨料牢固地结合在一起,从而制成各种形状的有机磨具。有机胶黏剂,是高分子材料的重要应用之一。高分子材料是指以高分子化合物为主要组分而制备的材料。高分子化合物是指分子量很大的分子,工业上使用的大多数高分子化合物是许多结构单元以共价键连接形成的,通常将能够用重复单元表示的高分子称为聚合物。常用的高分子的分子量一般高达几万、几十万,甚至上百万,范围在 $10^4 \sim 10^6$。表 2 – 1 中列举了一些聚合物和普通低分子化合物分子量。

表 2 – 1 一些聚合物和普通低分子化合物的分子量

低分子化合物		聚合物			
		天然		合成	
名称	M	名称	$M \times 10^{-4}$	名称	$M \times 10^{-4}$
乙醇	46.5	淀粉	$1 \sim 8$	聚对苯二甲酸乙二醇酯	$1.5 \sim 2.5$
氯乙烯	62.5	丝蛋白	~ 15	聚氯乙烯	$2 \sim 20$
苯	78.11	天然橡胶	$20 \sim 30$	聚甲基丙烯酸甲酯	$5 \sim 14$
葡萄糖	198.11	纤维素	~ 200	高密度聚乙烯	$10 \sim 20$
蔗糖	342.12	核酸	$> 10^2$	超高分子量聚乙烯	$100 \sim 300$

从表 2 – 1 中可以看出,分子量高是高分子化合物最突出的特点。与低分子化合物不同的另一个特点是构成低分子化合物的原子之间的化学键,不仅有共价键也有离子键和金属键,而高分子化合物主链中不含有离子键和金属键,只有共价键。

聚合物中的重复单元实际上或概念上是由相应的小分子衍生而来,合成聚合物的原料称作单体,如加聚中的乙烯、氯乙烯、苯乙烯,缩聚中的己二胺和己二酸、乙二醇和对苯二甲酸等。如:聚氯乙烯的重复单元是由实际上的氯乙烯小分子衍生而来,而聚乙烯醇的重复单元所对应的乙烯醇小分子单体是不存在的,故称之为概念上的小分子。聚合物的链结构与结构单元之间的关系有下列三种情况。

2.1.1.1 由一种结构单元组成的高分子

一个大分子往往是由许多相同的、简单的结构单元通过共价键重复连接而成。例

如:聚苯乙烯

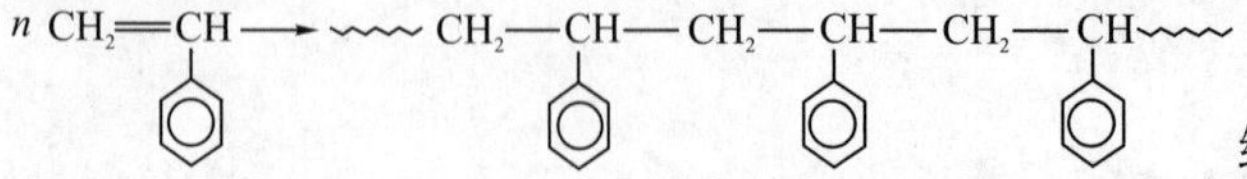

$$n\ CH_2{=}CH \longrightarrow \sim\!\!\sim CH_2{-}CH{-}CH_2{-}CH{-}CH_2{-}CH\sim\!\!\sim \qquad\qquad \left[CH_2{-}CH\right]_n$$

缩写成:

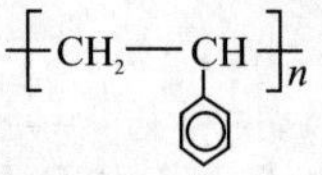

在高分子合成中,合成聚合物的起始原料称为单体。在大分子链中出现的以单体结构为基础的原子团称为结构单元,结构单元有时也称为单体单元、链节。

该种情况下,结构单元＝单体单元＝重复单元＝链节

以大分子链中的结构单元数目表示,记作$\bar{x}_n$

以大分子链中的重复单元数目表示,记作$\overline{DP}$

在这里,两种聚合度相等,都等于n,即$\bar{x}_n = \overline{DP} = n$

由聚合度可计算出高分子的分子量:

$$\overline{M} = \bar{x}_n \cdot M_0 = \overline{DP} \cdot M_0$$

其中,M为高分子的分子量,M_0为结构单元的分子量。

另一种情况:

$$n\ H_2N{+}CH_2\big)_5\,COOH \longrightarrow \left[NH{+}CH_2\big)_5\,CO\right]_n + n\ H_2O$$

结构单元＝重复单元＝链节≠单体单元

2.1.1.2　由两种结构单元组成的高分子

例如:尼龙–66

$$H_2N(CH_2)_6NH_2{+}HOOC(CH_2)_4COOH$$

$$\downarrow$$

$$H\left[NH(CH_2)_6NH{-}CO(CH_2)_4CO\right]OH{+}(2n\text{-}1)H_2O$$

结构单元　　　　结构单元

重复结构单元

此时,两种结构单元构成一个重复结构单元,单体在形成高分子的过程中要失掉一些原子,所以缩聚物中不存在单体单元。

结构单元 ≠重复单元 ≠单体单元

但, 重复单元＝链节

$$\bar{x}_n = 2\,\overline{DP} = 2n$$

$$\overline{M} = \bar{x}_n \cdot M_0 = 2\,\overline{DP} \cdot M$$

其中,M_0代表两种结构单元的平均分子量。

2.1.1.3　由无规排列的结构单元组成的高分子

由一种单体聚合而成的高分子称为均聚物,由两种或两种以上的单体聚合而成的高分子则称为共聚物。例如:丁苯橡胶

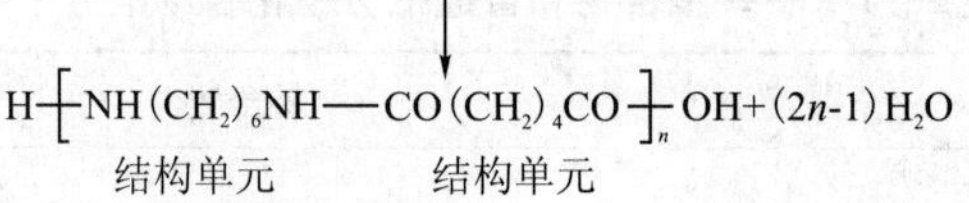

$$\left[\left(CH_2{-}CH{=}CH{-}CH_2\right)_x\left(CH_2{-}CH\right)_y\right]_n$$

其中,x,y为任意值,故在分子链上结构单元的排列是任意的:

$$\sim\!\!\sim M_1 M_2 M_1 M_1 M_2 M_1 M_2 M_2 M_2 \sim\!\!\sim$$

在这种情况下,无法确定它的重复单元,仅"结构单元＝单体单元"。

2.1.2 高分子的结构与性能特点

材料的物理性能是分子运动的宏观表现,而其微观分子结构是决定分子运动的内在因素。通过了解高分子化合物不同的结构特点就可以了解材料所表现出来的宏观物理性能的差别。高分子的特性行为取决于它的特殊结构。同低分子化合物相比,高分子化合物的结构有以下突出特点。

2.1.2.1 分子量高

高分子与低分子化合物相比较,分子量非常高。由此,聚合物显示出了特有的性能,表现为"三高一低一消失"。

(1)高分子量 高分子化合物相对于非金属和金属物质而言,分子量是很大的。当分子量超过 10^4,才成为典型的高分子化合物。构成普通高分子的原子是碳、氢、氧、氮等非金属元素,这些非金属元素相互间以化学键力相连接,形成大分子,大分子的许多性能特点都是与其高分子量密切相关的。

(2)高弹性 高弹性是高聚物特有的基于链段运动体现出来的可贵性能,是橡胶类物质所特有的一种使用性能。高弹性是小应力作用下由于高分子链段运动而产生的很大的形变。链段(不是整个大分子链)由原来的构象过渡到与外力相适应的构象,高分子由一种平衡态过渡到另一种平衡态,从而产生高弹形变。正是由于高弹形变是由链段运动所产生的,所以低分子化合物由于没有相应的结构,不具有这样的形变。高弹形变的应力作用小,但是形变量很大,可达 1 000%。

(3)高黏度 黏度是分子质心发生相对位移的难易程度。聚合物熔体或浓溶液的物态属黏流态,由于此时大分子链基本上都处于紊乱状态,链段之间相互缠结,故流动时产生内摩擦而显现黏性。黏性的定量表征是黏度。黏度的单位为 Pa·s。

普通低分子化合物的黏度为 0.01 Pa·s,极黏的液体约为 10^3 Pa·s,而聚合物黏度可高达 10^{13} Pa·s。

(4)结晶度低 如果固体物质内部的质点(分子、原子或离子)在空间的排列具有短程有序性又具有长程有序性,即为晶体。许多低分子化合物的固体都可以形成晶体,结晶度是100%。高分子化合物由于分子链长而柔软,并且相互交织缠结,所以很难完全排入晶格,形成完整的晶体。可见,聚合物的结晶度比低分子化合物低得多,结晶聚合物往往都是晶相和非晶相的两相共存体系。并且由于高分子化合物的分子链长短不一,分子量不相同,所以结晶温度(或者熔融温度)常常表现为一个较宽的范围,而低分子化合物则往往有一个明确的结晶温度(或熔点)。

(5)无气态 物质按其分子运动的形式和力学特征可分为气态、液态、固态三种聚集形态。低分子化合物同时存在这三种聚集形态,而高分子化合物由于分子量大,分子链之间的作用力比低分子间作用力大许多倍,要使高分子气化所需要的能量远远超过了破坏分子中化学价键所需的能量,因此加热聚合物时,在达到气化之前分子内的化学键就先行破裂了。所以高分子化合物只存在固态和液态,而不存在气态这种聚集形态。这正是由于大分子的长链结构而表现出来的显著的分子间作用力的结果。

2.1.2.2 链状结构

高分子可看成是数目庞大的低分子以共价键相连接而形成的。如果把低分子抽象为一个"点",那么绝大多数高分子则抽象为千百万个"点"连接而成的"线"或"链"。而且,人们通过长期的实践和研究,证明高分子是链状结构。一般合成高分子是由单体通过聚合反应连接而成的链状分子,称为高分子链。除线状链外,还可能形成支链、网链等。

2.1.2.3 分子量多分散性

高分子化合物实际上是一种具有相同的化学组成(链节结构相同),而分子链长度不等(每个分子的链节数目不同)的同系高分子的混合物。也就是说,构成高分子化合物的每个分子的分子量不完全一样(即分子量的不均一性),即分子量是一个平均值,这种特性就称为分子量的多分散性。除有限的几种天然高分子外,其他高分子的分子量都是不均一的。这就决定了高分子的分子量和分子尺寸只能是某种意义上的统计平均值。分子量的多分散性是聚合物内部结构不均一性的突出表现。

2.1.2.4 结构的多层次性

高分子结构的特点造成高分子的结构可分为许多层次,从分子内和分子间的角度,可以将高分子的结构分为链结构和聚集态结构,其中链结构又包括链的结构单元的近程关系和远程关系,聚集态结构又可分为本体聚集态结构和织态结构等多层次结构,见图2-1和图2-2。这些结构的多层次正是它们内部微观分子运动的多种运动单元,赋予聚合物分子的多重转变和多种运动模式,使聚合物表现出各种不同的物理性质。

高分子的结构 $\left\{\begin{array}{l}\text{高分子的近程结构(一级结构)}\\\text{高分子的远程结构(二级结构)}\\\text{高分子的聚集态结构(三级、高级结构)}\end{array}\right.$

图2-1 高分子的结构层次

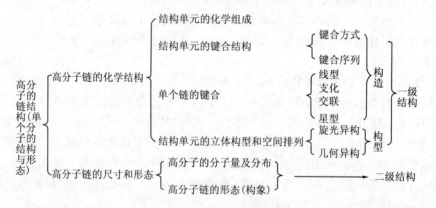

图2-2 高分子的结构形态

由上可知,高分子结构是复杂的、多层次的,由它所决定的高分子的性能也是多种多样的。就力学性能而言,不同结构的高分子材料其模量的变化范围可有好几个数量级。从低到高,可依次满足高弹性、可塑性和成纤性的要求。通过适当设计与加工得到的高分子材料,可具有成膜性、黏合性、吸附性、绝缘性、导电性、导光性、环境(光、电、磁、热)敏感性乃至生物活性等诸多优异的使用性能以满足各种不同的需求。虽然不同的聚合物在性质上可能有很大差别,但是,还是可以找到它们共性的东西,这是由它们在基本结构上的共性所决定的。

2.1.3 聚合物的分类和命名

2.1.3.1 聚合物的分类

从不同角度出发,聚合物有不同的分类方法:

(1)按主链结构分类

1)碳链聚合物　分子主链全部由碳原子以共价键相连接的高分子。

2)杂链聚合物　分子主链上除含有碳原子以外,还有其他原子如氧、氮、硫等以共价键相连接的高分子。

3)元素聚合物　主链由碳以外的其他元素构成的高分子化合物。按其组成可分为均聚和杂聚物两大类,均聚物主要有硫链聚合物和硅链聚合物,杂链聚合物主要有硅氧聚合物、聚氯化磷腈等。

在表 2 - 2 中给出了主要的聚合物种类及其基本结构。

表 2 - 2　聚合物的重复单元和单体

名称	重复单元	单体
聚乙烯	—CH$_2$—CH$_2$—	CH$_2$=CH$_2$
聚丙烯	—CH—CH— 　　　| 　　　CH$_3$	CH$_2$=CH 　　　| 　　　CH$_2$
聚异丁烯	CH$_3$ 　　　| —CH$_2$—C— 　　　| 　　　CH$_3$	CH$_3$ 　　　| CH$_2$=C 　　　| 　　　CH$_3$
聚苯乙烯	—CH$_2$—CH— 　　　| 　　　C$_6$H$_5$	CH$_2$=CH 　　　| 　　　C$_6$H$_5$
聚氯乙烯	—CH$_2$—CH— 　　　| 　　　Cl	CH$_2$=CH 　　　| 　　　Cl
聚四氟乙烯	—CF$_2$—CF$_2$—	F$_2$C=CF$_2$
聚丙烯酸	—CH$_2$—CH— 　　　| 　　　COOH	CH$_2$=CH 　　　| 　　　COOH
聚丙烯酰胺	—CH$_2$—CH— 　　　| 　　　CONH$_2$	CH$_2$=CH 　　　| 　　　CONH$_2$
聚丙烯酸甲酯	—CH— 　| COOCH$_3$	H$_2$C=CH 　　　| 　　　COOCH$_3$
聚甲基丙烯酸甲酯	CH$_3$ 　　　| —CH$_2$—C— 　　　| 　　　COOCH$_3$	CH$_3$ 　　　| CH$_2$=C 　　　| 　　　COOCH$_3$

续表 2 – 2

名称	重复单元	单体
聚丙烯腈	$-CH_2-\overset{\displaystyle }{\underset{\displaystyle CN}{CH}}-$	$CH_2=\overset{\displaystyle }{\underset{\displaystyle CN}{CH}}$
聚乙酸乙烯酯	$-CH_2-\overset{\displaystyle }{\underset{\displaystyle OCOCH_3}{CH}}-$	$CH_2=\overset{\displaystyle }{\underset{\displaystyle OCOCH_3}{CH}}$
聚乙烯醇	$-CH_2-\overset{\displaystyle }{\underset{\displaystyle OH}{CH}}-$	$CH_2=\overset{\displaystyle }{\underset{\displaystyle [OH]}{CH}}$ 假想
聚丁二烯	$-CH_2-CH=CH-CH_2-$	$CH_2=CH-CH=CH_2$
聚异戊二烯	$-CH_2-\overset{\displaystyle }{\underset{\displaystyle CH_3}{C}}=CH-CH_2-$	$CH_2=\overset{\displaystyle }{\underset{\displaystyle CH_3}{C}}-CH=CH_3$
聚氯丁二烯	$-CH_2-\overset{\displaystyle }{\underset{\displaystyle Cl}{C}}=CH-CH_2-$	$CH_2=\overset{\displaystyle }{\underset{\displaystyle Cl}{C}}-CH=CH_2$
聚偏氯乙烯	$-CH_2-\overset{\displaystyle Cl}{\underset{\displaystyle Cl}{C}}-$	$CH_2=CCl_2$
聚氟乙烯	$-CH_2-\overset{\displaystyle }{\underset{\displaystyle F}{CH}}-$	$CH_2=CHF$
聚三氟氯乙烯	$-\overset{\displaystyle F}{\underset{\displaystyle F}{C}}-\overset{\displaystyle F}{\underset{\displaystyle Cl}{C}}-$	$CF_2=CFCl$
聚酰胺 – 66	$-NH(CH_2)_6NHCO(CH_2)_4CO-$	$H_2N(CH_2)_6NH_2+HOOC(CH_2)_4COOH$
聚酰胺 – 6	$-NH(CH_2)_5CO-$	$\overline{NH(CH_2)_5CO}$ 或 $NH_2(CH_2)_5COOH$
酚醛树脂		
脲醛树脂	$-NH-CO-NH-CH_2$	$NH_2-CO-NH_2+CH_2O$
聚甲醛	$-O-CH_2-$	CH_2O 或
聚环氧乙烷	$-O-CH_2-CH_2-$	

续表 2－2

名称	重复单元	单体
三聚氰胺甲醛树脂	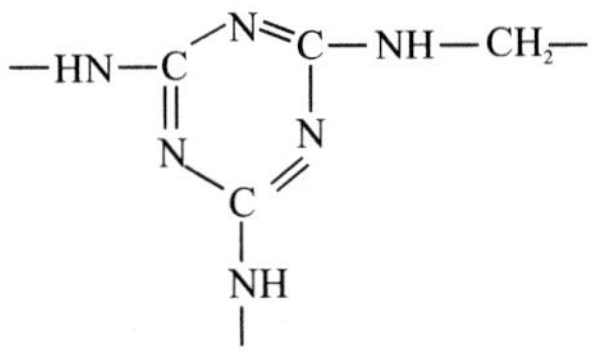	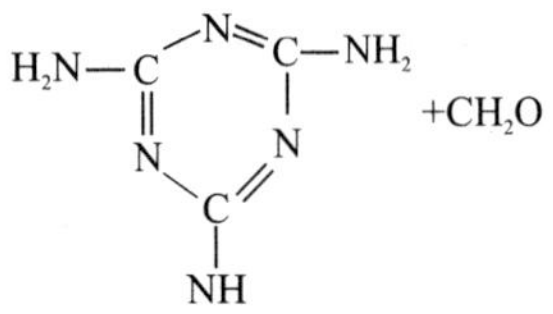
聚环氧丙烷	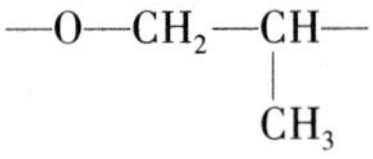 $-O-CH_2-CH-$ 　　　　CH_3	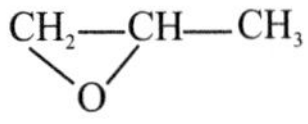 $CH_2-CH-CH_3$ 　$\diagdown O\diagup$
聚双氯甲基丁氧环（氯化聚醚）	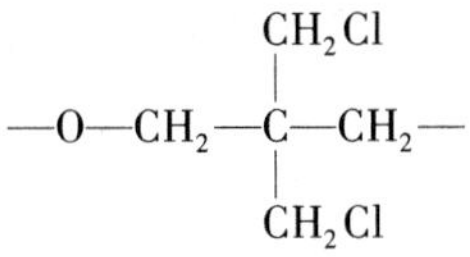 　　　　CH_2Cl $-O-CH_2-C-CH_2-$ 　　　　CH_2Cl	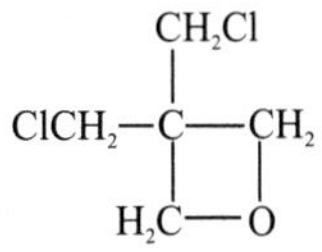 　　　CH_2Cl $ClCH_2-C-CH_2$ 　　　$H_2C\ O$
聚苯醚	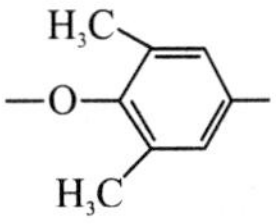	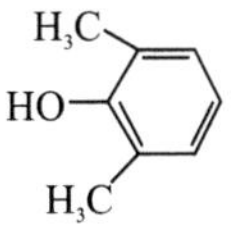
聚对苯二甲酸乙二醇酯	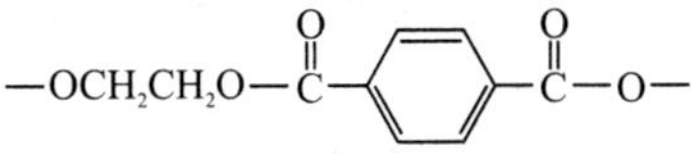	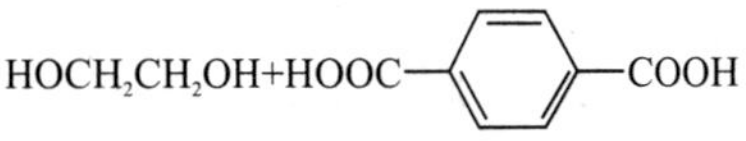
聚碳酸酯	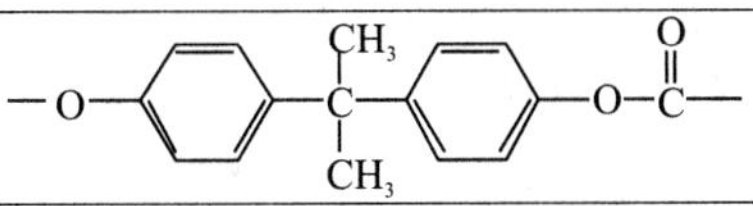	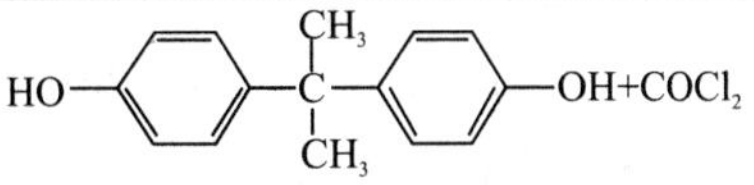
纤维素	$-C_6H_{10}O_5-$	$C_6H_{12}O_6$ 假想
环氧树脂	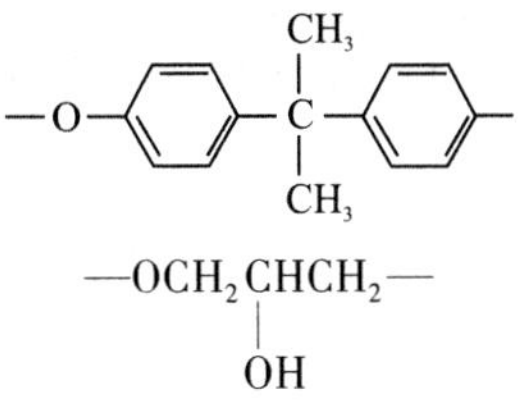	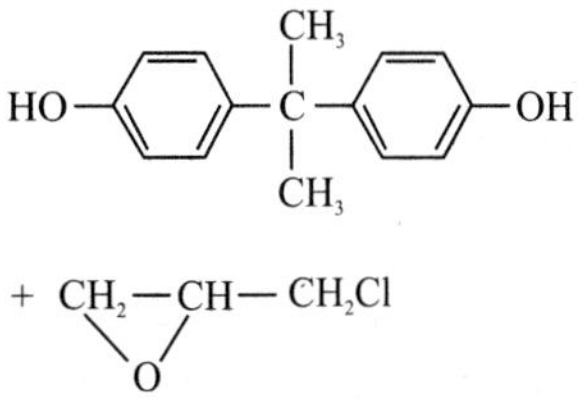
聚氨酯	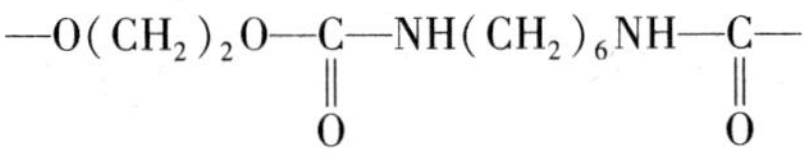 $-O(CH_2)_2O-\underset{\substack{\parallel\\O}}{C}-NH(CH_2)_6NH-\underset{\substack{\parallel\\O}}{C}-$	$OH(CH_2)_2OH + OCN(CH_2)_2NCO$
聚硫橡胶	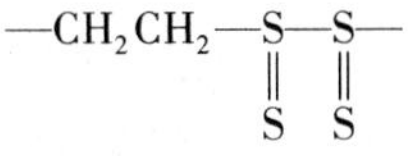 $-CH_2CH_2-\underset{\substack{\parallel\\S}}{S}-\underset{\substack{\parallel\\S}}{S}-$	$Cl-CH_2CH_2-Cl + Na_2S_4$
硅橡胶	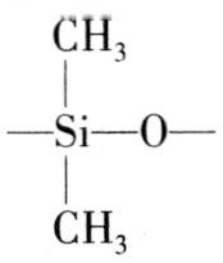 　　CH_3 $-Si-O-$ 　　CH_3	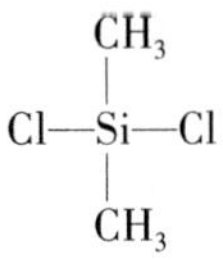 　　　CH_3 $Cl-Si-Cl$ 　　　CH_3

(2)按性能用途分类 以聚合物为主要原料生产的高分子材料,按照高分子材料的性能、用途可分成塑料、橡胶、合成纤维、黏合剂、涂料、离子交换树脂等。

1)塑料 塑料是以合成聚合物为主要原料,添加稳定剂、着色剂、增塑剂以及润滑剂等组分得到的合成材料。根据不同的聚合物种类和不同的用途,各种助剂(添加剂)的种类和用量有很大的差别。塑料的力学性能介于橡胶和合成纤维之间,分成柔性和刚性两种类型。典型的柔性塑料为聚乙烯,拉伸强度为 2 500 N/cm²,模量 20 000 N/cm²,极限伸长率为 500%。其极限伸长率虽接近橡胶,但不同的是柔性塑料仅可恢复 20% 以内,所以当应力消除后塑料则保留被拉伸时的形状。刚性塑料具有很高的刚性和抗形变力,具有高模量、高拉伸强度,破裂前的伸长率 <0.5% ~3%。它们可以是交联聚合物,如酚醛塑料、脲醛塑料等;也可能是线型聚合物,如聚苯乙烯、聚甲基丙烯酸甲酯等。从受热后的行为可将塑料分成热塑性塑料和热固性塑料。热塑性塑料受热后可熔融,冷却又可变成固体,可反复受热熔化、冷却成型,它是线型或支链线型结构,在合适的溶剂中可溶解,如常用的通用塑料聚乙烯、聚丙烯等。而热固性塑料一旦受热则发生结构变化,发生交联形成网状结构,当冷却赋形后再次受热则不会熔融,强热发生裂解,并且不能溶解,如常用的酚醛树脂、环氧树脂等。

2)橡胶 橡胶是具有可逆形变的高弹性材料。它在比较低的应力下表现出很高的但可恢复的伸长率(高达 500% ~1 000%),要求聚合物为无定形态并且具有很低的玻璃化温度。经轻度交联(硫化)后,伸长率有所降低,可迅速回弹,起始模量甚低(<100 N/cm²),却随伸长率的增加而增加。

3)纤维 纤维是纤细而柔软的丝状物,其长度至少为直径的 100 倍。纤维具有很高的抗形变力,伸长率低(<10% ~5%)并且有很高的模量(> 35 000 N/cm²)和高的拉伸强度(>3 500 N/cm²)。纤维可分成天然纤维和化学纤维。化学纤维又可分成两类,一类是由非纤维状天然高分子化合物经化学加工得到的人造纤维,另一类是由单体合成的合成纤维。

4)黏合剂 又称胶黏剂,通过表面粘接力和内聚力把各种材料黏合在一起,并且在结合处有足够强度的物质。包含的原料种类甚广,天然高分子化合物如淀粉、骨胶、明胶等以及各种合成树脂原则上都可以用作黏合剂。由于表面黏结要求黏结剂与被黏结材料的表面要有良好的湿润力(或借助适当溶剂)和作用力,因此对合成树脂的分子量要求不能太高。

5)涂料 以前称为油漆,是指能涂敷于底材表面并形成坚韧连续漆膜的液体或固体物料的总称。涂料应当与被涂覆的材料表面有良好的作用力。涂料成膜物以干性油或合成树脂改性的干性油等以及某些合成树脂为主,生产的合成树脂分子量要求低于热塑性塑料。大量的活性低聚物用作涂料成膜物质。涂料中还含有大量辅助用剂如颜料、填料、溶剂等。

6)离子交换树脂 离子交换树脂不同于上述作为工业材料或辅助材料的高分子化合物,而是利用大分子中所含有的功能基团进行离子交换以净化水质、分离、提纯化学物质等。

在这几种材料中,又以塑料、合成橡胶、合成纤维产量最大,称为三大合成材料。

2.1.3.2 聚合物的命名

(1)习惯命名法 天然聚合物都有其专门的名称,如纤维素、淀粉、木质素、蛋白质等。

由一种单体合成的聚合物,其习惯命名是在对应的单体名称之前加一个聚字。如聚乙烯、聚丁二烯、聚甲醛、聚环氧丙烷、聚 ε -己内酰胺、聚 ε -氨基己酸等。此法虽然简便,但易混淆。如聚 ε - 己内酰胺和聚 ε - 氨基己酸虽由不同单体合成,却是同一种聚合物。又如聚乙烯醇这个名称是名不副实的,因为乙烯醇单体事实上并不存在。聚乙烯醇实为聚乙酸乙烯酯的水解产物。

由两种单体合成的聚合物,有的只要在两种单体名称上加词尾"树脂",有的加词尾共聚物即可,如苯酚 - 甲醛树脂(简称酚醛树脂)、尿素 - 甲醛树脂(简称脲醛树脂)、三聚氰胺 - 甲醛树脂、醇酸树脂等;由乙烯和乙酸乙烯酯合成的乙烯 - 乙酸乙烯酯共聚物,由乙烯和丙烯合成的乙烯 - 丙烯共聚物(简称乙丙共聚物)等。

另外可按聚合物的结构特征来命名,如聚酰胺以酰胺键为特征,类似的有聚酯、聚氨基甲酸酯(简称聚氨酯)、聚碳酸酯、聚醚、聚硫醚、聚砜、聚酰亚胺等。这些名称都分别代表一类聚合物。

习惯命名中还有一种简单而被普遍采用的商业名称,其命名更是五花八门。即使同种聚合物,不同国家就有不同的商业名称;甚至同一国家生产的,也往往因生产厂家不同而有不同名称。我国习惯以"纶"作为合成纤维的词尾,如涤纶(聚对苯二甲酸乙二醇酯纤维)、锦纶(即聚酰胺纤维)、腈纶(聚丙烯腈纤维)、氨纶(聚氨酯纤维)等。以橡胶作为合成橡胶的词尾,如丁苯橡胶、顺丁橡胶、丁腈橡胶等。

(2)IUPAC 命名法　命名步骤:①首先确定重复单元结构;②排好重复单元中次级单元的次序;③给重复单元命名;④在重复单元名称前加"聚"字。

例如: $\left[\begin{array}{c}CH-CH_2\\|\\Cl\end{array}\right]_n$,通称聚氯乙烯,按 IUPAC 法命名,则为聚(1 - 氯代乙烯);又如聚甲醛, $\left[O-CH_2\right]_n$,按 IUPAC 法命名称聚氧化次甲基。

(3)聚合物的缩写符号　高聚物的名称有时很长,国外习惯用大写缩写字母表示,同一种聚合物在不同国家有不同表示,但是英文缩写为世界各国共同采用。例如:聚甲基丙烯酸甲酯记为 PMMA,聚丙烯记为 PP,聚氯乙烯记为 PVC,等等。

2.2　聚合反应

按其来源,高分子化合物可以分成天然高分子和合成高分子两种。天然高分子分布很广,包括动物体内的蛋白质、毛、角、革、胶,植物细胞壁的纤维素,淀粉,橡胶植物中的橡胶,凝结的桐油,某些昆虫分泌的虫胶,以及针叶树埋于地下数万年形成的琥珀,等等。随着生产的发展和科学技术的进步,这些高聚物所形成的材料远远不能满足人们的要求,因此人们合成了大量品种繁多、性能优良的高分子化合物。它可以由小分子有机化合物通过聚合反应得到,也可以由一种高分子化合物通过有机化学反应而得到。由小分子单体合成聚合物的反应称为聚合反应。聚合反应按不同的依据有不同的分类方法。

按组成和结构变化分类,聚合反应可以分为加聚反应和缩聚反应两类。

2.2.1　加聚反应

加聚反应是不饱和(具有双键、三键或共轭双键等结构)或环状的单体通过加成聚合作用而形成高分子化合物的反应。反应通式可记为:

$$CH_2\!=\!\underset{X}{\overset{\displaystyle |}{CH}} \longrightarrow \left(\!\underset{X}{\overset{\displaystyle |}{CH}}\!-\!CH_2\!\right)_{\!n}$$

X = H, —⬡, Cl, CN 等。

环状化合物如环氧乙烷的加成反应为：

$$n\,CH_2\!-\!CH_2 \xrightarrow{\;催化剂\;} \left(CH_2\!-\!CH_2\!-\!O\right)_{\!n}$$

加聚反应的基本特点：单体在引发剂或催化剂作用下进行聚合，在反应过程中不产生小分子副产物，所以以加聚反应所生成的高分子化合物的化学组成与单体完全相同，仅仅发生电子结构变化；并且高聚物的分子量是单体分子量的整数倍。

2.2.2　缩聚反应

含有反应性官能团的单体经缩合反应析出小分子化合物生成聚合物的反应称为缩合聚合反应，简称为缩聚反应。单体分子中所含有的反应性官能团数目等于或大于 2 时，才可能经过缩聚反应生成聚合物。

缩聚反应多数情况下在两种单体所含不同性质的反应性官能团之间进行，例如，—COOH基团与—OH 或—NH₂基团，—ArONa 基团与—SO₂Ar—Cl 基团等。少数情况下在相同性质的反应性官能团之间，即在同一单体的两个分子之间进行，例如—CH₂OH 与—CH₂OH 基团的反应。

缩聚反应通常是官能团间的聚合反应，反应中有低分子副产物产生，如水、醇、胺等；缩聚物中往往留有官能团的结构特征，如 —OCO— 、—NHCO—，故大部分缩聚物都是杂链聚合物；缩聚物的结构单元比其单体少若干原子，故分子量不再是单体分子量的整数倍。

按反应机制分类，聚合反应可以分为连锁聚合反应和逐步聚合反应两类。

2.2.3　连锁聚合反应

从反应机制看，加聚反应中绝大多数都是连锁反应。

连锁聚合反应，也称"链式"反应，反应需要活性中心。该活性中心可能是自由基、阴离子或者阳离子，通常由引发剂引发。反应中一旦形成单体活性中心，就能很快传递下去，瞬间形成高分子。平均每个大分子的生成时间很短（零点几秒到几秒），所以，反应体系中只存在单体、聚合物和微量引发剂三种组分。根据活性中心的不同，连锁聚合反应又分为自由基聚合反应、阴离子聚合反应和阳离子聚合反应。其中自由基加聚反应是合成聚合物的一种重要方法。

连锁聚合反应的聚合过程由链引发、链增长和链终止几步基元反应组成，各步反应速率和活化能差别很大。现以自由基聚合为例，用通式来表示其反应过程：

2.2.3.1　链引发

以引发剂引发为代表，包括如下两步：

I(引发剂) $\xrightarrow{\;分解\;}$ R·（初级自由基）

R· + M(单体) $\xrightarrow{\;引发\;}$ R—M₁·（单体自由基）

通式

$$\dot{R} + CH_2 = \underset{X}{CH} \longrightarrow R - CH_2 - \underset{X}{\dot{CH}}$$

引发剂是分子结构上具有弱键、易分解产生自由基、能引发单体聚合的化合物。键的解离能 100~170 kJ/mol(C—C 键能为 350 kJ/mol),分解温度 40~100 ℃。

自由基引发剂有如下三大类:

(1)偶氮化合物　　—C—N≡N—C—　,—C—N 键均裂,分解生成稳定的 N_2 分子和自由基。常用的偶氮类引发剂有偶氮二异丁腈(AIBN)、偶氮二异庚腈(ABVN)等。

(2)过氧化合物　　无机及有机过氧化物,有弱的过氧键—O—O—,加热易断裂产生自由基。常用的过氧类引发剂有过氧化二苯甲酰(BPO)、过硫酸钾等。

(3)氧化 - 还原体系　　为了降低过氧化合物的分解活化能,在过氧化物中引入还原剂组分,通过氧化还原反应发生电子转移生成自由基。例如:过氧化二苯甲酰/N,N - 二甲基苯胺体系、过氧化氢/亚铁盐体系等。

2.2.3.2　链增长

$M_1 \cdot + M \longrightarrow M_2 \cdot$(二聚体自由基)

$M_2 \cdot + M \longrightarrow M_3 \cdot$(三聚体自由基)

$\vdots$

$M_{n-1} \cdot + M \longrightarrow M_n \cdot$(链自由基)

通式

$$\sim\!\!\sim CH_2 - \underset{X}{\dot{CH}} + CH_2 = \underset{X}{CH} \longrightarrow \sim\!\!\sim CH_2 - \underset{X}{CH} - CH_2 - \underset{X}{\dot{CH}}$$

2.2.3.3　链转移

可分成下述三种情况:

(1)向单体转移　　$M_n \cdot + M \longrightarrow M_n$(大分子) $+ M_1 \cdot$(单体自由基)

通式

$$\sim\!\!\sim CH_2 - \underset{X}{\dot{CH}} + CH_2 = \underset{X}{CH} \longrightarrow \sim\!\!\sim CH = \underset{X}{CH} + CH_3 - \underset{X}{\dot{CH}}$$

(2)向溶剂(或调节剂)分子转移　　$M_n \cdot + S$(溶剂)$\rightarrow M_n + S \cdot$

通式

$$\sim\!\!\sim CH_2 - \underset{X}{\dot{CH}} + CCl_4 \longrightarrow \sim\!\!\sim CH_2CHCl - X + \cdot CCl_3$$

(3)向大分子转移,引起大分子支化或交联

$$M_n \cdot + \sim\!\!\sim CH_2 - \underset{X}{\dot{CH}}\sim\!\!\sim \longrightarrow M_nH + \sim\!\!\sim CH_2 - \underset{X}{\dot{C}}\sim\!\!\sim$$

支化通式

$$\sim\!\!\sim CH_2 - \underset{X}{\dot{C}}\sim\!\!\sim + M \longrightarrow \sim\!\!\sim CH_2 - \underset{X}{\overset{\dot{M}}{C}}\sim\!\!\sim \xrightarrow{M \; M} \sim\!\!\sim CH_2 - \underset{X}{C}\sim\!\!\sim$$

交联通式

$$2 \sim\!\!\sim\!\!\text{CH}_2\!-\!\overset{\displaystyle\cdot}{\underset{\displaystyle X}{\text{C}}}\!\!\sim\!\!\sim \longrightarrow \begin{array}{c} \overset{\displaystyle X}{\sim\!\!\sim\!\!\text{CH}_2\!-\!\underset{}{\text{C}}\!\!\sim\!\!\sim} \\ \sim\!\!\sim\!\!\text{CH}_2\!-\!\underset{\displaystyle X}{\text{C}}\!\!\sim\!\!\sim \\ \underset{\displaystyle X}{} \end{array}$$

2.2.3.4　链终止

可分成下述双基偶合终止和双基歧化终止两种情况:

(1)双基偶合终止　　$M_n\cdot + M_m\cdot \longrightarrow M_n - M_m$

通式

$$\sim\!\!\sim\!\!\text{CH}_2\!-\!\underset{\displaystyle X}{\overset{\displaystyle\cdot}{\text{CH}}}\!+\!\underset{\displaystyle X}{\overset{\displaystyle\cdot}{\text{CH}}}\!-\!\text{CH}_2\!\!\sim\!\!\sim \longrightarrow \sim\!\!\sim\!\!\text{CH}_2\!-\!\underset{\displaystyle X}{\text{CH}}\!-\!\underset{\displaystyle X}{\text{CH}}\!-\!\text{CH}_2\!\!\sim\!\!\sim$$

(2)双基歧化终止　　$M_n\cdot + M_m\cdot \longrightarrow M_n(饱和) + M_m(不饱和)$

通式

$$\sim\!\!\sim\!\!\text{CH}_2\!-\!\underset{\displaystyle X}{\overset{\displaystyle\cdot}{\text{CH}}}\!+\!\underset{\displaystyle X}{\overset{\displaystyle\cdot}{\text{CH}}}\!-\!\text{CH}_2\!\!\sim\!\!\sim \longrightarrow \sim\!\!\sim\!\!\text{CH}_2\!-\!\underset{\displaystyle X}{\text{CH}_2}\!+\!\text{HC}\!\underset{\displaystyle X}{=}\!\text{CH}\!\!\sim\!\!\sim$$

2.2.4　逐步聚合反应

绝大多数的缩聚反应从机制上而言都属于逐步聚合反应。逐步聚合反应不需要活性中心,通过单体上所带官能团之间的反应而完成聚合。

2.2.4.1　缩聚反应单体体系

官能度是指一个单体分子中能够参加反应的官能团的数目。单体的官能度一般容易判断,个别单体,反应条件不同,官能度不同。例如苯酚:进行酰化反应,官能度为1;与醛缩合,官能度为3。

对于不同的官能度体系,其产物结构不同:

(1)1 – n 官能度体系　一种单体的官能度为1,另一种单体的官能度大于1,即1 – 1、1 – 2、1 – 3、1 – 4 体系,只能得到低分子化合物,属缩合反应。

(2)2 – 2 官能度体系　每个单体都有两个相同的官能团,可得到线型聚合物,如:

$$n\,\text{HOOC}(\text{CH}_2)_4\text{COOH} + n\,\text{HOCH}_2\text{CH}_2\text{OH} \rightleftharpoons$$
$$\text{HO}\!\!\left[\!\text{CO}(\text{CH}_2)_4\text{COOCH}_2\text{CH}_2\text{O}\!\right]_{\!n}\!\text{H} + (2n-1)\text{H}_2\text{O}$$

缩聚反应是缩合反应多次重复结果形成聚合物的过程。

(3)2 官能度体系　同一单体带有两个不同且能相互反应的官能团,得到线型聚合物,如:

$$n\,\text{HORCOOH} \rightleftharpoons \text{H}\!\!\left[\!\text{ORCO}\!\right]_{\!n}\!\text{OH} + (n-1)\text{H}_2\text{O}$$

(4)2 – 3、2 – 4 官能度体系　如苯酐和甘油反应,或者,苯酐和季戊四醇反应都可以生成体型缩聚物。

2.2.4.2　线型缩聚反应机制

(1)线型缩聚的逐步特性　以二元醇和二元酸合成聚酯为例,二元醇和二元酸第一步反应形成二聚体:

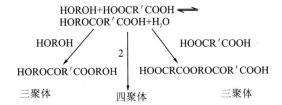

三聚体和四聚体可以相互反应,也可自身反应,也可与单体、二聚体反应。

含羟基的任何聚体和含羧基的任何聚体都可以进行反应,形成如下通式:

$$n\text{-聚体} + m\text{-聚体} \rightleftharpoons (n+m)\text{-聚体} + \text{水}$$

如此进行下去,分子量随时间延长而增加,显示出逐步的特征。

（2）线型缩聚的可逆特性 大部分线型缩聚反应是可逆反应,但可逆程度有差别。可逆程度可由平衡常数来衡量,如聚酯化反应:

$$-\text{OH} + -\text{COOH} \underset{k_{-1}}{\overset{k_1}{\rightleftharpoons}} -\text{OCO}-$$

$$K = \frac{k_1}{k_{-1}} = \frac{[-\text{OCO}][\text{H}_2\text{O}]}{[-\text{OH}][-\text{COOH}]}$$

根据平衡常数 K 的大小,可将线型缩聚大致分为三类:

K 值小,如聚酯化反应,$K \approx 4$,副产物水对分子量影响很大;

K 值中等,如聚酰胺化反应,$K \approx 300 \sim 500$,水对分子量有所影响;

K 值很大,在几千以上,如聚碳酸酯、聚砜,可看成不可逆缩聚。

对所有缩聚反应来说,逐步特性是共有的,而可逆平衡的程度可以有很大的差别。

（3）反应程度 在缩聚反应中,常用反应程度来描述反应进行的深度。反应程度的含义是指参加反应的官能团数占起始官能团数的分数,用 P 表示。反应程度可以对任何一种参加反应的官能团而言。对于等物质的量的二元酸和二元醇的缩聚反应,设:体系中起始二元酸和二元醇的分子总数为 N_0,等于起始羧基数或羟基数;t 时的聚酯分子数为 N,等于残留的羧基或羟基数。则

$$P = \frac{N_0 - N}{N_0} = 1 - \frac{N}{N_0} \tag{2-1}$$

反应程度与转化率根本不同。转化率是指参加反应的单体量占起始单体量的分数,是指已经参加反应的单体的数目。反应程度则是指已经反应的官能团的数目。例如:一种缩聚反应,单体间双双反应很快全部变成二聚体,就单体转化率而言,转化率达 100%;而官能团的反应程度仅 50%。

反应程度与平均聚合度的关系:

$$\overline{X_n} = \frac{\text{结构单元数目}}{\text{大分子数}} = \frac{N_0}{N} \tag{2-2}$$

聚合度是指高分子中含有的结构单元的数目。

代入反应程度关系式 $P = \dfrac{N_0 - N}{N_0} = 1 - \dfrac{N}{N_0}$,得到 $P = 1 - \dfrac{1}{X_n}$

因此:$\overline{X_n} = \dfrac{1}{1-P}$

当 $P = 0.9$,$X_n = 10$。一般高分子的 $X_n = 100 \sim 200$,P 要提高到 $0.99 \sim 0.995$。

2.2.4.3 影响线型缩聚物聚合度的因素和控制方法

(1)影响聚合度的因素

1)反应程度对聚合度的影响 在任何情况下,缩聚物的聚合度均随反应程度的增大而增大;当反应物官能团等当量,而且反应不可逆的情况下,反应程度和产物聚合度存在以下定量关系:

$$\overline{X_n} = \frac{1}{1-P} \tag{2-3}$$

利用缩聚反应的逐步特性,通过冷却可控制反应程度,以获得相应的分子量,体型缩聚物常常用这一措施。

2)缩聚平衡对聚合度的影响 在可逆缩聚反应中,平衡常数对 P 和 X_n 有很大的影响,不及时除去副产物,将无法提高聚合度。

在密闭体系中:两单体等当量,小分子副产物未排出

$$\frac{\mathrm{d}P}{\mathrm{d}t} = k_1 \left[(1-P)^2 - \frac{P^2}{K} \right]$$

正、逆反应达到平衡时,总聚合速率为零,则

$$(1-P)^2 - \frac{P^2}{K} = 0$$

整理,得

$$(K-1)P^2 - 2KP + K = 0$$

解方程,得

$$P = \frac{K + \sqrt{K}}{K-1}$$

$P > 1$,此根无意义。

将 $P = \dfrac{K - \sqrt{K}}{K-1} = \dfrac{\sqrt{K}}{\sqrt{K}+1}$

代入 $\overline{X_n} = \dfrac{1}{1-P}$,得 $\dfrac{1}{1 - \dfrac{\sqrt{K}}{\sqrt{K}+1}} = \sqrt{K} + 1$

即:

$$\overline{X_n} = \sqrt{K} + 1$$

由此,在密闭体系中聚酯化反应,$K=4$,$P=0.67$,X_n 只能达到3;

聚酰胺反应,$K=400$,$P=0.95$,X_n 只能达到21;

不可逆反应,$K=104$,$P=0.99$,X_n 只能达到101。

在非密闭体系中:在实际操作中,要采取措施如减压、加热、通 N_2,CO_2 等排出小分子。当两单体等当量比,小分子部分排出时:

$$\frac{\mathrm{d}P}{\mathrm{d}t} = k_1 \left[(1-P)^2 - \frac{Pn_w}{K} \right] \tag{2-4}$$

式中　P——反应程度;

n_w——残存小分子浓度;

K——平衡常数;

k_1——正反应平衡常数。

平衡时,有:

$$(1 - P)^2 = \frac{Pn_w}{K}$$

$$\frac{1}{(1 - P)^2} = \frac{K}{Pn_w}$$

开平方根,得: $\qquad \overline{X_n} = \frac{1}{1 - P} = \sqrt{\frac{K}{Pn_w}}$

当 $P \to 0$(> 0.99)时: $\qquad \overline{X_n} = \sqrt{\frac{K}{n_w}}$

该缩聚平衡方程近似表达了 X_n、K 和 n_w 三者之间的定量关系(见表 2 – 3)。

在生产中,要使 $X_n > 100$,不同反应允许的 n_w 不同。

表 2 – 3   不同聚合物的 K 值与 n_w 的关系

聚合物	K 值	$n_w / (\mathrm{mol/L})$
聚酯	4	$< 4 \times 10^{-4}$(高真空度)
聚酰胺	400	$< 4 \times 10^{-2}$(稍低真空度)
可溶性酚醛	10^3	可在水介质中反应

(2)线型缩聚物聚合度的控制   反应程度和平衡条件是影响线型缩聚物聚合度的重要因素,但不能用作控制分子量的手段,因为缩聚物的分子两端仍保留着可继续反应的官能团。一般采用端基封锁的方法控制产物的聚合度,即:在两官能团等当量的基础上,使某官能团稍过量,或加入少量单官能团物质。

例:单体 aAa 和 bBb 反应,其中 bBb 稍过量,

令 N_a、N_b 分别为官能团 a、b 的起始数,两种单体的官能团数之比为:

$$r = \frac{N_a}{N_b} < 1 \qquad\qquad (2 – 5)$$

式中　r——摩尔系数(是官能团数之比)。

下面推导聚合度 X_n 与 r(或 q)、反应程度 P 的关系式:

设官能团 a 的反应程度为 P,则 a 官能团的反应数为 $N_a P$(也是 b 官能团的反应数),a 官能团的残留数为 $N_a - N_a P$,b 官能团的残留数为 $N_b - N_a P$,a、b 官能团的残留总数为 $N_a + N_b - 2N_a P$。

残留的官能团总数分布在大分子的两端,而每个大分子有两个官能团,则,体系中大分子总数是端基官能团数的一半:$(N_a + N_b - 2N_a P)/2$;体系中结构单元数等于单体分子数为 $(N_a + N_b)/2$。

所以,

$$\overline{X_n} = \frac{(N_a + N_b)/2}{(N_a + N_b - 2N_a P)/2} = \frac{1 + r}{1 + r - 2rP} = \frac{q + 2}{q + 2(1 - P)}$$

2.3　聚合物的结构

高分子材料的性能是其内部结构和分子运动的具体反映。掌握高分子材料的结构与性能的关系,为正确选择、合理使用高分子材料,改善现有高分子材料的性能,合成具有指定性能的高分子材料提供可靠的依据。

2.3.1 高分子的近程结构

2.3.1.1 高分子链的构造

高分子链的构造是指分子链中原子的种类和排列,取代基和端基的种类、结构单元的排列顺序、支链的类型和长度等。

(1)高分子链的化学组成

1)化学组成 化学组成是分子的最基本结构,是聚合物性质的最基本影响因素。

碳链高分子:优良可塑性,主链不易水解,但分子间作用力小,强度较低。大多数属于通用高分子材料。

杂链高分子:带有极性,较易水解,醇解或酸解。分子间作用力较大,材料表现出较好的使用强度和热性能等。

元素高分子:常有一些特殊性质,如耐寒性、耐燃性和耐热性,还有较好的弹性和塑性。

梯形高分子:突出的热稳定性,但加工性能较差。例如均苯四甲酸二酐和四氨基苯聚合物即为全梯形结构聚合物。

2)侧基 侧基是与高分子主链连接而分布在主链旁侧的化学基团。在后面我们会进一步看到侧基的体积、极性和柔性等对高分子的链柔性、结晶性、强度等有十分重要的影响。例如,聚氯乙烯、聚苯乙烯和聚乙烯,其主链都是碳碳单键,但由于侧基的不同,造成这三种材料性能上的差别。

3)端基 合成高分子的端基组成取决于聚合过程中链的形成方式和终止机制。端基可以来自单体、引发剂、溶剂或分子量调节剂,其化学性质与主链可能有很大差别。端基对聚合物的性能的影响之一是对热稳定性的影响。例如,聚甲醛的端基热稳定性差,它会引发链从端基开始断裂。如果聚甲醛的羟端基被酯化变成酯端基后(俗称封头),材料的热稳定性显著提高。聚碳酸酯的羟端基和酰氯端基也会促使聚碳酸酯在高温下降解,所以聚合过程中需要加入单官能团的化合物(如苯酚类)封头,以提高耐热性。此外,利用端基的化学反应活性,可进行嵌段、交联等反应达到修饰高分子结构的目的。端基的效应受聚合度的影响很大,聚合度越高,端基对聚合物材料性能的影响也就越小。

(2)键接方式对性能的影响 在许多情况下,分子链中头-头键接结构的增加对高聚物性质起有害的影响。例如,头-头键接结构的聚氯乙烯的热稳性较差便是一个证明。

做纤维用的高聚物一般要求分子链结构单元排列规整,从而高聚物结晶性能较好,强度高,便于抽丝和拉伸。用聚乙烯醇做维纶时,只有头-尾键接才能使之与甲醛缩合生成聚乙烯醇缩甲醛。如果是头-头键接,这部分羟基不易缩醛化,使产物中保留部分羟基,维纶纤维容易缩水。羟基数量太多时,纤维强度下降。

(3)支化与交联 一般高分子都是线型的,分子长链可以蜷曲成团,也可以伸展成直线,这取决于分子本身的柔顺性及外部条件。线型分子间没有化学键结合,在受热或受力情况下,分子间可互相移动,因此线型聚合物可以在适当溶剂中溶解,加热时可以熔融。易于加工成型。

如果缩聚过程中有含三个或三个以上官能度的单体存在;或在双官能团缩聚中有产生新的反应活性点的条件;或在加聚过程中,有自由基的链转移反应发生;或双烯类单体中第二双键的活化等,都能生成支化或交联结构的高分子。

支化高分子与线型分子相似,分子间没有化学键的结合,因此当有合适的溶剂或受外界加热时,仍然可以溶解或熔融。但由于支化链破坏了分子结构的规整性以及增加了分子链间的缠结作用,因此支化对聚合物材料的力学性能及熔体流动性有较大的影响。长支链结构主要影响材料的熔体流动性,而短支链结构对材料力学性能的影响更大。表2-4是高密度聚乙烯和低密度聚乙烯的性能比较。

表2-4 高密度聚乙烯(HDPE)与低密度聚乙烯(LDPE)性能比较

材料	密度/(g/cm³)	熔点/℃	结晶度/%	用途
HDPE	0.95~0.97	135	95	管材、棒材等
LDPE	0.91~0.94	105	60~70	薄膜等

高分子链通过化学键或支链相互连接而形成的三维空间网形大分子称为交联高分子。交联结构与支化结构就产生了质的区别。聚合物一旦交联,则表现出不溶不熔的特性,即不能真正的溶解,加热也不熔融。这是因为交联结构限制了大分子链的整体运动和链间滑移,因此交联聚合物不再具有流动态。当交联度不太大时,聚合物可以在适当溶剂中溶胀,加热会软化。热固性塑料和硫化橡胶制品的最终态都是交联结构的高分子。

高分子的交联度不同,性能也不同。所谓交联度通常用相邻两个交联点之间的链的平均分子量 M_c 来表示。当交联度比较小时,如通常的硫化橡胶(含硫5%以下),交联点之间的分子链长度远远大于单个链段的长度,因此作为运动单元的链段仍可能运动,故聚合物仍可保持较高的柔性,制品弹性好,当交联度比较大(含硫20%~30%)时,硫化橡胶的弹性就差了;随着交联度的进一步增加,交联点单键的内旋转作用逐渐丧失,交联聚合物就变为硬而脆的产物。交联聚合物制品的抗蠕变(制品尺寸稳定)性能、耐热性、耐溶剂性以及制品的硬度、强度均较好,但交联度过大,则材料变脆,断裂伸长率下降。

2.3.1.2 高分子链的构型

构型:指某一原子的取代基在空间的排列。高分子链上有许多单体单元,故有不同的构型。从一种构型转变为另一种构型时,必须破坏和重新形成化学键。

构象:指分子中的取代原子(取代基)绕碳碳单键旋转时所形成的任何可能的三维或立体的图形。构象改变不破坏和形成化学键。

构型是指分子中由化学键所固定的原子在空间的几何排列。要改变构型必须经过化学键的断裂和重组。立体异构可分为几何异构和旋光异构两种情况。

(1)几何异构 内双键上的基团在双键两侧排列方式不同而引起的异构。1,4加聚的双烯类聚合物中,由于主链内双键的碳原子上的取代基不能绕双键旋转,当组成双键的两个碳原子同时被两个不同的原子或基团取代时,即可形成顺反两种构型,它们称作几何异构体。几何异构对聚合物的熔点和玻璃化温度的影响见表2-5。例如:丁二烯用钴、镍和钛催化系统可制得顺式构型含量大于94%的聚丁二烯称作顺丁橡胶。

顺丁橡胶的分子链与分子链之间的距离较大,不易结晶,在室温下是一种弹性很好的橡胶;而用钒或醇烯催化剂所制得的聚丁二烯橡胶,主要为反式构型,其分子链的结构比较规整,容易结晶,在室温下是弹性很差的塑料。

表2-5　几何异构对聚合物的熔点和玻璃化温度的影响

聚合物	熔点 T_m/℃		玻璃化温度 T_g/℃	
	顺式1,4	反式1,4	顺式1,4	反式1,4
聚异戊二烯	30	70	-70	-60
聚丁二烯	2	148	-108	-80

(2)旋光异构　若正四面体的中心原子上四个取代基是不对称的(即四个基团不相同)。此原子称为不对称碳原子,这种不对称碳原子的存在会引起异构现象,其异构体互为镜影对称,各自表现不同的旋光性,故称为旋光异构。

高分子链全部由一种旋光异构单元键接而成称为全同立构,链上的取代基全部位于平面的同一侧;由两种旋光异构单元交替键接而成的称为间同立构,取代基交替分布在平面两侧;由两种旋光异构单元无规则键合而成则称为无规立构,取代基无规则分布在平面两侧。

分子的立体构型不同,导致材料性能差异。例如全同立构的聚苯乙烯,规整度高,能结晶,熔点为240℃,不易溶解;而无规聚苯乙烯不能结晶,软化点只有80℃,可溶于苯。再如等规聚丙烯(全同立构和间同立构的高聚物有时通称等规高聚物)结构规整,易结晶,坚韧可纺丝,也可作为工程塑料,而无规聚丙烯却是一种橡胶状的弹性体,无实际用途。

2.3.2　高分子的远程结构

2.3.2.1　高分子链的内旋转和构象

单键是由 σ 电子组成的,它具有电子云分布轴性对称,可以绕键轴旋转的特点。高分子链中含有大量的单键,因此它也能像有机小分子一样旋转。我们把高分子链中单键绕键轴旋转称作内旋转,由单键内旋转产生链的不同的构象异构体,即空间形态。如:丁烷的单键内旋转如图2-3所示。

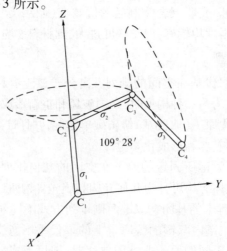

图2-3　丁烷的单键内旋转示意图

理论上,大分子链在旋转时只要保持成键原子间的化学键角,就可以完全自由旋转,分子的构象是无限多的,但实际上高分子链由于侧基的相互作用,分子的空间形态更多地停留于能量较低的构象。并且,高分子链中的单键旋转时互相牵制,一个键转动,要带动附近一段链一起运动,因此,实际上每个键不成为一个独立运动的单元,我们把由若干化学键组成的一段链算作一个独立的单元,称它为链段。链段是大分子链上划分出来的能独立运动的最小单元,是一个动态的、随机的组成,是表征大分子链柔顺性的常用的参数。

2.3.2.2 高分子链的柔顺性及影响因素

高分子链的柔顺性是指高分子链能够改变其构象的性质。这是高聚物许多性能不同于低分子物质的主要原因。

内旋转的单键数目越多,内旋转受阻越小,构象数越多,柔顺性越好。实际大分子链的内旋转不完全自由,不能任意取某种构象,也不能任意从一种构象过渡到另一种构象。原因在于非键合原子或基团之间存在着排斥力,另外,高分子链之间的相互作用也限制了构象自由转换。因此聚合物表现出不同的刚柔性。

影响高分子链柔顺性的因素有主链、侧基等结构以及外界条件等。

(1)主链

1)单键 主链全部由单键组成,一般来说链的柔性较好。例:PE、PP、乙丙胶柔顺性好。键长越长,键角越大,分子链的柔顺性越好。例如:不同的单键柔顺性顺序为:—Si—O— > —C—N— > —C—O— > —C—C—。原因在于,Si—O,Si—C 键的键长较长,柔顺性高。Si—O—Si 键角也比 C—O—C 键角大,内旋转更容易。

2)双键 孤立双键旁的单键内旋转容易,如顺式 1,4 - 聚丁二烯、聚异戊二烯等,链的柔顺性好,可作为橡胶。

主链如为共轭双键,如聚乙炔及聚苯等,则分子显刚性。

—CH=CH—CH=CH—CH=CH—

3)芳杂环 主链上芳杂环不能内旋转,所以,这样的分子链柔顺性差,在温度较高的情况下链段也不能运动,作为塑料使用时,这种材料具有耐高温的特点。如芳香尼龙:

(2)侧基

1)侧基的极性 侧基的极性大时,相互作用大,分子内旋转受阻,柔顺性变差。例如,聚丙烯腈分子的柔顺性比聚氯乙烯分子的柔顺性差,比聚丙烯分子的柔顺性差。聚 1,2 - 二氯乙烯分子的柔顺性 < 聚氯乙烯分子 < 聚氯丁二烯,这是因为极性侧基比例增大。

2)侧基的体积 基团体积越大,空间位阻越大,内旋转越困难。例如,聚苯乙烯的分子柔顺性比聚丙烯分子差,比聚乙烯分子差。但如果侧基是柔性基团,在一定体积大小范围内,会随着柔性基团的增加而柔顺性增大。如聚丙烯酸酯类聚合物,当侧基酯基中的碳原子数小于 17 以下时,其分子链的柔顺性会随着侧基碳原子的增加而增大。

3)侧基的对称性 聚异丁烯的每个链节上有两个对称的甲基,这使主链间的距离增大,分子链柔顺性比聚乙烯还要好,可以做橡胶。聚偏二氯乙烯的柔顺性大于聚氯乙烯,这是因为前者侧基对称排列,使分子偶极矩减小。

(3)分子链的长短 分子链越长,构象数目越多,链的柔顺性越好。如果分子链很短,可以内旋转的单链数目很少,分子的构象数也很少,则必然呈刚性。小分子物质都无柔性,就是此原因。但当分子量增大到一定程度,也就是当分子的构象数服从统计规律时,则分子量对构象的影响就不存在了。

(4)支化和交联 通常,长支链阻碍链的内旋转起主导作用时,分子柔顺性下降;短支链阻碍分子链之间的接近,有助于各分子链的内旋转,使柔性增加。当交联程度不大时,对链的柔顺性影响不大;当交联程度达到一定程度时,则大大影响链的柔顺性。

(5)分子间作用力 分子间作用力越小,链的内旋转越容易,分子的柔顺性越大,因此通常非极性链比极性链柔顺性大;如果分子内或分子间存在氢键作用时,链之间的相互作用力增强,链段和整条大分子链的运动受到限制,则分子链的柔顺性大大减弱,刚性增强。如聚己二酸己二酯要比聚己二酸己二胺柔顺得多;加入低分子增塑剂,降低了分子间作用力,会使分子链的柔顺性增大。

(6)分子链的规整性 分子结构越规整,结晶能力越强,一旦结晶,分子链的运动受到晶格能的限制,链的柔顺性就表现不出来,高聚物呈现刚性。例如聚乙烯。

(7)外界条件 温度升高,分子热运动能量增加,内旋转容易,柔顺性增加。

外力作用速度缓慢时,柔性容易显示,而外力作用速度(频率)很高时,高分子链来不及内旋转,分子链显得僵硬。

溶剂与高分子链的相互作用也会改变链的旋转难易,因而使高分子表现出不同的柔顺性。

2.3.2.3 分子量

(1)平均分子量的意义 聚合物的相对分子量及其分布是高分子材料最基本的参数之一,它与高分子材料的使用性能与加工性能密切相关。相对分子量与聚合物材料的拉伸强度的关系可以用公式 $\sigma = A - \dfrac{B}{M}$ 表示,其中 A,B 代表两个常数,M 代表相对分子量,从式中可以看出相对分子量太低时,材料的机械强度很低,没有应用价值;随着分子量的增加,强度逐渐增大,但当分子量超过某一临界值后,分子量对聚合物强度的影响趋势就越来越小了。但随着相对分子量的增大,分子链之间的缠结作用增加,聚合物熔体黏度会随之急剧增加,给加工成型造成困难。因此聚合物的分子量一般控制在 $10^3 \sim 10^7$。特别是,在作为黏结剂使用的时候,要求黏结剂有较好的流动、扩散性以及对被黏结材料表面良好的润湿作用,因此不需要过高的相对分子量。

(2)常用的统计平均相对分子量

1)数均相对分子量(M_n) 按分子数统计平均的相对摩尔质量称为数均相对摩尔质量。

2)重均相对摩尔质量(M_w) 按重量统计平均的相对摩尔质量称为重均相对摩尔质量。

3)Z均相对摩尔质量(M_z) 按Z值统计平均的相对摩尔质量称为Z均相对摩尔质量。

4)黏均相对摩尔质量(M_η) 用稀溶液黏度法测得的平均相对摩尔质量为黏均相对摩尔质量。

(3)相对摩尔质量分布宽度(分子量分布) 由于分子量具有多分散性,仅有平均分子量,还不足以表征聚合物分子的大小。平均分子量相同的试样,其分子量分布却可能有很大差别。聚合物的分子量分布对材料的物理机械性能影响很大,包括材料的抗张强度、冲击强度以及加工过程中的流动性、成膜和纺丝等性能,其次高分子溶液性质具有分子量及分子量分布依赖性。

通常可用分布宽度指数和多分散系数来表示聚合物的分子量分布情况。分布宽度指数是指试样中各个相对摩尔质量与平均相对摩尔质量之间的差值平方的平均值。多分散系数(d)是描述聚合物试样相对摩尔质量多分散程度,通常用 M_w/M_n 的值表示。

2.3.3　聚集态结构

分子的聚集态结构是指平衡态时分子与分子之间的几何排列。高聚物的聚集态结构,涉及的是高分子链之间如何排列和堆砌的问题,称为三级结构,主要包括晶态、非晶态(玻璃态)、取向态。高聚物聚集态结构是直接影响材料性能的关键因素。例如聚氨酯,根据不同的聚集态,它可以是弹性体、塑料、纤维或黏合剂。

由于分子间存在着相互作用,才使相同的或不同的高分子能聚集在一起成为有用的材料。分子间作用力包括范德瓦耳斯力(静电力、诱导力和色散力)和氢键。范德瓦耳斯力是永久存在于一切分子间的一种吸引力,没有方向性,没有饱和性,其作用范围小于 1 nm,作用能约比化学键小 1～2 个数量级。而氢键是一种特殊的分子间作用力,有饱和性,有方向性,键能比化学键小得多,与范德瓦耳斯力的数量级相同。

聚合物由于分子量很大,分子链很长,分子间的作用力非常显著,在高聚物中起着更加特殊的重要作用。

高聚物分子间作用力的大小通常采用内聚能或内聚能密度来表示。内聚能是指一摩尔分子聚集在一起的总能量,定义为克服分子间的作用力把一摩尔液体或固体分子移到其分子间引力范围之外所需要的能量。内聚能密度(cohesiveenergydensity 简写为 CED)是单位体积的内聚能(J/cm^3)。

分子间作用力的大小,对于高聚物的强度、耐热性和凝聚态结构等有很大影响,也决定着材料的各种性质和使用性能。

2.3.3.1　高聚物的结晶态

随着结晶条件的不同,高聚物晶体出现不同的结晶形态。结晶形态是微小晶体堆砌而形成的晶体外形,结晶高聚物主要的结晶形态有单晶、球晶、树枝状晶、纤维状晶、串晶和伸直链晶等。为了阐述高分子链在结晶中的排列问题,人们在各种实验依据下提出了各种不同的结构模型,主要有 1930 年 Gerngress – Herrmann 提出的两相共存的缨状胶束模型、1950 年 A. Keller 提出的片晶折叠链模型和 Flory 插线板模型等。这些模型各自能解释高聚物结晶的部分现象,但也各自存在一定的局限性,可能分别适用于不同的结晶场合。

有利于链的对称性和立体规整性的因素均有利于聚合物的结晶,而任何破坏分子链对称性和立体规整性的结构因素均使高聚物的结晶能力下降,甚至完全不结晶。合适的时间和温度范围是聚合物形成结晶态的充分条件。由于大分子长链结构以及链的缠结作用,聚合物形成规整有序的晶格排列需要较长的时间,并且只有在玻璃化转变温度与熔点之间的温度范围内,才可能形成结晶。高聚物结晶的本质与小分子结晶相同,也是三维长程有序,也是一级相变过程,但因为长链结构,又使得聚合物的结晶具有与小分子结晶不同的特征。根据晶胞的类型,聚合物的晶体结构没有立方晶系,属于高级晶系的也很少,大多数是低级晶系。但与小分子相同的是,同一种结晶性聚合物可以在不同条件下形成不同的晶体结构,即有同质多晶现象。如全同聚丙烯可以有单斜、六方或三方等不同晶系。此外,由于聚合物的长链结构,在绝大多数情况下,高分子以链段为单元排入晶胞中,高分子结晶在本质上是分子晶体。由于其长链结构,高聚物形成结晶态时,其内部结晶有序程度比较低,大体呈现出晶态和非晶态两相共存的体系。为描述结晶内部的有序程度,聚合物有结晶度的概念。结晶度定义为结晶部分所占的质量分数 X_C^W 或体积分数 X_C^V

$$X_C^W = \frac{W_C}{W_0} \times 100\% \qquad (2-6)$$

$$X_C^V = \frac{V_C}{V_0} \times 100\% \qquad (2-7)$$

式中　W_0——聚合物样品的总质量和总体积;

　　　V_0——聚合物样品的总体积;

　　　W_C——结晶部分的质量;

　　　V_C——结晶部分的体积。

一般来讲,结晶高聚物结晶度增大,其弹性模量、硬度、抗张强度、屈服应力均有提高,而抗张伸长率及耐冲击强度降低。同时结晶会使材料的密度增大,光学性质则会引起光学各向异性。与非晶态高分子材料相比,结晶态高分子材料的使用温度可大大提高。

2.3.3.2　高聚物的非晶态

非晶(性)高聚物也称无定形高聚物,它是和结晶性高聚物相对而言的一类高聚物。一般来说,分子具有支化、交联、无规立构、无规共聚和带有较大侧基等结构时往往得到无定形高聚物。它们可显示明显的玻璃化转变(T_g 链段运动温度),使用温度受 T_g 的限制,但有非常好的光学透明性。严格来说,无定形高聚物指在任何条件下都不会结晶的高聚物,但实际上也常把结晶性很低的高聚物算入其中。

非晶性高聚物总是非晶态的,而结晶性高聚物却并不是总是结晶的。通常,把高聚物分子链不具备三维有序排列的聚集状态称为非晶态。

高聚物非晶态包括:①无定形高聚物,它们从熔体冷却时,只能形成无定形态(玻璃态)。②有些高聚物(如聚碳酸酯等)结晶速度非常缓慢,以至于在通常冷却速度下结晶度非常低,通常以非晶态(玻璃态)存在。③低温下结晶较好,但常温下难结晶的高聚物,如天然橡胶和顺丁橡胶等玻璃化温度较低的高聚物,在常温下呈高弹态无定形结构。④结晶性高聚物在其熔融状态及过冷的熔体中仍为非晶状态。⑤结晶高聚物除了晶区外,不可避免地含有非晶区(非晶态)部分。高聚物的非晶态涉及玻璃态、高弹态、黏流态以及结晶中的非晶部分。

非晶态结构模型有完全无序的非晶态模型——无规线团模型、局部有序的非晶态结构模型——折叠链缨状胶束粒子模型。总之,聚合物结晶体的有序性小于低分子结晶体;聚合物非晶态的结构有序性大于低分子非晶态。

2.3.3.3　高聚物的取向态结构

线型高分子充分伸展的时候,其长度为其宽度的几百、几千甚至几万倍,这种结构的悬殊的不对称性,使它们在某些情况下很容易沿某特定方向做占优势的平行排列。高聚物的结构单元在外力场作用下沿外力场作用方向有序排列所形成的结构,称之为取向态结构。高聚物取向的单元可以是:分子链、链段、基团、晶粒、晶片或变形的球晶等。取向后的高聚物将呈现出各向异性,在取向方向和垂直于取向方向上性能差别特别显著。例如,在力学性能方面,取向方向上高聚物的拉伸强度和挠曲强度显著提高。而在垂直于取向方向上强度可能下降。如常用的尼龙绳,拉伸强度较好,但撕裂很容易。拉伸后也将改变材料的光学性能,会出现双折射现象。按取向方式有单轴取向和双轴取向。

取向态是一维或二维有序,而结晶态是三维有序。

取向态向无序态恢复的过程称之为解取向。取向态是一种热力学不平衡的状态,热运动将使取向态结构自动解取向。在外力作用下取向越容易进行的结构单元,除去外力后解取向也越容易。链段总是先于整个分子链解取向结晶结构的稳定性带来了结晶高聚物取向态的稳定性,只要晶格不发生破坏,解取向就不能发生。因此,在温度低于熔点的条件下可以长时间保持结晶高聚物的取向态结构。

2.4 聚合物的热性能

热性能是指聚合物在不同温度下表现出来的物理的或化学的性质。一般用聚合物的转变温度来表征聚合物的各种热性能指标。热性能取决于大分子的化学结构和聚集态结构。由于温度与聚合物形变的关系能比较全面地反映高分子运动的状态,因此,一般都通过温度–形变曲线和各种特征温度的讨论了解热性能与结构的关系。在不同温度条件下,聚合物的结构虽没有改变,但分子运动的状况不同,所表现出来的宏观物理性质就大不相同。聚合物的结构比低分子化合物要复杂得多,自然其分子运动也就更为复杂和多样化。就运动的特点而论,可以归纳如下:

2.4.1 聚合物的分子运动特点

2.4.1.1 运动单元的多重性

聚合物分子运动单元具有多重性,它可以是侧基、支链、链节、链段和整个分子等。除了整个分子可以像小分子那样做振动、转动和移动外,高分子的一部分还可以做相对于其他部分的转移、移动和取向。即使整个分子的质心不移动,它的链段仍可以通过主链单键的内旋转而移动。而整个高分子的移动,也是通过各链段的协同移动来实现的。

2.4.1.2 分子热运动是一种松弛过程

在一定的外界条件下,聚合物从一种平衡状态,通过分子的热运动,达到与外界条件相适应的新的平衡态。由于高分子运动时运动单元所受到的摩擦力一般是很大的,这个过程通常是慢慢地完成的,因此,这个过程也称为松弛过程。通常用松弛时间表示聚合物松弛过程进行的快慢。

2.4.1.3 分子热运动与温度有关

温度对高分子的热运动有两方面的作用。一种作用是使运动单元活化。温度升高使高分子热运动的能量增加,当能量增加到足以克服运动单元以一定方式运动所需要的位垒时,运动单元处于活化状态,从而开始了一定方式的热运动。另一种作用是,温度升高使聚合物发生体积膨胀,加大了分子间的自由空间,它是各种运动单元发生运动所必需的。当自由空间大到某种运动单元所必需的大小后,这一运动单元便可以自由地迅速地运动。随温度的升高,这两种作用的结果,都加快松弛过程的进行,或者说,缩短了松弛时间。因此松弛时间与温度有一定的关系。

2.4.2 聚合物的温度－形变曲线

高分子的不同的运动机制在宏观上表现为不同的力学状态。由于高分子的运动依赖于时间,所以在我们日常的时间标尺下那些松弛时间过长的运动行为不能表现出来。因此在一定的时间标尺下材料的力学状态是确定的。高分子的运动又依赖于温度,升高温度可使松弛时间缩短,因此可使在较低温度下体现不出来的运动行为在较高的温度下得以实现,宏观上表现为材料的力学状态发生转变。

在一定的时间内对某一聚合物试样施加一恒定的外力,测试其形变量。除去负荷,改变温度后,再施加相同的负荷,再测出其形变量,依此类推。记录形变随着温度的变化,从而得到温度－形变曲线或热机械曲线。如图 2－4 所示为非晶聚合物的温度－形变曲线。在较低的温度范围内,材料表现出较小的形变量和较高的弹性模量。这种力学状态称为玻璃态。进一步升高温度,形变量明显增加,材料的力学状态发生转变,并在随后的一段温度区间内达到相对稳定的形变。此时材料变得柔软而富有弹性,在外力作用下可发生较大的形变,外力除去后形变也能够回复。这种力学状态称为高弹态。再进一步升高温度,材料的形变量进一步增大,最后完全变成黏性的流体即黏流态。可见非晶态聚合物材料因温度的不同而具有不同的力学行为,随温度的升高依次出现玻璃态、高弹态和黏流态三种力学状态。相应的出现两次转变。把玻璃态与高弹态之间的转变称为玻璃化转变,对应于链段运动的"冻结"与"解冻",以及分子链构象的变化,该转变温度称为玻璃化转变温度或简称为玻璃化温度,以 T_g 表示;把高弹态到黏流态的转变称为流动转变或黏流转变,对应是大分子链开始运动或被冻结的温度,该转变温度称为流动温度或黏流温度,以 T_f 表示。

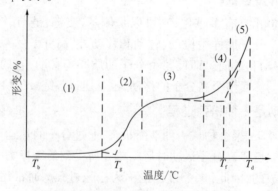

图 2－4 线型非结晶聚合物的温度－形变曲线示意图

在玻璃态下,由于温度较低,分子的运动量有限,难以克服主链内旋转的位垒。这时由众多个主链化学键的内旋转的协同作用造成的链段运动处于被冻结的状态,只能发生诸如键长、键角、侧基、小链节等较小的运动单元的运动。换句话说,链段等较大的运动单元此时其运动松弛时间远超出了实验测试的时间范围,观察不到这种运动所表现出来的力学性质。因此,聚合物材料在玻璃态受力后只发生很小的形变,通常为 0.1% ~ 1.0%,材料模量越高,可达 10^9 ~ 10^{10} Pa。表现出来的力学性质同小分子玻璃相似。粗略地说,形变的大小正比于外力的大小。由于松弛时间短,所以外力除去后形变几乎能立刻恢复。玻璃态的这种力学性质称为普弹性或虎克弹性。

温度继续升高,链段运动被激发。此时有 20 ~ 50 个链节获得足够的能量以协同方式运动,材料模量迅速下降 3 ~ 4 个数量级,形变增大,材料处于玻璃化转变区。

当温度升高到分子的一部分链段可以通过构象转变相对于另一部分的链段运动,或者说,随着温度的升高,链段运动的松弛时间逐渐减小,当它减小到可与实验观察时间相比较时,便可观察到因链段的运动而带来的材料的宏观力学性质。这时材料由玻璃态转变为高弹态。在高弹态下,外力的作用可引起高分子链构象的变化,链段之间可以有类似于液体的相对滑移。但热运动的能量还不足以激发整个分子链的运动,从整体来看,它又有固体的特点。高弹态下聚合物的链段运动和整链运动这两种不同尺寸的运动单元处于两种不同的运动状态,表现为液体和固体的双重特性,因此在较小的外力作用下可使聚合物通过链段运动而产生较大的形变,而解除外力后又能通过链段运动使之恢复到原来的状态。这种力学性质称为高弹性或橡胶弹性。材料模量减少到 10^5 ~ 10^6 Pa。

当温度升高到 T_f 以上时,整个分子链运动的松弛时间缩短到与实验观测时间同一数量级。在外力作用下,通过链段的协同运动分子整链开始滑移。此时,我们不但可觉察到链段的运动,还能觉察链段运动产生的高弹形变是可以回复的,而整链运动——流动同低分子液体的流动相似,是不可逆形变,外力除去后,形变不再回复。材料模量下降到 10^3 ~ 10^4 Pa。

聚合物所表现的力学状态及其转变,除了同温度有关外,还同聚合物本身的性质有关。图 2 – 5 所示为几种不同类型的聚合物的形变温度曲线。对于线型无定形聚合物,分子量的增加主要导致整链运动的松弛时间增长,表现为高弹态区域变宽和流动温度增高。适度交联的高分子因为交联点的作用限制了网链间的相对运动,但是链段运动尚可以发生,因此只出现高弹态而不出现黏流态。在结晶聚合物中通常含有非晶部分,它的分子运动要受到结晶的影响。结晶部分由玻璃态变为高弹态,试样变为柔软的皮革状,具有较大的变形性。随着结晶度的增加,非晶部分所占的比例越来越小,使得非晶部分处于高弹态的结晶聚合物材料的变形性下降。结晶度大于某一临界值(~ 40%)后,微晶体彼此衔接,应力主要由结晶相承受,这时材料的变形性很小,宏观上将难以观察到非晶部分的玻璃化转变,因此其温度 – 形变曲线在熔点前不出现明显转折。结晶聚合物的熔点和它的流动温度之间没有必然联系。结晶熔融后是否出现黏流态同聚合物的分子量有关。如果分子量不太高,非晶态下聚合物的流动温度 T_f 小于结晶的熔点 T_m,则结晶熔融后试样为黏流态。如果分子量足够大,非晶聚合物的流动温度 T_f 将高于结晶的熔点。这种情况下温度升高到 T_m 之后,结晶熔融,但热运动能量仍不能克服分子链之间的物理缠结等作用,不能发生分子链运动,材料呈高弹态。进一步升高温度到 T_f 以上,才会出现黏流态。T_f 高于 T_m 的材料对成型加工不利。从方便加工的角度出发,在满足材料力学性能的前提下,通常使结晶性聚合物的分子量适当降低一些,使其 T_f 低于 T_m 为宜。

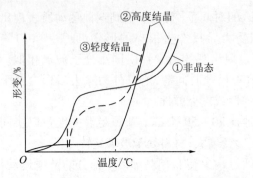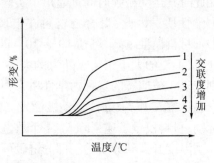

图2-5　各类聚合物的热形变曲线特征

高分子的转变与松弛过程的宏观表现是多方面的,除了材料的变形之外,还可从试样的体积、模量、应力、动态力学损耗、介电损耗、热力学函数等许多性质随温度或时间(频率)的变化行为得到反映。

2.4.3　聚合物的耐热性

耐热性是指材料短时间或长期处于高温下以及处于急速的温度变化下,能保持其基本性能而正常使用的能力。所谓聚合物的耐热性实际上包含两个方面,即热变形性和热稳定性。前者是指聚合物在一定负荷下耐热变形的温度高低,而后者则是指抵抗热分解的能力。

2.4.3.1　热变形性

受热不易变形,能保持尺寸稳定性的聚合物必然处于玻璃态或晶态。因此,要改善聚合物的热变形性应提高其 T_g 或 T_m,从结构上考虑应增加主链的刚性,使聚合物结晶、交联。

(1)增加主链的刚性。

(2)结晶高分子聚集态结构的研究表明,结构规整及具有强的链间作用力的聚合物易结晶。高分子链间相互作用越大,破坏聚合物分子间力所需要的能量也越大,T_m 就越高,见表2-6。

表2-6　结构因素对 T_m 的影响

结构因素	聚合物结构	T_m/℃
主链引入氢键	$+CH_2-CH_2+_n$	110
	$*+NH(CH_2)_5CO+_n$	215～223
引入强极性侧基	$+CH_2-CH+_n$　Cl　　$+CH_2-CH+_n$　CN	176 / 317
结构规整性	$*+C-C-O-(CH_2)_2-O+_n*$	63
	$*+C-C-O-(CH_2)_2-O+_n*$	254

（3）交联聚合物交联后不仅力学性能得到改善，而且耐热性也提高，一般来说，交联聚合物不溶不熔，只有加热至分解温度以上才遭破坏。

2.4.3.2　热稳定性

高聚物的热稳定性是指高温下保持其化学结构或组成稳定性的能力。聚合物在高温下会产生两种结果——降解和交联。降解是分子链的断裂，交联则导致分子量增大。通常，降解和交联几乎同时发生，只有当某一反应占优势时，聚合物才表现出降解发黏，或交联变硬，这两种反应均与化学键断裂有关，因此组成高分子链的化学键能越大，耐热分解能力也越强。评价聚合物热稳定性最简单、方便的方法，是做不同材料的热失重（TG）曲线。失重曲线上的温度值常用来比较材料的热稳定性。比较常用的是失重 5% 时对应的温度，或者 TG 曲线下降段切线与基线延长线的交点温度，也叫外延起始温度，也有将其称为分解温度（T_d）。如果 TG 曲线下降段切线不好划时，美国 ASTM 规定把过 5% 和 50% 两点的直线与基线的延长线的交点定义为分解温度。有时在比较热稳定性时，除了失重的温度外，还需比较失重速率。

通过对聚合物热分解的研究，目前已找到一些提高聚合物热稳定性的有效途径。

（1）尽量提高分子链中键的强度，避免弱键的存在。

由表 2-7 可见，引入重键可提高热稳定性，而具有 C—Cl、C—S、O—O 键的聚合物热稳定性较差。

表 2-7　几种键的离解能　　　　　　　$\times 10^{-5} J \cdot mol^{-1}$

键	离解能	键	离解能	键	离解能
N≡C	8.8	C—F	5.0	C—C(脂肪族)	3.4
C≡C	8.4	O—H	4.6	C—O(醚)	3.3
O≡C	7.3	C—H(乙烯)	4.4	C—Cl	3.3
C≡C	6.1	C—H(甲烷)	4.1	S—S	3.2
S≡C	5.4	Si—O	3.7	Si—S	2.9
C—C(芳香族)	5.2	C—O	3.6	C—S	2.8
C—H(乙炔)	5.1	N—H	3.5	O—O(过氧化物)	2.7

（2）主链中引入较多芳杂环，减少—CH₂—的结构。如

在空气中，热分解温度 T_d 为 425～450 ℃

（3）合成梯形、螺形、片状结构的聚合物。聚丙烯腈纤维经高温处理可制得石墨片状结构的碳纤维，其耐热性已超过钢，如以火焰喷射，钢板被穿孔而碳纤维织物却无明显变化。

（4）加入热稳定剂。热稳定剂的加入可减缓降解的发生。如聚氯乙烯受热时，沿分子链迅速脱去 HCl，产生共轭结构，导致制品变色、发硬。

脱下的 HCl 又有加速上述反应的作用，故在聚氯乙烯中加入弱碱性物质，吸收 HCl，可改善其热稳定性。

2.4.4　热膨胀性

热膨胀是指物质在加热或冷却时发生的热胀冷缩现象,是由于温度变化而引起的材料尺寸和外形的变化。

假设物体原来的长度为 l_0,温度升高 ΔT 后长度的增加量为 Δl,实验得出

$$\frac{\Delta l}{l_0} = \alpha_l \Delta T \tag{2-8}$$

式中　α_l——线膨胀系数,即温度升高 1 K 物体的相对伸长量。

同理,物体体积随温度的升高可表示为

$$V_T = V_0(1 + \alpha_V \Delta T) \tag{2-9}$$

式中　α_V——体膨胀系数,相当于温度升高 1 K 物体体积相对增长量。

不同的物质其热膨胀特性是不同的,固体材料质点间结合力越强,热膨胀系数越小。与金属相比,聚合物的热膨胀系数较大(见表 2-8)。对于结晶和取向的聚合物,热膨胀有很大的各向异性。

表 2-8　不同材料的热膨胀系数

材料	热膨胀系数/ $\times 10^{-5}\,K^{-1}$	材料	热膨胀系数/ $\times 10^{-5}\,K^{-1}$
PVC	6.6	NR	22.0
PP	11.0	Cu	1.9
LDPE	20~220	软钢	1.1

2.4.5　导热性

热量从物体温度较高的一部分传到温度较低的部分或者从一个物体传到另一个相接触的物体叫热传导。

若材料垂直于轴方向的截面积为 ΔS,沿 x 轴方向的温度变化率为 $\mathrm{d}T/\mathrm{d}x$,在 Δt 时间内沿 x 轴正方向传过 ΔS 截面上的热量为 ΔQ,则实验表明,对于各向同性的物质,在稳定传热状态下有如下傅里叶定律

$$\Delta Q = -\lambda \frac{\mathrm{d}T}{\mathrm{d}x}\Delta S \Delta t \tag{2-10}$$

式中　λ——热导率(或导热系数),J/(m·s·K)。

其物理意义是在单位梯度温度下单位时间内通过材料单位垂直面积的热量,是表征材料热传导能力大小的参数。

各种物体都能传热,但不同物质的传热能力不同。金属都是热的良导体,而聚合物的热导率都很小,是优良的绝热保温材料(见表 2-9)。

表 2-9　不同材料的热导率值

材料	热导率/[J/(m·s·K)]	材料	热导率/[J/(m·s·K)]
PP	0.172	Cu	385
PS	0.142	Al	240
EP	0.180	玻璃	0.9

2.5　聚合物的力学性能

作为材料使用时,总是要求聚合物具有必要的力学性能。可以说,对于大部分应用而言,力学性能比聚合物的其他物理性能显得更为重要。

聚合物材料具有所有已知材料中可变范围最宽的力学性质,包括从液体、软橡皮到很硬的刚性固体。各种聚合物对于机械应力的反应相差很大:例如苯乙烯制品很脆,而尼龙制品却坚韧,不易变形也不易破碎;轻度交联的橡胶拉伸时,可伸长好几倍,外力解除后还能基本上回复原状;而胶泥变形后,却完全保持着新的形状。聚合物力学性质的这种多样性,为不同的应用提供了广阔的选择余地。然而,与金属材料相比,聚合物的力学性质对温度和时间的依赖性要强烈得多,表现为聚合物材料的黏弹性行为,即同时具有黏性液体和纯粹弹性固体的行为,这种双重的力学行为使聚合物的力学性质显得复杂而有趣。

聚合物的力学性质之所以具有这些特点,是由于聚合物由长链分子组成,分子运动具有明显的松弛特性的缘故。而各种聚合物的力学性质的差异,则直接与各种结构因素有关,除了化学组成之外,这些结构因素包括分子量及其分布、支化和交联、结晶度和结晶的形态、共聚的方式、分子取向、增塑以及填料等。

2.5.1　聚合物的强度

广义地说,强度是指固体聚合物对断裂和高弹形变的阻抗以及聚合物在高温时对塑性变形的阻挠。简单地说,强度是指在外力作用下,聚合物抵抗破坏及变形的能力,聚合物在使用过程中受力的情况不同,因而破坏的方式也不同。可能被拉断、弯断、撞断,也可能被压碎或摔碎,也可能因多次反复的曲折或变形而破坏等。因而设立各种强度指标,作为考察聚合物力学性能的标准。下面在了解一些基本物理量和力学性能指标的基础上,介绍几种聚合物的力学性能。

2.5.1.1　描述力学性质的基本物理量

应力、应变与弹性模量:在外力作用下材料发生宏观变形时,其内部同时产生与外力抗衡的附加内力,并力图使材料恢复到变化前的状态,达到平衡时,附加内力与外力大小相等方向相反。定义单位面积上的附加内力为应力,应力单位为牛顿/米^2,又称帕斯卡。

当材料受到外力作用而不产生惯性移动时,它的几何形状和尺寸将发生变化,这种变化就称为应变。根据材料受力的不同方式,应变有三种基本类型:简单拉伸应变、剪切应变和均匀压缩应变(见图 2-6)。

弹性模量是材料发生单位应变时的应力,是材料抵抗变形能力大小的量度,模量越大表示材料刚性越大。定义模量的倒数为柔量。

$$弹性模量 = \frac{应力}{应变}$$

(1)简单拉伸　在简单拉伸的情况下,材料受到的外力 F 是垂直于截面积的大小相等、方向相反并作用在同一条直线上的两个力,这时材料的形变称为拉伸应变。定义拉伸应变 ε 为单位长度的形变量

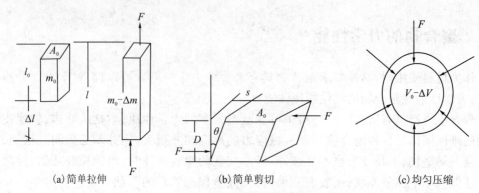

图 2-6　材料的应变示意

$$\varepsilon = \frac{l - l_0}{l_0} = \frac{\Delta l}{l_0} \qquad (2-11)$$

通常,为简便起见,将与拉伸应变对应的工程应力作为拉应力

$$\sigma = \frac{F}{A_0} \qquad (2-12)$$

弹性模量称作杨氏模量 E,为

$$E = \frac{\sigma}{\varepsilon} = \frac{N}{l_0} \qquad (2-13)$$

(2)简单剪切　材料受到与截面 A_0 下平行的大小相等、方向相反的两个力的作用。在剪切力 F 作用下,材料将发生剪切变形,切变角 θ 的正切定义为切应变,

$$\gamma = \tan \theta \qquad (2-14)$$

剪切应力为

$$\sigma_s = \frac{F}{A_0} \qquad (2-15)$$

剪切模量 G 为

$$G = \frac{\sigma_s}{\gamma} = \frac{F}{A_0 \tan \theta} \qquad (2-16)$$

如果材料在剪切力作用下完全不改变自身的形状,则 $G \to \infty$。简单剪切时,材料只发生形状改变,而体积保持不变。

(3)均匀压缩应变　均匀压缩材料受到单位面积的静压力 P,发生体积形变,体积由 V_0 缩小为 $(V_0 - \Delta V)$,材料的压缩应变定义为:

$$\Delta = \frac{\Delta V}{V_0} \qquad (2-17)$$

体积模量 K 是物体的可压缩性的量度,定义为:

$$K = \frac{P}{\dfrac{\Delta V}{V_0}} = \frac{PV_0}{\Delta V} \qquad (2-18)$$

有时,用模量的倒数比用模量来得方便。杨氏模量的倒数称为拉伸柔量,用 D 表示;剪切模量的倒数称为剪切柔量,用 J 表示,而体积模量的倒数称可压缩度 B。

2.5.1.2　高聚物材料机械强度评价指标

机械强度是指材料所能忍受拉伸破坏的最大应力,是材料抵抗外力破坏能力的量度。高聚物材料机械强度的常用指标包括:拉伸强度及模量、断裂伸长率、弯曲强度、冲击强度、疲劳极限和硬度等。

（1）拉伸强度　在恒定的试验温度、湿度和试验速度下,在标准试样上沿轴向施加拉伸力,直到试样被拉断。拉伸强度（也称抗张强度）定义为试样断裂前所承受的最大拉伸力 F_{max} 与试样的宽度 b 和厚度 d 的乘积的比值:

$$\sigma_t = \frac{F_{max}}{bd} \tag{2-19}$$

拉伸试验得到的另一个参数是断裂伸长率,定义为试样断裂时拉伸方向的长度增量与材料起始长度的百分比:

$$\varepsilon_t\% = \frac{\Delta l_t}{l_0} \times 100\% \tag{2-20}$$

类似的,如果向试样施加的是单向压缩载荷,则测得的是压缩强度和压缩模量。

（2）弯曲强度　也称挠曲强度,弯曲试验是在规定的试验条件下对标准试样施加一弯曲力矩,直到试样折断。定义弯曲强度为试样折断前承受的最大应力。小形变时的弹性模量为弯曲模量。

弯曲强度:

$$\sigma_f = \frac{F_{max}}{2} \frac{l_0/2}{bd^2/6} = 1.5 \frac{F_{max} l_0}{bd^2} \tag{2-21}$$

弯曲模量:

$$E_f = \frac{\Delta F l_0^3}{4bd^3\delta} \tag{2-22}$$

（3）冲击强度　冲击强度是衡量材料韧性的一种强度指标,表征材料抵抗冲击载荷破坏的能力。通常定义为试样受冲击力作用而折断时单位截面积所吸收的能量:

$$\sigma_i = \frac{W}{bd} \tag{2-23}$$

式中　W——冲断试样所消耗的功。

冲击试验方法主要有摆锤式冲击、落重式冲击和高速拉伸三类。在拉伸试验中,当拉伸速度足够高时,拉断试样所做的功与试样受冲击破坏时所吸收的能量相当,这就是高速拉伸试验测量材料冲击强度的依据。通常测量整个快速拉伸过程应力和应变的关系,得到应力 - 应变冲击强度的另一种指标。

$$\sigma_{it} = \int_0^{\varepsilon_b} \sigma_t d\varepsilon \tag{2-24}$$

式中　σ_t——断裂伸长率。

这时,冲击强度与拉伸强度和断裂伸长率都有关系,高速拉伸法可以分别估计出这两个因素对冲击强度的贡献,在这点上,前面两种方法是办不到的。各种冲击试验所得结果可能很不一致,不同试验方法时常给出不同的聚合物冲击强度,而且方法确定后测得的值也不是材料常数,试样的几何形状和尺寸对它影响很大,薄的试样一般比厚的试样给出较高的冲击强度。

（4）硬度　作为衡量材料表面抵抗机械压力的能力的一种指标,硬度的大小与材料的抗张强度和弹性模量有关。

　　硬度试验方法有十几种。按加载方式基本上可分为压入法和刻划法两大类。在压入法中,按加荷方式又有动载法和静载法两类,前者用弹性回跳法(如肖氏硬度)和冲击力(如喷砂硬度)把钢球等压入试样;后者通过平稳加荷将一定形状的压头压入试样测试硬度,如布氏硬度、洛氏硬度、维氏硬度和显微硬度等。刻划法主要包括莫氏硬度顺序法和挫刀法等。

　　洛氏硬度是用一定的试验力,将压头压入试样表面,经规定保持时间后卸除试验力,试验表面将残留压痕。以压痕深度来表示材料的硬度值。洛氏硬度计压头包括圆锥角120°的金刚石锥或直径为 1.587 mm 和 3.175 mm 的淬火钢球。洛氏硬度 3 种压头和 3 种试验力的 9 种组合对应于洛氏硬度的 9 个标尺,常用的是 HRA、HRB 和 HRC 3 种。

　　邵氏硬度的测量原理是:具有一定形状的钢制压针,在试验力作用下垂直压入试样表面,当压足表面与试样表面完全贴合时,压针尖端面相对压足平面有一定的伸出长度 L,以 L 值的大小表征邵氏硬度的大小,L 值越大,表示邵氏硬度越低。用于确定塑料或橡胶等软性材料的相对硬度,主要分为 A 型、C 型和 D 型 3 类,测量原理相同,仅测量针的尺寸形状不同。

2.5.2　几类玻璃态聚合物的拉伸行为

　　典型的玻璃态聚合物单轴拉伸时的应力－应变曲线如图 2－7 所示。

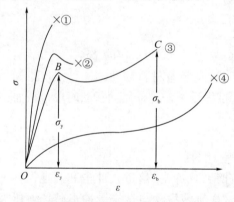

图 2－7　玻璃态聚合物单轴拉伸时的应力－应变曲线

　　当温度很低时($T < < T_g$),应力随应变成正比地增加,最后应变不到 10% 就发生断裂(如曲线①所示);当温度稍稍升高些,但仍在 T_g 以下,应力－应变曲线上出现了一个转折点 B,称为屈服点,应力在 B 点达到一个极大值,称为屈服应力。过了 B 点应力反而降低,试样应变增大。但由于温度仍然较低,继续拉伸,试样便发生断裂,总的应变也没有超过 20%(如曲线②所示);如果温度再升高到 T_g 以下几十度的范围内时,拉伸的应力－应变曲线如曲线③所示,屈服点之后,试样在不增加外力或者外力增加不大的情况下能发生很大的应变(甚至可能有百分之几百)。在后一阶段,曲线又出现较明显地上升,直到最后断裂。断裂点 C 的应力称为断裂力,对应的应变称为断裂伸长率。温度升至 T_g 以上,试样进入高弹态,在不大的应力下,便可以发展成高弹形变,曲线不再出现屈服点,而呈现一段较长的平台,即在不明显增加应力时,应变有很大的发展,直到试样断裂前,曲线才又出现急剧上升。如曲线④所示。

　　由图 2－7 可以看到,玻璃态聚合物拉伸时,曲线的起始阶段是一段直线,应力与应变成正比,试样表现出虎克弹性体的行为,在这段范围内停止拉伸,移去外力,试样将立刻完全回复原状。从这段直线的斜率可以计算出试样的杨氏模量。这段线性区对应的应变一般只有百分之几,从微观的角度看,这种高模量、小形变的弹性行为是由高分子的键长键角变化引起的。在材料出现屈服之前发生的断裂称为脆性断裂(如曲线①),这种情况下,材料断裂前只发生很小的形变。而在材料屈服之后的断裂,则称为韧性断裂(如曲线②③)。材料在屈服后出现了较大的应变,如果在试样断裂前停止拉伸,除去外力,试样的大形变已无法完全回复,但是如果让试样的温度升到 T_g 附近,则可发现,形变又回复了。显然,这在本质上是一种高弹形变,而不是黏流形变。因此,屈服点以后材料的大形变的分子机制主要是高分子的链段运动,即在大外力的帮助下,玻璃态聚合物本来被冻结的链段开始运动,高分子链的伸展提供了材料的大形变。这时,由于聚合物处在玻璃态,即使外力除去后,也不能自发回复,而当温度升高到 T_g 以上时,链段运动解冻,分子链蜷曲起来,因而形变回复。如果在分子链伸展后继续拉伸,则由分子链取向排列,使材料强度进一步提高,因而需要更大的力,所以应力又出现逐渐上升,直到发生断裂。

玻璃态聚合物在大外力的作用下发生的大形变,其本质与橡胶的高弹形变一样,但表现的形式却有差别,为了与普通的高弹形变区别开来,通常称为强迫高弹形变。

影响强迫高弹形变的因素很多,根据松弛时间 τ 与 σ 应力之间关系式:

$$\tau = \tau_0 \exp\left(\frac{\Delta E - \alpha\sigma}{RT}\right) \qquad (2-25)$$

式中　ΔE——活化能;

　　　α——与材料有关的常数。

由式(2-25)可知,随着应力的增加,链段运动的松弛时间将缩短。当应力增大到屈服应力 σ_y 时,链段运动的松弛时间减小至与拉伸速度相适应的数值,聚合物就可产生大形变。所以加大外力松弛过程的影响与升高温度相似。

从以上公式还可以看出,温度对强迫高弹性也有很大的影响。如果温度降低,为了使链段松弛时间缩短到与拉伸速度相适应,就需要有更大的应力,即必须用更大的外力,才能使聚合物发生强迫高弹形变。但是要使强迫高弹形变能够发生,必须满足断裂应力 σ_b 大于屈服应力 σ_y 的条件。若温度太低,则 $\sigma_b < \sigma_y$,即在发生强迫高弹形变以前,试样已经被拉断了。因此并不是任何温度下都能发生强迫高弹形变的,而有一定的温度限制,即存在一个特征的温度 T_b,只要温度低于 T_b,玻璃态聚合物就不能发生强迫高弹形变,而必定发生脆性断裂,因而这个温度称为脆化温度。玻璃态聚合物只有处在 T_b 到 T_g 之间的温度范围内,才在外力作用下实现强迫高弹形变。

既然强迫高弹形变过程和断裂过程都是松弛过程,时间因素的影响自然是很大的,因而作用力的速度也直接影响着强迫高弹形变的发生和发展,对于相同的外力来说,拉伸速度过快,强迫高弹形变来不及发生,或者强迫高弹形变得不到充分的发展,试样要发生脆性断裂;而拉伸速度过慢,则线型玻璃态聚合物要发生一部分黏性流动;只有在适当的拉伸速度下,玻璃态聚合物的强迫高弹性才能充分地表现出来。

以上讨论了温度、外力的大小和作用速度等外部因素对强迫高弹性的影响,然而强迫高弹性主要是由聚合物的结构决定的。强迫高弹性的必要条件是聚合物要具有可运动的链段,通过链段运动使链的构象改变才能表现出高弹形变,但强迫高弹性又不同于普通的高弹性,高弹性要求分子具有柔性链结构,而强迫高弹性则要求分子链不能太柔软,因为柔性很大的链在冷却成玻璃态时,分子之间堆砌得很紧密,在玻璃态时链段运动很困难,要使链段运动需要很大的外力,甚至超过材料的强度,所以说链柔性很好的聚合物在玻璃态是脆性的,T_b 与 T_g 很接近。如果高分子链刚性较大,则冷却时堆砌松散,分子间的相互作用力较小,链段活动的余地较大,这种聚合物在玻璃态具有强迫高弹性而不脆,它的脆点较低,T_b 与 T_g 的间隔较大。但是如果高分子链的刚性太大,虽然链堆砌也较松散,但链段不能运动,不出现强迫高弹性,材料仍是脆性的。此外,聚合物的分子量也有影响,分子量较小的聚合物在玻璃态时堆砌也较紧密,使聚合物呈现脆性,T_b 与 T_g 很接近,只有分子量增大到一定程度后,T_b 与 T_g 才拉开。

2.5.3　影响聚合物实际强度的因素

从分子结构的角度来看,聚合物之所以具有抵抗外力破坏的能力,主要靠分子内的化学键合力和分子间的范德瓦耳斯力和氢键。不考虑其他各种复杂的影响因素,我们可以由微观角度计算出聚合物的理论强度,这种考虑方法是很有意义的,因为把理论计算得到的结果与实际聚合物的强度相比较,我们就可以了解它们之间的差距,这个差距将指引和推动人们进行提高聚合物实际强度的研究和探索。

为了简化问题,我们可以把聚合物断裂的微观过程归结为以上三种模型示意图,见图2-8。如果高分子链的排列方向是平行于受力方向的,则断裂时可能是化学键的断裂或分子间的滑脱;如果高分子链的排列方向是垂直于受力方向的,则断裂时可能是范德瓦耳斯力或氢键的破坏。通过对比三种情况的理论拉伸强度(或断裂强度)和实际强度的数值,发现理论强度和实际强度存在着巨大的差距。可见,提高聚合物的实际强度的潜力是很大的。

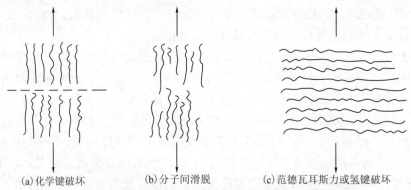

(a)化学键破坏　　　　(b)分子间滑脱　　　(c)范德瓦耳斯力或氢键破坏

图2-8　聚合物断裂微观过程的三种模型示意图

影响聚合物实际强度的因素很多,总的来说可以分为两类:一类是与材料本身有关的,包括高分子的化学结构、分子量及其分布、支化和交联、结晶与取向、增塑剂、共混、填料、应力集中物等;另一类是与外界条件有关的,包括温度、湿度、光照、氧化、作用力的速度等,下面分别加以讨论。

2.5.3.1　高分子本身结构的影响

前面已经分析过高分子具有强度在于主链的化学键力和分子间的作用力,所以增加高分子的极性或产生氢键可使强度提高。例如低压聚乙烯的拉伸强度只有 15 ~ 16 MPa,聚氯乙烯因有极性基团,拉伸强度为 50 MPa,尼龙 610 有氢键,拉伸强度为 60 MPa。极性基团或氢键的密度越大,则强度越高,所以尼龙 66 的拉伸强度比尼龙 610 还大,达 80 MPa。如果极性基团过密或取代基团过大,阻碍了链段的运动,不能实现强迫高弹形变,表现为脆性断裂,因此拉伸强度虽然大了,但材料变脆。

主链含有芳杂环的聚合物,其强度和模量都比脂肪族主链的高,因此新型的工程塑料大都是主链含芳杂环的。例如芳香尼龙的强度和模量比普通尼龙高,聚苯醚比脂肪族聚醚高,双酚 A 聚碳酸酯比脂肪族的聚碳酸酯高。引入芳杂环侧基时强度和模量也要提高,例如聚苯乙烯的强度和模量比聚乙烯的高。分子链支化程度增加,使分子之间的距离增加,分子间的作用力减小,因而聚合物的拉伸强度会降低,但冲击强度会提高。例如高压聚乙烯的拉伸强度比低压聚乙烯的低,而冲击强度反而比低压聚乙烯高。

适度的交联可以有效地增加分子链间的联系,使分子链不易发生相对滑移。随着交联度的增加,往往不易发生大的形变,强度增高。例如聚乙烯交联后,拉伸强度可以提高 1 倍,冲击强度可以提高 3～4 倍。但是交联过程中往往会使聚合物结晶度下降,取向困难,因而过分的交联并不总是有利的。

分子量对拉伸强度和冲击强度的影响也有一些差别。分子量低时,拉伸强度和冲击强度都低,随着分子量的增大,拉伸强度和冲击强度都会提高。但是当分子量超过一定的数值以后,拉伸强度的变化就不大了,而冲击强度则继续增大。人们制取高分子量聚乙烯($M = 5 \times 10^5 \sim 4 \times 10^6$)的目的之一就是提高它的冲击性能。它的冲击强度比普通低压聚乙烯提高 3 倍多,在 -40 ℃时甚至可提高 18 倍之多。

2.5.3.2　结晶和取向的影响

结晶度增加,对提高拉伸强度、弯曲强度和弹性模量有好处。例如在聚丙烯中无规结构的含量增加,使聚丙烯的结晶度降低,则拉伸强度和弯曲强度都下降。然而如果结晶度太高,则导致冲击强度和断裂伸长率的降低,聚合物材料就要变脆,反而没有好处。

对结晶聚合物的冲击强度影响更大的是聚合物的球晶结构。如果在缓慢的冷却和退火过程中生成大球晶的话,那么聚合物的冲击强度就要显著下降,因此有些结晶性聚合物在成型过程中加入成核剂,使它生成微晶而不生成球晶,以提高聚合物的冲击强度。所以在原料选定以后,成型加工的温度和后处理的条件,对结晶聚合物的力学性能有很大的影响。

取向可以使材料的强度提高几倍甚至几十倍。因为取向后高分子链顺着外力的方向平行地排列起来,使断裂时,破坏主价键的比例大大增加,而主价键的强度比范德瓦尔斯力(范德华力)的强度高 20 倍左右。另外取向后可以阻碍裂缝向纵深发展。

2.5.3.3　应力集中物的影响

如果材料存在缺陷,受力时材料内部的应力平均分布状态将发生变化,使缺陷附近局部范围内的应力急剧地增加,远远超过应力平均值,这种现象称为应力集中,缺陷就是应力集中物,包括裂缝、空隙、缺口、银纹和杂质等,它们会成为材料破坏的薄弱环节,严重地降低材料的强度,是造成聚合物实际强度与理论强度之间巨大差别的主要原因之一。

各种缺陷在聚合物的加工成型过程中是相当普遍存在的,例如在加工时,由于混炼不匀、塑化不足造成的微小气泡和接痕,生产过程中也常会混进一些杂质,更难以避免的是在成型过程中,由于制件表里冷却速度不同,表面物料接触温度较低的模壁,迅速冷却固化成一层硬壳,而制体内部的物料,却还处在熔融状态,随着它的冷却收缩,便使制件内部产生内应力,进而形成细小的银纹,甚至于裂缝,在制件的表皮上将出现龟裂。上述各类缺陷,尽管非常微小,有的甚至肉眼不能发现,但是却成为降低聚合物力学性能的致命弱点。例如:胶黏剂由于蒸发、冷却或化学反应固化时,通常体积减少,产生收缩力,从而在粘接端或胶黏剂空孔的周围,产生应力集中,这种固化过程产生的内应力,对粘接系统给予致命影响。溶液胶黏剂,因为其固体含量通常为 20% ~60%,所以固化过程中体积收缩最严重。热熔胶黏剂,固化时体积收缩率也是较大的差异。缩聚反应时,有副产物逸出,体积收缩很严重,酚醛树脂固化收缩率比环氧树脂大 5~10 倍;烯类单体或预聚体的双键发生加聚反应,双键中的 π 键打开,形成新的 σ 键,原子间距离大大缩短,体积收缩率也较大,如不饱和聚酯固化收缩率高达 10%,比环氧树脂高 1~4 倍。开环聚合时环状分子中 σ 键打开,形成大分子的 σ 键结合,所以体积收缩率较小,如开环聚合的环氧树脂固化的体积收缩率比较小,这是它有较高力学强度的主要原因之一。

2.5.3.4　增塑剂的影响

增塑剂一般是高沸点的低分子量的液体或固体有机化合物,增塑剂的加入对聚合物起了稀释作用,减小了高分子链之间的作用,因而强度降低,强度的降低值与增塑剂的加入量约成正比。但是,增塑剂加入胶黏剂高分子化合物中,增加固化体系的可塑性和弹性,改进柔软性和耐寒性、低温脆性等。增塑剂的黏度低、沸点高,能增加树脂的流动性,有利于浸润、扩散和吸收。增塑剂随着放置时间的增长而挥发,同时还向表面迁移,胶黏剂中的增塑剂失去,将使粘接强度下降。

2.5.3.5　填料的影响

填料的加入并不是单纯的混合,而是彼此间存在次价力。这种次价力虽然很弱,但具有加和性,因此当聚合物分子量较大时,其总力则显得可观,从而改变聚合物分子的构象平衡和松弛时间,还可使聚合物的结晶倾向和溶解度降低以及提高玻璃化温度和硬度等。

聚合物中常加入一定数量的填料,以改善聚合物的如下性能:

(1)增大内聚强度;

(2)调节黏度或作业性;

(3)提高耐热性;

(4)降低热膨胀系数和减小收缩率;

(5)给予间隙填充性;

(6)给予导电性;

(7)降低成本。

填充剂的种类和添加的数量随使用的目的而不同,而且与聚合物种类、性质、填充剂的形状大小以及与聚合物的亲和力大小等因素有关。一般,一定数量和大小粒子的填料,当施加应力时,对聚合物的分子运动是有影响的,多数填充剂,使分子运动困难,其结果,聚合物的热膨胀系数降低,填充剂相能支持负荷或吸收能量,所以耐冲击性增大。一般,加入无机填料,拉伸强度最初增大,而填料过多时则下降。对于特定的物性,为获得填充剂正确效果,在广泛范围内进行实验是必要的。

2.5.3.6　共聚和共混的影响

共聚可以综合两种以上均聚物的性能。例如聚苯乙烯原是脆性的,如果在苯乙烯中引入丙烯腈单体进行共聚,所得共聚物的拉伸和冲击强度都提高了。还可以进一步引入丁二烯单体进行接枝共聚,所得高抗冲聚苯乙烯和 ABS 树脂,则可以大幅度地提高冲击强度。

共混是一种很好的改性手段,共混物常常具有比原来组分更为优越的使用性能。最早的改性聚苯乙烯就是用天然橡胶和聚苯乙烯机械共混得到的,后来还用丁腈橡胶与 AS 树脂共混(机械的或乳液的)的办法制备 ABS 树脂,它们的共同点都是达到了用橡胶使塑料增韧的效果。

2.5.3.7   外力作用速度和温度的影响

由于聚合物是黏弹性材料,它的破坏过程也是一种松弛过程,因此外力作用速度与温度对聚合物的强度有显著的影响。如果一种聚合物材料在拉伸试验中链段运动的松弛时间与拉伸速度相适应,则材料在断裂前可以发生屈服,出现强迫高弹性。当拉伸速度提高时,链段运动跟不上外力的作用,为使材料屈服,需要更大的外力,即材料的屈服强度提高了;进一步提高拉伸速度,材料终将在更高的应力下发生脆性断裂。反之当拉伸速度减慢时,屈服强度和断裂强度都将降低。在拉伸试验中,提高拉伸速度与降低温度的效果是相似的。

在冲击试验中,温度对材料冲击强度的影响也是很大的。随温度的升高,聚合物的冲击强度逐渐增加,到接近 T_g 时,冲击强度将迅速增加,并且不同品种之间的差别缩小。例如在室温时很脆的聚苯乙烯,到 T_g 附近也会变成一种韧性的材料。低于 T_g 越远时,不同品种之间的差别越大,这主要取决于它们的脆点的高低。对于结晶聚合物,如果其 T_g 在室温以下,则必然有较高的冲击强度,因为非晶部分在室温下处在高弹态,起了增韧作用,典型的例子如聚乙烯、聚丙烯和聚 1 - 丁烯等。热固性聚合物的冲击强度受温度的影响则很小。

2.6   聚合物的高弹性和黏弹性

2.6.1   聚合物的高弹性

高弹态是聚合物特有的基于链段运动的一种力学状态,是指在常温下具有高弹形变(形变量很大且随外力除去可回复平衡状态)的特殊物理性质。高弹性是高分子材料的独特物理性能,也是橡胶类物质所具有的最宝贵的一种物理性能。普通固体材料在常温下具有普弹形变,这种特征叫普弹性。高弹性与普弹性比较见表 2 - 10。

表 2 - 10   高弹性与普弹性的比较

项目	普弹性	高弹性
弹性模量 E/Pa	$10^3 \sim 2 \times 10^7$	$2 \times 10^2 \sim 2 \times 10^3$
E 与 T(温度)的关系	随 T 升高而 E 降低	随 T 升高而 E 提高
泊松比	< 0.5	~ 0.5
在弹性范围内的伸长率/%	$0.1 \sim 1$	1 000 或更高
热效应 { 拉伸时 / 收缩时	{ 吸热 / 放热	{ 放热 / 吸热
形变对温度的依赖性	很少	较大
拉伸时的比容变化	增大	不变
形变速率	与应力同时产生	落后于应力

高弹性是高分子材料的一个重要特性,其中尤以橡胶类物质的弹性最大。它有如下特征。

2.6.1.1 弹性模量很小而形变量很大

把橡胶类物质的弹性形变叫作高弹形变。一般铜、钢等的形变量只有原试样的1%,而橡胶的高弹形变则可达1000%。其他固体物质的弹性模量比橡胶大一万倍以上。

橡胶是由线型的长链分子组成的,由于热运动,这种长链分子在不断地改变着自己的形状,因此在常温下橡胶的长链分子处于蜷曲状态。因此把蜷曲分子拉直就会显示出形变量很大的特点。当外力使蜷曲的分子拉直时,由于分子链中各个环节的热运动,力图恢复原来比较自然的蜷曲状态,形成了对抗外力的回缩力,正是这种力促使橡胶形变的自发回复,造成形变的可逆性。但是这种回缩力毕竟是不大的,所以橡胶在外力不大时就可以发生较大的形变,因而弹性模量很小。

2.6.1.2 弹性模量随温度的升高而增加

当发生高弹形变时,在外力作用下,材料的伸长导致分子链空间排列有方向性,分子链不得不顺着外力场的方向舒展开来,而热运动力图使分子链回复到蜷曲状态,这种回缩力与温度有关。随着温度的升高,分子热运动加强,回缩力增大,弹性模量增加,弹性形变变小。

2.6.1.3 泊松比大

各向同性的材料在拉伸(或压缩)时,横向单位尺寸的变化(横向应变)与纵向单位尺寸的变化(纵向或轴向应变)之比,称为泊松比。

$$泊松比(r) = \frac{\Delta C/C}{\Delta L/L} \tag{2-26}$$

式中 C——宽度;

L——长度。

泊松比又叫横向形变系数。材料在变形过程中体积不变,$r=0.5$;若体积变化,则 $r<0.5$。一般材料的泊松比在 $0.2\sim0.5$,橡胶和液体均接近 0.5,所以,橡胶可看作不可压缩的液体。

2.6.1.4 形变需要时间

由于橡胶是一种长链分子,整个分子的运动或链段的运动都要克服分子间的作用力和内摩擦力。高弹形变就是靠分子链段的运动来实现的,分子运动具有松弛特性,因此橡胶的形变也具有松弛特性。形变的发展需要时间。

2.6.1.5 形变时有热效应

如果把橡胶的薄片拉长,把它贴在嘴唇或面颊上,就会感到橡胶在伸长时会发热,回缩时会吸热,而且伸长时的热效应随伸长率而增加,见表2-11,通常称为热弹效应。

表2-11　伸长率与伸长热的关系

伸长率/%	100	200	300	400	500	600	700	800
伸长热/(kJ/kg)	2.1	4.2	7.5	11.1	14.6	18.2	22.2	27.2

橡胶伸长变形时,分子链或链段由混乱排列变成比较规则的排列,此时熵值减少;同时由于分子间的内摩擦而产生热量;另外,由于分子规则排列而发生结晶,在结晶过程中

也会放出热量。由于上述三种原因,使橡胶被拉伸时放出热量。

2.6.2　聚合物的力学松弛——黏弹性

一个理想的弹性体,当受到外力后,平衡形变是瞬时达到的,与时间无关;一个理想的黏性体,当受到外力后,形变是随时间线性发展的;而高分子材料的形变性质是与时间有关的,这种关系介于理想弹性体和理想黏性体之间,因此高分子材料常被称为黏弹性材料。黏弹性是高分子材料的另一个重要的特性。

聚合物的力学性质随时间的变化统称为力学松弛,根据高分子材料受到外部作用的情况不同,可以观察到不同类型的力学松弛现象,最基本的有蠕变、应力松弛、滞后现象和力学损耗等。下面分别进行讨论。

2.6.2.1　蠕变

所谓蠕变,就是指在一定的温度和较小的恒定外力(拉力、压力或扭力等)作用下,材料的形变随时间的增加而逐渐增大的现象。

从分子运动和变化的角度来看,蠕变过程包括下面三种形变。

当高分子材料受到外力作用时,分子链内部键长和键角立刻发生变化,这种形变量是很小的,称为普弹形变。

高弹形变是分子链通过链段运动逐渐伸展的过程,形变量比普弹形变要大得多,但形变与时间成指数关系。

分子间没有化学交联的线型聚合物,则还会产生分子间的相对滑移,称为黏性流动。蠕变与温度和外力有关。温度过低,外力太小,蠕变很小而且很慢,在短时间内不易觉察;温度过高、外力过大,形变发展过快,也感觉不出蠕变现象;在适当的外力作用下,通常在聚合物的 T_g 以上不远,链段在外力作用下可以运动,但运动时受到的内摩擦力又较大,只能缓慢运动,则可观察到较明显的蠕变现象。

2.6.2.2　应力松弛

所谓应力松弛,就是在恒定温度和形变保持不变的情况下,聚合物内部的应力随时间增加而逐渐衰减的现象。

$$\sigma = \sigma_0 e^{-t/r} \qquad\qquad (2-27)$$

式中　σ_0——起始应力;

t——松弛时间。

其实应力松弛和蠕变是一个问题的两个方面,都反映聚合物内部分子的三种情况。当聚合物一开始被拉长时,其中分子处于不平衡的构象,要逐渐过渡到平衡的构象,也就是链段顺着外力的方向运动以减少或消除内部应力,如果温度很高,远远超过 T_g,像常温下的橡胶,链段运动时受到的内摩擦力很小,应力很快就松弛掉了,甚至可以快到几乎觉察不到的地步。如果温度太低,比 T_g 低很多,如常温下的塑料,虽然链段受到很大的应力,但是由于内摩擦力很大,链段运动的能力很弱,所以应力松弛极慢,也就不容易觉察得到。只有在玻璃化温度附近的几十度范围内,应力松弛现象比较明显(见图2-9)。

蠕变和应力松弛,是静态力学松弛过程,而在交变的应力、应变作用下发生的滞后现象和力学损耗,则是动态力学松弛,因此有时也称为聚合物的动态力学性质或动态黏弹性。

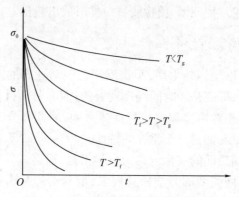

图 2 - 9　不同温度下的应力松弛曲线

2.6.2.3　滞后现象

聚合物作为结构材料,在实际应用时,往往受到交变力(应力大小呈周期性变化)的作用。聚合物在交变应力作用下,形变落后于应力变化的现象就称为滞后现象。

滞后现象的发生是由于链段在运动时要受到内摩擦力的作用,当外力变化时,链段的运动还跟不上外力的变化,所以形变落后于应力,有一个相位差。相位差(又称为力学损耗角)越大说明链段运动越困难,越是跟不上外力的变化。

2.6.2.4　力学损耗

当应力的变化和形变相一致时,没有滞后现象,每次形变所做的功等于恢复原状时取得的功,没有功的消耗。如果形变的变化落后于应力的变化,发生滞后现象,则每一循环变化中就要消耗功,称为力学损耗,有时也称为内耗。为了方便,人们更常用力学损耗角的正切来表示内耗的大小。

黏弹性材料内耗的产生原因在于在拉伸过程中一部分外力用于克服分子间的内摩擦阻力做功,机械能转变为不可逆的热能而消失。如果是理想弹性体材料,拉伸时外界对体系所做的功以位能形式全部储存起来,在回缩时又释放出来变成动能,使材料回复到起始状态。拉伸与回缩过程的能量损耗为零。而黏弹性材料,拉伸时外界对高聚物体系做的功,一方面用以改变分子链的构象,另一方面用以提供链段运动时克服分子间内摩擦所需要的能量。回缩时,高聚物体系对外做功,伸展的分子链重新蜷曲起来。这样,一个拉伸回缩循环中,拉伸时外界对体系所做的功要大于回缩时体系对外界所做的功,过程中一部分功被损耗掉,转化为热。因此,内摩擦阻力越大,滞后现象越严重,内耗也越大。

2.7　高聚物的溶解性

高聚物的溶解过程实质上是溶剂分子进入高聚物中,克服大分子间的作用力(溶剂化),达到大分子和溶剂分子相互混合的过程。由于高聚物结构的复杂性,分子量大并具有多分散性,大分子的形状有线型、支化和交联之别,而聚集态又存在晶态和非晶态结构,因此高聚物的溶解比低分子物质的溶解要复杂得多。其次,高聚物的溶解过程比低分子物质慢得多,要达到分子分散的均相体系一般需要较长的时间。

2.7.1 高聚物的溶解过程特点

高聚物的溶解过程与低分子固体的溶解过程相比,具有许多特点:

(1)溶解过程一般都比较缓慢;

(2)在溶解之前通常要经过"溶胀"阶段。

将葡萄糖($C_6H_{12}O_6$)放入水中迅速被溶解,而将纤维素($C_6H_{10}O_5$)$_n$配成铜氨溶液,则需要很长时间。首先看到其外层慢慢胀大起来,随着时间的延长溶剂分子渗入聚合物的内部,使高聚物体积膨胀,这种过程称为溶胀。溶胀实际上是由于高分子的平均分子量很大,分子链很长,存在链的缠结作用,而小分子溶剂分子量很小,二者运动速度差别很大,溶剂分子的扩散速率远比高分子大,溶剂分子单方面地和高分子链的链段混合的过程,所以高聚物与溶剂分子接触时,首先是溶剂小分子扩散到高聚物中,把相邻高分子链上的链段撑开,分子间的距离逐渐增加,宏观上表现为试样体积胀大,这时只有链段运动而没有整个大分子链的扩散运动。当高聚物被溶胀后,可以有两种发展结果,一是无限溶胀以至溶解;另一是有限溶胀。

当溶胀进行到高分子链上所有的链段都能扩散运动时,通过分子链段的协调运动而达到整条高分子链的运动,使高分子间互相分离而与小分子溶剂均匀混合,才能形成分子分散的热力学稳定的均相体系,即真溶液。因此溶胀是溶解的必经阶段,也是高聚物溶解性的独特之处。对于线型或支化高聚物,在合适的溶解条件下,最终一定能达到完全溶解。

但是如果待溶解的高聚物是由化学键连接的化学交联结构,分子链形成网状结构,因为各个分子链不能完全分离,所以当高聚物溶胀到一定体积后,不论再放置多久,体积不再变化,高聚物只能停留在溶胀阶段而不能进一步溶解成真溶液,这种情况我们称之为"有限溶胀"。交联高聚物的溶胀过程中,一方面溶剂分子力图渗入高聚物内使其体积膨胀,另一方面由于交联高聚物体积膨胀导致网状分子链向三维空间伸展,交联点之间分子链的伸展降低了它的构象熵值,引起分子网的弹性收缩力,力图使分子网收缩,阻止溶剂分子的继续渗入。当这两种相反的倾向相互抵消时,便达到了溶胀平衡。

这种因交联、结晶或链的缠结而形成的网状结构,处于溶胀状态时称为凝胶。由于凝胶具有网状结构,所以具有橡胶的弹性,溶胀的凝胶实际上是高聚物的浓溶液(见图2-10)。

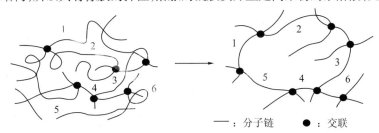

—:分子链　●:交联

图2-10 交联高聚物的溶胀示意图

对交联高聚物来说,溶胀度与交联度有关,交联度小的溶胀度大。

高聚物的溶解还与其分子量有关。同样条件下,分子量大,溶解度小;分子量小的溶解度大。

此外,结晶高聚物与非晶高聚物的溶解情况也不一样。

非晶高聚物中的大分子间的堆砌比较松散,分子间相互作用较弱,因此溶解过程中溶剂分子比较容易渗入高聚物内部使之溶胀和溶解。根据高分子的结构和溶胀的程度可分为无限溶胀和有限溶胀。线型非晶高聚物溶于它的良溶剂时,能无限制地吸收溶剂直至溶解而成均相溶液,属于无限溶胀。例如天然橡胶在汽油中,聚氯乙烯在四氢呋喃中都能无限溶胀而成为高分子溶液。对于交联的高聚物,溶胀到一定程度以后,因交联的化学键束缚,只能停留在两相的溶胀平衡阶段不会发生溶解,这种现象称为有限溶胀。例如硫化后的橡胶、固化的酚醛树脂等交联网状高聚物在溶剂中都只能溶胀而不溶解。对一般的线型高聚物,如果溶剂选择不当,因溶剂化作用小,不足以使大分子链完全分离,也只能有限溶胀而不溶解。结晶高聚物与低分子晶体有类似的特点,其晶体内部都是由空间排列得很有规律的微粒组成。但是,由于高聚物结晶的不完全性,总是夹杂有一部分非晶结构。结晶高聚物处于热力学的稳定相态,其分子排列紧密、规整,分子间的作用力大,它们的溶解要比非晶高聚物困难得多。

结晶高聚物有两类,一类是由缩聚反应生成的极性结晶高聚物,如聚酰胺、聚对苯二甲酸乙二醇酯等,分子间有强的相互作用力;另一类是由加聚反应生成的非极性结晶高聚物,如高密度聚乙烯、全同立构和间同立构聚丙烯等,它们是纯的碳氢化合物,分子间虽然没有极性基团的相互作用力,但由于分子链结构很规整也能形成结晶。

结晶高聚物中结晶部分的溶解要经过两个过程。首先是晶相的破坏,需要吸热;然后是被破坏了晶格的高聚物与溶剂的混合。因而非极性的晶态高聚物,需要加热到接近其熔点时晶格被破坏,变成非晶态后小分子溶剂才能扩散到高聚物内部而逐渐溶解。例如高密度聚乙烯的熔点是135 ℃,它在四氢萘中要135 ℃才能很好溶解。全同立构聚丙烯在四氢萘中也要135 ℃才能溶解。然而极性的晶态高聚物在室温下能溶解在极性的溶剂中。例如聚酰胺在室温下能溶于甲酚、40%的硫酸、苯酚–冰醋酸的混合溶剂中;聚对苯二甲酸乙二醇酯可溶于邻氯苯酚和质量比为1:1的苯酚–四氯乙烷的混合剂中;聚乙烯醇可溶于水、乙醇等。这是因为结晶高聚物中无定形部分与溶剂混合时,二者强烈的相互作用放出大量的热使结晶部分熔融,因而结晶过程能在常温下进行。

结晶度高的溶解度小。从实际应用来看,结晶高聚物的抗溶剂性较强,则有利于扩大高聚物的用途,但是,太难溶解又会给高聚物的某些成型工艺带来困难。

2.7.2 高聚物溶剂的选择

配制高聚物溶液时,应怎样选择合适的溶剂?一般在实际应用中,从以下三个方面讨论溶解规则。

2.7.2.1 相似相溶规则

这是人们在长期研究小分子物质溶解时总结出来的规律,对高分子溶液也适用。组成和结构相似的物质可以互溶,极性大的溶质溶于极性大的溶剂。极性小的溶质溶于极性小的溶剂。例如聚丙烯腈能溶于二甲基甲酰胺等极性溶剂,聚乙烯醇能溶于水,有机玻璃能溶于丙酮及自身单体,而不溶于汽油和苯中。非极性高聚物溶于非极性溶剂中,例如天然橡胶、丁苯橡胶能溶于汽油、苯、甲苯等非极性溶剂。聚苯乙烯可溶于非极性的苯及乙苯中,也可以溶于弱极性的丁酮等溶剂。

2.7.2.2 内聚能密度或溶度参数(δ)相近规则

高分子溶液是热力学的平衡体系,可用热力学方法来研究。在恒温恒压下,溶解过程自发

进行的必要条件是 Gibbs 混合自由能 $\Delta G_M < 0$，Gibbs 混合自由能是溶解过程的动力，即

$$\Delta G_M = \Delta H_M - T\Delta S_M \qquad (2-28)$$

这里 T 是溶解时的温度，ΔH_M 是混合热，ΔS_M 为混合熵。ΔH 由溶解时的热效应来确定，如果溶解时放热则 ΔH 是负值，有利于溶解的进行。溶解过程中存在三种不同的分子间作用能，即溶剂分子间的作用能、高聚物大分子间的作用能和高聚物 – 溶剂分子间的作用能。前两种作用均阻止溶解过程的进行，只有高聚物 – 溶剂分子间的作用能大于前者时，其混合热 ΔH 才能为负值。

若高分子和溶剂间存在相互作用，如氢键等力的作用，则发生强的溶剂化作用而放热，$\Delta H < 0$，则有利于溶解。但当高聚物和溶剂为非极性时，其溶解过程一般是吸热的，$\Delta H > 0$，例如聚苯乙烯的苯溶液，两者之间仅有色散力的作用，高分子和溶剂之间的作用能小，在这种情况下要使 ΔG_M 为负值必须满足 $|\Delta H_M| < T\Delta S_M$，其混合热 ΔH_M 可以借用小分子的溶度公式来计算，按照 Hildebrand 理论，溶质和溶剂的混合热正比于它们溶度参数差的平方，即

$$\Delta H_M = V(\delta_1 - \delta_2)^2 \varphi_1 \varphi_2 \qquad (2-29)$$

式中　V——溶液的总体积；

　　　φ_1, φ_2——溶剂和高聚物的体积分数；

　　　δ——溶度参数，内聚能密度的平方根。

因为内聚能密度是分子间力强度的标志，溶解时必须克服溶质分子间和溶剂分子间引力，故可用内聚能密度来预测溶解性。

$$\delta = \frac{\Delta E}{V} \qquad (2-30)$$

高聚物的内聚能密度就是单位体积的摩尔蒸发能。混合热总是正值，溶解过程中 ΔS_M 增大，所以溶解过程发生的条件是混合热 ΔH_M 尽可能小，即溶剂和溶质的内聚能密度或溶度参数应相近或相等。

一般地说，当高聚物的溶度参数 δ_2 和溶剂的溶度参数 δ_1 差值 $\delta_1 - \delta_2$ 小于 ± 1.5 时，两种物质可以互溶。高聚物和溶剂的溶度参数 δ_2 和 δ_1 列于表 $(2-12)$ 和表 $(2-13)$。

表 2 – 12　高聚物的溶度参数

高聚物	$\delta/(J/cm^3)^{1/2}$	高聚物	$\delta/(J/cm^3)^{1/2}$
聚四氟乙烯	12.7	聚氯乙烯	19.8
聚三氟氯乙烯	14.7	醋酸纤维素	22.3
聚二甲基硅氧烷	14.9	聚对苯二甲酸乙二醇酯	21.9
天然橡胶	16.2	聚氨基甲酸酯	20.5
聚乙烯	16.2	聚甲醛	20.7 ~ 22.5
乙丙橡胶	16.4	尼龙 66	27.8
丁苯橡胶 (70∶30)	16.6	聚丙烯腈	31.5
聚丙烯	16.6	聚偏氯乙烯	25.0
聚丁二烯	17.6	环氧树脂	19.8
聚苯乙烯	18.6	二醋酸纤维素	23.2
聚氯丁二烯	18.8	聚甲基丙烯腈	21.9
丁腈橡胶 (70∶30)	19.2	聚乙烯醇	47.9
聚甲基丙烯酸甲酯	19.4	聚丙烯酸乙酯	18.8
聚醋酸乙烯酯	19.2	聚硫橡胶	18.4 ~ 19.2
聚碳酸酯	19.4	聚异丁烯	15.8 ~ 16.4

在选择高聚物的溶剂时,除了使用单一溶剂外,还经常使用混合溶剂。混合溶剂对高聚物的溶解能力往往比使用单一溶剂时为好。甚至两种非溶剂的混合物也会对某种高聚物有很好的溶解能力。混合溶剂的溶度参数 δ 可由纯溶剂的溶度参数 δ_1、δ_2 及体积分数 φ_1、φ_2 的线性加和计算

$$\delta_{混} = \delta_1 \varphi_1 + \delta_2 \varphi_2 \qquad (2-31)$$

例如:聚苯乙烯的 $\delta = 8.6$,我们可以选用一定比例的丁酮($\delta = 9.04$)和正己烷($\delta = 7.24$)组成混合溶剂,使其溶度参数与聚苯乙烯接近,从而具有良好的溶解性能。

表2-12将溶剂分为Ⅰ、Ⅱ、Ⅲ三大类,就极性比较,当溶度参数相近时,极性的大小是Ⅰ类 < Ⅱ类 < Ⅲ类。同一类中极性越大溶度参数也越大。按"相似相溶"规则,极性相近的溶剂能互相溶解,也就是同一类中溶度参数相近的溶剂可互相混合成为混合溶剂。第Ⅰ类是弱亲电子性的,Ⅱ类是强亲电子性溶剂或强氢键溶剂,第Ⅲ类是给电子性的溶剂。这样分类对"溶剂化作用"规则选择溶剂是有帮助的。

2.7.2.3 溶剂化规则

所谓溶剂化规则就是极性定向和氢键规则,此规则表明含有极性基团的高聚物和溶剂之间的溶解性有一定的内在联系。溶剂有极性大小之分,并且极性又有正负偶极,溶度参数相近的两物质,正负极性相吸是有利于互溶的。

表2-13 各类溶剂 25 ℃时的溶度参数 $(J/cm^3)^{1/2}$

Ⅰ 烃类非极性溶剂及卤代烷类 (弱亲电子性溶剂)	Ⅱ 醚、醛、酮、酯、酰胺及胺类 (给电子性溶剂)	Ⅲ 醇、腈、硝基、磺酸及羧酸类 (强亲电子性溶剂或强氢键溶剂)
正己烷 14.3	乙醚 15.1	2-乙基己醇 19.4
正辛烷 16.0	乙酸乙酯 18.4	己醇 20.5
环己烷 16.8	四氢呋喃 18.6	正戊醇 21.7
四氯化碳 17.6	丁酮 19.0	正丁醇 23.2
甲苯 18.2	乙醛 20.0	正丙醇 24.3
苯 18.8	环己酮 20.3	间甲酚 24.3
三氯甲烷 19.8	丙酮 20.5	乙腈 24.3
二氯甲烷 19.8	二氯六环 20.5	硝基甲烷 25.8
氯苯 19.8	吡啶 22.3	乙醇 26.0
二氯乙烷 20.0	二甲基甲酰胺 24.6	乙酸 26.4
萘 20.3	四亚甲基砜 27.4	甲酸 27.6
二硫化碳 20.5	水 47.9	甲醇 29.7
		苯酚 29.7
		水 47.9
		H_2SO_4 极大

如果高聚物分子链上(主链或侧基)含有某种极性基团,则可按基团性质把高聚物也分成如表2-13同样的Ⅰ、Ⅱ、Ⅲ三大类,Ⅰ类为弱亲电子性高聚物,包括聚烯烃及含氯高聚物(例如聚氯乙烯)等;Ⅱ类为给电子性高聚物,包括聚醚、聚酯、聚酰胺等;Ⅲ类为强亲电子性及氢键高聚物,包括聚乙烯醇、聚丙烯腈及含—COOH、—SO$_3$H 基团的高聚物。溶剂化原则如下:

1）高聚物作为溶质与溶度参数相近的溶剂接触时，凡属亲电子性的Ⅰ、Ⅲ类溶剂能和给电子性的Ⅱ类高聚物进行溶剂化作用而有利于溶解；溶剂和高聚物基团之间能生成氢键时，也有利于溶解。

2）给电子性的Ⅱ类溶剂，能和亲电子性的Ⅰ、Ⅲ类高聚物进行溶剂化作用而有利于溶解。

3）亲（给）电子性相同（都属亲电子或都属给电子）的溶剂与高聚物不能进行溶剂化作用，故不利于互溶。换言之，即使溶度参数相接近，Ⅰ类极性溶剂不易溶解Ⅰ类极性高聚物；Ⅱ类溶剂也不易溶解Ⅱ类高聚物。

总之，第一规则是定性的，第二规则是半定量的，但溶度参数值判断高聚物溶解性的可能性只适用于非极性分子混合时无热或吸热的体系，对于分子极性较强、生成氢键或混合时放热的体系则不适用，所以第三规则是第二规则的补充。

以上讨论的是溶剂的溶解能力，它是选择溶剂首先要考虑的问题。其次还要考虑溶剂的挥发性、环境友好性、难燃、毒性腐蚀性小等性能，溶剂还应该是化学惰性的，容易回收以及资源供应充分等。

2.8 聚合物的老化和防老化

2.8.1 聚合物的老化

聚合物在其合成、储存及其加工和最终应用的各个阶段都可能发生变质，即材料的性能变坏，例如泛黄、分子量下降、制品表面龟裂、光泽丧失，更为严重的是导致冲击强度、挠曲强度、拉伸强度和伸长率等力学性能大幅度下降，从而影响高分子材料制品的正常使用。这种现象称为聚合物的化学老化，简称老化。从化学的角度上看，聚合物无论是天然的还是合成的，其分子结构中某些部位具有一些弱键，这些弱键自然地成为化学反应的突破口。聚合物老化的本质是一种化学反应，即以弱键发生化学反应（例如氧化反应）为起点并引发一系列化学反应。它可以由许多原因引起，主要包括化学因素、物理因素和生物因素等，例如热、紫外光、机械应力、高能辐射、电场等，可以单独一种因素，也可以多种因素共同作用。其结果是聚合物的分子结构发生改变及分子量下降或产生交联，从而材料性能变坏，以至无法使用。

2.8.1.1 光氧化

聚合物在光的照射下，分子链的断裂取决于光的波长与聚合物的键能。各种键的离解能为 $167 \sim 586$ kJ/mol，紫外线的能量为 $250 \sim 580$ kJ/mol。在可见光的范围内，聚合物一般不被离解，但呈激发状态。因此在氧存在下，聚合物易于发生光氧化过程。例如聚烯烃 RH，被激发了的 C—H 键容易与氧作用。

$$RH + O_2 \longrightarrow R^* + {}^*O—OH$$
$$R^* + O_2 \longrightarrow R—O—O^* \longrightarrow R—O_2H + R^*$$

此后开始链锁式的自动氧化降解过程。

水、微量的金属元素特别是过渡金属及其化合物都能加速光氧化过程。

为延缓或防止聚合物的光氧化过程，需加入光稳定剂。常用的光稳定剂有紫外线吸收剂,如邻羟基二苯甲酮衍生物、水杨酸酯类等。光屏蔽剂,如炭黑。金属减活性剂(又称淬灭剂),它与加速光氧化的微量金属杂质起整合作用,从而使其失去催化活性。能量转移剂,它从受激发的聚合物吸收能量以消除聚合物分子的激发状态,如镍、钴的络合物就有这种作用。

2.8.1.2　热氧化

聚合物的热氧(老)化是热和氧综合作用的结果。热加速了聚合物的氧化,而氧化物的分解导致了主链断裂的自动氧化过程。氧化过程是首先形成氢过氧化物,再进一步分解而产生活性中心(自由基),一旦形成自由基之后,即开始链式的氧化反应。

为获得对热氧稳定的聚合物制品,常需加入抗氧剂和热稳定剂。常用的抗氧剂有仲芳胺、酚类、苯酯类、叔胺类以及硫醇、二烷基二硫代氨基甲酸盐、亚磷酸酯等。热稳定剂有金属锡皂类、有机锡等。

2.8.1.3　化学侵蚀

由于受到化学物质的作用,聚合物链产生化学变化而使性能变劣的现象称为化学侵蚀,如聚酯、聚酰胺的水解等。上述的氧化也可视为化学侵蚀。化学侵蚀所涉及的问题就是聚合物的化学性质。因此,在考虑聚合物的老化以及环境影响时,要充分估计聚合物可能发生的化学变化。

2.8.1.4　生物侵蚀

合成聚合物一般具有极好的耐微生物侵蚀性。软质聚氯乙烯制品因含有大量增塑剂会遭受微生物的侵蚀。某些来源于动物、植物的天然聚合物,如酪蛋白纤维素以及含有天然油的涂料醇酸树脂等,亦会受细菌和霉菌的侵蚀。某些聚合物,由于质地柔软易受蛀虫的侵蚀。

2.8.2　聚合物的防老化

所谓防老化,也叫稳定化,就是采取一定的措施,阻止或延缓致老化的化学反应。严格来讲,不可能完全阻止老化,只能延缓老化过程。

目前较为适用的防老化措施有以下四个方面:①改进共聚物的化学结构,引进含有稳定基团的结构,如采用含有抗氧剂的乙烯基单体进行共聚改性;②对活泼端基进行消活稳定处理,该法主要用于聚缩醛类聚合物;③物理稳定化,如拉伸取向;④加入添加剂,如抗氧剂和光稳定剂。

其中,方法④是高分子防老化最通用的方法,其优点在于简单、有效、灵活。通常,添加剂的用量为 0.1% ~ 1%。加入添加剂的时间,从聚合物的合成直至最终应用各个阶段均可,但原则上以尽可能早加入为好。在应用中,核心问题是如何正确选择添加剂体系,这不仅仅是一个技术问题。一个正确的选择是由很多因素综合作用的结果,包括技术、经济、社会和立法等诸多因素。例如,除要考虑树脂类型和其制品用途以及成本外,还必须考虑用户接受程度、环保要求、法律限制以及与应用有关的一切技术发展情况等。

2.9　聚合物的改性

当今聚合物已成为工、农业生产和人民生活不可缺少的一类重要材料。但是,随着现代科学技术的日新月异,对聚合物材料提出了日益广泛和苛刻的要求。对于多种多样的要求,单一的均聚物往往难以满足要求。为获得综合性能优异的聚合材料,除了继续研制合成新型聚合物之外,对于已有的聚合物的改性成为发展聚合物材料的一种有效途径。当前高分子材料工业正在发生着一些重大的变化。例如,通用聚合物材料的高性能化,使单组分材料向多组分复合材料转变并大力开发功能性高分子材料。

目前在高分子材料的成型加工中已经应用添加、增强、填充、共混等改性方法。虽然这类改性属于物理方法,但为取得良好的改性效果,在使各种材料进行混合、熔融加工、成型的同时,需要强化复合技术,并用化学改性方法。因此,即便是物理改性,其中也含有丰富的化学改性的内容。通过熔体化学改性,不仅可以制备高性能的复合材料,还可以显著提高性价比,有助于提高市场竞争力。因此研究聚合物在熔融状态下发生的化学反应,可为获得新型高分子材料、简化制备工艺开辟新的途径。

2.9.1　聚合物的化学改性

聚合物的化学改性是通过聚合物的化学反应,改变大分子链上的原子或原子团的种类及其结合方式的一类改性方法。经过化学改性,聚合物的分子链结构发生了变化,从而赋予其新的性能,得到高附加值和特定功能的新型高分子,扩大了应用领域。

根据高分子的功能基及聚合度的变化可分为两大类:

(1)聚合物的相似转变:反应仅发生在聚合物分子的侧基上,即侧基由一种基团转变为另一种基团,并不会引起聚合度的明显改变。(基团反应)

(2)聚合物的聚合度发生根本改变的反应,包括:聚合度变大的化学反应,如扩链(嵌段、接枝等)和交联;聚合度变小的化学反应,如降解与解聚。

虽然高分子的功能基能与小分子的功能基发生类似的化学反应,但由于高分子与小分子具有不同的结构特性,因而其化学反应也有不同于小分子的特性:

(1)高分子链上可带有大量的功能基,但并非所有功能基都能参与反应,因此反应产物分子链上既带有起始功能基,也带有新形成的功能基,并且每一条高分子链上的功能基数目各不相同,不能将起始功能基和反应后功能基分离开来,因此很难像小分子反应一样可分离得到含单一功能基的反应产物。

(2)聚合物化学反应的复杂性。由于聚合物本身是聚合度不一的混合物,而且每条高分子链上的功能基转化程度不一样,因此所得产物是不均一的,复杂的。其次,聚合物的化学反应可能导致聚合物的物理性能发生改变,从而影响反应速率甚至影响反应的进一步进行。

工业上,实施这些化学反应可以在聚合物的合成阶段,也可以在聚合物合成后的加工与成型阶段。在聚合物的加工与成型阶段进行聚合物的化学改性,对高分子材料加工工艺而言,是最为经济合理的。因此,聚合物的这类化学改性方法越来越受到重视,尤其是以聚合物熔融态化学为基础的反应性加工技术正高速发展。

2.9.1.1　聚合物的熔融态化学反应

聚合物是一种大分子有机物,在熔融态下,根据不同的反应条件,可发生裂解、氧化、接枝、嵌段、交联、水解、酯交换等化学反应,从而形成一种在组成和结构上都不同于原料的新的聚合物。

聚合物在熔融状态下发生的化学反应与其在溶液中的反应相比有许多突出的优点，这是因为聚合物在熔融状态下，反应温度较高，所以反应速度快，而且反应效率也高。其次，它无须使用溶剂，原材料消耗少，成本较低，无污染。

熔融态化学反应在聚合物改性方面的应用主要在以下几个方面：

（1）聚合物的官能团化　为了改进聚合物的化学性质，如与其他聚合物或材料的相容性、反应性，利用熔融态化学反应，可以使聚合物分子链带上某种人们所期望的化学基团（即官能团）。如烯烃类聚合物的羧化与环氧化。最典型的有不饱和羧酸及其酸酐与聚乙烯、聚丙烯、乙丙橡胶的接枝反应。这类带有特定官能团的聚合物越来越广泛地应用于高分子材料加工的各个领域，最多的则是用作增溶剂、大分子偶联剂、黏合剂。

（2）制备聚合物与无机物复合的高强度或功能化材料　利用聚合物在熔融态时的化学反应可以使复合体系界面的聚合物与无机物之间形成牢固的化学、物理结合。在界面处的聚合物，一方面利用分子链上的反应性基团与无机物材料表面发生化学作用，另一方面利用其长链与聚合物相中大分子发生缠绕作用或共结晶作用。因此，其作用效果往往比一般的小分子偶联剂要好，现在，熔融态化学反应已广泛地用于复合制品的制造，如铝塑复合管、铝塑复合板与铝塑复合膜。聚烯烃和金属铝是两种性能截然不同的物质，如果想要制备聚烯烃与铝的复合材料，过去要先用胶黏剂对铝表面进行处理，不仅费时，而且成本很高。若在成型过程中使用马来酸酐接枝聚烯烃则可以直接和铝产生牢固的黏合，工艺简单且成本低廉。这种反应性的复合技术同样可用来制备许多高性能的复合材料，包括一些纤维增强材料、无机粉末填充材料、复合型导电塑料、无机阻燃聚合物材料等。

（3）聚合物合金的制备　许多聚合物之间是不相容的，为实现良好的共混，使共混物获得最佳的物理性能，可借助于聚合物的熔融态化学反应，使其带有能相互反应的官能团。当将两种具有相互反应性官能团的聚合物在熔融态下进行共混时，相界面处的两种聚合物之间，依靠官能团反应而形成良好的化学结合，增强了相间黏附力。因此，若使一种聚合物带有亲核性官能团，而另一种聚合物带有亲电性官能团，并且这些官能团有足够的反应活性，能在聚合物熔融加工的时限内，穿越相界面而发生反应，就十分有利于聚合物合金的制备。如利用接枝在聚烯烃上的马来酸酐基团与氨基、羟基等的反应，可以制备聚烯烃/尼龙合金、聚烯烃/聚酯合金、聚烯烃/聚碳酸酯合金等。

（4）形成链间共聚物　这种形式的反应定义为两种或两种以上的聚合物形成共聚物的反应。聚合物在熔融态时形成链间共聚物的反应有多种类型：①链断裂－再结合；②第一种聚合物的端基与第二种聚合物的端基之间的反应；③第一种聚合物的端基与第二种聚合物链上的官能团之间的反应；④两种聚合物侧链上的官能团之间的反应；⑤两种聚合物间通过离子间的静电吸引形成离子交联。

（5）偶联反应　它涉及聚合物与扩链剂或多官能团偶联剂发生反应，从而进行扩链和形成支链，使聚合物的分子量提高。聚合物在熔融态时的偶联反应，已成为提高聚酯、聚酰胺等缩聚物分子量的有效途径。如1,3－亚苯基－双(2－噁唑啉)可作为聚对苯二甲酸乙二醇酯(PET)与聚对苯二甲酸丁二醇酯(PBT)的扩链剂。噁唑啉很容易与含羧基的化合物反应。当它与PET、PBT一起加热时，PET、PBT分子链端的羧基就迅速与其发生加成反应而将两个聚酯链偶联起来。同理，利用噁唑啉基团与聚酰胺端羧基的反应，双噁唑啉也可用作聚酰胺的有效偶联剂,在熔融加工过程中,同时使聚酰胺的分子量大大提高。

(6)聚烯烃的交联 为提高聚烯烃的各项物理化学性能,采用添加过氧化物引发剂的方式,在聚烯烃的熔融温度以上,引发聚烯烃的交联反应。

(7)动态硫化共混 由橡胶和热塑性塑料通过动态硫化共混法制造热塑性弹性体的技术越来越受到重视。所谓动态硫化共混,是在混炼设备中进行橡胶与塑料的熔融混炼的同时加入硫化剂及硫化助剂,边混炼边使其中的橡胶实现交联。动态硫化法广泛用于生产以三元乙丙橡胶或二烯类橡胶(如天然橡胶、顺丁橡胶、丁苯橡胶)与聚烯烃塑料(如高密度聚乙烯、低密度聚乙烯、聚丙烯)的共混物,以及丁腈橡胶、氯丁橡胶、氯磺化聚乙烯与聚氯乙烯或尼龙类塑料的共混物。根据其中橡胶硫化的程度,又可分为部分动态硫化和完全动态硫化。完全动态硫化法 TPE 简称为 TPV,又称为热塑性橡胶(TPR)。TPV有其独特的相态。在一定的配比范围内,无论橡胶相的含量如何变化,其充分交联的粒子必定是分散相,而熔融的塑料基质,又必定是连续相,这就保证了共混物的热塑性和流动性,前提是硫化了的橡胶粒子必须被打碎到 1 μm 以下,恰如分散在塑料基质中的微细填料一样。当然,硫化胶粒子还必须分散均匀。这样才能保证后续加工的稳定性和制品的物理力学性能。由于 TPV 中橡胶已经充分交联,这就有利于提高其强度、弹性和耐热油性能以及改善压缩永久变形性能,表现出硫化胶的性能。

聚合物的熔融态化学反应是在较高的温度和黏度条件下进行的,作为反应器的加工设备需符合下列要求:能承受较高的反应温度(通常在 180 ~ 300 ℃),且温度波动要小,最好能控制在 ±1 ℃;具备快速升温和降温的自动控制系统,且温控速率快;有较高的耐磨耐腐蚀能力;能适应较大的速率和扭力变化;能提供强烈、快速而均匀的混合,以使反应均匀。目前能较好符合这些要求的设备有密炼机、螺杆挤出机和一些新型的高效连续混炼机组。

2.9.1.2 接枝共聚改性

聚合物的接枝共聚是指使单体与聚合物主干反应,通过化学键在高分子主链上连接上不同组成的支链。接枝共聚的理论已得到人们的确认,利用这种方法可以对已有的高分子材料进行改性,制得性能优异的新材料。目前已生产的接枝共聚物所用主链聚合物及单体如表 2 - 14 所示。

表 2 - 14 接枝共聚物所用的单体

聚合物	接枝用单体	聚合物	接枝用单体
聚丙烯酰胺	丙烯酸	羊毛	丙烯腈、甲基丙烯酸甲酯、丙烯酸
聚甲基丙烯酸丁酯	氯乙烯		
聚丙烯酸	2 - 乙烯基吡啶、己内酰胺	纤维素	丙烯腈、丙烯酰胺
聚丙烯酸乙酯	2 - 乙烯基吡啶	聚甲基丙烯酸甲酯	丙烯酸乙酯、甲基丙烯酸
聚醋酸乙烯酯	乙烯	氯丁胶	甲基丙烯酸甲酯、苯乙烯
聚氯乙烯	甲基丙烯酸丁酯、醋酸乙烯酯	尼龙 66、610、6	氧化乙烯
聚乙烯	醋酸乙烯酯、苯乙烯	聚异氰酸酯	苯乙烯胺类
天然橡胶	苯乙烯、丙烯腈	聚四氟乙烯	丙烯酸甲酯、苯乙烯

聚合物的接枝共聚反应可分为以下三种方式:

(1)长出支链 在高分子主链上引入引发活性中心引发第二单体聚合形成支链,包括链转移反应法和辐射接枝法。

1）链转移反应法　利用向大分子链转移可以生成支化高分子的原理。

链转移接枝反应体系含三个必要组分：聚合物、单体和引发剂。利用引发剂产生的活性种向高分子链转移形成链活性中心，再引发单体聚合形成支链。

如聚丁二烯接枝聚苯乙烯——高抗冲聚苯乙烯：将聚丁二烯溶于苯乙烯单体，加入BPO 做引发剂。

主链自由基的形成

$$R\cdot + \sim\sim CH_2CH = CHCH_2 \sim\sim \longrightarrow RH + \dot{C}HCH = CHCH_2\sim\sim$$

$$R\cdot + \sim\sim CH_2CH = CHCH_2 \sim\sim \longrightarrow \sim\sim CH_2 - \underset{R}{\dot{C}H} - CH - CH_2 \sim\sim$$

$$R\sim St + CH_2CH = CHCH_2 \sim\sim \longrightarrow R\sim St - H + \dot{C}HCH = CHCH_2\sim\sim$$

接枝反应

$$\sim\sim \dot{C}HCH = CHCH_2 \sim\sim + n\ St \longrightarrow \sim\sim \underset{\underset{\S}{St}}{CHCH} = CHCH_2 \sim\sim$$

$$\sim\sim CH_2 - \underset{R}{\dot{C}H} - CH - CH_2 \sim\sim + n\ St \longrightarrow \sim\sim CH_2 - \underset{\underset{\S}{St}}{C}H - \underset{R}{CH} - CH_2 \sim\sim$$

$$\sim\sim \dot{S}t + \sim\sim \dot{C}HCH = CHCH_2 \sim\sim \longrightarrow \sim\sim \underset{\underset{\S}{St}}{CHCH} = CHCH_2 \sim\sim$$

上述方法合成得到的接枝产物是接枝共聚物 P[B-g-St] 和均聚物 PB、PSt 的混合物，其中，PSt 占 90% 以上，成为连续相；PB 占 7% ~8% ，以 2~3 μm 的粒子分散在 PSt 连续相中，P[B-g-St] 处于 PB、PSt 两相的界面，成为增溶剂，从而提高了聚苯乙烯的抗冲性能，称为高抗冲聚苯乙烯。

2）辐射接枝法　利用高能辐射在聚合物链上产生自由基引发活性种是应用广泛的接枝方法。如聚醋酸乙烯酯用 γ 射线辐射接枝聚甲基丙烯酸甲酯：

$$\sim\sim CH_2 - \underset{OCOCH_3}{CH} \sim \xrightarrow{\gamma_{射线}} \sim\sim CH_2 - \underset{OCOCH_3}{\dot{C}} \sim\sim \xrightarrow{MMA} \sim\sim CH_2 - \underset{OCOCH_3}{\overset{MMA\sim}{C}} \sim\sim$$

（2）嫁接支链　通过功能基反应把带末端功能基的支链连接到带侧基功能基的主链上。又称"功能基偶联法"，即通过功能基反应把带末端功能基的支链连接到带侧基功能基的主链上。

$$\sim\sim \underset{G}{A} \sim \underset{G}{A} \sim \underset{G}{A} \sim + G'-B \longrightarrow \sim\sim \underset{\underset{\S}{B}}{A} \sim \underset{\underset{\S}{B}}{A} \sim \underset{\underset{\S}{B}}{A} \sim$$

如已经商品化的噁唑啉取代聚苯乙烯，所带的噁唑啉侧基可与羧酸、酸酐、醇、胺、环氧基以及酚类等多种功能基发生加成反应。如：

$$\underset{}{\overset{N}{\text{（噁唑啉）}}} + HOOC\sim\sim \longrightarrow \sim\sim \overset{O}{\underset{}{C}} - NHCH_2CH_2O - \overset{O}{\underset{}{C}}\sim\sim$$

（3）大单体共聚接枝（大分子引发剂法）　在主链大分子上引入能引发活性种的侧基功能基,该侧基功能基在适当条件下可在主链上产生活性种(自由基、阴离子或阳离子)引发第二单体聚合形成支链。以自由基型为例：

在主链高分子上引入易产生自由基的基团,如—OOH,—CO—OOR,—N_2X,—X 等,然后在光或热的作用下在主链上产生自由基再引发第二单体聚合形成支链。如在聚苯乙烯的 α-C 上进行溴代,所得 α-溴代聚苯乙烯在光的作用下 C—Br 键均裂为自由基,可引发第二单体聚合形成支链：

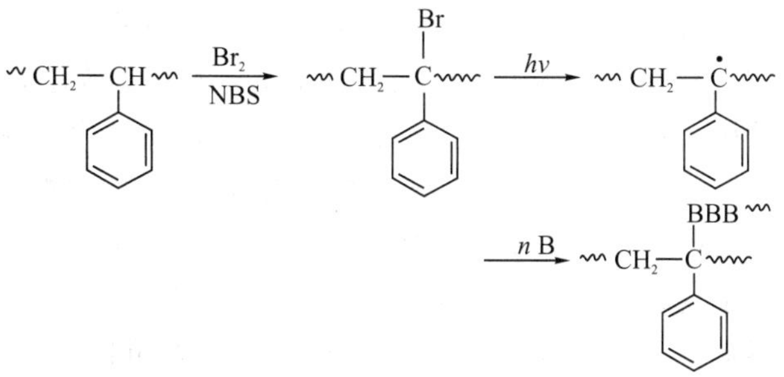

（4）无机材料的接枝共聚　目前,无机材料的接枝已经成为接枝共聚技术的一个新的领域,文献中有大量报道。然而,无机基体与有机聚合物链的结合方式在不少情况下仍然不太清楚。其中有些属于真正的化学结合,伴随着形成新的化学键,有的则仅仅是某种吸附作用。当然,这两种结合方式也会同时存在。

硅酸盐材料用其他无机矿物材料通过接枝聚合,能够在其表面形成一层与之产生化学结合的有机聚合物。类似的接枝不仅可以用来提高无机材料与有机聚合物基体之间的界面相容性、改善复合材料的力学性能,还可以用来制备高分散性颜料,可制得具有偶联功能的无机填充物、高性能的固体润滑剂和改性的硅胶色谱载体等。

无机材料接枝聚合的方法,大致可以分为偶合法接枝、化学引发接枝、辐射引发接枝和力化学引发接枝四种方法。

1）偶合法接枝　某些预聚物分子与无机材料之间能够发生官能团反应形成偶合键,从而获得接枝物。为了实现这一反应,首先要求预聚物与无机材料都有相应的官能团,否则,必须先将两者进行化学处理,使之具有必要的官能团。

在大分子合成过程中,往往在大分子端部留下可以进一步反应的端基。根据需要,使之转化成其他形式,以便与无机材料的基团作用。许多无机材料表面存在一些活泼的官能团,如玻璃、硅胶等表面存在 Si—OH 基,云母表面存在 Al—OH 基等。Laible 等曾比较系统地总结无机材料表面的羟基与聚合物进行的反应,并考察了接枝产物在无机相中的胶体分散稳定性。为使 Si—OH 基转化为 Al—OH 基,可用硫酰氯及亚硫酰氯为氯化剂,或者直接用氯气进行表面氯化,先将—OH 基转化为活泼的 Si—Cl 基。对于表面惰性的材料,含有 Si—Cl 基的有机硅化合物可借助微量水的作用在该材料表面发生水解自身间缩聚,形成一层被牢固吸附的有机膜,同时还能将可利用的基团引至该表面上。其他形式的有机硅(如硅醇、硅酯)也被广泛用于无机材料的表面处理。Kessaissia 等曾以亚硫酰氯使表面上先引入 Si—Cl 基,再以具有不同长度碳链的醇钠处理,形成表面带有烷链的接枝共聚物。Fery 等将含有 Si—Cl 键的 SiO_2 与聚苯乙烯基锂活性大分子反应,获得

了 SiO_2 聚苯乙烯的接枝共聚物。当接枝增重 50% 时,可以在芳香族溶剂中形成稳定的分散体。

2)化学引发接枝共聚 利用自由基引发剂引发单体与带不饱和基的无机材料进行共聚,或者让基体参与形成自由基的过程,使支链在基体中生成。例如利用云母表面上羟基在 Ce^{4+} 盐作用下形成的自由基,引发丙烯腈或 MMA 与之接枝。此外,Elting 等报道,以硝酸铈引发自由基可使甲基丙烯腈、苯乙烯、甲基丙烯酸甲酯、醋酸乙烯酯等与硅石、石棉、云母、高岭土、皂土等无机物实现接枝共聚。Eastmond 报道了玻璃微珠在给电子的溶剂或单体存在下,利用 $Mo(CO)_6$ 可引发苯乙烯或 MMA 接枝于玻璃上。

3)辐射引发接枝 Negievich 报道了硅胶以特丁基过氧化氢改性后,再用紫外光引发丙烯腈、甲基丙烯酸甲酯、苯乙烯等进行气相接枝。经 1 h 辐射后,接枝增重约 25%,但苯乙烯接枝较少。由大分子与无机基体形成接枝也有少量报道。例如 Tyulkin 等使 X 射线或紫外光辐照 SiO_2 与液状聚二乙基硅氧烷,发现吸附量随之增加。也有利用高能辐射来制备无机材料的接枝共聚物,但有些并不十分成功。

4)力化学引发接枝 通过力化学法来制备接枝共聚物可以采用两种途径:①无机材料与力化学引发的大分子自由基相结合;②无机材料作为力引发剂引发单体与之接枝。

聚合物在力作用下降解时,可生成大分子自由基(分子链碎片)。当聚合物与无机粒子填料一起被塑炼时,所生成的大分子自由基可与无机材料作用,形成接枝或交联网络,橡胶与炭黑之间的作用就是如此,聚乙烯与炭黑也有类似作用。此外,在球磨及振动磨中使丁苯橡胶、丁腈橡胶或硅橡胶与温石棉共研磨时,橡胶可接枝在温石棉上。这种接枝共聚物对有机介质的亲和性显著提高,可在树脂基体中较好地分散。

作为力引发剂的无机材料,有金属、盐类、氧化物等。当力作用在这些物质上时,生成断裂面,这些新生的断裂面上存在着不同的能引发聚合的活性中心。另一类力引发剂是无机盐类。KCl、NaCl、CaF_2、LiF 等在破碎过程中能释放电子,同时在表面上形成带电荷的缺陷。SiO_2、Al_2O_3、Cr_2O_3、TiO_2、Fe_2O_3、MgO 等氧化物也可用作力引发剂。力活化作用在于新生表面出现自由基及离子。当金属被粉碎时,由于表面形成一层氧化膜,因而接枝主要由氧化膜起作用。通常,在 CH_3Cl、CCl_4、$C_2H_5CH_2Cl$ 和醇等存在下破碎 SiO_2 时,都将有力化学反应发生,此时所得的石英细粒具有较强的有机亲和性。

Momose 等曾报道标准砂(含 SiO_2 92.4% 、Al_2O_3 4.1% ,粒度为 48~115 目)在粉碎过程中,可与 MMA 或 MA 发生接枝反应,指出反应机制属自由基。实验证明有 1 mg/g 砂的聚合物生成,所得砂粒的憎水性明显增强。

2.9.1.3 嵌段共聚改性

嵌段共聚物的大分子链是由很长的 M_1 链端和很长的 M_2 链端交替排列而成。每个链段的长度为几百至几千个单体单元。由一段 M_1 链段与一段 M_2 链段构成的嵌段共聚物,称为 AB 型嵌段共聚物,如苯乙烯-丁二烯(SB)嵌段共聚物。由两段 M_1 链段与一段 M_2 链段构成的嵌段共聚物,称为 ABA 型嵌段共聚物,如苯乙烯-丁二烯-苯乙烯(SBS)嵌段共聚物。由 n 段 M_1 链段与 n 段 M_2 链段交替构成的嵌段共聚物,称为 $(AB)_n$ 型嵌段共聚物。

嵌段共聚物的合成方法有:活性聚合物逐步增长法、利用端基官能团加聚和缩聚法、偶联法、利用大分子基的聚合方法。

(1)活性聚合物逐步增长法 利用活性聚合,先制得一种单体的活性链,然后加入另一种单体,可得到希望链段长度的嵌段共聚物。

$$\text{\large\textasciitilde} M_1^{\ominus}A + M_2 \longrightarrow \text{\large\textasciitilde} M_1M_2\text{\large\textasciitilde} M_2^{\ominus}A$$

工业上已经用这种方法合成了 S—B、S—B—S 两嵌段和三嵌段共聚物。这种聚合物在室温具有橡胶的弹性,在高温又具有塑料的热塑性,可用热塑性塑料的加工方法加工,故称为热塑弹性体。

并非所有的活性链都可引发另一单体,能否进行上述反应,取决于 $M_1^{\ominus}$ 和 M_2 的相对碱性。对于单体,存在下列共轭酸碱平衡:

$$MH \underset{}{\overset{K_a}{\rightleftharpoons}} M^{\ominus} + H^{\oplus}$$

上式中,K_a 是电离平衡常数。令 $pK_a = -\lg K_a$,表示单体相对碱性的大小。pK_a 值越大,单体的碱性越大,或者说亲电性越小。pK_a 值大的单体形成链阴离子后,能引发 pK_a 值小的单体,反之则不能。例如:苯乙烯(St)的 pK_a 值为 40~42;甲基丙烯酸甲酯(MMA)的 pK_a 值为 24,所以,苯乙烯活性链可以引发甲基丙烯酸甲酯单体,而甲基丙烯酸甲酯活性链则不能引发苯乙烯单体。

苯乙烯和丁二烯(B)的 pK_a 值属于同一级别,St - 易引发 B,反之相对困难,但仍能引发,只是速度较慢,故可生产 SBS。

(2)利用端基官能团加聚和缩聚法 通过链末端功能基反应形成聚合度增大的线形高分子链,也是合成嵌段共聚物的一个重要方法。

$$\text{\large\textasciitilde} A_n\text{—}G + G'\text{—}B_m \text{\large\textasciitilde} \longrightarrow \text{\large\textasciitilde} A_n\text{—}B_m \text{\large\textasciitilde}$$

具有末端官能团的低聚体可用来制备各种各样的嵌段共聚物。低聚物可以用逐步聚合反应、合适的加成或开环聚合反应来制备。在缩合反应中自然生成末端基团,这些低聚体的端基就是所用的过量单体的端基。末端官能团可以是羟基、胺基、异氰酸酯基、酰卤、氯硅烷基,甚至负离子。唯一的条件是要有一个高效的反应基团。当使用带有相互进行反应的两种末端官能团的低聚体时,则可得到完全交替排列的链段。

(3)偶联法 嵌段共聚物也可能自身偶合来改变它们的序列结构,例如和 $A_m\text{—}B_n\text{—}A_m$ 结构可以分别偶合成 $A_m\text{—}B_n\text{—}A_m$ 或 $(A_m\text{—}B_n)_x$ 体系。这种方法能用于比较稳定的"末端基团",例如:碳阴离子、硅氧烷根和硫醇根,以及种种偶联剂,如:光气、二卤代烷和二卤硅烷。所谓的星形嵌段共聚物可以用相似的方法制成,即用一个多官能团偶联剂,例如用四氯化硅($SiCl_4$)终止阴离子活性聚合来产生星形的结构。

$$M_n^{\ominus} A + SiCl_4 \longrightarrow \sim\!\!\sim M_n - \overset{\displaystyle M_n}{\underset{\displaystyle M_n}{\overset{|}{\underset{|}{Si}}}} - M_n \sim\!\!\sim$$

(4)利用大分子基的聚合方法　通过末端引发功能基引发第二单体聚合：

$$\sim\!\!\sim A_n - I + mB \longrightarrow \sim\!\!\sim A_n - B_m \sim\!\!\sim$$

I:引发功能基

2.9.2　聚合物的共混改性

为了避免高额的研发费用和较长的研发周期,新型高分子材料的开发已从化学合成转到所谓的 ABC 方法,即合金(alloy)、共混(blend)、复合(composite)的综合应用,并以高性能、多功能、廉价、环境友好为目标。当今时代,在 ABC 技术的基础上,进一步以聚合物微观形态结构理论为指导,通过微观相结构的控制,设计具有所需宏观性能的多相复合材料。

聚合物共混物通常也称作高分子合金,指由两种或者两种以上的聚合物(塑料树脂)进行共混形成的新物质,新的塑料品种被赋予了新的性能。如 20 世纪 60 年代工业化的聚丙烯,虽然有比重小,透明性好,抗张强度、抗压强度、硬度及耐热性均优于聚乙烯的优点,但其抗冲强度、耐应力开裂性及柔韧性不如聚乙烯。由聚丙烯和聚乙烯共混制成的聚合物共混物同时保持了两组分的优点,具有较高的抗张强度、抗压强度和抗冲强度,且耐应力开裂性比聚丙烯好,耐热性则优于聚乙烯。使用少量的某一聚合物可以作为另一聚合物的改性剂,改性效果显著。最突出的例子是在聚苯乙烯、聚氯乙烯等脆硬性树脂中掺入的橡胶类物质,可使它们的抗冲强度大幅度提高。又如把乙烯醋酸乙烯共聚物掺入聚氯乙烯中可制得柔性良好的聚氯乙烯,由于乙烯醋酸乙烯共聚物柔软,与聚氯乙烯相溶性好,又不会挥发,所以是聚氯乙烯的一种高分子长效增塑剂。聚合物共混可以满足一些特殊的需要,制备一系列具有崭新性能的新型聚合物材料。例如,为制备耐燃高分子材料,可与含卤素等耐燃聚合物共混;为获得装饰用具有珍珠光泽的塑料,可将光学性能差异较大的不同种聚合物共混;利用硅树脂的润滑性,与许多聚合物共混得以生产具有良好自润滑作用的聚合物材料;还可将抗张强度较悬殊的两种混溶性欠佳的树脂共混后发泡,制成多层多孔材料,具有美丽的自然木纹,可代替木材使用。

聚合物共混改性的主要目的和效果:①综合均衡各聚合物组分的性能、取长补短,消除各单一聚合物组分上的弱点;②使用少量的某一聚合物可作为另一聚合物的改性剂,改性效果显著;③聚合物的加工性能可以通过共混得到改善;④可制备一些崭新性能的聚合物材料;⑤对性能卓越,但价格昂贵的工程塑料,通过共混可以降低其成本。

2.9.2.1　聚合物共混物的形态结构

聚合物共混物的形态结构也是决定其性能的最基本的因素之一。由双组分构成的两相聚合物共混物,按照相的连续性可以分成三种基本类型。第一种为单相连续结构,即一个相是连续的而另一个相是分散的。第二种为两相连续结构,即两个相都是连续的。第三种是两相互锁(或交错)结构。

（1）单相连续结构（又称"海-岛"结构） 单相连续结构，指组成聚合物共混物的两个相或多个相中只有一个相连续，此连续相可看作是分散介质。其他的相分散于连续相之中，一般称为分散相。单相连续结构又因分散相相畴的形态、大小以及与连续相的结合情况的不同而表现为多种形式。

在复相聚合物体系中，每一相都以一定的聚集形态存在，因为相之间的交错，所以连续性较小的相或不连续的相就被分成很多的区域，这种区域称作相畴。

不同的体系，相畴的形状和大小亦不同。

（2）两相连续结构（又称"海-海"结构） 互穿聚合物网络（IPN）可作为两相连续结构聚合物共混物的典型例子。在这种共混物中，两种聚合物网络相互贯穿，使得整个样品成为一个交织网络。如果两种成分混溶性不好，就会发生一定程度的相分离，这时聚合物网络的相互贯穿就不是分子程度的相互贯穿而是分子聚集态程度的或相畴程度的相互贯穿。但是两种组分的混合仍然很好，并且仍保持两个相的连续性。

IPN 中两个相的连续程度有所不同。一般而言，聚合物（Ⅰ）构成的相连续性较大，聚合物（Ⅱ）构成的相连续性较小。连续性大的相对性能影响也较大。两相结构两种组分的混溶性越大、交联度越大，则的相畴越小。

（3）两相互锁（或交错）结构 这种形态结构的特点是每一组分都没有形成贯穿整个样品的连续相。当两组分含量相近时常常生成这种结构，例如 SBS 三嵌段共聚物，当丁二烯含量为 60% 左右时即生成两相交错的层状结构；以邻苯二甲酸正丁酯为溶剂浇铸的苯乙烯/氧化乙烯嵌段共聚物薄膜也有这种类型的层状结构。

以上所述指两种聚合物都是非晶态结构的情况，这也是聚合物共混物的一般情况。对两种聚合物都是结晶性的，或其中之一为结晶性的，另一种为非结晶性的情况，上述原则也同样适用。

2.9.2.2 制备方法

制备聚合物共混物的方法主要有物理共混法和共聚共混法两种。各种共混法所得聚合物共混物的理想形态构造应为稳定的微观多相体系或者亚微观多相体系。这里的"稳定"系指聚合物共混物在成型以及其制品的使用过程中不会产生宏观的相分离。为此，在实验室和工厂应用了许多种操作方式以保证实现上述的要求，现分述如下。

（1）物理共混法 物理共混法又称为机械共混法，此法是将不同种类聚合物在混合（或混炼）设备中实现共混的方法。混合过程一般包括混合作用和分散作用两方面含义。混合作用系指不同组分相互分散到对方所占据的空间中，即使得两种或多种组分所占空间的最初分布情况发生变化，分散作用则指参与混合的组分发生颗粒尺寸减小的变化，极端情况达到分子程度的分散。实际上，混合作用和分散作用大多同时存在，亦即在混合操作中，通过各种混合机械供给的能量（机械能、热能等）的作用，使被混物料粒子不断减小并相互分散，最终形成均匀分散的混合物。由此可见，组分的分散程度和混合物料的均匀程度是评定混合效果的两个尺度。

大多数聚合物共混物均可用机械共混法制备。此法依靠各种聚合物混合、捏和及混炼设备实现。在混合、捏和及混炼操作中，通常仅有物理变化。有时，由于强烈的机械剪切作用使一部分聚合物发生降解、产生大分子自由基，继而形成少量接枝或嵌段共聚物，这种伴随有化学变化的机械共混可称为物理-化学共混法。物理共混法包括干粉共混、熔体共混、溶液共混、乳液共混等方法。

1)干粉共混法 将两种或两种以上品种不同的细粉状聚合物在各种通用的塑料混合设备中加以混合,形成各组分均匀分散的粉状聚合物混合物的方法称为干粉共混法。常用的混合设备有球磨机、倒锥式混合机、V形混合机。这些设备主要促使物料对流以实现组分的混合,球磨机还有较显著的粉碎作用,此外,Z形捏合机、高速捏合机等具有较强剪切作用且可适当加热的设备用于干粉共混。经干粉混合所得聚合物共混物料,在某些情况下可直接用于压制、压延、注射或挤出成型,或经挤出造粒后再用以成型。可见,干粉共混法具有设备简单、操作容易的优点。

其缺点为:所用聚合物原料必须呈细粉状。若原料颗粒较大,尚需采用粉碎设备制粉。但对许多韧性较大的聚合物,例如尼龙、聚碳酸酯等,粉碎相当困难,此类情况可利用溶剂溶解聚合物,再用非溶剂沉淀的方法制粉。自然,由此将导致溶剂的消耗和溶剂回收等一系列问题,因而在工业上难以实现。

干粉混合时,聚合物料温度低于它们的黏流温度,物料不易流动,故混合分散效果较差。干粉共混聚合物成型后,相畴较粗大,制品的各项物理机械性能指标受到一定程度的影响,严重者还会造成制品各个部位性能的不一致。这种不良影响对于聚合物组分之间相溶性欠佳的聚合物共混物尤为明显。可见,一般情况不宜单独使用干粉共混法。然而,对于某些难溶难熔聚合物的共混仍有实用价值。例如氟树脂、聚酰亚胺树脂、聚苯醚树脂、聚苯硫醚树脂等共混物的制取。

此外,当共混聚合物组分彼此之间相溶性较好,且一种组分用量相当少时,也可考虑采用干粉共混法。

2)熔体共混法 熔体共混又称为熔融共混,此法系将共混所用的聚合物组分在它们的黏流温度以上($>T_f$)用混炼设备制取均匀聚合物共熔体,然后再冷却,粉碎(或造粒)的方法。用于聚合物共混的混炼设备主要有双辊混炼机、密闭式混炼机、单螺杆挤出机。熔融共混法具有下述优点:

①共混的聚合物原料在粒度大小及粒度均一性方面不似干粉共混法那样严格,所以原料准备操作较简单;

②熔融状态下,异种聚合物分子之间扩散和对流激化,加之混炼设备的强剪切分散作用,使得混合效果显著高于干粉共混,共混物料成型后,制品内相畴较小;

③在混炼设备强剪切力作用下,导致一部分聚合物分子降解并可形成一定数量的接枝或嵌段共聚物,从而促进了不同聚合物组分之间的相溶。

3)溶液共混法 将各原料聚合物组分加入共同溶剂中(或将原料聚合物组分分别溶解、再混合)搅拌溶解混合均匀,然后加热蒸出溶剂或加入非溶剂共沉淀便获得聚合物共混物。

溶液共混法适用于易溶聚合物和某些液态聚合物以及聚合物共混物,以溶液状态被应用的情况。此法在试验研究工作中有一定的意义,例如在初步观察聚合物之间的相溶性方面,可根据聚合物共混物的溶液是否发生分层现象以及溶液的透明性来判断,若出现分层和浑浊则认为相溶性较差。但因溶液共混法所制之聚合物共混物混合分散性差,且此法消耗大量溶剂,因而工业上意义不大。

4)乳液共混法 乳液共混法的基本操作是将不同种的聚合物乳液一起搅拌混合均

匀后,加入凝聚剂使异种聚合物共沉析以形成聚合物共混体系。当原料聚合物为聚合物乳液或共混物将以乳液形式被应用时,此法最有利。此法还常与后面讲的共聚共混法联用以及可作为熔融共混的预备性操作。单一地使用乳液共混法尚难获得相畴细微的聚合物共混物。

(2)共聚共混法　前已述及,共聚共混法制取聚合物共混物是一种化学方法,这一点是与机械共混法显然不同的。共聚共混法又有接枝共聚共混之分,在制取聚合物共混与嵌段共聚物方面,接枝共聚共混法更为重要。

接枝共聚共混法的典型操作程序是,首先制备一种聚合物(聚合物组分Ⅰ),随后将其溶于另一聚合物(聚合物组分Ⅱ)的单体中,形成均匀溶液后再依靠引发剂或热能的引发使单体与聚合物Ⅰ发生接枝共聚,同时单体还会发生均聚作用。

接枝共聚共混法制得的聚合物共混物,其性能通常优于机械共混法的产物,所以近年来发展很快,应用范围逐渐推广。目前,主要用于生产橡胶增韧塑料。

2.9.2.3　聚合物共混物的界面层

两种聚合物的共混物中存在三种区域结构:两种聚合物各自独立的相和这两相之间的界面层。界面层亦称为过渡区,在此区域发生两相的黏合和两种聚合物链段之间的相互扩散。界面层的结构,特别是两种聚合物之间的黏合强度,常对共混物的性质,特别是力学性能有决定性的影响。

(1)界面层的形成　聚合物共混物界面层的形成可分为两个步骤。第一步是分别由两种聚合物组分所构成的两个相之间的接触;第二步是两种聚合物大分子链段之间的相互扩散。增加两相之间的接触面积无疑有利于两种大分子链段之间的相互扩散、增加两相之间的黏合力。因此,在共混过程中,保证两相之间的高度分散、适当地减小相畴的尺寸是十分重要的。

两种大分子链段之间的相互扩散的程度主要取决于两种聚合物之间的混溶性。正是这种相互扩散的程度决定了共混物两相之间的黏合强度。

当两种聚合物相互接触时,在相界面处两种聚合物大分子链段之间有明显的相互扩散。若两相中聚合物大分子有相近的活动性,则两种大分子的链段就以相近的速度相互扩散;当两相中聚合物大分子链段的活动性差别很大,则发生单向的扩散。这种扩散作用的推动力是混合熵,换言之,是链段的热运动。扩散的结果,使得两种聚合物在相界面两边产生了明显的浓度梯度,相界面以及相界面两边具有明显的浓度梯度的区域构成了两相之间的界面层,或称为过渡区。

两种聚合物相互扩散的深度,即界面层的厚度主要取决于两种聚合物的混溶性。完全不混溶的聚合物,链段之间只有轻微程度的相互扩散,因而两相之间有非常明显和确定的相界面。随着两种聚合物混溶性的增加,扩散程度提高,相界面越来越模糊,界面层厚度越来越大,两相之间的黏合也越来越强。完全混溶的两种聚合物则最终形成均相,相界面完全消失。

在一般情况下,界面层的厚度约为数百埃。当相畴很小时,界面层的体积可占相当大的比例。例如,当分散颗粒为1 μm左右时,界面层可达总体积的20%。在界面层,聚合物的形态结构不同于在本体相的形态结构。不同的聚合物共混物其界面层的厚度和界面层的结构也不同。

(2) 界面层的结构和性质 所谓界面层的结构，主要指的是在界面层两种聚合物之间黏合力的性质、界面层的组成、界面层的厚度。所谓界面层的性质，主要是指界面层的稳定性。

就两相之间黏合力的性质而言，界面层有两种基本类型。第一类是两相之间存在化学键，例如接枝共聚物、嵌段共聚物等。第二类是两相之间无化学键，例如一般的机械共混物、互穿聚合物网络（IPN）等。

对于两相之间无化学键的共混体系，例如机械共混物，同样适用上述原则。两组分之间的混溶性越大，则界面层厚度越大，界面越弥散。此外尚需考虑两相之间的黏合强度。要使两相之间有足够大的黏合作用，首先必须两相之间有良好的接触和相互之间的润湿作用，其次两种聚合物之间还必须有一定的混溶性以实现两种聚合物链段间的相互扩散。常常用两种聚合物之间的界面张力来衡量上述两种情况。界面张力越小，两相之间的润湿和接触越好，两种链段之间越容易相互扩散，两相之间的黏合强度也越大。

一般而言，两种聚合物之间大都是不混溶的。这本来并不成问题，因为我们所需要的多半正是两相结构的共混物。问题是，这往往导致界面张力过大和两相之间的黏合强度过低。由于界面张力大，加之聚合物熔体的高黏度，这就往往难于实现所要求的分散程度，并且会在加工和使用过程中出现分层现象。黏合强度不足，会使共混物的性能特别是力学性能大幅度下降，因为两相之间黏合力小时就不能有效地在两相之间传递和分配负荷。为此，可在共混体系中加入增容剂以降低界面张力，提高两相之间的黏合强度。所谓增容剂（也叫增混剂）就是指与两种聚合物组分都有较好的混溶性因而可降低界面张力，增加两种聚合物组分混溶性的物质，其作用与胶体化学中的乳化剂相当。就增加两相之间的黏合强度和提高产品性能而言，增混剂很类似于复合聚合物材料中的偶联剂。

最有效的增混剂是与两种聚合物组分都有较大混溶性的嵌段或接枝共聚物，例如 AB 型嵌段共聚物就是聚合物 A 与聚合物 B 共混的有效增混剂。增混剂可在共混过程中就地生成，例如接枝共聚共混过程的情况；也可单独加入到共混体系中，例如在聚乙烯和聚氯乙烯共混时加入氯化聚乙烯。

2.9.2.4 常见树脂的共混改性

(1) 酚醛树脂的共混改性 酚醛树脂是合成树脂中最早合成并且最先工业化生产的一个品种。此类树脂的产量在热固性树脂中始终居于首位。按合成时的原料配比和催化剂的酸、碱性可分为热塑性酚醛树脂和热固性酚醛树脂两类，前者须另外加固化剂才能交联固化，而后者本身具有交联固化能力。酚醛树脂具有较好的耐热性、耐化学腐蚀性、电绝缘性和加工性，而且价格较低廉。加入填料增强的酚醛树脂有较高的机械强度、硬度，因此广泛用以制作电器零件、机械零件、耐腐蚀制件以及仪表壳、瓶盖等物品。酚醛树脂通过共混改性可以改善其脆性，已采用的改性聚合物有聚氯乙烯、丁腈胶、聚乙烯醇缩丁醛、聚酰胺、环氧树脂等。

(2) 环氧树脂的共混改性 环氧树脂是至少带有两个环氧基团的树脂，未固化前分子结构为线型，依靠能与环氧基团起反应的胺类物质可交联固化形成网状大分子。环氧树脂具有良好的电性能、化学稳定性、粘接性、加工性，但韧性不足，所以用橡胶或其他柔韧性聚合物增韧环氧树脂是此种树脂改性的主要措施。

通常作为环氧树脂增韧剂的聚合物有聚硫橡胶、聚醋酸乙烯、低分子量聚酰胺等。一种较新的增韧用橡胶为低分子量带有端羧基的丁腈共聚物(CTBN)。此种共聚物加入环氧树脂中并完全溶解,经加热则随着两种聚合物聚合和交联反应的进展产生相分离,橡胶形成分散相。固化剂活性、反应温度、原料分子量和CTBN的溶解性等因素都影响分散相的颗粒度。合理选择上述条件,可使分散相的平均颗粒度从几百埃变动为几百微米。与增韧聚苯乙烯的情况类似,橡胶分散相颗粒度的大小显著影响环氧树脂共混物的抗冲强度,适当的较大的橡胶颗粒显示较好的增韧效果。

(3)聚酰胺的共混改性 聚酰胺通常又称为尼龙,是目前应用较广泛的一种工程塑料。聚酰胺大分子结构的特点是主链上含有很多酰胺基。聚酰胺树脂具有优良的机械强度、耐磨性、自润滑性和耐腐蚀性,因此可用以制作轴承、齿轮、凸轮、泵叶轮、垫圈、阀座、容器等。聚酰胺树脂作为工程塑料的主要缺点是:吸水性大,耐热性较差,尺寸稳定性不好。聚酰胺树脂的共混改性发展较晚,目前改性品种主要有两类,即不同聚酰胺树脂之间的共混以及聚酰胺树脂与其他聚合物的共混,且以后一类较为重要。

不同聚酰胺之间的共混——结晶性聚酰胺与低结晶性共缩聚聚酰胺共混可增加柔韧性以及挠曲性。由于不同种聚酰胺之间在熔融温度下共混,可能发生分子间酰胺交换反应,使组成均一化,并最终形成无规的共缩聚物,所以制备此类共混物以及加工此类共混物时,产生的共缩聚化作用有利于直接加热混合。

聚酰胺与其他聚合物的共混——聚酰胺与聚乙烯的共混物是此类共混物中最重要的一种。它比聚酰胺吸水率低、抗冲性能好,尤其改进了聚酰胺的低温脆性,例如尼龙6在 −5 ℃左右脆化,而含有50%聚乙烯的尼龙,其脆折温度降低至 −50 ℃。用双螺杆挤出机使尼龙与低密度聚乙烯共混,可获得宏观均匀的共混物。以甲酸萃取法可以证实两种聚合物之间仅仅是物理混合,并未发生嵌段和接枝共聚反应。在此两相共混体系中,软质相聚乙烯嵌入硬质相尼龙基体中,可以保证制品表面的光洁平整。

2.9.3 聚合物的填充改性

聚合物的填充改性是指在基体中填充在组成和结构上与基体不同的固体添加物对聚合物的某些性能进行改善和提高的方法。所用添加物称为填充剂,或者填料。聚合物填充改性的目的有的仅仅是为了降低成本,但更多的是为了改善性能,如提高强度、提高耐热性或耐候性、改善加工性能等。

2.9.3.1 填充剂的基本性质

填充剂的基本特性包括填充剂的形状、粒径、表面结构、相对密度等,这些基本特性对填充改性体系的性能有重要作用。

(1)填充剂的细度 填充剂的细度是填充剂最重要的性能指标之一。颗粒细微的填充剂粉末,如能在聚合物基体中达到均匀分散,可获得增韧、增强等作用,或者至少可以有利于保持基体原有的力学性能。而颗粒粗大的填充剂颗粒,则会使材料的力学性能明显下降。填充剂的改性作用,如补强、增韧、提高耐候性、阻燃、电绝缘或抗静电等,也要在填充剂颗粒达到一定细度且均匀分散的情况下,才能实现。

(2)填充剂的形状 填充剂的形状多种多样,有球形(如玻璃微珠)、不规则形状(如重质碳酸钙)、片状(如陶土、滑石粉、云母)、针状(如硅灰石),以及柱状、棒状、纤维状等。

对于片状的填充剂,其底面长径与厚度的比值是影响性能的重要因素。陶土粒子的底面长径与厚度的比值不大,属于"厚片",所以提高塑料刚性的效果不明显。云母的底面长径与厚度的比值较大,属于"薄片",用于填充塑料,可显著提高刚性。

针状(或柱状、棒状)填充剂的长径比对性能也有较大影响。短纤维增强聚合物体系,也可视作是纤维状填充剂的填充体系,因而,其长径比也会明显影响体系的性能。

(3)填充剂的表面特征 填充剂的表面特性,包括填料颗粒的表面自由能、表面形态等。填充剂表面的化学结构各不相同,影响其表面特性。譬如,炭黑表面有羧基、内酯基等官能团,对炭黑性能有一定影响。许多无机填充剂的表面具有亲水性,与聚合物基体的亲和性不佳,因而,需要通过表面处理,使表面包覆偶联剂等助剂,以改善其表面特性。填充剂的表面形态也多种多样,有的光滑(如玻璃微珠),有的则粗糙,有的还有大量微孔。

2.9.3.2 填充剂对填充体系性能的影响力学性能

填充剂的形状、取向状态、界面结合状况等,都会影响填充体系的力学性能。

对于许多填充体系而言,特别是对于粒径较大或未经表面处理的颗粒状填充剂填充塑料体系,随着填充量增大,体系的拉伸性能、冲击性能等力学性能下降。对填充剂进行表面处理,可以减少力学性能下降的幅度。当填充剂的粒径足够细,且进行了适当的表面处理时,还会有一定的增强效果。关于超细填充剂对聚合物的增强作用的机理,一般认为,是由于随着填充剂粒子变细,比表面相应增大,填充剂与聚合物基体之间的相互作用(如吸附作用)也随之增大,使力学性能得到提高。此外,云母(薄片状)、硅灰石(针状)等填料对聚合物也有增强效果。填充体系的弯曲模量通常会得到提高。无机纳米粒子还会对塑料基体产生增韧作用。

(1)结晶性能 填充剂颗粒可以起到结晶性塑料的结晶成核剂作用。例如,等规聚丙烯结晶有 α 和 β 两种晶型,其中,α 晶型最稳定也最常见,β 晶型的聚丙烯则具有较高的冲击强度。在聚丙烯中添加碳酸钙等无机颗粒,可以促成 β 晶型的形成。

超细的填充剂颗粒可以使结晶性塑料的结晶细化。实验表明,添加了纳米碳酸钙的聚丙烯的球晶明显细化,使得冲击强度得到提高,成型收缩率有所降低。

(2)热学性能 对于 PP、PBT 等结晶性聚合物,添加填充剂可使其热变形温度提高。例如,纯 PP 的热变形温度为 90~120 ℃,填充 40% 的滑石粉的 PP 的热变形温度提高到 130~140 ℃。此外,一般无机填充剂的热膨胀系数只有聚合物的 20%~50%,所以填充改性聚合物的热膨胀系数会比纯聚合物的热膨胀系数小,提高了尺寸稳定性。

(3)熔体流变性能 一般来说,由于填充剂的加入,聚合物熔体黏度会增大,影响加工流动性。当填充量较大时,这一现象尤为明显。另一方面,聚合物熔体的弹性会因填充剂的加入而降低。

3 粘接理论

3.1 胶黏剂分类及选择

3.1.1 胶黏剂及粘接技术特点

凡是能将同种或两种以上同质或异质的制件(或材料)连接在一起,固化后具有足够强度的有机或无机的、天然或合成的一类物质,统称为胶黏剂或粘接剂、黏合剂。将各种材质、形状、大小、厚薄、软硬相同或不同的材料(零件)连接成为一个连续牢固稳定整体的一种工艺方法,称为粘接技术,又称胶粘、黏合、胶接技术等。

胶黏剂是以天然或合成化合物为主体制成的,具有强度高、种类多、适应性强的特点。胶黏剂由主剂和助剂组成,主剂又称为主料、基料或粘料;助剂有固化剂、稀释剂、增塑剂、填料、偶联剂、引发剂、增稠剂、防老剂、阻聚剂、稳定剂、络合剂、乳化剂等,根据要求与用途还可以包括阻燃剂、发泡剂、消泡剂、着色剂和防霉剂等成分。

粘接技术除了具有简便、快捷、高效、价廉等特点外,还可以粘接一些其他连接方式无法连接的材料或结构,如实现金属与非金属的粘接,克服铸铁、铝焊接时易裂,和铝不能与铸铁、钢焊接等问题。并能在有些场合有效地代替焊接、铆接、螺纹连接和其他机械连接。胶黏剂的应用已渗入国民经济中的各个部门,成为工业生产中不可缺少的技术。树脂磨具本质上就是利用有机高分子胶黏剂将磨料和其他辅助材料粘接成砂轮、磨块、磨头等形状,应用于磨削、切削等加工领域。

粘接技术与铆接、焊接、螺接等连接方法相比,具有独特的优点:

(1)适用范围广,可以连接多种弹性模量和厚度不同的材料,同时具有震动吸收作用。

(2)制造成本低,粘接工艺简便。

(3)粘接面积大,应力分布均匀,耐疲劳性好。粘接表面光洁,外形美观。

(4)减轻重量,在宇航业中尤为重要。

(5)具有优良的密封性,且可以满足一些特殊功能,如水下胶黏剂、导电导磁胶黏剂等。

粘接工艺也有一些缺点,主要是比焊铆强度低,特别是冲击强度和剥离强度较低;采用高分子胶黏剂时使用温度有很大的局限性,通常在 100~200 ℃使用,少数可达到 250 ℃以上。同时由于胶黏剂在储存和使用过程中,胶接部分受到光、湿热、热、氧、水分、臭氧、化学、机械、微生物、工业腐蚀气体以及其他介质的作用,胶接性能逐渐降低,胶黏剂的老化几乎不可避免。胶黏剂的固化需要温度、压力和时间,因此需要相应的设备与工艺;粘接工艺的影响因素很多,难以控制,检测手段也还不完善。某些胶黏剂含有部分有害物质,如挥发性有机化合物、有毒的固化剂、增塑剂、稀释剂以及其他助剂、有害的填料等,造成对环境的污染和人体健康的危害,促使发展绿色环保胶黏剂成为一种趋势。

3.1.2　胶黏剂的分类

广义的胶黏剂包括有机胶黏剂、无机胶黏剂以及低熔点合金等。有机胶黏剂以高分子化合物为粘接物质,按来源分可分为天然胶黏剂和合成胶黏剂。所谓天然胶黏剂,就是其组成的原料主要来自天然,如虫胶、动物胶、淀粉、糊精和天然橡胶等。合成胶黏剂就是由合成树脂或合成橡胶为主要原料配制而成的胶黏剂,如环氧树脂、酚醛树脂、氯丁橡胶和丁腈橡胶等。

3.1.2.1　按固化方式分类

根据固化方式的不同,可将胶黏剂分为溶剂挥发型、化学反应型和冷却冷凝型。具体对某个胶黏剂,它的固化方式可能是其中的一种形式,也可能同时具有两种固化形式。如湿固化反应型热熔胶,它既属于冷却冷凝型,又属于化学反应型。

3.1.2.2　按物理表观形态分类

根据胶黏剂的外观形态,可分为液态型、固态型、膏状与腻子型、胶带等。

3.1.2.3　按主要化学成分分类

按胶料的主要化学成分分类,胶黏剂可分为无机胶黏剂和有机胶黏剂两大类,无机胶黏剂包括硅酸盐类、磷酸盐类、硫酸盐类等;有机胶黏剂又可分为天然有机胶黏剂和合成有机胶黏剂;合成有机胶黏剂还可分为树脂型、橡胶型、复合型胶黏剂等,它们还可继续分为其他更小的类型。

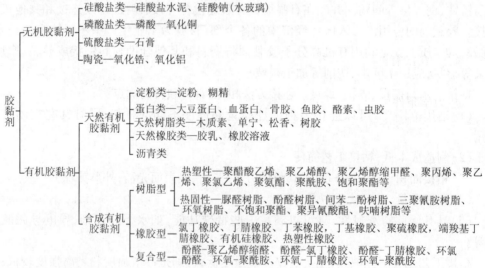

3.1.2.4　按用途分类

按是否能长期承受较大负荷,有良好的耐热、油、水等性能分为结构胶、非结构胶,此外还有能满足某种特定性能和某些特殊场合使用的特殊胶黏剂。

3.1.2.5　按耐水性分类

根据胶合制品的耐水程度,可将胶黏剂分为高耐水性胶、中等耐水性胶、低耐水性胶和非耐水性胶。

要使胶黏剂将被粘物表面紧密的胶接（黏合），即得到最佳胶接效果，其先决条件
就是要使胶黏剂与被粘物表面达到最大程度的接触，也就是完全的润湿。液体对固体
表面的润湿情况，可以用接触角 θ 来判断。在我们日常生活中，也可以观察到这类情
况。如雨水滴到荷叶上成珠状、水银滴在玻璃上成扁球形状，这是不良的润湿，其接触
角大，反之，在没有油污的清洁金属表面，小水滴可以很好地铺开而润湿表面，这时接
触角就小。

从热力学条件可知，胶黏剂对被粘物材料表面的接触角及表面张力可以反映胶黏剂
对该固体的润湿性，浸润液滴在固体表面上的状况及浸润如图 3-1 所示。

3.2 粘接理论

3.2.1 粘接与润湿

粘接实际上是一个界面现象，粘接的过程可分为两个阶段：第一阶段是液态胶黏
剂分子借助布朗运动在被粘物表面扩散并逐渐靠近被粘物表面。第二阶段是产生吸
附作用，当胶黏剂分子与被粘物表面的分子间的距离接近至 10Å 时，次价力便开始起
作用并随距离进一步减小而增至最大，这两过程不能截然分开，在胶液变为固体前都
在进行。从以上看到促使胶黏剂与被粘物表面间分子的接触是产生强胶接作用的关
键。而胶黏剂对被粘物表面的润湿则是使胶黏剂分子扩散到表面并产生胶接作用的
必要条件。

3.2.1.1 浸润条件

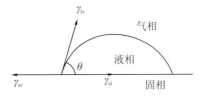

图 3-1 液态在固体表面的浸润状态

所谓接触角 θ 即是液滴与固体、气体接触的三相界面点作液滴曲面的切线与固体表
面的夹角。在平衡状态下，界面张力与接触角 θ 的关系可以用杨氏（Young）方程表示：

$$\gamma_{sv} = \gamma_{sl} + \gamma_{lv} \cos \theta \qquad (3-1)$$

$$\gamma_{sv} = \gamma_s - \pi_\varepsilon \qquad (3-2)$$

$$\gamma_{lv} = \gamma_l - \pi_\varepsilon \qquad (3-3)$$

式中 γ_{sv}——固体/气体的界面张力；

γ_{sl}——固体/液体的界面张力；

γ_{lv}——液体/气体的界面张力。

γ_s 和 γ_l 分别为真空状态下固体的表面能和液体的表面张力；π_ε 为吸附自由能，即吸附于固体或液体表面气体分子膜的压力，表示吸附在固体或液体表面的气体所释放的能量。π_ε 一般可以忽略不计，当 $\pi_\varepsilon = 0$ 时，$\gamma_s = \gamma_{sv}$，$\gamma_l = \gamma_{lv}$，则式（3 – 1）变为：

$$\gamma_s = \gamma_{sl} + \gamma_l \cos \theta \qquad (3-4)$$

液体为了扩展成非常薄的膜，即完全浸润固体表面，必须接触角 θ 为 0°，$\cos \theta = 1$，则：

$$\gamma_s \geq \gamma_{sl} + \gamma_l \qquad (3-5)$$

式（3 – 5）为初期扩展润湿的条件，这是达到最好粘接强度的必要条件。

Cooper 和 Nuttall 提出，设 S 为初期扩展系数，则：

$$S = \gamma_s - (\gamma_{sl} + \gamma_l) \qquad (3-6)$$

当液体在固体表面扩展时，$S > 0$；

当液体不能在固体表面扩展时，$S < 0$；

对于一般有机液体的液/固系，γ_{sl} 可以忽略不计，则式（3 – 6）可换算为：

$$S = \gamma_s - \gamma_l \qquad (3-7)$$

因为液体在固体表面扩展时，$S > 0$，则：

$$\gamma_s > \gamma_l$$

上式表明，为了能够在固体的表面充分润湿，液体的表面张力必须小于固体的表面张力，即 $\gamma_s > \gamma_l$ 是胶黏剂在被粘物表面润湿、扩展的必要条件。由此可知，以各种方法提高固体表面能 γ_s，便可选择具有较高 γ_l 的胶黏剂，从而获得最强的界面粘接力。固液界面张力 γ_{sl} 趋近于零，对产生良好的润湿、扩展是有利的，γ_{sl} 的大小取决于液体（胶黏剂）和固体（被粘物）的结构。

胶黏剂在被粘物表面的润湿性能，一般用接触角来判断，接触角越小，润湿性能越好，式（3 – 4）变为：

$$\cos \theta = \frac{\gamma_s - \gamma_{sl}}{\gamma_l} \qquad (3-8)$$

当接触角 $\theta = 180°$，$\cos \theta = -1$，表示胶液完全不能浸润被粘接固体；当接触角 $\theta = 0°$，$\cos \theta = 1$，表示胶液完全浸润的状态。在实际中，θ 为 0° 或 180°，这两种情况都不会存在，大都是介于两者之间。胶黏剂对表面的接触角 θ 应小于 90°，一般情况下，金属表面都能较好被胶黏剂润湿，在较好润湿的表面，适当的粗糙度还可进一步使接触角更小，因此为获得较好的润湿，通常可以用除去表面的低能物质及灰尘、尽量减少气泡与空隙、适当的粗糙度及减小胶黏剂黏度等措施来达到目的。

根据式（3 – 8），接触角小的条件：

（1）被粘物表面清洁，表面自由能大，即 γ_s 值大；

（2）胶黏剂和被粘物之间有亲和力，即 γ_{sl} 值小；

（3）胶黏剂的表面张力 γ_l 小。

粘接体系的润湿性除了与工艺条件、环境因素有关，主要取决于胶黏剂和被粘物的表面张力。实际上 γ_s 和 γ_{sl} 的测量非常困难，而 γ_l 和接触角 θ 可以通过实验测定。表 3 – 1 为常见胶黏剂的表面张力。

表 3 - 1 常见胶黏剂的表面张力(20 ℃)

胶黏剂	$\gamma_l/(\mathrm{dyn \cdot cm^{-1}})$	胶黏剂	$\gamma_l/(\mathrm{dyn \cdot cm^{-1}})$
脲醛树脂胶	71	间苯二酚甲醛树脂胶	51
酚醛树脂胶	78	聚醋酸乙烯酯乳液	38
一般环氧树脂胶	30	动物胶	43
特殊环氧树脂胶	45	天然橡胶 – 松香胶	36

注:1 dyn = 10^{-5} N

胶黏剂润湿固体表面的渗透速度与被粘物的表面结构、胶黏剂的黏度以及表面张力等有关。如果把固体表面的孔隙看成毛细管,黏度为 η 的流体流过半径为 R,长度为 L 的毛细管所需时间 t 可由式(3 - 9)计算:

$$t = \frac{2\eta L^2}{R\gamma_1\cos\theta} \tag{3-9}$$

由式(3 - 9)可看出,θ 越小,t 越小,润湿越快。这和热力学结果是一致的。

3.2.1.2 临界表面张力

为了研究粘接体系的浸润性,必须测定固体和液体的表面张力,胶黏剂的接触角 θ 可以直接测量,但是固体的表面自由能却是很难直接测定的。Zisman 等人用已知表面张力的各种液体,在同一固体上测量它们的液滴接触角,求出表面张力和 $\cos\theta$ 的关系,以 γ_1 对 $\cos\theta$ 作图得到一张线性关系图,将其外推到 $\cos\theta = 1(\theta = 0°)$ 处,此时的这个数值被定义为临界表面张力 γ_c。常见聚合物的临界表面张力见表 3 - 2。

表 3 - 2 常见聚合物的临界表面张力(20 ℃)

聚合物	$\gamma_c/(\mathrm{dyn \cdot cm^{-1}})$	聚合物	$\gamma_c/(\mathrm{dyn \cdot cm^{-1}})$
聚丙烯腈	44	聚醋酸乙烯酯	37
酚醛树脂	61	脲醛树脂	61
聚甲基丙烯酸甲酯	40	聚乙烯醇	37
聚氯乙烯	39	聚苯乙烯	32.8
聚乙烯醇缩甲醛	38	聚乙烯	31
聚四氟乙烯	18.5	聚砜	41

图 3 - 2 中直线的斜率为 $b(b > 0)$,则直线线性回归后可以用式(3 - 10)表达:

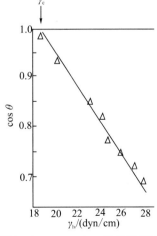

图 3 - 2 $\cos\theta$ 对 γ_{lv} 值的关系图

$$\cos \theta = 1 - b(\gamma_1 - \gamma_c) \qquad (3-10)$$

临界表面张力 γ_c 与固体表面的化学结构有关,但不是固体的真正表面张力,是当液体浸润固体表面,接触角 θ 趋近于 0° 时的液体表面张力。从式(3-10)可以看出,即当胶黏剂的表面张力低于临界表面张力,$\gamma_1 \leqslant \gamma_c$ 时,胶黏剂才能完全润湿固体表面。因此被粘物表面的 γ_c 越小,说明该固体越不容易被胶黏剂浸润,从而越难粘接。

金属及其氧化物、无机物的表面能都比较高($2 \times 10^{-3} \sim 5 \times 10^{-2}$ N/cm),而固体聚合物、胶黏剂、有机物、水等的表面张力比较低($< 10^{-3}$ N/cm)。

3.2.1.3 粘接张力和黏附功

表面张力是分子间力的直接表现,其产生是由物体主体对表面层吸引所引起的,由于这种吸引力将使得表面区域内的分子数减少而导致分子间的距离增大,而增加分子之间的距离需要能量,这样在表面就产生了表面自由能。粘接张力是在粘接过程中所产生的,也称为润湿压,是描述液体浸润固体表面时固体表面自由能的变化情况。用 A 表示,根据 Young 氏方程有:

$$A = \gamma_1 \cos \theta = \gamma_s - \gamma_{sl} \qquad (3-11)$$

式(3-11)表明,当胶黏剂浸润固体时,固体表面的自由能减小。当 γ_1 一定时,即液体(胶黏剂)固定,改变固体(被粘接体)时,$\cos \theta$ 越大(θ 值越小)润湿越好。但是,对于粘接体系,$\cos \theta$ 与 γ_1 同时发生变化,因此只由接触角 θ 来判断润湿状况是不完整的。

在胶黏剂的扩展湿润中,原有的固体表面被润湿后,固体表面消失,被同面积的固-液界面及液体表面取代。为使得界面单位面积的液体和固体表面分离成相同面积的固体表面和液体表面所需要的功称为黏附功 W_A。

$$W_A = \gamma_1 + \gamma_s - \gamma_{sl}$$

把式(3-4)代入后上式变换为:

$$W_A = \gamma_1(1 + \cos \theta) \qquad (3-12)$$

式(3-12)表明,固液体系的黏附功随接触角的变化而改变。在完全不浸润的情况下,$\cos \theta = -1$,$W_A = 0$。在完全浸润的情况下,$\cos \theta = 1$,$W_A = 2\gamma_1$,即黏附功等于液体表面张力的 2 倍,等于液体的内聚功。

3.2.1.4 表面能及相关参数的测定方法

(1)液体的表面能和表面张力　液体具有与表面有关的额外能量(称为表面能),球体的表面积在所有三维物体中最小,因为所有物体都倾向于能量最小的状态,所以液滴通常呈球形(无重力条件下),以使表面能最小。Adamson 从分子角度解释了为什么液体具有表面能。液体是相互作用的球状分子的集合体,其内部分子与其周围分子间的作用是均衡的,但处于液体表面的分子仅受到表面下部和侧面分子的作用。分子呈"未饱和价键",为抵消这种不平衡性,分子倾向于相互分离,从而增加了表面上的作用力,就好像液体表面有一层"皮肤"一样。试验已经证明,处于三相点的液体表面区域的密度最低。因此,可以这样解释所看到的表面现象,表面作用力来自于物质与其他物质相界面处分子的分子间作用力不平衡性。

当一根探针刺划过液体表面时,针会遇到抵抗液体表面破坏的作用力,这个力就叫作表面张力。对液体来说,表面张力和表面能在数值上相等,表面能的单位通常是 J/m²,

而表面张力的单位为 dyn/cm 或 N/m,即单位长度上的作用力。液体表面张力的测定方法主要基于两种类型:探针法和表面积增加法。

探针法通常是用探针划过表面,并测定该过程所需的作用力。du Nuoy 环张力仪就是一种商品化的表面张力测定仪,它包括一个力敏感测定设备(如扭力丝),在扭力丝上悬挂一个杠杆臂,而杠杆又悬挂一个吊丝和一个圆环。将圆环放入待测液体的液面下,然后缓慢地向下移动液面,直到圆环接近液体表面。通过扭力丝不断平衡圆环受到的作用力,最后使环突破液面,记录此时的作用力大小,通过适当的转换系数就可计算出液体的表面张力。

(2)接触角和固体的表面能 表面张力的概念并不适用于固体。尽管固体表面好像也处于张力状态下,但却没有方法能测定其表面积的增加,也没有方法能测定探针划过表面所需要的作用力。因为这两种方法都会破坏固体表面。但是,表面能的概念仍然适用于固体,因为固体表面如同液体表面一样含有未饱和的价键,所以固体表面有表面能。遗憾的是,前面所述的方法没有一种适用于固体,甚至连一种与之细微类似的方法都没有。因此,在大多数情况下,只能对固体表面能进行间接的估算。其中,最简单的方法就是以接触角测定为基础。

接触角测定是研究胶黏剂和粘接技术的基础,在测定接触角时,将一滴液体滴在固体表面处。所选用的液体要求既不会溶胀固体表面,也不会与它反应,对于固体,还得假定它是完全光滑和刚性的。将液滴轻轻地置于固体表面上,从而忽略重力的影响。液滴尺寸通常很小(几十微升)。送液器必须紧贴固体表面,以使液滴是"放在"而不是"滴在"固体表面上。然后液滴流动,直至与表面平衡。一般用量角仪进行测定,它其实就是一个装在显微镜中的量角器。放置固体的实验台应该精确调平,并使水平线作为量角器的基线。测定中必须小心地确保量角器的十字线精确地处于液滴边缘处。一般在表面的不同地方对不同液滴进行多次测定。

直接测定固体的表面能是一个很困难的任务,但是,目前可以采用表面力仪(SFA)直接测定两个微小表面间分子相互作用力与它们间距离关系,从而计算出黏附功和表面能。表面力仪(SFA)精度极高,距离分辨率为 0.1 nm,力的检测灵敏度可至 10^{-8} N。

3.2.2 粘接机制

黏附力的产生包括胶黏剂与被粘物之间的物理作用、化学作用和机械作用。物理作用指分子间力即范德瓦耳斯力、氢键力,它们广泛存在于粘接中。化学作用指胶黏剂与被粘物之间形成牢固的化学键结合,即离子键力、共价键力、金属键力、配位键力。机械作用指由于被粘物表面存在大量细小的孔隙,胶黏剂分子由于扩散、渗透作用而进入被粘物内部,形成了机械的"钩键""锚键",即所谓机械力。由此产生了各种粘接机制,主要有机械理论、吸附理论、扩散理论、静电理论、弱边界理论、化学键理论、配位键理论、酸碱理论等,每种理论都只能解释一部分粘接现象。

3.2.2.1 吸附理论

吸附理论是以分子间作用力,即范德瓦耳斯力为基础,在 20 世纪 40 年代提出并建立的。吸附理论认为:粘接力的主要来源是粘接体系的分子作用力,是胶黏剂分子与被粘物分子在界面上相互吸附所产生的,是物理吸附和化学吸附共同作用的结果,而物理吸附则是产生粘接作用的普遍性原因。同时,吸附理论也认为:胶黏剂对被粘物表面的吸附作用来自于固体表面对胶黏剂分子的吸附作用,这种吸附作用可以是分子间作用力,也可以是氢键、离子键和共价键,很显然,如果能够在被粘物表面与胶黏剂之间形成化学键,就更有利于物体的粘接。

胶黏剂与被粘物之间产生粘接力的首要条件是胶黏剂分子(原子或基团)与被粘物分子(原子或基团)的接触。接触的距离 R 对它们的相互作用有很大的影响,这种影响关系基于分子间的引力与斥力平衡。吸附理论将粘接过程划分为两个阶段:第一阶段为胶黏剂分子通过布朗运动向被粘物表面移动扩散,使二者的极性基团或分子链段相互靠近,在此过程中,可以通过升温、降低胶黏剂的黏度和施加接触压力等方法来加快布朗运动的进行。第二阶段是由吸引力产生的,当胶黏剂与被粘物分子间距达到 10 Å 时,便产生分子之间的作用力,即范德瓦耳斯力,使得胶黏剂与被粘物结合更加紧密。其作用能如式(3 - 13)表示:

$$E = \frac{2}{R^6}\left[\frac{\mu^4}{3KT} + \alpha\mu^2 + \frac{3}{8}\alpha I\right] \tag{3 - 13}$$

式中　μ——分子偶极矩;

α——极化率;

I——分子电离能;

R——分子间距离;

K——玻尔兹曼常数;

T——绝对温度。

可见,胶黏剂与被胶接物的极性(μ)越大,接触得越紧密(R越小),吸附作用越充分(即物理吸附的分子数目越多),物理吸附对胶接强度的贡献越大。

实际上,范德瓦耳斯力包括由分子的永久偶极产生的取向力、诱导偶极产生的诱导力和电子相互作用产生的色散力,其中色散力最为显著。据估算,在有机物中物质的内聚力约80%来自于色散力。带有偶极的极性分子或基团之间正负电荷相互吸引的作用力称为偶极力。极性分子的偶极和非极性分子的诱导偶极之间同样存在正、负电荷的相互吸引,这种作用力称为诱导偶极力。非极性分子瞬间偶极所产生出来的相互间的吸引力称为色散力。而氢键作为一种由电负性的原子共有质子而产生的特殊键,其键能比其他次价力大得多,接近弱的化学键,因此,可把它包括在范德瓦耳斯力之内,看作一种特殊偶极力。

吸附理论正确地把粘接现象与分子间作用力联系在一起,在一定范围内解释了粘接现象。但是,它还存在着许多不足:

(1)吸附理论把粘接作用主要归因于分子间作用力,但对于胶黏剂与被粘物之间的粘接力大于胶黏剂本身的强度这一事实却无法用吸附理论来圆满解释。

(2)在测定粘接强度时,无法解释粘接力的大小与剥离速率有关的情况。

(3)吸附理论不能解释诸如极性的胶黏剂能粘接非极性的聚苯乙烯类化合物的现象。

(4)无法解释高分子化合物极性过大,粘接强度反而降低的现象。

以上事实说明,吸附理论存在一定的不足,尚待进一步完善。

3.2.2.2　机械结合理论

机械结合理论是胶接领域中最早提出的胶接理论。他认为液态胶黏剂充满被胶接物表面的缝隙或凹陷处,固化后在界面区产生啮合连接(或投锚效)。该理论将胶接作用归因于机械黏附作用。

因为,任何即使用肉眼看来表面非常光滑的物体在微观状态下还是十分粗糙、遍布沟壑的,而对于那些多孔性材料来讲,胶黏剂可以轻易地渗透到这些凹凸不平的沟痕或孔隙中去,并部分地置换出这些孔隙中的空气,这样就形成了胶黏剂与被粘材料之间以弯曲的路径做紧密接触,固化之后的胶黏剂就像许多小钩子似的与被粘物连接在一起,在剥离过程中,胶黏剂(或被粘物)发生塑性变形,会消耗能量,从而使粘接强度表现得更高。

由于胶黏剂填充在被粘物的表面孔隙中,使得胶黏剂的分布不在同一个平面上,有些还形成"倒钩",这样,胶黏剂在与被粘物分离时会受到被粘物的阻碍,表现出"锁—匙"效应,类似于当一把钥匙插入锁孔中时,由于锁孔的物理性阻碍,将它从锁中脱出会较为困难。

有学者认为粗糙的表面能改善粘接性能的另一个原因就是粗糙的表面增加了物理接触面积。当平面面积相同时,与表面十分光滑的物体相比,表面粗糙的物体在三维方向上的总表面积会急剧增大,这样在一定程度上就增加了粘接面积,粘接强度也就相应地增加。但对于非多孔性的平滑表面的粘接,要用机械结合理论来得到完美的解释还是困难的,也无法解释由于材料表面化学性能的变化对胶接作用的影响。许多事实证明,机械结合力比之于物理吸附和化学吸附作用,它是产生胶接力的第二位次要原因。

3.2.2.3　扩散理论

扩散理论认为胶黏剂和被粘物分子通过相互扩散而形成牢固的接头。两种具有相溶性的相互接触时,由于分子成链段的布朗运动而相互扩散。在界面上发生互溶,导致胶黏剂和被粘物的界面消失和过渡区的产生,从而形成牢固的接头。

扩散胶接可分为自粘和互粘两种。前者指同种分子间的扩散胶接,后者指不同类型分子间的扩散胶接。一般已交联的聚合物或结晶聚合物都无自黏性,结构致密的聚合物自黏性很差。胶接过程中,液体胶黏剂涂于被胶接固体表面,通过溶胀或溶解作用二者互相扩散形成胶接接头。扩散理论认为高分子化合物之间的胶接作用与它们的互溶特性相关。当它们的极性相似时,有利于互溶扩散。因此,极性与极性和非极性与非极性聚合物之间都具有较高的黏附力。

扩散理论可以用热力学公式进行计算。在互溶或扩散过程中,体系的自由能发生变化,

$$\Delta F = \Delta H - T\Delta S \tag{3-14}$$

式中　ΔF——体系的自由能变化;

　　　ΔH——体系的热焓变化;

　　　ΔS——熵变;

　　　T——绝对温度。

当互溶或扩散过程的 $\Delta F \leqslant 0$ 时,过程可以自动进行。对于两种高分子化合物的互溶

过程,体系的热焓和熵变化可用式(3-15)、式(3-16)计算:

$$\Delta H = (\chi_1 \nu_1 + \chi_2 \nu_2)(\partial_1^2 + \partial_2^2 - 2\varphi \partial_1 \partial_2) \varphi_1 \varphi_2 \qquad (3-15)$$

$$\Delta S = -R(\chi_1 \ln \varphi_1 - \chi_2 \ln \varphi_2) \qquad (3-16)$$

式中　χ_1 和 χ_2 ——两种高分子的摩尔分子分数;

　　　φ_1 和 φ_2 ——两种高分子的体积分数;

　　　∂_1^2 和 ∂_2^2 ——两种高分子的内聚能密度;

　　　∂_1 和 ∂_2 ——两种高分子的溶度参数,

　　　ν_1 和 ν_2 ——两种高分子的摩尔分子体积;

　　　φ ——两种高分子的相互作用常数。

溶解或扩散过程,混乱度增大,体系的熵变大 $\Delta S > 0$。要满足 $\Delta F \leq 0$,必须 $\Delta H < 0$ 或者 $\Delta H \leq T\Delta S$。对高分子化合物而言,摩尔分子体积很大,从 ΔH 计算式看出,只有当 $\partial_1 = \partial_2$ 时,才能满足扩散热力学条件,一般情况,$\partial_1 - \partial_2 < 1.7$ 时溶剂和的溶解过程还能进行。$\partial_1 - \partial_2 > 2.0$ 溶解就无法进行。因此,通常情况,只有同类高分子化合物才能互溶和扩散。所以,扩散理论适用于解释同种或结构、性能相近的高分子化合物的胶接作用。

要提高高分子材料的胶接强度,必须选择溶度参数与被胶接物尽可能接近的胶黏剂,以便于被胶接材料与胶黏剂界面上的链段扩散。

实际上,当两种的溶度参数相接近时便会发生互溶和扩散。任何体系扩散物质数量与扩散系数成正比,扩散系数 D 取决于多方面因素,扩散物质分子量对 D 的影响为:

$$D = KM^{-\alpha} \qquad (3-17)$$

式中　M ——分子量;

　　　α ——体系的特征常数,因材料的不同而异;

　　　K ——常数。

在粘接体系中,适当降低胶黏剂的分子量有助于提高扩散系数,改善粘接性能。如天然橡胶通过适当的塑炼降解,可显著提高其自黏性能。聚合物的扩散作用不仅受其分子量的影响,而且受其分子结构形态的影响。各种聚合物分子链排列堆集的紧密程度不同,其扩散行为有显著不同。大分子内有空穴或分子间有孔洞结构者,扩散作用就比较强。天然橡胶有良好的自黏性,而乙丙橡胶自黏性差,就是由于前者具有空穴及孔洞结构而后者没有的缘故。

聚合物间的扩散作用还受到两聚合物的接触时间、粘接温度等作用因素的影响。两聚合物相互粘接时,粘接温度越高,时间越长,其扩散作用也越强,由扩散作用得到的粘接力就越高。

扩散理论对于解释聚合物的自黏作用已得到公认。它解释许多工艺因素(温度、时间等)对胶接性能的影响。而且胶黏剂组分对胶接强度的影响;某些胶黏剂中适当加入增塑剂或填料,可以提高胶接强度;共溶剂胶接体系自黏性提高等现象等都获得了圆满的解释。

扩散理论也有明显的局限性。例如,它不能解释金属和陶瓷、玻璃无机物的胶接现象;也无法解释不同种类聚合物之间的粘接作用。

3.2.2.4　静电理论

静电理论认为,在胶接接头中存在双电层,胶接力主要来自双电层的静电引力。有人从量子力学观点出发,认为胶接时,在金属和的紧密接触层上,表面能垒的高度和宽度变小,电子有可能在无外力作用下,穿过相界面而形成双电层。他们将双电层等效为电容器的极板。当胶黏剂从被粘物剥离时,两个表面间产生了电位差,并且随着被剥离距离的增大而增加。达到一定的极限时,便产生放电现象。由于双电层的构成,它们之间有静电引力,从而产生粘接力。

由上述静电理论可知,双电层含有两种符号相反的空间电荷,这种空间电荷间形成的电场所产生的吸附作用有利于粘接作用。当胶黏剂-被粘物体系是一种电子的接受体-供给体的组合形式时,由于电子从供给体相(如金属)转移到接受体相(如聚合物),在界面区两侧形成了双电层。

在胶膜剥离实验中证实了静电作用的存在。但静电作用仅存在于能形成双电层的胶接体系中,不具有普遍意义。静电理论无法解释用炭黑做填料的胶黏剂以及导电胶的胶接现象。由两种以上互溶的构成的胶接体系,二者均不能成为电子的授、受者,无法形成双电层。因此,静电理论无法解释这类体系的胶接现象。故此理论存在明显的缺陷。

3.2.2.5　化学键理论

化学键理论认为胶接作用主要是化学键力作用的结果。胶黏剂与被粘物分子间产生化学反应而获得高强度的主价键结合。化学键包括离子键、共价键和金属键。在胶接体系中主要是前二者。化学键力比分子间力大得多。

显然,胶接体系产生化学键连接时,将有利于提高胶接强度,防止裂缝扩展,也能有效地抵抗应力集中和气候环境老化等因素的影响。

化学键胶接现象为许多实例所证实。例如用电子衍射法证明,硫化橡胶与黄铜表面形成硫化亚铜,通过硫原子与橡胶分子的双键反应形成化学键。已经证明,铝、黄铜、不锈钢、铂等金属表面从溶液中吸附酚醛树脂时,均产生化学键连接。另外,聚氨酯胶接木材、皮革等也存在化学键胶接作用。

胶接界面两相物质一般难于达到原子间的接触状态。例如,表面粗糙度为 $0.025\ \mu m$ 的镜面间接触面积,仅占 1% 左右的几何面积,可见接触点是很少的。而且,并非每个接触点都能形成化学键,只有满足一定的量子化学条件才可能发生化学反应而形成化学键。事实上,接触点并非活性中心,活性中心相遇也只是产生化学反应的必要条件,只有当两个相互接触的活性中心的电子云密度达到足够高的程度时,才可发生化学反应而形成化学键。可见单位面积上化学键的数目是非常少的,相反,分子间作用键一般每平方厘米可达 4×10^{15} 个。所以,化学键的存在是不会改变胶接体系总能量的数量级的。

提高胶接体系界面的化学键数量就成为粘接强度提高的关键。胶接体系中,很多情况下胶黏剂与被胶接表面之间不能直接发生化学反应。为了提高胶接强度,改善胶接接头的耐环境应力性能,尤其是对水的稳定性,应当使胶黏剂与被胶接表面形成化学键连接。通常采用偶联剂以达到上述目的。偶联剂,一般含有两类反应基团。其中一类可与胶黏剂分子发生化学反应;另一类基团或其水解形成的基团,可与被粘表面的氧化物或羟基发生化学反应,从而实现胶黏剂与被胶接表面的化学键连接。

许多被胶接表面经过表面处理后可获得活性基团,在胶接过程中与胶黏剂分子发生化学反应。例如聚乙烯薄膜经电晕放电处理可产生酮基、羟基、$—ONO_3$、$—NO_2$ 等活性基团,胶接时,与相应的胶黏剂分子可发生化学反应。金属材料的表面处理,如氧化、阳极化处理或酸洗处理均可产生活性氧化层,与水可以形成水合结构 Me—OH。胶接时,与胶黏剂可发生化学反应。

化学键理论为许多事实所证实,在相应的领域中是成功的。但是,它的不足也是显而易见的。它无法解释大多数不发生化学反应的胶接现象。

以上介绍的几种胶接理论都有一定的实验事实做依据。分别可以解释一定的胶接现象。同时,又都存在着明显的局限性。事实上,胶接过程是一个复杂的过程。胶接强度不仅取决于被胶接物的性质、胶黏剂的分子结构和配方设计,而且也取决于表面处理及操作工艺,同时,还与周围环境及其应力有关。所以胶接效果是主价力、次价力、静电引力和机械作用力等综合作用的结果。至今尚难找到一种通用的胶接理论。实际上关键在于灵活应用有关的理论借以指导胶接实践,以获得良好的胶接效果。

3.2.3 粘接表面与界面的研究方法

随着现代光电子技术的飞速发展,对胶黏剂进行分析与表征的方法多种多样。可以使用 SEM 和 TEM 观察表面和界面的微观形貌;可以利用 TG 和 DSC 表征胶黏剂热力学性能随温度变化的情况,为确定最佳固化条件和使用温度提供分析手段;还可以利用 FT-IR 研究不同条件下胶黏剂结构变化行为。当然,X 射线光电子能谱(XPS)、拉曼光谱(Raman)和 X 射线能谱(EDS)均可以用来研究被粘接材料表面处理后表面的结构和元素组成的变化,以评价被粘材料或胶黏剂表面材料的组成成分和化学键变化以及被粘接材料表面处理后的界面变化行为,以便针对界面结构设计胶黏剂配方,以获得最佳的粘接效果。

X 射线光电子能谱是目前应用最为广泛的表界面研究方法之一,能够表征被粘材料表面、界面的结构和化学键的变化行为,可以对元素进行定量分析,通过线性分析得到化学信息,通过多角度分析得到深度剖面信息,弥补红外光谱分析的不足,特别适合于难溶性交联的研究。

3.3 粘接工艺

3.3.1 胶黏剂的配方设计

胶黏剂一般是由基料、固化剂、稀释剂、增塑剂、填料、偶联剂、引发剂、促进剂、增稠剂、防老剂、阻聚剂、稳定剂、络合剂、乳化剂等多种成分构成的混合物。

3.3.1.1 基料

基料即主体高分子,是赋予胶黏剂的根本成分,有树脂型和橡胶型两大类。高分子有均聚物,也有共聚物;有热固性的,也有热塑性的。粘接接头的性能主要受基料性能的影响,而基料的流变性、极性、结晶性、分子量及其分布又影响着物理机械性能。

3.3.1.2 固化剂

固化剂是一种可使单体或低聚物变为线型或网状体型的物质,固化剂又称为硬化剂或熟化剂,有些场合称交联剂或硫化剂。

3.3.1.3 溶剂

有些胶黏剂需用溶剂。胶黏剂配方中常用的溶剂多是低黏度的液体,主要有脂肪烃、酯类、醇类、酮类、氯代烃类、醚类、砜类和酰胺类等。

溶剂在胶黏剂中起着重要作用。加入合适的溶剂可降低胶黏剂的黏度,便于施工。溶剂也能增加胶黏剂的润湿能力和分子活动能力,从而提高粘接力。此外,溶剂还可提高胶黏剂的流平性,避免胶层厚薄不匀。

胶黏剂用溶剂首先应选择与胶黏剂基料极性相同或相近的物质,极性相近的物质具有良好的相容性。其次,还要考虑溶剂的挥发速率,要选择挥发速率适当的溶剂或快、慢混合的溶剂。溶剂挥发过快会使胶膜表面温度降低而凝结水汽,影响粘接质量;溶剂挥发过慢,需要延长晾置时间,影响工效。另外,在选择溶剂时,也要考虑溶剂的价格、毒性和是否易得等。

3.3.1.4 增塑剂

增塑剂是一种能降低高分子化合物玻璃化温度和熔融温度,改善胶层脆性,增进熔融流动性的物质,分内增塑剂和外增塑剂两类。内增塑剂是可与高分子化合物发生化学反应的物质,如聚硫橡胶、液体丁腈橡胶、不饱和聚酯树脂、聚酰胺树脂等。外增塑剂是不与高分子化合物发生任何化学反应的物质,如各种酯类等。

增塑剂的作用主要有:一是"屏散"体系中高分子化合物的极性基团,减弱分子间作用力,从而降低了分子间的相互作用,二是增加高分子体系的韧性、延伸率和耐寒性,降低其内聚强度、弹性模量及耐热性。如加入量适宜,还可提高剪切强度和不均匀扯离强度,若加入量过多,反而有害。选择增塑剂时应考虑它的极性、持久性、分子量和状态。

3.3.1.5 填料

在胶黏剂组分中不与主体材料起化学反应,但可以改变其性能,降低成本的固体材料叫填料。根据成分,填料可分为无机填料和有机填料,胶黏剂中使用的一般为无机填料,无机填料主要是矿物填料,如云母粉和高岭土粉等。

在胶黏剂中适当地加入填料,可相对减少树脂的用量,降低成本,同时也可改善物理机械性能,如增加弹性模数,降低线膨胀系数,减少固化收缩率,增加导热率、抗冲击韧性、介电性能(电击穿强度)、硬化后胶膜吸收振动的能力、使用温度、耐磨性能和粘接强度,以及改善耐水、耐介质性能。填料的加入也有些副作用,如增加了黏度不利于涂布施工,丧失了透明度,容易造成气孔缺陷;增加强度,使后加工困难;降低耐冲击性能(对纤维状填料加入除外)与抗拉强度,增加了介电常数与介电损耗角正切值。

3.3.1.6 偶联剂

偶联剂是能同时与极性和非极性物质产生一定结合力的化合物,其特点是分子中同时具有极性和非极性部分,在胶黏剂中应用十分广泛。偶联剂加入后增加了主体树脂分子本身的分子间作用力,提高了胶黏剂的内聚强度。增加了主体树脂与被粘物之间的结合,起到了一定的"架桥"作用。

偶联剂主要有有机硅偶联剂和钛酸酯偶联剂等。

3.3.2 被粘材料的表面处理

要得到性能优良的粘接制品,必须考虑许多因素,除合理地选择胶黏剂和适当的粘接设计外,如何正确地处理被粘材料的表面是一个极重要的问题。粘接连接主要借助于表面黏附,因此,被粘材料的表面处理就可能成为决定粘接件的强度和耐久性的主要因素。比如,用化学氧化处理的铝合金的粘接强度比未处理或用其他方法处理的要高1~6倍之多,使树脂金刚石砂轮铝基体的粘接强度迅速提高。

但是,被粘材料及其表面是多种多样的。有金属材料也有非金属材料,有干净的也有被污染的表面,有光滑的也有粗糙的或多孔的表面。按热力学观点,又有高能表面与低能表面之分。从化学结构上考虑,有的是活性表面,有的是惰性表面。如何对这些不同表面进行适当的处理呢?选择表面处理方法的依据是什么呢?由于黏附是表面间的物理化学现象,因此从根本上讲,要实现正确的表面处理必须了解黏附现象的本质。目前人们还不能根据现有的黏附理论知识去确定各种材料最合适的表面处理方法。可是,在大量实验的基础上,人们已经逐步弄清了某些表面特性与黏附性能之间的关系。

为获得粘接强度高、耐久性好的粘接制品,要求制备的表面层与基体材料及胶黏剂都结合牢固,并且这种结合不受(或少受)环境介质(尤其是湿热条件)的影响。一般认为表面处理的作用主要有三个方面:①除去妨碍粘接的表面污物及疏松层,②提高表面能,③增加表面积。

被粘材料的表面处理方法一般可分为机械物理方法和化学方法两大类。常用的砂纸打磨、喷砂、机械加工等属于前一类,而酸、碱腐蚀、溶剂、洗涤剂等处理属于后一类。这些方法可以单独使用,但经常是联合使用以达到更好的效果。选用处理方法时应考虑许多因素包括:①表面污物的种类,如动物油、植物油、矿物油、润滑剂、脏土、流体、无机盐、水分、指纹等。②污物的物理特性,如污染层的厚度、紧密或松散程度。③被粘材料的种类,如钢部件不怕碱溶液,而处理黄铜、铝材时应考虑选用对金属腐蚀性较小的稀碱溶液。④需要清洁的程度。⑤清洁剂的能力和设备情况。⑥危险性与价格等。知道这些情况后有利于选择合理的处理方法。例如,动植物油可用强碱溶液去除;矿物油则用洗涤剂较合适;而有机溶剂对动植物油、矿物油都是有效的。下面分别介绍几种表面处理方法。

3.3.2.1 溶剂清洗处理

溶剂清洗处理主要是除油,其次是除去表面的其他污物。清洗分手工清洗和机械清洗。清洗剂分有机溶剂、碱液和各种水基清洗剂。

有机溶剂对于除去表面上的油污是很有效的。通常可以根据污染物的性质合理地选择溶剂,即溶度参数接近的溶剂能够更好地清洁被粘材料的表面。碳氢化物,如丙酮、甲乙酮、汽油、甲苯等都是优良的溶剂,但是易燃,一般常在室温下使用。氯代烷烃,如四氯化碳、三氯乙烯、过氯乙烯的溶解性能良好,可燃性小,但毒性又较大。尽管如此,这类溶剂还是广泛使用,特别是在加热下做蒸汽清洗处理。

碱液清洗法是以碱的化学作用为主的一种比较古老的清洗方法,价格比较低廉,且使用简便,故目前被广泛使用。碱液清洗法的机制主要基于皂化、乳化、分散、溶解及机械等作用。在清洗动植物油脂时,用碱性强的氢氧化钠作为清洗剂,当碱性保持在易皂化的一定浓度时,使油污成为水溶性脂肪酸钠(肥皂)和甘油,溶解分散在清洗液中。常用的碱性清洗剂包括氢氧化钠、碳酸钠、硅酸钠和磷酸盐等碱性物质,通常一种清洁剂是难以全部达到上述要求的。为此,碱性清洁剂可由几种成分组成。比如,清洗碳钢时可由 30% ~ 50% 偏磷酸钠($Na_4P_2O_7$)、10% ~ 60% 氢氧化钠、10% ~ 60% 碳酸钠和 2% ~ 10% 润湿剂(如肥皂、合成洗涤剂)等组成。也可用 30% ~ 85% 的碱性硅酸盐进行清洗处理。对于较活泼的金属(如铝)则用中等强度的碱性清洁剂,如碳酸钠、偏磷酸盐和偏硅酸盐等处理。

水基清洗剂主要指以水为溶剂或分散介质的清洗剂。水基清洗剂较前两种清洗液发展为晚,但由于其不燃、不爆、成本低、无毒或微毒,对工件、设备和工装夹具等无腐蚀性,可以采用手工或机械清洗,所以在能源紧张的今天各国都大力开发和应用。需要注意的是清洗后需要冲(漂)洗净清洗剂并干燥,特别要注意防止第二次污染和防锈。

溶剂清洗的方法很多,蒸汽脱脂、超声波蒸汽脱脂、超声波液体清洗、溶剂擦拭、浸洗或喷淋等是最常用、最基本的溶剂清洗方法。

3.3.2.2 机械处理

物理机械方法是工业上常用的表面处理方法之一。机械处理可以去除表面的污染物并得到一定的表面粗糙度。前面已指出表面粗糙度与粘接强度的关系,这里不再重复。机械处理包括刮、铲、车削、磨、铣、喷砂、喷丸等。

用砂纸、钢丝刷等手工方法打磨表面时,虽然很简便,但在实际操作时难以得到相同的重复结果,即操作的均匀性较差。因此常在要求不太严格的地方使用。

在机械处理方法中,喷砂法是工业上比较广泛使用的一种快速方便的方法。此法对于清除表面上的锈斑、鳞片、脱模剂等污物是很有效的。经处理后产生不同粗糙度的表面。一般都是将表面先清洗再喷砂,这样可以避免油污转移。当然,喷砂也能进一步除去微量的油污。喷砂方法又分为干法和湿法两种,通常用化学方法难以处理的合金以及在表面上有较多鳞片和氧化物时,用干法喷砂更为有效。喷砂能使表面上产生圆形的或凹凸不平的形状。其深度与被粘材料的性质、磨料的特性、大小以及所用的喷砂压力等有关。经验表明,磨料的大小和特性是最重要的因素。比如,用尖锐的切割式磨料时,喷砂效果最好。这类磨料包括刚玉砂、金刚砂、石英砂等。而圆球形磨料,如玻璃珠、金属弹等的效果较差。因为珠形磨料将使表面产生交叠的金属粒子层。这些疏松的金属粒子层依附在金属基体上,因而粘接性能不佳。

湿法喷砂就是将磨料、液体和空气混合一起使用。它的主要优点是能控制和减少粉尘飞扬。因此,对某些被粘材料表面的处理是很适用的。此法可使用范围较宽的磨料,并且可以用喷雾淋洗的办法除去喷砂表面上的残留物。当然,只有不怕水的被粘材料才能用湿法处理。同干法一样,磨料大小与特性是操作过程中最重要的因素。表 3 - 3 是推荐用在几种金属喷砂处理时的磨料大小适用范围。为了简便起见所有的金属表面均可用干净的、尺寸为 0.36 ~ 0.40 mm 大小的钢砂或铁砂磨料喷砂处理半分钟左右即可使用。但是对铝材,只能用砂子或刚玉磨料做喷砂处理。用喷砂法处理非金属材料时,较软的非金属材料(如某些热塑性塑料)不适宜用粗磨料去增加它的粘接面积。因为在软质材料表面上的凹凸处容易产生内聚性破坏,以致大大降低粘接强度。

表 3 - 3　喷砂磨料大小的适用范围

被粘材料	方法	磨料大小
钢	干法	F80 ~ F100
铝	湿法	F140 ~ F320
黄铜	干法	F80 ~ F100
黄铜	湿法	F140 ~ F320
不锈钢	湿法	F140 ~ F320

喷砂方法虽然方便实用、效率又高,但对于太薄的板材以及形状复杂的部件就不适用了。比如,它能使厚度为 1.2 mm 以下的金属板材产生变形。

3.3.2.3　化学除锈

利用化学反应方法把金属表面的锈蚀和氧化膜溶解剥落。金属锈蚀产物主要是金属的氧化物及氢氧化物,可被酸或碱溶解。

酸洗是为了除去锈层而使用,特别是机械方法不能采用时,常采用酸洗除锈。常用的酸洗液的主要成分为硫酸、盐酸和磷酸。为了防止酸洗中工件再次锈蚀,必须加入缓蚀剂。缓蚀剂的品种很多,常用的有硫脲、萘酚(多用于硫酸)、乌洛托品(主要用于盐酸),乌洛托品也可用于硫酸和其他酸。

3.3.2.4　电解除锈

将被处理工件浸在酸或金属盐处理液中做电极,通以直流电而使工件上的锈去掉的方法叫电化学酸洗除锈。工件做阳极或做阴极,分别称阳极侵蚀法或阴极侵蚀法。电化学酸洗法与化学除锈相比,生产效率高,质量好,酸消耗少。

工件在阳极时,由于电极阳极在电解时放出电子,金属原子变成离子进入溶液,使附于金属表面的氧化物脱落。

3.3.2.5　表面化学转变

不少被粘材料经过上述方法处理后还要放在碱液、酸液以及其他活性溶液中进行表面化学转变处理。这时不仅进一步地除去表面上的残留污物,而且更重要的是使表面活化或钝化。表面经化学处理可以生成氧化物膜、盐类膜或含氧基团,改变表面对涂附材料的结合能力,有利于粘接和涂装,或者提高基材防腐蚀能力。表面的化学转变常用的有氧化法、铬酸法和磷化法。化学转变法由于设备简单,操作方便,生产效率高,尤其适宜处理大型零件、组合件和需处理的表面形状复杂的工件(如锐角、尖刺和细长管内壁等)。

目前化学转变法操作基本上都是在箱、槽中以间断或半自动方式进行。现在已经研究出用喷雾流程代替箱、槽流程的方法,这样既可实现连续化和自动化操作,又能达到最佳的、均匀的好结果。

3.3.2.6　放电处理

在真空或惰性气体环境中,对非金属材料进行高压气体放电处理,使粘接物表面的化学成分改变或使粘接物表面产生大分子自由基,尤其适用于聚烯烃材料。根据不同的装置可分为电晕、接触、辉光等放电法。

等离子放电处理也属于放电处理的一种,是用无电极的高频电场连续不断地提供能量,使等离子室内的气体分子激化成带正电离子或电子的等离子体,这些等离子体不断碰撞要处理的材料表面使其生成极性层,从而达到改善粘接材料表面性能的目的。

3.3.2.7 涂底胶法

涂底胶法通过在已经处理好的表面上,涂一层很薄的底胶以改进粘接性能。涂底胶有五种不同的功用:

(1)保护作用 使金属表面保持清洁,防止受腐蚀或污染,延长处理好表面的存放时间。保护底胶要求与胶黏剂相适应。最简单的方法就是将未加填料的胶黏剂配成稀溶液;涂刷在刚处理好的表面上,经空气干燥或固化到"B"阶段。粘接时,在底胶上涂刷胶黏剂,固化时互相溶化并固化在一起。

(2)改善粘接性能 例如弹性底胶与环氧胶黏剂配合。环氧胶黏剂很脆,剥离强度很低,在金属表面上涂丁腈橡胶、氯丁橡胶、聚硫橡胶或聚乙烯醇缩丁醛后可以使性能得到改善。

(3)黏性底胶 可用来固定胶膜或工件定位,使夹具大为简化。

(4)做腐蚀抑制剂 其用法类似于涂料中的防腐底漆。

(5)改善表面的黏附性能 起这种作用最典型的是在被粘材料表面上涂偶联剂。偶联剂能使胶黏剂和被粘材料之间形成化学键,因而使粘接强度和对环境作用的抵抗能力大为提高。粘接工艺中最重要的有机硅烷偶联剂将在3.4中介绍,其他的偶联剂还有铬的络合物、钛酸丁酯、磷酸酯、有机酸类、有机胺类等。

3.3.3 涂胶

对液态或糊状胶黏剂,生产中常用的涂胶方式有刷胶、刮胶、喷胶、浸胶、注胶、漏胶和滚胶等,对于胶膜可在溶剂未完全挥尽之前贴上再滚压,胶粉可撒在加热的被粘接表面上。

刷胶:就是用刷子,也可用玻璃棒,把胶液从中央向四边赶涂到整个粘接面上,或者顺一个方向,不要往复,速度要慢,以防产生气泡,尽量涂刷得均匀一致。

刮胶:就是用刮板将黏度大的胶黏剂或糊状胶涂于胶面上,应刮平均匀。

喷胶:是用特制喷枪,借助干燥压缩空气,将胶液喷射到粘接表面上,胶层均匀,效率也高,适宜大面积粘接和大规模生产。

浸胶:将被粘接部位浸入胶液之中,挂上胶液,用于螺钉固定,棒材或板材端部粘接。

注胶:用注射器将胶液注入粘接缝隙中,适用于先点焊后注胶。

漏胶:使胶液由储器小嘴均匀连续漏入粘接面上,效率高,质量好,适于连续化生产。

滚胶:在宽阔平坦物件表面涂胶时,用胶辊操作更方便些,胶液质量好,操作简单、效率高,胶辊常用羊毛、泡沫塑料和海绵橡胶等多孔性吸附材料制成。这类辊子长期接触溶剂型胶黏剂,容易腐蚀、变形,因此更适于滚涂乳胶型水性胶黏剂。操作时先在平盘上滚以胶液,再施加轻微压力,然后覆于被粘物表面上。

滚涂的胶膜比较均匀,无流挂现象,但边角不易滚到,需要用刷子补刷。

随着胶黏剂品种的日益增多,粘接工艺的不断改进,施工设备由手工操作向机械化、自动化方向发展。对不同的胶黏剂产品,配有合适的涂胶工具,特别对热熔胶必须有配套的特殊工具。如喷嘴挤出施工器、喷枪、滚涂机、狭缝涂胶设备等。此外,厌氧胶、密封胶均有合适的先进涂胶设备,不同产品的涂胶工具及设备见表3-4、表3-5:

表3-4　手工操作工具一览表

简易手工操作涂胶工具	刮刀(木制橡胶)、刷帚、抹子、油画小刀、推辊(羊毛橡胶)、手挤压的膏管、针筒、囊袋、手摇泵式喷涂
压缩机或低电压器具	喷枪、流涂机,定量出胶手涂工具、微量滴涂工具

表3-5　机械自动涂胶设备一览表

线、虚线、点状涂胶装置	转盘式涂胶器、固定式自动喷枪、喷雾式喷枪、旋转叶片式涂胶器
滚筒涂胶器	①被涂表面与涂胶滚筒旋转方向的速度比不同;②有无设置支承辊;③供胶方式的差异;④涂胶量控制机构的差异;⑤有无设置校平机构
刮刀涂胶器	用于高黏度的涂胶
气体、刮刀涂胶器	用于低黏度(如纸张——美术纸等)的高速涂胶
刷帚涂胶器	用于中等黏度或纸张等出现纵向皱纹时的调节
喷雾涂胶器	用于低黏度,凹凸面的涂胶
喷射涂胶器	与被涂面为非接触喷射,用于凹凸面及机械等复杂形状的涂胶
浸渍涂胶器	用于黏度,兼做纸张、布及无纺布等的浸渍增强
帘式涂胶器	中等黏度,适用于较厚而均匀的涂胶
挤出涂胶器	热熔性聚合物(聚乙烯、热熔胶黏剂)等的熔融挤出

3.3.4　胶黏剂的固化

固化又称硬化,是胶黏剂通过溶剂挥发、熔体冷却、乳液凝聚的物理作用,或交联、接枝、缩聚、加聚的化学作用,使其变为固体,并且有一定强度的过程。固化是获得良好粘接性能的关键过程,只有完全固化,强度才会最大。胶黏剂的固化可以通过物理的方法进行,例如溶剂的挥发,乳液的凝聚,熔融体的冷却;也可以通过化学的方法使胶黏剂聚合成为固体的高分子物质。

3.3.4.1　固化过程

固化可分为初固化、基本固化、后固化的过程。初固化是指在一定温度条件下,经过一段时间达到一定的强度,表面已硬化、不发黏,但固化并未结束。再经过一段时间,反应基团大部分参加反应,达到一定的交联程度,称为基本固化。后固化是为了改善粘接性能,或因工艺过程的需要而对基本固化后的粘接件进行的处理。一般是在一定的温度下,保持一段时间,能够补充固化,进一步提高固化程度,并可有效地消除内应力,提高粘接强度。对于粘接性能要求高的情况或具有可能的条件都要进行后固化。为了获得固化良好的胶层,需要控制好固化温度、固化时间和固化压力,这三者也称为固化过程三要素。

(1)固化温度　固化温度是指胶黏剂固化所需的温度,每种胶黏剂都有特定的固化温度。有的能在室温固化,有的则需要高温才能固化。低于固化温度的固化时间将延长甚至不能固化,适当地提高温度会加速固化过程,并且提高粘接强度。对于室温固化的胶黏剂,如能加温固化,除了能够缩短固化时间、增大固化程度外,还能大幅度提高强度、耐热性、耐水性和耐腐蚀性等。加热固化升温速率不能太快,升温要缓慢,加热要均匀,最好阶梯升温,分段固化,使温度的变化与固化反应相适应。所谓分段固化就是室温放置一段时间。再开始加热到某一温度,保持一定时间,再继续升温到所需要的固化温度。加热固化不要在涂胶装配后马上进行,需凝胶之后再升温。如果升温过快,温度过高,会导致胶黏剂的黏度迅速降低,使胶的流动性太大而溢胶过甚,造成缺胶,收不到加热固化的有利效果,还会使被粘物错位。

加热固化一定要严格控制温度,切勿温度过高,持续时间太长,导致过固化,使胶层炭化变脆,损害粘接性能。加热固化到规定时间后,不能将粘接物立即撤出热源,急剧冷却,这样会因收缩不均,产生很大的热应力,带来后患。缓慢冷却到较低的温度后方可从加热设备中取出,最好是随炉冷却到室温。

热固性树脂是具有三维交联结构的聚合物,它具有耐热性好,耐水、耐介质优良,蠕变低等优点。目前树脂磨具胶黏剂基本上以热固性树脂为主体。

热固性树脂的性能不仅取决于配方,固化周期也有十分重要的影响,因为固化周期对于固化产物的微观结构有很大的影响。多官能团单体或预聚体进行聚合反应时,随着分子量的增大同时进行着分子链的支化和交联。当反应达到一定程度时体系中开始出现不溶、不熔的凝胶。这种现象称为凝胶化。

在凝胶化之前的反应通常可以根据质量作用定律来解释。而在凝胶之后反应速度是受扩散所控制的。在凝胶化之后继续进行的反应大体上包括:①可溶性树脂的增长反应;②可溶性树脂分子间反应变成凝胶;③可溶性树脂与凝胶之间的反应;④凝胶内部进一步反应使交联密度提高。

因此,热固性树脂固化产物不是结构均匀的整体,而是由交联密度乃至化学成分不同的区域所组成。同一种树脂采用不同的固化周期进行固化,将形成具有不同的微观结构的产物,于是固化产物的性能也将有所差别。

应该指出,在反应的最后阶段,官能团消耗程度的增大虽然不是很明显,但是它对固化产物的性能却有很大的影响。因为反应是受扩散所控制的,最终的反应程度将受所形成的网格的几何因素所限制,因此固化温度对最终的反应程度将起决定性的影响。例如用间苯二胺固化环氧树脂,若固化温度为 23 ℃,在所研究的时间范围内最高反应程度为 74%;而固化温度为 88 ℃时,最高反应程度可达到 90%。

因此,在使用热固性胶黏剂时,在一定的时间范围内延长固化时间和提高固化温度并不等效。对于一种胶黏剂来说,降低固化温度难以用延长固化时间来补偿,降低固化温度往往以牺牲性能为代价。

此外,为了获得性能优良的胶接接头,有时在胶黏剂和被粘物表面之间需要发生一定的化学作用。这种化学作用必须克服一定的能垒,因此只有在足够高的温度下才能进行。

从这个角度出发同样应该强调固化温度的重要性。当然也不能认为在任何情况下提高固化温度都是有利的。在胶接两种膨胀系数相差很大的材料时,为了防止产生过高的热应力,宁可采用较低的固化温度,最好选用常温固化的胶黏剂。有时过高的固化温度会引起胶黏剂的降解,或者使被粘物的性能发生变化,因此固化温度应该加以准确地控制。

(2)固化压力 胶黏剂在固化过程中施加一定的压力是很有利的。不仅能够提高胶黏剂的流动性、润湿性、渗透性和扩散性,而且还可以保证胶层与被粘物紧密接触,防止气孔、空洞和分离,还会使胶层厚度更为均匀。施加压力的大小随胶黏剂种类和性质的不同而异,一些分子量低、流动性好、固化不产生低分子产物的胶黏剂,如环氧型胶黏剂、α-氰基丙烯酸胶黏剂、第二代丙烯酸酯胶黏剂、不饱和聚酯胶黏剂、聚氨酯胶黏剂等,只要接触压力就足够了。一些溶剂型胶黏剂,或固化过程中释放出低分子产物的胶黏剂,如酚醛-缩醛胶黏剂、酚醛-丁腈胶黏剂、环氧-丁腈胶黏剂等都需要施加一定的压力。

(3)固化时间 固化时间是指在一定的温度、压力下,胶黏剂固化所需的时间。胶黏剂的品种不同,其固化时间差别很大,有的可在室温下瞬间固化,如α-氰基丙烯酸胶黏剂、热熔胶;有的则需几小时,如室温快速固化环氧胶黏剂;还有的要长达几十小时,如室温固化环氧-聚酰胺胶黏剂。固化时间的长短与固化温度密切相关。升高温度可以缩短固化时间,降低温度可以适当延长固化时间,不过要是低于胶黏剂固化的最低温度,无论多长时间也不会固化。无论是室温固化还是加热固化,都必须保证足够的固化时间才能固化完全,获得最大粘接强度。

3.3.4.2 胶黏剂的固化新技术

胶黏剂的固化,常用的是加热(烘箱、红外线等)固化,为了加速固化过程,采用新型的固化形式:

(1)射线(电子射线、紫外线等)固化 例如丙烯酸酯改性双酚 A 环氧树脂胶黏剂,采用电子束辐射固化,通过 3×10^6 V 电压,25 mA 电流,辐射剂量为 $(10 \sim 20) \times 10^6$ 万拉德,其效果很好,固化速度较采用添加 0.5% 过氧化苯甲酰为促进剂和以 80 ℃/20 h 固化的粘接强度为高。

(2)高频加热固化 此法加热均匀,无温差,对较厚的被粘物也有同样效果,可缩短固化时间,现已用于木材胶合板,聚氯乙烯的熔接,塑料粘接,以及用热熔胶粘接密封。

(3)微波加热固化 利用被粘接件涂胶后在密闭金属箱中,吸收透过及反射从天线中发射的微波产生热量而固化。近年来,美国开发了大功率用的磁控管,微微加热可以工业化。对聚丙烯及聚苯乙烯等介电常数小的物质,在吸收微波后的能量损失小而容易被通过。对酚醛、聚氯乙烯等能量损失大的物质,在电波快速地减小强度的情况下发热。此种固化工艺的优点是,形状复杂的被粘物都能得到均匀加热,粘接强度良好。较通常采用外部加热固化,可节省时间和节省能量。

(4)超声波加热固化 利用超声波振动引起粘接部分的机械摩擦和弹性行为,使胶黏剂熔化并固化。此种工艺的特点是在室温下短时间内即可固化,对小型零件的粘接特有效,不会因加热而变形,还可在水(或醇)中进行加热。据日本报道用超声波在水中粘接塑料仅需两秒钟,可应用于塑料、塑料金属等的粘接。

3.4 粘接破坏机制

粘接技术的广泛应用,要求对粘接质量实行严格的检测,即粘接过程必须在严密的质量监控下进行,使得制成的粘接件符合设计所要求的力学特点,达到可靠的质量指标。这就要求对粘接的力学性能有深刻的了解。可是作为胶黏剂主体的,它的力学性质至今仍被划为专门学科还在进行研究,而粘接件的力学问题涉及面更为广泛,所以虽然人们对此也进行了广泛而深入的研究,但至今理论的发展远达不到实际应用的需要。

粘接质量检验手段至今还不完善,人们要想判断一个粘接是否可靠合用,目前破坏性强度测试的结果几乎是唯一依据。然而,非破坏性粘接质量检测法仍停留在定性或半定量阶段,不能做到定量检测,有些方法在生产上尚不实用。所以粘接件的质量检验主要还是依靠工艺过程的工序检验以及破坏性抽样检测。

人们为了更好地交流情况、互相参比,又对大量应用的粘接形式制定了某些测试规则使之标准化。但必须指出,不能根据标准化粘接强度的测试结果来推测实际粘接的强度。这是因为粘接强度与下列因素有关:

(1)胶黏剂主体的结构、性质和胶黏剂的配方;

(2)被粘物的性质与表面处理;

(3)粘接时涂胶、粘接、固化工艺等因素;

(4)粘接件的形式、几何尺寸和加工质量;

(5)粘接强度测试时的环境,如温度、湿度、周围介质;

(6)外力施载时的方向、方式与加载速度等。

所以,在把粘接工艺应用到实际结构件上去之前,必须进行模拟件的强度测试(这包括粘接设计的模拟和测试条件的模拟),必要时还必须对实际粘接件直接进行破坏性强度测试。

实际应用的广泛性和多样性要求各种各样的粘接强度测试方法。揭示各种粘接的破坏强度与胶黏剂、被粘物力学性能之间的关系以及与粘接件几何形式之间的关系是胶黏剂研究工作的一个重要方面。

3.4.1 粘接件的破坏强度和破坏类型

粘接件是部件上结构的不连续部分,通过它把应力从这一部分转移到另一部分。每单位粘接面积或单位粘接长度上所能承受的最大载荷就称为粘接件的破坏强度。

粘接是通过胶黏剂夹在中间把被粘物连接在一起,因此粘接件的结构比机械的连接复杂得多。如果把一个简单的粘接件解剖开来看(见图3-3),它可能包括下列各部分:1,9是被粘物;2,8是被粘物的表面层;3,7是被粘物与胶黏剂的界面;4,6是受界面影响的胶黏剂层;5是胶黏剂。当粘接件受到外力作用时,应力就分布在组成这个粘接件的每一部分中,而组成粘接件的任何一部

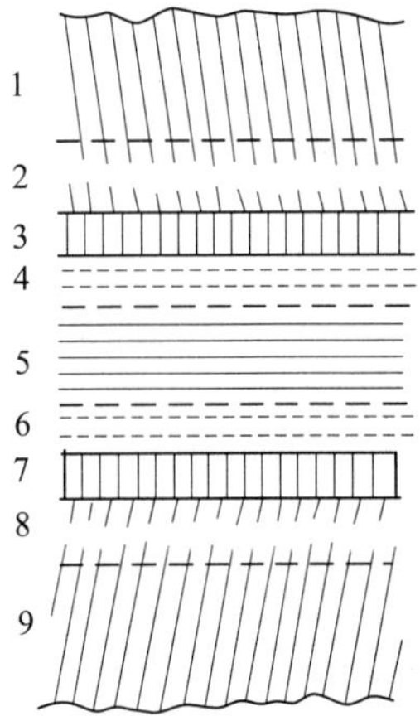

图3-3 粘接件示意

分的破坏都将导致整个粘接件的破坏。因此一个粘接件的机械强度与组成这个粘接的每一部分的内聚力及互相之间的黏附力均有密切的关系。

粘接件是由许多部分组成的,任何部分又都不是一个均匀的整体,它们彼此的力学性能是相差很大的,例如金属被粘材料是刚性弹性体而胶黏剂则是黏弹性体,因此粘接件在承受外力作用时,应力分布是非常复杂的。

另外,在粘接件形成及使用过程中,由于胶黏剂固化造成的体积收缩,被粘物、胶黏剂不同的热膨胀系数,受到环境介质的作用等,这些都造成粘接件中的内应力,而内应力的分布也是不均匀的。外应力和内应力的共同作用(有的是叠加,有的是抵消),构成粘接件在受载时极为复杂的应力分布,而由于粘接件内部缺陷(如气泡、裂缝、杂质)的存在,更增加了问题的复杂性,造成了局部的应力集中。当局部应力超过局部强度时,缺陷就能扩展成裂缝,进而导致粘接发生破坏。

粘接件是由许多部分组成的,根据发生破坏的地方不同,可以分为四种破坏类型(图3-4),即:

(1)被粘物破坏　　(2)内聚破坏　　(3)界面破坏　　(4)混合破坏

图3-4　粘接件的破坏类型示意图

(1)被粘物破坏　被粘物材料在外力的作用下发生破坏,即粘接强度取决于被粘物材料的力学强度。

(2)内聚破坏　在外力作用下,粘接件的破坏完全发生于胶黏剂相之中。呈内聚破坏的粘接件的粘接强度约等于胶层的内聚强度。

(3)界面破坏　粘接件在外力作用下的破坏完全发生于胶黏剂;被粘物的界面区,即胶层完全从界面上脱开。

(4)混合破坏　在外力作用下,粘接件的破坏兼有内聚破坏和界面破坏两种类型,是内聚破坏和界面破坏之间的一种过渡状态。

在发生被粘物破坏时,破坏一般都是在粘接的邻近处发生的,因为那里的应力最为集中。但必须注意此时的破坏强度和原被粘物材料本身的强度并不完全相同。例如,在某些情况下,用酚醛-丁腈粘接的铝合金搭接剪切接头,它的疲劳破坏虽然都是在被粘物的粘接邻近处发生,但厚度为1.62 mm的却比厚度为3.18 mm的铝片有更高的疲劳强度。

在发生胶黏剂层内聚破坏时,粘接的破坏强度主要取决于胶黏剂的内聚强度。但必须指出,此时的粘接强度和胶黏剂本体浇铸料的破坏强度也不完全相同。例如,某种环氧-聚酰胺胶黏剂粘接的接头,在发生典型的内聚破坏时,室温抗拉强度为84.4 MPa而同样条件下浇铸料的抗拉强度却只有68.5 MPa。

完全的界面破坏是不存在的。我们通常指的界面破坏实际上总是伴随着发生被粘物或胶黏剂的表面层的破坏,因为大量实验证明,在发生界面破坏的被粘物的表面上,即使用肉眼看不到胶黏剂的残留物,但用显微镜或用更精细的仪器却总能检测到这些残留物。这时的破坏强度与胶黏剂和被粘物的表面层的强度有关,也与胶黏剂和被粘物之间的"黏附强度"有关。当粘接件各部分强度相近时就发生混合破坏。

对于一个粘接件,当粘接件几何尺寸、测试条件发生变化时,胶黏剂和被粘物的力学性能、粘接件内的应力分布都发生了改变,破坏类型、破坏强度也发生改变;因此,在谈到一个粘接的破坏强度时,必须同时说明粘接的形式、尺寸、测试条件以及破坏类型等,否则就会没有意义。

3.4.2 粘接破坏机制

脆性固体强度理论认为,在脆性固体内部存在着固有的缺陷,外力作用下在这些固有缺陷的周围会发生应力集中并造成微小的裂缝,裂缝不断地扩展引起整个材料破坏。根据能量守恒原理,在裂缝扩展时外力所做的功至少必须等于裂缝生长所产生的新表面的表面能。而表面能可用固体表面张力与裂缝生长所产生新表面的表面积的乘积来计算,外力所做的功可用造成材料形变所积存的弹性能来衡量。那么材料破坏的临界条件是:在材料的一个小单元的单位体积内,外力造成材料形变所积存的弹性能的减少速度至少必须等于由裂缝产生的表面能增长的速度。

若把上述理论推广,对于材料,假定生长着的裂痕表面薄层上有塑性流动发生,断面仍显脆性性质,则也可按上述理论进行相似的处理。此时表面能以裂痕生长时表面周围薄层所做的塑性流动功来代替。这样对于粘接件的破坏也可以用此理论来加以描述。

实际的粘接件的破坏也就是有这样两个阶段:胶层或界面层中的缺陷造成的裂缝由于受外力以及外加环境对它的作用等因素的影响以极缓慢的速度增长;当裂缝增加到它的临界长度时,即在裂缝端部造成的应力集中超过了它的裂缝增长力时,裂缝则快速扩展,致使粘接立即破坏。

3.4.3 弱界面层

设胶黏剂层本身的内聚力为 a_{11},被粘物本身的内聚力为 a_{22},则界面区两种分子的作用力为 $a_{12} \cong \sqrt{a_{11} \cdot a_{22}}$。

胶黏剂及被粘物在湿润状态下,黏合力 a_{12} 必然介于 a_{11} 及 a_{22} 之间。基于这一分析,Bikerman 等提出,在湿润状态的前提下,粘接件的破坏不可能得到纯粹的界面破坏,即从界面脱开的破坏。但实际上被粘物往往存在界面破坏。对此,Bikerma 又认为是粘接体系存在弱界面层的缘故。

弱界面层的产生是由于被粘物、胶黏剂、环境或它们共同作用的结果。当被粘物、胶黏剂及环境中的低分子物或杂质,通过渗析、吸附及聚集过程,在部分或全部界面内产生了这些低分子物的富集区,这就是弱界面层。粘接件在外力作用下的破坏过程必然发生于弱界面层。这就是出现粘接界面破坏并且使粘接力严重下降的原因。

用聚乙烯作为胶黏剂对铝进行粘接试验,其粘接强度仅相当于聚乙烯本身拉伸强度的百分之几。但如除去聚乙烯的含氧杂质或低分子物,其粘接强度就高得多。如把含氧杂质如油酸量加到 0.1% 时,粘接强度显著下降。如油酸量达到 1% ,则完全失去粘接强度。

Schonhorn 等用 CASING 法(在惰性气体中活化交联)处理一般聚乙烯的表面,使表面的低分子物转化成为高分子交联结构而除去弱界面层。用环氧树脂胶粘接经过处理的聚乙烯,其粘接强度显著提高,其效果大约与化学处理的方法相当。

以上研究,证实了弱界面层的存在。但在胶黏剂或被粘物中含有低分子物不一定产生弱界面层。如环氧树脂或聚氯乙烯中加入适当的增塑剂时,非但不会降低强度,而且改善了粘接性能。这是因为增塑剂与环氧树脂等有良好的混溶性,不会渗析和集中到界面区形成弱界面层。

据吸附理论的观念,产生弱界面层的过程实际上是低分子物质解吸界面区胶黏剂分子的过程。为此,通过化学吸附或通过静电力、扩散作用产生粘接力的粘接不会有弱界面层。

弱界面层只有下述三种情况同时存在时才能产生。

(1)胶黏剂与被粘物之间的粘接力主要来源于分子间力的作用,即主要来源于物理吸附力。

(2)低分了物在胶黏剂或被粘物中有渗析行为。通过渗析作用,低分子物迁移到界面形成富集区。

(3)低分子物分子对被粘物表面具有比胶黏剂分子更强的吸附力,使被粘物表面产生了新的吸附平衡,并形成低分子物的吸附层,对胶黏剂分子起了解吸附作用。

大量事实表明,弱界面层是客观存在的事实。但是 Bikerman 把粘接体系出现界面破坏的现象都归于弱界面层的作用是错误的。事实上,除了弱界面层的作用以外,还有不少其他因素可使粘接件出现界面破坏现象。

3.4.4　测试温度、加载速度对粘接件破坏强度的影响

胶黏剂的主体是,它具有黏弹性。在不同的测试温度或加载速度下,胶黏剂的模量发生了变化,致使粘接在受载时应力分布发生了变化;胶黏剂的内聚强度发生了变化,所以粘接强度也就变化了。若被粘物也是,情况就更复杂了。

大量事实表明,粘接件强度在某温度区域内发生急剧变化常与胶黏剂的玻璃化转变温度紧密相联。根据环氧胶黏剂的抗剪强度随温度变化得到的玻璃化转变温度与差热分析的结果完全吻合。

表3-6列举了一种热塑性胶黏剂粘接的金属粘接在不同温度、不同测试速度下测得的爬鼓剥离强度的数据,它反映出剥离强度对温度和测试速度的依赖性。其他受载方式如剪切、正拉、劈开等的粘接件强度也和测试温度、加载速度有关(见图3-5)。

表3-6　爬鼓剥离强度与温度、测试速度的关系　　　　　　　　(kg·cm)/cm

温度/℃	测试速度		
	2.54 mm/min	25.4 mm/min	254 mm/min
25	45.8	61.6	73.9
66	14.5	20.9	30.8
77	12.7	15.9	24.5
88	13.2	13.6	16.3
99	5.9	6.8	10.0

注:胶黏剂为乙烯丙烯酸共聚物,被粘物为不锈钢,试片厚度为0.5 mm

对于黏弹性,当温度升高时,分子链段热运动增加,应力松弛过程就进行得较快,在受载时显出较大的变形和较低的强度。同样,加载速度降低时,外力作用的时间增加了,应力松弛过程进行得更充分,故在受载时也显示出较大的变形和较低的强度。就是说,提高测

试温度和降低加载速度有着同等的效果。理论研究表明很多力学性能在不同温度下的测试结果与在不同加载速度下测试结果之间,甚至可以按一定公式加以定量地转换。表3-6的爬鼓剥离强度数据就可以按这种公式加以转换,即高温快速测试的结果经过转换可以和低温某慢速测试的数据相当。这通常称为"温度-时间叠加原理"。

事实表明热塑形和橡胶形胶黏剂的模量、粘接件的抗拉强度、抗剪强度、冲击强度、蠕变、剥离强度等力学性能都符合温度-时间叠加原理。

另外,经常可以看到粘接破坏类型随测试温度和加载速度变化而转变。当增加测试速度或降低测试温度时,粘接往往从内聚破坏转向界面破坏,这显然主要是此时胶黏剂的模量和内聚强度增加的缘故(见图3-5)。

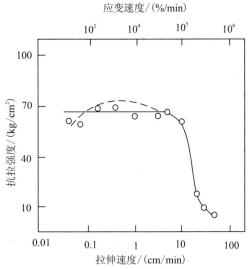

图3-5 加载速度对接头抗拉强度的影响

(胶黏剂:PA-12;被粘物:钢;试片厚度:0.1 mm)

3.5 影响粘接强度的因素

粘接的强度取决于许多因素,例如胶黏剂的化学结构、被粘接材料表面处理方法、粘接操作工艺、固化工艺等。但是,还有许多因素对粘接强度产生显著的影响。

3.5.1 胶黏剂(聚合物)的化学结构

胶黏剂的聚合度在一定范围内,才能获取良好的黏附性及较好的内聚强度;极性聚合物分子是有利于粘接,同时需要合适的分子链的刚柔性。由此可以看到,热固性树脂作为胶黏剂的聚合物,应具备以下性质:

(1)易流动,液体,表面张力较小;

(2)充分浸润被粘物;

(3)通过固化或凝聚,成为坚韧的固体胶层;

(4)具有足够的强度和最佳的力学性能。

选择胶黏剂时,应考虑以下几个方面:被粘接材料的性质,被粘接体应用的场合及受力情况,粘接过程有关特殊要求,粘接效率和粘接成本等。

3.5.2　被粘材料的表面特性

3.5.2.1　清洁度的影响

如前所述,要获得良好的粘接强度,必要的条件是胶黏剂完全浸润被粘材料表面。通常,纯的金属表面都具有高的表面自由能。而有机胶黏剂大都是具有低表面自由能的。根据热力学原理,它们之间能够很好地浸润。但是,我们实际上得到的金属并不干净,都不是纯的金属表面。在它们的表面上经常有一层锈垢或氧化物。在金属的制造、切屑、成型加工、热处理、运输和储存等过程中,表面上又在不同程度上吸附了一层有机和无机的污染物。如果这一污染层是具有低表面能的有机物,则会影响胶黏剂对金属表面的浸润。而且这一污染层的内聚强度很低,它的存在一般都要降低粘接强度。为此,必须用物理和化学方法对被粘材料进行处理使之干净。通常测定被粘材料表面干净程度的简单方法是观察水滴在表面上浸润和扩展的情况或者直接测定其接触角的大小。在干净的表面上,水滴应该迅速地完全展开并在表面上形成一层连续的不破裂的水膜。这时测定的接触角很小甚至为零。相反,在不干净的表面上,水滴难以展开以致形成许多破裂的水膜或水滴。这时的接触角较大。这种检查方法通常称为"水膜法"。表 3-7 是几种材料处理前后的接触角和粘接强度数据。

表 3-7　表面处理前后的接触角和粘接强度[*]

被粘金属	处理方法	试样数	接触角/(°)	抗剪强度/MPa
铝	不处理	6	67	17.2
铝	清洗	6	67	19.3
铝	$H_2SO_4/Na_2Cr_2O_7$……(法 A)	6	0	36.3
铝	$H_2SO_4/Na_2Cr_2O_7$ + 高温烘(法 B)	6	78	26.6
不锈钢	不处理	12	50~75	36.6
不锈钢	清洗	12	67	44.3
不锈钢	$H_2SO_4/Na_2Cr_2O_7$	12	10	49.7
钛	不处理	12	50~75	9.5
钛	清洗	12	61~71	22.4
钛	$H_2SO_4/Na_2Cr_2O_7$	3	10	43.2

[*]用酚醛-缩醛胶黏剂粘接

从表 3-7 可知,要得到良好的粘接强度,被粘材料表面的接触角应该很小甚至为零。对铝而言,当表面上的污物除去后,接触角大大降低以至降到零度。可以认为这时铝表面上所覆盖的憎水性污染物已经除去而被具有较高表面自由能的吸附层(如水)取代了。因此,接触角最小,粘接强度也最高。在研究了铝、钛和不锈钢等金属的接触角、浸润面积与粘接强度的关系后进一步证明,接触角表面处理前后的接触角和粘接强度小的表面粘接强度确实较高。因此,用测定接触角的方法来表示清洁度与粘接强度的关系,作为选择表面处理的最佳条件是有一定参考意义的。

大多数研究认为,粘接强度主要与表面污染层的厚度有关,而与污物的化学性质关系不大。但有人却发现,处理好的不锈钢表面被水、甲苯、硅油和石蜡液状等沾污后基本上不影响粘接强度。为什么两者的看法完全相反呢?原来他们所用的胶黏剂与被粘材料都不相同。显然,能被胶黏剂溶解的污染物有相似于增塑剂的作用,因此对粘接强度的影响是不大的。因此,在研究表面污染物对粘接强度的影响时,应该注意分析污染物的性质、数量与胶黏剂和被粘物之间的关系。

3.5.2.2 粗糙度的影响

很久以来,人们都知道用机械打磨的方法能增加金属的粘接强度。无论用砂布打磨或用喷砂法处理被粘材料,适当地将表面糙化均能提高粘接强度。

但是,粗糙度又不能超过一定界限。表面太粗糙反而会降低粘接强度。因为过于粗糙的表面不能被胶黏剂很好地浸润,凹处残留空气等对粘接是不利的。

一些实验还进一步表明,粘接强度不仅与表面粗糙度有关,而且与糙化方法所产生的不同表面几何形态也有密切的关系。在抛光的表面上用机械方法加工出许多0.125 mm 和 0.25 mm 深的沟槽,虽然使表面的宏观粗糙度增加了,但是粘接强度却没有太大的提高;而喷砂处理则可以使粘接强度大大提高,详见表3-8。

表3-8 表面几何形态与粘接强度*

表面处理	抗张强度/MPa	
	铝	不锈钢
抛光	33.2	28.4
抛光后开槽沟(0.125 mm,铝;0.25 mm,钢)	25.5	35.6
抛光后开槽沟(0.125 mm,铝;0.25 mm,钢),再喷砂	49.4	38.8
喷砂(40#,8#砂子)	55.7	54.5
喷砂(10#,5#砂子)	54.1	64.2

*用环氧胶黏剂粘接

3.5.2.3 表面化学结构的影响

前面已经指出表面清洁度对粘接强度的影响。很多被粘材料经不同的方法表面处理之后,虽然都得到清洁的表面,能被胶黏剂完全浸润,但是粘接强度却相差很大。这是由于除了清洁度之外,表面的化学结构也有很大的影响。

表面化学结构不仅要求具有良好的稳定性和内聚强度,而且还要考虑它对胶黏剂不发生降解作用。比如,用酚醛胶黏剂粘接的不锈钢和铝试样分别放在288 ℃下热老化处理50 min 和 100 min 时,铝试样的稳定性还相当好,而不锈钢试样却几乎失去了全部强度。这是因为,在不锈钢表面上可能发生固相氧化还原反应,致使高温热老化性能大大下降。但如果在钢表面上涂一层环烷酸锌和铈盐时,粘接试样的热老化性能就可大大提高。

例如聚四氟乙烯是一个表面能很低的惰性高分子材料。通常的胶黏剂都不能粘接它。但是,用钠-萘-四氢呋喃溶液处理后,聚四氟乙烯发生断键作用,表面上的部分氟原子被扯下来(溶液中发现有氟原子)并在表面上产生很薄的黑棕色碳层。这时,既改变了表面的化学结构也增加了表面自由能,因而改进了粘接性能。

由此可见,表面的化学组成与结构对被粘材料的粘接性能、耐久性能、热老化性能等都有重要影响;而表面结构对粘接性能的影响往往是通过改变表面层的内聚强度、厚度、孔隙度、活性和表面自由能等而实现的。

从以上的讨论中不难看出,要得到一个性能良好的粘接件必须重视被粘材料的表面处理。首先,表面应该干净、清洁,这是实现很好黏附的必要条件,但不是充分条件。更重要的还要有合适的表面化学结构。由于表面层化学结构不同既可引起表面物理化学性质的改变,也可引起表面层内聚强度的变化,因而对黏附性能产生明显影响。进一步了解表面层化学结构与粘接强度的关系应该是今后被粘材料表面处理研究的重点。最后还应该指出,表面粗糙度和表面形态也是一个不可忽视的重要因素,与粘接性能有密切的关系,应给以足够的重视。

3.5.3 内应力的影响

粘接件中的内应力是影响粘接强度和耐久性的重要因素之一。内应力有两个来源:胶黏剂固化过程中由于体积收缩产生的收缩应力;胶黏剂和被粘物的热膨胀系数不同,在温度变化时产生热应力。

粘接件中存在内应力将导致粘接强度大大下降,甚至会造成粘接自动破裂。例如硝化纤维素,从它的化学结构来看,分子中有极性很强的硝基,应该对金属有比较好的黏附力,但是未加改性的硝化纤维素做胶黏剂时几乎没有强度,这是由于固化时产生的收缩应力很大。如果在硝化纤维素中加入樟脑做增塑剂,由于降低了内应力,粘接强度将显著提高(表3-9)。

表3-9 樟脑对硝化纤维素粘接强度的影响

樟脑添加量/(g/100g)	收缩应力/MPa	弹性模量/MPa	粘接硬铝抗剪强度/MPa
0	15.5	5140	0
20	11.1	5000	6.1
40	9.9	4110	10.9
60	8.0	3260	10.4

粘接件的内应力与老化过程有着十分密切的关系。在热老化过程中,由于热氧的作用和挥发性物质的逸出,会使胶黏剂层进一步收缩。相反,在潮湿环境中由于胶黏剂的吸湿也会造成胶层发生膨胀。因此在老化过程中粘接件的内应力也在不断地变化着。

粘接件的内应力还可能加速老化的进程。已经证明,对于某些环氧胶黏剂和聚氨酯胶黏剂,相当于强度的3%的外加负荷能使粘接件的湿热老化大大加剧。内应力对湿热老化的影响也就可想而知了。

因此,在制备粘接件时必须采取各种措施来降低内应力。

3.5.3.1 收缩应力

胶黏剂不管用什么方法固化,都难免发生一定的体积收缩。如果在失去流动性之后体积还没有达到平衡的数值,进一步固化就会产生内应力。

溶液胶黏剂固体含量一般只有20%～60%,因此在固化过程中体积收缩最严重。

热熔胶的固化也伴随着严重的体积收缩。熔融聚苯乙烯冷却至室温体积收缩率为5%。而具有结晶性的聚乙烯从熔融状态冷却至室温体积收缩率高达14%。通过化学反应来固化的胶黏剂,体积收缩率分布在一个较宽的范围内。缩聚反应体积收缩很严重,因为缩聚时反应物分子中有一部分变成小分子副产物逸出。例如酚醛树脂固化时放出水分子,因此酚醛树脂固化过程中收缩率可能比环氧树脂大6～10倍。

烯类单体或预聚体的双键发生加聚反应时,两个双键由范德瓦耳斯力结合变成共价键结合,原子间距离大大缩短,所以体积收缩率也比较大。例如不饱和聚酯固化过程中体积收缩率高达 10%，比环氧树脂高 1~4 倍。

开环聚合时有一对原子由范德瓦耳斯力作用变成化学键结合，而另一对原子却由原来的化学键结合变成接近于范德瓦耳斯力作用。因此开环聚合时体积收缩比较小。环氧树脂固化过程中体积收缩率比较低，这是环氧胶黏剂具有很高的粘接强度的重要原因。

必须注意，收缩应力的大小不是正比于整个固化过程的体积收缩率，而是正比于失去流动性之后进一步固化所应发生的那部分体积收缩，因为处于自由流动的状态下内应力可以释放出来。

对于热固性胶黏剂来说，凝胶化之后分子运动受到了阻碍，特别是在玻璃化之后分子运动就更困难了。所以凝胶化之后进一步的固化反应是造成收缩应力的主要原因。凝胶化理论告诉我们，反应物的官能度越高，发生凝胶化时官能团的反应程度就越低。因此可以预计，官能度很高的胶黏剂体系在固化之后将会产生较高的内应力。这可能是高官能度的环氧化酚醛树脂胶黏剂的粘接强度要比双酚 A 型环氧树脂胶黏剂低的主要原因之一。

降低固化过程中的体积收缩率对于热固性树脂的许多应用部门都有十分重要的意义。降低收缩率通常采取下列方法。

(1) 降低反应体系中官能团的浓度　因为总的体积收缩率正比于体系中参加反应的官能团的浓度，通过共聚或者提高预聚体的分子量等方法来降低反应体系中官能团的浓度，是降低收缩应力的有效措施。已经证明双酚 A 型环氧树脂胶黏剂的粘接强度与树脂的分子量有关，抗剪强度随着分子量的增大而提高。

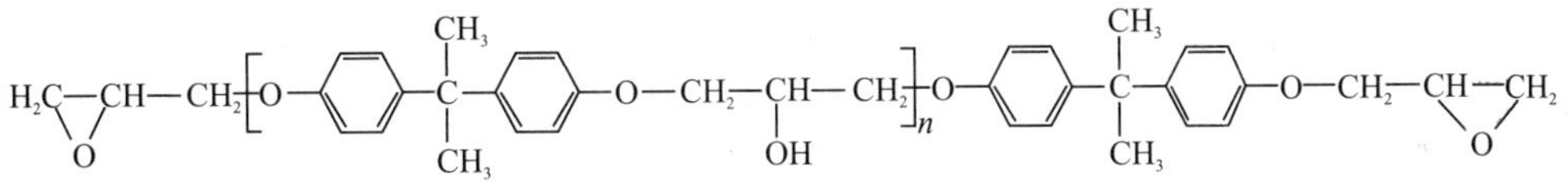

双酚 A 型环氧树脂

(2) 加入高分子聚合物来增韧　要求高分子聚合物能溶于树脂的预聚体中，在固化过程中由于树脂分子量的增大能使高分子聚合物析出。相分离时所发生的体积膨胀可以抵消掉一部分体积收缩。例如在不饱和聚酯中加入聚醋酸乙烯酯、聚乙烯醇缩醛、聚酯等热塑性高分子能使固化收缩显著降低。

(3) 加入无机填料　由于填料不参与化学反应，加入填料能使固化收缩按比例降低。加入无机填料还能降低热膨胀系数，提高弹性模量。因此加入适量填料能使某些胶黏剂的强度显著提高，但是填料用量太多反而有害。

3.5.3.2　热应力

热膨胀系数不同的材料粘接在一起，温度变化会在界面中造成热应力。热应力的大小正比于温度的变化、胶黏剂与被粘物膨胀系数的差别以及材料的弹性模量。

在粘接两种膨胀系数相差很大的材料时，热应力的影响尤其明显。例如用环氧树脂把 1 cm³ 的硬铝和一种同样人小的陶瓷块粘接在一起，固化温度是 120 ℃，在冷却至室温后，粘接件都在陶瓷部分自动开裂。

为了避免热应力，粘接热膨胀系数相差甚大的材料一般宁可选择比较低的固化温度，最好采用室温固化的胶黏剂。例如不锈钢与尼龙之间的粘接，如果采用高温固化的环氧胶黏剂只能得到很低的粘接强度,而采用室温固化的环氧-聚酰胺胶黏剂就能得到满意的粘接强度。

为了粘接膨胀系数不能匹配的材料(见表3-10),使之在温度交变时不发生破裂,一般应采用模量低、延伸率高的胶黏剂,使热应力能通过胶黏剂的变形释放出来。在这种情况下提高胶层厚度有利于应力释放。现在已经有许多应力释放材料可供选择,例如室温熟化硅橡胶、聚硫橡胶、软聚氨酯等。前面谈到过的硬铝与陶瓷之间粘接的例子,如果改用室温熟化硅橡胶就可以解决在温度交变时发生破裂的问题。

表3-10 一些材料的热膨胀系数

材料种类	线胀系数(10^{-6}/℃)	材料种类	线胀系数(10^{-6}/℃)
石英	0.5	酚醛树脂(未加填料)	~45
陶瓷	2.5~4.5	铸型尼龙	40~70
钢	~11	环氧树脂(未加填料)	~110
不锈钢	~20	高密度聚乙烯	~120
铝	~24	天然橡胶	~220

3.6 粘接强度的测试方法

胶黏剂的力学性能测试,不仅是评价胶黏剂本身的力学性能、耐环境等性能优劣的必要手段,而且是评价胶接技术、零件的表面处理质量,胶接件胶层厚度与固化规范好坏的客观依据,是质量控制必不可少的,同时也是胶黏剂研制、开发、生产与应用中最基本的测试手段。胶黏剂的力学性能试验,与金属材料的性能试验不一样,后者是均质的,而前者胶黏剂层与被粘试件材质不一,而且还由于胶接接头的结构形式、尺寸大小、胶接工艺、试验条件等因素的不一,其性能试验结果也不相同,没有可比性。因此说胶黏剂的力学性能试验一定是在规定条件下所进行的试验。

人们为了对各种胶黏剂的力学性能进行参比,更好地交流情况,从而制订了各种力学性能试验方法。它们中有中华人民共和国国家标准(GB)、美国材料与试验学会标准(ASTM)、日本工业标准(JIS)、德国国家标准(DIN)以及国际标准化组织标准(ISO)等。粘接强度的测试主要包括剪切强度、拉伸强度、剥离强度等测试方法。

3.6.1 剪切强度

剪切强度是指胶接件在单位面积下所能承受平行于胶接面的最大负荷,它是胶黏剂胶接强度的主要指标,是胶黏剂的力学性能的最基本的试验项目之一。按其胶接件的受力方式又分为拉伸剪切、压缩剪切、扭转剪切与弯曲剪切四种。这中间以拉伸剪切应用最广。

拉伸剪切强度试样通常为单搭接结构。在试样的搭接面上施加纵向拉伸剪切力,测定胶接头在单位面积上能承受平行于胶接面的最大负荷。拉伸剪切强度测试示意图,见图3-6。

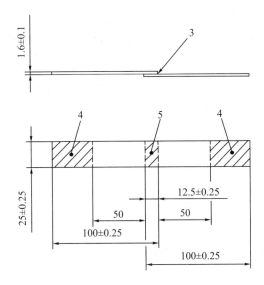

图3-6 拉伸剪切强度测试示意图

胶黏剂的性质与厚度及胶黏剂的力学性能好坏,主要取决于胶黏剂本身的内聚强度。内聚强度不同必然会使胶黏剂对被粘物的黏附强度也不同,而胶黏剂的内聚强度又与基体本身的分子结构密切相关,即与构成基体的分子的主链结构、支链化程度、分子量大小与分子量分布、结晶性、交联密度、极性等因素有关。就橡胶胶黏剂与热固性树脂胶黏剂对比而言,由于两者本身的模量与断裂伸长率等不同,即使同样采用单搭接接头,其应力分布差别也相当大。对热固性树脂胶黏剂可以承受较大负荷,但由于模量高,应力集中严重,而它若用橡胶或热塑性树脂改性,使它的模量适当降低,则应力集中又会有所改善。因此对柔韧性好的胶黏剂,可以用增加搭接长度来提高胶接接头的承载能力;而热固性树脂胶黏剂,则不可采用增加搭接长度的方法来提高胶接接头的承载能力。

随着胶黏剂胶层厚度(δ)的增加,其接头的拉伸剪切强度(τ)降低,它们之间的关系可用式(3-18)表示:

$$\tau = A - B\log\delta \tag{3-18}$$

式中,A,B为常数。

但是,并非厚度越薄越好,小到一定的值时,胶黏剂的拉伸剪切强度反而下降。从实验发现,对每一种胶黏剂都有一最佳的胶层厚度值。

胶层太厚、太薄其剪切强度都低,这是因为:第一,随着胶层厚度增加,胶层内部缺陷、气孔、裂缝等则呈指数关系迅速增加,这就必然会导致胶层内聚强度迅速下降;第二,胶层越厚,由于温度变化引起的内应力也越大,如热固性胶黏剂在加热固化或冷却时,树脂内部膨胀、收缩而造成内应力,由于胶层厚,所产生的内应力也越大,这些内应力可造成胶接接头强度损失;第三,金属的胶接强度与高分子化合物的分子定向有关,由于分子定向能增大被胶接金属的表面力,这表面力的强度大小又与金属的距离成反比,即在表面分界面强度最高,胶层中心部位最小,若胶层厚,则胶接强度降低。

胶层太薄,则胶接面上容易缺胶,缺胶处便成为胶黏剂膜的缺陷,在受力时,于缺陷周围容易产生应力集中,从而加速胶膜破裂,导致胶接强度低。

以上分析表明,为了保证胶接接头具有最高的胶接强度,因此对胶层厚度应严格控制。不同材质的胶接试件,不同种类的胶黏剂,对胶层的厚度要求也不相同。在保证不缺胶的前提下,尽量涂薄一些为好。在实际操作中,胶层厚度可以用控制涂胶量及固化压力来保证。

3.6.2 拉伸强度

拉伸强度是指胶接头在单位面积上所能承受垂直于胶接面的最大负荷。拉伸强度试验又叫正拉强度试验或均匀扯离强度试验。

由两根棒状被粘物对接构成的接头,其胶接面和试样纵轴垂直,拉伸力通过试样纵轴传至胶接面直至破坏,以单位胶接面积所承受的最大载荷计算其拉伸强度。见图 3 - 7。

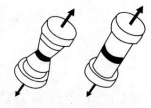

图 3 - 7 拉伸强度示意图

3.6.3 剥离强度

胶接接头不仅受到拉伸应力与剪切应力作用,有时还会受到线应力作用。因此对胶黏剂来讲它应有好的抗线应力的能力,另一方面在胶接接头设计上则应尽可能地避免接头承受线应力的作用。测定胶接接头的抗线应力的能力大小,主要采用剥离试验来测定它的剥离强度,其强度用每单位宽度的胶接面上所能承受最大破坏载荷来表示,单位是 kN/m。

剥离是一种胶接接头常见的破坏形式之一。其特点是胶接接头在受外力作用时,力不是作用在整个胶接面上,而只是集中在接头端部的一个非常狭窄的区域,这个区域似乎是一条线,胶黏剂所受到的这种应力,就是线应力。当作用在这一条线上的外力大于胶黏剂的胶接强度时,接头受剥离力作用便沿着胶接面而发生破坏。剥离试验用的试件其中一个是柔性材料(如薄的金属蒙皮、织物、橡胶、皮革等),而另一个试件可以是一刚性材料(如厚的金属梁等)或者也同为一柔性材料,由于至少有一个试件为柔性材料,当接头承受剥离力作用时,被粘物的柔性部分首先发生塑性变形,然后,胶接接头慢慢地被撕开,如织物与织物的胶接属蒙皮与衍条的胶接等。根据试样的结构和剥离结构的不同,又分为 T 型剥离强度测试、90°剥离强度测试和180°剥离强度测试等(见图 3 - 8)。

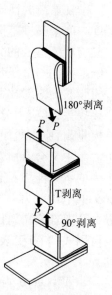

图 3 - 8 剥离强度示意图

(1)T 型剥离强度 用 T 剥离方法从未胶接端开始施加剥离力,使金属对金属胶接件沿胶接线产生特定的破裂速率所需的剥离力。

(2)90°剥离强度测试和180°剥离强度测试 90°或180°剥离试验是测定一块挠性材料胶接在另一块刚性或挠性的材料上所组成的标准试样,呈 90°或180°剥离角剥离时的强度。

4 磨料

4.1 概述

人造磨料具备特殊的优异的物理、化学性质,使它成为发展新科学技术不可缺少的重要材料。国际生产工程研究学会编著的《机械制造技术辞典》对"磨料"有一个较好的定义:磨料是具有颗粒形状的和切削能力的天然或人造材料。

磨料可用于制造磨具或直接用于研磨和抛光,因此,作为一种磨料必定具备一些基本特性。一般说来,应满足以下五个方面的要求:

(1)较高的硬度 磨料的硬度必须高于被加工对象的硬度,否则,无法实现磨削加工的要求。

(2)适度的抗破碎性及自锐性 磨料要有适当的抗破碎性及自锐性,在磨削过程中,磨粒承受着抗压、抗折、抗冲击等应力,如其抗破碎性太低,磨削时磨粒很快破裂,难以进行有效的磨削;反之,磨粒变钝后也不破碎,不能出现新刃,使磨削无法继续进行,因此,要求磨粒磨钝后,在磨削应力的作用下,自行破碎,露出新的锋利刀刃,使磨削过程持续进行,这种性质称为自锐性。

(3)磨料应具有良好的热稳定性 磨具工作时,常常会产生大量的热,局部可以达到很高的温度。作为一种磨料在高温状态下应能保持一定的硬度和强度。例如,金刚石的常温硬度最高,但超过 800 ℃就会碳化转变为石墨,其硬度和强度急剧下降,这就在一定程度上限制了金刚石的应用。

(4)磨料应具有一定的化学稳定性 磨料与被加工对象不易产生化学反应。长期的实践表明,磨削并不是单纯的机械过程,其中存在一定的化学反应。例如用碳化硅(SiC)磨料加工钢材时,会发生下列反应:

$$SiC(固) + 4Fe(液) =\!=\!= FeSi(钢材时固) + Fe_3C(固)$$

由于磨料与被加工对象发生化学反应,使磨料固有的机械性能发生变化,从而影响了磨削效果。

(5)便于加工成不同大小的颗粒 由于磨削加工是利用磨具表面许多颗粒所构成的切削刃来进行的,因此,要把磨料加工成所需要的粒度。有些物质,如硬质合金,虽然硬度高,但由于它的韧性较大,与磨料相比,难以加工成颗粒状,因此,不适宜制造磨料。

4.2 磨料的分类

磨料按其来源可分为天然磨料和人造磨料两大类。

自然界一切可以用于磨削或研磨的材料统称为天然磨料。常用的天然磨料有以下几种:金刚石、天然刚玉、石榴石和石英等。

人造磨料分为刚玉系列、碳化物系列、超硬系列等几大类,主要有刚玉、碳化硅、金刚石等。

依据磨料的磨削性能,行业上习惯将磨料分为普通磨料和超硬磨料。

4.2.1 普通磨料

包括刚玉、碳化硅两大系列的各种磨料品种。我国主要的磨料品种及代号,按 GB/T 2476—2016 规定如表 4-1。

表 4-1 普通磨料及代号

类别	名称	代号	类别	名称	代号
氧化物（刚玉）系列	棕刚玉	A	碳化物系列	黑碳化硅	C
	白刚玉	WA		绿碳化硅	GC
	铬刚玉	PA		立方碳化硅	SC
	锆刚玉	ZA		碳化硼	BC
	黑刚玉	BA		铈碳化硅	CC
	单晶刚玉	SA			
	微晶刚玉	MA			
	镨钕刚玉	NA			

此外刚玉系列普通磨料还包括矾土烧结刚玉等;碳化物系列还包括碳硅硼等。

4.2.1.1 刚玉系列磨料

(1)棕刚玉 棕刚玉(A)是以铝矾土、无烟煤和铁屑为原料,在电弧炉内经高温冶炼而成。在冶炼过程中,无烟煤中的碳将矾土中的氧化硅(SiO_2)、氧化铁和氧化钛等杂质还原成金属,这些金属结合在一起成为铁合金,由于其比重较刚玉熔液大而沉降至炉底与刚玉熔液分离。仅有少量的杂质夹杂在刚玉熔块中。

棕刚玉的主要矿物成分为物理刚玉($\alpha - Al_2O_3$),三方晶系,少量的矿物杂质有:硅酸钙($CaO \cdot 6SiO_2$)、钙斜长石($CaO、Al_2O_3、2SiO_2$)、富铝红柱石(又称莫来石 $3Al_2O_3 \cdot 2SiO_2$)、钛化物(黑钛石 $Ti_2O_3 \cdot 2SiO_2$、TiO_2、Ti_2O_3、Ti_3O_5、TiN、TiC 等)、玻璃体及少量铁合金等。

棕刚玉的抗破碎能力较强,抗氧化,抗腐蚀,具有良好的化学稳定性,是一种用途广泛的磨料。适用于磨削抗张强度高的金属材料,如普通碳素钢、硬青铜、合金钢、可锻铸铁等。

(2)白刚玉 白刚玉($WA, \alpha - Al_2O_3$)是以铝氧粉为原料在电弧炉中加热熔融再结晶而成的磨料。在冶炼过程中并没有排除原材料中的杂质,因此,白刚玉的质量与原材料的纯度密切相关。

白刚玉中 Al_2O_3 的含量应在 97% 以上,其硬度高于棕刚玉,但脆性较大。它具有很好的切削、抗氧化及气体腐蚀的性能,并有良好的绝缘性。主要用于淬火钢、合金钢的细磨和精磨,磨加工螺纹和齿轮等,白刚玉还可用于精密铸造及高级耐火材料。

(3)铬刚玉 铬刚玉(PA)的冶炼工艺与白刚玉相同,只是在冶炼过程中加入一定量的氧化铬(Cr_2O_3),呈浅紫色或玫瑰色。

铬刚玉中由于引入 Cr^{3+} 改善了磨料的韧性,其韧性较白刚玉高,而硬度与白刚玉相近。用于加工韧性较大的材料时,其加工效率比白刚玉高,并且工件表面的粗糙度也较好。铬刚玉适应于磨削韧性高的淬火钢、合金钢、精密量具及仪表零件等粗糙度要求较高的工件。

(4)微晶刚玉 微晶刚玉(MA)所采用的原材料及冶炼方法与棕刚玉基本相同,在停炉后立即把熔液迅速倒入模子内急速冷却(一般在 30 min 以内),因而得到微细结晶的集合体。

微晶刚玉在冶炼过程中,杂质的还原程度较差,Al_2O_3 含量为 94% ~ 96%,晶体尺寸一般在 80 ~ 300 μm,晶体占 57% ~ 85%,最大晶体尺寸不超过 400 ~ 600 μm。它具有强度高、韧性较大等特点。适用于重负荷磨削,可以磨削不锈钢、碳素钢、轴承钢以及特种球墨铸铁等材料,由于磨粒在磨削过程中呈微刃破碎状态,也被用于精密磨削甚至镜面磨削。

(5)单晶刚玉 单晶刚玉(SA)是以矾土、无烟煤、铁屑和黄铁矿(FeS)为原材料,在电弧炉内共熔,矾土中的氧化铁、二氧化硅和氧化钛先后被还原并组成铁合金从熔液中沉降至炉底。一小部分氧化铝与碳、硫化亚铁起复分解反应,生成少量的硫化铝(Al_2S_3)填充在单晶颗粒之间,当熔块冷却后放入水中时,硫化铝被溶解,而被硫化铝隔开的单晶刚玉即可分散开成为自然粒度的磨料。

单晶刚玉呈灰白色,其颗粒形状多为等积形,晶体内不含杂质,具有多棱角的切削刃,在同样的磨削力作用下,所形成的力矩小于其他磨料,因此它不易折碎,机械强度较高,单颗粒抗压强度为 22 ~ 38 kg,而棕刚玉仅为 10 ~ 20 kg。单晶刚玉由于有较高的硬度和韧性,所以切削能力较强,可用来加工工具钢、合金钢、不锈钢、高钒钢等韧性大、硬度高的难磨材料。

(6)锆刚玉 锆刚玉(ZA)是以铝氧粉和锆英石为原料,在电弧炉内经高温冶炼而成,整个过程基本上是一个熔化再结晶的过程。它是一种由 α - Al_2O_3 与 ZrO_2 组成的共晶集合体,在冶炼过程中应尽可能使两种结晶相互交错构成微晶型晶体如图 4 - 1 所示。根据 ZrO_2 的含量,一般有:低锆刚玉(ZrO_2 10% ~ 15%)、中锆刚玉(ZrO_2 25%)和高锆刚玉(ZrO_2 40%)。

锆刚玉质地坚韧,结构致密,强度高,热震性好,一般呈灰褐色。锆刚玉适用于高速重负荷磨削,可荒磨铸铁、铸钢、合金钢和高速钢等,特别适合于钛合金、耐热合金、高钒钢、不锈钢的磨加工。

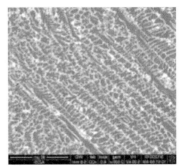

图 4 - 1 AZ25 锆刚玉晶粒形态

(7)镨钕刚玉 镨钕刚玉(NA)的制造工艺与白刚玉相似,其差异是在冶炼过程中加入约 0.175% 的镨钕富集物(氧化镨 Pr_6O_{11}、氧化钕 Nd_2O_3、氧化镧 La_2O_3)。大量的磨削试验证明其磨削性能优于白刚玉,适用磨削不锈钢、高速钢、球磨铸铁、高锰铸钢及某些耐热合金等。

(8)黑刚玉 黑刚玉(BA)的冶炼方法与棕刚玉相同,是以三水铝矾土为原料,加少量还原剂,经熔炼而成,其耗电量约为棕刚玉的三分之二。呈黑色,主要化学成分:Al_2O_3 含量不低于 77%、SiO_2 含量为 10% ~ 12%、Fe_2O_3 含量为 7% ~ 10%、TiO_2 含量约 3%,比重不小于 3.61。黑刚玉具有很好的自锐性,磨削时发热量少,加工件的粗糙度较好,适用于零件电镀前底面抛光,铝制品和不锈钢的抛光,也可用于抛光光学玻璃、加工木材等。由于它的亲水性好,可用在制造砂纸、砂布和树脂磨具,还可以做研磨膏和抛光粉。黑刚玉由于铁含量高,因而不宜于制造陶瓷磨具。

(9)矾土烧结刚玉 矾土烧结刚玉是唯一不用电炉冶炼的刚玉,它是用优质熟矾土(Al_2O_3含量85%以上)经湿法球磨至3 μm的微粒料浆(球磨时应加黏结剂),再经压滤成型为各种几何形状的磨粒,在1 500 ℃下烧结。

矾土烧结刚玉的主要化学成分是:Al_2O_3(85% ~ 88%)、SiO_2(3% ~ 4%)、TiO_2(3.5% ~4.5%)、Fe_2O_3(5.6% ~6.5%)。它具有 α – Al_2O_3 微晶结构,韧性高,可承受较大的磨削压力而不至于破碎,并能切削较厚的金属层,横向进给可高达6 mm以上。磨料的形状可制成各种柱形体,这是所有磨料中唯一的特例,适用于重负荷荒磨。

4.2.1.2 碳化物系列磨料

(1)碳化硅 碳化硅是以石英、石油焦炭为主料,木粉、食盐为辅料按一定比例混匀后装入电阻炉内,通过高温冶炼而制成的人造磨料。碳化硅分黑绿两种:黑碳化硅呈黑色或蓝黑色,绿碳化硅呈绿色或蓝绿色。在制造过程中,生产绿色碳化硅的特点在于采用较纯的原材料,炉料中加入食盐,它可促进产品呈绿色。绿色碳化硅的纯度要高于黑色碳化硅。

碳化硅不与任何酸起反应,但碱性氧化物的熔体能促使碳化硅的分解。

黑色碳化硅与刚玉系人造磨料相比,硬度较高、脆性较大,适用于加工抗张强度较低的金属及非金属材料,如灰铸铁、黄铜、铅等有色金属,以及陶瓷、玻璃石料等硬质脆性材料。

绿色碳化硅与黑色碳化硅相比,其纯度、硬度、脆性稍高,适用于加工硬而脆的材料,如硬质合金、玻璃、玛瑙等,也广泛用于量具、刀具、模具的精磨及飞机、汽车、船舶等发动机气缸的珩磨。

随着工业的发展和科学技术的进步,碳化硅的非磨削用途在不断扩大,在耐火材料方面用于制作各种高级耐火制品,如垫板、出铁槽、坩埚熔池等;在冶金工业上作为炼钢脱氧剂,可以节电,缩短冶炼时间,改善操作环境;在电气工业方面利用碳化硅导电、导热及抗氧化性来制造发热元件——硅碳棒。碳化硅的烧结制品可作为固定电阻器,在工程上还可作为防滑防腐蚀剂。碳化硅与环氧树脂混合可涂在耐酸容器中、蜗轮机叶片上起防腐耐磨作用。

(2)铈碳化硅 铈碳化硅(CC)是在碳化硅的炉料内不加食盐而添加微量的氧化铈(CeO_2)冶炼出来的,其外观和绿碳化硅相似,显微硬度为36.29 GPa。与绿碳化硅相比,其铈碳化硅的显微硬度、单颗粒抗压强度、韧性等均比绿碳化硅高。

由于铈碳化硅的物理性能有所改变,因此,其磨削效果也得到了一定的改善。试验证明,磨钛合金时,铈碳化硅与绿碳化硅相比,切削效率提高近一倍,并且火花较小;磨铸铁时,当进刀量为0.01 mm时,铈碳化硅的耐用度比绿碳化硅砂轮提高18.9%,磨削比提高9.6%,当进刀量为0.02 mm时,其耐用度提高27.4%,磨削比提高74.1%。由此可见,用铈碳化硅磨削铸铁进刀量大时,其效果比绿碳化硅提高的更显著。磨硬质合金的效果与绿碳化硅相近,磨削难磨高速钢,其效果与单晶刚玉相似。

(3)碳化硼 碳化硼(B_4C)是以硼酸(H_3BO_3)和碳素材料为原料,在电弧炉内经1 700 ~ 2 300 ℃的高温冶炼,由碳直接还原熔融的硼酐(B_2O_3)而制得。

碳化硼是一种具有金属光泽的灰黑色粉末,是一种超硬材料。在空气中加热至 500 ℃时,碳化硼开始被氧化,当温度达到 800 ~ 900 ℃时,其氧化作用更为显著。碳化硼曾用来代替金刚石研磨硬质合金刀具。其烧结制品可以代替金刚石作为砂轮的修整工具,适用于精磨碳钨合金、碳钛合金、烧结刚玉、人造宝石和特殊陶瓷等硬质材料制品。

(4)碳硅硼 碳硅硼是以硼酸、石英砂、石墨为原料,在电弧炉内经高温冶炼而成,呈灰黑色,其硬度次于氮化硼高于碳化硼,脆性大,适用于硬质合金、半导体、人造宝石和特殊陶瓷等硬质材料的加工。

4.2.2 超硬磨料

4.2.2.1 金刚石

金刚石一般可分为天然和人造金刚石两大类。天然金刚石晶体形态可分为单晶、连生和聚晶体三种。人造金刚石是以石墨为原料,以某些金属或合金为触媒,在高温(1 000 ~ 2 000 ℃)、高压(4 ~ 5 GPa)下,使石墨结构转变为金刚石结构而成。人造金刚石又分单晶类(磨料级、锯片级和大颗粒)、多晶类(生长型、烧结型、生长 - 烧结型和复合型)以及薄膜类(PVD 型和 CVD 型)。

金刚石的工业分类,20 世纪按 JC 220—1979 规定,一是工艺品用,二是拉丝模用,三是刀具用,四是硬度计压头用,五是地质钻头和石油钻头用,六是玻璃刀用,七是砂轮刀用,八是金刚石笔及修正器用,九是磨料用。GB/T 6405—1994 和 GB/T 23536 规定人造金刚石和立方氮化硼磨料品种代号及适用范围如表 4 - 2。

表 4 - 2 人造金刚石和立方氮化硼磨料品种代号及适用范围

品种		适用范围		
系列	代号	粒度		推荐用途
		窄范围	宽范围	
人造金刚石	RVD	60/70 ~ 325/400		树脂、陶瓷结合剂制品等
	MBD	35/40 ~ 325/400	30/40 ~ 60/80	金属结合剂磨具,锯切、钻探工具及电镀制品等
	SCD	60/70 ~ 325/400		树脂结合剂磨具,加工钢和硬质合金组合件等
	SMD	16/18 ~ 60/70	16/20 ~ 60/80	锯切、钻探及修整工具等
	DMD	16/18 ~ 60/70	16/20 ~ 40/50	修整工具等
	M - SD	36/54 ~ 0/0.5		硬、脆材料的精磨、研磨和抛光等
立方氮化硼	CBN	20/25 ~ 325/400	20/30 ~ 60/80	树脂、陶瓷、金属结合剂制品
	M - CBN	36/54 ~ 0/0.5		硬、韧金属材料的研磨和抛光

用于制造树脂磨具的金刚石,国内采用 RVD 型或镀金属衣的 RVD 型,镀金属后增重50% ~ 100%;国外主要有低强度金刚石和自锐性金刚石两个系列,如 RVG、RDA、IRV、AC_2 系列,和 DXDA - MC、DXDA II - MC、CSG - 11 等品种。

上述金刚石品种具有以下共同特征:①晶形不规则,大部分颗粒是非等积形,呈针片状、羽毛状、多角状;②晶粒表面粗糙,不光滑;③强度低、脆性大;④热稳定性差,不经过磁选。

具有这些特征结晶的金刚石,适合于制造树脂砂轮,原因有二:其一,树脂对磨料的把持力弱。磨料表面粗糙,形状不规则,有利于与树脂机械咬合。其二,树脂结合剂本身强度低,制造和使用温度也低,不要求磨料有很高的强度和耐热性,脆性晶粒在磨削中只需要较低的工作压力(法向磨削力)就可以呈微刃破裂,表现出良好的自锐性,这也正是树脂磨具磨削力小、磨削温度低的根本原因。

4.2.2.2 立方氮化硼

立方氮化硼是以六方氮化硼为原料,碱金属或碱土金属或它们的氮化物做触媒,在高压高温下转变为立方晶体的氮化硼。这一转变过程与石墨转变为金刚石过程相似。

立方氮化硼是一种新型的超硬磨料,其硬度仅次于金刚石,而热稳定性、化学稳定性均优于金刚石,特别是对铁族金属的化学惰性好,不易与钢材起反应,磨既硬又韧的钢材时具有独特的优点,耐磨性比普通磨料高 30 ~ 40 倍。因此适用于磨削工具钢、高合金钢、模具钢、不锈钢、耐热钢、镍基高温合金等难切削材料的磨削和精密磨削,特别适用于磨削高钒、高钼、高钴高速钢。

(1)用 CBN 砂轮磨削高钒、高钴高速钢时的磨削比为 82.5,是单晶刚玉的 147 倍,是绿碳化硅的 196 倍,是白刚玉的 330 倍。

(2)用 CBN 砂轮磨削耐热钢和耐热合金时的金属切除率为 395 cm^3/h,而刚玉类砂轮只有 32 ~ 65 cm^3/h。用它磨削钛合金时磨削比是碳化硅砂轮的 9 倍以上,且表面质量好。

(3)用 CBN 砂轮磨削喷涂材料,这类材料以钼、陶瓷、钨为主体,它们的特点是硬而脆,可用金刚石砂轮,也可用 CBN 砂轮高效率的磨削。但另一类以镍、铬、钒、钛、铝、锰、钴、铌元素为主体时,它们的特性是硬而黏,就只能用 CBN 砂轮,且可以取得显著的磨削效果。

(4)用 CBN 砂轮磨削大型精密件,对热作用敏感的材料,复杂断面零件,磨削的效果也十分好。

4.2.3 新型磨料

4.2.3.1 烧结陶瓷磨料——SG 磨料

SG 磨料采用溶胶 – 凝胶(Sol – Gel)工艺合成并烧结制成。具有比普通白刚玉小几千倍的晶粒尺寸,晶粒为亚微米级(尺寸小于 1 μm),并且磨料的强度得到提高。

根据微晶含量的多少,SG 磨粒分为 SG,5SG,3SG,1SG 等品种,分别表示其微晶含量为 100%,50%,30%,10% 等。

与普通刚玉磨料相比,不但硬度高,而且因磨料是微晶结构,它有很多晶解面,在外力作用下或在修锐和修整中仅微晶脱落,不断产生锋利的切削刃,自锐性好,且剥落较少。

SG 磨料在性能上远远优于普通电熔刚玉磨料,在价格上远远低于 CBN 和金刚石磨料,而其硬度与普通刚玉磨料相近,所以不需特殊的磨削设备和修正装置,不存在 CBN 和金刚石在磨削设备方面的特殊要求及修正方面的困难,对磨削液也没太特殊的要求,易于推广使用。SG 磨料和白刚玉微观结构示意图,如图 4 – 2 所示。除此以外,SG 磨料相对于普通磨料,还具有以下优点:

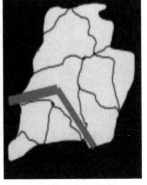

SG微晶结构　　　　　　　白刚玉多晶结构

图 4 - 2　SG 磨料和白刚玉微观结构示意

（1）磨粒锋利，切削能力强，磨削效率高。可以进行大切深，大进给，重负荷和高效磨削。据试验，单行程进给量可达 0.3 mm 以上，金属去除率比普通刚玉砂轮高两倍以上。

（2）韧性好，磨损小，砂轮形状保持性好，用于精密磨削和成型磨削，容易获得较高的尺寸精度和尺寸形状一致性。

（3）砂轮耐用度高，使用寿命长，可达普通刚玉砂轮的 5～10 倍，更换频率低，减少辅助加工时间和停机时间，有利于使用数控自动机床，实现自动化生产。

（4）砂轮自锐性好，不堵塞，可以保持稳定的磨削性能，因而可以减少修正量（为一般刚玉砂轮的 1/3 左右），可以减少修正次数，提高生产效率。

4.2.3.2　空心磨料

德国的 Hermes 公司生产各种空心体磨料制品，商品名称为"Nermesit"。空心球磨料的结构如图 4 - 3 所示，最外层是磨粒，磨粒用黏结剂粘在球壳上。

空心球磨料既可直接以磨削形式用作抛光筒内的研磨粒，也可制作磨具，适用于固结磨具、超硬磨具和涂覆磨具，既可用树脂、橡胶等有机物做黏结剂，也可用陶瓷、金属做结合剂。

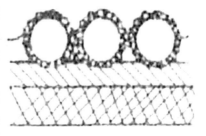

当空心体用作抛光研磨粒时，因空心充气，重量很轻，相当松散，所以能产生均匀的研磨、抛光作用。虽然使用一定时间后，空心体磨料开始破碎、开孔，但仍能保持均匀的磨削作用。

图 4 - 3　空心球磨料结构示意

用空心体磨料制造的磨具，不但可以有很大的单气孔体积，而且有很高的机械强度，特别适合缓进给重负荷磨削及软金属磨削。

4.2.3.3　堆积磨料

堆积磨料实际上是由很多微细的氧化铝或碳化硅微粉通过高强度黏结剂牢固地粘贴在一起形成的较大颗粒，而颗粒上的微细磨料是随机排列的，这样在整个磨削过程中颗粒就一点一点地磨损，残砂随机脱落，露出崭新的完整磨料继续磨削，形成的多层磨料磨削。

根据黏结剂的种类，堆积磨料分为陶瓷堆积磨料和树脂堆积磨料。堆积磨料具有寿命长、自锐性好等优点，应用在黏附性强的难加工磨削材料方面表现出优良的性能。

4.3 磨料的性质

4.3.1 刚玉磨料

4.3.1.1 刚玉磨料的化学性质

磨料的化学成分是反映磨料质量和性能的主要指标之一,化学成分的微小变化,可能会造成其性能上较大的差异,也可以认为这是决定磨料物理性能的内在因素。刚玉磨料国家标准对它们的化学成分主要是控制不同的氧化铝含量和不同的其他成分及其含量。磨料的主要化学成分含量随其粒度变化会有不同程度的波动,磨料粒度越细,其纯度越低。

白刚玉由于比棕刚玉中 Al_2O_3 的含量高,因而其硬度高于棕刚玉,性脆,具有良好的切削性能;黑刚玉因 Al_2O_3 含量较低,故其硬度较低,而韧性较好,适用于制作涂覆磨具。其他化学成分的存在及含量多少,对刚玉的性质也有较大的影响,棕刚玉中 TiO_2 的含量增加,能使刚玉的韧性增加;白刚玉中 Na_2O 是一种有害成分,由于它的存在使得生成的 $\beta - Al_2O_3$ 的结晶硬度降低,切削性能差,易破碎;如果在白刚玉冶炼过程中加入 Cr_2O_3、ZrO_2 等化学成分,可以制造成铬刚玉、锆刚玉,使白刚玉的性能得到改善,提高其韧性。

刚玉系列磨料的化学成分见表4-3。

表4-3 刚玉系列磨料的化学成分

品种	粒度范围	化学成分/%							
		Al_2O_3	CaO	Na_2O	Cr_2O_3	ZrO_2	TiO_2	Fe_2O_3	SiO_2
棕刚玉	F4~F80	≥94.00	≤0.45				1.50~3.80	≤0.30	≤1.2
	F90~F220	≥93.00	≤0.50				1.50~4.00		≤1.4
白刚玉	F4~F150	≥99.00		≤0.50					
	F180~F220	≥98.50							
单晶刚玉	F24~F90	≥98.50							
	F100~F240	≥98.00							
锆刚玉	ZA10	≥80.0				7.0~13.0	≤3.0	<0.5	≤1.2
	ZA25	≥68.0				22.0~28.0	≤2.5		≤1.6
	ZA40	≥54.0				37.0~45.0	≤2.5		≤1.5
铬刚玉	20 PA	≥98.0		≤0.60	0.20~0.45				
	45 PA	≥97.80		≤0.70	>0.45~1.00				
	100 PA	≥96.50		≤0.70	>1.00~2.00				
微晶刚玉	F4~F90	94.90~96.50					2.20~3.80		
	F100~F220	93.00~96.00							
黑刚玉	F220及以细	≥77.0						≥5.0	
	F220以细	≥62.0							

4.3.1.2 刚玉磨料的物理性质

(1)粒度组成　人造磨料冶炼出来以后,如果用于制造磨具或研磨材料,就必须加工成粗细不同的颗粒,并将大小相近的颗粒按一定范围分级,由大到小用规定的数字来表示,称为粒度号。换言之,磨料粒度是表示磨料颗粒大小的。由于磨粒形状不规则,磨粒的尺寸实际上是以宽度来表示的。

磨料的粒度主要是用来标识磨粒大小的,实际上要筛分出单一磨粒尺寸的磨料是不可能的,所以上述磨料各粒度的尺寸范围是其基本粒的尺寸范围。我国磨料粒度组成的标准与其他国家或协会组织的标准有一定的差异,但这些标准与国际标准(ISO)基本上是一致的。

制造磨具所用的磨料一般都是单一粒度的磨粒,有时为了解决磨具某些粒度的成型性能,提高磨具的强度和降低磨削的损耗量,采用了不同粒度的混合磨料。

为了增加磨具的适应性,改善其磨削性能,有时必须采用不同的混合磨料,如棕刚玉与白刚玉混合磨料,单晶刚玉与棕刚玉混合磨料,棕刚玉与碳化硅混合磨料等。混合磨料是一种简单的调质方法,使其兼具有两种或以上磨料的优点,从而提高磨削性能。有些混合磨料因为它特有的优点,已作为新的磨料品种供应市场。

(2)磨粒形状（颗粒密度）　磨粒本身的形状是不规则的,为了使其具有形状的概念,根据其外观轮廓,通常把磨料的形状分为以下四种:

①等积形或标准形　　H(高):L(长):B(宽) = 1:1:1

②片状形　　　　　　H(高):L(长):B(宽) = 1:1:1/3(或 1/3:1:1)

③剑状形　　　　　　H(高):L(长):B(宽) = 1/3:1:1/3

④混合形

固结磨具的磨粒的最佳形状是等积形,这种磨粒具有较高的抗压、抗折及抗冲击强度,这类磨粒制造的磨具具有较强的磨削能力。影响磨粒形状的因素主要是磨料的化学成分、制造方法和破碎方法。长期的生产实践证明,用球磨机加工的磨粒,其形状多为等积形,而用对辊机加工的磨粒,绝大多数为片状和剑状。

(3)堆积密度　单位体积磨料的重量称为磨料的堆积密度,其单位习惯上用 g/cm³来表示。磨料的堆积密度对磨具的强度、硬度及切削性能都有一定的影响,另外,它对磨料的其他性质也有一定的影响。

影响磨料堆积密度的因素主要包括磨料的种类、粒度和磨料的破碎方法。一般来说,在相同的条件下,刚玉的堆积密度比碳化硅的大,粗粒度比细粒度的堆积密度大,等积形磨料的堆积密度比片状、剑状的大,用球磨机加工的磨料的堆积密度比用对辊机、颚式破碎机加工的大。

就磨具的生产而言,用于生产固结磨具的磨料,其堆积密度应尽可能的大,从而使得磨具具有较高的强度、硬度以及良好的切削性能。

磨料的堆积密度可以通过整形来改变,用球磨机整形可提高磨料的堆积密度,用对辊机或颚式破碎机整形能降低磨料的堆积密度。另外,采用混合磨粒可提高磨料的堆积密度,如果粗细粒度搭配适当,能使磨料的堆积密度达到最大值。

国标对磨料堆积密度的测定方法有特别的规定,普通磨料、超硬磨料堆积密度的测定可分别参照 JB/T 7984.2—1999、JB/T 3584—1999 进行。

(4)亲水性　固体物质表面由于带有极性基团的分子,对水有较大的亲和能力,可以吸引水分子,易被水所润湿,这种属性称为亲水性。普通磨料都具有亲水性。磨料的亲水性是以磨料在一定直径的玻璃管内紧密堆积,下端浸入水中,以在规定的时间内水在管中上升的高度来表示的,在规定时间内水上升的高度越高,表明磨料的亲水性越好。亲水性的测定可参照国标 JB/T 7984.4 进行。

亲水性的好坏对磨料与结合剂结合的程度有较大的影响,一般来说,亲水性好的磨料与结合剂结合的程度越牢固,反之,结合的程度就差。

不同种类、不同粒度的磨料,其亲水性有一定的差异,同一种磨料,如采用不同的加工方法制粒,则其亲水性也不同。除此之外,磨料的化学成分、磨粒表面的孔隙以及磨粒表面的清洁程度等因素对磨料的亲水性也有影响。

(5)硬度 磨料的硬度是指磨料抵抗其他物质刻划或压入其表面的能力。磨料的硬度是用显微硬度表示的,显微硬度是一种压入硬度,测量仪器是显微硬度计,它实际上是一台设有加负荷装置的显微镜。

在磨料磨具行业常用来表示磨料硬度的,还有莫氏硬度和新莫氏硬度。莫氏硬度是由德国人莫斯(Frederic Mohs)首先提出来的,其测试方法是用棱锥形金刚石针刻划被测物体的表面,根据划痕的深度来表示硬度。莫氏硬度是以十种常见不同硬度的矿物作为标准,按大小顺序排列构成的(见表4－4)。新莫氏硬度是在莫氏硬度的基础上,将硬度的等级划分为15个(见表4－5)。常用磨料的硬度见表4－6。

表4－4 莫氏硬度

金刚石	刚玉	黄玉	石英	正长石	磷灰石	萤石	方解石	石膏	滑石
10	9	8	7	6	5	4	3	2	1

表4－5 新莫氏硬度

金刚石	碳化硼	黑碳化硅	棕刚玉	熔融氧化锆	石榴石	黄玉	水晶	石英玻璃	钾长石	磷灰石	萤石	方解石	石膏	滑石
15	14	13	12	11	10	9	8	7	6	5	4	3	2	1

表4－6 常用磨料硬度

名称	莫氏硬度	努普硬度/GPa	显微硬度/GPa
金刚石	10	60～102	80～120
立方氮化硼(CBN)	9.8	44.1	75～90
碳化硼(B_4C)		26.9	37～43
碳化硅(SiC)		24.3	
碳化钨(WC)	9.5	21.5	
刚玉($\alpha-Al_2O_3$)	9	16～20	20.6
石英(SiO_2)	7	8.2	11.2

磨料的硬度虽然不是决定磨料磨削效率的唯一因素,但却是磨料最重要的物理性质

之一,是关系磨料质量的重要指标,磨料的硬度只有在高于被加工材料的硬度时,才能对被加工材料进行加工。

影响磨料硬度的因素主要有化学成分和磨粒的形状,磨料的硬度随温度的升高而降低。

(6)韧性 磨料的韧性通常是指磨料的磨粒在磨削过程中抵抗冲击作用而不破裂的性能。磨料的韧性同其硬度一样,也是磨料相当重要的基本性质之一。磨料必须具备一定的韧性,才能保证磨料磨粒切削刃的切削能力,并且又能在磨粒切削刃被磨钝的情况下自行磨锐,表现出一定的自锐性(自锐性是指磨削加工中新的磨粒切削刃不断形成或钝化磨粒由结合剂中脱落,从而保持了砂轮的切削性能),从而获得良好的磨削效果。

一般来说,磨料的韧性越好,被磨金属的单位磨除量也就越多。但是,过高的韧性会阻碍磨粒的自锐性。因此磨料应当有适当的韧性,才能在磨粒与结合剂结合之后,使磨具具备一定的磨削能力,并且,当磨具与工件接触的表面变得平坦之后,磨粒由于受到的作用力增大,使磨粒破碎脱落,露出新的切削刃,恢复磨具应有的磨削能力。

磨料韧性的测定方法有多种,其表示方法也各不相同。大多数韧性测定仪都是以一定的方式进行"压"或者"冲"之后,测定出来破碎磨料颗粒量,依据这类测量值再换算得出磨料韧性值。目前,应用较广的测定磨料韧性的方法为球磨法和模压法。

模压法又称静压法,是将规定质量的待测磨料放在压模内,施加规定的静压力(通常为 24.5 MPa,即 250 kg/cm^2)。然后,测量保持原颗粒大小的磨料质量,以其所占回收的磨料总质量的百分数来表示该磨料的韧性。球磨法是将规定质量的待测磨料装入规定转速的球磨机中(装一定规格、质量的铜球),转至规定的总转数后,测定未被破碎的颗粒质量与回收样总质量之比,作为该磨料的韧性值。球磨法和模压法都是可行的测定磨料韧性的方法。模压法测定的是磨料的静态抗压强度,测定值比较稳定。球磨法对磨粒进行了动态强度分析,测定时磨料的受力方式比静压法更接近于磨削状态。多数人认为,球磨法能较好地反映磨料的韧性值。不少国家已经把球磨法列为国家标准,例如,日本工业标准(JIS)、美国国家标准(ANSI)。

用球磨法和模压法等韧性测定方法测试同一种磨料时,测得的韧性值往往是不相对应的。因此,查找各种磨料的韧性值时,首先应该了解所用的是哪一种测定方法。

磨料的韧性是其多种性能的综合反映,因此,影响磨料韧性的因素也是多方面的。磨料的化学成分、矿物组成和晶体结构的形式以及磨粒的形状对磨料的韧性都有影响,不同种类的磨料或者相同的磨料采用不同的加工方法制粒,其韧性也各不相同。

(7)强度 机械强度是表示物质抵抗外力破坏的能力,物质在外力作用下,其内部会产生一种大小相等、方向相反的抵抗力,这种内部的抵抗力,称为内力,物质每单位面积所产生的内力叫应力。强度是物质受外力后所表现的应力极限。

磨料的抗压强度和抗拉强度即是其压力或拉应力的极限,所以是破坏强度。

磨料的抗压强度用单颗粒测定,其表示值有两种,一种是单位面积受压力——kg/mm^2,一种是受压破坏压力——kg。

磨料的抗拉强度也是用受压破坏来测量,但计算方法不一样,因为颗粒受压之后碎裂成两半,其内部是拉应力的作用。球形颗粒在其直径80%以内却是受拉应力,所以用压力可以测知拉应力。

(8)磁性物含量 树脂磨具的硬化过程是在较低温度下进行的,磁性物对磨具的质量影响不大,因而其所用的磨料对磁性物含量的要求不高。

4.3.2 碳化硅磨料

4.3.2.1 碳化硅磨料的化学性质

GB/T 2480—2008 对碳化硅磨料的化学成分有明确规定,含碳化硅、游离碳和氧化铁三项。事实上,碳化硅磨料还有其他各种杂质,如游离硅、游离二氧化硅、铁、钴、钙、镁等。

碳化硅化学性质中值得提出的是:抗氧化性能和化学稳定性。碳化硅表面容易氧化,形成一层二氧化硅薄膜,使得碳化硅有较好的抗氧化性能。这一层二氧化硅薄膜又使得碳化硅在较高温度下不与强酸作用,因此碳化硅的化学稳定性与其氧化特性有密切关系。具有溶解二氧化硅能力的物质就会破坏这种化学稳定性。

4.3.2.2 碳化硅磨料的物理性质

同样包括刚玉磨料的一系列成品检查项目,与刚玉相比较,其物理性质差别主要在于:碳化硅磨料的硬度介于刚玉和人造金刚石之间,碳化硅的硬度沿不同晶面方向,有明显的变化。行业上习惯说棕刚玉较韧,适用于磨削加工抗张强度较高的金属;碳化硅较脆,适合于磨削加工抗张强度低的材料。强调指出:碳化硅的机械强度高于刚玉。颗粒越细,其抗破碎强度越高。

普通磨料尤其是碳化硅优异的热、电性能,决定了它的广泛用途。除作为磨削材料外,还有许多非磨削用途。碳化硅具有高导热系数和低膨胀系数,表现出独特的抗热震性能。

4.3.3 超硬材料

4.3.3.1 金刚石磨料

(1)物理性质

1)硬度 金刚石是由具有饱和性和方向性的共价键结合起来的晶体,因此它具有极高的硬度和耐磨性,是目前所知自然界中最硬的物质,其莫氏硬度为10,显微硬度为10^6。其硬度显各向异性。

2)摩擦 金刚石摩擦系数很低,在空气中与金属的摩擦系数低于0.1,所以具有极高的抗磨损性能,是刚玉的90倍。

3)导热性 金刚石具有很高的导热率,在不同的温度下,金刚石导热率是不同的。金刚石的热传导系数 λ 为 1.465 W·(cm·K)$^{-1}$,其与其他材料导热性的对比见表4－7。

表4－7 金刚石与其他材料导热性对比

材料名称	热传导系数/[W·(cm·K)$^{-1}$]	比热/[J·(g·K)$^{-1}$]
金刚石	1.465	0.502
碳化硅	0.155	18.39
刚玉	0.197	0.836
陶瓷	0.038	0.836
硬质合金 BK$_6$	0.586	0.167

4)热膨胀系数 金刚石在低温时,热膨胀系数极小,随温度的升高热膨胀系数剧增。

（2）化学性质　无论是天然金刚石还是人造金刚石，它们对所有的酸来讲都是稳定的，甚至在高温下，酸对金刚石晶体也显示不出任何作用；但在碱、含氧盐类和金属等熔体中，它们很容易受侵蚀。

4.3.3.2　立方氮化硼磨料

（1）高硬度和优良的耐磨性　表 4-6 给出了几种硬质材料的显微硬度（HV）的值，从表中可以看出立方氮化硼的显微硬度仅次于金刚石的硬度，是世界上目前发现的第二种超硬材料。这种高硬度使得其有很高的耐磨性，用它制作刀具，在切淬硬合金钢材料时，其耐磨性为无涂层硬质合金刀具的 50 倍，为涂层硬质合金刀具的 30 倍。

（2）立方氮化硼有很高的热稳定性　立方氮化硼的耐热温度高达 1 400～1 500 ℃，比金刚石的耐热温度（700～800 ℃）几乎高一倍。立方氮化硼在 1 370 ℃ 以上才由立方晶体转变为六方晶体而开始软化，用它制作刀具可以高速切削高温合金，其切削速度比硬质合金刀具高 3～5 倍。

（3）立方氮化硼有极强的化学稳定性　立方氮化硼是化学惰性特别大的物质，在中性、还原性气体介质中，对酸碱都是稳定的，与碳在 2 000 ℃ 时才起反应，与铁族材料在 1 200～1 300 ℃ 时也不起反应。立方氮化硼与各种材料的黏结和扩散作用比硬质合金小得多，可以用来切削金刚石不能切削的钢铁材料。

（4）立方氮化硼的导热性能好　立方氮化硼的导热系数为 79.54 W·(cm·K)$^{-1}$，仅次于金刚石[146.5 W·(cm·K)$^{-1}$]的。并且随着温度的提高立方氮化硼的导热系数逐渐增大，有利于磨削区的温度和磨具的扩散磨损。

4.4　磨料的处理

制造树脂磨具的磨料，表面质量要求严格，因为磨料表面附着的灰尘（尤其是石墨等物质）能削弱树脂对磨粒的结合力，从而降低磨具的硬度和强度。为了提高磨料与结合剂的黏结能力，并改善磨料的某些性能（如强度、韧性、耐磨性等），可以对磨料进行附加处理，发展专用产品。磨料的处理方法很多，如煅烧、颗粒整形、表面涂覆、表面腐蚀等。

例如选用专门的工艺制造磨料。采用熔块法生产棕刚玉磨料。由于熔块法与流放法、倾倒法相比，具有结晶颗粒大的特点，因而使得磨粒强度大、硬度高。

在磨料的加工方法上，宜采用对辊加工方法，以增加片状、剑状磨粒，同时保证磨粒表面粗糙。

筛选磨料，提高磨料基本粒的含量及粒度的均匀性，并且清除杂物、粉尘和粗粒。

为了满足树脂磨具对磨料的特殊要求，提高树脂磨具的磨削效率和耐用度，除了正确选择磨料的材质和粒度外，有时还要对磨料进行适当的处理，现将常用的处理方法介绍如下。

4.4.1　磨料的整形

采用专用设备和分类筛选，得到符合要求形状的磨料。

（1）球磨法　将磨料与一定数量的大小匹配的钢球放入球磨机中，研磨一定时间，然后将细粒筛分掉。钢球的大小比例、球料比和球磨时间对于整形的好坏至关重要。

（2）气流法　借助高速气流,使磨粒互相碰撞来达到整形的目的。磨料经整形,等积形磨粒增加,而片状减少,因此磨料机械强度、韧性、堆积密度、耐磨性均有增加,但锋利性稍有下降。

4.4.2　磨料的煅烧处理

刚玉系磨料经过 800 ~ 1 300 ℃ 、2 ~ 4 h 的煅烧,可以明显提高磨粒的显微硬度、韧性和亲水性。随着温度的提高,韧性也随之提高,但温度超过 1 300 ℃ 以后,磨料性能有下降的趋势。

目前市场上煅烧磨料主要分为中温煅烧磨料(800 ~ 1 000 ℃)和高温煅烧磨料(1 100 ~ 1 300 ℃)。煅烧后的磨料表面清洁、杂质少,参见图 4 – 4。

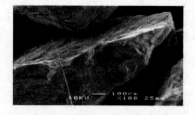

未煅烧磨料　　　　　　　　高温煅烧磨料

图 4 – 4　高温煅烧处理后棕刚玉磨料的表面形貌

磨料煅烧机制:

（1）磨料在制粒过程中,因破碎造成了暗裂纹,热处理使磨粒在脆性阶段时,裂纹扩大,磨粒分裂,形成新的完整磨粒,提高了磨粒的强度。

（2）当热处理进入磨料的初期塑性阶段时,杂质的迁移进一步弥补微裂缝。

（3）热处理使刚玉中低价钛变为高价钛。例如棕刚玉由棕色变为深蓝色,但是煅烧温度超过 1 300 ℃ 以后,随着温度的升高,钛进一步被氧化,使棕刚玉由深蓝色逐渐变为灰白色,导致磨料性能下降。

（4）清除磨粒表面杂质。磨粒表面的灰尘、污物都是低熔点的有机物,煅烧时变为气体而挥发,从而提高磨粒的亲水性。

（5）刚玉经煅烧后,磁选效能提高,使得磨料内的杂质(磁性物)减少,提高了磨料硬度。

实验证明,煅烧对刚玉系磨料有明显的效果,而对碳化物系的磨料效果不明显。现在,世界上先进国家固结磨具和涂覆磨具使用的刚玉系磨料都经过煅烧处理,未经煅烧处理的刚玉系磨料不用于磨具的生产。

4.4.3　表面涂覆处理

磨料的涂覆处理是在磨料的表面涂上一层薄薄的物质,再经热处理、松散过筛而成。其作用是提高磨粒表面的粗糙度,增加亲水性。表面处理的方法主要有:金属盐处理、树脂处理、硅烷处理、陶瓷液 – 硅烷处理及碱腐蚀处理。

4.4.3.1　金属盐处理

金属盐处理是将少量的金属盐均匀地涂覆于磨粒表面,然后进行高温煅烧。据有关资料介绍,用于处理磨料的金属盐类有:硝酸镍、硝酸镍－硼砂、硝酸铝、硝酸铝－硼砂、硝酸钴、硝酸铁、硝酸铁－硼砂、硫酸铜、硫酸铜－硼砂、硫酸镍、氯化镍、醋酸镍、硫酸亚铁等。加入量为磨料重量的 0.1% ~1.0%,煅烧温度为 600 ~1 200 ℃。据报道,用质量分数为 0.5% 的硫酸亚铁处理刚玉磨料,经 800 ℃ 煅烧后,制成的砂轮与未经处理的相比,磨削效率提高 4 ~6 倍。

4.4.3.2　陶瓷镀衣处理

以长石、黏土或石灰石等成分的陶瓷液为结合剂,将红色氧化铁涂于磨料表面,并经高温烧结(800 ~1 100 ℃),使磨料表面包裹一层薄薄的氧化铁陶瓷材料,以利于磨料与黏结剂的黏结,特别是提高磨料磨削导热性,从而提高磨具的耐用度。

4.4.3.3　树脂处理

为提高磨粒与黏结剂的黏结能力及耐热、耐酸碱性,在磨粒表面涂一层热固性树脂,并加入一定量的难熔金属氧化物,如三氧化铁、氧化钛、氧化锆等,然后对树脂涂层进行固化。由于磨粒表面有一层树脂,增强了磨料与黏结剂的黏结能力,因此,提高了树脂磨具的使用寿命。

4.4.3.4　偶联剂处理

硅烷又称有机硅烷偶联剂,它是以硅氧为主链的有机高分子化合物,它的分子两端通常含有性质不同的基团,一端与被粘物如磨料等表面发生化学作用或物理作用,另一端则能与黏合剂如合成树脂发生化学作用或物理作用,从而使被粘物和黏合剂很好的偶联起来,获得良好黏结。因此,涂硅烷后磨料有利于磨料与黏结剂的结合。通常用于处理树脂磨具的磨料包括 KH－550、KH－560 等。

涂覆的方式有:一是将硅烷液直接涂覆于磨料的表面,使用一定浓度的硅烷－乙醇溶液进行磨料的浸渍、烘干工艺处理,使磨料表面涂覆上一层偶联剂。一是将硅烷直接加入树脂液中,其效果不如前者。

4.4.4　超硬材料的表面镀覆

超硬磨料的表面处理方法很多,其中表面镀覆技术占据主要地位,它使将其他材料镀覆、沉积、涂覆在超硬磨料表面,或与之直接反应,使磨粒表面的状态、形状或物理化学性质发生变化。镀层材料可以是金属、陶瓷或有机物,镀层厚度可以达到微米级甚至纳米级,它与磨料表面可以是物理沉积或黏结,也可以是化学键合。

4.4.4.1　金属表面镀覆

超硬材料表面镀上不同的镀层,就成为具有不同性能的新品种。作为镀膜的材料,通常是金属(包括合金),如铜、镍、钛、钼以及铜锡合金、铜锡钛合金等。镀覆金属主要分三类:

(1)与金刚石界面反应形成稳定碳化物的亲和性金属,如 Ti、W、Cr、Mo 等,这些亲和性金属镀层通过化学键与金刚石之间形成强力键合,而金属镀层又与结合剂产生强力结合,从而达到金刚石与结合剂之间结合强度大大提高。

(2)不反应的惰性金属,如 Cu。

(3)界面接触促进金刚石石墨化的金属,如 Fe、Co、Ni。

据资料报道,国外树脂结合剂金刚石磨具大约有90%采用镀金属衣的金刚石,只有在工件对磨削热特别敏感的情况下,才采用不镀金属衣的金刚石。使用经过表面镀覆的CBN磨料,可以把在磨削过程中未发挥作用而过早脱落的磨粒数由60%左右降低到30%以下。目前,世界上普遍采用镀Cu和镀Ni的金刚石及CBN制造树脂砂轮。国内镀Cu和镀Ni金刚石及CBN已有单位开始使用,镀镍磨料用于湿磨,镀铜磨料用于干磨,制得的砂轮在磨削生产率和加工表面粗糙度基本不变,耗用动力稍大的情况下,其耐用度提高一倍。

根据工业试验及理论分析,镀金属衣的磨料与不镀金属衣的磨料相比,具有下列优点:

(1)强度提高30%~60%,因为金刚石及CBN是脆性材料,镀上一层金属衣后,改变了脆性,可以承受较大外力的冲击。此外,在镀覆过程中,镀液渗入磨料表面的裂纹气孔和空穴,从而修补了缺陷,使金刚石及CBN颗粒得到强化。

(2)改善了树脂对磨料表面的浸润性,从而提高了对磨粒的黏结性能,提高了磨具的耐用度。研究表明,在干磨硬质合金时,大约有70%的磨粒没有获得充分利用而直接脱落。一旦采用镀有金属衣的金刚石及CBN后,就可大大改变这种状况。

(3)金属衣对金刚石及CBN起到了良好的热屏障作用。在磨削过程中产生的磨削热首先传到金属衣上,并通过金属衣很快传递给周围的结合剂,因此,磨削热的积聚较少,金刚石及CBN周围结合剂(树脂)达到碳化温度而分解的概率就小得多,保证了结合剂对磨粒的黏结强度,充分发挥磨料的磨削作用。

当然也必须指出的是镀金属衣磨料也有一些缺点,主要的是金刚石及CBN的自锐性受到了影响,因此在磨削过程中增加了机床的动力消耗(增加10%~20%)。

使用镀金属衣的磨料还必须适当调整树脂结合剂的配方,否则将会造成砂轮不出刃,堵塞或烧伤工件。树脂砂轮所用磨料粒度较细,选用粗粒度将会加剧损耗,一般选择范围在100/120号以细至微粉级。超硬树脂砂轮选用的磨料浓度较低,一般金刚石为25%~100%,常用75%~100%;CBN为75%~150%。粗磨用的粗粒度砂轮,宜采用高浓度,精磨用的细粒度砂轮,宜采用低浓度。

4.4.4.2 非金属表面镀覆

镀膜材料也有非金属材料,如陶瓷、刚玉、碳化钛、氮化钛等化合物类的难熔硬质材料。

目前国内外正在发展刚玉涂覆的超硬磨料,其特征是:采用硬脆的刚玉或碳化硅作为涂层,涂层凹凸不平,呈刺状,与金刚石、立方氮化硼牢固结合,在树脂基砂轮中能够提高超硬磨料与基体的把持力,防止磨粒的早期脱落。另外,脆性的刚玉涂覆层不阻碍磨削过程,提高了砂轮的使用寿命和锋利度,解决了长期以来砂轮使用寿命和锋利度之间的矛盾。

涂覆刚玉处理的金刚石和立方氮化硼,其增重率一般在40wt%,可按要求任意调整。涂覆后的单颗粒抗压强度可提高12%~65%。工业化应用结果表明:经过该工艺处理的超硬磨料,不仅具有镀镍、镀铜超硬磨料的优点,而且克服了它们镀覆成本高及使工具变钝的缺点,使树脂结合剂超硬工具的使用寿命提高20%,加工效率提高30%~35%,大幅度提高工具的性能价格比。其最重要的特性是涂覆处理后的磨料具有了良好的自锐性,明显提高了切削效率。刚玉涂覆处理后的金刚石和立方氮化硼表面呈现出一种浑身长满了小刺的颗粒。刚玉涂层处理后的金刚石表面形态见图4－5。

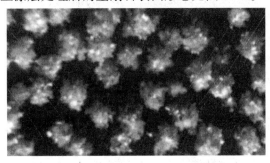

图4－5　刚玉镀覆金刚石表面形貌

目前超硬材料的主要镀覆工艺多种多样,主要包括:

(1)化学镀和电镀　化学镀是在不通电流的情况下,利用还原剂在具有催化活性的金属表面进行氧化－还原反应而沉积出金属。

电镀是经化学镀覆导电层后,再加厚或续镀其他金属层。

国内外已有金刚石表面镀 Ni、Ni－W－B、Cu－Ni－P、Co 和 Cu 等的报道,美国也有 Ni－W、Co－W 等一系列复合镀的专利申请。金刚石、CBN 化学镀 Ni－P 合金,能得到致密均匀的非晶态高磷镀层。

磨料经化学镀或电镀后,提高了颗粒强度,减缓热冲击性,但磨料与基体只是物理附着,其把持力低,这类镀覆产品一般用于树脂结合剂磨具。

目前有一种表面电镀刺状镀层的方法进一步提高基体对磨料的把持力,采用了在金刚石、CBN 表面电镀刺状铜或镍的方法:①当磨粒表面电镀达一定厚度时,取出磨粒,进行研磨,再重新电镀;②当镀层厚度达到增重量的50%左右时,改换均镀能力差的镀液,并施以电流刺激。这两种方法都能使镀层表面不均匀发育,形成刺状镀层,使磨粒与结合剂之间的结合力得到提高,把持力增大。研究表明冰凌状或海螺状刺,尤其尖部分叉的镍刺金刚石在树脂磨具中的把持力最大。但镀镍刺金刚石仅用于树脂结合剂,且其材料成本和技术成本较高。

(2)超声波化学镀或电镀　在化学镀或电镀工艺中引入超声波技术,利用它的机械和空化作用可以避免磨粒漏镀和部分粘连、结块等缺陷,从而实现均匀镀覆和加速过程。

(3)盐浴镀覆　盐浴镀覆把氯化物加入金属与金刚石粉末中,在850～1 100 ℃盐浴处理1～2 h后形成碳化物镀层。在金刚石表面进行盐浴镀钛、铬及其合金等,形成了结构致密的碳化物镀层。

(4)真空物理气相沉积　在真空条件下,将金属或非金属材料根据成膜材料气化成原子、分子或离子,直接沉积到镀件表面,称为真空物理气相沉积(PVD)。

(5)真空化学气相沉积　真空化学气相沉积(CVD)是利用气态物质在一定压力、温度、时间的条件下,将被镀金属或非金属材料的气态化合物(如卤化物)导入放有镀件的反应室内,与工件接触后发生热分解或化学合成而形成镀层。

(6)粉末覆盖烧结　利用高温金属粉末与金刚石接触反应,在其表面形成碳化物或金属镀层。

(7) 真空微蒸发镀　真空微蒸发镀通过在真空条件下,选择在化合物可以稳定生长而又不使磨料受热损伤的温度,在镀覆过程中形成厚度可控、致密连续的镀层。此法具有较高的界面结合强度和良好的抗结合剂侵蚀性能,实现了在金刚石和 CBN 磨料表面镀覆钛、铬、钨、钼及其合金。

该技术具有以下特点:①金刚石、CBN 和 SiC 等磨料可以镀覆到亚微米水平,且镀覆量大;②成本低,每克拉小于 0.01 元;③钛镀层与磨料结合强度大于 140 MPa;④随粒度不同,镀层增重 0.5% ~15% ,单颗粒抗压强度可提高 5% ~20% 。

研究发现只有镀钛的温度最低,镀覆后对磨料热损伤最小。这也是国内外主要采用镀钛产品的主要原因。对金刚石先真空微蒸发镀钛或镀钨,然后再化学镀或电镀镍、钴、铬等可形成复合镀层。复合镀钛镍金刚石不但可以用于金属烧结结合剂工具,还可以用于钎焊金刚石及树脂结合剂工具上。

用经过真空微蒸发镀覆钛的金刚石在滚镀机内直接电镀镍,省去了传统镀镍工艺中敏化、活化、化学镀等诸多的烦琐工序,成本低,批量大,适于大规模的工业化生产复合镀层金刚石,是极具成本和质量竞争力的新一代镀镍工艺和技术。

5 结合剂

5.1 概述

结合剂是把松散的磨料黏结起来,固结成一定的形状,经过热处理使其具有一定的硬度、强度和磨削性能的工具。树脂结合剂由黏结剂(聚合物)和各种填料组成。首先黏结剂的分子结构、分子量及分布、聚集态结构以及用量对结合强度影响巨大,同时填料的种类和用量对结合剂的物理机械性能也有很大的影响,因此,黏结剂和填料的用量和种类必须进行合理选用,使各种配比的结合剂都具有优良的性能。

作为树脂磨具所使用的结合剂,必须具备下列性能,且必须互相兼顾。

(1)良好的黏结性能 并能均匀地分布于磨料表面,将磨料牢固地把持于磨具中。

单独用树脂作为结合剂不可能制得理想的磨具,因为树脂(例如酚醛树脂)虽有良好的黏结性能,但其脆性高,机械性能差;加热后的流动性极好,造成成型困难。因此要想用它做结合剂必须设法改善其性能。最好的方法是对树脂进行化学或物理改性,以提高树脂结合剂的物理机械性能(如强度、硬度、脆性等)和耐热性。

另外为获得磨料间良好均匀的结合剂层,必须保证在混合各种物质时的充分均匀,而充分均匀的必要条件又是结合剂的粒度。作为工业生产,结合剂粒度至少要细于120#,国外资料称,结合剂的粒度大都细于50 μm。同样对于填料也要越细越好。

树脂对磨料的黏结良好与否,取决于树脂对磨料是否有良好的浸润性。实验证实,酚醛等树脂对金刚石的浸润性并不好,所以对磨料的把持力不够牢固,是磨具在使用过程中"掉砂"现象的原因之一。人们为提高树脂对磨料的浸润性,曾经采取了许多措施,但至今最为有效的方法是采用在磨料表面镀覆金属衣,国外磨削资料报道,未镀金属衣的金刚石树脂磨具在磨削P18(国外一种硬质合金牌号)产品后,约有70%的磨料没有充分发挥作用即已脱落;当采用镀金属衣磨料后,在相同磨削工艺条件下,金刚石的脱落只有30%了。

(2)结合剂强度必须高 结合剂的强度高低决定了磨具在磨削过程中的耐磨性、生产率、安全可靠等方面的性能,因而是一个十分重要的指标,强度不高的结合剂往往在不太大的磨削力作用下,即已使结合剂受到破坏,产生开裂或从基体上分裂开来,有时表现为过度的磨损,使磨料不能充分发挥作用。强度的测定都沿用普通树脂磨具的测定方法——八字块抗拉强度法。

树脂本身的强度很低,单一的树脂表现为很大的脆性,只有在适当加入填料后,使其机械强度获得提高。通常加入金属粉末(如铜粉)可以使结合剂的机械强度获得明显提高。金属氧化物(如氧化锌、氧化铬等)也有增加机械强度的作用。加入鳞片状石墨、二硫化钼等软质材料虽可改善结合剂的磨削性能,但对结合剂的强度并没有多大好处,甚至还有坏处。

对树脂磨具来说,为了增加其耐磨性能和保证有较高的机械强度,在配方设计中一般要求气孔率越小越好。所以在设计配方和制定工艺过程时,理论上不留气孔率,同时又在成型过程中尽量采用大的成型压力,使实际产品的密度接近理论密度(即无气孔)。

树脂磨具的充分硬化也是达到提高机械强度的重要手段。树脂的硬化充分与否取决于树脂和固化剂的反应是否充分,所得的最终产物是否达到良好的"网状立体结构"。因此在工艺编制中必须考虑在热压成型后的磨具,还必须进行充分的后期硬化,以获得真正的不熔不溶产物。"网状立体结构"产物的形状,一方面取决于树脂本身的分子结构,分子链是否足够得长,分子量(平均值)是否足够得大;另一方面取决于硬化条件,固化剂的加入量等。

(3)合适的硬度 结合剂的硬度和概念与机械加工上的硬度概念应有所区别。结合剂的硬度应代表两层意思,其一,抵抗外力侵入的程度;其二,对磨料来说应表示其脱落的难易程度。特别是后一种,意义更为重大。磨料在磨削过程中不断地摩擦工件,出现了磨损而磨钝现象。在此同时,工件材料也在不断地和结合剂产生摩擦,使结合剂产生磨耗,如果磨料的磨钝和结合剂的磨耗能够匹配,即当磨料磨钝后,结合剂的磨耗使新的磨料出露,则其硬度就显得较为理想。这就要求结合剂因加工对象的不同而具有不同的硬度。

结合剂过软,势必出现过度磨损,磨料就很容易在工作过程中被从结合剂中"拔出来"。结合剂过硬,当磨料磨损后,不能正常地脱落,不可能使新的磨料出露,从而使磨削难以进行,使工件产生烧伤弊病。一般用于加工硬质合金工件的超硬树脂磨具硬度在 $2y \sim y$。

(4)尽可能高的耐热性 结合剂的耐热性主要取决于结合剂材料本身的特性。如酚醛树脂其耐热性能良好,在空气中约 280 ℃开始热分解,500 ℃时全部碳实际上酚醛树脂的长期工作温度不超过 120 ℃,而改性以后的耐热酚醛树脂,其耐热性能得到提高。聚酰亚胺树脂的耐热性能则更好些,可在 260 ℃下长期使用。

磨具在磨削过程中,由于磨料和工件、结合剂和工件的高速摩擦,产生了磨削热,磨削热如不能及时传递出去,就会使磨具和工件发热,据有关资料报道,磨削热在局部区域可高达 800 ℃以上,足以使结合剂碳化。因此,提高磨具耐热性能,除选用良好耐热性的黏结材料外,还必须采取相应的措施,例如加入导热性好的填料(一般金属填料导热性好),磨削中尽可能采取冷却措施,严格控制进给量等。

(5)提高加工效率和工件粗糙度 树脂磨具具有良好的自锐性,如不考虑消耗,则可以达到很高的生产率。当然生产中消耗和生产率必须两者兼顾。

加工工件粗糙度主要取决于磨料粒度,但也与结合剂的性能有关联,一般地讲树脂磨具有一定的"弹性",所以其加工粗糙度相对较好。当然加工粗糙度与材料本身的性能,加工工艺等有密切关系。如湿磨比干磨粗糙度高;小进刀比大进刀粗糙度要高。

(6)经济性 结合剂中的黏结剂、各种填料等,在保证上述性能的基础上还必须考虑到其价格、货源、环境影响、加工特性等方面的要求。在保证性能的基础上越经济越好。如聚酰亚胺树脂虽然其机械性能、耐热性能较酚醛树脂为好,但其价格十倍于酚醛树脂,且成型温度高、成型压力大,所以其在普通磨具中很少使用,但聚酰亚胺树脂在金刚石等超硬树脂磨具中广泛使用。

　　目前用于有机磨具结合剂的高分子聚合物大多为热固性树脂,包括酚醛树脂、环氧树脂、三聚氰胺甲醛树脂、聚氨酯树脂、不饱和聚酯等,某些高性能的热塑性树脂也可以作为树脂结合剂,例如尼龙、聚砜等工程塑料。

5.2　酚醛树脂

　　酚醛树脂通常是由苯酚和甲醛在酸或碱催化条件下缩聚得到的高分子聚合物。德国化学家拜尔(Baeyer)于1872年首先发现酚和醛在酸的存在下可以缩合得到无定形棕红色的不可处理的树枝状产物。1907年,出生于比利时的美国化学家贝克兰(Baekeland)改进了酚醛树脂的生产技术,提出了关于酚醛树脂"加压、加热"固化的专利,实现了酚醛树脂的实用化、工业化。1910年,德国柏林建成世界第一家合成酚醛树脂的工厂,开创了人类合成高分子化合物的纪元。

　　酚醛树脂经历了100多年的发展,目前已经成为超硬材料与磨料磨具行业中最主要的树脂结合剂,这主要是因为酚醛树脂具有以下特性:①价格低廉,酚醛树脂的原材料价格便宜,生产工艺简单而成熟,合成及加工设备投资少;②成型工艺容易,酚醛树脂的成型只需要加热、加压即可完成;③优良的耐高温性,相对于环氧树脂、不饱和聚酯等热固性树脂以及大多数热塑性塑料,酚醛树脂固化物具有优良的耐热性,高温下残炭率高;④固化物强度高,特别是高温强度特别适合有机磨具;⑤化学稳定性好,耐酸性强,耐腐蚀性好。当然酚醛树脂也存在脆性比较大、收缩率高、不耐碱、易吸潮、电性能差等缺点,因此对酚醛树脂的改性始终是研究的热点和方向。

5.2.1　酚醛树脂的合成原理

　　酚醛树脂在合成过程中原料官能度的数目,两种单体的物质的量比以及催化剂的类型对生成树脂有很大的影响。目前工业上采用不同配比的酚和醛以及催化剂pH值的不同,生成两种结构类型的酚醛树脂:热塑性(线型)酚醛树脂和热固性酚醛树脂。热塑性酚醛树脂又称为固体酚醛树脂或Novolak树脂,分子链为线型或支链型结构,其本身加热不能交联反应,必须加入固化剂如六次甲基四胺后才可以形成交联结构的树脂。热固性酚醛树脂又称为液体酚醛树脂或Resol树脂,该树脂在加热和酸性条件下就可以发生交联反应,最终生成不溶不熔的交联结构的树脂。其中热塑性酚醛树脂中有一类特殊的品种,它是采用金属盐作为催化剂,控制pH值范围4~7,合成过程中酚环主要通过邻位连接起来,称为高邻位热塑性酚醛树脂。

5.2.1.1　热塑性酚醛树脂的合成原理

　　热塑性酚醛树脂是在强酸性介质(如盐酸、硫酸、草酸等)中,即pH<3时,由甲醛与三官能度的酚(如苯酚、间甲酚、间苯二酚等)或与双官能度酚(如邻甲酚、对甲酚、2,3-二甲酚等)缩聚而成。其中三官能度的酚必须过量(通常酚与醛用量的物质的量比为6:5或7:6),若酚量较少,则也会生成热固性酚醛树脂,酚量增加则会使树脂分子量降低。

　　(1)反应机制　在酸性介质的条件下,甲醛形成正碳离子,攻击苯酚中电子云密度较高的对位和邻位,生成羟甲基酚,然后与苯酚缩合,形成二羟基苯甲烷:

$$CH_2O + H^+ \longrightarrow {}^+CH_2OH \qquad ①$$

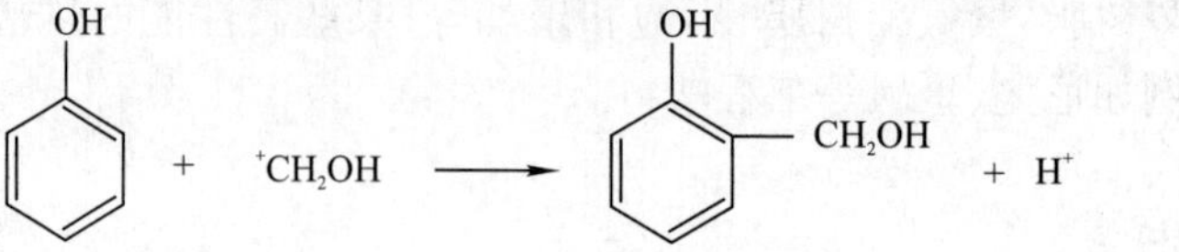

苯酚 + ${}^+CH_2OH \longrightarrow$ 邻羟甲基苯酚 + H^+ ②

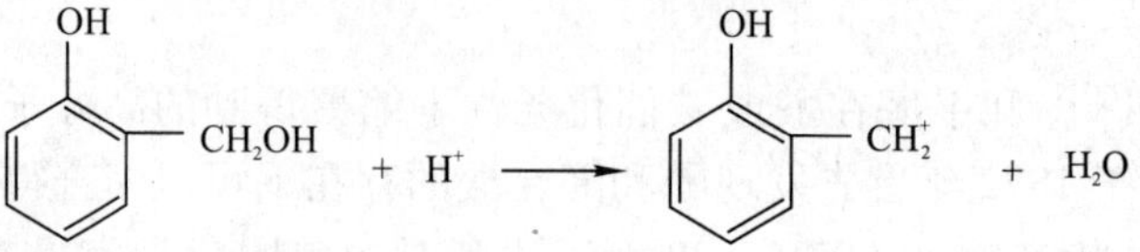

邻羟甲基苯酚 + $H^+ \longrightarrow$ 苯甲基正离子 + H_2O ③

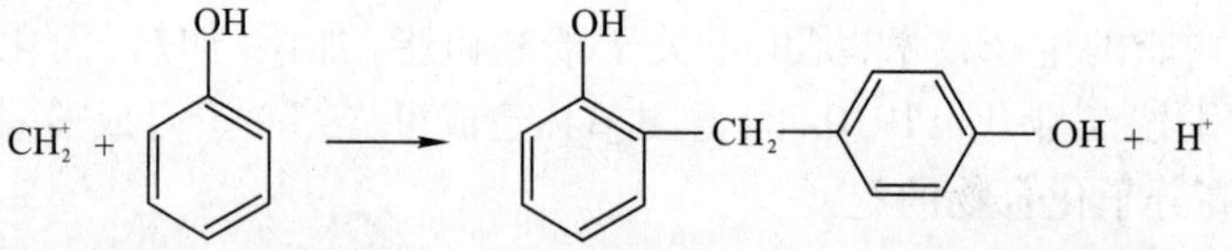

${}^+CH_2$ + 苯酚 $\longrightarrow$ 二酚甲烷 + H^+ ④

热塑性酚醛树脂的生成过程是通过羟甲基衍生物阶段而进行的。在酸性条件下,苯酚与甲醛在溶液中加成形成羟甲基苯酚,然后与苯酚进行缩聚反应。研究表明,后者缩聚反应速率大致上比前者加成反应快 5 倍以上,甚至 10 ~ 13 倍,因此在苯酚与甲醛的物质的量比大于 1 时,合成的热塑性酚醛树脂的分子中基本不含有羟甲基。在甲醛∶苯酚 =0.7 ~0.85(物质的量比)时,形成的线性分子含有 5 ~ 10 个酚单元,并以亚甲基连接(M_w =500 ~ 1 000)。故热塑性酚醛树脂主要是按下列反应生成的:

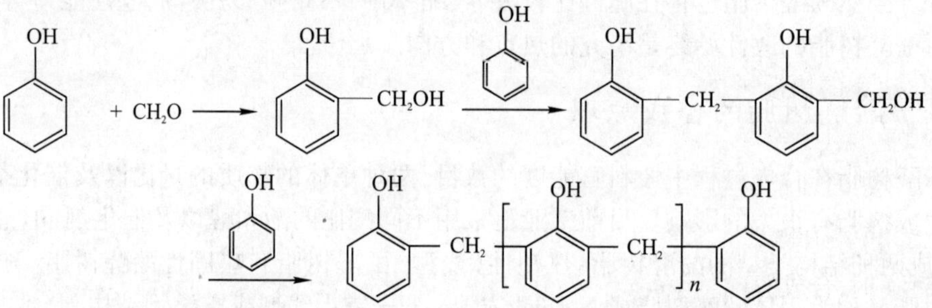

苯酚 + $CH_2O \longrightarrow$ 邻羟甲基苯酚 $\longrightarrow$ 二核体羟甲基化合物 $\longrightarrow$ 线性酚醛树脂(含 n 个重复单元)

n 一般为 4 ~ 12,其值大小与反应混合物中苯酚过量的程度有关。酸催化剂的热塑性酚醛树脂,其数均分子量(M_n)一般在 1 000 左右,相应的分子中酚环大约有 5 个,它是一个各种组分且有分散性的混合物,见表 5 – 1。

表 5 – 1　不同分子量 novolak 酚醛树脂的性能

组分	1	2	3	4	5
质量分数/%	10.7	37.4	16.4	19.5	16.0
分子量	210	414	648	870	1 270
熔点/℃	50 ~ 70	71 ~ 106	96 ~ 125	110 ~ 140	119 ~ 150
30% 乙醇溶解度	—	3.27	6.12	7.83	9.8

热塑性酚醛树脂由于在缩聚过程中甲醛量不足,树脂分子量只能增长到一定程度。

(2)热塑性酚醛树脂的分子结构　热塑性酚醛树脂的分子结构与合成方法有关,通常在强酸条件下,由于基团位阻效应的影响,一般来说,无论是加成反应还是缩聚反应都

容易在对位上发生。因此,热塑性酚醛树脂分子上的酚环主要是通过对位相连,理想的热塑性酚醛树脂的分子结构如下:

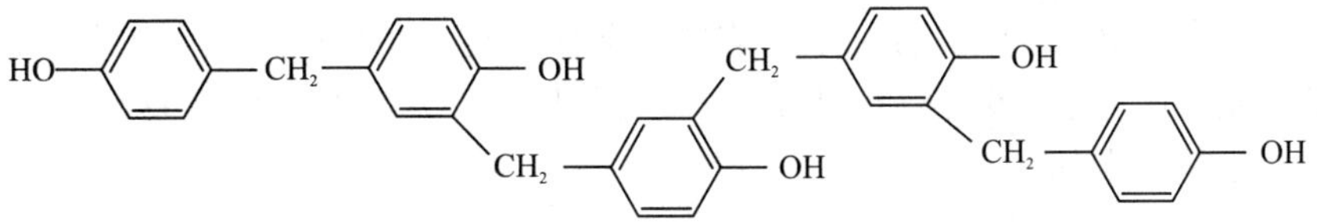

实际反应产物中存在少量的邻位结构,并且邻位结构的含量随酸性增强而减少,体系中对位相连的产物占 50% ~ 75%。这种树脂的结构和热固性树脂不同点是:在聚合体链中不存在没有反应的羟甲基,所以当树脂加热时,仅熔化而不发生继续缩聚反应。但是这种树脂由于酚基中尚存在未反应的点,因而在与甲醛或六次甲基四胺作用时就转变成热固性树脂,进一步缩聚则变成不溶不熔的体型产物。邻对位的反应性直接影响到树脂的固化速度。例如在 160 ℃下添加 15% 的六次甲四胺时,3 种二羟基苯甲烷的固化速度为:

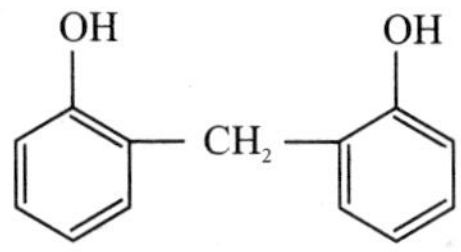

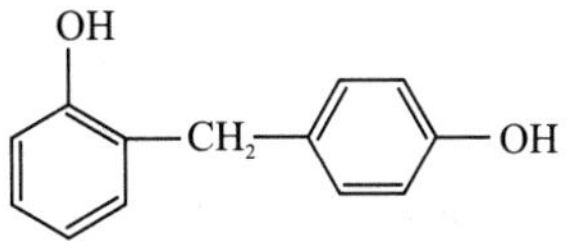

固化速度的快慢,在工业生产上有很重要的意义,它直接影响到酚醛树脂制品的成型性和制品的加工效率。

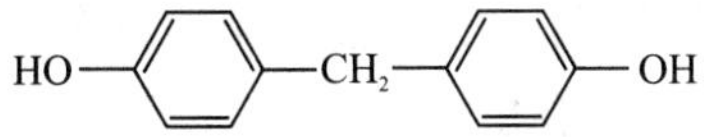

5.2.1.2 热固性酚醛树脂的合成原理

苯酚和甲醛在碱性催化剂存在下[NaOH、Ba(OH)$_2$、氨水等],甲醛与苯酚物质的量比为(1~1.5):1 时,合成的树脂为高支链型或交联型,通常为液体酚醛树脂,也称为 Resol 树脂。整个树脂反应过程可分为两步,即甲醛与苯酚的加成反应和羟甲基化合物的缩聚反应。

(1)加成反应 在强碱性催化剂(NaOH)存在下,苯酚与 NaOH 首先反应形成酚钠盐,然后离子形式的酚钠和甲醛发生加成反应。

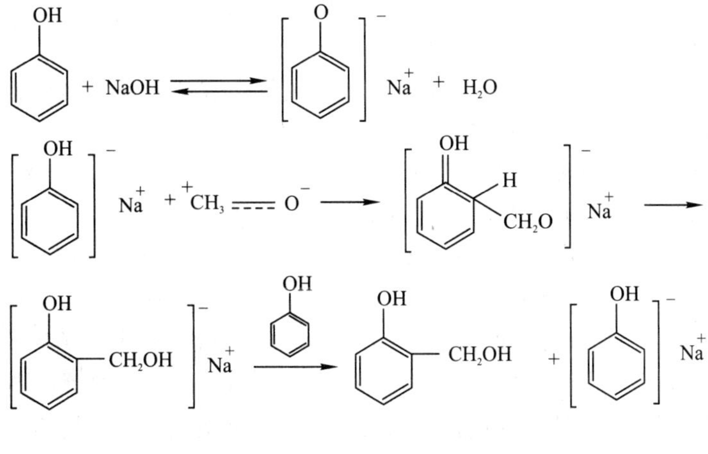

加成反应的位置既可能是邻位,也可能是对位,邻对位比取决于阳离子和 pH 值。用 KOH、NaOH 和较高的 pH 值有利于生成对位取代产物,而 Ba(OH)$_2$、Ca(OH)$_2$、Mg(OH)$_2$ 等二价阳离子和较低的 pH 值有利于生成邻位取代产物。生成的一元羟甲基酚可以进一步与甲醛加成反应,生成多元酚醇,形成了一元酚醇与多元酚醇的混合物,这些羟甲基酚在室温下是比较稳定的。

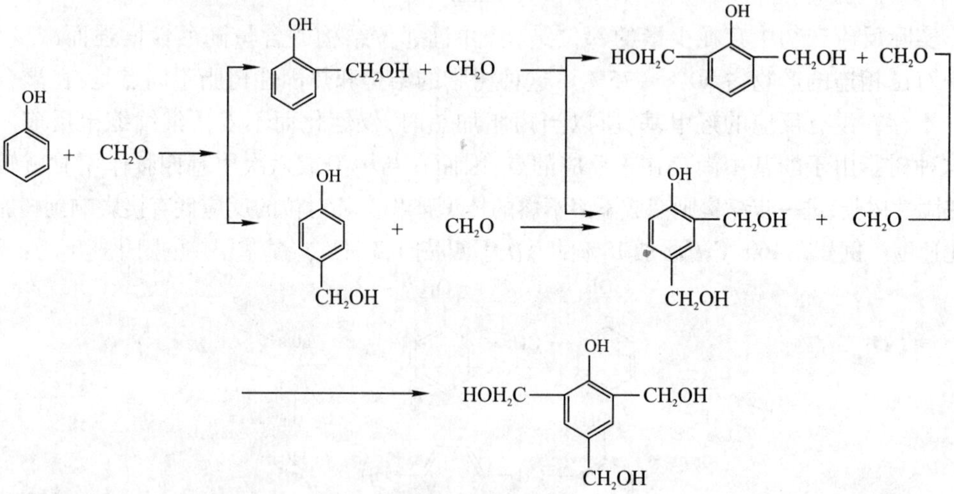

弱碱性催化剂氨水催化合成热固性酚醛树脂的反应比较复杂,其反应机制尚不十分清楚,但在生产实践中发现有下述特征:①氨水催化时生成的树脂几乎立即失去水溶性;②结构分析表明树脂产物中含有二羟苄胺或三羟苄胺;③树脂中同样存在羟甲基;④氨水催化的酚醛树脂可反应至较大分子量而不产生凝胶现象。

(2)缩聚反应　羟甲酚进一步可进行缩聚反应,有下列两种可能的反应:

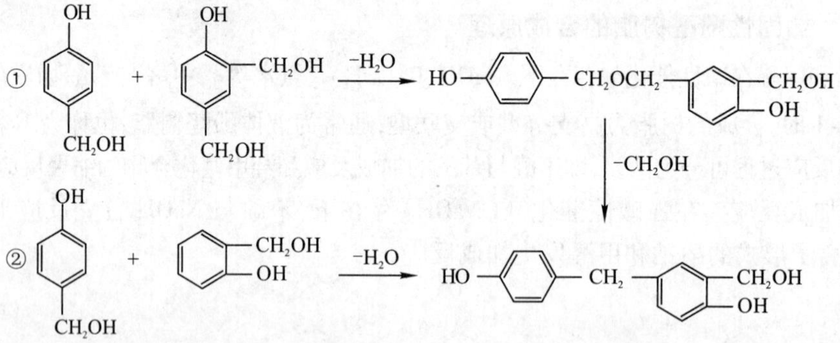

虽然反应①与②都可发生,但在碱性条件下主要生成②式中的产物,也就是说缩聚体之间主要是以次甲基键连接起来。

当继续反应会形成很大的羟甲基分子,据测定,加成反应的速率比缩聚反应的速率要大得多,所以最后反应物为线型结构,少量为体型结构。

由上述两类反应形成的单元酚醇、多元酚醇或二聚体等在反应过程中不断地进行缩聚反应,使树脂平均分子量增大,若反应不加控制,最终形成凝胶,在凝胶点前突然使反应过程冷却下来,则各种反应速度都下降,由此可合成适合多种用途的树脂,如控制反应程度较低可制得平均分子量很低的水溶性酚醛树脂,用作涂覆磨具黏结剂,当控制缩聚反应至脱水成半固体树脂时,此树脂溶于醇类等溶剂,可做成树脂磨具黏结剂。

5.2.1.3　高邻位热塑性酚醛树脂的合成原理

如果采用某些特殊的金属盐做催化剂,pH 值为 4 ~ 7,可合成主要通过邻位连接起来的高邻位热塑性酚醛树脂。属于这类催化剂的二价金属离子中最有效的是锰、镉、锌和钴。一般常用的是 $Mn(OH)_2$、$Co(OH)_2$、醋酸锌等。其反应机制如下:

① $Me^{2+} + HOCH_2OH \rightleftharpoons [Me^+\!-\!O\!-\!CH_2\!-\!OH] + H^+$

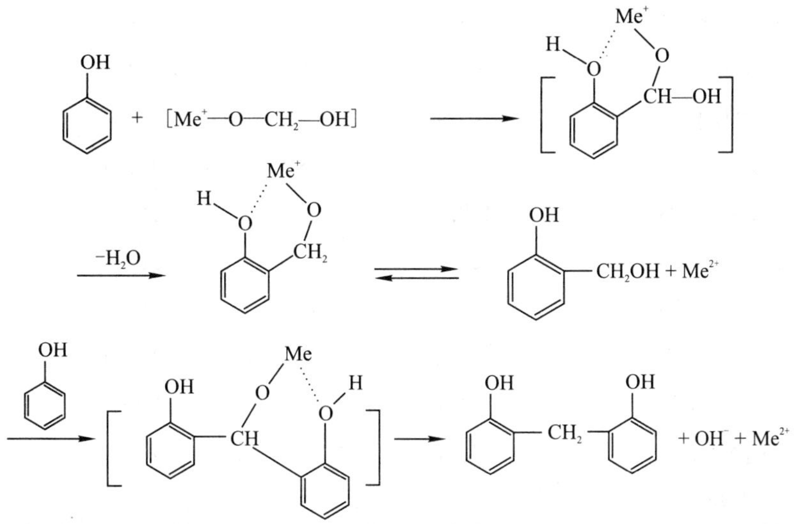

在上述反应中,二价金属离子在其中形成螯合物,然后再形成,o,o' - 二羧基二苯基甲烷,基团活性大,如加入 15% 六次甲基四胺测定凝胶时间仅需 60 s(o,p - 异构物的凝胶时间为 240 s,p,p' - 异构物的凝胶时间为 175 s),o,o' - 异构体的活性较大,这主要是两个酚羟基间会形成氢键,产生副催化效应的原因:

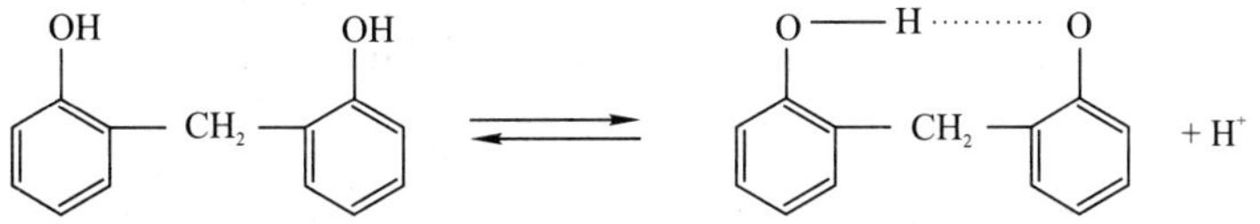

由于高邻位热塑性酚醛树脂的固化速度比一般热塑性酚醛树脂快 2 ~ 3 倍,因此十分适合制造快速固化的酚醛树脂,它可显著地提高劳动生产率,而且制品的热刚性良好。

5.2.2　影响酚醛树脂反应与性能的因素

5.2.2.1　酚醛树脂的原材料的影响

生产酚醛树脂的主要原料是酚类(如苯酚、二甲酚、间苯二酚、多元酚等)、醛类(如甲醛、乙醛、糠醛等)和催化剂(如盐酸、草酸、硫酸、对甲苯磺酸、氢氧化钠、氢氧化钾、氢氧化钡、氨水、氧化镁和醋酸锌等)。每种原料都有其特性,原料的质量对酚醛树脂的性能有直接影响。

(1)酚类　苯酚是合成酚醛树脂最主要的酚类单体,结构上是羟基取代的苯衍生物,苯酚的羟基系供电子基团,导致苯环上的邻位和对位进行取代反应,即有 3 个反应点。在与甲醛进行亲电子取代反应时,反应主要发生在酚羟基的邻、对位,因此,苯酚可看作三官能度的单体。除此以外,各种取代酚(如甲酚、二甲酚、对苯二酚、间苯二酚等)也可以作为合成原材料。不同位置取代的酚类,按其化学结构的不同,则其所具有官能度的反应能力也不同,例如间甲酚和 3,5 - 二甲酚具有 3 个活性点,而对甲酚和邻甲酚只有 2 个活性点。

表 5 - 2　不同酚类的物理性质

名称	分子量	熔点/℃	沸点/℃	pKa,25 ℃
苯酚	94.1	40.9	181.8	10.00
邻甲酚	108.1	30.9	191.0	10.33
间甲酚	108.1	12.2	202.2	10.11
对甲酚	108.1	34.7	201.9	10.28
2,3 - 二甲酚	122.2	75.0	218.0	10.51
2,4 - 二甲酚	122.2	27.0	211.5	10.60
2,5 - 二甲酚	122.2	74.5	211.5	10.40
2,6 - 二甲酚	122.2	49.0	212.0	10.62
3,4 - 二甲酚	122.2	62.5	226.0	10.36
3,5 - 二甲酚	122.2	63.2	219.5	10.20
间苯二酚	110.1	110.8	281.0	—
双酚 A	228.3	157.3	—	—

热固性酚醛树脂是由 3 官能度的酚(如苯酚、间甲酚、3,5 - 二甲酚、间苯二酚等)与醛作用而生成的。

苯酚　　间甲酚　　3,5-二甲酚　　间苯二酚

属于热塑性酚醛树脂的是由 3 官能度及双官能度的酚(如苯酚、邻甲酚、对甲酚、2,3 - 二甲酚、2,5 - 二甲酚、3,4 - 二甲酚)与醛作用而生成的。

苯酚　　邻甲酚　　对甲酚

2,3-二甲酚　　2,5-二甲酚　　3,4-二甲酚

不同类型的酚,由于取代基的不同,会影响其反应速率,如 3,5 - 二甲酚在间位上有取代基,会加速与甲醛的缩聚反应,又如邻、对位上有取代基,则会减慢反应速度,如以苯酚反应速度为基准 1,则不同类型的酚的反应相对反应速度如表 5 - 3:

表 5 – 3   不同酚类的相对反应速度

酚类名称	3,5 – 二甲酚	间甲酚	苯酚	3,4 – 二甲酚	2,5 – 二甲酚	对甲酚	邻甲酚	2,6 – 二甲酚
相对反应速度	7.75	2.88	1	0.83	0.71	0.35	0.26	0.16

间位取代后,树脂化速度快,但是硬化速度慢,因为间位上的 2 个甲基有位阻效应,故影响固化速度。

(2)醛类   甲醛分子式 CH_2O,是制造酚醛树脂的基本原料。通常使用 37% 的甲醛水溶液,具有特殊刺激性气味,刺激眼睛和呼吸道黏膜。甲醛溶液中一般甲醇含量应小于 7% ~ 12%,若甲醇含量过多又会影响甲醛和酚类的缩聚能力。

甲醇与甲醛水合物(甲二醇)可生成甲基醚,从而阻止了聚合体分子链的增长。

$$HOCH_2OH + CH_3OH \Longrightarrow HOCH_2OCH_3$$

由于在制备甲醛的过程中,有部分甲醇会过度氧化成甲酸,其中甲酸会影响缩聚反应中的 pH 值,甲醇含量越大则缩聚反应活性越小,因此在反应投料前都需正确分析测定甲醇和甲酸的含量。甲醛在储运过程中,在铁质作用下容易氧化成甲酸,因此,甲醛液的储运应装在铝、不锈钢或玻璃钢等容器内,并且储运温度应不低于 5 ℃,否则易析出三聚甲醛和多聚甲醛白色沉淀。生产酚醛树脂所用甲醛的技术要求为:

外观无色或微黄色透明无沉淀的液体,甲醛含量(重量)≥36%,甲醇含量≤12%,甲酸≤0.05%。

由于使用甲醛水溶液制备酚醛树脂,因此在反应达到终点后,需要进行真空脱水,造成生产中存在废水的处理问题,因此目前越来越多的厂家采用固体甲醛(如三聚甲醛、多聚甲醛等)代替甲醛水溶液合成酚醛树脂。固体甲醛在加热时会逐渐释放出甲醛单体,参与合成反应,反应最终产生的废水远远小于甲醛水溶液合成的酚醛树脂,有利于酚醛树脂的绿色环保生产。三聚甲醛和多聚甲醛的结构式如下:

三聚甲醛结构式:

多聚甲醛结构式:$HO—(CH_2O)_n—H$ ($n = 10 ~ 100$)

除了甲醛以外,糠醛也可以与苯酚反应,糠醛由于取代基大,与甲醛相比,反应较缓慢。而甲醛与酚的反应速度较快,硬化时间也较短,副反应比较少。苯酚与糠醛缩合的树脂,具有耐热性较高的特点,糠醛还可作为酚醛塑料粉中的增塑剂。糠醛也是普遍使用的润湿剂,在混制树脂粉成型料时,润湿磨料。其他如乙醛,由于活性较低,而且本身还可以形成树脂,从而降低了最后成品的性能,故很少采用。

糠醛的结构式:

(3)催化剂   酚醛树脂的合成必须在酸性或碱性催化剂存在下进行,从实验可知,用甲醛水溶液(质量分数为 37% ~ 40%)与等体积的纯苯酚相混合,溶液的 pH 值为 3.0 ~ 3.1,把此混合物加热至沸腾,在数天甚至数周内并未观察到有任何反应发生,所以将 pH

值为3.0~3.1称为"中性点",在上述混合物内加入酸使 pH < 3.0 或加入碱使 pH > 3.0,则反应立即发生。因此当苯酚与甲醛的物质的量比大于1,在强酸的条件下(pH < 3)可合成一般热塑性酚醛树脂;在中等酸性条件下(pH = 4 ~ 7)可合成高邻位线型酚醛树脂。当苯酚与甲醛的物质的量比小于1,在碱性条件下(pH = 7 ~ 11)可合成热固性酚醛树脂。

1)碱性催化剂　在制取热固性酚醛树脂中通常用碱性催化剂,常用的有 $NaOH$,NH_4OH 和 $Ba(OH)_2 \cdot 8H_2O$ 等,其催化能力为:$NaOH > Ba(OH)_2 \cdot 8H_2O > NH_4OH$。

碱性催化剂对热固性酚醛树脂的分子量的影响如图5-1,从图中分析可以看出,氢氧化钡催化剂有利于三羟甲基苯酚等分子量较大的齐聚物生成。

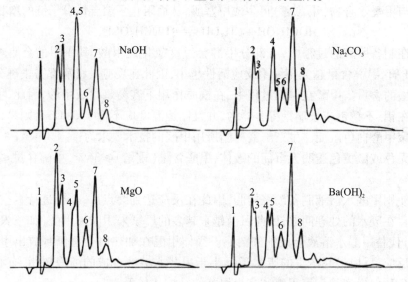

图5-1　催化剂对 Resol 树脂分子量分布的影响(GPC 测定)

反应条件:苯酚 1.0 mol、多聚甲醛 1.5 mol、催化剂 0.035 mol、水 60 g、甲醇 1.5 g,80 ℃/90 min;

1—苯酚;2—邻羟基苯酚;3—对羟基苯酚;4—2,6—二羟甲基苯酚;5—2,4—二羟甲基苯酚;

6—二苯基甲烷衍生物;7—三羟甲基苯酚;8—二苯基甲烷衍生物

$NH_3 \cdot H_2O$ 为催化剂的苯酚甲醛树脂代号为 2124,这种树脂广泛应用于制造树脂磨具,$NH_3 \cdot H_2O$ 是弱碱性的,催化性能缓和,因而生产容易控制,制成的树脂液黏度大,耐水性能好。而且随 $NH_3 \cdot H_2O$ 浓度的提高,缩聚反应速度加快,树脂黏度也提高。它的缺点是制成的制品在热处理时,有 NH_3 放出,易使制件产生发泡现象。通常使用25%的氨水,用量为苯酚的 1.5% 左右。

$NaOH$ 为催化剂的苯酚甲醛树脂代号 2122。$NaOH$ 是碱性最强的催化剂,因而应用时采用较稀的浓度。这种催化剂的特点是催化反应较快,反应物具有较高的溶解性,缩聚过程树脂不易凝固。但由于 $NaOH$ 残留于树脂中,容易降低树脂的耐水性。

$Ba(OH)_2 \cdot 8H_2O$ 为催化剂的酚醛树脂又叫钡齐胶,代号为 2127。$Ba(OH)_2 \cdot 8H_2O$ 是弱碱性的,因而反应比较缓和,易控制,质量较好,目前它是树脂磨具应用最广泛的催化剂之一。

上述三种催化剂或其混合物制成的树脂液对磨具抗张强度和耐水性的影响如图5-2所示。

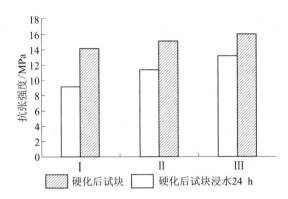

图 5-2 不同催化剂的树脂液对磨具抗张强度和耐水性的影响

Ⅰ.0.1% 的 NaOH；Ⅱ.0.4% 的 NaOH +0.6% 的 $Ba(OH)_2$；Ⅲ.3% 的 $NH_3 \cdot H_2O$

2）酸性催化剂　在热塑性酚醛树脂合成中采用酸性催化剂，常用的有盐酸、草酸、硫酸等。

盐酸是最强的酸性催化剂，一般用量为 0.05% ~0.10%。也是热塑性树脂常用的催化剂，用盐酸做催化剂制成的苯酚甲醛树脂代号为 2123。为了避免反应时放出较大的热量，应分为二、三次加入反应物中，采取盐酸做催化剂的优点是干燥脱水过程中 HCl 可以蒸出，但用量过多时，对设备发生腐蚀作用较严重。

用硫酸（H_2SO_4）作为催化剂的较少，催化能力次于盐酸，由于其残渣存留于树脂中，必须使之中和生成惰性的硫酸盐，如 $BaSO_4$、$CaSO_4$ 等。采用量为苯酚量的 0.4% ~0.5%。

草酸是弱电离性的有机酸，其特点是缩聚反应进行缓和，容易控制，但用量较大，反应时间也较长，生产的酚醛树脂颜色较浅。采用量为苯酚量的 0.5% ~2.0%。草酸是一种较缓和的催化剂，它在缩聚反应中容易控制，因此得到广泛应用。它还常与盐酸一起使用，既能加快反应，又能使苯酚反应率增加，分子量适宜。

从前面的反应机制可见，酸量越多或酸性越强越易生成正碳离子，则反应速度就越大，各种酸的催化能力依次为对氯磺酸＞盐酸＞高氯酸＞硫酸＞草酸。图 5-3 表明了用苯酚/甲醛比例和酸性催化剂对热塑性酚醛树脂分子量的影响。

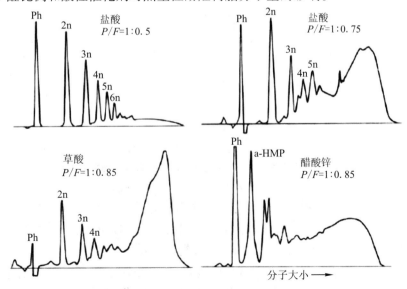

图 5-3 苯酚/甲醛比例和酸性催化剂对热塑性酚醛树脂分子量分布的影响（GPC 测定）

3）碱土金属氧化物催化剂　碱土金属氧化物的催化效果比碱性催化剂弱，主要用于合成高邻位酚醛树脂，常用的包括 BaO、MgO、CaO 等。

5.2.2.2　酚与醛配比的影响

按理想的 C 阶树脂的分子结构来看，一个酚环需要和三个次甲基的半数相联结，即制造热固性树脂时，醛的用量应略多于酚，如酚与醛的物质的量比大于 1 或酚用量略多于醛，则不能产生足够的羟甲基，使缩聚反应不能继续，反应到一定阶段就会停止，下面的情况可说明这个关系：

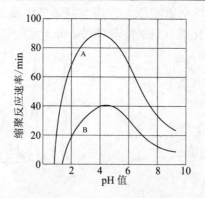

这是 3 mol 酚和 2 mol 醛反应，很明显，即使酚的用量再增多，缩聚的程度也不能再增加，因为已经没有甲醛来形成缩聚中所需的羟甲基，因此产品只能是线型的热塑性树脂，所以制造热固性的酚醛树脂应是醛多于酚，一般酚醛物质的量比为 6:7 时比较理想。随着甲醛用量增加，树脂的反应速度增大，滴落温度增高，硬化速度加快，树脂收率增加，而游离酚的含量则有所减少，其影响见表 5-4 和图 5-4 所示。

表 5-4　苯酚与甲醛配料比对所得热固性酚醛树脂性能的影响

苯酚:甲醛 （物质的量比）	树脂产率/% （以苯酚为基准）	滴落温度 /℃	在 150 ℃ 的 硬化速度/s	树脂在 50% 乙醇 溶液的黏度/cP	游离酚含量 /%
1.0:0.8	112	42	160	23.0	24.0
1.0:1.0	118	50	128	39.5	16.8
1.0:1.2	122	65	100	42.0	15.5
1.0:1.4	126	66	96	42.5	14.8

图 5-4　pH 值和 P/F 摩尔比对 Resol 树脂聚合速率的影响
($A-P/F=1:1, B-P/F=1:2$)

制造热塑性酚醛树脂粉。其苯酚与甲醛的物质的量比为 1:(0.8~0.9)。若换算成重量比则为 100:(25.5~28.7)。HCl 的用量根据溶液的 pH 值而定（通常要求溶液的 pH 值保持在 1.6~2.3）。一般纯 HCl 的量约为苯酚量的 0.1%~0.3%。

如从反应结构来看，当苯酚和甲醛以等物质的量比作用时，反应的初期产物为邻羟甲基苯酚与对羟甲基苯酚，其中的邻羟甲基苯酚的含量较多。

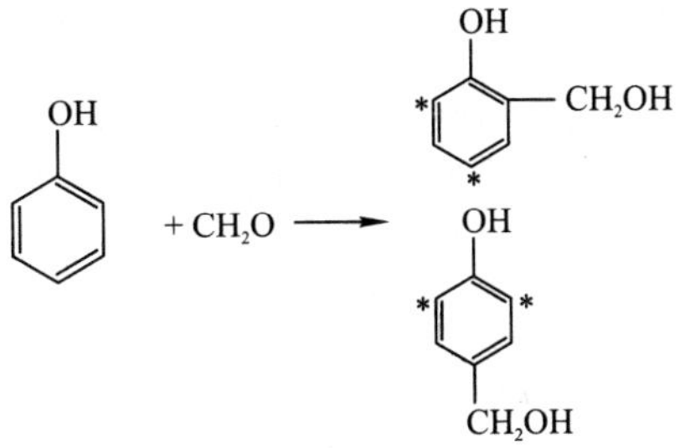

邻羟甲基苯酚

对羟甲基苯酚

一羟甲基苯酚中的羟甲基，能与苯酚形成二羟基二苯基甲烷的各种异构物。

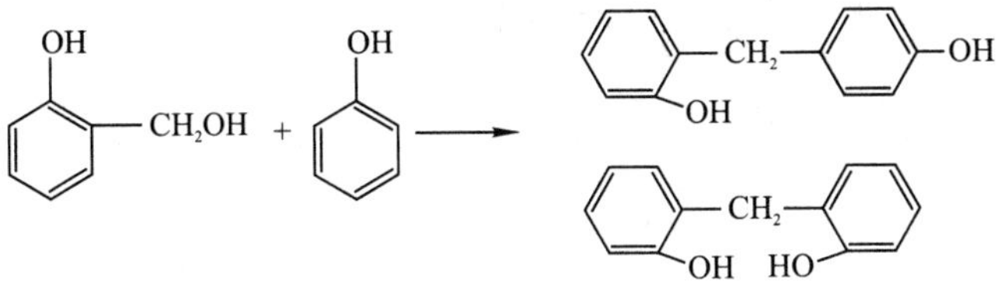

2,4-二羟基二苯基甲烷

2,2-二羟基二苯基甲烷

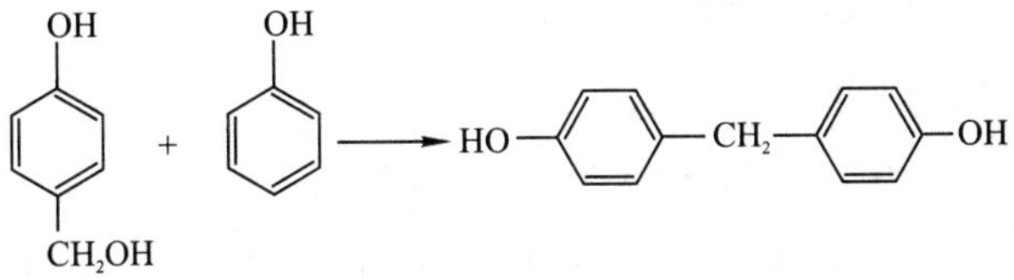

4,4-二羟基二苯基甲烷

苯酚与甲醛用量的物质的量比为 1∶2 以上时，在反应初期形成多元羟甲基苯酚，如：

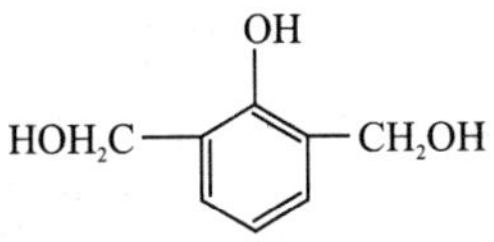

二羟甲基苯酚

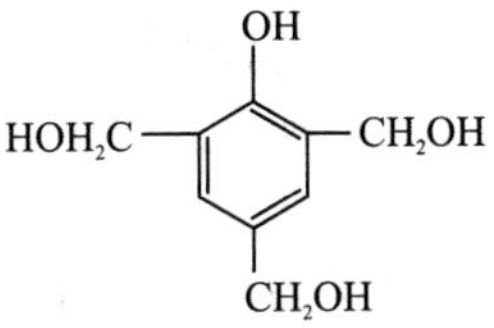

三羟甲基苯酚

后者经过进一步缩聚，即形成不溶不熔的树脂。醛和酚的物质的量比对酚醛树脂生成的影响还可以从下面两方面来加以理解。

(1) 如果甲醛用量超过酚的摩尔数且所用催化剂为碱性时（$pH>7$），则反应初期有利于酚醇的形成，最后可得硬化的不溶不熔树脂，在工业上酚醛树脂液中酚与醛的实际用量物质的量比为 1∶1.1 至 1∶1.5。

(2) 如果甲醛用量少于酚的摩尔数而所用的催化剂为酸性时（$pH<7$），则反应开始时所产生的羟甲基与多余的酚分子相缩聚，而使反应中途停滞，产品为可溶可熔的树脂，从分子结构上看，是很少有多联结构的。在以盐酸为催化剂的反应中，苯酚与甲醛的浓度对初期反应速度可用式(5－1)表达：

$$v=k\cdot C_{p}^{2.5}\cdot C_{F}^{1.6} \tag{5-1}$$

式中 v——反应速度；

k——反应速度常数；

C_{p}——苯酚摩尔浓度；

C_{F}——甲醛摩尔浓度。

从式(5－1)中可见，当苯酚与甲醛的摩尔浓度都大于1时，反应速度随苯酚和甲醛浓度的增加而加快，当甲醛配比增大则树脂的平均分子量增大，软化点升高。在实际生产中，苯酚与甲醛的物质的量比为 1∶(0.8～0.9) 为宜，常用 1∶0.875，如果甲醛量增加，则树脂的黏度增大。

5.2.2.3 反应温度、反应时间的影响

苯酚与甲醛随反应温度的上升,反应时间的延长,则反应速度加快,树脂的平均分子量增加。图 5 – 5 表示了反应温度和反应时间与树脂数均分子量的关系。

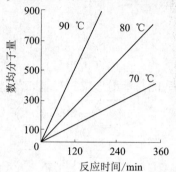

图 5 – 5 反应温度和时间与数均分子量的关系

5.2.2.4 反应介质 pH 值的影响

有文献研究表明反应介质的 pH 值对合成反应的影响比催化剂的影响还要大。例如将 37% 甲醛水溶液与等体积的纯苯酚相混合,溶液的 pH 值为 3.0 ~ 3.1,把此混合物加热到沸腾,在数天甚至数周内并未观察到有任何反应发生,所以将 pH 为 3.0 ~ 3.1 称为"中性点",在上述混合物内加入酸使 pH < 3.0 或加入碱使 pH > 3.0,则反应立即发生。因此当苯酚与甲醛的物质的量比大于 1,在强酸的条件下(pH < 3)可合成一般热塑性酚醛树脂;在中等酸性条件下(pH 值为 4 ~ 7)可合成高邻位线型酚醛树脂。当苯酚与甲醛的物质的量比小于 1,在碱性条件下(pH 值为 7 ~ 11)可合成热固性酚醛树脂。

由上可知,根据原料的化学结构,酚和醛用量的物质的量比以及介质的 pH 值的不同,所生成的树脂有两种类型:热塑性(线型)酚醛树脂和热固性酚醛树脂。

酚醛树脂生成示意见图 5 – 6。

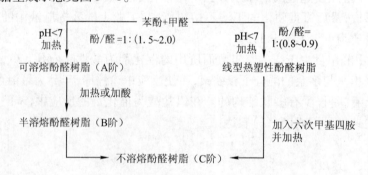

图 5 – 6 酚醛树脂生成示意图

5.2.3 酚醛树脂的固化

酚醛树脂只有在形成交联三维网状结构后才具有优良的使用性能,包括力学性能、化学稳定性、热稳定性、电绝缘性能等。酚醛树脂的固化就是使其转变成三维网状交联结构的过程。

由于缩聚反应推进程度的不同,所以各阶树脂的性能也不同,一般将树脂的固化过程或中间产物分为三个阶段:

(1)A 阶树脂 能溶解于酒精、丙酮及碱的水溶液中,加热后能转变为不溶不熔的固体,它是热塑性的,又称可熔酚醛树脂。

(2)B 阶树脂 不溶解在碱溶液中,可以部分地或全部地溶解于丙酮或乙醇中,加热后能转变为不溶不熔的产物,它亦称半熔酚醛树脂。B 阶树脂的分子结构比可熔酚醛树脂要复杂得多,分子链产生支链,酚已经在充分地发挥其潜在的三官能团作用,这种树脂的热塑性较可熔性酚醛树脂差。

(3)C 阶树脂 为不溶不熔的固体物质,不含有或含有很少能被丙酮抽提出来的低分子物。C 阶树脂又称为不熔酚醛树脂,其分子量很大,具有复杂的网状结构,并完全硬化,失去其热塑性及可熔性。

固化时,A 阶酚醛树脂逐渐转变为 B 阶酚醛树脂,然后再变成不溶不熔的体型结构的 C 阶树脂。

A 阶树脂能溶解在许多溶剂(环己酮、苯酚、甲酚等)中,其溶解度与温度有关。B 阶树脂的溶解度取决于试样的大小和溶解温度升高的速度,若试样大而升温速度快,则会使树脂的交联键增多,以致溶解度降低。C 阶树脂的交联键较多,因而具有不溶不熔的性能,C 阶树脂若与碱溶液在加压下受热,则可降解为 A 阶或 B 阶树脂及各种低分子产物;在高温,长时间与苯酚作用也会发生降解。若加热干燥的 C 阶树脂的温度高于 280 ℃,则树脂开始分解,同时生成水、苯酚和碳化物。

C 阶(体型)树脂的结构可表示如下:

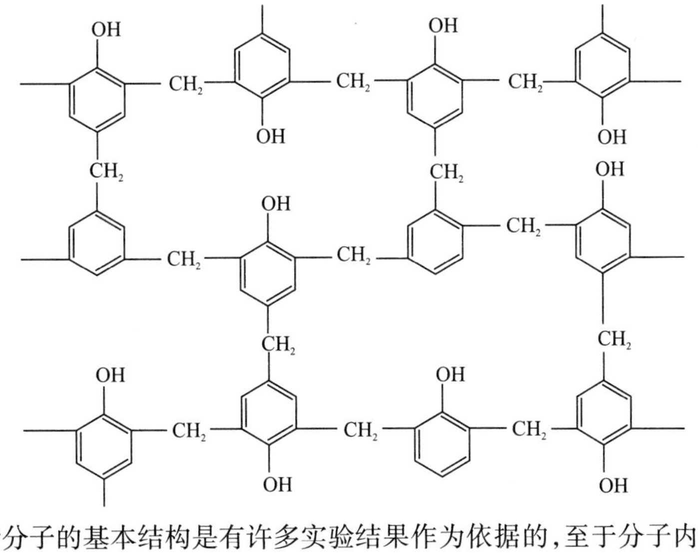

这种树脂分子的基本结构是有许多实验结果作为依据的,至于分子内部的排列并不是像上面那样理想的整齐排列,实际上是一种很杂乱的交联结构,有的羟基分散,有的因与酚环上官能度位置上的氢原子距离太远,无法完成缩聚作用。因此在硬化后的树脂分子中,尚有不均匀的地方和微细的微孔等。

5.2.3.1 热固性酚醛树脂的固化反应

热固性酚醛树脂是缩聚反应控制在一定程度的产物,由于反应体系中甲醛过量(甲醛和苯酚的物质的量比为 1.5 ~ 1），因此在加热或酸性条件下，可促使缩聚反应继续进行，固化成体型聚合物。

（1）热固性酚醛树脂的热固化反应　热固性酚醛树脂的固化反应非常复杂，其固化机制到目前为止还不完全清楚，与反应温度、原料酚的结构、酚醛比、催化剂种类等都有关系。通常认为酚醛树脂在低于 170 ℃时主要是分子链的增长，在酚核间主要形成次甲基键或苄基醚键，其中次甲基键是酚醛树脂固化时形成的最稳定和最重要的化学键。此时的主要反应有两类：①酚核上的羟甲基与其他酚核上的邻位或对位的活泼氢反应，失去一分子水，生成次甲基键；②两个酚核上的羟甲基相互反应，失去一分子水，生成二苄基醚。为简化问题，以酚醇为例描述上述两种反应历程：

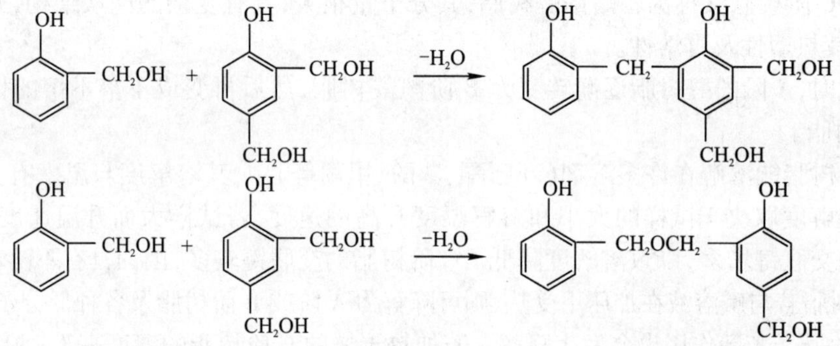

固化反应除了上述反应外，还存在其他可能的反应，例如酚羟基与羟甲基的缩合反应：

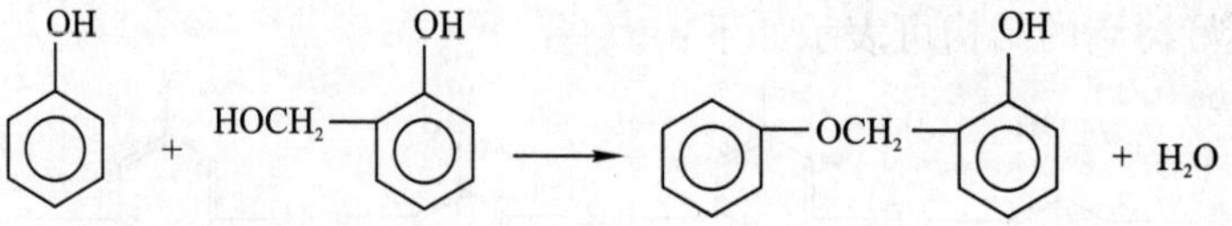

羟甲基与次甲基的缩合反应：

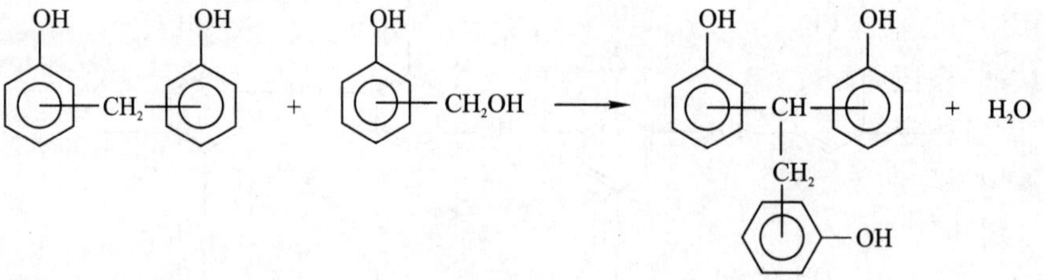

次甲基与甲醛的缩合反应：

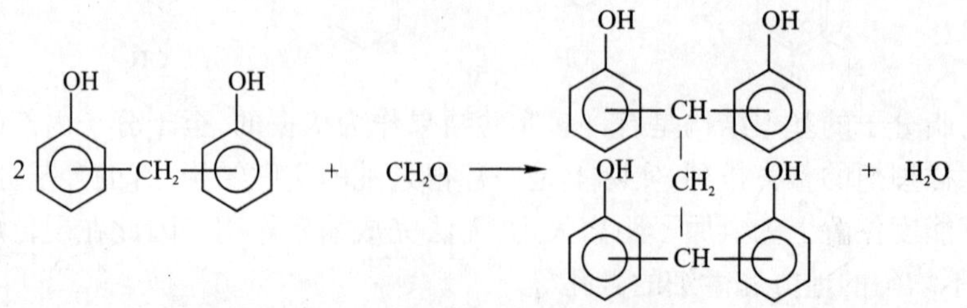

在高温下（ ＞160 ℃），二苄基醚键不稳定，分解成次甲基键，生成的次甲基键在低于树脂的完全分解温度下非常稳定。

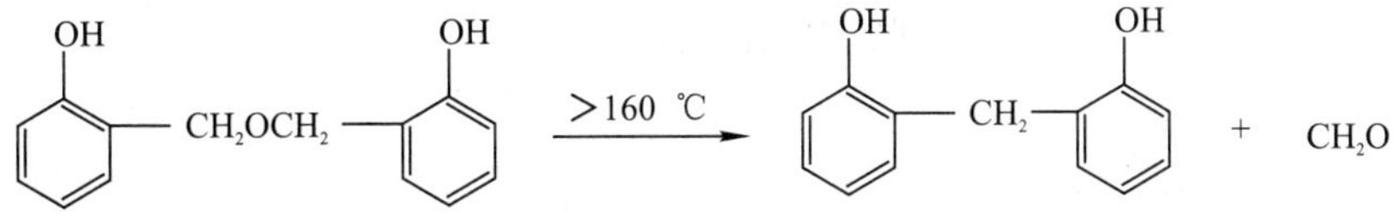

$$\text{（结构式：邻位二苄基醚） } \xrightarrow{>160\ ℃} \text{（次甲基键结构） } +\ CH_2O$$

固化温度达到 170 ℃ 以上时,反应更为复杂,大量的二苄基醚生成次甲基键,此外还生成亚甲基苯醌和它们的聚合物、氧化还原产物等,固化产物显示红棕色或深棕色。

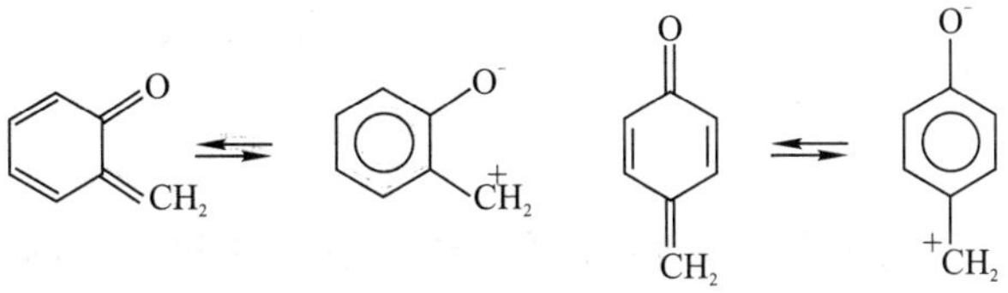

$$\text{（亚甲基苯醌结构式系列）}$$

（2）热固性酚醛树脂的酸固化反应　热固性酚醛树脂可以通过加入合适的无机酸或有机酸,使树脂在较低的温度下,甚至在室温下固化,可用于浇铸成型。由于酸催化反应剧烈,放出大量热,酸催化酚醛树脂固化反应也可用于自发泡产品。常用的酸类催化剂包括无机酸(如盐酸或磷酸)和有机酸(如对甲苯磺酸、苯酚磺酸或其他的磺酸)。

热固性酚醛树脂酸固化反应的主要反应是在树脂分子间形成次甲基键,也会有少量的二苄基醚键产生。研究发现,采用氢氧化钠为催化剂合成的热固性酚醛树脂若采用酸固化,酚与醛的物质的量比为 1∶1.5 时,固化树脂有较好的物理性能。

5.2.3.2　热塑性酚醛树脂的固化反应

热塑性酚醛树脂由于在合成过程中甲醛用量不足,生成线性的热塑性树脂,但是树脂分子中存在未反应的活性点,因此通过加入能与活性点继续反应的物质(称为固化剂),则能使缩聚反应继续进行,最终形成交联聚合物。

常用的固化剂包括六次甲基四胺、多聚甲醛、三聚甲醛等能够分解释放出甲醛的化合物,其他如热固性酚醛树脂、三聚氰胺甲醛树脂也可以与热塑性酚醛树脂反应,交联成三维网状结构。

六次甲基四胺是热塑性酚醛树脂采用最广泛的固化剂。采用六次甲基四胺固化具有固化快速,模压周期短;模压件在升高温度后有较好刚度,制件从模具中顶出后翘曲最小;可以制备稳定的、硬的、可研磨材料等优点。

六次甲基四胺是氨与甲醛的加成物。外观为白色细粒状结晶,相对密度 1.27,溶于水、乙醇、氯仿、四氯化碳,不溶于乙醚、石油醚、芳烃等。在 150 ℃ 时很快升华,分子式为 $(CH_2)_6N_4$。六次甲基四胺在超过 100 ℃ 下会发生分解,形成二甲醇胺和甲醛,从而与酚醛树脂反应,发生交联。

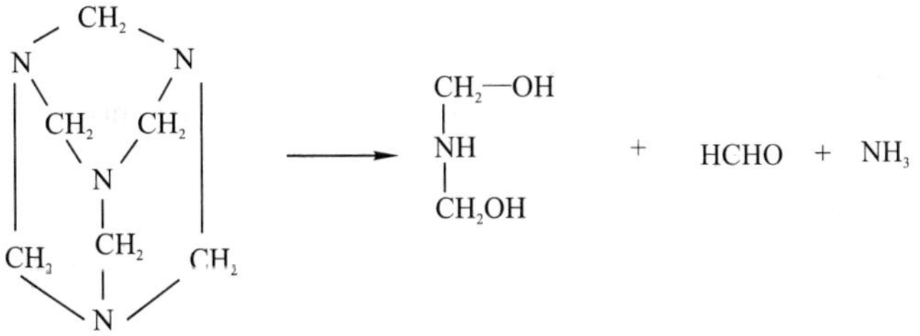

$$\text{（六次甲基四胺结构式）} \longrightarrow \begin{array}{c} CH_2-OH \\ | \\ NH \\ | \\ CH_2OH \end{array} \ +\ HCHO\ +\ NH_3$$

用六次甲基四胺固化二阶热塑性酚醛树脂的反应历程目前仍不十分清楚,但普遍认为六次甲基四胺上任何一个 N(氮原子)连接的三个化学键可依次打开,分别与三个热塑性酚醛树脂分子中活性点反应,交联成网络结构。

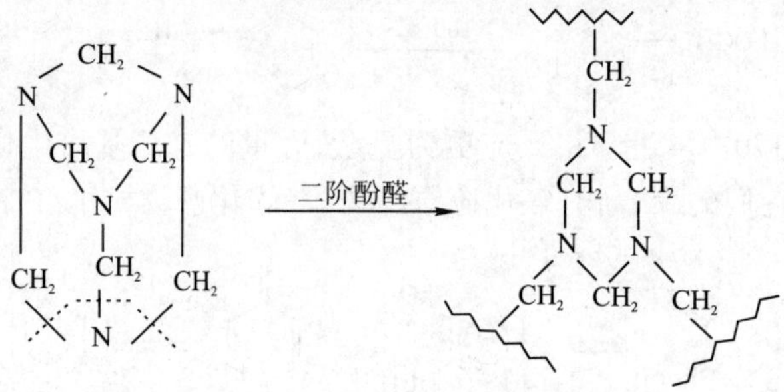

热塑性酚醛树脂采用六次甲基四胺固化产物的研究结果表明:原来存在于六次甲基四胺中的 N 有66% ~77% 最终结合到固化产物中,因此每个六次甲基四胺分子仅失去一个 N;固化时仅放出 NH_3,无水放出;最少使用1.2% 的六次甲基四胺就可以与树脂生成凝胶结构等事实,均支持上述固化反应机制。

六次甲基四胺的用量对树脂的固化速度和制品的物理性能有很大影响。用量不足,固化速度下降,制品耐热性下降;用量过多,耐热性不但没有提高,反而下降,耐水性下降,电性能下降。一般用量为树脂的6% ~14%,最佳用量为9% ~10%。六次甲基四胺混合的均匀程度也会影响固化速度和产物性能,因此在实际生产中必须解决固化剂和酚醛树脂的分散问题。

随着温度升高,凝胶时间减少,即固化速度提高。六次甲基四胺固化酚醛树脂的固化温度一般为 160 ~185 ℃,压力通常为 30 ~40 MPa。

5.2.4 酚醛树脂的结构与性能表征

酚醛树脂的化学结构和微观结构决定了树脂的宏观物理性能,并对树脂磨具的性能产生重大影响,因此必须从树脂的结构着手,研究树脂的结构与性能之间的关系。表5 –5是目前常用的分析和表征酚醛树脂的手段和方法。

表5 –5　酚醛树脂的分析与表征方法

序号	检测方法	对应的理化指标
1	凝胶渗透色谱(GPC)/高效液相色谱	分子量大小及分布
2	红外光谱	官能团的定性分析
3	核磁共振波谱	结构组成分析
4	等离子发射光谱/原子吸收光谱	元素分析
5	质谱	对分离物质的定性
6	气相色谱	游离酚等气化物质的定量和定性分析
7	卡尔费休水分测定仪	测量水分
8	电子显微镜	微观结构分析
9	热分析 DTA/TGA/DSC/DMA	固化反应及耐热性分析
10	橡胶硫化仪	测定固化性能
11	其他常规理化指标检测	黏度、流动度、聚合速度、软化点、固含、色度、电导率等

5.2.4.1 凝胶渗透色谱与高效液相色谱

高效液相色谱(HPLC)又称高压液相色谱,它是以液体为流动相,采用高压输液系统,将具有不同极性的单一溶剂或不同比例的混合溶剂、缓冲液等流动相泵入装有固定相的色谱柱,在柱内各成分被分离后,进入检测器进行检测,从而实现对试样的分析。酚醛树脂往往是一种多种结构化合物的混合物,利用液相色谱可以分离各组分并确定其含量,尤其对于分子量在 1 000 以下的酚醛化合物,结合 NMR、UV、MS 质谱等技术可以表征各组分结构。

凝胶渗透色谱(GPC)是利用聚合物溶液通过由特种多孔性填料组成的柱子,在柱子上按照分子大小进行分离的方法,是一种新型的液相色谱。主要特点是操作简便、测定周期短、数据可靠、重现性好,是一种快速的分子量与分子量分布的测定方法。GPC 在酚醛树脂的分析和测定中非常有用,可以准确地了解树脂的组成成分,以及树脂的分子量及分布。图 5-7 是不同合成条件下 Resol 树脂的分子量分布曲线,图中可以清楚地发现 A 树脂小分子量成分较多,B 树脂大分子量成分较多。

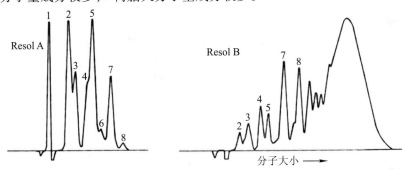

图 5-7　不同合成条件下 Resol 树脂的分子量分布(GPC)

5.2.4.2 红外光谱

红外光谱(FTIR)分析可用于研究分子的结构和化学键,也可以作为表征和鉴别化学物种的方法。红外光谱具有高度特征性,可以采用与标准化合物的红外光谱对比的方法来做分析鉴定。因此对酚醛树脂的红外光谱进行比对和研究可以清楚地知道酚醛树脂的化学结构,甚至可以找出其合成原材料或改性方法。

图 5-8 为典型的酚醛树脂的红外光谱,表 5-6 为典型酚醛树脂红外光谱的特征峰和官能团对应表。

表 5-6　典型酚醛树脂红外光谱的特征峰和官能团对应表

吸收谱带/cm^{-1}	归属
~3 400	—OH 伸缩振动
2 800~2 950	C—H 伸缩振动
~1 610	苯环 C=C 伸缩振动
~1 509	苯环 C=C 伸缩振动
~1 010	C—O—C 伸缩振动
~752 826 888	苯环中 C—H 面外弯曲振动

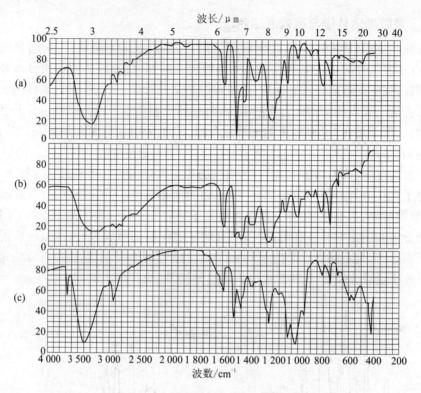

图 5 - 8   酚醛树脂的典型红外光谱图

（a）Novolak 树脂（Polyrez 公司产品,涂膜）;（b）Resol 树脂（Polyrez 公司产品,涂膜）;

（c）酚醛模塑料（Reichhold Chemicals 公司酚醛模塑料 25202,KBr 压片）

5.2.4.3   热分析

热分析技术能快速准确地测定物质的晶型转变、熔融、升华、吸附、脱水、固化、分解等变化,对无机、有机及高分子材料的物理及化学性能方面,是重要的测试手段。最常用的热分析方法有:差(示)热分析(DTA)、热重量法(TG)、导数热重量法(DTG)、差示扫描量热法（DSC)、热机械分析(TMA)和动态热机械分析(DMA)。

差热分析法(Differential Thermal Analysis)是以某种在一定实验温度下不发生任何化学反应和物理变化的稳定物质(参比物)与等量的未知物在相同环境中等速变温的情况下相比较,未知物的任何化学和物理上的变化,与和它处于同一环境中的标准物的温度相比较,都要出现暂时的增高或降低。降低表现为吸热反应,增高表现为放热反应。

差示扫描量热法(DSC)是在程序控制温度下,测量输给物质和参比物的功率差与温度关系的一种技术。DSC 和 DTA 仪器装置相似,与 DTA 不同的是通过补偿热量使试样和参比物的温度在整个测试过程中始终维持相同。目前 DSC 技术用得比较多。可用于研究固化反应包括固化速度、反应活化能,也用来测定树脂的玻璃化转变温度、树脂的结晶性等。一般通过 DSC 分析可以得到以下信息:①峰的位置可确定转变温度;②峰的面积可确定转变时热效应的大小;③峰的形状(陡或平缓)反映过程进行速度的快慢。据报道,草酸催化的酚醛反应活化能为 155 ~ 175 kJ/mol,反应热 90 ~ 100 kJ/mol。酚醛树脂的差示扫描量热分析如图 5 -9 所示。

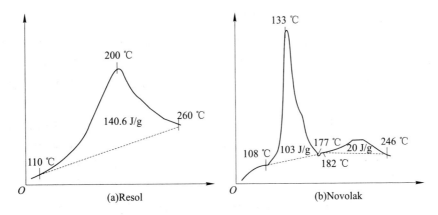

图 5 - 9　酚醛树脂(Resol 和 Novolak)的 DSC 谱图

　　热重分析仪(Thermo Gravimetric Analyzer)是一种利用热重法检测物质温度 - 质量变化关系的仪器。热重法是在程序控温下,测量物质的质量随温度(或时间)的变化关系。当被测物质在加热过程中有升华、汽化、分解出气体或失去结晶水时,被测的物质质量就会发生变化。这时热重曲线就不是直线而是有所下降。通过分析热重曲线,就可以知道被测物质在多少度时产生变化,并且根据失重量,可以计算失去了多少物质。通过 TGA 实验有助于研究晶体性质的变化,如熔化、蒸发、升华和吸附等物质的物理现象;也有助于研究物质的脱水、解离、氧化、还原等物质的化学现象。图 5 - 10 所示为不同酚醛树脂等的 TG 分析图。

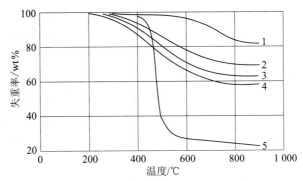

图 5 - 10　不同酚醛树脂等的 TG 分析图(N₂,15 ℃/min)

1 - Novolak 树脂,10% 六次;2 - Novolak/Resol 树脂 60 : 40,6% 六次;
3 - 硼改性酚醛树脂(18% 硼);4 - 聚对二甲基苯;5 - 聚碳酸酯

5.2.5　酚醛树脂的性质及其对磨具机械性能的影响

5.2.5.1　热固性液体酚醛树脂(树脂液)

　　液体酚醛树脂在常温下是一种淡黄色至深褐色的黏性液体,比重为 1.16 ~ 1.20,黏度(涂 4# 杯法)为 60 ~ 200 s,能溶于乙醇、丙酮及糠醛中,而且也能溶于乙醇或丙酮与水的混合物中,甚至在加热时也能溶于水中。

　　液体树脂(A - 期酚醛树脂)化学性质不甚稳定,在室温下停放,能缓慢进行缩聚反应,使树脂黏度逐渐增大,变成 B - 期酚醛树脂,甚至 C - 期酚醛树脂,因此树脂液存放期一般不超过三个月,在受热时,缩聚反应进行的甚为剧烈。

为了减缓树脂存放过程的进一步缩聚,可以采用冷藏的方法,把树脂液存放在 0 ℃ 左右的环境下,使其黏度变化小,质量稳定。

(1)黏度的影响 树脂液的黏度不仅影响工艺性能,而且对磨具机械性能有一定的影响。树脂液在磨具制造中,根据其作用不同,可作为结合剂,也可以作为润湿剂。

粉状树脂磨具所用的树脂液是作为润湿剂用的,它的作用是润湿磨料和溶解树脂粉,一般采用的涂 4# 杯法,黏度为 40 ~ 200 s。树脂液黏度过高或过低均影响磨具的强度和硬度。因为黏度过高,润湿性能差,料不易混均匀,容易出现漏粉现象,黏度过低,混合料可塑性差。

液体树脂磨具应采用黏度为 100 ~ 500 s(涂 4# 杯法)的树脂液做结合剂,才能使混制的成型料获得适宜的可塑性。黏度太低时成型料流动性大,可塑性差,容易粘模,制成的坯件机械强度较低。黏度太高时成型料太硬甚至混不均匀、不利于摊料,影响磨具组织均匀性和机械强度。实践证明涂 4# 杯法黏度为 100 ~ 500 s 的树脂液质量较稳定,对磨具硬度的影响很小。

树脂液黏度的调整方法:在生产中,经常遇到树脂液的黏度不符合工艺上的规定,此时必须加以调整,使其达到符合要求的黏度。通常采用下列的方法来提高或降低黏度。

1)提高黏度的方法 ①加入一定量高黏度的树脂液;②在 60 ~ 80 ℃下加热使其黏度提高;③在常温下存放若干时间。

2)降低黏度的方法 ①加入黏度低的树脂液;②加入适量的溶剂,如酒精、糠醛等。

(2)游离酚含量的影响 树脂在缩聚中,由于黏度低,反应时间短,总有一部分苯酚未参与反应,而在干燥脱水时,由于苯酚的挥发性较差,较难蒸出,所以残留在树脂中,称为游离酚。

游离酚是一种腐蚀性物质,长期加热能使硬化后的树脂裂解,影响树脂磨具的强度。

(3)固体含量的影响 树脂液在制件中的最后产物。因而树脂液不论作为结合剂或润湿剂,最后产物均起结合剂作用,对磨料进行黏结。所以固体含量在不同程度上决定着磨具的硬度和强度。若固体含量低,则制成的磨具硬度和强度均有下降的趋势。因此生产中必须控制树脂液的固体含量。

(4)不同催化剂制成的树脂液的影响 以氨水做催化剂制成的树脂液黏结强度大,耐水性能好;以氢氧化钠做催化剂制成的树脂液其黏结强度和耐水性能较差(见图 5 - 2)。

5.2.5.2 热塑性粉状酚醛树脂(树脂粉)

树脂粉在常温下是一种白色或淡黄色的半透明固体粉末,由于游离酚的存在,而且在空气中易吸收水分,所以存放时间长易变成粉红色的块状物。树脂粉的比重 1.18 ~ 1.22,软化点 85 ~ 110 ℃,游离酚含量 3.5% ~ 7%。

不加固化剂的树脂粉是热塑性的,能溶于酒精、丁醇、丙酮、糠醛等。在固化剂(如乌洛托品、甲醛等)作用下,经加热能转变成热固性的树脂。

加了固化剂的树脂粉,挥发物较少,加热反应不很激烈,一般 90 ℃以前基本上不起反应,100 ~ 120 ℃时开始反应,但很缓慢,温度达到 130 ℃时反应剧烈进行,温度达到 150 ℃或更高时,树脂完全变为丙阶树脂。

(1)树脂软化点的影响 树脂软化点高低实质上是树脂缩聚程度的反映,软化点高,树脂缩聚较完全,分子量较大,反之软化点低,缩聚程度较差,分子量较小。

树脂软化点与磨具抗张强度的关系如图 5 – 11 所示。从图中可看出,在相同工艺条件下,树脂软化点高的,其磨具抗张强度较高。

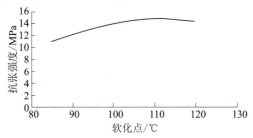

图 5 – 11 树脂软化点与磨具抗张强度的关系

树脂软化点的高低,对磨具硬度的影响不明显。但是对工艺过程的影响则是十分明显的。软化点低(如 85 ℃)在破碎时容易发黏,而且放置过程中也容易结块,给生产带来不便,容易造成成型料结块。据有关资料介绍,树脂粉随着软化点的降低,制成的磨具耐水及耐碱性下降。软化点高的树脂粉有利于改善成型料的松散性。但软化点过高,成型料可塑性差,影响磨具的成型强度,特别是薄片砂轮。因而有的砂轮厂对树脂粉的软化点,夏天要求高些,冬天可适当低些。

(2)树脂粉粒度组成的影响 在磨具制造中,为了使树脂粉分布均匀,并有利于固化剂的充分接触,要求树脂粉的粒度越细越好。但太细不易加工,容易结块;如果粒度过粗,则成型料不易混均匀,影响磨具的强度和硬度。

一般认为,正常使用的树脂粉,其中约有 80% ~ 85% 是属于 240# 及更细粒度的树脂粉较合适。多次试验表明,100# 筛余物含量过多,将导致磨具强度和硬度的下降。因而生产中一般控制 100# 筛余物的含量。

(3)树脂粉湿度的影响 酚醛树脂粉容易在空气中吸收水分,变硬结块,这不但给生产带来麻烦,而且对磨具的机械强度和硬度均有影响。试验表明,当树脂粉湿度由 0.9% 增至 1.2% 时,制成的成型料不易压制,而且成型后坯件强度小。另外用湿度由 0.176% 增至 4.23% 的树脂粉制成的磨具试块,其硬度降低两小级,抗张强度降低 20%。

(4)固化剂(乌洛托品)加入量的影响 乌洛托品加入量不足,树脂硬化不完全,影响磨具的强度,硬度的耐水性。试验表明,磨具制造中,乌洛托品加入量占树脂粉重的 6% ~ 14% 为好。不同乌洛托品加入量对磨具抗张强度的影响见图 5 – 12 所示。

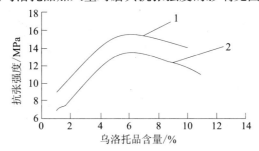

图 5 – 12 树脂粉中乌洛托品含量对磨具抗张强度的影响

1 – A36N 配方,硬化后未处理;2 – A36N 配方,硬化后浸水 24 h

乌洛托品含量过高,过量的乌洛托品并不与树脂粉结合,而在硬化过程中分解挥发,使磨具的气孔增多,降低了磨具的强度和硬度。当然乌洛托品的加入量,还与树脂粉的性能、粒度、乌洛托品本身的纯度、粒度等因素有关。

5.2.6 制造磨具所用酚醛树脂的技术要求及其测定

5.2.6.1 酚醛树脂液

酚醛树脂的性质对树脂磨具的性能具有关键的作用,因此在生产时应该对每一批酚醛树脂的基本性质进行检测。通常酚醛树脂液的指标包括固体含量、黏度、游离酚含量、游离甲醛含量、水溶性和凝胶时间等。

(1)固体含量的测定 固体含量在不同程度上决定着磨具的硬度和强度。若固体含量低,则制成的磨具硬度和强度均有下降的趋势。因此生产中必须控制树脂液的固体含量。

称取 1.5 ~ 2.5 g(精确至 0.000 1 g)树脂样品于铝箔盒中,把小盒轻轻摇动,使树脂均匀分布在盒底,然后将小盒放在 150 ℃ 的恒温鼓风干燥箱中,干燥 2 h,然后取出小盒放入干燥器中冷却至室温,在分析天平上称其重量。

$$固体含量 = \frac{G_1 - G_2}{G} \times 100\% \qquad (5-2)$$

式中 G_1——烘干后试样加铝箔盒的重量,g;

G_2——铝箔盒的重量,g;

G——试样的重量,g。

(2)游离酚含量的测定 用减量法称取试样 1 ~ 1.5 g 于 250 mL 圆底支管烧瓶中,加入 95%(体积分数)乙醇 20 mL,溶解后,再加水 20 mL,通入水蒸气或加热蒸馏 1.5 ~ 2 h,直至蒸出液中无酚为止(用饱和溴水检查无白色沉淀出现),将接收瓶用水稀释至刻度,摇匀,吸取试液 50 mL 于碘量瓶中,用滴定管准确加入 0.1 L/mol 溴酸钾 - 溴化钾溶液 25 mL,加 1:1 盐酸 10 mL,立即盖紧瓶塞,振荡后置于冷水中(低于 15 ℃)冷却 15 min,加碘化钾 2 g,摇动使其溶解,放置片刻,取下瓶塞,用少量水吸洗瓶壁及瓶塞。立即用 0.1 L/mol 硫代硫酸钠标准溶液滴定至淡黄色时,加入淀粉溶液 2 mL,继续滴定至蓝色消失为终点。

按同样的试剂及操作方法用蒸馏水做空白试验。

游离酚百分含量按式(5-3)计算:

$$游离酚含量 = \frac{(V_1 - V_2) \times N \times 0.015\ 68}{G} \times 100\% \qquad (5-3)$$

式中 V_1——滴定空白试样时,消耗硫代硫酸钠标准溶液的体积,mL;

V_2——滴定试样时,消耗硫代硫酸钠标准溶液的体积,mL;

N——硫代硫酸钠标准溶液的浓度,L/mol;

G——被测试样的重量,g;

0.015 68——消耗 1 mL 1 L/mol $Na_2S_2O_3$ 标准液相当于苯酚的质量。

为了确定苯酚含量,最少必须进行两次试验,计算时取其算术平均值。目前游离酚含量也可以用气相色谱法测量。

(3)黏度的测定 树脂液黏度的测定常用的是涂 4# 杯法,但是由于涂 4# 杯法受外界影响因素较多,重复性较差,目前越来越多采用旋转黏度计法测量,如图 5 - 13 和图5 - 14 所示。

　　图 5 - 13　旋转黏度计　　　　　　　　图 5 - 14　涂 4# 杯

　　旋转黏度计原理一般是同步电机以稳定的速度旋转,连接刻度圆盘,再通过游丝和转轴带动转子旋转,如果转子未受到液体的阻力,则游丝、指针与刻度盘同速旋转,指针在刻度盘上指出的读数为"0"。反之,如果转子受到液体的黏滞阻力,则游丝产生扭矩,与黏滞阻力抗衡最后达到平衡,这时与游丝连接的指针在刻度盘上指示一定的读数(即游丝的扭转角),将读数乘上特定的系数即得到液体的黏度,单位为泊(Pa·s)或厘泊(mPa·s)。涂 4# 杯法测出的黏度单位是秒(s)。

　　(4)水溶性的测定　水溶性是酚醛树脂的一个重要指标。当树脂用水稀释时,树脂会变浑浊,通常将开始浑浊时水的用量称为水溶性。水溶性常用质量分数表示,蒸馏水的质量:树脂液质量。用分析天平称取 10 ~ 20 g 树脂(精确至 0.01 g)于 250 mL 锥形瓶。保持温度 25 ℃ ±0.1 ℃。用滴定管将蒸馏水滴入树脂中,边滴边摇,观察溶液变化,从清澈直至彻底变为浑浊,记录所使用的蒸馏水量。

　　(5)游离甲醛含量的测定　酚醛树脂的游离甲醛含量的测量方法有盐酸羟胺法和亚硫酸氢钠法等。下面介绍常用的分光光度计 + 亚硫酸氢钠法。

　　精密量取试样 1 mL,用水稀释至甲醛含量约为 0.005% ,即为供试品溶液。精密量取供试品溶液 1 mL,置 50 mL 具塞试管中,加水 4 mL,加品红亚硫酸溶液 10 mL,混合酸溶液(量取水 783 mL,置烧杯内,缓缓注入盐酸 42 mL、硫酸 175 mL,混匀)10 mL,摇匀,于 25 ℃放置 3 h,照紫外 - 可见分光光度法,在波长 590 nm 处测定吸光度。

　　精密量取 0.005% 已标定的甲醛对照品溶液 0.5 mL、1.0 mL、1.5 mL、2.0 mL,分别置 50 mL 具塞试管中,加水至 5 mL,自"加品红亚硫酸溶液 10 mL"起,同法操作。

　　以甲醛对照品溶液的浓度对相应的吸光度做直线回归,将供试品溶液的吸光度代入直线回归方程,计算供试品溶液中的游离甲醛含量。

5.2.6.2　酚醛树脂粉

　　磨具生产对酚醛树脂粉的技术要求包括游离酚和甲醛含量、软化点、乌洛托品含量、粒度、聚合时间等。

　　(1)游离酚和甲醛含量的测定　游离酚和甲醛含量的测定与树脂液的相同。

　　(2)软化点的测定　软化点的测定是采用环球法,采用的仪器为软化点测定仪(见图 5 - 15),其测定原理是:在充满试样的铜环上,放置一定重量的钢球,将铜环在水(或油)中加热,试样受热后开始软化,钢球通过软化的树脂跌落到一定距离的挡板上,此时温度为试样的软化点。金属环架由两个杆和三层平行的金属板组成。整个金属环架放入 800 mL 的烧杯中,盛试样黄铜环有两个,钢球共两个,直径为 9.53 mm。质量为 3.45 ~ 3.55 g。测定时将试样放于干净的瓷坩埚内,在电热板上加热熔融,搅拌均匀,然后倾注入已放在玻璃板(或瓷板)上的带热的两个铜环内,趁热用刀片轻压,使其充满无缺,并无气泡,凝固后,用热刀片削去高出环外的试样,冷却至室温,将铜环放于金属环架中层两孔中,试样中间各放一钢球,然后浸入烧杯中,烧杯的水位在标记处(软化点高于 95 ℃ 的试样,烧杯内装入 2/3 体积的甘油;软化点低于 95 ℃ 的试样,烧杯内装入 1/3 体积的甘油)。在电炉上慢慢加热并轻轻转动仪器架进行搅拌,使温度均一。加热速度为每分钟上升 5 ℃ 左右,至接近软化点 20 ℃ 时,加热速度为每分钟上升 1 ~ 3 ℃,直至钢球穿透试样下落接触底层金属挡板时,该温度即为软化点。试验时,两球下落的温度差应低于 1.5 ℃。

图 5 - 15　软化点测定仪

(3)乌洛托品含量的测定　称取 3 g 试样于 100 mL 烧杯中,加入水 50 mL,充分搅拌,使乌洛托品溶解于水中,放置片刻后,用倾泻法将溶液过滤到 250 mL 玻璃皿中,再加入 30 mL 于烧杯中倾泻过滤,如此 3 ~ 4 次,然后将烧杯内的试样全部洗入漏斗内,再用水洗涤 4 ~ 5 次,用滴定管准确加入 1 L/mol 硫酸溶液 50 mL 于玻璃皿中,将玻璃皿置于沸水浴上蒸发至 3 ~ 5 mL,如仍有甲醛刺鼻气味时再加入水 20 ~ 30 mL,反复蒸发,直至无甲醛气味为止,取下冷却,加水 100 mL,使结晶全部溶解,加甲基橙指示剂 2 滴。用 1 L/mol 氢氧化钠标准溶液滴定至黄色为终点。

按同样的试剂及操作方法做空白试验、然后按下列公式计算试样中乌洛托品的含量:

$$乌洛托品的含量 = \frac{(V_1 - V_2) \times N \times 0.035\,0}{G} \times 100\% \qquad (5 - 4)$$

式中　V_1——空白滴定时消耗氢氧化钠标准溶液的体积,mL;

　　　V_2——滴定试样时消耗氢氧化钠标准溶液的体积,mL;

　　　N——氢氧化钠标准溶液的浓度,mol/L;

　　　G——试样的质量,g;

　　　0.03 50——1 mL 1 mol/L NaOH 标准溶液相当于乌洛托品的质量。

(4)树脂粉的粒度　在磨具制造中,为了使树脂粉分布均匀,并有利于固化剂的充分接触,要求树脂粉的粒度越细越好。但是太细的树脂粉容易团聚,因此一般规定一个合适的范围。

树脂粉的粒度可以用标准筛网进行筛分。筛余物是指试样通过一定规格(100# 或 150#)的筛网其不通过物(筛上物)所占的重量百分数。但是随着目前粒度越来越细,采用筛网已经不能满足要求,现在国内多个厂家采用激光粒度分析仪等设备进行测量。

(5)树脂粉流动性的测定　树脂在斜板上的流动性是其一个重要的性能指标。国外,对于不同用途和性能的磨具,选用不同流动性的树脂粉做结合剂,例如密度较高,结合剂量大的配方中,要选用流动性较小的树脂粉。如果树脂流动性太低,那么在固化过程中,粗磨料可能不会被树脂完全湿润;流动性大的树脂能容纳更多的填料,这些填料的使用能提高它们的耐热性能。

测定时称取待测的树脂粉(按要求已加入乌洛托品)0.5 g,压制成直径 12.5 mm,厚5 mm 的圆片,放入已恒温 30 min 的流动性测定板上,温度 125 ℃,3 min 后迅速将流动性测定板倾斜 60°角,20 min 后取出,用卡尺测量小圆片的流程(包括小圆片直径),即为流动度。

(6)树脂粉的湿度　酚醛树脂粉容易在空气中吸收水分,变硬结块,这不但给生产带来麻烦,而且对磨具的机械强度和硬度均有影响。

树脂粉的湿度可以用卡尔费休水分测定仪测量,采用 I_2、SO_2、吡啶、无水 CH_3OH(含水量在 0.05% 以下)配制成试剂,测定出试剂的水当量,在试剂与样品中的水进行反应后,通过计算试剂消耗量而计算出样品中水含量。

(7)聚合时间的测定　称好 2～3 g 树脂(若是热塑性树脂粉,需加入适量的乌洛托品,混匀使用),倒到一块加热至 150 ℃ ±1 ℃ 的金属板上,用玻璃棒按已划好的 50 mm × 50 mm 的正方形摊开。这时不断地把玻璃棒提高 10～12 mm。观察引伸线的生成。线条引伸或断裂的瞬间,称为树脂硬化终止。从树脂全部熔化开始,至引伸线断裂为止,所需的时间称为硬化速度(时间)。硬化时间一般为 1～3 min。

5.2.7　酚醛树脂的改性

酚醛树脂具有良好的黏结性,固化后的酚醛树脂具有较高的耐热性和良好的力学性能,但其结构中尚存在一些弱点,还需要加以改性克服。主要弱点在于:结构中的酚羟基和亚甲基易氧化,耐热性、耐氧化性受到影响;固化后的酚醛树脂因芳核间仅有亚甲基相连而显脆性,而需提高其韧性;同时由于酚羟基易吸水,影响制品的电性能、机械性能和耐碱性。

例如酚羟基是一个强极性基团,容易吸水,使酚醛树脂制品的电性能差、机械强度低。同时酚羟基易在热或紫外光作用下发生变化,生成醌或其他的结构,致使材料变色。因此,酚羟基和/或亚甲基的保护成为酚醛树脂的改性的主要途径。通过化学或物理改性可改善酚醛树脂的性能,包括对树脂的黏接性能、耐潮湿性能、耐温性能等。

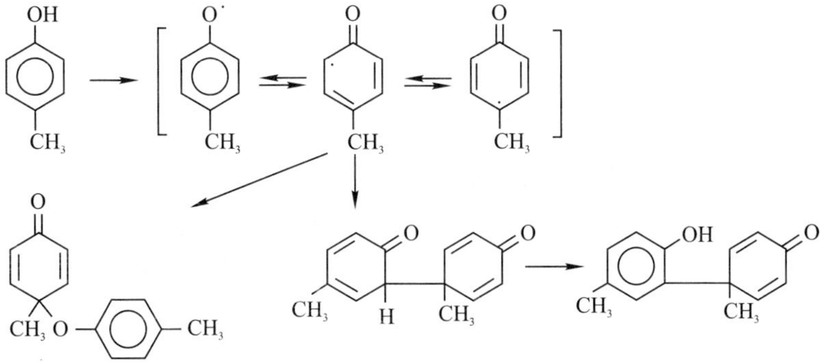

(1)酚羟基的封端　酚羟基被苯环或芳烷基所封锁,其性能将大大改善。如二苯醚甲醛树脂或芳烷基醚甲醛树脂就克服了由于酚羟基所造成的吸水、变色等缺点,使制品的吸水性降低、脆性降低,而机械强度、电性能及耐化学腐蚀性提高,并可采用低压成型。烷基化反应也能使酚醛树脂改性。封锁羟基反应和烷基化反应都可用来提高树脂的柔顺性、与聚合物和溶剂的混溶性。用有机硅或有机硼改性也属于封锁酚羟基的改性,尤其是耐热性和吸水性更有明显的改进。

（2）加入其他组分　使其与酚醛树脂发生化学反应或进行混溶，分隔或包围酚羟基或降低酚羟基浓度，从而达到改变固化速度、降低吸水性、限制酚羟基的作用，以获得性能的改善。例如通过物理共混或化学共混，采用耐湿热老化性能优良的高性能工程塑料改性酚醛树脂，减少体系中酚羟基的含量，进而提高酚醛树脂的耐湿热老化性能。

（3）高分子链上引入杂原子（P、S、N、Si 等），取代亚甲基基团等。

（4）多价金属元素（Ca、Mg、Zn、Cd 等）与树脂形成络合物。

因此，可以将酚醛树脂的改性分为两种类型：①化学改性：通过在合成中加入其他结构的原材料或将酚醛树脂与改性剂反应，在酚醛树脂的分子链结构中引入不同的结构单元，或在两种聚合物间形成化学键，从而改善材料的性能。②物理共混：加入橡胶、热塑性工程塑料等其他高分子材料与酚醛树脂共混，利用高分子合金化技术改性酚醛树脂。下面首先介绍酚醛树脂可能发生的化学反应，然后就各种改性方法，相应的改性树脂的制造和性能等加以介绍。

5.2.7.1　酚醛树脂的化学反应

（1）与环氧基团反应　酚醛树脂与环氧树脂或环氧化合物反应主要是酚羟基与环氧基的开环反应。酚醛环氧是性能很好的树脂，具有高强度、黏结性强，且电性能优异、耐氧化性高。因此酚醛树脂可用环氧树脂来改性。

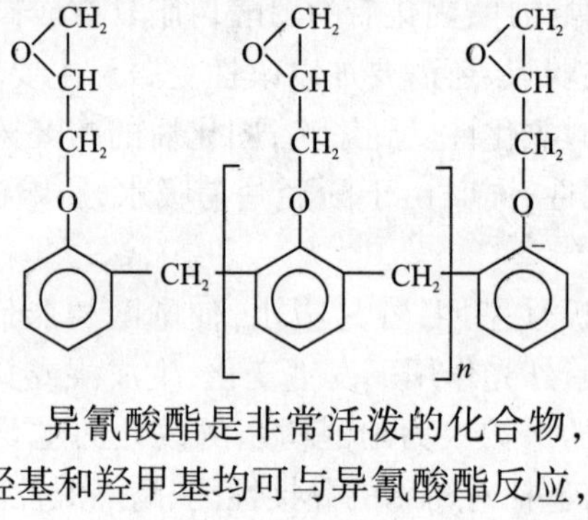

（2）与异氰酸酯反应　　异氰酸酯是非常活泼的化合物，能与具有活泼氢的化合物反应，就酚醛树脂而言，酚羟基和羟甲基均可与异氰酸酯反应，如酚羟基与异氰酸酯反应生成氨基甲酸酯化合物：

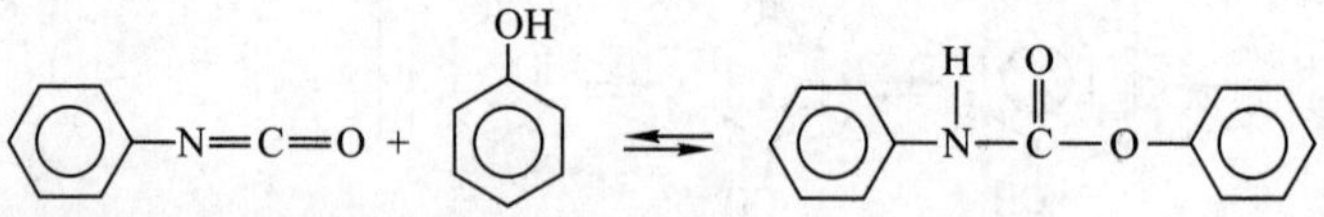

此反应可快速进行，因此可快速固化。

（3）与尿素、三聚氰胺或脲醛树脂、三聚氰胺甲醛树脂反应　　酚醛树脂可与尿素、三聚氰胺发生如下反应：

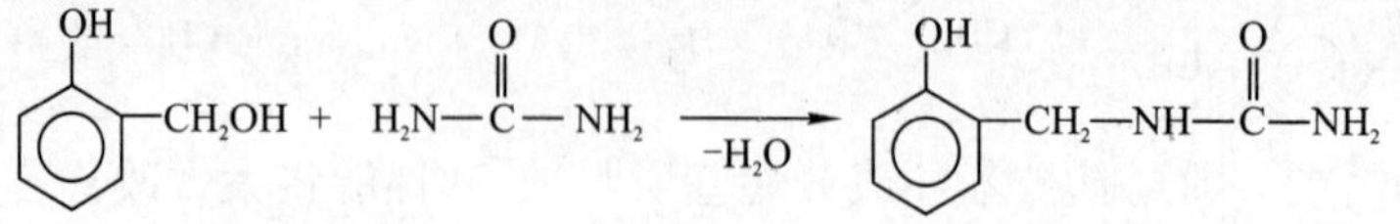

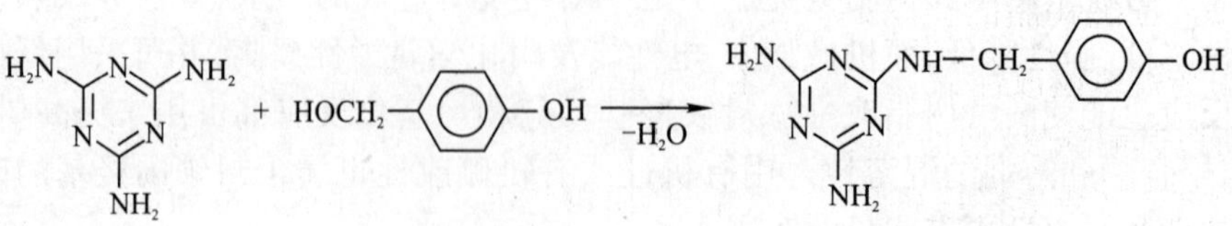

因而可用尿素和三聚氰胺来改性酚醛树脂。关键是控制反应使其发生共聚而不是均聚。很显然,酚醛树脂也可与脲醛树脂、三聚氰胺甲醛树脂反应。

(4)与不饱和键化合物或聚合物反应 羟甲基苯酚可脱水成亚甲基苯醌,此中间体可与不饱和化合物发生 Diels – Alder 反应:

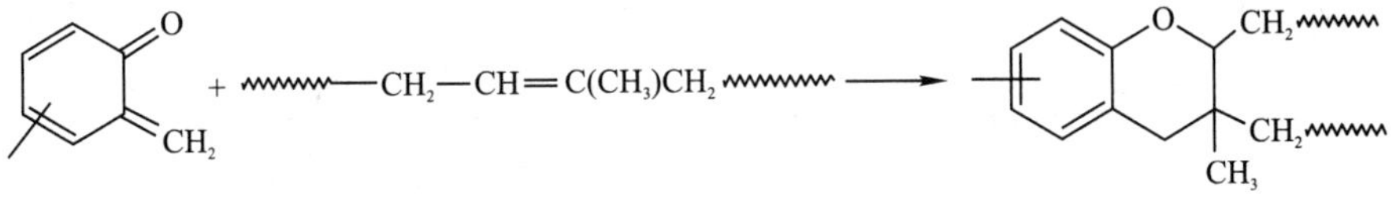

利用此类反应把酚醛树脂用作橡胶硫化剂、橡胶胶黏剂组分等。

(5)与具有羧基的化合物反应 酚醛树脂可与具有羧基的化合物或预聚物反应,生成酯产物:

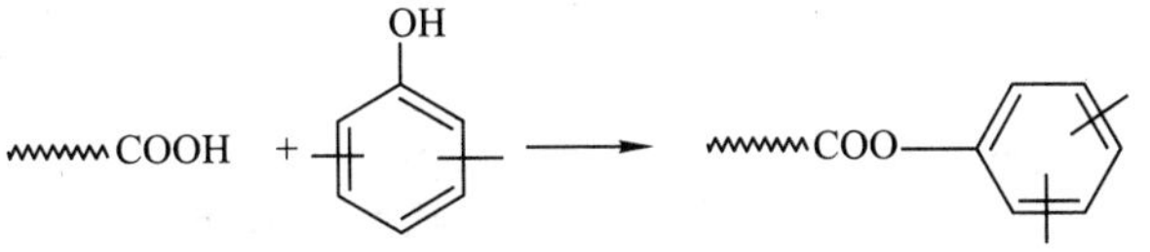

如酚醛树脂与聚酰亚胺预聚体酰胺酸反应可改善酚醛树脂的耐热性能(聚酰亚胺中常含有—COOH 基团等)。

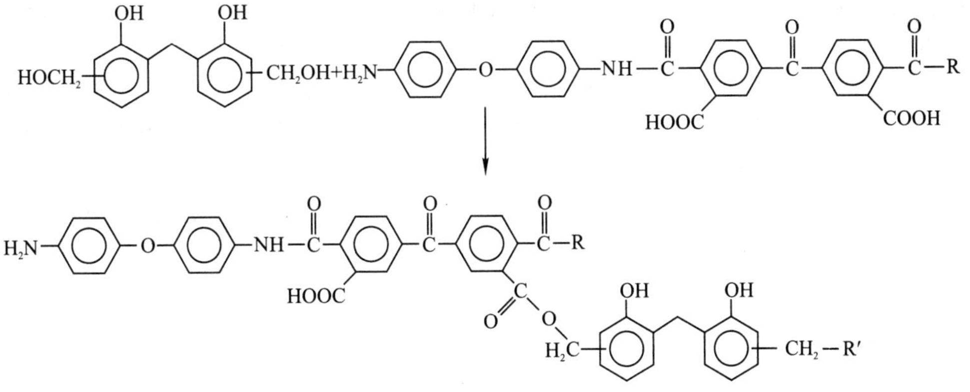

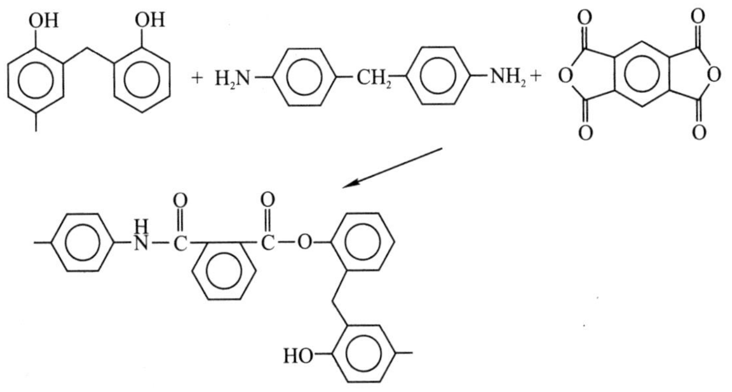

5.2.7.2 酚醛树脂的化学改性

(1)芳烷基醚改性酚醛树脂 在合成酚醛树脂的过程中,一般情况下酚羟基不参加反应,所以其耐碱性、溶剂性、耐热氧化性等受到影响。为了克服酚醛树脂结构上的这一缺点,引进芳基或芳烷基来保护酚羟基,然后再与甲醛反应生成酚醛树脂,这类树脂除具有耐碱、吸湿性小、机械强度比较高外,其耐热性和耐氧化性也极优异,可长期在 180 ~ 200 ℃下使用。

芳烷基醚甲醛树脂系由芳烷经双氯甲基化,再经甲醇醚化后,再在博氏催化剂作用下与苯酚发生醚交换反应,生成两个酚环的芳基醚化合物,它再与甲醛反应,制得芳烷基醚甲醛树脂,其反应式如下:

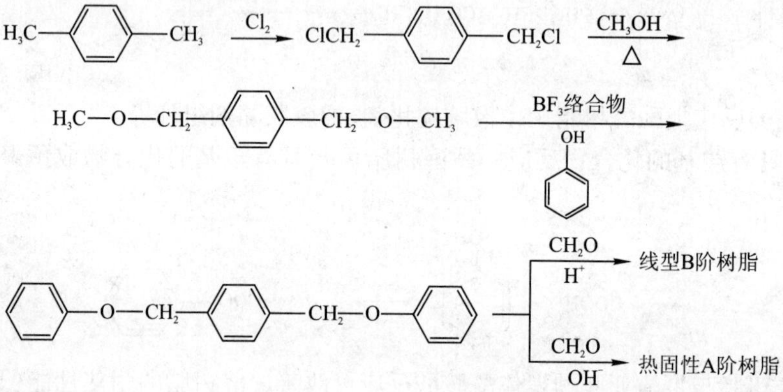

在酸性催化剂作用下,发生反应生成相似于线型酚醛树脂的芳烷基醚甲醛树脂,加入各种粉状或纤维状填料,它与固化剂六次甲基四胺配合成树脂粉结合剂,固化条件是 150 ~ 180 ℃,8 ~ 28 MPa,后固化条件是 170 ℃,4 ~ 6 h。

(2)硼酚醛树脂 通过在酚醛树脂的分子结构中引入无机的硼元素,硼酚醛树脂比一般酚醛树脂具有更为优良的耐热性、瞬时耐高温性能和机械性能。目前制造硼酚醛树脂主要有三种方法:

1)苯酚先与硼酸在一定温度下生成硼酸酚酯,然后再与甲醛或多聚甲醛和催化剂反应到一定时间后真空脱水,生成硼酚醛树脂,其反应式如下所示:

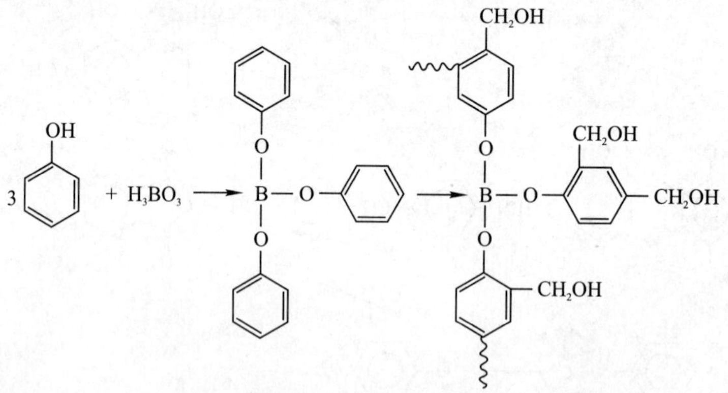

可以采用如下合成工艺:采用硼化合物与酚类反应生成硼酸酚酯,再与固体甲醛缩合成树脂。首先硼酸或三氧化二硼与苯酚在催化剂作用下在 100 ℃回流 5 ~ 8 h,再升温至 180 ℃反应,蒸发出水分,生成不同反应程度的硼酸酚酯混合物。然后冷却至 80 ℃以下,加多聚甲醛或三聚甲醛,低于 100 ℃反应 1 ~ 4 h(具有较强的放热效应),脱去水和低沸点产物,最终可得到黄色固体预聚物。

2)苯酚先与甲醛反应生成水杨醇,然后在较高温度下与硼酸发生酯化反应,并蒸发出反应中的水分,最终成为树脂,酯化反应如下所示:

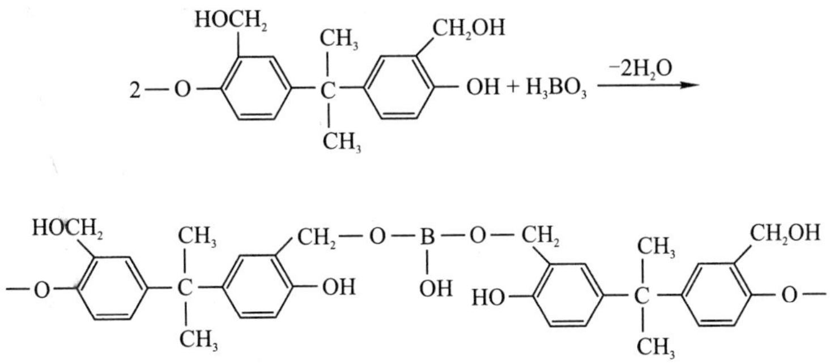

3)将硼化合物与合成的酚醛树脂共混后固化。

硼酚醛是热固性树脂,为了加快硬化速度和降低硬化温度,也可加入一定量的固化剂(如四羟甲基氯化磷、聚铝苯基硅氧烷、聚砜等)与催化剂(如对甲基磺酸、氯化锌等)。

由于 B—O 键是柔性键,硼酚醛结合剂的韧性比酚醛树脂好,同时硬度提高,耐热性优良。研究表明,经硼酸为8%改性的 BPF 的起始分解温度比未改性的酚醛树脂提高了150 ℃,失重20%时的热分解温度提高了140 ℃左右,600 ℃时失重降低了40%左右;抗折强度和冲击强度比普通酚醛树脂明显提高了46.7%和28.1%;硬度比普通酚醛树脂砂轮的硬度提高了22.1%,回转强度提高了14.6%,磨耗比降低了48.6%。试验证明,硼酚醛与酚醛并用,采用热压法制成的磨具不但适用于高硬度,锋利耐磨的使用场合(如磨花键轴砂轮),还可以适用于硬度较高,强度大的重负荷磨削砂轮。

(3)钼改性酚醛树脂 通过在结构中引入钼元素,通过化学反应的方法,使钼以化学键的形式键合于酚醛树脂分子主链中。由于一般酚醛树脂主要通过 C—C 键连接苯环,而 Mo—PF 是以 O—Mo—O 键连接苯环,故使其键能大得多,从而导致钼酚醛树脂的热分解温度和耐热性比普通酚醛树脂提高了很多。

以苯酚、甲醛、钼酸为主要原料,在催化剂作用下,生成钼酚醛树脂的原理如下:

1)钼酸与苯酚在催化剂作用下,首先发生酯化反应,生成钼酸苯酯:

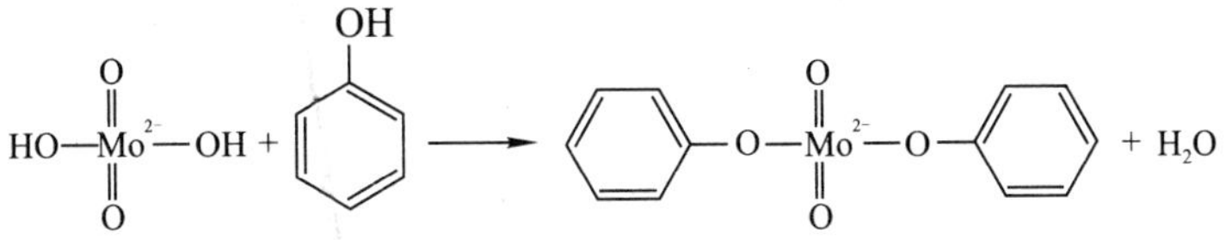

2)钼酸苯酯再与甲醛反应(加成与缩合)生成钼酚醛树脂:

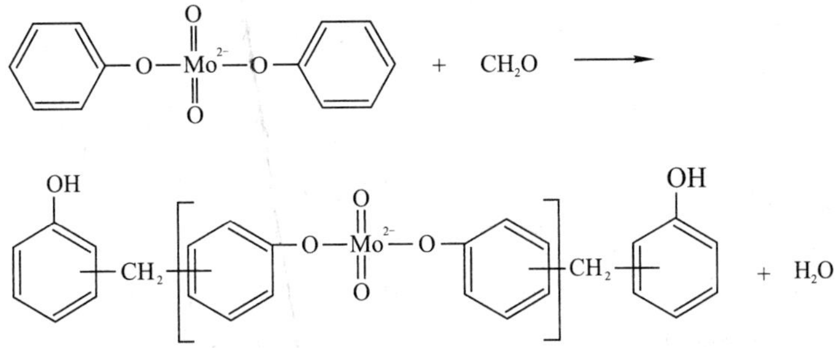

(4)有机硅改性酚醛树脂 有机硅树脂以耐热、耐潮等优良性能已广泛使用,但它的机械强度较低,用它改性酚醛可提高酚醛树脂的耐热性和耐水性,从而制得耐高温酚醛树脂,其反应式如下:

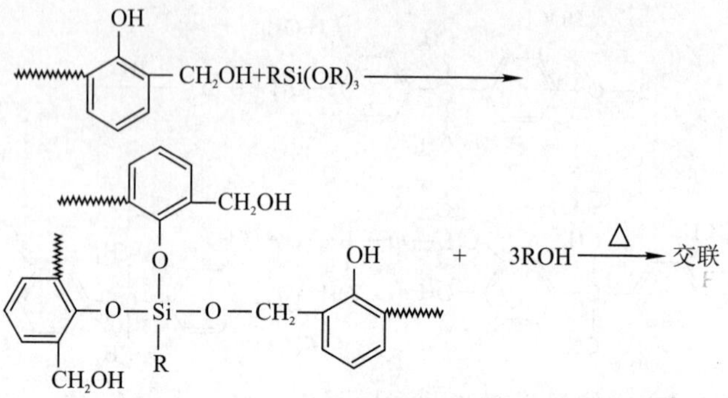

应用不同的有机硅单体或其混合单体与酚醛树脂改性,可得不同性能的改性酚醛树脂,具有广泛的选择范围。用含有烷氧基有机硅化合物与含羟基化合物反应可生成交联结构。

有机硅耐热比一般有机高分子高得多,因有机硅中 Si—O 键能比 C—O 键能高得多。尤其在高温及低温下具有优异的性能(−60 ~ 250 ℃)。有机硅酚醛树脂的固化温度低,室温强度提高。同时可以改善树脂的耐热性、耐水性及韧性。

(5)三聚氰胺改性酚醛树脂　通过向酚醛树脂中引入三聚氰胺结构,可以改善树脂的性能尤其是耐热性能和硬度,三聚氰胺改性树脂的初始热分解温度为 438 ℃,比纯酚醛树脂 380 ℃高 50 ℃左右,其耐热性提高的原因是引入了较稳定的杂环结构及固化树脂交联密度的提高。三聚氰胺是弱碱性物质,氮原子的孤电子对与苯环发生共轭效应,使氮上氢原子活化,易与甲醛发生羟甲基化反应,生成各种羟甲基三聚氰胺,然后与苯酚、甲醛进行缩合和缩聚,形成改性树脂:

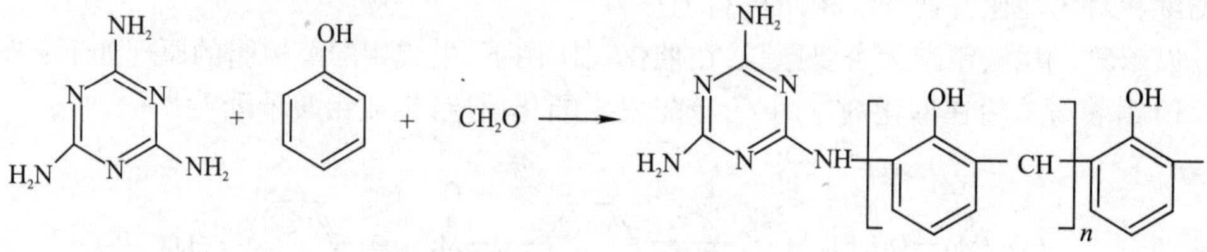

将苯酚和甲醛按配比加入到反应釜中[配比:(苯酚 + 三聚氰胺):甲醛 = 1:(0.8 ~ 0.9)(物质的量比),苯酚:三聚氰胺 = 100:(20 ~ 40)(质量比)],加入催化剂搅拌均匀,加入三聚氰胺,加热至沸腾后,回流反应数小时,然后中和,水洗,最后真空脱水干燥,冷却放料,得三聚氰胺改性固体酚醛树脂。

(6)二甲苯改性酚醛树脂　由于交联度高,酚醛树脂比较脆。若将具有疏水结构的二甲苯引进酚醛树脂分子结构中,将提高耐水性和降低交联度,既提高了酚醛树脂在湿热环境下的使用寿命,又改进了机械强度。

二甲苯改性酚醛树脂合成过程分为两步,先将二甲苯和甲醛在酸性催化剂下合成二甲苯甲醛树脂(一种热塑性树脂);然后再将它和苯酚、甲醛进行反应或树脂反应制得二甲苯改性酚醛树脂。

二甲苯树脂改性的酚醛树脂具有优良的耐潮湿性、耐化学腐蚀性、电绝缘性能以及较高的耐热性。

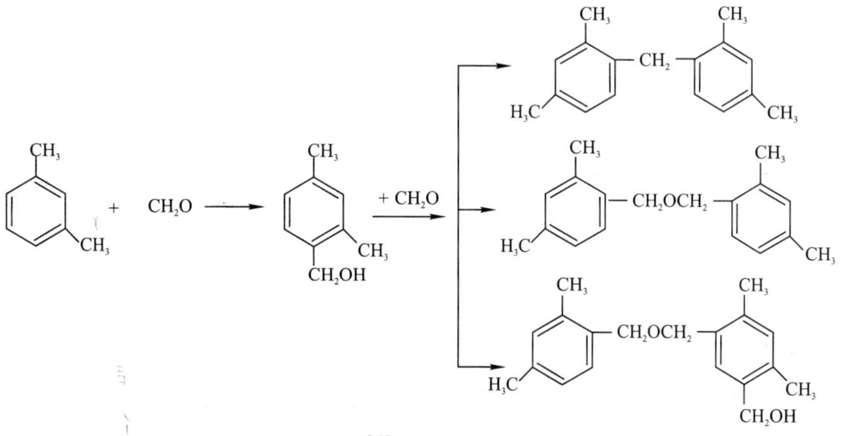

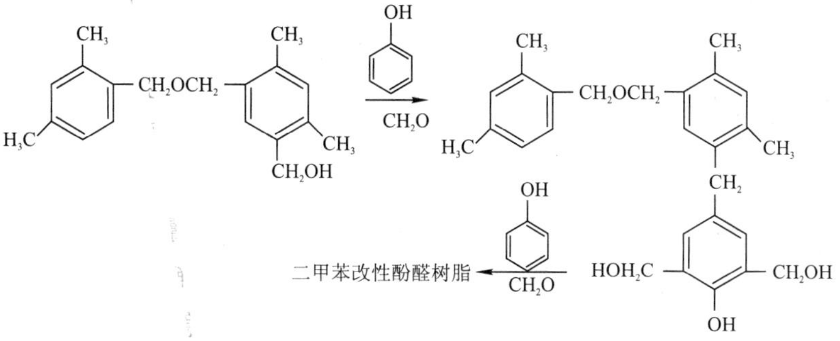

（7）酚醛－环氧树脂　用热塑性酚醛树脂作为环氧树脂的固化剂并为之改性,在这种酚醛树脂的分子结构中不含有羟甲基,但基于酚醛树脂的羟基可以和环氧基起醚化反应。其反应式为:

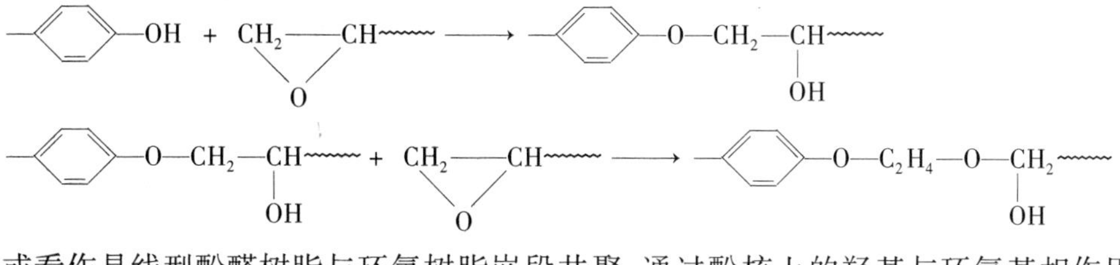

或看作是线型酚醛树脂与环氧树脂嵌段共聚,通过酚核上的羟基与环氧基相作用,合成耐热性很好的嵌段共聚物。

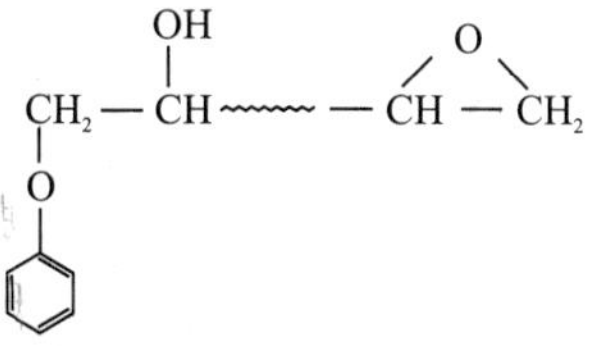

这样,在酚醛树脂中掺入环氧树脂能形成高度交联的体型结构聚合物,这个固化体系既保持了环氧树脂良好的黏结性,又由酚醛树脂提供了高温强度,其制品黏结性强。

（8）新酚树脂　新酚树脂(XYLOK 树脂)是以苯酚、对苯二甲醇为单体,在催化剂作用下,经熔融缩聚而成的一种线型聚合物。其典型的合成反应见下:

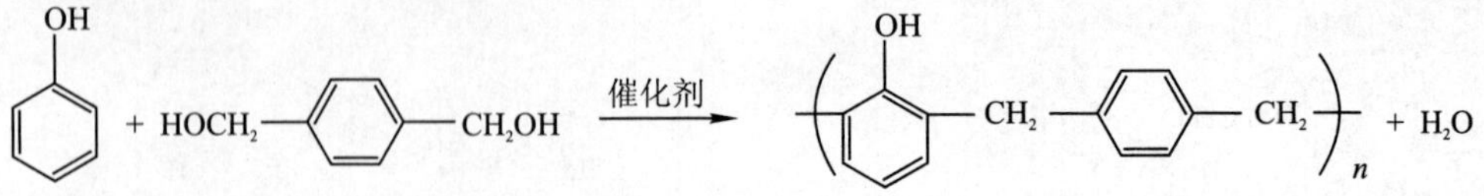

新酚树脂在固化剂六次甲基四胺(乌洛托品)并加热情况下,生成不溶不熔的体型热固性树脂。一般乌洛托品加入量为6%～10%。

新酚树脂的特点:①热稳定性良好,制品可在170～250 ℃温度下长期使用;②黏结力强,用新酚树脂做结合剂制成的"8"字块试样,抗张强度不论是热压或冷压均比相同条件下的酚醛树脂高;③易于加工,加工条件与酚醛树脂相似,一般固化温度为170～250 ℃,时间为5～24 h;④吸湿性小,只有酚醛树脂的三分之一,而且尺寸稳定。

(9)酚三嗪树脂(PT 树脂) 酚三嗪树脂是改善酚醛树脂耐热性较为显著的一类品种,它具有环氧树脂一样的良好加工工艺性,同时又具有双马来酰亚胺的耐高温性能和酚醛树脂优异的阻燃性能。其典型的合成反应如下。

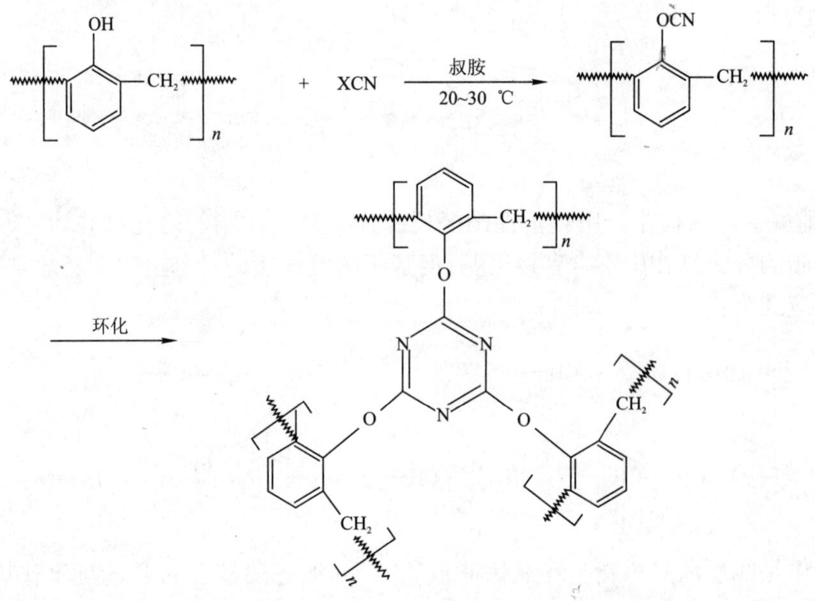

研究结果表明:PT 树脂是一类新型高性能复合材料基体树脂,属自固化体系,收缩率低,无挥发分放出。PT 树脂的热稳定性高于普通酚醛树脂,力学性能上也有很大改善。DMA 测试表明 PT 树脂的 T_g 在400 ℃,比普通酚醛树脂高很多;1 100 ℃时的残炭率提高了近10%,弯曲强度和模量是普通酚醛的2倍,断裂伸长率提高了1.7%。

(10)双马来酰亚胺改性酚醛树脂 酚类、芳香族胺类及甲醛经缩聚合成的酚醛树脂,同芳香族羟酸酐反应,就能制得分子内含有酰亚胺基团的改性酚醛树脂,它的热分解温度300 ℃以上,是一种耐热性、固化性能、储存稳定性都极其优异的新型酚醛树脂。其典型反应如下。

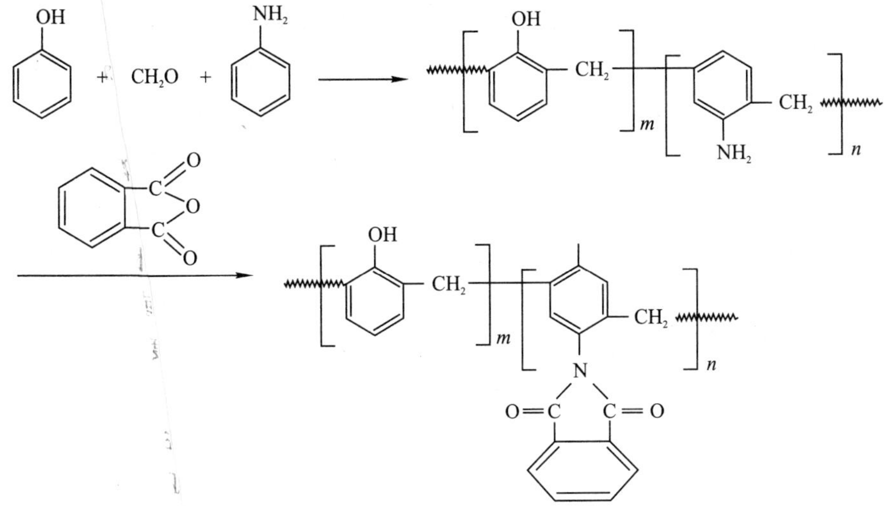

将对羟基马来酰亚胺的羟基苯基氧化,生成4-苯氧基马来酰亚胺,再在强酸作用下,使其与二苯醚和多聚甲醛反应,生成双马来酰亚胺改性的二苯醚型酚醛树脂其耐热性能、冲击韧性、耐湿热性能都极为优异(其合成反应如下所示)。

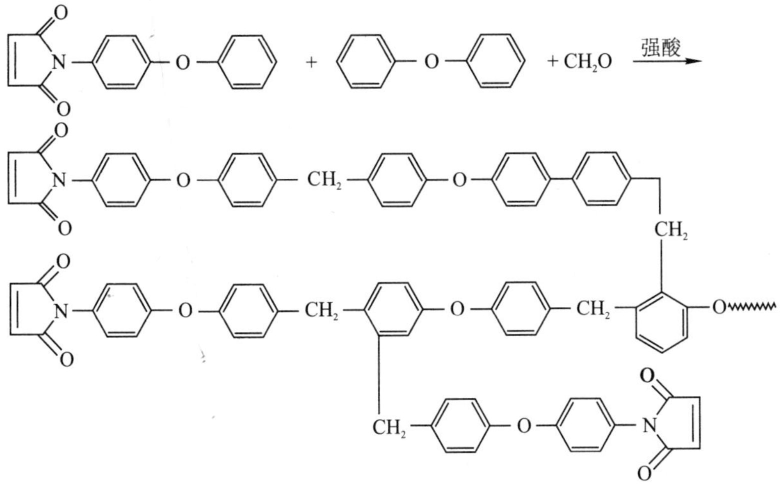

用二苯甲烷双马来酰亚胺改性酚醛树脂,其耐热性高,热分解温度达到337 ℃,接近双马来酰亚胺树脂的热分解温度。

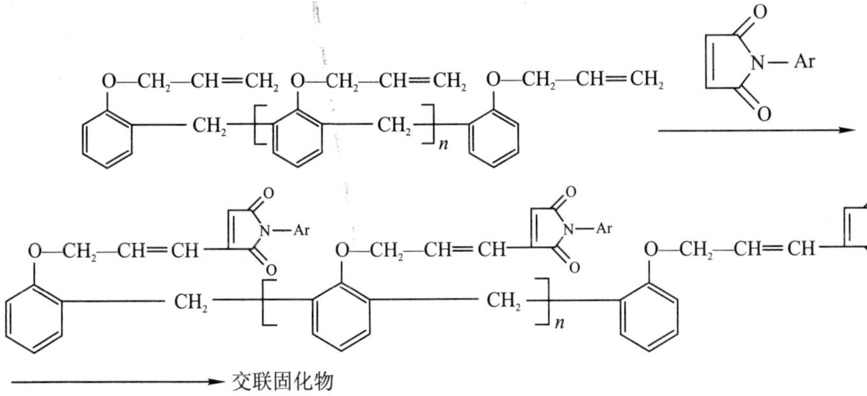

(11)苯并噁嗪树脂　苯并噁嗪树脂是一种新开发的新型酚醛树脂。它是以酚类化合物、醛类和胺类化合物为原料合成的一类含杂环结构的中间体。在加热和/或催化剂作用下发生开环聚合,生成含氮类似酚醛树脂的网状物,即苯并噁嗪树脂。苯并噁嗪树脂的优点是具有普通热固性酚醛树脂或热塑性酚醛树脂的耐热性、阻燃性的同时,树脂在成型固化过程中没有小分子释放出,制品孔隙率低,接近零收缩,应力小,没有微裂纹。研究结果发现,苯并噁嗪化合物的 T_g 达到 220 ℃,800 ℃时失重为 71% ~ 81% ,在 520 ~ 600 ℃时热失重量为 10% 左右。下面反应式为热塑性酚醛树脂、甲醛和苯胺聚合成酚醛树脂/苯并噁嗪共混体的反应机制。

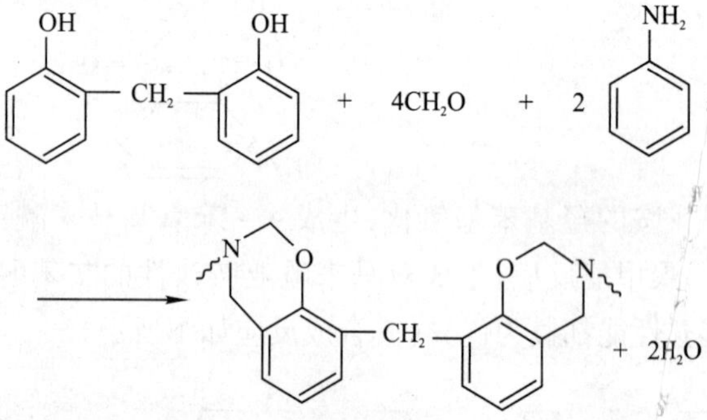

研究发现由于酚醛树脂中的酚羟基和邻、对位活泼氢的存在,使得噁嗪环在低温下开环,固化温度降低。当苯并噁嗪:酚醛树脂为 6/4 ~ 8/2 时,共混体系固化物综合性能最佳,具有很高的玻璃化转变温度和热降解率。

(12)植物油改性酚醛树脂　桐油、亚麻油、腰果壳油等天然植物油,通过双键或三键等参与酚醛树脂合成的反应过程,将柔顺长链引入到刚性酚醛分子链上,起到内增韧的作用,从而有效地改善了酚醛树脂的脆性,也改善了产品的耐热性能。

桐油、亚麻油等是十八碳三烯酸甘油酯,具有原料来源充足、性能稳定、价格低廉等优点。其分子结构中都有三个双键。在催化剂的作用下,苯酚的邻、对位上的碳原子在亚麻油的双键上发生烷基化反应,然后改性苯酚与甲醛生成改性酚醛树脂,从而在酚醛树脂的大分子链上引入烷基链。结果显示,改性树脂的耐热性、黏结性、韧性均较未改性树脂提高很多。例如桐油改性酚醛树脂的表面耐温可达 400 ℃以上,改性的酚醛树脂的初始分解温度为 359 ~ 384 ℃。

腰果壳油(CNSL)是从成熟的腰果壳中萃取而得的黏稠性液体,其主要结构是间位上带一个 15 个碳的单烯或双烯烃长链的酚,因此 CNSL 既有酚类化合物的特征,又有脂肪族化合物的柔性。腰果壳油内含有的酚羟基可以与甲醛反应,分子侧基上的柔性脂肪烃基对 PF 分子有内增塑作用,从而改善 PF 基摩擦材料的脆性,且改性后的 PF 在摩擦过程中还能产生一种可改善其热衰退性能、降低磨耗的不易脱落的碳化膜。

腰果壳油改性的酚醛树脂具有以下特点:①高温下有优良的柔性;②与橡胶的相容性较好;③侧链的影响使之具有优越的耐酸耐碱性。用这种改性树脂制成的摩擦材料具有较好的摩擦特性,摩擦系数稳定,磨损小。

5.2.7.3　酚醛树脂的物理共混

(1)酚醛-缩醛树脂　酚醛-缩醛树脂是在热塑性酚醛树脂中添加缩醛树脂进行改

性。实际用的是少量的聚乙烯醇缩丁醛掺入热塑性酚醛树脂中,以改善酚醛树脂的脆性及吸水性;特别是热塑性酚醛树脂的孔隙吸湿性很强,吸湿后往往降低其强度和刚性。聚乙烯醇缩丁醛分子结构中长链和支链的柔韧性和挠曲性能大大改善了酚醛树脂的脆性;同时保持了酚醛树脂原有的黏结性和耐热性。

聚乙烯醇缩丁醛结构式为:

$$\left[\begin{array}{c}H_2C\\ \text{(环状结构)}\\ O\quad O\\ CH_2CH_3\end{array}\right]_x\left[\begin{array}{c}CH_2-CH\\ |\\ COOCH_3\end{array}\right]_y\left[\begin{array}{c}CH_2-CH\\ |\\ OH\end{array}\right]_z$$

用于改性酚醛树脂的聚乙烯醇缩丁醛的分子结构中含有一定的羟基,有利于在乙醇中溶解及与酚醛树脂相容;加入固化剂在交联过程中也不会离析出来,固化成均相的体型结构的聚合物。

(2)橡胶改性酚醛树脂　橡胶是改性酚醛树脂最常用的增韧体系,大多选用大分子丁腈、丁苯和天然橡胶等对酚醛树脂进行增韧。橡胶增韧酚醛树脂属于物理掺混改性,但在固化过程中存在着不同程度的接枝或嵌段共聚反应。研究发现:未加丁腈橡胶时,纯酚醛树脂的冲击强度为 $5.43\ kJ/m^2$,加入 1% 的丁腈橡胶后,其冲击强度达到了 $8.60\ kJ/m^2$,提高约 58.4%;加入 2% 的丁腈橡胶时,酚醛树脂的冲击强度达到 $11.49\ kJ/m^2$,提高了约 116%,提高的幅度是其他改性方法所不能及的。随着丁腈橡胶用量的增加,酚醛树脂的冲击强度进一步提高,但提高幅度趋于平缓。

除了丁腈橡胶外,含有活性基团的橡胶如环氧基液体丁二烯橡胶、羧基丙烯酸橡胶和环氧羧基丁腈的加成物也可以增韧酚醛树脂,且增韧效果明显,耐热性得到提高。特别是在液体橡胶增韧体系中,由于液体橡胶容易形成"海－岛"结构,这种形态结构既保证了材料的冲击强度提高、硬度下降,又对材料的耐热性影响不大,是一种理想的增韧体系。

(3)工程塑料改性酚醛树脂　工程塑料是指一类可以作为结构材料,在较宽的温度范围内承受机械应力,在较为苛刻的化学物理环境中使用的高性能的高分子材料,有良好的机械性能和尺寸稳定性,在高、低温下仍能保持其优良性能,可以作为工程结构件的塑料。如 ABS、尼龙、聚砜、不饱和聚酯等。

采用耐高温性较好的工程塑料与酚醛树脂共混,既可以提高酚醛树脂的力学性能,又可以提高其在湿热环境下的使用寿命。

聚砜作为一种耐高温、高强度的热塑性塑料,被誉为"万用高效工程塑料",具有优良的综合性能,如具有优良的电绝缘性能,耐热性能好,力学强度高,刚性好,有良好的尺寸稳定性和自熄性等。聚砜结构中有异丙撑基和醚键,异丙撑基为脂肪基,有一定的空间体积,可减少分子间的作用力,醚键两端的苯基可绕其内旋转,较异丙撑基更能增加分子链的柔顺性,两个基团的引入均有利于提高改性酚醛树脂的韧性。聚砜改性酚醛树脂玻纤增强模塑料的电学性能优于未改性酚醛树脂玻纤增强模塑料,而且耐热性也得到了一定的提高,这是因为聚砜结构中异丙撑基上两个无极性的甲基使得异丙撑基极性较小,向酚醛树脂中引入极性小的异丙撑基使改性酚醛树脂的吸湿性减小,电绝缘性能提高。聚砜结构中的砜基与相邻的两个苯环组成高度共轭的二苯砜结构,形成了一个十分稳固、刚硬、一体化的坚强体系,使得改性树脂能吸收大量热能和辐射能而不至于主链断裂,热稳定性提高。

$$\left[-O-\underset{\underset{O}{\overset{O}{\parallel}}}{\overset{\overset{O}{\parallel}}{S}}-\underset{Me}{\overset{Me}{C}}-\right]_n$$

聚苯醚是一类耐高温的热塑性树脂,化学式简称 PPO。

$$\left[\underset{CH_3}{\overset{CH_3}{\bigcirc}}-O\right]_n$$

聚苯醚具有优良的综合性能,最大的特点是在长期负荷下,具有优良的尺寸稳定性和突出的电绝缘性,使用温度范围广,可在 −127 ~ 121 ℃长期使用。具有优良的耐水、耐蒸汽性能,制品具较高的拉伸强度和抗冲强度、抗蠕变性也好。此外,有较好的耐磨性和电性能。聚苯醚改性的酚醛树脂尤其适合潮湿、负载、高温的条件下的各种制品。

尼龙(聚酰胺)改性酚醛树脂在制备方法上,有化学法和物理法两种,其原理都是利用羟甲基聚酰胺的羟甲基与酚醛树脂中酚环上的羟甲基或活泼氢在合成树脂过程中或在树脂固化过程中形成化学键而达到改性目的。

1)化学法 以羟甲基聚酰胺 −66 或聚酰胺 −6(加入量为苯酚质量的 1.5% ~ 3%)、苯酚、甲醛为主要原料,在碱或酸性催化剂存在下进行反应,制得热固性或热塑性聚酰胺改性酚醛树脂。

2)物理法 将羟甲基聚酰胺(加入量为酚醛树脂质量的 5% ~ 15%)、A 阶酚醛树脂及适量溶剂进行物理混合,制成聚酰胺改性酚醛树脂。

经聚酰胺改性的酚醛树脂不仅保持了酚醛树脂的优点,而且提高了酚醛树脂的冲击韧性和黏结性,改善了树脂的流动性。采用该树脂制备的磨具产品具有力学性能高、耐热、耐磨性好等优点。

(4)纳米材料改性酚醛树脂 纳米材料改性酚醛树脂是近年来研究出的具有广泛应用前景的改性 PF 新品种,对 PF 的强度、硬度、韧性、耐温、耐磨和耐腐蚀等性能均有不同程度的改善。纳米粒子由于尺寸小、表面积大、表面非配对原子多、因而与聚合物结合能力强,并可对聚合物基体的物化性质产生特殊作用。将纳米粒子加入高聚物中,可克服常规刚性粒子不能同时增强增韧的缺点,可提高高聚物材料的韧性、强度、耐热等性能。因此采用纳米尺度的复合为 PF 的高性能化提供了新的途径。目前用于改性 PF 的纳米材料主要有 ZnO、TiO_2、SiC、Al_2O_3、SiO_2、纳米炭、蒙脱土(MMT)、高岭土和纳米金属等。

纳米二氧化硅具有耐高温、高硬度、耐腐蚀、耐磨等特性,将其应用于改善聚合物性能方面的研究越来越多。纳米二氧化硅以两种形式存在,即单分散性的一次粒子和团聚的二次粒子。制备纳米复合材料时,需要对纳米二氧化硅粒子进行表面改性,尽量使其保持一次粒子的单分散状态。大多数研究都表明改性后的材料在强度、韧性和耐热性等方面都有一定程度的提高。

碳纳米管改性酚醛树脂的耐热性比普通酚醛树脂的耐热性有了很大的提高,可以用于制备耐高温的高性能专用酚醛树脂,树脂中碳纳米管的含量越大,树脂的耐热性越好,但是碳纳米管的含量过大,其分散性变差,当酚醛树脂中碳纳米管的含量大于 5% 时,改性树脂的耐热性增加并不十分明显。

纳米级蒙脱土改性酚醛树脂:蒙脱土是一种纳米厚度的硅酸盐片层结构的载土,其基本结构单元是由一片铝氧八面体夹在两片硅氧四面体之间靠共用氧原子而形成的层状结构。酚醛树脂蒙脱土纳米复合材料是先将单体分散,插层进入层状硅酸盐片层中,然后原位聚合,利用聚合时放出的大量热量,克服硅酸盐片层间的库仑力,使其剥离,从而使硅酸盐片层与聚合物基体以纳米尺度相复合。改性后的复合材料具有优异的力学性能、耐热性能和良好的加工性能。

复合改性 PF 也是目前研究热点之一,单一改性方法通常只对 PF 某一方面的性能改善有显著作用,如通过对酚醛树脂进行桐油改性改善其柔韧性、硼改性可有效提高树脂的耐热性等,而采用两种或两种以上物质对 PF 进行复合改性可全面改善 PF 的各项性能。目前复合改性 PF 和纳米改性 PF 这两方面的研究还较少,但从已有的研究结果可得知这两种方法改性的效果是比较显著的,待研究的内容和领域还很广阔,可提升的空间较大,有广泛的而光明的应用前景。

5.3　环氧树脂

环氧树脂是指含有环氧基团(H_2C——CH—)的高分子化合物,它是由含有环氧基的

O

各种化合物或反应中能够生成环氧基的化合物与某些组成中具有活泼氢原子基团的物质相互作用而成的线型聚合物。

5.3.1　环氧树脂的分类

按分子中官能团的数量,环氧树脂可分为双官能团环氧树脂和多官能团环氧树脂。对反应性树脂而言,官能团数的影响是非常重要的。典型的双酚 A 型环氧树脂、酚醛环氧树脂属于双官能团环氧树脂。多官能团环氧树脂是指分子中含有两个以上的环氧基的环氧树脂。

按室温下的状态,环氧树脂可分为液态环氧树脂和固态环氧树脂。液态树脂指相对分子质量较低的树脂,可用作浇注料、无溶剂胶黏剂和涂料等。固态树脂是相对分子质量较大的环氧树脂,是一种热塑性的固态低聚物,可用于粉末涂料和固态成型材料等。

按化学结构差异,环氧树脂可分为缩水甘油类环氧树脂和非缩水甘油类环氧树脂两大类。

5.3.1.1　缩水甘油类环氧树脂

缩水甘油类环氧树脂可看成缩水甘油的衍生化合物。主要有缩水甘油醚类、缩水甘油酯类和缩水甘油胺类 3 种。

(1)缩水甘油醚类　缩水甘油醚类环氧树脂是指分子中含缩水甘油醚的化合物,常见的主要有以下几种:

1)双酚 A 型环氧树脂　简称 DGEBA 树脂,即二酚基丙烷缩水甘油醚。在环氧树脂中它的原材料易得、成本最低,因而产量最大(在我国约占环氧树脂总产量的 90% ,在世界约占环氧树脂总产量的 75% ~80%),用途最广,被称为通用型环氧树脂。

其化学结构式为:

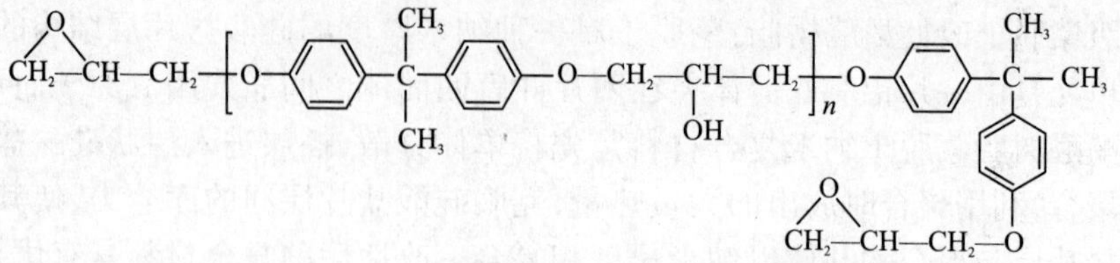

（化学结构式图）

2）双酚 F 型环氧树脂　简称 DGEBF 树脂,这是为了降低双酚 A 型环氧树脂本身的黏度并具有同样性能而研制出的一种新型环氧树脂。通常是用双酚 F（二酚基甲烷）与环氧氯丙烷在 NaOH 作用下反应而得的液态双酚 F 型环氧树脂。

其化学结构式为：

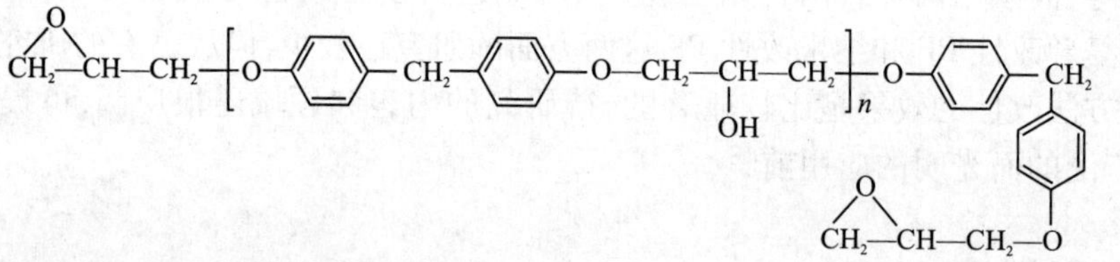

（化学结构式图）

3）双酚 S 型环氧树脂　简称 DGEBS 树脂,由于引入了—SO$_2$—极性基团,比双酚 A 型环氧树脂有更好的黏结性能、热稳定性、韧性和较好的化学稳定性。

其化学结构式为：

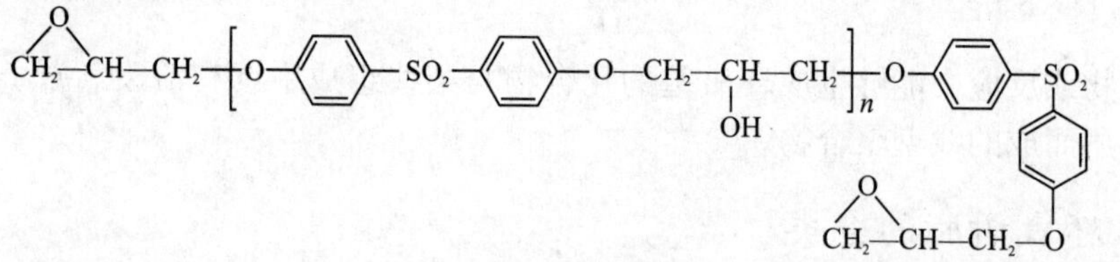

（化学结构式图）

4）多酚型缩水甘油醚环氧树脂　简称酚醛环氧树脂 EPN,多酚型缩水甘油醚环氧树脂是一类多官能团环氧树脂。在其分子中有两个以上的环氧基,因此固化物的交联密度大,具有优良的耐热性、强度、模量、电绝缘性、耐水性和耐腐蚀性。如线性酚醛型环氧树脂,结构为：

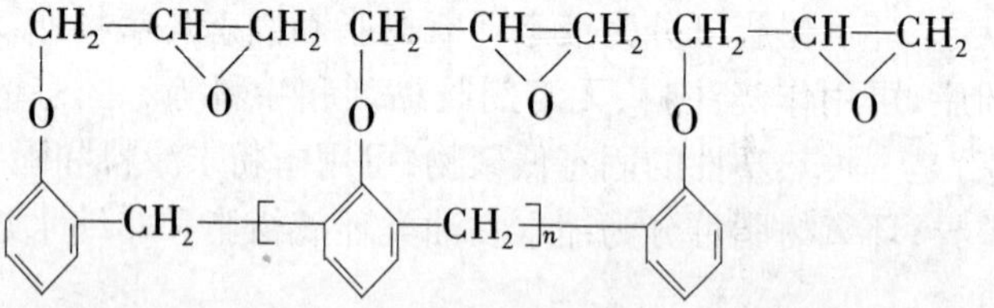

（化学结构式图）

5）脂肪族缩水甘油醚环氧树脂　脂肪族缩水甘油醚环氧树脂是由二元或多元醇与环氧氯丙烷在催化剂作用下开环醚化,生成氯醇中间产物,再与碱反应,脱 HCl 闭环,形成缩水甘油醚。如脂肪族缩水甘油醚树脂,结构为：

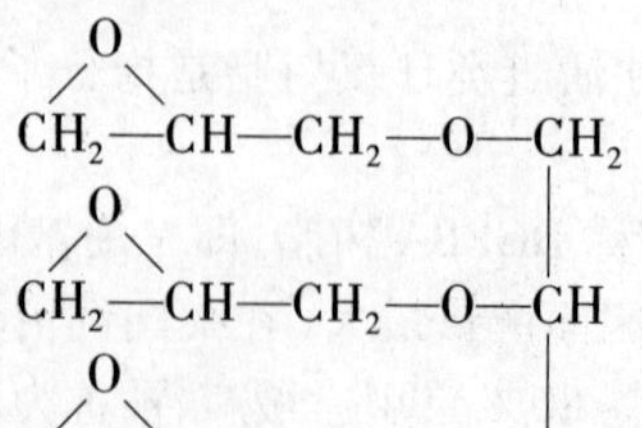

（化学结构式图）

6)杂环型缩水甘油环氧树脂　这是一类含有杂环的高性能环氧树脂。缩水甘油基直接连接在杂环上,因而具有优异的耐热性、耐候性和电性能。主要产品有:三聚氰酸环氧树脂(三聚氰酸三缩水甘油环氧树脂、TGIC)和海因(Hydantion)环氧树脂。

TGIC 的结构式:

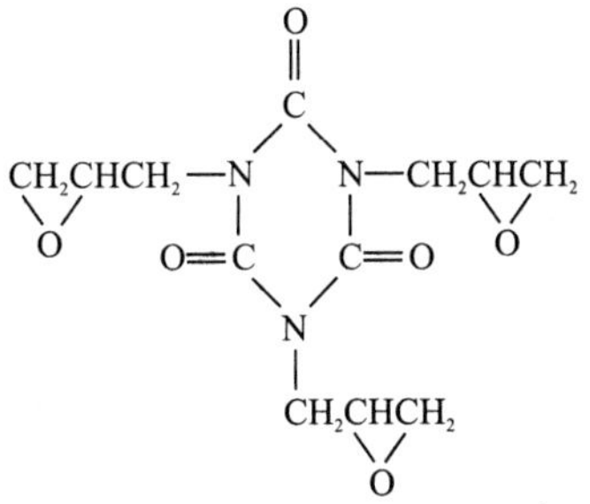

(2)缩水甘油酯类环氧树脂　缩水甘油酯类环氧树脂是 20 世纪 50 年代发展起来的一类环氧树脂,是分子结构中有两个或两个以上缩水甘油酯基的化合物。如邻苯二甲酸二缩水甘油酯,其化学结构式为:

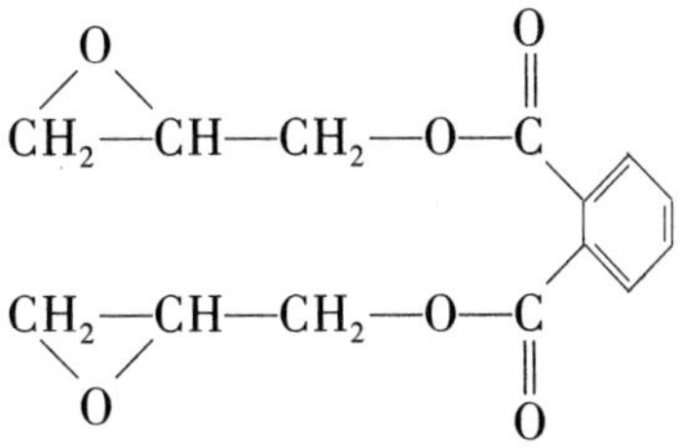

(3)缩水甘油胺类环氧树脂　缩水甘油胺类环氧树脂是用伯胺或仲胺与环氧氯丙烷合成的含有两个或两个以上缩水甘油胺基的化合物。结构为:

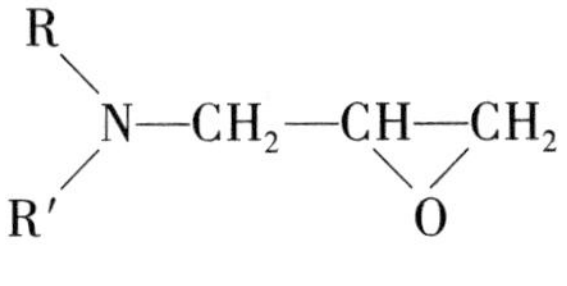

5.3.1.2　非缩水甘油类环氧树脂

非缩水甘油类环氧树脂主要是用过醋酸等氧化剂与碳 – 碳双键反应而得。主要是指脂肪族环氧树脂、环氧烯烃类和一些新型环氧树脂等。

5.3.2　双酚 A 型环氧树脂的制造原理及其主要产品牌号

5.3.2.1　双酚 A 型环氧树脂的生成原理

环氧树脂是由环氧氯丙烷二酚基丙烷即双酚 A 在碱性催化剂(NaOH)的作用下,逐步聚合而成的。环氧树脂的合成机制比较复杂,有很多说法,普遍的说法认为是环氧氯丙烷(ECH)和双酚 A(DPP)在 NaOH 存在下不断开环和闭环的反应。现简单叙述如下(为了简便起见,用 HO—R—OH 代表双酚 A):

(1)在碱催化下,环氧氯丙烷的环氧基与双酚 A 酚羟基反应,生成端基为氯化羟基化合物——开环反应

$$2CH_2\!-\!CH\!-\!CH_2\!-\!Cl + HO\!-\!R\!-\!OH \xrightarrow{NaOH}$$
$$\underset{\displaystyle O}{\diagdown\!\diagup}$$

$$Cl\!-\!CH_2\!-\!\underset{\displaystyle OH}{CH}\!-\!CH_2\!-\!O\!-\!R\!-\!O\!-\!CH_2\!-\!\underset{\displaystyle OH}{CH}\!-\!CH_2\!-\!Cl$$

（2）在氢氧化钠作用下，脱 HCl 形成环氧基——闭环反应

$$Cl\!-\!CH_2\!-\!\underset{\displaystyle OH}{CH}\!-\!CH_2\!-\!O\!-\!R\!-\!O\!-\!CH_2\!-\!\underset{\displaystyle OH}{CH}\!-\!CH_2\!-\!Cl + 2NaOH \longrightarrow$$

$$CH_2\!-\!CH\!-\!CH_2\!-\!O\!-\!R\!-\!O\!-\!CH_2\!-\!CH\!-\!CH_2 + 2NaCl + 2H_2O$$

（3）新生成的环氧基再与双酚 A 酚羟基反应生成端羟基化合物——开环反应

$$CH_2\!-\!CH\!-\!CH_2\!-\!O\!-\!R\!-\!O\!-\!CH_2\!-\!CH\!-\!CH_2 + HO\!-\!R\!-\!OH \xrightarrow{NaOH}$$

$$CH_2\!-\!CH\!-\!CH_2\!-\!O\!-\!R\!-\!O\!-\!CH_2\!-\!\underset{\displaystyle OH}{CH}\!-\!CH_2\!-\!O\!-\!R\!-\!OH$$

（4）端羟基化合物与环氧氯丙烷作用，生成端氯化羟基化合物——开环反应［同（1）类似］

（5）与 NaOH 反应，脱 HCl 再形成环氧基——闭环反应

$$(n+1)HO\!-\!R\!-\!OH + (n+2)CH_2\!-\!CH\!-\!CH_2\!-\!Cl + (n+2)NaOH \longrightarrow$$

$$CH_2\!-\!CH\!-\!CH_2\!\Big[\!O\!-\!R\!-\!O\!-\!CH_2\!-\!\underset{\displaystyle OH}{CH}\!-\!CH_2\!\Big]_{\overline{n}}O\!-\!R\!-\!O\!-\!CH_2\!-\!CH\!-\!CH_2$$

$$+ (n+2)NaCl + (n+2)H_2O$$

总的反应方程如下：

$$(n+2)H_2C\!-\!CH\!-\!CH_2Cl + (n+1)HO\!-\!\!\underset{CH_3}{\overset{CH_3}{C}}\!\!-\!\!OH \xrightarrow{(n+2)NaOH}$$

$$H_2C\!-\!CH\!-\!CH_2\!\Big[O\!-\!\!\underset{CH_3}{\overset{CH_3}{C}}\!\!-\!O\!-\!CH_2\!-\!\underset{\displaystyle OH}{CH}\!-\!CH_2\Big]_n$$

$$-\!O\!-\!\!\underset{CH_3}{\overset{CH_3}{C}}\!\!-\!O\!-\!CH_2\!-\!CH\!-\!CH_2 + (n+2)NaCl + (n+2)H_2O$$

n 为平均聚合度。通常 $n = 0 \sim 19$，分子量 $340 \sim 7\,000$。调节双酚 A 和环氧氯丙烷用量比，可得到相对分子质量不同的环氧树脂。

5.3.2.2 双酚 A 型环氧树脂的主要产品牌号

工业上将双酚 A 型环氧树脂分为:高分子量、中分子量和低分子量三种。把软化点低于50 ℃(平均 n 小于2)的称为低分子量树脂;软化点大于50 ℃小于95 ℃(n 在2~5)的称为中分子量树脂;软化点在100 ℃以上($n > 5$)的称为高分子量树脂。

环氧树脂的分子量除与反应物的配料比有关外,还与加料顺序、碱的用量、缩聚温度等因素有关。根据不同要求,可采用不同的配料比及工艺条件,制得各种分子量的 E 型环氧树脂,其主要的牌号及规格如表 5-7 所示。

表 5-7 E 型环氧树脂的主要牌号及其质量指标

牌号		外观	软化点/℃	环氧值摩尔质量/100 g
新	老			
E-51	618	淡黄至棕黄色 透明黏性液体	—	0.43~0.54
E-44	6101		12~20	0.41~0.47
E-42	634		21~27	0.38~0.45
E-33	637		20~35	0.26~0.40
E-31	638		40~55	0.23~0.38
E-20	601	淡黄至棕黄色 透明固体	64~76	0.18~0.22
E-14	603		78~85	0.10~0.18
E-12	604		85~95	0.09~0.14
E-06	607		110~135	0.04~0.07
E-03	609		135~155	0.02~0.04

5.3.2.3 环氧树脂性能指标

(1)环氧树脂性能指标表示方式　环氧树脂中所含环氧基的多少,是环氧树脂的一项重要指标,环氧树脂固化剂的用量主要取决于它。通常可以用下述三种方式表示。

1)环氧基摩尔质量　是指含有 1 mol 环氧基的环氧树脂的重量克数。例如最简单的环氧树脂:

$$H_2C\!-\!CH\!-\!CH_2\!-\!O\!-\!R\!-\!O\!-\!CH_2\!-\!CH\!-\!CH_2$$

其分子量为340,一个分子中含有两个环氧基,则该树脂的环氧基摩尔质量应为 $\frac{1}{2} \times 340 = 170$。

根据环氧基摩尔质量的定义,如果每一个分子中含有的环氧基数都一样,则:

$$环氧基摩尔质量 = \frac{平均分子量}{每个分子中环氧基的数} \ g/mol$$

若树脂为线型结构且无分枝,每一个分子两端都为环氧基的话,则其环氧基摩尔质

量即为树脂平均分子量的一半,即

$$环氧基摩尔质量 = \frac{平均分子量}{2}$$

可见,树脂的分子量越高,则环氧基摩尔质量也越大。

2)环氧基含量　是指 100 g 环氧树脂中含有的环氧基克数,以百分率表示为:

$$环氧基含量 = \frac{每个分子中环氧基数目 \times 43}{平均分子量} \times 100\%$$

式中"43"为环氧基 $\underset{O}{H_2C-CH-}$ 的分子量。

如: $\underset{O}{H_2C-CH}-CH_2-O-R-O-CH_2-\underset{O}{CH-CH_2}$

分子中有两个环氧基,树脂分子量为 340,环氧基含量 $= \frac{43 \times 2}{340} = 25.3\%$ 。

3)环氧值　是指 100 g 环氧树脂中含有的环氧基的摩尔数,即:

$$环氧值 = \frac{每个分子中环氧基数目}{平均分子量} \times 100\%$$

以上面列举的环氧树脂为例:分子中含有 2 mol 环氧基,分子量为 340,则

$$环氧值 = \frac{2}{340} \times 100 \approx 0.59 \ mol/100 \ g$$

环氧值是环氧树脂的一个重要质量指标,用它可以决定固化剂的用量。

(2)氯含量　环氧树脂性能指标中还有两个性能参数,即有机氯值和无机氯值。

在环氧氯丙烷与双酚 A 缩聚过程中,反应不可能绝对完全,故有可能在分子链上留有极少量的氯原子(Cl)不起反应,这就是有机氯,它的存在影响环氧树脂的高温电性能。

上述单体在缩合时放出的 HCl 和 NaOH 起作用,在反应液中必然有 NaCl,如果除盐不干净,就在环氧树脂中留有少量的氯化钠,这就是无机氯,它的存在,常温下就能影响环氧树脂的电性能。不论是有机氯还是无机氯,都影响其树脂性能,应予严格控制。

(3)软化点　软化点是环氧树脂变软发黏时的温度,它与分子量有关。其关系如图 5-16 所示。

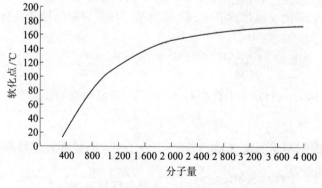

图 5-16　环氧树脂的分子量和软化点的关系

5.3.3 双酚A型环氧树脂的性质及特点

5.3.3.1 环氧树脂有特别强的黏结力

环氧树脂分子中含有羟基(—OH)、醚基(—O—)和环氧基,它们都是极性结构,不但与被粘物的极性表面有很强的作用力,而且它们与金属氧化物有相容性,有利于互相扩散,所以能获得很高的黏结强度。另外在黏结后期,通过固化剂的作用,使环氧树脂转变为网状或体型结构,提高了树脂本身的内聚力。

环氧树脂黏结力很强,可用来黏结金属(如钢、铝、铜等)及非金属材料(如玻璃、橡胶、木材等),因此有"万能胶"之称。但它对非极性材料的黏结性能很差。

以环氧树脂作为结合剂制成的磨具,其强度和硬度均比同一条件生产的酚醛树脂磨具高,见表5-8所示。

表5-8　环氧树脂磨具与酚醛树脂磨具强度和硬度

树脂类型	抗拉强度 /MPa	洛氏硬度平均值 (60 kg 负荷)	回转速度 /(m/s)
酚醛树脂	17.5	61	108(破裂)
环氧树脂(E-44+E-12)	29.0	75	126(不破裂)

5.3.3.2 环氧树脂收缩性小

环氧树脂与固化剂的反应是通过直接加成反应来进行的,因此,在固化过程中没有副产物产生,也不会产生气泡,而且在液态时就有高度的缔合。因而收缩率小($\approx 2\%$),是热固性树脂中收缩性最小的一种。若加入填充剂,则环氧树脂制件的收缩率更小($0.25\% \sim 1.25\%$)。此外,它的线膨胀系数小($60 \times 10^{-5}\text{℃}^{-1}$),因此适合于制造细粒度磨具。

几种强度较高的热固性树脂的收缩率,见表5-9所示。

表5-9　几种热固性树脂的固化体积收缩率

树脂种类	固化体积收缩率/%
环氧树脂	0.5~2.5
酚醛树脂	8~10
聚酯	10~11

5.3.3.3 优良的储存稳定性和耐化学稳定性

未加固化剂的环氧树脂为热塑性的,受热不会固化,其成品一般不含盐、碱,因此不会变质,结构不受破坏,若保管好,可以储存一年以上。

固化后的环氧树脂结构中,含有稳定的苯环和醚键,能耐有机溶剂和各种化学试剂。在室温下能耐稀碱,但在强碱及加热情况下容易被碱所分解。

5.3.3.4　耐热性能较好

环氧树脂的耐热性能较好,但比酚醛树脂略差。表 5-10 列出了环氧树脂、酚醛树脂及两者共混物制成的试块的维卡耐热温度。从表中可看出,环氧树脂的耐热性比酚醛树脂的低得多。

由于环氧树脂耐热性能差,在磨削加工过程中,砂轮与工件接触部位的瞬时温度可达几百度或更高,在这种情况下,环氧树脂很快软化,丧失了对磨粒的保持能力,使磨粒过早脱落。造成磨具磨损大,有人做过试验,在相同条件下制成的荒磨砂轮,用于干磨铸钢,环氧树脂砂轮的磨损量约为酚醛树脂砂轮的 4.6 倍。而制成的薄片砂轮,用于切削直径 44 mm 的圆钢,环氧树脂砂轮的磨损量是酚醛树脂砂轮的三倍。

表 5-10　　环氧树脂、酚醛树脂及其共混物的维卡耐热度

树脂的种类及含量	维卡耐热度
环氧树脂	145 ℃/2 mm
70% 环氧树脂 + 30% 酚醛树脂	197 ℃/2 mm
50% 环氧树脂 + 50% 酚醛树脂	220 ℃/2 mm
30% 环氧树脂 + 70% 酚醛树脂	250 ℃/1.2 mm
酚醛树脂	250 ℃/0.22 mm

注:①环氧树脂为 E-12 和 E-44,固化剂为 10% 三乙醇胺;②试块的配方:A100#100,树脂20,成型密度 2.4 g/cm³

环氧树脂由于存在上述特点,加上价格较贵,目前还未能广泛用作结合剂。除了浇注成型的珩磨轮及某些特殊用途的磨具(如细粒度抛光砂轮、磨转子槽砂轮等),全部使用环氧树脂外,在细粒度(如 240# 及更细)磨具和其他用途的磨具(如高速磨片等)制造上,代替一部分酚醛树脂,组成酚醛 - 环氧共混结合剂制成的磨具,比单一用酚醛树脂做结合剂制成的磨具质量好。

5.3.4　环氧树脂的固化剂及固化机制

环氧树脂是线型的热塑性树脂,本身不会硬化,且不具有任何使用性能,只有加入固化剂,使它由线型结构交联成网状或体型结构,形成不溶不熔物,才具有优良的使用性能;并且固化产物的性能在很大程度上取决于固化剂,因此,固化剂是环氧树脂结合剂中的一个重要组成部分。

5.3.4.1　环氧树脂的固化剂

凡能和环氧树脂的环氧基及羟基作用,使树脂交联的物质,叫固化剂,也叫硬化剂或交联剂。

根据硬化所需的温度不同可分为加热固化剂和室温固化剂两类;如果根据化学结构类型的不同,可分为胺类固化剂、酸酐类固化剂、树脂类固化剂、咪唑类固化剂及潜伏性固化剂等;按固化剂的物态不同可分为液体固化剂和固体固化剂两类。

表 5-11 列出了几种较常用的固化剂及其性能。

表 5-11　常用的固化剂种类和性能

分类	名称	用量/%	固化条件	特性
脂肪胺	乙二胺	6~8	20 ℃/4 d 或 20 ℃/2 h + 100 ℃/30 min	常温固化,使用期短,毒性和刺激性大,胶层脆
	二乙撑三胺	10~11	20 ℃/4 d 或 20 ℃/2 h + 100 ℃/30 min	常温固化,使用期短,与乙二胺比较,毒性略低,性能略好
	三乙撑四胺	13~14	20 ℃/7 d 或 20 ℃/2 h + 100 ℃/30 min	常温固化,使用期短,与乙二胺比较,毒性略低,性能略好
	苯二甲胺	16~18	常温/1 d 或 70 ℃/1 h	可常温固化,比二乙撑三胺耐热性、耐溶剂性好,毒性低
芳香胺	间苯二胺	14~15	80 ℃/2 h + 150 ℃/2 h	耐热、耐药品性、电性能好,可用于胶黏剂
	二氨基二苯基甲烷	27~30	80 ℃/2 h + 150 ℃/2 h	耐热、耐药品性、电性能好,可用于胶黏剂
	二氨基二苯基砜	35~40	130 ℃/2 h + 200 ℃/2 h	耐热、电性能优异,使用期长,毒性小,可用于耐热胶黏剂
改性胺	120 固化剂（β-羟乙基乙二胺）	16~18	室温/1 d 或 80 ℃/3 h	吸水性强,需密闭储存。黏度小,毒性低,和环氧树脂反应快,适用期短
	593 固化剂（二乙撑三胺与环氧丙烷丁基醚加成物）	23~25	室温/1 d	黏度小,毒性低,使用期短,室温迅速固化,固化物韧性较好
	703 固化剂（苯酚、甲醛、乙二胺缩合物）	20	室温/4~8 h	与环氧树脂的反应速度比常用的脂肪胺快,可配制室温固化胶黏剂用,固化物性能好
	591 固化剂（氰乙基化二乙撑三胺）	20~25	80 ℃/12 h	与二乙撑三胺相比较反应放热温度低,使用期长,毒性小,胶层的韧性和耐冲击性、耐溶剂性好,但耐热性、电性能较差
	793 固化剂（丙烯腈改性的己二胺,2-甲基咪唑）	25~30	70~100 ℃/3 h	既可常温固化,又可中温固化,反应放热峰较低,适用期较长,毒性低,固化物性能良好,韧性好,对金属、陶瓷、玻璃、塑料等都有良好的胶接性能

续表 5 – 11

分类	名称	用量/%	固化条件	特性
改性胺	105 缩胺(苯二甲胺缩合物)	30 ~ 35	室温/7d 或室温/1 d +100 ℃/2 h	可配制室温固化胶黏剂用,与苯二甲胺比较,毒性和蒸汽压低,显著改善了苯二甲胺在固化过程中的"白化"现象,固化物既有较高的热变形温度,又有较好的韧性
	590 固化剂	15 ~ 20	常温/1 d 或 80 ℃/2 h +150 ℃/2 h	使用方便,毒性比间苯二胺低
低分子聚酰胺	650#、651#、200#、400#、203#、300#、500#等	40 ~ 100	室温/1 d 或 65 ℃/3 h	用量不严格,使用期比脂肪胺长,毒性小,对金属、玻璃、陶瓷等多种材料有良好的黏接性能,固化物收缩小、抗冲、抗弯、耐热冲击、电性能好,但耐热、耐溶剂性差
咪唑类固化剂	咪唑	3 ~ 5	60 ~ 80 ℃/6 ~ 8 h	毒性低,用量小,使用期长,中温固化,固化物热变形温度高,其他性能和用芳胺固化的性能大致相同,用它配制的胶黏剂,胶接强度好,耐热、耐溶剂性亦好,是目前较理想的一种固化剂,也可做促进剂用。其中 2 - 乙基 - 4 - 甲基咪唑性能较全面,室温为液体,易与环氧树脂结合,是胶黏剂中常用的一种固化剂
	2 - 甲基咪唑	3 ~ 5	60 ~ 80 ℃/6 ~ 8 h	
	2 - 乙基 - 4 - 甲基咪唑	2 ~ 6	60 ~ 80 ℃/6 ~ 8 h	
	704 固化剂(2 - 甲基咪唑与环氧丁基醚加成物)	10	60 ~ 80 ℃/6 ~ 8 h	
	781 固化剂(2 - 甲基咪唑与丙烯腈加成物)	10	60 ~ 80 ℃/6 ~ 8 h	
酸酐固化剂	顺丁烯二酸酐	30 ~ 40	160 ~ 200 ℃/2 ~ 4 h	熔点较低,易与树脂混合,使用期长,固化物硬而脆
	邻苯二甲酸酐	76	150 ℃/6 h	易升华与树脂混熔较难,固化后胶层介质性能较好(除强碱外)
	十二烯基琥珀酸酐	130	85 ℃/2 h + 150 ℃/12 ~ 24 h	液体与树脂易混合,使用期长,胶层韧性好,耐热冲击性、电性能好但耐药品性差
	六氢苯二甲酸酐	80	80 ℃/2 h + 150 ℃/12 ~ 24 h	熔点低,易与树脂混合,混合物黏度低,使用期长,固化物耐用药品性、耐热性及电性能较好

续表 5 – 11

分类	名称	用量/%	固化条件	特性
酸酐固化剂	"70"酸酐	50~70	100 ℃/2 h + 150 ℃/4 h	液体,易与树脂混合,挥发性小
	纳迪克酸酐	60~80	80 ℃/3 h + 120 ℃/3 h + 200 ℃/3 h	耐热性好,热稳定性优于苯酐,顺酐及四氢苯酐的固化物
	聚壬二酸酐	70	100~150 ℃/12 h	熔点低,易与树脂混合,使用期长,胶层韧性好,耐热冲击性好
	3,3′,4,4′-苯酮四酸二酐	与顺酐混用 顺酐(50~80) 酮酐(28~50)	200 ℃/24 h	固化物耐热性,耐药品性好,可作耐热胶黏结剂用
潜伏性固化剂	三氯化硼-单乙胺络合物	1~5	120 ℃/2 h + 150 ℃/3 h	吸湿性强,和环氧树脂混合物室温下可储存数月,用量少,但固化时间长,可配制单组分胶黏剂用
	双氰胺	4~9	180 ℃/1 h	和环氧树脂混合后室温下储存期在一年以上,主要用于配制单组分胶黏剂和粉末涂料
	癸二酸二酰肼	30	165 ℃/0.5 h	和环氧树脂混合后室温下储存期>4个月,配制单组分胶黏剂用在-50~60 ℃抗剪强度几乎无变化
	594,596 固化剂	7~10	120 ℃/2~3 h	黏度低,即使在低温下也能保持低黏度,和环氧树脂有极好的混溶性,储存期>3~4个月,主要用于单一组分胶剂和无溶剂浸渍漆

　　硬化后环氧树脂的性能,特别是耐热性和机械强度,主要是由固化剂来提供,不同固化剂制成制品的耐热性和机械强度相差较大。

5.3.4.2 环氧树脂的固化原理

　　环氧树脂硬化反应的原理,目前尚不完善,根据所用固化剂的不同,一般认为它通过四种途径的反应而成为热固性产物。四种途径为:①环氧基之间开环连接;②环氧基与带有活性氢官能团的固化剂反应而交联;③环氧基与固化剂中芳香的或脂肪的羟基的反应而交联;④环氧基或羟基与固化剂所带基团发生反应而交联。

不同种类的固化剂,在硬化过程中其作用也不同,有的固化剂在硬化过程中,不参加到大分子中去,仅起催化作用,如无机物,具有单反应基团的胺、醇、酚等,这种固化剂,也叫催化剂。多数固化剂,在硬化过程中参与大分子之间的反应,构成硬化树脂的一部分,如含多反应基团的多元胺、多元醇、多元酸酐等化合物。

下面按固化剂的不同化学结构类型来分别讨论各种固化剂的硬化原理与特性。

(1)胺类固化剂　胺类固化剂一般使用比较普遍,其硬化速度快,而且黏度也低,使用方便,但产品耐热性不高,介电性能差,并且固化剂本身的毒性较大,易升华。常用的胺类固化剂见表 5 – 11 所示。胺类固化剂包括:脂肪族胺类、芳香族胺类和胺的衍生物等。胺本身可以看作是氮的烷基取代物,氨分子(NH_3)中三个氢可逐步地被烷基取代,生成三种不同的胺。即:伯胺(RNH_2)、仲胺(R_2NH)和叔胺(R_3N)。

由于胺的种类不同,其硬化作用也不同:

1)伯胺和仲胺的作用　含有活泼氢原子的伯胺及仲胺与环氧树脂中的环氧基作用。使环氧基开环生成羟基,生成的羟基再与环氧基起醚化反应,最后生成网状或体型聚合物:

①伯胺

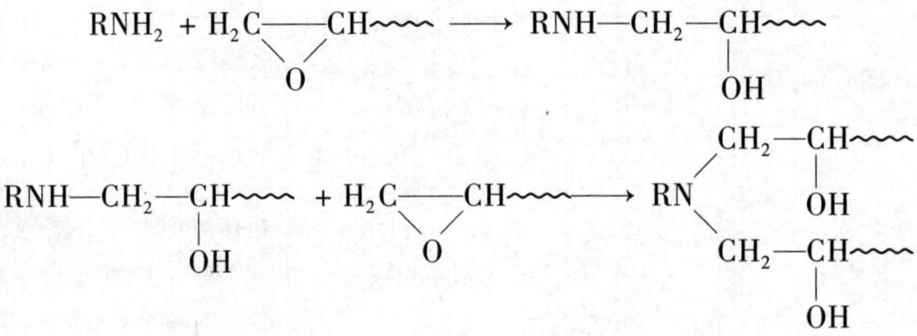

$$RNH_2 + H_2C{-}CH\wedge\wedge \longrightarrow RNH{-}CH_2{-}CH\wedge$$

$$RNH{-}CH_2{-}CH\wedge + H_2C{-}CH\wedge \longrightarrow RN$$

②仲胺

$$R_2NH + H_2C{-}CH\wedge \longrightarrow R_2N{-}CH_2{-}CH\wedge$$

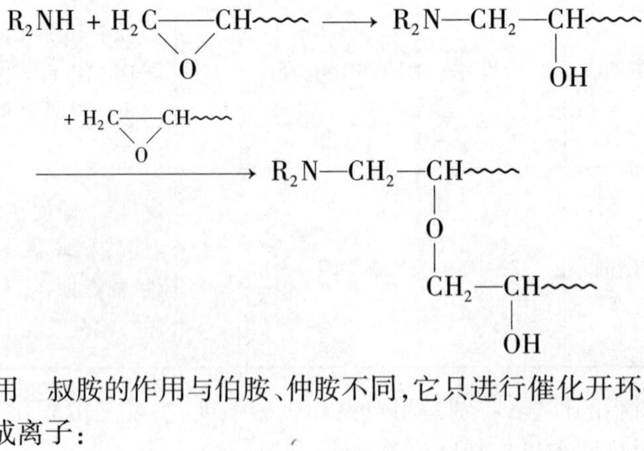

2)叔胺的作用　叔胺的作用与伯胺、仲胺不同,它只进行催化开环,环氧树脂的环氧基被叔胺开环变成离子:

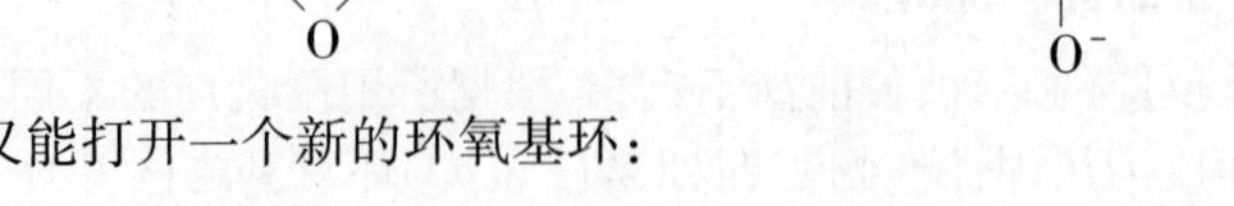

$$R_3N + H_2C{-}CH\wedge \longrightarrow R_3N^+{-}CH_2{-}CH\wedge$$

这个阴离子又能打开一个新的环氧基环:

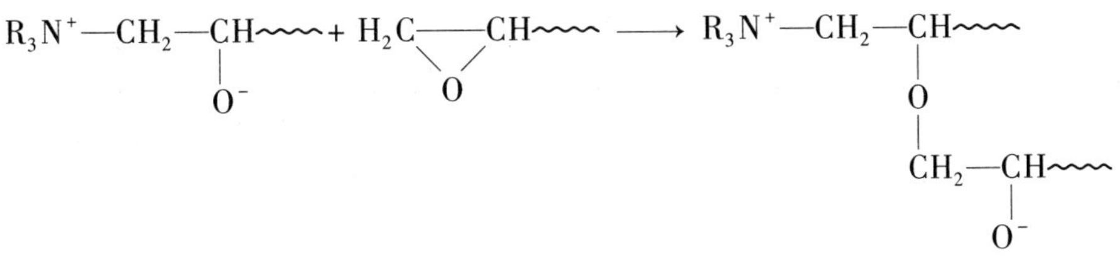

继续反应下去,最后生成网状或体型结构的大分子。

(2)酸酐类固化剂　酸酐是由羧酸(分子结构中含有羧基—COOH)与脱水剂一起加热时,两个羧基除去一个水分子而生成的化合物。常用的酸酐类固化剂见表5-11所示。

酸酐类固化剂硬化反应速度较缓慢,硬化过程中放热少,使用寿命长,毒性较小,硬化后树脂的质量(如机械强度、耐磨性、耐热性及电性能等)均较好。但由于硬化后含有酯键,容易受碱的侵蚀并且有吸水性,另外除少数在室温下是液体外,绝大多数是易升华的固体,而且一般要加热固化。

酸酐和环氧树脂的硬化机制,至今尚未完全阐明,比较公认的说法如下:

酸酐先与环氧树脂中的羟基起反应而生成单酯,以邻苯二甲酸酐为例,它的反应如下:

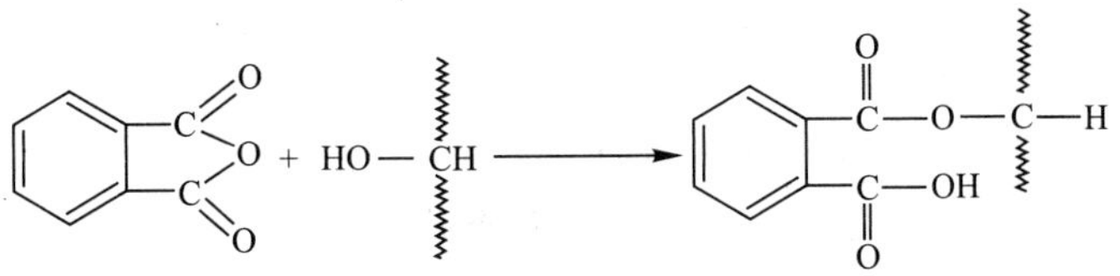

第二步由单酯中的羟基和环氧树脂的环氧基起开环反应而生成双酯:

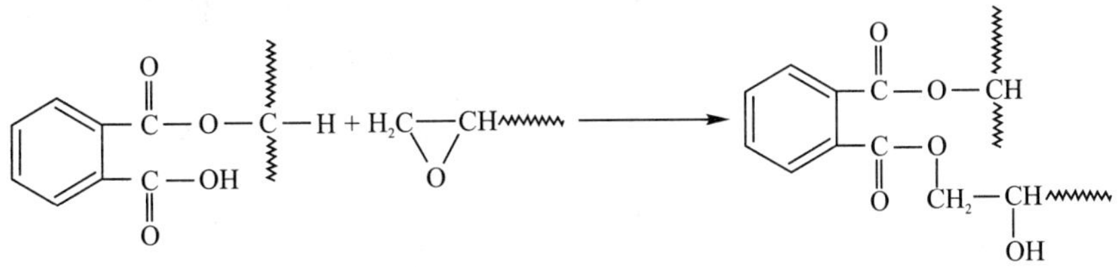

第三步再由其中的羟基对环氧基起开环作用,生成醚基:

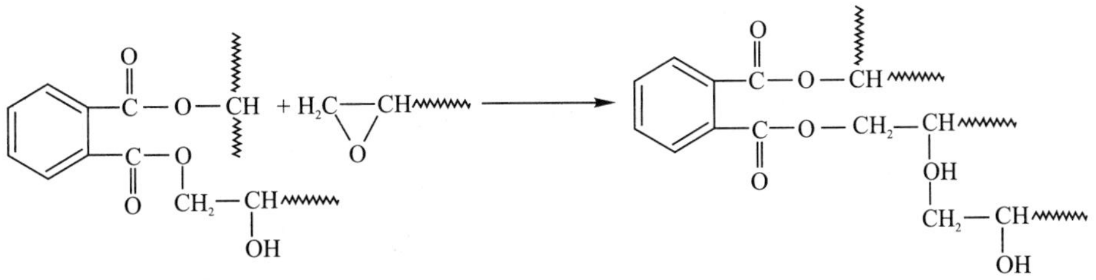

所以可得到既含醚键,又含有酯基的不溶不熔的体型结构。

除了上述反应之外,第一步生成的单酸中的羧基也可能与环氧树脂分子上的羟基起酯化反应,生成双酯。但这不是主要的反应:

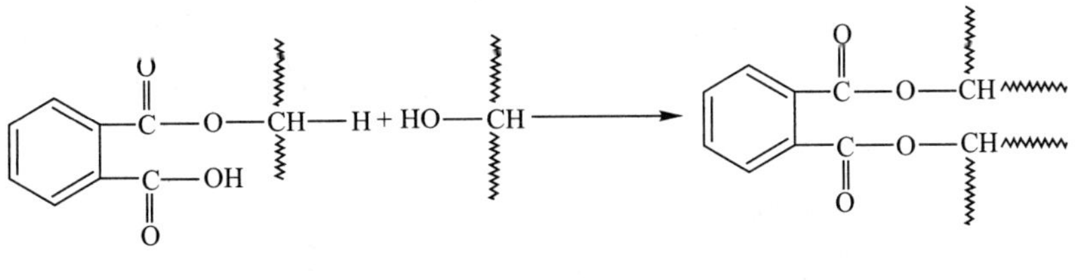

（3）树脂类固化剂　含有硬化基团的—NH—、—CH$_2$OH、—SH、—COOH、—OH 等的线型合成树脂低聚物，也可作为环氧树脂的固化剂。如低分子聚酰胺、酚醛树脂、苯胺甲醛树脂、三聚氰胺甲醛树脂、糠醛树脂、硫树脂、聚酯等。它们分别能对环氧树脂硬化物的耐热性、耐化学性、抗冲击性、介电性、耐水性起到改善作用。常用的是低分子聚酰胺和酚醛树脂。

1）低分子聚酰胺　不同于尼龙型的聚酰胺，它是亚油酸二聚体或是桐油酸二聚体与脂肪族多元胺，如乙二胺、二乙烯三胺反应生成的一种琥珀色黏稠状树脂，其分子结构式为：

$$
\begin{array}{l}
\text{(H}_2\text{C)}_7\!-\!\overset{\overset{\textstyle O}{\|}}{\text{C}}\text{NHCH}_2\text{CH}_2\text{NHR} \\[2pt]
\quad\ \text{CH} \qquad\qquad \overset{\textstyle O}{\|} \\
\text{HC} \quad\ \text{CH}\!-\!\text{(CH}_2)_7\!-\!\text{CNHCH}_2\text{CH}_2\text{NHR} \\[2pt]
\| \qquad\qquad\qquad\qquad\qquad\qquad\qquad \\
\text{HC} \quad\ \text{CH}\!-\!\text{CH}_2\!-\!\text{CH}\!=\!\text{CH}\!-\!\text{(CH}_2)_4\!-\!\text{CH}_3 \\[2pt]
\quad\ \text{CH} \\
\text{(CH}_2)_5\!-\!\text{CH}_3
\end{array}
$$

式中的 R 可以是氢原子或是亚油酸二聚体，由于原材料的性质，反应组分的配比和反应条件不同，低分子聚酰胺的性质差别很大。它们的分子量在 500～9 000，有熔点很高，胺值很低的固态树脂，也有胺值为 300 的液态树脂。其中胺值是低分子聚酰胺活性的描述，胺值高的活性大，与环氧树脂反应速度快，但可使用期短，胺值低的活性小，与环氧树脂反应速度慢，但可使用期长，表 5 - 12 列举了几种低分子聚酰胺的牌号及性能。

表 5 - 12　低分子聚酰胺牌号及性能举例

牌号	200	300	400	650	651
原料	亚油酸二聚体 与三乙烯四胺	亚油酸二聚体 与三乙烯四胺	桐油酸二聚体 与二乙烯三胺	—	
色泽	棕红色 黏流体	棕红色 黏流体	棕色 黏流体	棕色 黏流体	浅黄色 液体
比重	0.96～0.98	0.96～0.98		0.970～0.990	0.7～0.99
胺值	215±15	305±15	200±20	200±20	300
黏度（40 ℃） /cP	20 000～80 000	600～2 000	15 000～50 000	—	—

低分子聚酰胺分子中有各种极性基团，如仲胺基、伯胺基以及酰胺基，硬化后的环氧树脂对各种金属、木材、玻璃和塑料有良好的黏附力。聚酰胺分子中有较长的脂肪碳链，起到内部增塑作用，因此硬化后的环氧树脂有一定的韧性。低分子聚酰胺与环氧树脂的配合比例一般从 40/60 到 60/40，在此范围内，可获得较好的胶接强度，热稳定性和耐化学试剂作用，一般聚酰胺用量多，体系柔性及抗冲击性能好；环氧树脂比例高，高温下黏结强度比较高，耐化学试剂作用好。

低分子聚酰胺作为固化剂特点是：无毒或低毒，挥发性小，易与环氧树脂混合，反应缓慢,一般多用作常温固化剂。

2)酚醛树脂 酚醛树脂与环氧树脂的相互作用比较复杂,主要是按下列几种反应进行。

热固性酚醛树脂中的羟甲基与环氧树脂中的羟基及环氧基起反应:

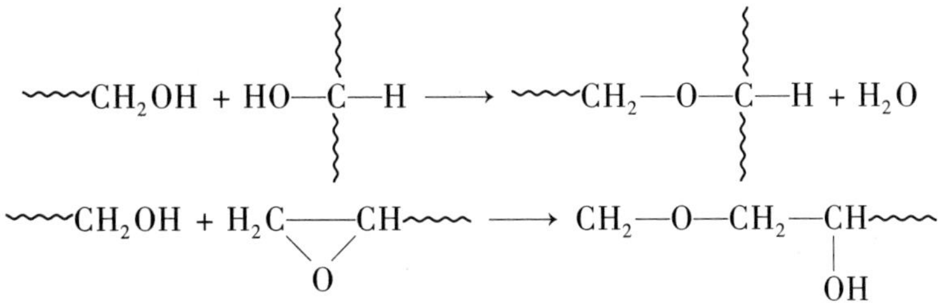

$$\sim\sim CH_2OH + HO-\overset{|}{\underset{|}{C}}-H \longrightarrow \sim\sim CH_2-O-\overset{|}{\underset{|}{C}}-H + H_2O$$

$$\sim\sim CH_2OH + H_2C-\underset{O}{\overset{\diagdown\diagup}{C}}H\sim\sim \longrightarrow CH_2-O-CH_2-\underset{\underset{OH}{|}}{C}H\sim\sim$$

酚醛树脂   环氧树脂

酚醛树脂中的酚羟基与环氧基起开环醚化反应:

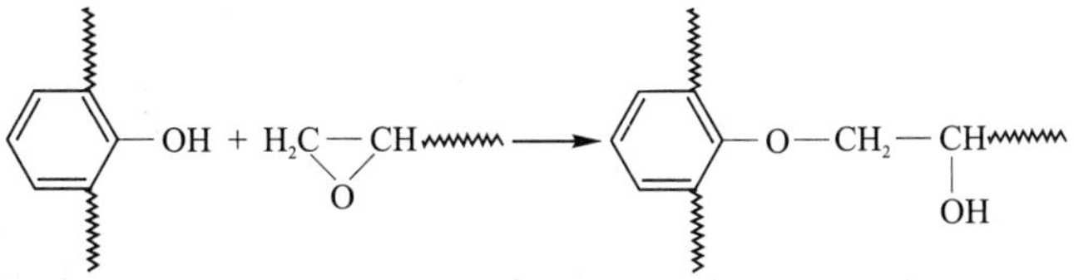

所以酚醛树脂能把环氧树脂从线型变成体型,环氧树脂也能把酚醛树脂从线型变成体型,彼此相辅相成,最后形成相互交联的不溶不熔的体型大分子。

(4)咪唑类固化剂 咪唑类化合物是一种新型固化剂,可在较低温度下固化而得到耐热性优良的固化物,并且具有优异的力学性能。常用的咪唑类固化剂见表5-11。

咪唑类化合物的反应活性根据其结构不同而有所不同。一般碱性越强,固化温度越低,在结构上受1位取代基影响较大。

咪唑(Imidaxole)是具有两个氮原子的五元环,一个氮原子构成仲胺,一个氮原子构成叔胺。所以咪唑类固化剂既有叔胺的催化作用,又有仲胺的作用。

如2-乙基-4-甲基咪唑:

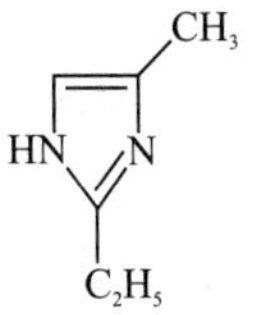

5.3.4.3 环氧树脂固化剂用量的确定

(1)胺类固化剂用量的计算   胺类固化剂用量的计算方法,其依据是以胺基上的一个活泼氢和一个环氧基相作用来考虑的。各种伯胺、仲胺的用量按式(5-5)计算求出:

$$W = \frac{M}{H_n} \times E \qquad\qquad (5-5)$$

式中 W——每100 g环氧树脂所需胺类固化剂的质量,g;

M——胺类固化剂分子量;

H_n——固化剂分子中胺基上的活泼氢原子数;

E——环氧树脂的环氧值。

举例:用乙二胺做固化剂,使 E-44 环氧树脂硬化,求每 100 g 环氧树脂所需乙二胺的用量。

解:乙二胺的分子式中 $H_2N—CH_2—NH_2$

乙二胺的分子量 $M = 60$

乙二胺的活泼氢原子数 $H_n = 4$

从表 5-7 查出 E-44 环氧树脂的环氧值 $E = 0.41 \sim 0.47$ 那么用量 W 为:

$$W_{最大} = \frac{60}{4} \times 0.47 = 7.05 \text{ g}$$

$$W_{最小} = \frac{60}{4} \times 0.41 = 6.15 \text{ g}$$

即每 100 g E-44 环氧树脂需用 6~7 g 乙二胺固化剂。实际上,随着胺分子的大小,以及反应能力和挥发情况的不同,一般比理论计算出的数值要多用 10% 以上。

(2)酸酐类固化剂的用量计算方法　　酸酐类固化剂的用量通常按式(5-6)求出:

$$W = A_E \times E \times K \qquad\qquad (5-6)$$

式中　W——每 100 g 环氧树脂所需酸酐固化剂的质量,g;

A_E——酸酐摩尔质量;

K——每克摩尔质量环氧基所需酸酐的克分子数,经验数据,K 值为 0.5~1.1 变动,一般取 0.85。

举例:对 100 g 环氧值为 0.43 的环氧树脂,若用邻苯二甲酸酐(PA)作为它的固化剂,要用多少量合适?

解:邻苯二甲酸酐的分子式为

其分子量 $M = 148$,$E = 0.43$,经验数值取 $K = 0.85$,因此其合适的用量为:

$W = 148 \times 0.43 \times 0.85 \approx 54.1 \text{ g}$

即 100 g 环氧值为 0.43 的环氧树脂,用 54 g 左右的邻苯二甲酸酐做固化剂较合适。实际使用量也均比理论计算的用量值高。

固化剂用量一般比理论计算值高的原因有二,一是在配制过程和操作过程中会有挥发损失;二是不易与树脂混合均匀。但是当固化剂用量过大时,会造成树脂链终止增长,降低硬化物的分子量,使硬化后的树脂发脆。

上述计算值,都是指纯的固化剂,即含量百分之百。当达不到此纯度时,应进行换算调整。

5.3.5　环氧树脂的辅助材料

环氧树脂和固化剂组成的材料常常因某些性能诸如流动性能、韧性等不能满足某些使用领域的要求,因此需要对基本材料进行改性。改性的内容包括很多方面,例如:液体材料的流动性控制,固化引起的收缩或内应力的降低,固化物韧性的提高和固化物物性的调整等。这些改性不可避免地要涉及包括采用稀释剂等流动调节剂,以及加入增塑剂、增韧剂和填料等改性剂作为辅助材料。

5.3.5.1 增韧剂

为改善环氧树脂胶黏剂的脆性,提高抗冲击性能和剥离强度,常加入增韧剂。但增韧剂的加入也会降低胶层的耐热性和耐介质性能。

增韧剂分活性和非活性两大类。非活性增韧剂不参与固化反应,只是以游离状态存在于固化的胶层中,并有从胶层中迁移出来的倾向,一般用量为环氧树脂的 10%～20%,用量太大会严重降低胶层的各种性能。常用的有邻苯二甲酸二丁酯、邻苯二甲酸二辛酯、亚磷酸三苯酯。

活性增韧参与固化反应,增韧效果比非活性的显著,用量也可大些。常用的有低分子聚硫、液体丁腈、液体羧基丁腈等橡胶、聚氨酯及低分子聚酰胺等树脂。

5.3.5.2 稀释剂

稀释剂可降低胶黏剂的黏度,改善工艺性,增加其对被粘物的浸润性,从而提高胶接强度,还可增加填料用量,延长胶黏剂的使用期。稀释剂也分活性和非活性两大类。

非活性稀释剂与环氧树脂相溶,但并不参加环氧树脂的固化反应,因此与环氧树脂互溶性差的部分在固化过程中分离出来,完全互溶的部分也依沸点的高低不同而从环氧树脂固化物中挥发掉。由于这种非活性稀释剂的加入,环氧树脂固化物的强度和模量下降,但伸长率得到了提高。非活性稀释剂有丙酮、甲苯、乙酸乙酯等溶剂。

活性稀释剂主要是指含有环氧基团的低分子环氧化合物,它们可以参加环氧树脂的固化反应,成为环氧树脂固化物的交联网络结构的一部分。一般活性稀释剂分为单环氧基、双环氧基和三环氧基活性稀释剂。某些单环氧基稀释剂,如丙烯基缩水甘油醚、丁基缩水甘油醚和苯基缩水甘油醚对于胺类固化剂反应活性较大。某些烯烃或脂环族单环氧基稀释剂对酸酐固化剂反应活性较大。其用量一般不超过环氧树脂的 20%,用量太大也影响胶黏剂性能。常用的有环氧丙烷丁基苯醚(501#)、环氧丙烷基醚(690#)、二缩水甘油醚(600#)、乙二醇二缩水甘油醚(669#)、甘油环氧树脂(662#)等。

5.3.5.3 填料

填料不仅可降低成本,还可改善胶黏剂的许多性能,如延长使用期、降低热膨胀系数和收缩率,提高胶接强度、硬度、耐热和耐磨性。同时还可增加胶的黏稠度,改善淌胶性能。表 5-13 为常用填料的种类、用量及作用。

表 5-13 常用填料种类、用量及其作用

填料种类	用量/%	作用
石英粉、刚玉粉	40～100	提高硬度,降低收缩率和热膨胀系数
各种金属粉	100～300	提高导热性和可加工性
二硫化钼、石墨粉	30～80	提高耐磨性及润滑性
石棉粉、玻璃纤维	20～50	提高冲击强度及耐热性
碳酸钙、水泥、陶土、滑石粉	25～100	降低成本,降低固化收缩率
胶态二氧化硅、改性白土	<10	提高触变性,改善淌胶性能

另外,为提高胶接性能可加入偶联剂,为提高胶黏剂的固化速度,降低固化温度可加入固化促进剂,为提高胶黏剂的耐老化性能还可加入稳定剂等。

5.3.6 环氧树脂的改性

未经改性的环氧树脂本体延伸率低,脆性大,尤其是低温脆性更为突出,使用时耐疲劳性差,并且其耐热性能差,不能满足高性能黏结剂的需要,因此,人们在利用其高的黏结强度的同时,发展了各种改性环氧树脂,主要是提高其韧性及耐热性。环氧树脂的增韧途径大致有以下几种:①用刚性无机填料、橡胶弹体性、热塑性塑料和热致性液晶(TLCP)聚合物等第二相来增韧改性;②用热塑性塑料连续贯穿于环氧树脂网络中形成半互穿网络型聚合物增韧改性;③改变交联网络的化学结构组成以提高交联网链的活动能力增韧等。主要的改性产品有如下几种。

5.3.6.1 液体丁腈橡胶增韧改性环氧树脂

液体丁腈共聚物分子量在 3 000 ~ 10 000,它较易与环氧树脂混合,加工性能好,适宜配制无溶剂型或流动性好的低黏度环氧胶黏剂。液体丁腈的加入,可以提高环氧树脂的抗冲击性,抗开裂性能。一般液体丁腈,分子式为:

$$\left[\left(CH_2 - CH = CH - CH_2 \right)_x \left(CH_2 - CH \right)_y \right]_n$$
$$\qquad\qquad\qquad\qquad\qquad\qquad\qquad | \atop CN$$

分子中没有活性官能团,与环氧树脂不起反应,在固化过程中沉析出来,形成分散在环氧树脂连续相中的分散相,一般用量不超过双酚 A 环氧胶量的 20%,否则胶接强度反而下降。目前应用较多的是端羟基液体丁腈增韧的环氧树脂,分子式为:

$$HOOC - R \left[\left(CH_2 - CH = CH - CH_2 \right)_x \left(CH_2 - CH \right)_y \right]_n R - COOH$$
$$\qquad\qquad\qquad\qquad\qquad\qquad\qquad\qquad | \atop CN$$

这类胶黏剂的特点是可在较低的温度下固化,且具有较高的综合力学性能。由于在固化过程中发生两种反应,即环氧树脂在固化剂作用下开环固化反应和端羧基丁腈与环氧树脂的嵌段反应,同时,端羧基丁腈不完全与环氧树脂相溶,所以为避免两相分离过大,造成胶层结构疏松,要控制上述两种反应速度的协同性,选用合适的固化剂是关键。国产 KH - 225 是以液体端羧基丁腈橡胶和双酚 A 环氧树脂为主体,以 2 - 乙基 - 4 - 甲基咪唑为固化剂的胶黏剂,对很多金属和非金属都有良好的胶接强度。

5.3.6.2 聚硫橡胶改性环氧树脂

液体聚硫橡胶是一种低分子量黏稠液体,在胶黏剂配方中使用的聚硫橡胶分子量从800 ~ 3 000 不等,视性能要求而异。当聚硫橡胶和环氧树脂混合后,末端的硫醇基(—SH)可以和环氧基发生化学作用,从而参加到固化后的环氧树脂结构之中,赋予交联后的环氧树脂较好的柔韧性。有机胺如二乙烯三胺、三乙烯四胺、2,4,6 - (N,N - 二甲基氨甲基)苯酚及苄基二甲胺等对此反应有显著催化作用,加温可以使反应更完全。有机胺的用量可按固化剂的通常用量,其中 2,4,6 - (N,N - 二甲基氨甲基)苯酚最常用,它催化作用明显,反应完全,且与聚硫橡胶的相溶性很好。

液体聚硫橡胶:

$$HS \left(C_2H_4 - O - CH_2 - O - C_2H_4 - S - S \right)_n C_2H_4 - O - CH_2 - O - C_2H_4 - SH$$

以下简写为 HS—R—SH 与环氧树脂的反应:

$$\sim\!\!\sim\!\!CH\!-\!CH_2 + HS\!-\!R\!-\!SH + H_2C\!-\!CH\!\sim\!\!\sim$$
$$\underset{O}{|\quad\quad\quad\quad\quad\quad\quad\quad\quad\quad\quad}$$
$$\longrightarrow CH\!-\!CH_2\!-\!S\!-\!R\!-\!S\!-\!CH_2\!-\!CH\!\sim\!\!\sim$$
$$\underset{OH}{|}\quad\quad\quad\quad\quad\quad\quad\quad\quad\quad\quad\underset{OH}{|}$$

5.3.6.3 聚氨酯改性环氧树脂

聚氨酯中的氨基可以与环氧树脂中的环氧基发生开环反应,异氰酸酯基可以和环氧树脂中的羟基或开环反应生成的羟基发生反应,而使环氧树脂固化。由于把聚氨酯中的醚链引到环氧树脂交联网络中,所以固化物韧性较好。

用聚醚型聚氨酯改性环氧树脂,将末端为异氰酸酯基的聚醚预聚体和双酚 A 环氧树脂混合,再加入胺类固化剂 3,3′-二氯-4,4′-二氨基二苯基甲烷固化,其改性的环氧树脂耐磨性、柔韧性可大幅度提高;用双氰胺固化的聚氨酯-环氧胶体系,具有良好的剪切强度和剥离强度。

5.3.6.4 聚乙烯醇缩丁醛改性环氧树脂

聚乙烯醇缩丁醛有较好的韧性,耐光耐湿性能优良,其结构中有活性羟基(—OH),在高温下可以和环氧树脂发生化学作用,形成交联结构。用于此胶黏剂的聚乙烯醇缩丁醛的缩醛化程度不宜过高,分子量也不宜过高,用量一般为 5%~15% 的树脂量。经过改性的环氧胶黏剂的抗冲击和剥离强度有较大提高。

5.3.6.5 聚砜类树脂改性环氧树脂

此外,末端带有羟基的四氢呋喃聚醚作为增柔剂,用在胺类固化的环氧树脂中,也可提高冲击强度;20 世纪 90 年代国外又兴起用热致性液晶聚合物(TLCP)来增韧环氧树脂,在结构上含有大部分介晶刚性单元和一部分柔性链段,与传统的增韧方法相比,最大的特点是在韧性大幅度提高的同时,不但不会使 T_g 和 HDT(热变形温度)下降,而且还略有升高;据报道陶氏化学有限公司最近开发的 XJ-7178800 环氧树脂是采用了一种"就地增韧"的技术合成的韧性环氧树脂,它主要是通过两阶段的反应,造成环氧树脂固化产物交联网络不均匀,分子量呈双峰分布,使材料有利于产生塑性变形,具有较好的韧性。这种树脂的韧性可以是常规树脂韧性的 2~10 倍,其固化产物的破坏方式已从脆性破坏转变为塑性破坏。总之,环氧树脂的增韧改性仍然是一个活跃的研究方向。

用聚醚砜(PES)改性胺类固化环氧树脂,在固化物结构中,可观察到二相微结构分布,这些分散相抑制了龟裂的成长,提高了破坏能,故改善了固化物韧性。

用末端带有官能基的聚芳醚砜(PSF)改性环氧树脂,也可以增加固化物相分离结构界面的黏结性、韧性,同时耐热性也有提高。

采用耐热热塑性树脂改性环氧树脂是一种新途径。其明显的优势在于改性剂的加入不影响体系的模量和 T_g。除聚砜类外,还有聚酰胺类、聚醚亚胺树脂等。

5.3.6.6 酚醛树脂改性环氧树脂

在酚醛树脂中含有大量的酚羟基及羟甲基,加热条件下可以和环氧树脂中的羟基及环氧基反应,其反应机制正如前述以酚醛树脂作为环氧树脂的固化剂反应机制,最终酚醛树脂能把环氧树脂从线型变成体型结构。这个体系既保持了环氧树脂良好的黏附性,又保持了酚醛树脂的耐热性,使酚醛树脂/环氧树脂可以在 260 ℃下长期使用。

5.3.6.7 有机硅改性环氧树脂

将有机硅树脂加入环氧树脂可得到机械强度高,黏结性好的改性树脂,并可以提高其耐热性和弹性。反应机制一般认为是聚有机硅氧烷的烷氧基与环氧树脂的羟基反应,生成接枝共聚物,有机硅氧烷的羟基与环氧树脂的环氧基反应,生成接枝共聚物,生成的共聚物可用二元胺为固化剂,室温或加热条件下固化。

$$
\underset{|}{\overset{|}{H-C-OH}} + R_3-O-\underset{R_2}{\overset{R_1}{Si}}-O\sim \longrightarrow \underset{|}{\overset{|}{H-C-O}}-\underset{R_2}{\overset{R_1}{Si}}-O\sim + R_3OH
$$

5.3.6.8 热塑性树脂增韧环氧树脂

用于环氧树脂增韧改性的热塑性树脂主要有聚砜、聚醚砜、聚醚酮、聚醚酰亚胺、聚苯醚、聚碳酸酯等。这些聚合物一般是耐热性及力学性能都比较好的工程塑料,它们或者以热熔化的方式,或者以溶液的方式掺混入环氧树脂。

5.4 聚酰亚胺树脂

聚酰亚胺是指主链上含有酰亚胺环(—CO—NH—CO—)的一类聚合物,是综合性能最佳的有机高分子材料之一,耐高温达 400 ℃以上,长期使用温度范围 -200 ~ 300 ℃。聚酰亚胺作为一种特种工程材料,已广泛应用在航空、航天、微电子、纳米、液晶、分离膜、激光等领域。20 世纪 60 年代,各国都在将聚酰亚胺的研究、开发及利用列入 21 世纪最有希望的工程塑料之一。

根据重复单元的化学结构,聚酰亚胺可以分为脂肪族、半芳香族和芳香族聚酰亚胺三种。根据热性质,可分为热塑性和热固性聚酰亚胺。

热塑性聚酰亚胺的主链上含有亚胺环和芳香环,具有链型的结构。这类聚合物具有优异的耐热性和抗热氧化性能,在 -200 ~ +260 ℃具有优异的机械性能、介电和绝缘性能以及耐辐射性能。按所用芳香族四酸二酐单体结构的不同,热塑性聚酰亚胺又可分为均苯酐型、醚酐型、酮酐型和氟酐型聚酰亚胺等。

热固性聚酰亚胺材料通常是由端部带有不饱和基团的低分子量聚酰亚胺或聚酰胺酸,应用时再通过不饱和端基进行聚合。按封端剂和合成方法的不同,主要分为双马来酰亚胺树脂(BMI 树脂)和降冰片烯基封端聚酰亚胺树脂(PMR 树脂)。目前国内外常用于树脂磨具的耐高温树脂为 BMI 树脂。

BMI 树脂具有与典型的热固性树脂相似的流动性和可模塑性,可用与环氧树脂类同的一般方法进行加工成型;同时,BMI 树脂具有良好的耐高温、耐辐射、耐湿热、吸湿率低和热膨胀系数小等优良特性,克服了环氧树脂耐热性相对较低和耐高温聚酰亚胺树脂成型温度高压力大的缺点。因此,近二十年来,BMI 树脂作为耐高温树脂得到了迅速发展和广泛的应用。BMI 预聚体自交联或与其他改性树脂反应过程中无小分子副产物的析出,这适合超硬材料树脂磨具的热压工艺,它已经成为超硬材料树脂磨具新型耐高温结合剂的主要研究对象。

双马来酰亚胺是以马来酰亚胺为活性端基的双官能团化合物,其通式如下:

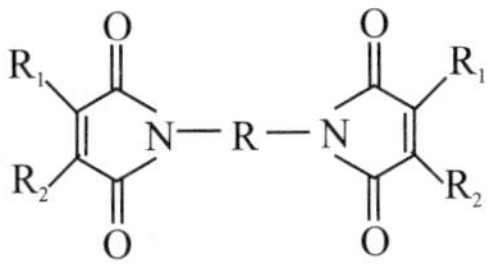

5.4.1 BMI 的合成与性质

一般来说,BMI 单体的合成路线见下式:首先,2 mol 马来酸酐与 1 mol 二元胺反应生成双马来酰亚胺酸,然后双马来酰亚胺酸环化生成 BMI。选用不同结构的二元胺和马来酸酐,并采用合适的反应条件、工艺配方、提纯及分离方法等,可获得不同结构与性能的 BMI 单体。

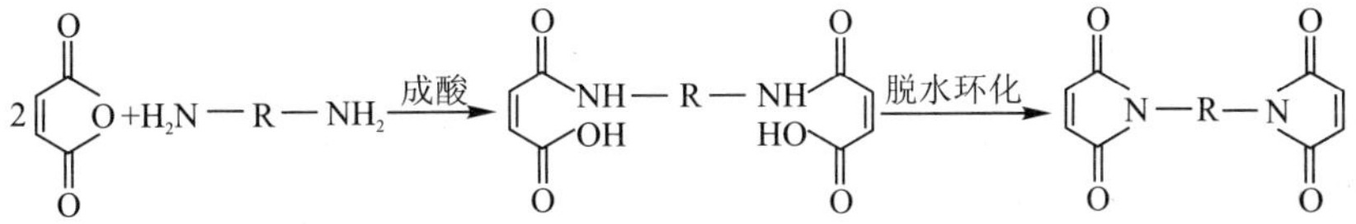

从原理上讲,任意一种二元胺均可用于 BMI 单体的合成,这些二元胺可以是脂肪族的、芳香族的或端氨基的某种预聚体,但对于不同结构的二元胺,其反应条件、工艺配方、提纯及分离方法和合成产率等各不相同。目前,BMI 的合成方法按照脱水工艺条件不同可分为乙酸酐脱水环化法、热脱水闭环法和共沸蒸馏脱水法三种。

(1)乙酸酐脱水环化法 以乙酸钠或乙酸镍为催化剂,二元胺与 MA 在溶剂中反应首先生成 BMIA(双马来酰亚胺酸);然后在 50~60 ℃下以乙酸酐为脱水剂,BMIA 脱水环化生成 BMI。按照所用溶剂不同还可以分为 DMF 法、丙酮法。采用 DMF 法的优点是中间产物 BMIA 可溶于 DMF 中,使反应体系始终处于均相,从而有利于反应顺利进行,并且反应产率相对较高;其缺点是溶剂毒性较大、生产成本较高且产品质量相对较差。丙酮法的优点是副反应少、溶剂价格低廉且毒性低,缺点是 BMIA 从溶剂中呈固体析出、反应不均匀、溶剂用量大且回收率较低,无法降低最终 BMI 的成本。

(2)热脱水闭环法 催化热闭环法是 20 世纪 90 年代初开发的一种新的合成方法,主要以甲苯、二氯乙烷和 DMF 为混合溶剂,对甲苯磺酸钠为脱水剂,在较高的温度(100 ℃)下进行脱水环化得到 BMI。这种方法由于不再采用大量乙酸酐和脱水剂;体系始终处于均相,生产效率得到提高;同时减少了三废,降低了成本。但反应仍然需要在极性强、毒性强的溶剂存在下进行(甲苯、二氯乙烷、DMF 混合溶剂),且脱水时间较长(一般需要5~6 h)。

(3)共沸蒸馏脱水法 共沸蒸馏法是在热闭环法的基础上发展起来的一种新的合成方法。与热闭环法不同之处是在反应混合液中加入一种能和水形成共沸物的溶剂,在催化剂热闭环的同时,将水与溶剂的共沸物蒸馏出反应器。采用共沸蒸馏方法合成 BMI,不但蒸出的溶剂分离回收后可重复利用,而且由于水的不断蒸出加快了热闭环反应的进行。共沸蒸馏法所用的溶剂是甲苯。共沸蒸馏法合成 BMI,减少了三废,产品生产效率大大提高,生产成本得以降低,同时产品的质量也得到很大的提高。其缺点是反应体系不均匀。

5.4.1.1 BMI 的物理性质

目前国内树脂磨具中大量应用且商品化的 BMI 是 4,4′-双马来酰亚胺基二苯甲烷（BDM），浅黄色粉末，且 BMI 的改性研究大多也是针对它而进行的，其结构式为：

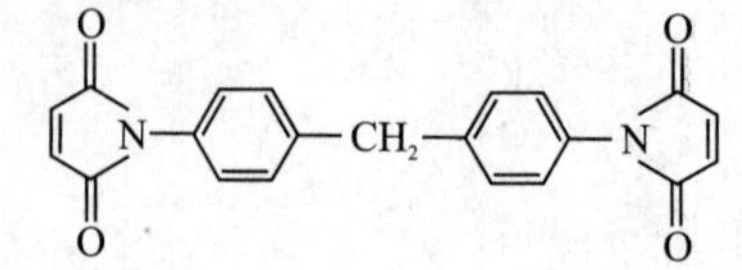

它的主要技术指标如下（见表 5-14）：

表 5-14　4,4′-双马来酰亚胺基二苯甲烷的性质

性质	数值	性质	数值
分子量	358	挥发分	<1%
熔限	153~157 ℃	酸值	<10 mg KOH/g

常用的 BMI 单体，一般不溶于普通有机溶剂，如丙酮、乙醇等，只能溶于二甲基甲酰胺（DMF）、N-甲基吡咯烷酮（NMP）等强极性溶剂。

5.4.1.2 BMI 的化学性质

由于 BMI 单体邻位两个碳基的吸电子作用而使双键成为缺电子键，因而 BMI 单体可通过双键与二元胺、酰肼、酰胺、硫氢基、氰尿酸和羟基等含活泼氢的化合物进行加成反应；同时，也可以与环氧树脂、含不饱和键化合物及其他 BMI 单体发生共聚反应；在催化剂或热作用下也可发生自聚反应。BMI 的固化及后固化温度等条件与其结构密切相关。

5.4.1.3 BMI 固化物

BMI 单体本身在适当的条件下可发生自聚，并发生交联反应，基本反应式如下：

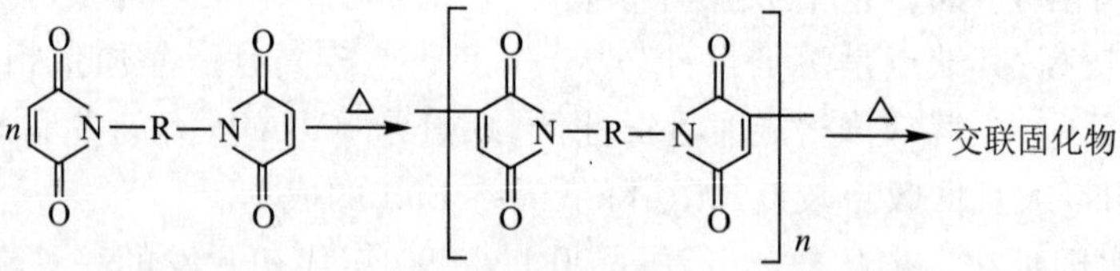

BMI 固化物由于含有酰亚胺及交联密度高等而具有优良的耐热性，使用温度一般在 177~230 ℃，T_g 一般大于 250 ℃。BMI 树脂的固化反应属于加成型聚合反应，成型过程中无低分子副产物放出，容易控制，固化物结构致密，缺陷少，因而 BMI 具有较高的强度和模量。但是由于化合物的交联密度高、分子链刚性强而使 BMI 呈现出极大的脆性，它表现在抗冲击性差、断裂伸长率小、断裂韧性低。而韧性差是阻碍 BMI 应用及发展的技术关键之一。因而未改性的 BMI 不适宜用作树脂磨具结合剂，必须对 BMI 进行增韧等改性。

此外，BMI 还有优良的电性能、耐化学性能、耐环境及耐辐射等性能。

5.4.2　双马来酰亚胺树脂的改性

随着现代工业的发展，对材料的性能提出了越来越高的要求，高性能材料的加工也日益复杂，例如各种高硬度、高强度的合金钢等的磨削加工。BMI 树脂作为树脂磨具结

合剂能够满足多方面的要求,得到了国内外广泛的重视。虽然 BMI 树脂具有良好的力学性能和耐热性能等,但未改性的 BMI 树脂存在熔点高、溶解性差、成型温度高、固化物脆性大等缺点,其中韧性差是阻碍 BMI 树脂应用和发展的关键。目前 BMI 树脂的改性主要有如下几个研究方向:①提高韧性,通过扩链、共聚、共混等手段,提高 BMI 树脂的韧性,增加其黏结性;②改善工艺性,尽管 BMI 树脂的成型温度远低于耐高温树脂聚酰亚胺,但仍要高于环氧体系,因此改进工艺性也是 BMI 树脂改性的一个重要方面;③降低成本,价格是任何一类产品都必须关心的问题,除通过扩大原材料生产规模等手段降低原材料的价格外,采用高效率低成本的合成技术也越来越得到研究者的重视。

　　BMI 树脂的改性方法较多,其中绝大多数改性围绕树脂韧性展开。BMI 树脂的增韧改性主要有如下几种:①与烯丙基化合物共聚;②芳香二胺等扩链;③环氧改性;④热塑性树脂增韧;⑤芳香氰酸酯树脂改性等。此外,对 BMI 的工艺改性等方面也有不少研究。

5.4.2.1　二元胺改性 BMI

　　二元胺改性 BMI 是较早使用的一种增韧方法。目前商品化的树脂磨具用聚酰亚胺树脂基本上采用该方法改性,二元胺品种以 4,4′-二氨基二苯甲烷(DDM)和 4,4′-二氨基二苯砜(DDS)为主。其单体结构式如下:

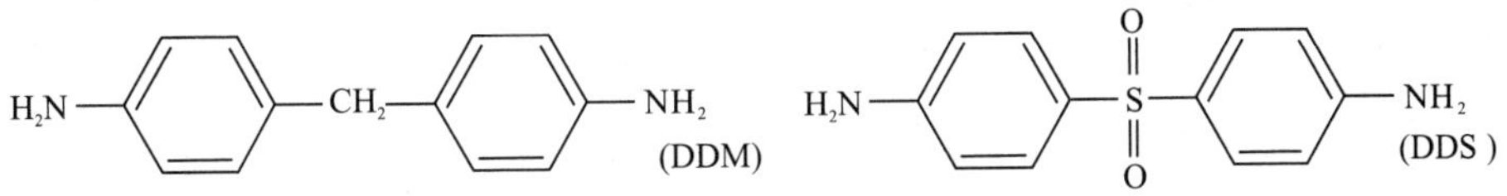

　　其反应机制如下:BMI 与二元胺首先进行 Miachael 加成反应生成线型嵌段聚合物,然后马来酰亚胺环的双键打开进行自由基型固化反应,并形成交联网络;同时,Miachael 加成反应后生成的线型聚合物中的仲胺还可以与链延长聚合物上其余的双键进行进一步的加成反应。这种方法不仅能有效增韧 BMI 树脂,而且还能有效改善 BMI 预聚物在丙酮、甲苯等普通溶剂中的溶解性。

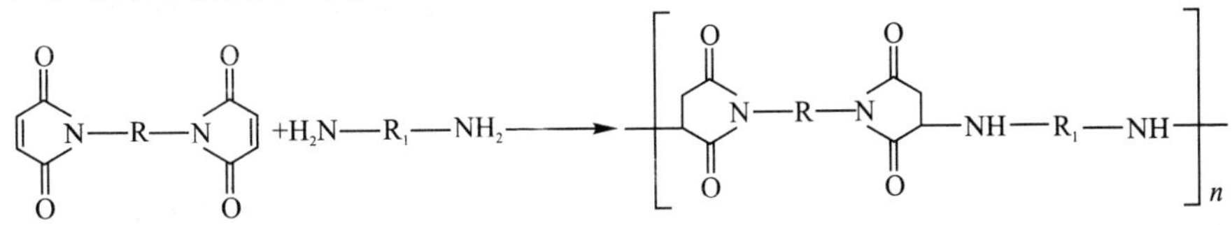

　　其合成工艺为将 BMI 和二元胺按不同的摩尔比混合,在一定的温度下进行预聚合,生成可溶可熔的预聚体,粉碎过筛后,即可用作树脂磨具结合剂。

　　二元胺扩链增韧改性是通过降低树脂交联密度来提高韧性,但会不同程度地降低材料的刚性和耐热性。芳香族二胺改性 BMI 体系具有良好的耐热性和力学性能,但仍然存在工艺欠佳、韧性不足、黏结性差等问题。为此,在二元胺扩链改性的基础上,引入环氧树脂,改善 BMI 体系的黏性。由于环氧基团可和—NH—键发生反应(见下式),形成交联固化网络,因而同时也改善了体系的热氧稳定性。

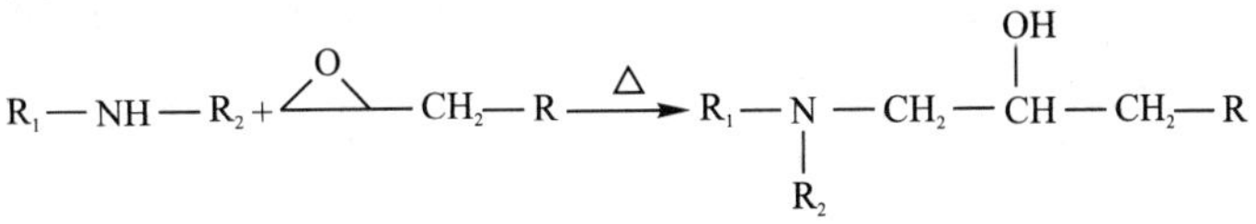

5.4.2.2 烯丙基化合物共聚改性

烯丙基化合物是目前 BMI 增韧改性途径中比较普遍并获得成功的一种。烯丙基化合物与 BMI 单体共聚后的预聚物稳定、易溶、黏附性好、固化物坚韧、耐热、耐湿热,并具有良好的电性能和机械性能等,适合做涂料、模塑料、胶黏剂及先进复合材料基体树脂。

烯丙基化合物种类较多,在 BMI 改性体系中应用最多最广泛的是 o,o′ – 二烯丙基双酚 A(DABPA)(见下式)。另外还有二烯丙基双酚 S、烯丙基芳烷基酚树脂、烯丙基醚酮树脂、烯丙基环氧树脂、N – 烯丙基芳胺及其他烯丙基化合物等。二烯丙基双酚 A 在常温下为琥珀色液体,黏度为 12 ~ 20 Pa·s。

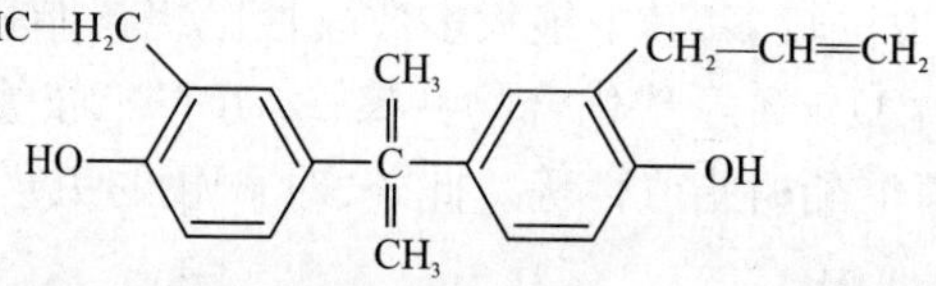

烯丙基化合物与 BMI 单体的固化反应机制比较复杂,一般认为是马来酰亚胺环的双键(C = C)与烯丙基首先进行双烯加成反应生成 1∶1 的中间体,而后在较高温度下酰亚胺环中的双键与中间体进行 Diels – Alder 反应和阴离子酰亚胺齐聚反应生成高交联密度的韧性树脂。其反应式如下所示。

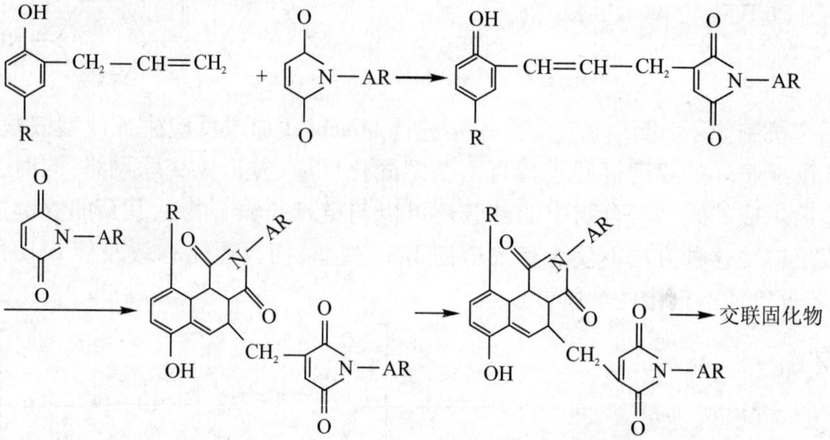

烯丙基双酚 A 改性 BMI 最具代表性的是 XU292 体系。XU292 体系是 Ciba – Geigy 公司于 1984 年研制而成,其主要由二苯甲烷型双马来酰亚胺(MBM1)与 DABPA 共聚而成。若配比和条件适当,预聚体可溶于丙酮,且在常温下放置一周以上无分层现象,预聚体的软化点也比较低,一般为 20 ~ 30 ℃,制得的预浸料具有良好的黏附性。

为达到不同的使用目的,可采用不同结构的烯丙基化合物对 BMI 树脂进行改性,如为提高改性 BMI 的热氧稳定性可采用二烯丙基双酚 S,与二苯甲烷 BMI 马来酰亚胺共聚,所得树脂体系的软化点为 60 ℃左右,110 ℃的黏度为 1.2 Pa·s。该树脂体系有较好的储存稳定性。烯丙基双酚 S 与 BMI 的反应活性基本上和 DABPA 与 BMI 的反应活性相同。

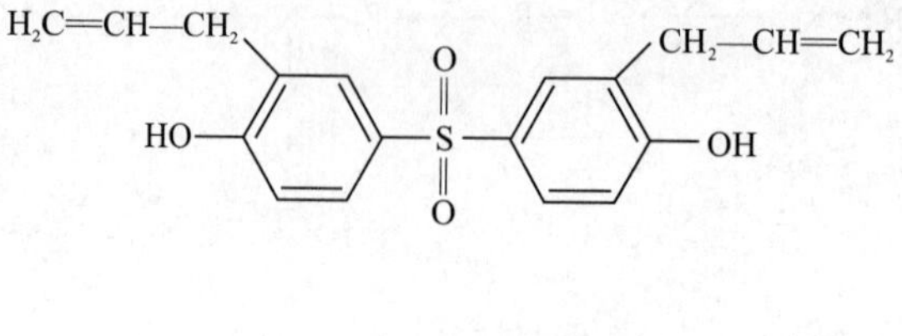

5.4.2.3 热塑性树脂改性 BMI

采用耐热性较好的高性能热塑性树脂来改性 BMI 树脂,可以在基本上不降低基体树脂耐热性和力学性能的前提下实现增韧,目前常用的热塑性树脂主要有聚碳酸酯(PC)、聚醚酰亚胺(PEI)、聚苯硫醚(PPS)、聚苯并咪唑(PBI)、聚苯砜(PES)、聚苯酰亚胺(PEI)、聚海因(PH)、酚酞聚醚酮(PEK – C)和酚酞聚醚砜(PES – C)等。

热塑性树脂的加入可有效改变热固性树脂的聚集态结构,形成宏观均匀、微观分离的结构。这种结构能有效引发银纹和剪切带,使材料发生较大的形变;另外,由于银纹和剪切带的协同效应以及热塑性树脂颗粒对银纹的阻碍作用(阻止裂纹进一步扩展),均明显增强了材料的抗破坏能力和韧性。

热塑性树脂增韧 BMI 树脂的形态受共混物组成、各组分聚合物的热力学性质、固化工艺、组分间的热力学相容性等诸多因素的影响。一般的规律是:热塑性树脂 BMI 树脂形成初始相容的共混物,随着固化的进行出现相分离而呈多相形态。当热塑性树脂增韧剂的含量较少时(一般小于15%),形成以热塑性树脂为分散相、BMI 树脂为连续相的结构;热塑性树脂量的进一步增加,共混物形成热塑性树脂和 BMI 树脂共连续的相结构;继续增加热塑性树脂的量则会出现相反转(热塑性树脂所占的质量分数可达25% ~60%),即热塑性树脂为连续相,BMI 树脂析出成为分散相,形成了宏观上均匀而微观上两相的结构,可有效地引发银纹的阻碍作用,可组织裂纹的进一步发展,使材料在破坏前消耗更多的能量,达到增韧改性的目的,增韧效果受固化反应诱导分相分离的影响。最终相结构是相分离热力学因素、动力学因素与固化反应等综合的结果。

高性能热塑性树脂韧性的不足在于:要得到较好的增韧效果,热塑性树脂的含量一般较高(15% ~30%),易造成 BMI 树脂高黏度化,导致树脂体系工艺可操作性下降。因此,高性能热塑性树脂增韧,虽然在提高或平衡树脂基体耐热性和韧性等方面具有其他改性方法无可比拟的优势;但在平衡或综合耐热性、韧性和工艺性时,却存在着无法克服的矛盾和障碍。

5.4.2.4 热固性树脂改性 BMI

热固性塑料改性 BMI 是利用两种树脂的官能团发生化学反应得到的一种新的改性树脂体系。这种改性 BMI 综合了两种树脂的优点,同时弥补了单一树脂的不足,可在不损失 BMI 优良耐热性的情况下改善 BMI 的韧性和黏结性能。通常情况下用环氧树脂(EP)、氰酸树脂(CE)以及 EP/CE 体系对 BMI 进行改性。

改性的机制一般认为有两种,一种认为 BMI 和氰酸树脂、环氧树脂共聚;另一种机制认为 BMI 与氰酸树脂、环氧树脂形成互穿网络(IPN)而达到增韧改性效果。氰酸树脂改性由于合成氰酸树脂单体时往往需要使用过量卤化氰,使形成的有毒废液难以处理,阻碍了氰酸树脂在改性 BMI 树脂体系中的发展和应用。

5.4.2.5 橡胶弹性体改性 BMI

橡胶增韧 BMI,液体橡胶活性弹性体作为第二相,利用"海岛结构"增韧 BMI 树脂。橡胶改性剂通常带有活性基团羧基、羟基、氨基等,因此所用液体橡胶有端羧基丁腈(CTBN)、端氨基丁腈(ATBN)、端羟基丁腈(VTBN)等,这些活性基团与 BMI 树脂中的活性基团反应形成嵌段。在橡胶增韧 BMI 固化树脂体系中,这些橡胶段一般从基体中析出,在物理上形成两相结构,橡胶相诱发基体的耗能过程,提高基体的区服形变能力达到增韧的目的。

用活性液体橡胶增韧 BMI 树脂可以使 BMI 增韧成倍增加,但是通常选用活性丁腈橡胶价格较高,且严重降低了 BMI 树脂的耐热性和刚性,限制其在工业上应用。这类弹性体增韧的 BMI 树脂多用作韧性塑料和胶黏剂,用作先进复合材料基体的较少。

5.4.2.6 无机纳米材料改性

无机纳米材料改性 BMI 既可增韧,还可使树脂体系出现新的功能特性。目前主要是无机纳米粒子和晶须。

无机纳米粒子的存在易产生应力集中效应,与基体之间产生微裂纹,即银纹;同时粒子与基体之间也产生塑性变形,吸收冲击能,达到增韧的效果;并且无机纳米粒子的存在使基体树脂裂纹扩展受阻和钝化,不致使裂纹发展为破坏性开裂;随着粒子粒径的减小,粒子的比表面积增大,与基体之间的接触面积增大,材料受冲击时产生更多的微裂纹和塑性变形,吸收更多的冲击能,提高增韧效果,但若用量过多,裂纹易发展成宏观开裂,反而使性能下降。

5.5　聚氨酯

聚氨酯(PU)胶黏剂是分子链中含有氨基甲酸酯基团($\overset{\text{O}}{\overset{\|}{—\text{HN}—\text{C}—\text{O}—}}$) 和/或异氰酸酯基(—NCO)类的胶黏剂。聚氨酯胶黏剂由于性能优越,在国民经济中得到广泛应用,是合成胶黏剂的重要品种之一。

5.5.1　原材料

聚氨酯的主要原料是有机多元异氰酸酯及多元醇化合物,此外还有扩链剂、交联剂及催化剂等。

5.5.1.1　异氰酸酯

应用于聚氨酯树脂的有机多元异氰酸酯,按—NCO 基团的数目可分为二元异氰酸酯、三元异氰酸酯及聚合型异氰酸酯三大类。若按异氰酸酯 R—NCO 中基团 R 的性质可分为脂肪族及芳香族两大类。今在表 5 – 15 中列出常用异氰酸酯的名称、结构、简称及其作用。

工业中常见的三种 TDI 混合物,简称为 TDI – 100、TDI – 80 及 TDI – 65(见表 5 – 15)。TDI – 100,含 100% 的 2,4 – 甲苯二异氰酸酯;TDI – 80,含 2,4 – 位与 2,6 – 位的各为 80%、20%(质量);TDI – 65,含 2,4 – 位与 2,6 – 位为 65%、35%。由于 2,4 – 位 TDI 的反应活性大于 2,6 – 位的,所以 TDI – 100 活性最大,TDI – 65 活性最小。MDI 分子中含有较多的异氰酸酯基团,制得的聚合物交联密度较高,链段的刚性也较大。含芳环的异氰酸酯,在光照下会变黄,为此开发了脂肪族异氰酸酯,如 HDI、LDI 等。

表 5 – 15 常用异氰酸酯的名称、结构及其用途

名称	化学结构	简称	主要用途
2,4 – 甲苯二异氰酸酯	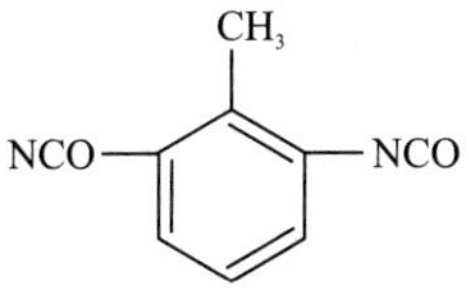 NCO—(苯环，CH₃)—NCO	TDI – 100	A,E,F,P,R
65/35 – 甲苯二异氰酸酯	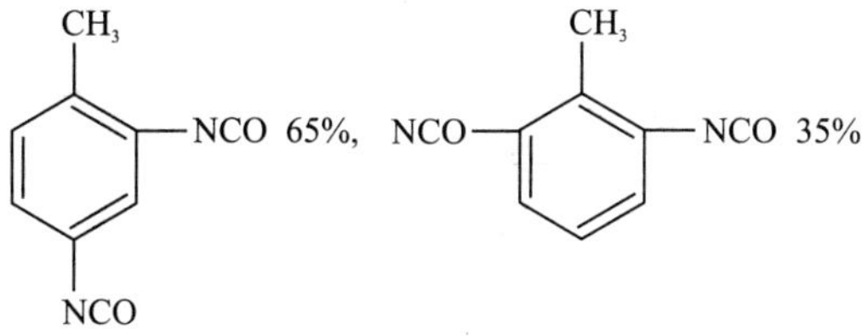 CH₃—NCO 65%, NCO—CH₃—NCO 35%	TDI – 65	A,E,F,P,R
80/20 – 甲苯二异氰酸酯	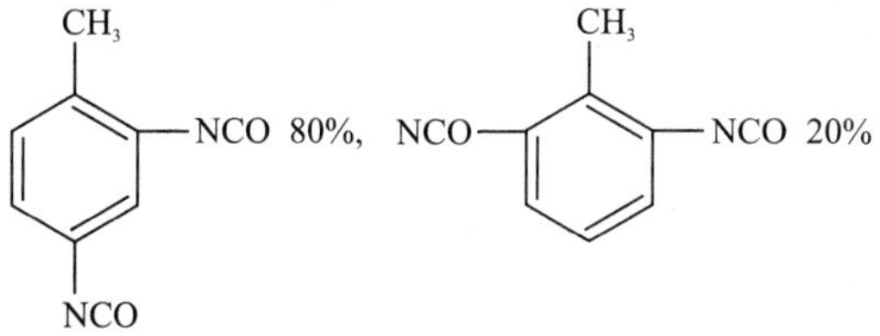 CH₃—NCO 80%, NCO—CH₃—NCO 20%	TDI – 80	A,E,F,P,R
4,4 – 二苯基甲烷二异氰酸酯	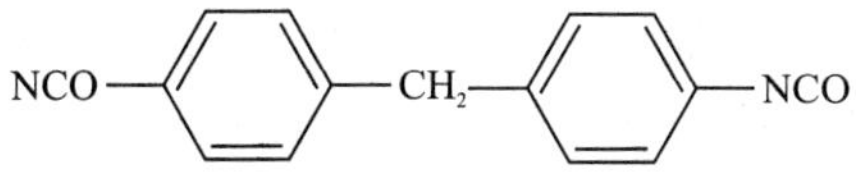 NCO—苯—CH₂—苯—NCO	MDI	A,E,F,P,R,S
2,6 – 二异氰酸基己酸甲酯	$NCO\text{—}[CH_2]_4\text{—}CH\text{—}NCO$, $COOCH_3$	LDI	P
己二异氰酸酯	$OCN\text{—}(CH_2)_6\text{—}NCO$	HDI	E,P,R,S
1,5 – 萘二异氰酸酯	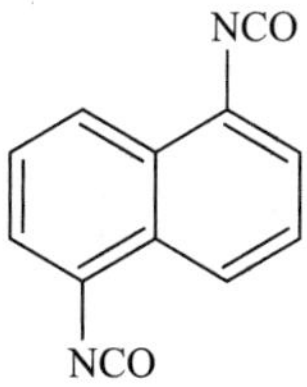 萘环 NCO / NCO	NDI	R
多亚甲基多苯基多异氰酸酯	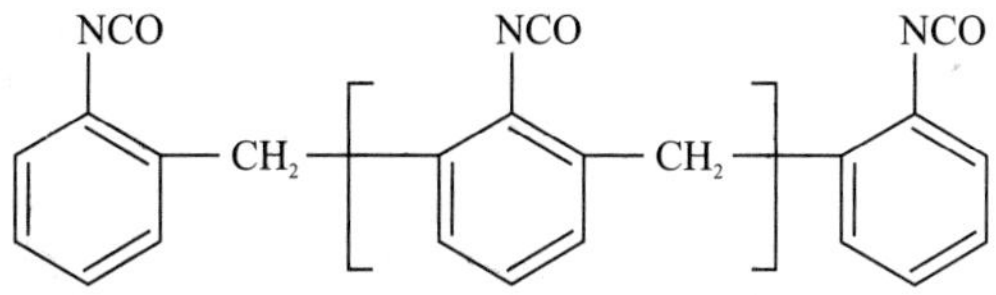 NCO—苯—CH₂—[苯—NCO—CH₂]—苯—NCO	PAPI	A,F,P
3,3′ – 二甲氧基 – 4,4′ – 联苯二异氰酸酯	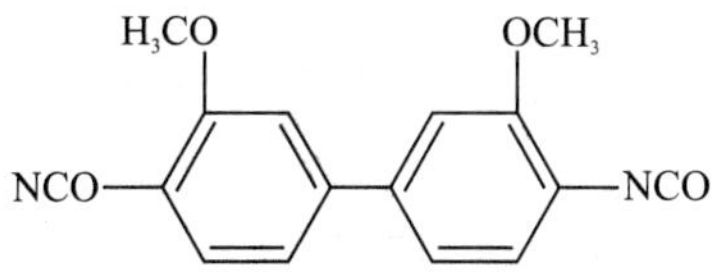 H₃CO, OCH₃ 联苯 NCO—NCO	DADI	A,E,P,R

续表 5 – 15

名称	化学结构	简称	主要用途
间苯二亚甲基二异氰酸酯	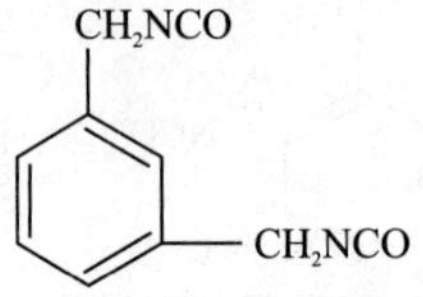 CH₂NCO ... CH₂NCO	XDI(或 *m* – XDI)	A,E,F,P,R
4,4′,4″ – 三苯基甲烷二异氰酸酯	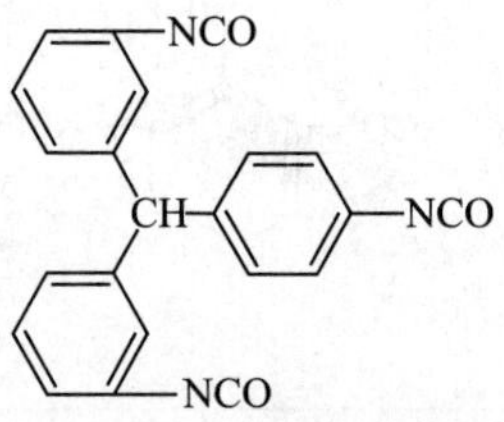 NCO ... CH ... NCO ... NCO	TTI	A

注:A – 黏合剂;E – 合成革;F – 泡沫塑料;P – 涂料;R – 橡胶;S – 纤维

5.5.1.2 多元醇化合物

合成聚氨酯树脂的另一个主要原料是多元醇化合物,分子中含有两个或两个以上的羟基。它们可以是一般的低分子多元醇,而更常用的是分子量为数百至数千含有羟基的脂肪族聚醚或聚酯多元醇。

(1)聚醚多元醇 聚醚多元醇品种很多,常用的是由单体环氧乙烷、环氧丙烷或四氢呋喃开环聚合而成。工业生产中采用碱性催化剂 KOH 和醇(或胺)等"起始剂"引发下进行聚合反应。例如环氧丙烷和丁二醇或乙二胺反应分别得到聚醚多元醇:

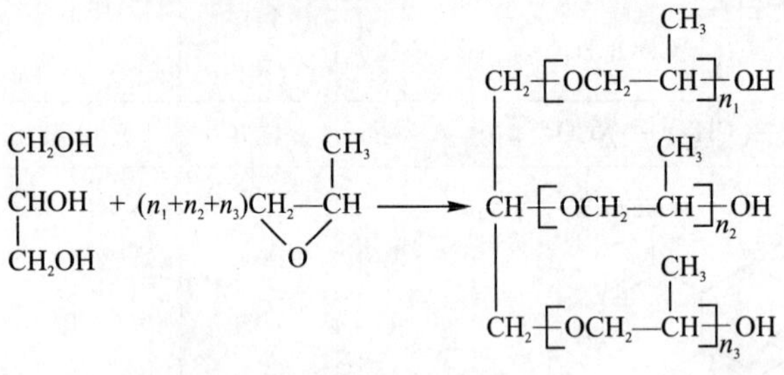

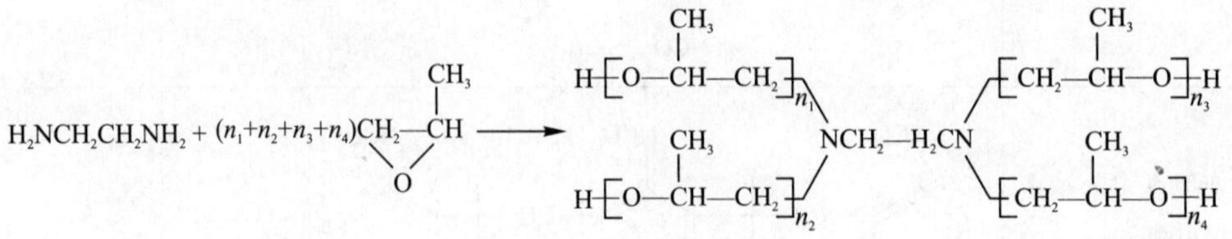

由上面两个反应式可知聚醚多元醇分子中端羟基数与起始剂醇分子中的羟基数(或胺分子中的活泼氢原子数)相等。此外,一个起始剂分子产生一个聚醚多元醇大分子。在消耗同等摩尔量的单体时,若加入的起始剂量越多,生成的聚醚多元醇大分子数越多,使获得聚醚多元醇的分子量越低。所以人们可以选定起始剂的结构(即其分子中所含的羟基数或活泼氢原子数)及用量,便可控制和调节产物聚醚多元醇的端羟基数和它的分

子量。表 5 – 16 中列出了一些常用的聚醚多元醇的种类和其用途。

表 5 – 16 常用聚醚多元醇的种类和用途

官能度	起始剂	单体[①]	分子量	用途
2 (二元醇)	水、丙二醇、乙二醇、一缩二乙二醇等	EO,PO,PO/EO, THF/PO	2 000 ~ 4 000	弹性体、涂料、黏合剂、纤维合成革及软泡沫塑料等
3 (三元醇)	甘油、三羟甲基丙烷、三乙醇胺等	PO,PO/EO	400 ~ 6 000	弹性体、黏合剂、防水材料、软泡沫塑料等
4 (四元醇)	季戊四醇、乙二胺、芳香族二胺等	PO,PO/EO	400 ~ 800	软、半硬及硬泡沫塑料等
5 (五元醇)	木糖醇、二乙烯三胺等	PO,PO/EO	500 ~ 800	硬泡沫塑料
6 (六元醇)	甘露醇、山梨醇等	PO,PO/EO	1 000 以下	硬泡沫塑料
8 (八元醇)	蔗糖	PO,PO/EO	500 ~ 1 500	软及硬泡沫塑料

注:①EO – 环氧乙烷;PO – 环氧丙烷;THF – 四氢呋喃;PO/EO – 两种单体的共聚物

表 5 – 16 中列举的品种中,其用量最大的是聚氧化丙烯三元醇(即环氧化烷单体 – 三元醇合成的聚醚三元醇),分子量为 3 000 左右,羟值 56。若采用官能度较高的起始剂可得到多官能度聚醚,从而可制成尺寸稳定性好、强度高、耐温性好及高负荷的泡沫塑料。

(2)聚酯多元醇 含有端羟基的聚酯多元醇,通常由二元酸与过量的多元醇反应而成,它们的分子量一般较低,为 1 000 ~ 3 000。这类聚酯也可由内酯(如己内酯)开环聚合而得到。

线型结构的聚酯二醇由过量的二元醇与二元酸反应而成,其结构式为

$$H \left[ORO—O—R_1—C \right]_x OROH$$

。也可采用混合二元醇与二元酸反应,以调节聚酯多元醇的链结构,可改变与控制最终聚氨酯材料的性能。

如要合成带有支链的聚酯多元醇,可加入相应的三元醇或更多羟基的多元醇(如季戊四醇)。支化度的多寡就可改变产物聚氨酯的交联密度。表 5 – 17 列举了一些聚酯多元醇的组成与用途。

表 5 – 17　一些聚酯多元醇的组成与用途

聚酯多元醇的组成	用途
己二酸、二元醇[①]	软泡沫塑料、黏合剂、弹性体、纤维
己二酸、二元醇、三元醇	软泡沫塑料、弹性体、合成体
己二酸、苯二甲酸、三元醇	硬泡沫塑料、涂料
己二酸、苯二甲酸、二元醇、三元醇	硬泡沫塑料、软泡沫塑料、合成革
苯二甲酸、二元醇、三元醇	涂料
己内酯、二元醇	软泡沫塑料、弹性体、合成革

注:①常见的二元醇和多元醇有乙二醇、一缩二乙二醇、三羟甲基丙烷、甘油及山梨醇等。

这两类多元醇是聚氨酯材料工业中最重要的原料,由它们合成的聚酯型与聚醚型聚氨酯树脂在性能上各有其优缺点和应用范围,见表 5 – 18。

表 5 – 18　聚酯多元醇与聚醚多元醇的比较

特点	聚酯多元醇	聚醚多元醇
发展特点	在煤化学基础上发展的	以石油化工为基础而发展的
结构	分了主链中含 $-\overset{\text{O}}{\underset{\|\|}{\text{C}}}-\text{O}-$ 基团,极性大	含有—O—醚键、主链柔软
制得聚氨酯材料的性能	耐温、耐磨及耐油性较好,机械强度较高,耐低温、水解性差	制品较柔软,水解性、回弹性及耐低温性较好,机械强度、氧化稳定性较好
合成工艺及原料	合成工艺较复杂,原料不充分,价贵	原料来源丰富、成本低廉
应用范围	聚氨酯合成革、橡胶及鞋类制品中应用较广	大量用于聚氨酯泡沫塑料

5.5.1.3　扩链剂

扩链剂是聚氨酯树脂生产中仅次于异氰酸酯和聚多元醇的重要原料之一。它们与预聚体反应使分子链扩展而增大,并在聚氨酯大分子链中成为硬段。常见的扩链剂也是一些含活泼氢的化合物,可分为两大类。

(1)二元醇类　一般为低分子量的脂肪族和芳香族的二元醇,如乙二醇、1,4 – 丁二醇、三羟甲基丙烷和对苯二酚二羟乙基醚(HOCH₂CH₂O—⟨苯环⟩—OCH₂CH₂OH) 等。还有一些含叔氮原子的芳香二醇,如 N,N – 双羟乙基苯胺(⟨苯环⟩—N(CH₂CH₂OH)₂) 。

(2)二元胺类　常用的是芳香族胺类,如联苯胺、3,3′ – 二氯联苯二胺和 3,3′ – 二氯 – 4,4′ – 二苯基甲烷二胺(商品名 MOCA)等。其中 MOCA(H₂N—⟨苯环 Cl⟩—H₂C—⟨苯环 Cl⟩—NH₂)

是合成聚氨酯橡胶时最重要的扩链剂。也有使用混合胺类的,如间苯二胺和异丙基苯二胺混合物。

5.5.1.4 催化剂及其他助剂

（1）催化剂 聚氨酯生产中最重要的两种催化剂是叔胺类和有机锡类化合物。叔胺类催化剂如三乙胺、三乙醇胺、丙二胺、N,N-二甲基苯胺等。有机锡类化合物常用的有二丁基锡二月桂酸酯、辛酸亚锡及油酸亚锡等。

（2）助剂 聚氨酯胶黏剂中添加各种助剂是很重要的,可改进生产工艺,改善胶黏剂施胶工艺,提高产品质量以及扩大应用范围,例如稀释剂、偶联剂、增黏剂、增塑剂、着色剂等。

为了调整聚氨酯胶黏剂的黏度,便于工艺操作,在聚氨酯胶黏剂的制备过程或配制使用时,经常要采用溶剂。聚氨酯胶黏剂采用的溶剂通常包括酮类、芳香烃、二甲基甲酰胺、四氢呋喃等,也可采用混合溶剂来提高溶解性、调节挥发速度来适应不同黏接工艺的要求。聚氨酯胶黏剂用的有机溶剂必须是"氨酯级溶剂",基本上不含水、醇等活泼氢的化合物。聚氨酯胶黏剂用的溶剂纯度比一般工业品高。

聚氨酯胶黏剂也存在着老化问题,所以还须添加抗氧剂、光稳定剂、水解稳定剂等。聚氨酯胶黏剂组成中添加合适填料,可以改进其物理性能,起补强作用,提高胶黏剂的力学性能,降低收缩应力和热应力,增强对热破坏的稳定性,降低热膨胀系数,降低成本等,常用的填料有碳酸钙、滑石粉、分子筛、陶土等。

5.5.2 聚氨酯胶黏剂的分类

聚氨酯胶黏剂的类型、品种较多,其分类也有诸多方法,一般可按反应组成、溶剂形态（溶剂、水性、固态）、包装（单组分、双组分）以及用途、特性等方法分类,通常是按照反应组成与用途、特性进行分类。

5.5.2.1 按照反应组分进行分类

（1）多异氰酸酯胶黏剂 多异氰酸酯胶黏剂是由多异氰酸酯单体或其低分子衍生物组成的胶黏剂。属于反应型胶黏剂黏接能力好,特别适合于金属与橡胶、纤维等黏接。常见的三种:三苯基甲烷-4,4,4-三异氰酸酯胶黏剂（TTI）、六代磷酸三（4-异氰酸酯基苯酯）胶黏剂（TPTI）、四异氰酸酯胶黏剂。

（2）含异氰酸酯基聚氨酯胶黏剂 主要组成含异氰酸酯基聚氨酯预聚体,多异氰酸酯和多羟基化合物的反应生成物。是聚氨酯胶黏剂中最重要的一部分,有单组分、双组分、溶剂型、无溶剂型等类型。

（3）含羟基聚氨酯胶黏剂 含羟基的线型聚氨酯聚合物,由二异氰酸酯与二官能度的聚酯或聚醚反应生成。含羟基聚氨酯胶黏剂属双组分胶黏剂。

5.5.2.2 按照溶剂形态进行分类

可分为溶剂型聚氨酯胶黏剂、水性聚氨酯胶黏剂（乳液胶黏剂）和无溶剂型聚氨酯胶黏剂（活性溶剂、固体型、热熔胶等）。

5.5.2.3 按照组分进行分类

可分为单组分聚氨酯胶黏剂和双组分聚氨酯胶黏剂(API、醇 + 预聚体)。

5.5.2.4 按照固化方式进行分类

可分为热固性聚氨酯胶黏剂、常温固化型聚氨酯胶黏剂、湿固化型聚氨酯胶黏剂和紫外光固化型聚氨酯胶黏剂。

5.5.3 聚氨酯胶黏剂的化学反应及合成工艺

5.5.3.1 聚氨酯胶黏剂的化学反应

异氰酸酯化合物中含反应性活泼的异氰酸酯基团(—NCO),能跟许多类含活性氢的化合物反应,还能发生其他反应(如自聚反应等),这里仅介绍在聚氨酯胶黏剂合成中可见的反应类型。

(1)异氰酸酯与醇类化合物的反应 这类反应是聚氨酯合成中最常见的反应,也是聚氨酯胶黏剂制备和固化过程最基本的反应,典型反应式如下:

$$R—NCO + R'—OH \longrightarrow RNHCOOR' \qquad ①$$

异氰酸酯与醇类(含伯羟基或仲羟基)的反应产物为氨基甲酸酯,多元醇与多异氰酸酯生成聚氨基甲酸酯(简称聚氨酯、PU)。

(2)异氰酸酯与水的反应 异氰酸酯与水反应首先生成不稳定的氨基甲酸,然后由氨基甲酸分解成二氧化碳及胺。若在过量的异氰酸酯存在下,所生成的胺会与异氰酸酯继续反应生成脲。它们的反应过程表示如下:

$$R—NCO + H_2O \xrightarrow{慢} R—NHCOOH \xrightarrow{快} R—NH_2 + CO_2$$

$$R—NH_2 + R—NCO \xrightarrow{快} R—NHCONH—R$$

由于 R—NH$_2$ 与 R—NCO 的反应比水快,故上述反应可写成:

$$2R—NCO + H_2O \longrightarrow R—NHCONH—R + CO_2 \qquad ②$$

此反应是聚氨酯预聚体湿固化胶黏剂的基础。

(3)异氰酸酯与氨基的反应

$$R—NCO + R'—NH_2 \longrightarrow R—NHCONH—R' \qquad ③$$

在聚氨酯胶黏剂制备中,因伯胺活性太大,一般应在室温反应,常用的是活性较为缓和的芳香族二胺如 MOCA 等。

$$R—NCO + R'R''NH \longrightarrow R—NHCONR'R'' \qquad ④$$

(4)异氰酸酯与脲的反应

$$R—NCO + R'—NH—\overset{\overset{\displaystyle O}{\|}}{C}—NH—R'' \longrightarrow R—NH—\overset{\overset{\displaystyle O}{\|}}{C}—\underset{\underset{\displaystyle R'}{|}}{N}—\overset{\overset{\displaystyle O}{\|}}{C}—NH—R'' \qquad ⑤$$

缩二脲

(5)异氰酸酯与氨基甲酸酯的反应

$$R-NCO + R'-NH-\overset{\overset{\displaystyle O}{\|}}{C}-R'' \longrightarrow R-NH-\overset{\overset{\displaystyle O}{\|}}{C}-\underset{\underset{\displaystyle R'}{|}}{N}-\overset{\overset{\displaystyle O}{\|}}{C}-R'' \qquad ⑥$$

④、⑤两个反应为体系中过量的或尚未参加扩链反应的异氰酸酯与生成的氨基甲酸酯或脲在较高温度(100 ℃以上)进行的反应可产生支化和交联,可用于进一步促进固化,提高胶黏接头的黏接强度。

(6)异氰酸酯与羧酸的反应　这类反应比较少见,不过在含—COOH 聚酯体系或含侧羧基的离聚体体系中,过量的异氰酸酯可与羧基反应:

$$R-NCO + R'-COOH \longrightarrow \left[R-NH-\overset{\overset{\displaystyle O}{\|}}{C}-O-\overset{\overset{\displaystyle O}{\|}}{C}-R' \right] \qquad ⑦$$

$$\longrightarrow R-NH-\overset{\overset{\displaystyle O}{\|}}{C}-R' + CO_2$$

芳香族异氰酸酯与羧酸在室温下反应,主要生成酸酐、脲和二氧化碳。

$$2Ar-NCO + 2R-COOH \longrightarrow RNHCOOAr + RCOOCOR + CO_2$$

上述六类反应其反应速度的大小顺序为:

③ > ①伯羟基 > ①仲羟基 ~ ② > ⑦ > ⑤ > ⑥

(7)异氰酸酯与酚的反应

$$R-NCO + ArOH \longrightarrow RNHCOOAr \qquad ⑧$$

(8)异氰酸酯与酰胺的反应

$$R-NCO + R'CONH_2 \longrightarrow RNHCONHCOR' \qquad ⑨$$

⑧、⑨这两个反应也不常见,它们的反应速度很慢,一般需在一定温度下才缓慢反应,可用于封闭型异氰酸酯胶黏剂。它们是可逆反应,在催化剂存在且较高温度下可解离。类似的化合物除酚、己内酰胺外,还有酮肟、丙二酸二甲酯等。

(9)异氰酸酯的二聚反应

$$2ArNCO \rightleftharpoons Ar-N\overset{\overset{\textstyle O}{\|}}{\underset{\underset{\textstyle O}{\|}}{\overset{\displaystyle C}{\underset{\displaystyle C}{\diamond}}}}N-Ar \qquad ⑩$$

亚甲基脲

只有芳香族异氰酸酯才能形成二聚体,二聚体在高温下可解离成原来的异氰酸酯,也可在碱性催化剂存在下直接与醇或胺反应。MDI、TDI 在室温下可缓慢产生二聚体,但无催化剂时此过程很慢。可用膦、吡啶、叔胺等催化剂催化,有时利用这个反应制备室温稳定的高温固化聚氨酯胶黏剂。

（10）异氰酸酯的三聚反应

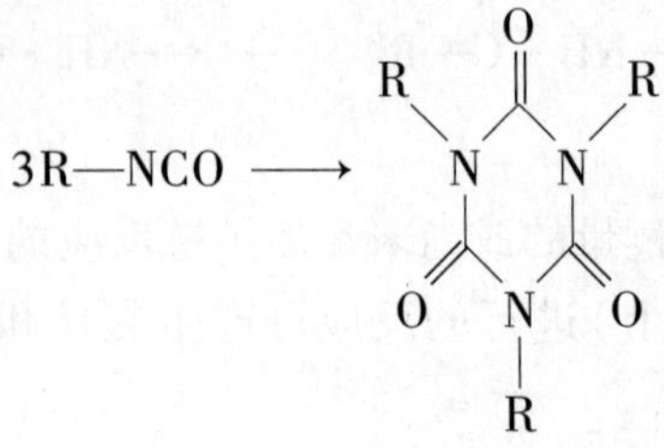

$$3R{-}NCO \longrightarrow$$ ⑪

异氰酸酯脲

此反应是不可逆反应。脂肪族或芳香族异氰酸酯在催化剂如膦、叔胺或有机金属化合物存在下可发生三聚，可利用这个反应引入支化和交联，提高胶黏剂的耐热性。

5.5.3.2 聚氨酯胶黏剂的合成工艺

（1）一步法　由异氰酸酯和醇类化合物直接进行逐步加成聚合反应以合成聚氨酯的方法，称为一步法。如己二异氰酸酯和 1,4 - 丁二醇反应：

$$n\text{OCN}{-}(CH_2)_4{-}\text{NCO} + n\text{HO}(CH_2)_4\text{OH} \longrightarrow \left[\!\!\begin{array}{c}O\\\|\\C\end{array}\!\!{-}\text{NH}{-}(CH_2)_6{-}\text{NH}{-}\begin{array}{c}O\\\|\\C\end{array}{-}O{-}(CH_2)_4{-}O\right]_n$$

又如 2,4 - 甲苯二异氰酸酯和带有三个端羟基的支化型聚酯（可由己二酸、1,3 - 丁二醇及三羟甲基丙烷合成）混合后反应，即可合成得交联型聚氨酯树脂。

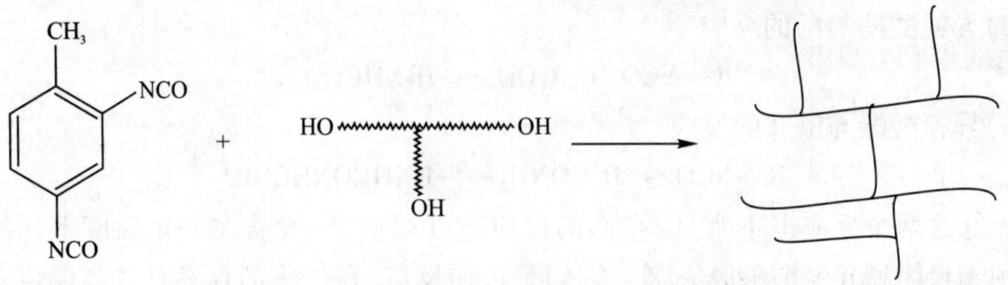

这个反应相当于缩聚反应中的 2 ~ 3 官能度体系，可直接获得交联产物。如双组分的聚氨酯黏合剂，在施工现场中将两个组分混合后进行反应，涂布和胶接，生成的聚氨酯即产生黏接作用。

（2）两步法　预聚体法整个合成过程可分为两个步骤。

第一步，合成预聚体。

二元醇和过量的二元异氰酸酯反应，生成两端皆为—NCO 基团的加成物，反应式如下。

$$2\text{NCO}{-}R{-}\text{NCO} + \text{HOR}'\text{OH} \longrightarrow \text{NCO}{-}R{-}\text{NH}{-}\begin{array}{c}O\\\|\\C\end{array}{-}\text{OR}'\text{O}{-}\begin{array}{c}O\\\|\\C\end{array}{-}\text{NH}{-}R{-}\text{NCO}$$

（端基为—NCO 的预聚体）

这种加成物，称为预聚体。反应中的 HO—R′—OH，除了采用二元醇外，更常用的是含有端羟基的聚醚、聚酯或聚烯烃树脂。因而预聚体分子量的大小，取决于聚醚或聚酯等树脂的分子量，通常为数百至数千。

第二步，预聚体进行扩链反应和交联反应。

即将分子量不高的预聚体进一步反应生成高分子量的聚氨酯树脂。也可将扩链后的聚合物再行交联,生成交联结构的聚氨酯,用作聚氨橡胶、泡沫塑料、涂料或黏合剂等。

(3)扩链反应　分子量不高的聚合物,通过末端活性基团的反应(或其他方法)使分子相互连接而增大分子量的过程,称为扩链,相应的反应称为扩链反应。在聚氨酯树脂合成过程中,就是将分子量较低并带有—NCO端基的预聚体与水、二元醇或氨基醇等反应,经扩链而生成高聚物,如以(OCN—NCO)代表预聚体分子,它和二元醇的扩链反应可简写为:

$$2NCO—R—NCO + HOR'OH \longrightarrow NCO\sim\sim NH—\overset{\overset{O}{\|}}{C}—OR'O—\overset{\overset{O}{\|}}{C}—NH\sim\sim NCO$$
$$(\text{氨基甲酸酯})$$

扩链后的产物分子量增大,分子链中带有氨基甲酸酯链节。

5.5.4　聚氨酯胶黏剂的结构及特性

5.5.4.1　聚氨酯胶黏剂的结构

聚氨酯可看作是一种含软链段和硬链段的嵌段共聚物。软段由低聚物多元醇(通常是聚醚或聚酯二醇)组成,硬段由多异氰酸酯或其与小分子扩链剂组成。

$$\sim 软段 \sim \boxed{硬段} \sim 软段 \sim \boxed{硬段} \sim 软段 \sim$$

例如,由PPG/MDI/1,4 – BD组成的聚氨酯中:

软段:$\overset{}{\text{{–}(OCH}_2\text{CH)}_{\overline{n}}}$　(聚氧化丙烯)
$$\quad\quad\quad | \quad\quad\quad$$
$$\quad\quad\quad CH_3$$

硬段:—CONH—MDI—NHCOO(CH$_2$)$_4$OCONH—MDI—NHCO—

上式中"—MDI—"为"—亚苯基—亚甲基—亚苯基—"

软段是由低聚物多元醇构成的,这类多元醇的分子量通常在600~3 000。一般来说,软段在PU中占大部分,不同的低聚物多元醇与二异氰酸酯制备的PU性能各不相同。

聚酯型PU比聚醚型PU具有较高的强度和硬度,这归因于酯基(—$\overset{\overset{O}{\|}}{C}$—O—)的极性大,内聚能(12.2 kJ/mol)比醚基(—C—O—C—)的内聚能(4.2 kJ/mol)高,软链段分子间作用力大,内聚强度较大,机械强度就高。并且由于酯键的极性作用,与极性基材的黏附力比聚醚型者优良,抗热氧化性也比聚醚型好。为了获得较好的黏接强度,通常采用聚酯作为PU的软段。然而,软段为聚醚的PU,由于醚基较易旋转,具有较好的柔顺性,有优越的低温性能,并且聚醚中不存在相对较易水解的酯基,其PU比聚酯型者耐水解性好。

软段的结晶性对最终聚氨酯的机械强度和模量有较大的影响,特别在受到拉伸时,由于应力而产生的结晶化(链段规整化)程度越大,拉伸强度越大。聚醚或聚酯中,链段结构单元的规整性影响着PU的结晶性。侧基越小、醚基或酯键之间亚甲基数越多、结晶性软段的分子量越高,则PU的结晶性越高,故聚四氢呋喃型聚氨酯比聚氧化丙烯型聚氨酯具有较高的机械强度和黏接强度。

结晶作用能成倍地增加黏接层的内聚力和黏接力。采用高结晶性的聚己二酸丁二醇酯中丁二醇为软段的高分子量线型 PU 制成的胶黏剂,即使不用固化剂也能得到高强度的黏接,并且初黏性好。而用含侧基的新戊二醇等制得的聚酯,结晶性差,但侧基对酯键起保护作用,能改善 PU 的抗热氧化、抗水和抗霉菌性能。用长链芳族二元羧酸等制得的聚酯型 PU 耐水解性、耐热性均有提高。

硬段由多异氰酸酯或多异氰酸酯与扩链剂组成。异氰酸酯的结构对 PU 材料的性能有很大的影响。与不对称性二异氰酸酯(如 TDI)相比,对称性二异氰酸酯(如 MDI)制备的 PU 具有较高的模量和撕裂强度,这归因于产生结构规整有序的相区结构能促进聚合物链段结晶。芳香族异氰酸酯制备的 PU 由于具有刚性芳环,因而使其硬段内聚强度增大,PU 强度一般比脂肪族异氰酸酯型 PU 大,但抗 UV 降解性能较差,易泛黄,不能做浅色涂层胶或透明印刷品复合用胶黏剂。脂肪族 PU 则不会泛黄。不同的异氰酸酯结构对 PU 胶黏剂的耐久性也有不同的影响,芳香族比脂肪族异氰酸酯的 PU 抗热氧化性能好,因为芳环上的氢较难被氧化。

扩链剂对 PU 性能也有影响。含芳环的二元醇与脂肪族二元醇扩链的 PU 相比有较好的强度。二元胺扩链剂能形成脲键,脲键的极性比氨酯键强,因而二元胺扩链的 PU 比二元醇扩链的 PU 具有较高的机械强度、模量、黏附性和耐热性,并且还有较好的低温性能。异氰酸酯结构对 PU 胶黏剂黏接强度的影响见表 5 – 19。

表 5 – 19　异氰酸酯结构对 PU 胶黏剂黏接强度的影响

预聚体结构			剪切强度/MPa		
异氰酸酯	软　段	NCO 含量/%	– 196 ℃	23 ℃	82 ℃
TDI	PTMG(620)	8.04	—	23.9	13.2
2,4 – TDI	PTMG(620)	8.56	—	23.9	12.7
HDI	PTMG(620)	8.57	19.1	15.9	6.2
H_{12}MDI	PTMG(620)	7.41	12.7	24.1	8.9
DADI	PTMG(620)	6.54	32	29.4	—
TDI	PPT(3000)	4.67	23	2.1	1
MDI	PPT(3000)	4.12	38.8	3.5	2.4

注:PPT 为聚氧化丙烯三醇

硬段中可能出现由异氰酸酯反应形成的几种键基团,其热稳定性顺序如下:

异氰脲酸酯 > 脲 > 氨基甲酸酯 > 缩二脲 > 脲基甲酸酯

其中最稳定的异氰脲酸酯在 270 ℃ 左右才开始分解。氨酯键的热稳定性随邻近氧原子、碳原子上取代基的增加及异氰酸酯反应性的增加或立体位阻的增加而降低。并且氨酯键两侧的芳香族或脂肪族基团对氨酯的热分解性也有影响,稳定性顺序如下:

R—NHCOOR > Ar—NHCOOR > R—NHCOOAr > Ar—NHCOOAr

因为硬段部分对 PU 的性能贡献较大,所以这些因素影响到 PU 胶黏剂的热稳定性。提高 PU 中硬段的含量通常使硬度增加、弹性降低,且一般来说,聚氨酯的内聚力和黏接力亦得到提高,表5-19为硬段含量对剪切强度的影响。但若硬段含量太高,由于极性基团太多会约束聚合物链段的活动和扩散能力,有可能降低黏接力。而含游离—NCO基团的胶黏剂是例外,因—NCO会与基材表面发生化学作用。

5.5.4.2 聚氨酯胶黏剂的特性

聚氨酯胶黏剂特性综合如下。

(1)聚氨酯胶黏剂中含有很强极性和化学活泼性的异氰酸酯基(—NCO)和氨酯基(—NHCOO—),与含有活泼氢的材料,如泡沫塑料、木材、皮革、织物、纸张、陶瓷等多孔材料和金属、玻璃、橡胶、塑料等表面光洁的材料都有着优良的化学黏合力。而聚氨酯与被黏合材料之间产生的氢键作用使分子内力增强,会使黏合更加牢固。

(2)调节聚氨酯树脂的配方可控制分子链中软段与硬段比例以及结构,制成不同硬度和伸长率的胶黏剂。其黏合层从柔性到刚性可任意调节,从而满足不同材料的黏接。

(3)聚氨酯胶黏剂可加热固化,也可以室温固化。黏合工艺简便,操作性能良好。

(4)聚氨酯胶黏剂固化时没有副反应产生,因此不易使黏合层产生缺陷。

(5)多异氰酸酯胶黏剂能溶于几乎所有的有机原料中,而且异氰酸酯的分子体积小、易扩散,因此多异氰酯胶黏剂能渗入被粘材料中,从而提高黏附力。

(6)多异氰酸酯胶黏剂黏接橡胶和金属时,不但黏合牢固,而且能使橡胶与金属之间形成软-硬过渡层,因此这种黏合内应力小,能产生更优良的耐疲劳性能。

(7)聚氨酯胶黏剂的低温和超低温性能超过所有其他类型的胶黏剂。其黏合层可在-196℃(液氮温度),甚至在-253℃(液氢温度)下使用。

(8)聚氨酯胶黏剂具有良好的耐磨、耐水、耐油、耐溶剂、耐化学药品、耐臭氧以及耐细菌等性能。

聚氨酯胶黏剂的缺点是在高温、高湿下易水解而降低黏合强度。

据资料介绍,聚氨酯经硫化促进剂处理后,有较高的抗张强度和抗冲击性,用于制造珩磨轮,比环氧树脂制造的珩磨轮,磨削能力高50%,耐磨性高30%,在聚氨酯中加入发泡剂后,制成多孔的树脂砂轮,即泡沫塑料砂轮,气孔高达85%,弹性好,用以抛光各种型面。

另据报道,国外用聚氨酯做结合剂制成的树脂砂轮,代替大气孔疏松组织的陶瓷砂轮,用于缓进给磨削时,磨削比大,没有发现烧伤现象,而且砂轮磨损小。这种聚氨酯砂轮的气孔率仅为18%(陶瓷大气孔砂轮为51.8%~54.2%),强度高,弹性模量小,加工不易堵塞。

采用聚氨酯结合剂制造的耐水、磨玻璃抛光轮等也得到了广泛应用。

5.5.5 聚氨酯胶黏剂的改性

聚氨酯胶黏剂的改性一般可分为内交联改性、外交联改性、机械共混改性、化学共聚改性和助剂改性等几大类,但是改性工作往往是几类相结合,如同时进行内、外交联改性、化学共聚等,但无论何种改性方法,其主要目的都是提高最终产品在应用条件下的胶黏性能。

5.5.5.1 内交联改性

内交联改性主要是通过选择原料,控制支化度和交联度,制得部分支化和交联的 PU 胶。通常引入内交联的方法主要有:

(1)合成原料中的多元醇、异氰酸酯及小分子扩链剂采用多官能度物质;

(2)在合成过程中在聚氨酯分子结构中引入环氧基团,环氧基与氨酯基及氨基、脲基都能发生反应,产生交联;

(3)合成时封闭异氰酸酯基团,使用时通过加热,使—NCO 基团再生,与聚氨酯分子所含的活性氢基团(如羟基、氨基、脲基、氨酯基)反应,形成交联;

(4)合成过程中在分子主链上引入双键,再加入多官能度含双键物质引发双键聚合形成交联网络。

在内交联改性方面,近年来,国外逐渐将目标转向新材料型和环保型胶黏剂方向。引入具有特殊效用的官能结构,无溶剂热熔胶和水性聚氨酯(WPU)胶黏剂及复杂体系基础理论研究是目前聚氨酯胶黏剂的主要研究方向。

内交联改性存在的主要问题是合成时易产生高黏度的预聚物。必须控制支化和交联度,否则在合成过程中可能产生凝胶。

5.5.5.2 外交联改性

外交联改性相当于双组分体系,即在使用前添加交联剂组分于聚氨酯主剂中,于一定条件下产生化学反应,形成交联。与内交联相比,所得性能好,并且可选择不同的交联剂及用量,以调节胶膜的性能,缺点是双组分型胶黏剂操作没有单组分型方便。这类产品还有一个优点就是一般在合成过程中对极性基团如异氰酸酯基进行了封端保护,保存稳定。

在实际应用时,人们会根据需要而将内交联和外交联的方法相结合,并称之为二阶交联改性。

5.5.5.3 机械共混改性

共混改性的目的主要是降低成本、改善聚氨酯的耐热、耐溶剂、耐磨等性能,如可以把水性聚氨酯胶黏剂与其他水性树脂共混,通过共混组成新的高性能水性胶黏剂。此外,在胶黏剂中往往还会加入一定量的填充料,在降低成本的同时改善聚氨酯的耐热性、初黏性和热膨胀性能,尤其是纳米复合材料的加入是目前研究的一个重要方向,纳米材料种类丰富,为研究者们提供了广泛的研究素材,但填料的加入通常会降低黏结性能,往往需要控制其加入量。

纳米填料种类丰富,纳米尺寸效应能给体系提供许多优异的性能,但纳米材料易团聚是其一直存在有待解决的问题。

5.5.5.4 化学共聚改性

对于化学共聚改性,研究者们进行了大量的研究,共聚改性手段复杂多样,目前最常见的改性手段通常有三大类:丙烯酸酯/乙烯基类改性、环氧树脂改性、有机硅改性,此外,还有合成工艺、添加助剂、原料、固化方式等改性手段。

(1)丙烯酸酯/乙烯基类改性　这类改性主要有如下三种手段：

1)多元醇参与丙烯酸单体/乙烯基单体共聚合制得共聚物多元醇,再与异氰酸酯反应合成大分子 PU,或用含单羟基乙烯基类物质(如 HEM、HEMA 等)对—NCO 基团进行封端,进一步引发双键聚合。

2)聚丙烯酸酯/聚乙烯基聚合物、聚氨酯预聚物直接共混制得胶黏剂,此法主要是如前述的机械共混。

3)利用丙烯酸酯/乙烯基低聚物与聚氨酯的聚合机制不同,合成互穿网络聚合物(IPNs)。

通过引入丙烯酸酯类/乙烯基类化合物,可在体系中引入双键,双键可通过光、热引发进一步形成大分子交联网络或大分子量长链线性化合物,亦或和聚氨酯形成 IPNs 互穿网络结构,利用强迫互穿结构的协同作用提高各项性能。在合成方法、固化工艺、原料上都有较大的选择范围。

(2)环氧树脂改性　环氧树脂具有优异的黏接、热稳定性、耐化学性,且高模量、高强度,是多羟基化合物,可直接参与合成反应引入分子链中,并引入支化点形成部分网状结构。通过环氧改性可提高聚氨酯的强度、耐热性、耐水性和耐溶剂性等性能。

聚氨酯－环氧树脂型胶黏剂不仅具有聚氨酯的优良柔曲性、冲击强度、剥离强度和耐低温性能,还具有环氧树脂优良的黏结性能和耐化学稳定性。

(3)有机硅改性　有机硅树脂因其分子链中的硅氧键具有耐高温、耐水解等优良性能,且该链属于柔性链,具有低温柔顺性好、表面张力低、生物相容性好等优点,已广泛地应用于聚氨酯材料的改性。一般可采用两种方法合成聚硅氧烷－聚氨酯嵌段共聚物,一是含端羟基的聚硅氧烷与二异氰酸酯扩链剂反应;二是端氨基的聚硅氧烷与二异氰酸酯扩链剂反应。后者一般是利用硅烷偶联剂和异氰酸酯基反应引入硅元素。在湿气存在下,硅氧烷基极易水解,得到的硅醇不稳定,可分子间脱水缩合或与基材表面羟基脱水缩合成稳定的聚氨酯－硅氧烷交联网状结构。由于硅烷水解速度很快,所以乙烯基硅烷(用作除水剂)加入胶黏剂配方中除了可以改善包装稳定性和水解稳定性外,还可防止体系在混合过程中发生预交联反应。

在有机硅改性胶黏剂中,由于含有硅氧烷基的端基,可与多种材料表面的羟基反应水解生成硅羟基,使其对多种材料产生优异的黏结性。尤其是近年来功能性硅氧烷化合物的应用,使胶接对象不断扩展,如对石材、玻璃、金属、PVC、尼龙、聚碳酸酯、丙烯酸酯树脂、玻璃纤维、ABS 和聚苯乙烯等,均能实现良好黏接。

5.5.5.5　助剂及其他改性

助剂是胶黏剂工业中不可或缺的重要原料,是胶黏剂的重要组分,不仅能显著提高产品本身的性能,还能赋予产品特殊功能,扩大应用范围,延长使用寿命。采用助剂对胶黏剂进行改性,是一条简便易行、经济实惠、卓有成效的途径。

如上述的通过硅烷偶联剂引入硅元素的方法实际上也是一种助剂改性。此外,很多研究者还将目光转向其他一些功能助剂,如加入小分子抗氧化剂,对小分子上的受阻酚、受阻胺等基团进行改性,然后添加到聚氨酯胶黏剂中进行有机杂化改性,如将用作除水剂的噁唑烷类物质作为潜伏固化剂改性等。

5.6 氨基树脂

氨基树脂(amino resin)是由含有氨基的化合物与甲醛经缩聚而成的树脂的总称。一般可制成水溶液或乙醇溶液,也可干燥成粉末状固体。大多硬而脆,用时需加填料。重要的氨基树脂包括脲醛树脂和三聚氰胺甲醛树脂。

5.6.1 脲醛树脂

脲醛树脂(urea-formaldehyde resins,简称 UF)是尿素与甲醛在催化剂(碱性催化剂或酸性催化剂)作用下,缩聚而成的初期树脂聚合物。初期脲醛树脂在加工成型时发生交联固化,制品为不溶不熔的热固性树脂。固化后的脲醛树脂呈色较浅,一般为半透明状或(至)透明状。

脲醛树脂价格便宜,其或其改性树脂主要用于制造模压塑料,制成日用生活品和电器零件。由于其呈色浅和易于着色,添加染料和颜料后的制品往往色彩丰富瑰丽,其可应用于模压塑料、层压塑料、泡沫塑料、铸塑塑料等。脲醛树脂在树脂磨具中应用较少,可用于磨铜辊砂轮等结合剂,也可用于其他树脂改性。

5.6.1.1 脲醛树脂的合成

尿素与甲醛水溶液在酸或碱的催化下缩聚而得到的线性脲醛低聚物,工业上现有工艺一般是以碱性介质做催化剂,在 95 ℃左右进行反应,通过调节甲醛/尿素之摩尔比,一般为 1.5 ~ 2.0,以保证树脂的固化能力。

脲醛树脂的合成反应是经过两类化学反应形成的,即尿素和甲醛在酸或碱的催化下,首先进行加成反应,形成初期中间体(羟甲基脲),然后羟甲基与氨基进一步缩合,得到可溶性树脂再进行缩聚反应,并最终形成树脂,即树脂化反应。

(1)加成反应 尿素与甲醛在碱性介质(即 pH > 7)中进行加成反应,生成比较稳定的羟甲基脲。

$$H_2NCONH_2 + HCHO \longrightarrow H_2NCONHCH_2OH(单羟甲基脲)$$

同理还可生成相应的二羟甲基脲和三羟甲基脲以及理论上的四羟甲基脲(可能是因为位阻过大难以生成)。

(2)缩聚反应 初期中间体形成后,加热或在酸性介质中脱水缩聚,形成线性结构的初期脲醛树脂。

单羟甲基脲的缩聚生成亚甲脲并析出水。

$$2H_2NCONHCH_2OH \longrightarrow H(NHCONHCH_2)OH + H_2O$$

同理,初期中间体之间以及初期中间体与尿素或者甲醛之间同样发生脱水缩聚反应。并且随着反应的进行,聚合物的分子量越来越大。

在未固化前,脲醛树脂是由取代脲和亚甲基或少量的二亚甲基链节交替重复生成的多分散性聚合物。取决于反应条件,分子链上有不同程度的羟甲基或短的支链。固化时,这些分子之间通过羟甲基(或甲醛,或—CH₂OCH₂—的分解物)与—NH—反应形成

—CH₂—的交联,成为三维空间结构。

脲醛树脂三维空间结构如下所示:

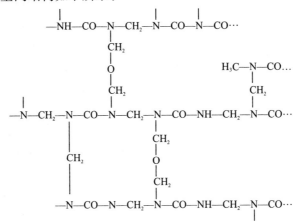

脲醛树脂的低聚物,为分子量低的线性低聚度羟甲脲,一般能溶于水,易制成水溶液。可用于制成价格便宜的脲醛树脂胶黏剂和涂料。

由于分子量相对较低,分子链段运动阻力较小,且分子的自由体积较大,在通常温度下呈液态,初期黏度较低。

由脲醛树脂的加成聚合反应以及聚合物化学结构可知在脲醛树脂中存在大量的各类基团:一羟甲基、二羟甲基、三羟甲基;氨基、亚氨基;甲基、亚甲基;二甲基醚基、亚甲基醚基等。树脂中的这些基团的相对含量对脲醛树脂的黏度、储存稳定性、与水混合性、固化速度和脲醛树脂的其他性质影响很大。

(3)脲醛树脂的固化 在固化剂存在条件下,脲醛树脂转化为不溶不熔状态,这种转化是分子链之间在游离羟甲基作用下,形成横向交联的结果。

此外,脲醛树脂中的羟甲基氢与主链上的醌基氧形成氢键,同样起到使得脲醛树脂固化交联作用。

线型脲醛树脂以氯化铵为固化剂时可在室温固化。模塑粉则在130~160 ℃加热固化,促进剂如硫酸锌、磷酸三甲酯、草酸二乙酯等可加速固化过程。

铵盐和游离甲醛反应生成酸的反应式如下:

$$4NH_4Cl + 6CH_2O \Longrightarrow 4HCl + (CH_2)_6N_4 + 6H_2O$$

生成的酸(H^+,酸性介质)使得固化加速。

脲醛树脂的主链为含有碳氮相间的杂链结构,其主链有极性,分子间相互作用力比非极性主链大,因此其耐热性和强度较好。但正因为主链含有极性,使得其更易水解或酸解。

脲醛树脂经固化后形成交联结构。一定程度交联高分子的最大特点是既不能溶解,也不能熔融(不溶不熔),这是因为分子之间经过交联后,分子链形成具有一定强度的网状结构,分子之间不能相对滑动。在适当的交联度时,其能表现出很好的可逆弹性形变(高弹性)和相当的强度,还有良好的耐热、耐溶剂性能,成为性能优良的弹性体材料。

脲醛树脂分子结构上含有极性氧原子,所以对物面附着力好。因此可以用于底漆,中间层涂料,以提高面漆和底漆之间的结合力。

由脲醛树脂固化后的漆膜,树脂的分子结构呈较疏网状结构,因此具有一定的弹性,且挠曲性较好。

5.6.1.2 脲醛树脂的改性

由于脲醛树脂存在初黏差、收缩大、脆性大、不耐水、易老化、释放甲醛和固化放出甲醛污染环境,损害健康等缺点,必须对其进行改性,提高性能,扩大应用。此外脲醛树脂根据不同的使用要求,加入改性剂后可明显改善性能。

(1)提高初黏性 提高脲醛树脂的初黏性,可加入聚乙烯醇、聚乙二醇、羟甲基纤维素等改性剂,但这些物质价格较高,因此可选用淀粉类物质,尤其是淀粉在脲醛树脂合成开始就加入,效果更好。

(2)减小收缩性 脲醛树脂在固化时收缩率较大,容易产生裂纹,使胶层产生内应力,从而使得其黏度强度下降。为了降低脲醛树脂固化时的收缩率,通常向树脂胶液中加入一些填充剂,如面粉、淀粉和 α - 纤维素粉、木粉、豆粉等。

(3)降低脆性 为了降低脆性,提高韧性可加入聚乙烯醇、聚乙烯醇缩甲醛溶液、聚醋酸乙烯乳液、VAE 溶液等,由于它们在聚合物中引入了其他分子链,增加了高分子链的旋转自由度,空间阻碍小,使得高分子主链变得柔软,并且不会发生增塑剂迁移,保证了产品永久性柔软。同时也可提高初黏性和耐老化性。

(4)改进耐水性 脲醛树脂的耐水性主要是指其胶接制品经水分或湿气作用后能保持其胶接性能的能力。由于脲醛树脂分子中含有亲水性的羟甲基($—CH_2OH$)、羰基($—CO—$)、氨基($—NH_2$)和亚氨基($—NH—$)等基团,所以耐水性差。其制品在反复干湿的条件下尤其是在高温高湿条件下,胶合性能迅速下降,使用寿命显著缩短,限制了制品的使用范围。脲醛树脂胶的耐水性的改进方法主要是通过共混、共聚或加入一些其他增量剂的方法来实现的,如三聚氰胺、苯酚、间苯二酚等共聚单体,或者硫酸铝、磷酸铝等交联剂。

(5)提高黏接强度 采用多元复合添加剂如聚乙烯醇和苯酚,可改善脆性,提高耐水性和黏接强度。再采用中性 - 弱酸 - 弱碱复合工艺,在中温下进行反应,制得的脲醛树脂剪切强度是原脲醛胶的 10 倍以上,耐水性和耐沸性大为提高。

5.6.2 三聚氰胺甲醛树脂

三聚氰胺甲醛树脂(melamine - formaldehyde resin,简称 MF)别名密胺树脂,MF 是由三聚氰胺(2,4,6 - 三氨基 - 1,3,5 - 三嗪)和甲醛经缩聚反应生成的线型或者支链型的大分子化合物。

三聚氰胺甲醛树脂属于热固性树脂,在室温下不固化,加热至 130 ~ 150 ℃即可固化,成为网状结构的不溶不熔固体。三聚氰胺甲酸树脂固化后无色透明、耐光、耐沸水,甚至可以在 150 ℃使用,且具有自熄性、抗电弧性和良好的力学性能。树脂可自由着色,长期使用过程中不放出氨。表面硬度大,在溶剂中不溶,加热时不熔,但性能较脆。三聚氰胺甲醛树脂溶液不稳定,储存期短,在数天内即形成凝胶,为延长储存期,通常以喷雾干燥法制成粉状固态树脂并隔绝空气储存,在使用时再稀释成水溶液备用。

5.6.2.1 三聚氰胺甲醛树脂的合成

甲酸与三聚氰胺的反应易于进行。无论在中性介质、酸性或弱碱性介质中,还是一定的温度条件下,均可以很容易反应完全,生成三聚氰胺甲醛树脂。各个厂家树脂的生产工艺均不相同,一般情况下,可分为一步法和两步法。

（1）一步法　即为羟甲基化反应和醚化反应自始至终都是在酸性介质中进行,在整个反应过程中不区分碱性和酸性。一步法生产周期短,操作简单,容易控制,便于生产。但是由于反应的各阶段不能在适合的条件下进行,使得产品质量达不到生产下游产品的要求,产品有硬度差,储存稳定性低,树脂对烃类容忍度逐渐增高等问题的存在。

（2）两步法　此项工艺的反应过程是分阶段进行的。合成树脂的第一步是使三聚氰胺在催化剂的存在下与甲醛反应形成多羟甲基三聚氰胺。三嗪环上的所有活性氢原子都可以转化为羟甲基,但实际上是 2~6 个摩尔的甲醛反应到三嗪环上,其中比较稳定的是三羟甲基三聚氰胺。

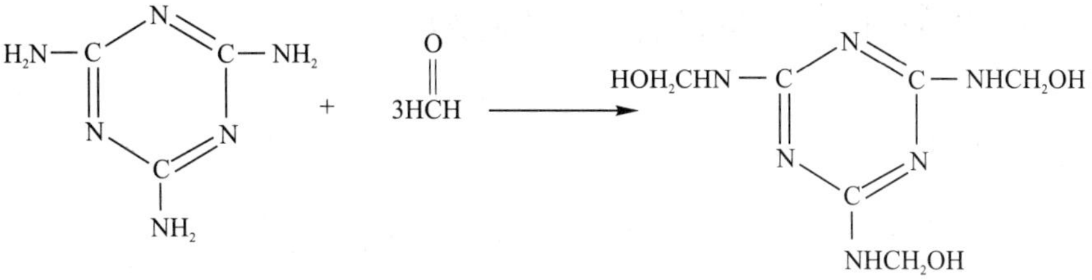

三羟甲基三聚氰胺

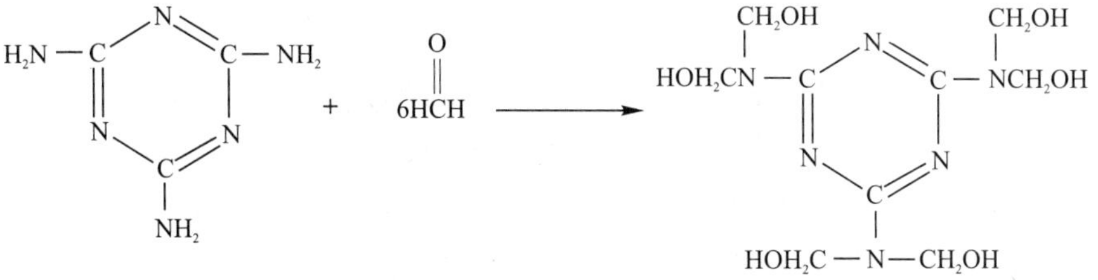

六羟甲基三聚氰胺

第二阶段是树脂化阶段,发生缩聚反应。此阶段是在酸性介质中进行的。多羟甲基化三聚氰胺分子之间或者分子内发生缩聚反应,形成由次甲基键或醚键连接的线型或支链型大分子。同时多羟基三聚氰胺含有大量的羟甲基,由于极性大,在有机溶剂中不溶,这个阶段为了增加产品的储存稳定性,采用将三聚氰胺甲醛树脂初缩体醚化的方法,封闭活性基团,增加非极性基团,因此就有了不同种类的氨基树脂。三聚氰胺与甲醛形成初期缩聚物之后,再进一步缩合,最终形成不溶不熔具有体型结构的高聚物。

5.6.2.2　三聚氰胺树脂的性能

三聚氰胺树脂耐水能力高,能经历三小时以上的沸水,热稳定性高,低温固化能力较强,耐磨性好,固化快,不需加固化剂。

三聚氰胺成品比脲醛树脂成品硬度和耐磨性好,对化学药物的抵抗能力,电绝缘性能等都好。但是固化后胶层容易破裂不宜单独使用,应用改性的三聚氰胺树脂胶。通过将酚醛树脂和三聚氰胺树脂并用,可以制得耐磨性能优良的树脂磨具。

5.6.2.3　三聚氰胺甲醛树脂的改性

三聚氰胺甲醛树脂的改性有物理共混改性和化学反应改性。具体的改性方法主要包括以下几种。

（1）使用改性剂(如甲醇等低分子醇类)封闭 MF 树脂分子中的活性羟甲基,通过阻止其活性组织分子间的进一步缩聚,或者在树脂分子结构上引入亲水基团,从而提高树脂的水溶性和储存稳定性。

（2）在树脂的合成过程中，加入双氧水、己内酰胺等物质，可以达到减少聚合反应过程中剩余的游离甲醛含量的目的。

（3）使用多聚甲醛部分代替甲醛溶液与三聚氰胺反应，或者使用苯代三聚氰胺代替部分三聚氰胺进行反应，同时使用减压蒸馏等方法可以提高固含量，使用尿素替代部分三聚氰胺在改性三聚氰胺的同时还可以降低成本等。

（4）加入阳离子化试剂，来得到具有特殊性能的改性三聚氰胺甲醛树脂。

5.7　聚乙烯醇和聚乙烯醇缩醛胶黏剂

5.7.1　聚乙烯醇胶黏剂

聚乙烯醇的单体是不稳定的，因此它不能由单体聚合直接得到，而是通过聚醋酸乙烯水解来制备：

$$\left(H_2C-CH\right)_n \xrightarrow{\text{水解}} \left(H_2C-CH\right)_n$$
$$\quad\quad OCOCH_3 \quad\quad\quad\quad\quad OH$$

水解反应一般在乙醇或甲醇溶液中进行，用酸或碱做催化剂。

聚乙烯醇是白色粉末，它的性质取决于原始聚醋酸乙烯的结构和水解程度（见表 5 − 20），水解度 99.7% ~ 100% 的聚乙烯醇是高度结晶的聚合物，耐水性相当好；水解度 87% ~ 89% 的聚乙烯醇对水最敏感，易溶于水；而水解程度进一步下降时，对水的敏感性又降低了。

表 5 − 20　聚乙烯醇类型

用途要求	选用型号	聚合度	水解度/%	性能特点
耐水要求很高的胶黏剂	17 ~ 99	1 700	>99.8	高强度
	15 ~ 100	1 500	>99.5	高耐水性
耐水胶黏剂	05 ~ 100	500	>99	耐水性好，胶黏剂稳定性好
再分散型乳液胶黏剂	05 ~ 88	500	88 ± 2	易溶于水
	09 ~ 88	900	88 ± 2	
	10 ~ 88	1 000	88 ± 3	
	12 ~ 88	1 200	88 ± 2	
	15 ~ 88	1 500	88 ± 4	
	17 ~ 88	1 700	88 ± 2	
	20 − 88	2 000	88 ± 2	
高固体含量胶黏剂	05 ~ 75	500	73 ~ 75	低黏度
高黏度胶黏剂	30 ~ 88	3 000	88 ± 2	高黏度
	24 ~ 88	2 400	88 ± 2	触变性好

聚乙烯醇在聚合度500～2 400有多种型号,作为胶黏剂一般采用聚合度偏高的为宜。聚乙烯醇胶黏剂通常以水溶液的形式来使用。

配成低浓度胶黏剂仍显示良好的黏接力,价格低廉,生成的胶膜强度高,不足之处是不能配成高含量胶黏剂,以致黏接速度较慢。聚乙烯醇水溶液胶黏剂适用于黏接纸张、织物和木材等。在糊精中掺加20%～30%聚乙烯醇可提高黏接力和耐湿性。

胶黏剂的配制方法是将聚乙烯醇5～10份与水95～90份混合,在搅拌下加热到80～90 ℃直至呈浅黄白色的透明液体即成。在胶液中通常还要添加填料、增塑剂、防腐剂、熟化剂等配合剂。填料可以降低成本,调节胶接速度和固化速度,淀粉、松香、明胶酪素、黏土、钛白粉等都可以作为填料来使用。增塑剂如甘油、聚乙二醇、山梨醇、聚酰胺、尿素衍生物等,能够增加胶膜的柔性。为了提高聚乙烯醇的耐水性,可以使它交联熟化,交联后的聚乙烯醇不再溶解。能使聚乙烯醇交联的有无机盐(如硫酸钠、硫酸锌、硫酸铵、钾明矾等)、无机酸(如硼酸)、多元有机酸和醛类化合物,加热也能使聚乙烯醇熟化。

聚乙烯醇还可以作为许多胶黏剂的配合剂,它在胶黏剂配方中容易使各种性能同时得到满足。聚乙烯醇可以在乳液胶黏剂中作为保护胶体或增稠剂,还可以作为淀粉、明胶等天然树脂以及一些合成树脂的配合剂,也可以作为水泥的配合剂等。

5.7.2 聚乙烯醇缩醛胶黏剂

聚乙烯醇缩醛是由聚乙烯醇在酸性催化剂存在下与不同醛类进行缩醛化反应而制得。

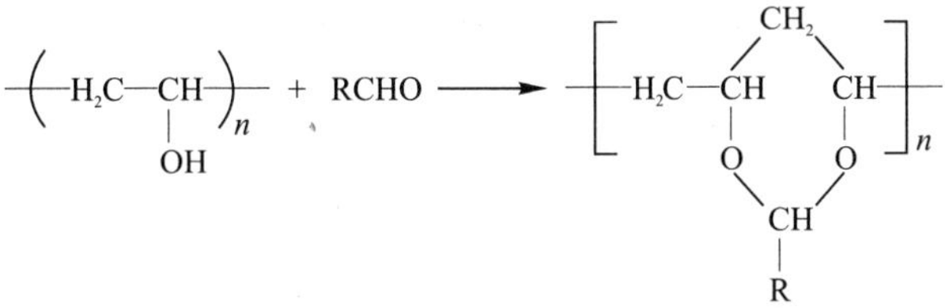

式中R为H或C_3H_7—。

缩醛的性质取决于原料聚乙烯醇的结构、水解程度、醛类的化学结构和缩醛化程度等。一般地讲,所用醛类的碳链越长,树脂的玻璃化温度降低,耐热性就低,但韧性和弹性提高,在有机溶剂中的溶解度也相应增加。溶解性能也取决于结构中羟基的含量,缩醛度为50%时可溶于水配制成水溶液胶黏剂,106或107胶黏剂就是属于这种类型,缩醛度很高时不溶于水而溶于有机溶剂中。

工业中最重要的缩醛品种是聚乙烯醇缩丁醛和缩甲醛。

以丁醛作用于聚乙烯醇的水溶液或用丁醛处理溶于乙酸甲酯或其他溶剂中的聚乙酸乙烯酯,都可制得聚乙烯醇缩丁醛,反应中用酸做催化剂。聚乙烯醇缩丁醛(简称PVB)的结构式如下:

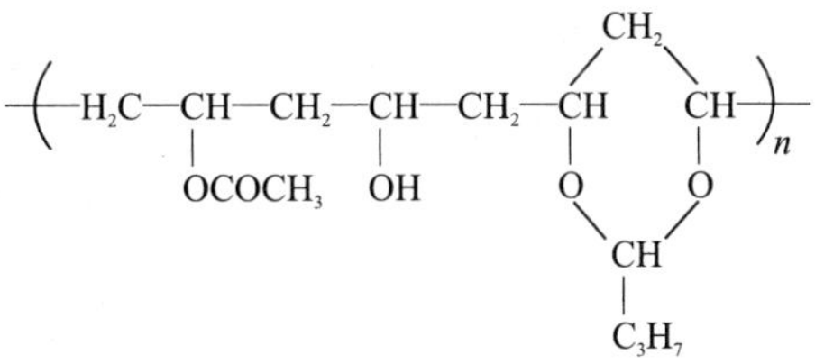

缩丁醛中含有较长的支链,因此它的柔软性、挠曲性好,玻璃化温度低(50 ℃)。缩丁醛中含有一定量的羟基,这就提高了它在醛类中的溶解度和对水的亲和力。缩丁醛的良好的溶剂有:甲醇、乙醇、丙醇、丁醇、乙酸甲酯、乙酸乙酯、乙酸丁酯、甲乙酮、环己酮、二氯甲烷和氯仿等。

缩丁醛缩醛化程度越高,聚合物的软化温度和强度越低,而憎水性与介电性能随缩醛化的增多而获得改善。

缩丁醛的优点是耐大气的作用,耐日光暴晒,耐氧和臭氧,抗磨性强,但抗多次反复弯曲的强度比较低。它的化学稳定性不高,只能抗无机稀酸和脂肪烃的作用。缩丁醛容易与其他树脂混溶,对金属、木材、塑料、硅酸盐及纱织品有极高的黏结能力。

聚乙烯醇缩甲醛韧性不如缩丁醛,但耐热性比缩丁醛好,软化点在200 ℃以上。

缩醛分子中由于羟基的存在,可与其他含有活性基团的物质作用,如可与酚醛树脂中的羟甲基进行缩合反应,最终生成三向交联的聚合物。另外,缩丁醛韧性很好,加入酚醛树脂中,可以降低其脆性,增加它的黏结能力。

实际上,工业生产的缩醛化物的缩化度几乎都在70%以上,得到80%以上的高缩醛化物,在技术上是相当困难的。

用聚乙烯醇为结合剂所制成的树脂砂轮,称为PVA砂轮。其制造方法大致如下:选用完全醇解型(醇解度98%以上)的聚乙烯醇,先配制成15% ~ 20%的水溶液;然后加入磨料进行混合;在混合溶液中加入甲醛水以及反应触媒——硫酸或盐酸,进行充分搅拌;将搅拌均匀有气泡状的成型料浇注到模具中;在室温乃至50 ℃下反应10 ~ 40 h,然后将制件用水洗去硫酸或盐酸。成品中气泡的数目、大小等随聚乙烯醇水溶液的黏度,反应条件及缩醛化程度而变化。为了提高砂轮的硬度和耐热性,可以加入一定量的热固化树脂,与聚乙烯醇共用作为结合剂。

PVA砂轮有多孔性,一定的弹性,适用于不锈钢、铸铁、铜铝等金属和陶瓷、玻璃、珐琅、塑料、皮革等非金属材料的精加工、抛磨加工。

试验证明,PVB与酚醛并用制成的磨具,强度高于酚醛,硬度不低于酚醛,耐热性接近酚醛,但耐磨性差。若酚醛、聚砜、缩丁醛三者并用得到了强度较高,其他性能接近于酚醛树脂的结合剂。这种结合剂用于要求强度较高的使用场合(如制造80 m/s的高速磨片、高速切割砂轮等),取得了一定的效果。

5.8　不饱和聚酯树脂

聚酯是指由二元羧酸和二元醇经缩聚反应而成的聚合物。根据聚酯分子中是否含有非芳香族的不饱和键,可将聚酯分为饱和聚酯树脂或不饱和聚酯树脂两大类。

不饱和聚酯树脂一般是由不饱和二元酸、饱和二元酸和二元醇缩聚而成的,在分子中同时含有重复的不饱和双键和酯键,因此,在生产后期,还必须经交联剂稀释形成具有一定黏度的树脂溶液,成为实际应用的不饱和聚酯。使用时再加入引发剂,即可使引发剂与树脂分子中的不饱和键发生自由基共聚,最终交联成为体型结构的树脂。

不饱和聚酯树脂是使用最普遍的热固性树脂之一,其主要特点是:工艺性能优良。这是它最突出的优点,在室温下有适宜的黏度,可室温固化,常压成型且固化后没有小分子副产物生成;固化后树脂的综合性能良好,其力学性能略低于环氧树脂,但优于酚醛树脂;价格较低,品种较多。其主要缺点是:固化时体积收缩率较大;有储存期限,且施工时有气味。

5.8.1　不饱和聚酯的合成与性能

5.8.1.1　不饱和聚酯的合成

不饱和聚酯树脂,一般是由不饱和二元酸、饱和二元酸和二元醇缩聚而成的具有酯键和不饱和双键的线型高分子化合物。通常,聚酯化缩聚反应是在190~220 ℃进行,直至达到预期的酸值(或黏度),在聚酯化缩聚反应结束后,趁热加入一定量的乙烯基单体,配成黏稠的液体,这样的聚合物溶液称之为不饱和聚酯树脂。

不饱和聚酯树脂根据合成单体的不同可以分为邻苯二甲酸型(简称邻苯型)、间苯二甲酸型(简称间苯型)、双酚A型和乙烯基酯型、卤代不饱和聚酯树脂等不同品种。

以不同的二元酸或二元醇为原料可以制成不同类型的不饱和树脂。当不饱和酸对饱和酸的比例越高时,其热变形温度也越高,但此类聚合物加工困难。表5-21指出了合成组分对树脂性能的影响。

表5-21　合成组分对树脂性能的影响

原料类型	原料组分	性能
饱和二元酸	邻苯二四酸酐	机械强度好,热变形温度中等,价格较低
	间苯二甲酸	耐水、耐化学性好、机械强度高、热变形温度好
	对苯二甲酸	耐化学性强,热变形温度高,低固化收缩率
	己二酸	韧性、曲挠性好,价格高
	癸二酸、壬二酸	曲挠性比己二酸更好,价格更高
	四氯邻苯二甲酸酐	阻燃,强度低,价格高
不饱和二元酸	顺丁烯二酸酐	热变形温度中等,反应性好,价格低
	反丁烯二酸	热变形温度较高,比顺丁烯二酸酐反应性更强
二元醇	乙二醇	热变形温度高,机械强度好,价格低
	一缩二乙二醇	柔软性及韧性好,耐水性低
	丙二醇	耐水性好,柔软性好,和苯乙烯相容性很好
	新戊二醇	颜色好,湿强度保留率高,耐腐蚀性好
	一缩丙二醇	对低轮廓添加剂相容性好,柔软性好
交联单体	苯乙烯	反应性强,机械性能好,和多种树脂相容性好,热变形温度高,价格低
	邻苯二甲酸二烯丙酯	热变形温度高,挥发性低,光稳定,反应性弱
	乙烯基甲苯	柔软性、韧性比苯乙烯好,挥发性低,反应性强

不饱和聚酯树脂的固化过程是属于自由基共聚合反应。在引发剂的引发下,在具有

多个双键的聚酯大分子与交联剂苯乙烯之间发生共聚,最终生成体型结构的固化产物。其过程如下:

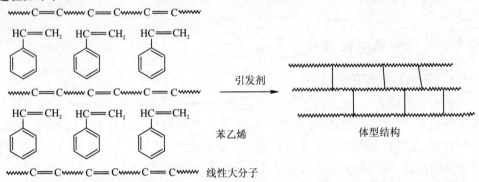

为了便于获得不饱和聚酯树脂的苯乙烯溶液,应在较高温度进行混合,所以必须在苯乙烯中加入较多的阻聚剂以防止混合时受热而发生聚合反应。因此混合好的不饱和聚酯树脂苯乙烯溶液物料体系中含有阻聚剂。

加入引发剂进行固化时最初生成的自由基必须首先与阻聚剂发生作用,因此产生了诱导期。诱导期过后方才引发不饱和双键产生自由基聚合反应,从而形成交联结构。

当要求在室温条件下操作与固化时,还应加入活化剂,又称促进剂,其作用是促进过氧化物引发剂的分解速度,使之在较低的室温范围产生大量的自由基。常用的不饱和聚酯树脂引发剂体系及最佳使用温度条件见表5-22。

表5-22 不饱和聚酯树脂用引发体系

引发剂	活化剂	最佳使用温度范围/℃
过氧化二苯甲酰	二甲基苯胺	0~25
甲乙酮过氧化氢	辛酸盐	25~35
异丙苯过氧化氢	环烷酸锰	25~50
过氧化二月桂酰	热	50~80
过氧化二苯甲酰	热	80~140
过氧化二叔丁基	热	110~160
过苯甲酸叔丁酯	热	105~150

由于凝胶效应较快地转变为橡胶状物,同时由于反应放热促使交联反应加速进行,因此不饱和聚酯树脂放出的热量很大,不易散失,会使树脂受热变色甚至开裂。

5.8.1.2 不饱和聚酯树脂的特点与应用

不饱和聚酯树脂固化物具有优良的力学性能、电绝缘性能和耐腐蚀性能,既可以单独使用,也可以和纤维及其他树脂或填料共混加工。

(1)工艺性能优良 不饱和聚酯树脂可以在室温下固化,常压下成型,工艺性能灵活,特别适合大型和现场制造树脂磨具。固化后树脂综合性能好,力学性能指标略低于环氧树脂,但优于酚醛树脂。树脂颜色浅,可以制成各种不同颜色制品。

(2)固化后综合性能优良 不饱和聚酯树脂具有黏度小,浸润速度快,对各种金属和非金属材料具有良好的黏附能力。固化物力学性能介于环氧树脂和酚醛树脂之间,表面硬度高。

不饱和聚酯树脂的缺点是固化过程中体积收缩率太高(10%~15%),固化物脆性较大,会使得制品的耐冲击、耐开裂和耐疲劳较差。绝大多数不饱和聚酯树脂的耐热性较低,热变形温度都在50~60 ℃,一些耐热性好的树脂则可达120 ℃。

不饱和树脂胶黏剂在制造石材抛光磨块、抛光磨头等方面得到广泛应用,其成型方法往往是浇注成型。通常以不饱和聚酯树脂为基体,加入一定比例的磨料、引发剂、催干剂、各种助剂等原料混合,通过搅拌、浇注、凝胶和固化等一系列工艺过程制成。

5.8.2　不饱和聚酯的改性

目前通常使用的不饱和聚酯改性方法有增韧改性、阻燃改性、低收缩率改性等。

5.8.2.1　不饱和聚酯增韧改性

(1)聚合物互穿网络改性　互穿聚合物网络是由两种或两种以上聚合物互相贯穿缠结而形成的一类具有独特结构的多组分聚合物。其特有的强迫互溶作用能使两种或两种以上性能差异很大的聚合物形成稳定的聚合物共混物,从而实现组分之间性能或功能的互补。

(2)纳米粒子改性　无机纳米粒子对聚合物改性表现出增韧和增强的协同效应。然而纳米粒子因其具有很高的表面能和表面活性,在聚合物基体中很容易发生团聚现象。为提高纳米粒子的分散能力,同时增强纳米无机粒子与不饱和聚酯的界面结合力,通常需要对无机纳米粒子的表面进行改性,主要是消除粒子的表面电荷、提高纳米粒子与有机相的亲和力、减弱纳米粒子的表面极性、使其由亲水变为疏水等。

(3)橡胶改性　将橡胶引入不饱和聚酯中进行增韧改性,不仅是因为液体橡胶容易在不饱和聚酯中分散均匀,另外还能增加黏性,降低放热温度,减少收缩率,通过使用含有活性端基的液体橡胶做热塑性增韧剂增韧不饱和聚酯,使活性端基与不饱和聚酯分子主链发生反应,从而提高了橡胶与聚酯之间的作用力。

5.8.2.2　不饱和聚酯低收缩率改性

不饱和聚酯在固化时收缩率比较大,一般可达7%~8%,这种收缩率尤其是在模压成型中会导致制品表面不平整,尺寸公差不稳定等现象,因此控制其收缩率成为改性的重要内容之一,不饱和聚酯低收缩率改性的主要方法是在不饱和聚酯中引入低收缩添加剂LSA,如一些热塑性聚合物,包括聚苯乙烯、聚甲基丙烯酸甲酯、聚醋酸乙烯、塑性聚氨酯和聚酯等。

5.9　聚酰胺

凡主链上含有酰胺基—$\overset{\text{O}}{\overset{\|}{\text{C}}}$—NH—重复单元的线型高聚物统称为聚酰胺。它是热塑性树脂中机械强度较好的一种。根据所用合成原料的不同,可分为脂肪族、芳香族和脂环族聚酰胺三大类。

聚酰胺(尼龙)的品种颇多,为了区别起见,人们根据所用的原料不同,在它的名称后面加上不同的符号表示聚酰胺的化学组成。目前广泛采用碳原子数分类法。

(1)由氨基酸脱水制成内酰胺,再缩聚制成的聚酰胺在它的名称后面用一个数字表示,此数恰好是链节中的碳原子数。例如聚酰胺6(尼龙6)是己内酰胺的聚合体:

$$n\ \overline{NH(CH_2)_5CO} \rightleftharpoons H\overline{\big[HN(CH_2)_5CO\big]_n}OH$$

(2)由二元胺和二元酸制得聚酰胺,在它的名称后面用两个数字表示,每个数字表示二元胺和二元酸中碳原子含量的数目,其中前一个数字表示二元胺。例如聚酰胺1010(尼龙1010)是由癸二胺和癸二酸缩聚而成的。

$$n\ H_2N(CH_2)_{10}NH_2 + n\ HOOC(CH_2)_8COOH \longrightarrow \big[HN(CH_2)_{10}NHOC(CH_2)_8CO\big]_n + 2nH_2O$$

又如聚酰胺66(尼龙)是由己二胺 $H_2N(CN_2)_6NH_2$ 和己二酸 $HOOC(CH_2)_4COOH$ 制得的。

(3)共聚体以相应的组合数组成,在组成数字之后括弧中指出缩聚反应中各组分的重量比例。例如聚酰胺66/6(60:40)表示由60%重量的聚酰胺66和40%重量的聚酰胺6所组成的共聚物。

聚酰胺系从白色至淡黄色的不透明胶状固体物,它不溶于普通溶剂(如醇、酯、酮和烃类),能溶于强极性溶剂(如酚类、硫酸、甲酸等)以及某些盐的溶液,工业上用的聚酰胺分子量为8 000～25 000。

酰胺基是聚酰胺的官能团,它是一个极性基团,彼此间极易形成氢键,这使得聚酰胺的分子结构致密化。因此,聚酰胺有较高的结晶度和熔点,并且多种聚酰胺的熔点随高分子主链上酰胺基团的浓度和间距而变化。比重小,冲击强度大,耐油性、耐磨性好,抗张强度较高;其缺点是亲水性强,吸水后尺寸稳定性差及热变形温度较低(80 ℃以下)等。

试验证明,尼龙1010与酚醛树脂并用作结合剂,采用热压法,可制造70 m/s的高速磨片和高速切割砂轮,使用效果均能满足一般要求。

芳香尼龙是20世纪60年代的一种耐高温热塑性树脂,它与一般尼龙不同,主要是由芳香二元胺与二元酸缩聚而成的。由不同的二元胺和二元酸缩聚而成的芳香尼龙,其结构式为:

芳香尼龙结构带有苯环,具有高的热稳定性,优良的物理机械及电性能,更宝贵的是在高温下仍能保持这些优良性能。据报道芳香尼龙是良好的耐高温,耐辐照的抗磨材料,玻璃化温度为270 ℃,熔点为430～500 ℃以上,比重1.33～1.36,抗张强度800～1 200 kg/cm²,抗冲击强度20～30 kg/cm²,抗压强度3 200 kg/cm²,马丁耐热度高达100 ℃以上。

美国杜邦公司1959年制成了由芳香二胺和四羧酸酐合成的芳香尼龙,通常称为SP树脂,特点是耐热性好。1965年作为结合剂用于制造磨具,据报道,这种结合剂在实验室中能耐800 ℃的高温5 min,在空气中加热至500 ℃重量不见减轻,而普通树脂230 ℃已开始灼损,500 ℃全部碳化。芳香尼龙可用于制造耐高温磨具或湿磨金刚石砂轮。

5.10 聚砜

主链含有重复—SO_2—基团的聚合物,叫聚砜。聚砜的主要性能见表5-23。

聚砜是20世纪60年代后期才出现的一种新颖热塑性树脂,它的突出优点是耐热性好,同热固性树脂接近,而且它的热稳定性高,长期使用温度可达150~174 ℃。

工业上重要的是由双酚A(二酚基丙烷)与4,4-二氯二苯基砜,以氢氧化钠为催化剂,在二甲基亚砜溶液中缩合而成的聚砜。其分子结构式为:

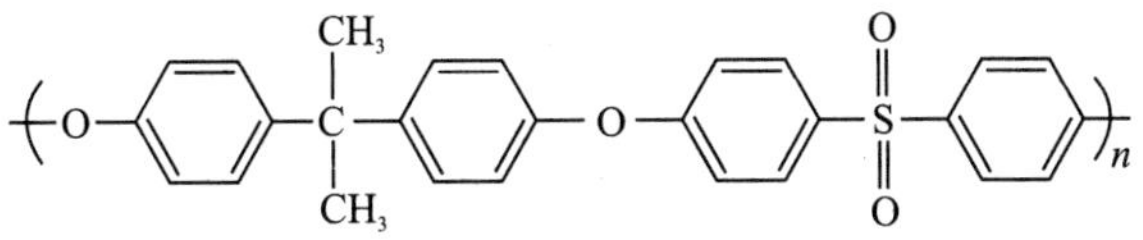

聚砜是一种透明而微带琥珀色的树脂,聚砜是具有特殊分子结构的芳环高分子聚合物,它的主链带有异丙撑基、醚键和砜基,因此也称聚醚砜、聚芳砜、聚苯基砜或聚芳醚等。聚砜的主要性能见表5-23。砜基上的"S"原子在结构中处于最高的氧化状态,使树脂具备抗氧化的特性,同时二苯基砜是芳香族化合物,它处于高度共轭状态,结构坚强有力,能吸收大量热辐射能,而不会使主链和支链断裂,这就使聚砜具有较高的热稳定性。而异丙撑基和醚键—O—除了使聚砜具有对热和水解的稳定性外,还使之具有柔屈性,坚硬和较大的刚性。

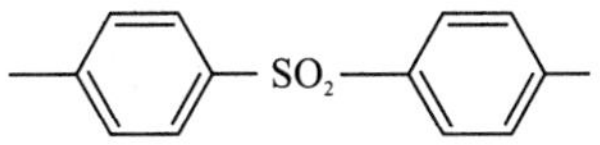

表5-23 聚砜的主要性能

性能	单位	数值
比重		1.24
吸水性(24 h)	%	0.12~0.22
成型收缩率	%	0.8
线膨胀系数	$\times 10^{-5}$/℃	5.0~5.2
热变形温度(1.75 MPa)	℃	174
马丁耐热度	℃	156
维卡耐热度	℃	272
玻璃化温度	℃	195
抗张强度	MPa	72.0~85.6
抗弯强度	MPa	107.8~127.0
抗压强度	MPa	87.0~89.0
抗冲击强度(无缺口)	kJ/m²	23.0~37.0
抗冲击强度(带缺口)	kJ/m²	0.7~0.81

聚砜的强度比酚醛树脂好,耐热性也较好,但由于聚砜是粉状物,加之它的熔化温度较高(加工温度340~400 ℃),所以一般单独加工成型较困难。但聚砜与酚醛树脂并用,

这些问题可以得到较好的解决,两者并用后,加工温度可降到 200 ℃左右。试验表明,酚醛——聚砜结合剂制成的磨具不仅强度不低于酚醛树脂结合剂磨具,而且硬度与耐热性不比酚醛的差,耐磨性也较好。这种结合剂用于要求强度较高,耐热性好的使用场合(如制造磨转子槽砂轮等)效果甚为显著。对某些高强度、高密度的磨具(如重负荷砂轮等),加入一定量的聚砜,不但能提高强度,磨削性能好,而且可提高成型料的松散性。

6 辅助材料

6.1 填料

关于填料的定义,至今很难给出一个确定、严格和科学的定义。美国材料试验标准 (ASTM C 859 – 92a, Nuclear Materials)规定:填料为通用术语,凡在使用中呈惰性、占据空间、有可能改善物理性质的材料均称为填料。德国工业标准(DIN 55943)规定:填料是在其所应用的介质中呈不溶性的颗粒状物质,它的作用是增加容量、提高物理性能,以及改变或提高光学性能。因此,可简单定义填料为:填料是一种相对惰性的固体材料,可以对复合材料起降低成本、改善使用性能和改进工艺特性等作用的物质。

6.1.1 填料的分类

填料由于应用领域宽广、品种繁多,因而具有多种分类方法。按物质成分填料可分为有机填料和无机填料或矿物填料、植物填料与合成填料。

按填料的几何形状可分为球形、块状、片状、纤维状等(见表6 – 1)。

表6 – 1 按矿物填料的几何形态的分类

形态分类	矿物名称	颗粒几何尺寸对比		
		长	宽	高
球形	珍珠岩	1	1	1
立方体	方解石、正长石	1	1	1
块状或短柱形	方解石、长石、硅石、重晶石、霞石	1 ~ 4	1	1
片状	高岭土、云母、滑石、石墨	1	< 1	1/4 ~ 1/100
纤维状	硅灰石、透闪石、石棉、纤维海泡石	1	<1/10	<1/10

按填料的化学组成与特性分类可将填料分为氧化物和氢氧化物、盐、单质和有机物等四类(见表6 – 2)。

表6 – 2 按填料化学组成分类

化学类型	填料名称
氧化物和氢氧化物	金刚砂、石英粉、三水合氧化铝、铝镁氧化物、钛白粉
盐	碳酸盐、碳酸钙、碳酸镁(方解石、大理石、白云石) 硫酸盐:硫酸钡(重晶石)、硫酸钙(石膏晶须) 硅酸盐:硅酸钙、硅酸铝、硅酸镁(硅灰石、高岭土、沸石)
单质	金属、炭黑、石墨
有机物	木粉、煤粉

在使用中必须根据填充体系的加工性能、使用性能和填料的物理、化学特性,在充分

了解填料的物理、化学特性的基础上,选择适宜的填料,必要时也可对其进行物理、化学改性。

6.1.2 填料的物理性质

填料的物理、化学特性主要考虑填料的粒径大小、粒径分布、颗粒形状、比表面积、吸油值、硬度、化学组成、化学活性以及光学性能、电性能、磁性能和热性能等。

6.1.2.1 粒径及粒径分布

填料颗粒的粒径和粒径分布是粉体填料的重要特性之一。粒径(也称粒度)是指填料粒子大小的量度,粒径的表征包括粒子大小的表征(平均)和粒径分布(粒度)的表征。对大量不同粒径构成的群体用某种假想颗粒的粒径与其粒径相对应时,一般便将假想颗粒称为平均粒径。

粒度测定的方法有筛分法、沉降法(包括重力沉降的离心沉降)、激光粒度分析法、显微镜法、库尔特计数器法以及比表面积测定法。

填料的粒径通常可以用微米或用透过标准筛的目数来表示。目数是指筛网每平方英寸上的筛孔数。筛网目数与粒径的实际尺寸对照见表 6 - 3。

表 6 - 3　筛网目数与粒径对照

目数	粒径/μm	目数	粒径/μm
10	1 651	400	38
20	833	500	25
80	175	652	20
100	147	1 250	10
150	104	2 500	5
200	74	6 250	2
325	45	12 500	1

在实际应用中,填料粒径有一个适宜范围。一般填料的颗粒粒径越小,比表面积越大,与高分子树脂的接触面积越大,填料与树脂的结合强度将增高,可防止填料的迁移,从而可提高复合材料制品的力学性能;若粒径太小,比表面积大,需要较多的高分子才能覆盖其表面,因而最大填充量低;粒径越小,要实现均匀分散就越困难,黏度也高,需要更多的助剂,且给成型料加工工艺性带来困难。因而要根据使用需要确定适宜的填料粒径。另外,颗粒的粒径分布对填充体系的影响大,要重视填料粒度分布对填充体系的影响。各种填料的平均粒径见表 6 - 4。

表6-4 各种填料的平均粒径

粒径范围/μm	填料名称
<0.01	气相二氧化硅初级颗粒,沉淀二氧化硅初级颗粒,超细二氧化钛
0.011~0.03	氧化铝,炭黑,沉淀碳酸钙
0.031~0.06	氧化锌,铁氧体
0.061~0.1	钛酸钡
0.1~0.5	硫酸钡粉,膨润土,二氧化钛颜料,高岭土,气相二氧化硅的聚集体,碳酸钙,球黏土,氢氧化镁
0.6~1	立德粉,氢氧化铝,氧化铁
1~5	沉淀二氧化硅团聚体,陶瓷珠,滑石粉,硅胶,石英,重晶石和合成硫酸钡,长石,硅藻土,飞尘,熔凝二氧化硅,云母,海泡石
6~10	石墨,玻璃珠
10~100	铝粉,五氧化锑,珍珠岩,磷灰石
>100	多孔陶瓷珠,橡胶颗粒

6.1.2.2 颗粒形状

各种颗粒形状在填充体系中影响差异很大。球形颗粒具有最高的堆积密度和均匀的应力分布,可增加流动性和降低黏度。片状具有较良好的增强性能和堆积密度,有较大的反射表面,有利于取向且具有较低的液体、气体和蒸汽的渗透性。纤维状、针状颗粒填充体系具有较高的硬度,可减少收缩和热膨胀,并可提高触变性。

对于片状填料,常用颗粒的平均直径与厚度之比表示。纤维状、针状填料常用颗粒长度与平均直径之比(长径比)表示。表6-5示意出一些常见填料类型的形态。

表6-5 填料颗粒的典型形态

形状	特征	填料类型
球形	呈球形	炭黑、气相二氧化硅、二氧化钛、氧化铝、氧化锌、粉煤灰中玻璃珠
片状	底面形状与厚度存在一定比例关系,在充分分散的情况下,能以单片状或聚合片展现书页形	石墨、云母、高岭土、滑石、蛭石、水合氧化铝、珍珠岩
纤维状、针状	断面有圆形、正方形、六边形、长方形、三角形等,长度径比较大	硅灰石、玻璃纤维、碳纤维、轻质碳酸钙
块状	介于球形和片状的一种,纵横比约为1,但又不是圆球形粒子,包括立方体、菱形体等	重质碳酸钙、重晶石、硫酸钡
不规则形状		氢氧化铝、碳酸钙、氢氧化镁、沉淀二氧化硅

一般地说,填料颗粒粗糙且刚硬,能够起到增加摩擦因数的作用,也可以说,当颗粒不规则,且硬度比基体高时,则会使制品的摩擦因数提高,且颗粒越大,制品的磨耗越大。

6.1.2.3 硬度

材料的莫氏硬度是一种抗刮伤能力的比较。即用一种材料去刮另一种材料的表面来测定,实质上就是两种材料表面质点摩擦时,彼此剪切强度的比较和反映。材料的莫氏硬度高,其剪切强度也高,故而在进行摩擦过程中具有的摩擦因数也越高。莫氏硬度为 2 或 1 的低硬度填料,经常被用作减摩材料。常见填料的莫氏硬度值见表 6-6。

表 6-6 一些常用填料的莫氏硬度

硬度值	填料名称	硬度值	填料名称
1	滑石、石墨、蛭石、水云母	6	长石、四氧化三铁、金红石
2	白云母、高岭土、石棉、硫化铅、石膏、硫化锑	7	氧化铝、锆英石、硅石(石英)
3	方解石、黄铜、碳酸钙、硫酸钡、白云石、重晶石	8	黄玉
4	氟石、霞石、铁、萤石、碳酸镁、菱镁矿	9	碳化硅、刚玉
5	玻璃、氧化镁、氧化铁、硅灰石、铬铁矿	10	金刚石、立方氮化硼

日本有人对填料硬度与其用量及克服热衰退的问题做过研究,表明:硬度越高的填料,较少的用量(体积分数)就能达到克服热衰退的要求。

在树脂磨具制品中,一般当希望磨削锋利时可以有效地选择硬度较高的填料;而希望磨具制品有较好的抛光效果时,选择硬度低的填料。

6.1.3 填料的化学活性

填料的化学组成对树脂基体主要有以下影响:

(1)影响腐蚀性 如在酸性环境中,不能选用碳酸钙、硅灰石等填料;而在碱性环境中,不能选用石英做填料。

(2)影响树脂结构 填料的某些金属离子,常与有机树脂直接或间接作用,影响树脂的内部结构。

(3)影响热稳定性 如在耐高温塑料中,不易选择含水氧化铝或三水铝石等作为填料。

作为填料不仅要考虑填料主要的化学组成,还值得注意的是微量杂质的影响。某些杂质能与聚合物及添加剂发生不利反应,能影响复合材料氧化稳定性、耐热性、耐紫外线性能等的杂质是能与聚合物反应或能导致聚合物起反应的物质。这主要是填料中掺杂的无机物,最普通的是二氧化锰,这是一种强氧化剂。氧化铜可使某些聚合物解聚并阻滞不饱和热固性树脂的聚合作用。钒的氧化物是许多有机反应及光化学反应的催化剂等。

6.1.4 填料的热性能

6.1.4.1 热导率

大多数情况下,树脂基体的热导率与无机非金属材料及金属材料相比比较小。砂轮在高速磨削过程中产生大量的磨削热,因此磨具制品的导热性尤其是树脂磨具产品的导热性也在很大程度上决定了制品的使用寿命。有机磨具中使用无机非金属材料尤其是金属材料作为填料可以大大提高树脂磨具的耐热性。

填充改性的树脂的热导率可以利用复合法则进行估算:

$$K_c = K_m \varphi_m + K_f \varphi_f \tag{6-1}$$

式中 K_m、K_f——分别为相应的基体树脂与填充材料的热导率;

φ_m、φ_f——分别为基体树脂与填充材料的体积分数。

常用填料的热导率见表 6 - 7。

表 6 - 7 常用填料的热导率　　　　　　　　　　　　　　　　单位：W/(K·m)

热导率范围	填料（填料的热导率值）
低于 10	碳酸钙(2.4~3)、陶瓷球(0.23)、玻璃纤维(1)、氧化镁(8~32)、气相二氧化硅(0.015)、二氧化钼(0.13~0.19)、PAN 基碳纤维(9~100)、滑石粉(0.02/2.09)、二氧化钛(0.065)、钨(2.35)、蛭石(0.062~0.065)
10~99	氧化铝(20.5~29.3)、沥青基碳纤维(25~1 000)、碳化硅(83.6)
100~199	石墨(110~190)
高于 200	铝片和铝粉(204)、氮化硼(250~300)、铜(483)、金(345)、银(450)、金刚石(1 300~2 400)

6.1.4.2　热膨胀系数

大部分填料尤其是用作增强的填料的热膨胀系数要比金属和树脂低得多。用热膨胀系数小的无机填充材料改性树脂时，以下几个效应应注意：填充材料表面附近的树脂基体可能受到切线方向很大的拉力，填充改性树脂的模量可能比预计值小。如果基体树脂受到这种收缩应力过大，可能会使树脂基体产生裂纹，导致填充改性树脂基体强度下降；填充改性树脂的热膨胀系数比相应纯基体树脂小得多，可以使成型收缩率降低，制品尺寸稳定性提高；对于长径比大的填充材料，在填充改性树脂或其制品中常常呈一定形式、一定程度取向的复合结构，这会产生沿取向方向和垂直于取向方向热膨胀系数的各向异性，随温度变化有可能出现"挠曲"现象，制品的尺寸稳定性反而会因此而变差。

因此，在设计使用温度范围很宽的复合材料配方时，热膨胀系数是一个应该考虑的重要性质。加入的填料应具有相近的热膨胀系数，改善磨具制品使用过程中因大量磨削热而产生的热应力，使制品具有较好的尺寸稳定性。一般地说，使用低密度填料，有利于降低制品的热膨胀及改善翘曲变形。20~200 ℃填料的线膨胀系数见表 6 - 8。

表 6 - 8　20~200 ℃填料的线膨胀系数　　　　　　　　　　　　$\times 10^{-6}/K^{-1}$

α 值范围	填料（具体的 α 值）
低于 5	芳纶纤维(-3.5)、氧化硼(<1)、碳酸钙(4.3~10)、煅烧高岭土(4.9)、碳纤维(-0.1~-1.45)、熔凝二氧化硅(0.5)、E - 玻璃球和玻璃纤维(2.8)、叶蜡石(3.5)、金刚石(1.2~4.5)、碳化硅(4.5)
5~9.9	氧化铍(9)、A - 玻璃球和玻璃纤维(8.5)、云母(7.1~14.5)、滑石粉(8)、二氧化钛(8~9.1)、硅灰石(6.5)
10~14.9	重晶石(10)、硫酸钡(10~17.8)、白云石(10.3)、氧化镁(13)、二硫化钼(10.7)、石英(14)、砂(14)
15~19.9	长石(19)
20~29.9	铝片和铝粉(25)
3~100	方英石(56)

　　材料的热膨胀性是验证填料和基体之间黏结好坏的一个简单方法。如果黏结性差，复合材料将具有高的热膨胀性。一些常用填料的热膨胀系数 α 值见表6-9。

表6-9　一些常用填料的热膨胀系数 α 值　　$\times 10^{-6}/℃$

填料名称	α 值	填料名称	α 值
石灰石	10	硅灰石	6.5
碳酸钙	10	珍珠岩	8.8
高岭土	8	氧化铝	4~5
滑石	8	石棉	0.3
长石	6.5	重晶石	10

6.1.4.3　阻燃性

　　高分子聚合物容易燃烧，大多数填料由于本身的不燃性，在加入到聚合物中后可以起到减少可燃物浓度、延缓基体燃烧的作用。有些矿物填料与含卤有机阻燃剂具有很好的协同阻燃作用。氧化锑是传统的辅助阻燃剂，使用含卤有机阻燃剂必须使用氧化锑。硼酸锌也有很好的协同阻燃效果。滑石粉、硅粉等含硅填料也都与含卤有机阻燃剂有很好的协同阻燃作用。氢氧化铝和氢氧化镁是可以独立使用的无机阻燃剂，起到灭火作用。氢氧化镁的功能与氢氧化铝相似，340 ℃时失水，起到灭火作用。

　　此外，还需要考虑填料的光学性能、电性能、磁性能及化学活性，考虑其是否与酸、碱反应，与油反应，或者溶于水、冷却液及润滑液等。

6.1.4.4　相变转换或热反应

　　无机矿物填料可以利用高温下的分解反应或熔融相变吸收热量。例如氢氧化镁和氢氧化铝分别在200 ℃和340 ℃左右开始分解成氧化物和水。由于此分解反应为吸热反应，释放出的水和生成的不燃氧化物可以起到降低燃烧区温度、隔绝材料与周围空气接触的作用，从而达到降低磨削区表面温度的目的。氢氧化铝的 DSC - TGA 曲线如图6-1所示。

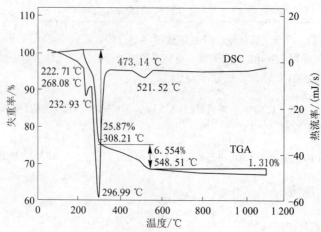

图6-1　氢氧化铝的 DSC - TGA 曲线

6.1.5 填料的表面性质

填料粒子的表面与基料之间的结合状态对填充材料的综合性能有直接影响。填料表面所存在的,无论是物理因素还是化学活性因素,对这种结合状态都有不容忽视的影响。因此,在加工和选用无机填料时必须考虑填料表面的物理化学特性。

如能实现无机填料与基料之间的化学结合,就会大大提高填充效果,还会使某些填料起到增强作用,如加大填充量而又不影响填充熔体的流动性,能使成型顺利进行,材料又有良好的表观质量等。实现良好化学结合的最有效的方法是对填料进行适当的表面处理。

6.1.5.1 填料的表面形态和比表面积

填料的表面形态和填料本身的结晶形态及加工方式有关。结晶粒子在熔点时发生急剧变化使表面产生许多凹凸;非结晶粒子(如玻璃)在高温时黏度较低。由于表面张力使表面变得光滑;填料经过粉碎加工后表面又会发生变化,这些都影响其与基料和聚合物的结合状态。

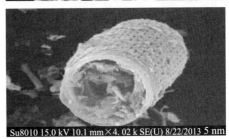

图6-2 刚玉(上)和硅藻土(下)的表面形态

粒度越细,比表面积越大。表面及内部空隙越多,比表面积越大;比表面越高,表面的吸附量越大,填料的吸油率也就越高。比表面积的大小主要与填料的粒度大小与粒度分布及颗粒形状有关。

对于无孔隙和表面光滑平整的颗粒,其单位质量的外表面积就是其比表面积,如碳酸钙、石英粉、长石粉等;对于具有孔隙或孔道的非金属矿物填料,如硅藻土、多孔粉石英(属于一种火山灰沉积岩),其自然粒径细(0.5 μm 左右),颗粒分布均匀,比表面积大(8.3 m²/g),外形结构近似球型无棱角状。以电子显微镜图像看,其表面全是纳米级的介孔,平均孔径约为8.8 nm(见图6-2)。

6.1.5.2 化学结构

大多数无机填料具有一定的酸碱性,其表面有亲水基团并呈极性,容易吸附水分。有的填料表面化学结构中带有羟基或羧基基团。

而有机聚合物则具有憎水性,因此两者之间的相容性差,界面难以形成良好的黏结,正因为如此,为了改善填料和树脂的相容性,增强二者的界面结合,要采用适当的方法对无机矿物填料表面进行改性处理。目前最常用的方法就是采用偶联剂处理无机材料。

6.1.5.3 吸油值

吸油值也称树脂吸附量,表示填充剂对树脂吸收量的一种指数。填料的颗粒大小与吸油值有一定的关系。

无机矿物填料的吸油值与其粒度大小和粒度分布、颗粒形状、比表面积等有关;粒度越细,比表面积越高,其吸油值越大。对于相同细度的同类无机矿物填料,表面有机改性可以降低无机矿物填料的吸油值。

颗粒相同的填料,带空隙的填料颗粒比不带空隙的吸油值要高,所以油吸附量小的填料在树脂中的用量就可增加。

6.1.6　普通树脂磨具中的常用填料

树脂磨具中使用的粉状填充剂除需要考虑上述一些物理、化学性质及磨削性能要求以外,还应考虑到如下几点要求:

(1)易于分散,且具有良好的润湿性;

(2)不含或少含水分及其他挥发分,不含有害气体和油脂,不易吸湿变性;

(3)无毒、环境友好,来源广泛,加工方便,成本低廉。

普通树脂磨具中所用填料品种相当繁多,大部分是无机填料,按照其在结合剂中的作用方式可分为三类:①磨削时具有化学活性的填料;②树脂硬化时,具有化学作用的填料;③能提高强度和耐磨性,降低结合剂成本的非活性填料。

冷压成型中,填料一般占黏结剂体积的25%~35%;热压成型的砂轮,填料可占到黏结剂体积的50%。表6－10列出了常用填充剂的选择及其在树脂磨具中的作用。

表6－10　常用填充剂的选择

对结合剂及磨具的性能要求	选用的填料
提高强度	半水石膏粉、冰晶石粉、刚玉粉、碳化硅粉、黏土粉、长石粉、石英粉、铝氧粉、氧化铁粉、玻璃粉瓷粉、萤石、尼龙丝、玻璃纤维、植物纤维、石棉纤维、煤焦炭、金属圈等
增大气孔和气孔率	精萘、食盐、浮石、珍珠岩、氧化铝空心球、聚乙烯空心球、酚醛空心球、尿素等
提高导电性	铜粉、银粉、石墨粉、炭黑等
提高耐热性	石墨粉、石棉粉、黏土粉、石英粉、氧化铁粉、刚玉粉、碳化硅粉、燧石等
促进硬化	氧化钙粉(熟石灰)、氧化镁粉、半水石膏粉等
提高抛光性	氧化铈、硬脂酸类、氧化铬绿、二硫化钼、石墨粉、聚四氟乙烯、软木粉等
提高磨削效率	冰晶石、黄铁矿、氟硅酸钠、氟硅酸钾、橄榄石、萤石、四氟化锆、四氧化三锰、氧化铁、氧化锌、氧化铝、硫化锌、硫化铁、硫化铝、硫酸钾、硫酸钼、烟煤颗粒等

6.1.6.1　有利于磨削作用的活性填料

在硫和卤素蒸气存在下,切割钢材所需要的能量会大大地降低。该理论对于固结磨具使用复合磨削液和单点切削工具使用的切削液已得到证实。已知切削钢材时,低熔点金属是一种优良的润滑剂,人们在制造磨削液时也利用了这一方面的知识。由于树脂砂轮通常用于干磨,在磨削时可不使用冷却剂,因而未受到卤素或硫蒸气以及低熔点金属等的作用。鉴于此,这些材料通常可直接加入树脂结合剂砂轮制造中。

砂轮干磨时,在磨削处有硫或卤素蒸气存在,它们会使钢的化学键断裂,从而使磨削钢的能力大大地提高。

在一些黏结剂中,含有低熔点的金属,除了磨削压力和速度提高以外,还使钢本身熔化。低熔点金属与黏结剂化合也是有益的。用于干磨钢材的树脂砂轮,其最佳配方中总是含有卤素或者硫的供给体。

当磨削不锈钢和合金钢时,化学活性填料是非常重要的;对于碳钢则不甚重要,而当磨削非铁金属时,化学活性填充剂就全然没有优越性了。

(1)天然冰晶石和黄铁矿 冰晶石(Na_3AlF_6),其中含氟54.3%,钠32.9%,铝12.8%,属单斜晶系,呈灰白色或灰黄色,玻璃光泽,莫氏硬度2~3,密度$(2.95 \sim 3.0) \times 10^3$ kg/m³。

冰晶石的主要成分是氟化钠,与萤石相比,它具有较低的磨损率,但价格较高。

冰晶石粉首先是作为补强材料使用,用于提高磨具的强度。进而发现由于冰晶石的熔点较低,在磨削过程中磨削热的作用,冰晶石熔融,促使磨粒容易脱落,以防止砂轮的堵塞。另外,熔化了的冰晶石,在磨削中可以起润滑作用;而且它析出氟,有利于钢材的磨削,所以冰晶石粉适用于磨削时不用冷却液的干磨砂轮。实践证明,用于制造普通砂轮,冰晶石粉的补强作用不如半水石膏粉,其加入量一般为1.5%~5%。

黄铁矿(FeS_2)可以微粉的形式使用,但在热压成型的高密度粗磨粒荒磨砂轮中,黄铁矿的粒度约为60#,这样的粒度尺寸是处于磨料尺寸和树脂微粉尺寸之间的。在结合剂中它的加入量是所用微粉填料体积的50%,在很粗的磨料中使用粗粒度的黄铁矿,其作用是能够容纳大量的填料,并且还具有使气孔率降低到零的能力。

天然冰晶石和黄铁矿的混合物是一种优良的填料,人们使用它制备高强度粗磨砂轮,这些砂轮不需要金属润滑剂,就可以使砂轮运转过程中导致钢的熔化或至少软化,从而使切割过程更容易进行。

(2)硫化锌和合成冰晶石 冰晶石是首先使用的活性填料,在所有填料中,它一直是最广泛使用的填料。然而由于其资源的关系,人们开始使用其他材料来代替它。

合成冰晶石的化学名称是氟硼酸钾(KBF_4),灰白色,结晶粉末,微溶于水。实际上,它比天然冰晶石的活性还大。但是,加入氟硼酸钾却降低了树脂结合剂的抗张强度。因此,其使用量是很少的。合成冰晶石通常与非活性填料如长石等混合使用,在利用氟硼酸钾来改进磨削性能的同时,使用长石来提高结合剂的抗张强度。

活性填料硫化锌(ZnS)在切割钢材的树脂结合剂砂轮里得到了广泛使用。它既可以天然矿物、闪锌矿的形式使用,又能以化学沉淀粉使用,其中沉淀粉的活性更大,也更昂贵。

6.1.6.2 可溶性的活性填料

一般可溶性的活性填料中,最广泛使用的有以下几种:氯化钠(NaCl)、硫酸钠(Na_2SO_4)、硫酸钾(K_2SO_4)。它们是硫或氯的供给体,在水中具有很好的溶解性,这一特性也限制了它们的使用量,可溶性填料用量一般不超过5%。由于这些材料的吸湿作用使砂轮随着储存期的增长而强度降低,所以含有可溶性填料的砂轮,只能限于干磨。

另一种在制造高强度增强切割砂轮上应用的可溶性活性填料是硫酸铝钾[$KAl(SO_4)_2$],一般称为"焙烧的铝矾土",它既能在改进磨削作用方面提供硫,又有助于树脂的交联固化,特别是增强了树脂在高温下的抗张强度。使用这种材料之前,必须经过焙烧过程。

6.1.6.3 促进树脂固化的填料

最早使用促进树脂固化的优良填料是熟石灰[$Ca(OH)_2$],具有黏结强度高,耐热性好的特点,但随弹性模量的增加,脆性增大,弹性降低。石灰更有效的形式是生石灰(CaO)。在热压制造的高密度砂轮中,生石灰具有吸湿的优点,因此必须使用新鲜制备的石灰,或是用密闭容器储存的石灰。

当用苯酚或甲酚溶解树脂粉时,可以使用石灰;但当用液体树脂作为润湿剂时,很少使用石灰,因为液体树脂里的水分会使石灰熟化。

氧化镁是另一种能促进树脂硬化作用的填料,表 6 – 11 列出了氧化钙、氧化镁添加量对热固性液体酚醛树脂硬化速度的影响。

表 6 – 11　氧化钙、氧化镁添加量对热固性液体酚醛树脂硬化速度的影响

添加物及其加入量	固化时间/s
无添加物	205
加氧化钙 1%	99
加氧化钙 3%	77
加氧化镁 1%	150
加氧化镁 3%	118

6.1.6.4　非活性填料

非活性填料是作为骨架提高黏性强度的无机填料,常用的有:微粉磨料、萤石粉、长石、研碎的耐火材料等。树脂结合剂里的非活性填料就像混凝土中的骨架一样,极大地提高了树脂黏合剂的强度、耐热性、柔韧性和耐脆裂性等性能。使用非活性填料,第二个重要作用是降低成本。

(1)磨料粉　常用的非活性填料,它们不仅对结合剂的抗张强度和耐热性能有很大作用,而且耐磨性能好。刚玉粉和矾土粉是最常使用的填料,而碳化硅粉的补强效果更佳,因为它更容易被树脂润湿。刚玉粉和碳化硅粉一般加入量为 5% ~ 10%。

(2)萤石与长石　萤石(CaF_2),又名氟石,莫氏硬度 4.0,密度$(3.0 \sim 3.2) \times 10^3 \ kg/m^3$,熔点 1 360 ℃,属等轴晶系。萤石具有良好的低温和高温增摩效果,价格便宜,三级品的萤石中 CaF_2 含量为 85% ,主要的杂质为 SiO_2,含量为 14% ,低品级萤石若用量较大时,易引起噪声,需要注意。

长石是钾、钠、钙、钡等碱金属或碱土金属的铝硅酸盐矿物,分别称为钾长石、钠长石、钙长石、钡长石等。常用的是钾长石($KAlSiO_8$)和钠长石($NaAlSiO_8$),属三斜晶系。长石粉价格便宜,属于硬质填料,硬度高,因此用量过大或粒径过大时,摩擦因数可高达0.6 左右,制动噪声增大(应特别注意)。

萤石粉和长石矿是普遍使用的非活性填料。它的作用在于提高抗张强度和耐热性能,作为一种惰性材料加入到可溶性的活性填料里,可以代替天然冰晶石。

(3)石墨粉　石墨粉(C)作为抛光剂和导电材料,能提高磨具的抛光性、弹性和导电性。它可缓冲磨具与工件接触表面的振动,起柔软抛光作用,同时由于其导热性好,有利于降低磨削温度。而且在高温下能在磨具与金属之间起防焊作用,使切削不易黏附于磨具表面,防止磨具堵塞。

石墨目前主要用于制造高粗糙度砂轮(如镜面磨砂轮、磨螺纹砂轮、抛光砂轮等)和

导电砂轮。使用的石墨有两种,一种是天然或人造石墨(如冶炼碳化硅的炉心体石墨),另一种是胶体石墨。前者一般用于制造导电和抛光砂轮,后者纯度较高,主要用于制造镜面磨砂轮,两种石墨的技术条件见表 6 - 12 所示。

表 6 - 12　石墨粉的技术条件

品种	$150^{\#}$ 筛余物粒度/%	固定炭/%	灰分/%	用途
天然或人造石墨粉	< 1	92 ~ 98	< 3	制造导电和抛光砂轮
F2 胶体石墨粉	< 0.5	> 98	< 1.5	制造镜面磨砂轮

(4)半水石膏粉　半水石膏粉($CaSO_4 \cdot 1/2H_2O$),又称烧石膏粉,是 $14^{\#} \sim 80^{\#}$ 粒度树脂磨具最常用的填料,它是由二水石膏($CaSO_4 \cdot 2H_2O$,又称生石膏)经加热(100 ~ 140 ℃)煅烧,脱去 1.5 mol 结晶水而制得的:

$$CaSO_4 \cdot 2H_2O \xrightarrow[100 \sim 140 \ ℃]{\triangle} CaSO_4 \cdot \frac{1}{2}H_2O + \frac{3}{2}H_2O$$

半水石膏粉是一种白色或灰白色的粉末,莫氏硬度为 1.5 ~ 2,密度为$(2.2 \sim 2.4) \times 10^3$ kg/m³,它是一种快凝材料,遇水凝固时间,5 ~ 45 min。半水石膏粉的技术条件见表 6 - 13 所示。

表 6 - 13　半水石膏粉的技术条件

外观	粒度		结晶/%	加水凝固时间/min
	$80^{\#}$ 筛余物/%	$120^{\#}$ 筛余物/%		
白色粉末	< 1	< 3	3 ~ 7	< 45

树脂磨具中加入半水石膏粉,可减少硬化时树脂析出易挥发物的数量,避免磨具膨胀及发泡等废品,有利于提高结合强度,并缩短硬化时间,同时也降低成本。根据不同的粒度,结合剂及结合剂量,一般加入量 1.5% ~ 9%。有关试验表明,半水石膏粉加入量若超过 9%,磨具的强度和硬度均有下降的趋势。

(5)重晶石　重晶石($BaSO_4$),白色或灰黄色,密度大,一般为$(4.4 \sim 4.6) \times 10^3$ kg/m³,因而得名重晶石。莫氏硬度 2.5 ~ 3.5,属斜方晶系。国家标准规定其细度为 200 目筛余量不大于 3%,325 目筛余量不大于 5%。重晶石能使摩擦因数稳定,磨耗小,特别是在高温下,它能形成稳定的摩擦界层,能防止对偶材料表面擦伤,使对偶表面磨得更光洁。

沉淀硫酸钡系化学合成品,由可溶性钡盐和硫酸经复分解反应制成,性能与重晶石矿物相同,但它不含二氧化硅等矿物杂质,因此有利于减少制动噪声。

(6)方解石　方解石是一种碳酸钙矿物,化学组成 CaO 占 56.03%,CO_2 占 43.97%,常含 Mn 和 Fe,有时含 Sr。化学成分:$CaCO_3$,三方晶系,普通为白色或无色,因含有其他金属致色元素而呈现出淡红、淡黄、淡茶、玫红、紫等多种颜色。硬度 2.704 ~ 3.0,密度$(2.6 \sim 2.8) \times 10^3$ kg/m³,遇稀盐酸剧烈起泡。

(7)沸石　沸石是一种架状含水的碱或碱土金属硅铝酸盐矿物,一般化学成分为$A_mB_pO_{2p}$,其中 A 为 Ca、Na、K、Ba、Sr 等阳离子,B 为 Al、Si 等元素。沸石莫氏硬度 5 ~ 5.5,密度$(1.92 \sim 2.80) \times 10^3$ kg/m³,无色。有文献报道在摩擦材料组分中加入沸石,利用它来吸收高温下树脂热分解放出的气态和液态小分子物,达到减少热衰退的目的。

(8)滑石粉 水合硅酸镁超细粉,分子式:$Mg_3[Si_4O_{10}](OH)_2$。滑石具有润滑性、抗黏、助流、耐火性、抗酸性、绝缘性、熔点高、化学性不活泼、遮盖力良好、柔软、光泽好、吸附力强等优良的物理、化学特性,由于滑石的结晶构造是呈层状的,所以具有易分裂成鳞片的趋向和特殊的滑润性。

(9)高岭土 分子式:$Al_2O_3 \cdot 2SiO_2 \cdot 2H_2O$,高岭土具有白度高、质软、易分散悬浮于水中、良好的可塑性和高的黏结性、优良的电绝缘性能。

6.1.6.5 相变材料

相变材料(phase change material,PCM)是指随温度变化而改变物理性质并能提供潜热的物质。相变材料具有在一定温度范围内改变其物理状态的能力。以固-液相变为例,在加热到熔化温度时,就产生从固态到液态的相变,熔化的过程中,相变材料吸收并储存大量的潜热;当相变材料冷却时,储存的热量在一定的温度范围内要散发到环境中去,进行从液态到固态的逆相变。在这两种相变过程中,所储存或释放的能量称为相变潜热。物理状态发生变化时,材料自身的温度在相变完成前几乎维持不变,形成一个宽的温度平台,虽然温度不变,但吸收或释放的潜热却相当大。

相变材料主要包括无机PCM、有机PCM和复合PCM三类。其中,无机相变材料主要有单纯盐、碱金属与合金、高温熔化盐类和混合盐类等,例如水合氢氧化铝等。无机相变材料具有较高的熔解热和固定的熔点等优点,但绝大多数无机相变材料具有腐蚀性,相变过程中存在过冷和相分离的缺点;有机类PCM主要包括石蜡、硬脂酸及硬脂酸盐和其他有机物;复合相变储热材料既能有效克服单一的无机物或有机物相变储热材料存在的缺点,又可以改善相变材料的应用效果以及拓展其应用范围。但是混合相变材料也可能会带来相变潜热下降,或在长期的相变过程中容易变性等缺点。

6.1.7 超硬材料树脂磨具中的常用填料

金刚石树脂磨具中酚醛树脂结合剂所用填料,国内常见的是Cr_2O_3、ZnO和Cu粉;聚酰亚胺结合剂所用填料,主要有Cu粉、Zr、Co、$CaCO_3$、石英粉(SiO_2)、铝氧粉(Al_2O_3)等材料。对于立方氮化硼树脂磨具,结合剂中的填充料常用金属粉、金属氧化物粉末,如Cu、Cr_2O_3等。使用TL(GC)、GB(WA)磨料做填料干磨效果较好,但不便于CBN回收。使用的填料还有MoS_2、一些金属盐(如$BaSO_4$、$MgSO_4$)等。磨料用量对磨削效果,特别是干磨时的磨削效果有明显影响。加入填料的目的主要是改善磨具的磨削性能和机械性能。在磨料含量一定的前提下,填料还起到充填单位体积中的不足部分。金属粉作为填料,可使磨具的硬度和强度得到提高,有利于磨削热的传导和扩散。但填充过多会使磨具的结合剂脱落困难,磨料不易出刃,严重时会造成堵塞,烧伤工件,磨具表面金刚石烧毁,消耗增大;氧化物类作为填料,除改善磨具强度、硬度、导热性外,还可使用磨具获得抛光性能,改善磨具的吸水性。另外,为了改善磨具的磨削性能和机械性能,还可以适当加入一些固体润滑剂材料,特别是干磨,其作用尤其突出,它可起到减摩作用。填料的用量过大,会降低磨具的强度。

6.1.7.1 Cu粉

铜具有高的导电、导热性,仅次于银而居第二位。铜的熔点1 083 ℃,20 ℃时的电阻率为

1.613 μΩ·cm,热导率为 402 W/(K·m)。磨削过程中产生的瞬时高温可通过 Cu 迅速传给磨具的基体;热量散失快,从而减轻了磨削区的局部过热现象,提高了结合剂的耐热性能。Cu 与树脂发生化学吸附,黏合性很好,而且 Cu 的热胀系数与聚酰亚胺很接近,以 Cu 为填料大大提高了树脂结合剂砂轮的强度。Cu 本身耐磨性也很好。以上性能都利于提高砂轮的耐磨性。使用 Cu 粉的砂轮比不使用 Cu 粉的,砂轮寿命可提高数倍。但是 Cu 是韧性材料,延展性大,用量过多,砂轮容易腻塞,磨削能力下降。一般选用量为 10% ~15%(体积比),技术条件是:纯度 > 99.5%,粒度细于 200 目。Cu 粉用量与砂轮磨耗比的关系(50% 浓度酚醛树脂结合剂)见图 6 – 3。

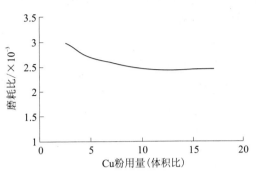

图 6 – 3　Cu 粉用量与磨具磨耗比的关系

Cu 粉(或与石墨粉混合)做填料,用于制造电解磨削砂轮,电解磨削可以缩短加工时间,提高工作效率,而且可用较粗粒度的砂轮磨出较高粗糙度的工件。这在普通树脂磨具中也有应用。

所有杂质和加入元素,不同程度降低铜的导电、导热性能。固溶于铜的元素(除 Ag、Cd 外)对铜的导电、导热性降低较多,而呈第二相析出的元素则对铜的导电、导热性降低较少。铜合金主要包括黄铜、白铜和青铜。

黄铜主要是 Cu – Zn 二元合金,又可以在 Cu – Zn 合金中加入少量铅、锡、铝、锰等,组成多元合金。白铜是以铜为基,镍为主要合金元素的铜合金。青铜是除黄铜、白铜之外的铜合金。按主添元素(如 Sn、Al、Be 等)命名为锡青铜、铝青铜、铍青铜等。

二元黄铜的密度随锌含量的增加而下降,其导电、导热性随 Zn 含量的增加而下降,电导率、热导率在 α 区随锌含量的增加而下降,而机械性能(抗拉强度、硬度)及线膨胀系数则随锌含量的增加而上升。二元黄铜在工业上的应用主要根据其性能来选择:铅黄铜有极好的切削性能,耐磨、高强、耐蚀,导电性好。

青铜原指铜锡合金,后除黄铜、白铜以外的铜合金均称青铜。青铜按主添元素(如 Sn、Al、Be 等)分别命名为锡青铜、铝青铜、铍青铜等。锡青铜的铸造性能、减摩性能和机械性能好;铝青铜强度高,耐磨性和耐蚀性好;铍青铜和磷青铜的弹性极限高,导电性好。但二元锡青铜易偏析,不致密,机械性能得不到保证,故很少应用。为了改善二元锡青铜的工艺和使用性能,几乎全部工业用锡青铜都分别加有锌、磷、铅、镍等元素,组成多元锡青铜。例如常用的铜 663,指的青铜成分:锡 5% ~7%,锌 5% ~7%,铅 2% ~4%,铜余量,呈青色球形粉末,相比纯铜或电解铜更硬,耐磨性好。

6.1.7.2　Cr₂O₃ 与 ZnO

Cr_2O_3 是深绿色六角晶体,密度$(5.1 ~5.2) \times 10^3$ kg/m³,熔点 2 435 ℃。ZnO 是白色六角晶体或粉末,密度 5.6×10^3 kg/m³,熔点 1 975 ℃,两性化合物。这些金属氧化物具有较高的熔点和机械性能,能够显著提高砂轮的强度、硬度和耐热性。试验表明:用 Cr_2O_3 比用 ZnO 的砂硬度和强度稍高,磨耗比稍小,二者效果很接近,常混合使用。一般 Cr_2O_3:$ZnO = (1:1) \sim (2:1)$。前者用于外磨、内磨与刃磨,后者用于干磨与精抛磨。

Fe_2O_3 也有类似上述的提高强度和硬度的作用,但效果明显低于 ZnO 与 Cr_2O_3。Fe_2O_3 一般用于过渡层。

6.1.7.3 其他填充料

加入石英粉、铝氧粉、WA、GC 等磨料类填料,均可改善磨削性能。

各种填料对磨具的影响见图 6-4、图 6-5、图 6-6、图 6-7。

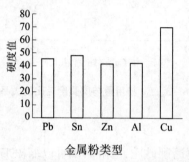

图 6-4　金属粉填料(15%)对磨具硬度的影响

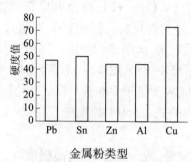

图 6-5　金属粉填料(15%)对磨具强度的影响

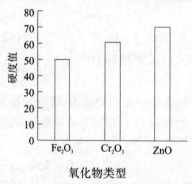

图 6-6　氧化物填料(10%)对磨具硬度的影响

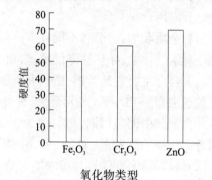

图 6-7　氧化物填料(10%)对磨具强度的影响

各种填料的技术条件及作用见表 6-14 和表 6-15。

表 6-14　各种填料的技术条件

名称	色泽	化学式	纯度/%	密度/($\times 10^3$ kg/m³)	粒度	名称	色泽	化学式	纯度/%	密度/($\times 10^3$ kg/m³)	粒度
铜粉	玫瑰红	Cu	99	8.92	200 目以细	氧化铁	铁红	Fe_2O_3	99.5	5.8	200 目以细
铝粉	银白	Al	99	2.7	200 目以细	氧化铬	绿	Cr_2O_3	98.5	5.2	200 目以细
铁粉	灰	Fe	99	7.86	200 目以细	石墨	墨	C	95	2.52	200 目以细
氧化锌	白	ZnO	工业纯	5.6	200 目以细	二硫化钼	黑	MoS_2	95	4.8	200 目以细

表 6-15　各种填料的作用

品名	密度/(×10³ kg/m³)	熔点/℃	主要作用
Cu	8.93	1 083	提高黏合强度、导电性和导热性
Al	2.70	660	与 Cu 相比,可减轻重量,但耐热性较差
Ag	10.5	960	导电性比 Cu 好,用于电解磨轮
Cr_2O_3	5.2	2 435	提高强度、硬度、耐热性,有一定抛光性
ZnO	5.6	1 975	提高强度、硬度、耐热性,有一定抛光性
Fe_2O_3	5.24	1 565	提高强度、硬度、耐热性,有一定抛光性
Zr	6.49	1 852	熔点和硬度比 Cu 高,导热性比氧化物好,可提高砂轮耐磨性、硬度和强度
Co	8.9	1 492	
SiO_2	2.65	1 710	提高耐热性和硬度
Al_2O_3	3.96	1 850	提高耐热性和硬度
SiC	3.20	1 627	可减轻砂轮堵塞,并起辅助磨料作用

6.2　偶联剂

偶联剂是这样的一类化合物,它们的分子两端通常含有性质不同的基团;一端的基团与被粘物(如玻璃纤维、磨料等)表面发生化学作用或物理作用,另一端的基团则能和黏合剂(如合成树脂)发生化学作用或物理作用,从而使被粘物和黏合剂能很好地偶联起来,获得了良好的黏结,改善了多方面的性能,并有效地抵抗了水的侵蚀。

按化学组成偶联剂主要可分为有机硅偶联剂、钛酸酯偶联剂、铝酸酯偶联剂、双金属偶联剂、磷酸酯偶联剂、硼酸酯偶联剂、有机铬络合物及其他高级脂肪酸、醇、酯的偶联剂等,目前应用范围最广的是硅烷偶联剂和钛酸酯偶联剂。

6.2.1　偶联剂的种类

6.2.1.1　有机硅烷类偶联剂

有机硅烷是一类品种很多、效果也很显著的表面处理剂,其一般结构通式为:

$$R_n Si X_{4-n}$$

式中,R 为有机基团,是可与合成树脂作用形成化学键的活性基团,例如:不饱和双键—CH =CH₂、环氧基 $-HC-CH_2$、氨基—NH₂、硫醇基—SH 等。X 为易于水解的基团,水解后能与玻璃表面作用,例如:甲氧基—OCH₃、乙氧基—OC₂H₅等,$n = 1、2$ 或 3,绝大多数硅烷偶联剂 $n = 1$。

有机硅烷类偶联剂作用机制如下:

(1) X 基团与玻璃表面的作用机制　以 A-151 硅烷偶联剂为例:

①硅烷首先水解成硅醇：

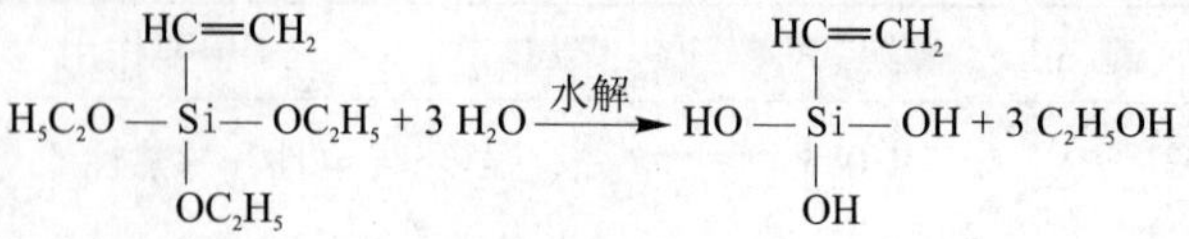

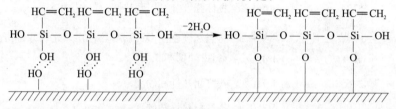

②水解物缩合成低聚物：

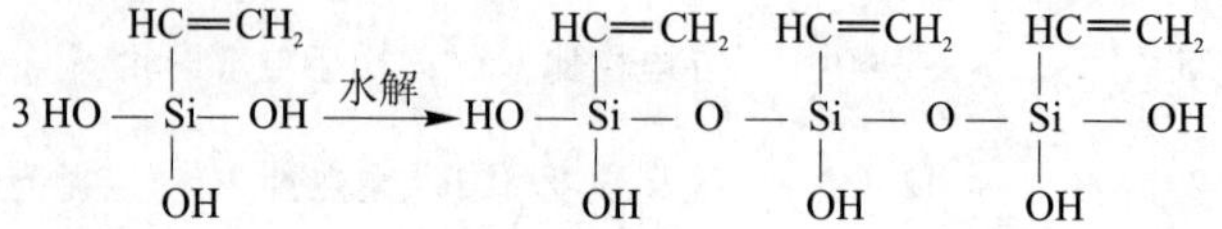

③低聚物再与无机材料表面上的羟基形成氢键；

④在干燥和固化条件下与无机基材失水形成共价键：

从上述反应可以看出，乙烯基三乙氧基硅烷水解后生成硅烷三醇的中间产物。硅烷三醇的三个活性基中，一个与玻璃表面的羟基作用，脱去一分子水而形成强的硅－氧－硅键（Si—O—Si）。余下的两个活性基也同时进行分子间脱水反应，在玻璃表面形成一种聚合物薄膜层，这样，硅烷偶联剂通过化学键与玻璃表面牢固结合，在玻璃表面上生成Si—R 中的 R 基团向外的有机硅单分子层、多分子层，还有以物理吸附引起的沉积层。

通过同位素和电子显微镜的表征研究证明：硅烷偶联剂与玻璃纤维表面以化学反应形成了牢固的共价键，同时它在玻璃纤维表面上不是孤立的各斑点，而是铺展成为连续的薄膜面。因此改变了玻璃纤维表面原来的性质，使之具有憎水性和亲有机黏结剂的性质。

从上面反应也可看出，硅烷偶联剂对表面富有羟基的无机材料效果明显，表面缺少羟基的无机材料使用硅烷偶联剂的效果不大。表 6－16 为硅烷偶联剂对各种无机材料偶联效果的一般表述。

水溶性硅烷偶联剂与其他助剂配制而成的处理剂必须在几小时内使用，放置过久则会失去偶联效果。

在偶联剂通式 R_nSiX_{4-n} 中，不同的 X 基团其水解和聚合速度不同，从而影响与玻璃表面的偶联效果。

通常 X 为—OCH_3、—OC_2H_5 基，水解速度较慢，水解产物也比较稳定，因此可以在水介质中对玻璃纤维进行处理，由于—OC_2H_5 的基团比—OCH_3 大，降低了该偶联剂在水中的溶解度和水解速度，故目前多采用含有—OCH_3 基团的偶联剂。有时将 X 换成具有较大的水中溶解度的亲水基团，如乙烯基三乙氧基硅烷（A－151）$CH_2=CH—Si—(OC_2H_5)$ 的水中溶解度很小，换成乙烯基三乙氧基甲氧基硅烷（A－172）$CH_2=CH—Si—(OCH_2CH_3—OCH_3)$ 后就变成水溶性的了，使用很方便，处理后的玻璃纤维具有很好的柔软性。

表 6 – 16　硅烷偶联剂对各种无机材料的处理效果

效果程度			
强	→→→→→→→→→→→→→→→→→→→→→		弱
玻璃纤维材料	滑石粉	铁氧体	碳酸钙
二氧化硅类	黏土类	氧化钛	炭黑
氧化铝	云母	氢氧化镁	氮化硼
紫铜	高岭土	氧化锌	硫酸镍
二氧化锡等	氢氧化铝	氮化硅等	石墨等
	各种金属等		

（2）R 基团与树脂基体的作用机制　硅烷偶联剂的种类很多,随着 R 基团的不同,可与之反应的树脂基体的活性基团也不同,以 R 基团为乙烯基—$CH=CH_2$ 与不饱和聚酯树脂中的不饱和双键的反应为例:

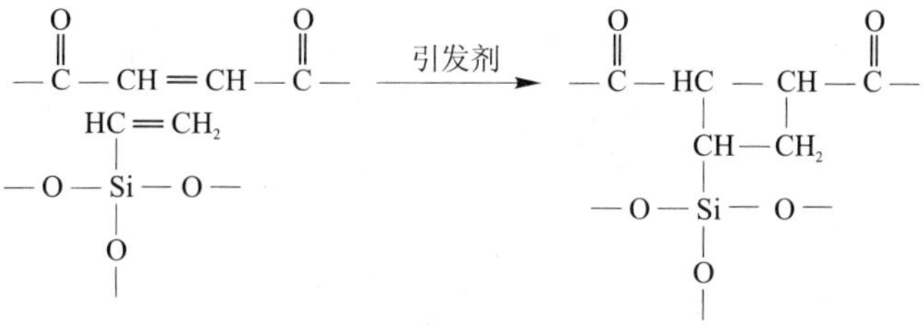

含乙烯基和甲基丙烯酰基的硅烷处理剂,对不饱和聚酯树脂和丙烯酸树脂等特别有效,其原因是,偶联剂中的不饱和双键和树脂中的不饱和双键,在引发剂和促进剂作用下很容易发生化学反应之故。

当树脂基体为环氧树脂时,则所选用的偶联剂的 R 基团应具有能与环氧树脂及其固化剂起化学反应的—NH_2、$\overset{HC\text{—}CH_2}{\underset{O}{\diagdown\diagup}}$ 等的活性官能团,但含有环氧基团的偶联剂,因它可与不饱和聚酯树脂中的羟基反应,又可与不饱和双键起加成反应,所以含环氧基的硅烷偶联剂对不饱和聚酯树脂也适用。含有氨基的硅烷偶联剂适用于环氧、酚醛、聚氨酯、三聚氰胺等树脂,但对不饱和聚酯树脂的固化有阻聚作用,故不适用。

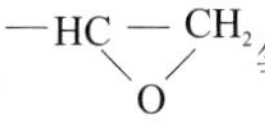

硅烷偶联剂与树脂基体的化学反应进行的同时,树脂基体本身也在起化学反应,若偶联剂与树脂基体的反应速度过慢,或树脂本身的反应速度很快,则偶联剂与树脂基体间反应概率就小。所以,偶联剂的效果就与树脂基体的反应速度有关,而偶联剂与树脂的反应速度同偶联剂中活性基团的活性大小有关,活性越大,与树脂基体反应的概率就越大,处理的效果就越好。例如硅烷偶联剂中,含甲基丙烯酰基的活性大于乙烯基的活性,故其处理效果比较好;上述偶联剂的处理效果是仅从化学反应的角度来讨论,实际上还需要考虑浸润吸附等物理作用,处理效果是两者综合的结果。

6.2.1.2　钛酸酯偶联剂

钛酸酯偶联剂是 20 世纪 70 年代后期由美国肯利奇石油化学公司开发的一种偶联剂。对于热塑性聚合物和干燥的填料,有良好的偶联效果;这类偶联剂可用通式:$ROO_{(4-n)}Ti(OX—R'Y)_n(n=2,3)$ 表示;其中 RO—是可水解的短链烷氧基,能与无机物表面羟基起反应,从而达到化学偶联的目的;OX—可以是羧基、烷氧基、磺酸基、磷基等,这些基团很重要,决定钛酸酯所具有的特殊功能,如磺酸基赋予有机物一定的触变性;焦磷酰氧基有阻燃、防锈和增强黏接的性能。

这是一类近年来发展迅速的表面处理用的偶联剂,多应用在热塑性树脂增强剂的表面处理,目前它主要有三种结构类型:单烷氧基型、螯合型和配位型。

表面处理的偶联剂是无机填料和聚合物基体界面之间的分子桥,钛衍生物偶联剂是一种独特的,与无机物表面的自由质子反应可形成单分子层的化合物。由于表面处理后在界面处不存在多分子层及其沉淀物,以及钛酸酯的特殊化学结构,就会引起表面能的改变,并导致在使用过量偶联剂时系统黏度会降低,该现象在硅烷类偶联剂使用时是没有的。用钛酸酯偶联剂处理的填料具有憎水和亲有机基团的性质,将该填料加入到聚合物基体中时,可提高材料的抗冲强度而不会发脆,用作增强热塑性塑料的填料表面处理十分有效。

应用钛酸酯偶联剂的预处理法有两种:①溶剂浆液处理法,即将钛酸酯偶联剂溶于大量溶剂中,与无机填料接触,然后蒸去溶剂;②水相浆料处理法,即采用均化器或乳化剂将钛酸酯偶联剂强制乳化于水中,或者先将钛酸酯偶联剂与胺反应,使之生成水溶性盐后再溶解于水中处理填料。钛酸酯偶联剂可先与无机粉末或聚合物混合,也可同时与二者混合,但一般多采用与无机物混合法。在使用钛酸酯偶联剂时要注意以下几点:

(1)用于胶乳体系中时,首先将钛酸酯偶联剂加入水相中,有些钛酸酯偶联剂不溶于水需通过采用季碱反应、乳化反应、机械分散等方法使其溶于水。

(2)钛酸酯用量的计算公式为:钛酸酯用量=[填料用量(g)×填料表面积(m^2/g)]/钛酸酯的最小包覆面积(m^2/g)。其用量通常为填料用量的0.5%,或为固体树脂用量的0.25%,最终由效能来决定其最佳用量。钛酸酯偶联剂用量一般为无机填料的0.25%~2%。其用量要使钛酸酯偶联剂分子中的全部异丙氧基与无机填料表面所提供的羟基或质子发生反应,过量是没有用的。

(3)大多数钛酸酯偶联剂特别是非配位型钛酸酯偶联剂能与酯类增塑剂和聚酯树脂进行不同程度的酯交换反应,因此增塑剂需待偶联后方可加入。

(4)螯合型钛酸酯偶联剂对潮湿的填料或聚合物的水溶液体系的改性效果最好。

(5)钛酸酯偶联剂有时可以与硅烷偶联剂并用以产生协同效果。但是,这两种偶联剂会在填料界面处对自由质子产生竞争作用。

(6)单烷氧基钛酸酯偶联剂用于经干燥和煅烧处理过的无机填料时改性效果最好。

一般说,钛酸酯偶联剂对较粗颗粒填料的偶联效果不如细粒填料的效果好。被处理填料的粒度越细,所需用量就越大。

6.2.1.3 铝酸酯偶联剂

铝酸酯偶联剂是由福建师范大学研制的一种新型偶联剂,其结构与钛酸酯偶联剂类似,分子中存在两类活性基团,一类可与无机填料表面作用,另一类可与树脂分子缠结,由此在无机填料与基体树脂之间产生偶联作用。铝酸酯偶联剂在改善制品的物理性能,如提高冲击强度和热变形温度方面,可与钛酸酯偶联剂相媲美,其成本较低,价格仅为钛酸酯偶联剂的一半且具有色浅、无毒、使用方便等特点,热稳定性优于钛酸酯偶联剂。

6.2.1.4 双金属偶联剂

双金属偶联剂的特点是在两个无机骨架上引入有机官能团,因此它具有其他偶联剂所没有的性能:加工温度低,室温和常温下即可与填料相互作用;偶联反应速度快,分散性好,可使改性后的无机填料与聚合物易于混合,能增大无机填料在聚合物中的填充量;价格低廉,约为硅烷偶联剂的一半。铝锆酸酯偶联剂是美国 CAVEDON 化学公司在 20 世纪 80 年代中期研究开发的新型偶联剂,能显著降低填充体系的黏度,改善流动性,尤其可使碳酸钙乙醇浆料体系的黏度大大降低,而且易于合成,无三废排放,用途广泛,使用方法简单而有效,既兼备钛酸酯偶联剂的优点又能像硅烷偶联剂一样使用,而价格仅为硅烷偶联剂的一半。

经每种偶联剂处理后的被粘物,都有自己相应的树脂基体适用范围,据报道,经长期使用后实验证明,在现有的偶联剂品种中,以 KH-570 对不饱和聚酯树脂处理效果最好,A-151、A-172 对 1,2-聚丁二烯树脂和丁苯树脂最有效,KH-560 对环氧树脂最好,KH-550 对酚醛树脂、聚酰亚胺效果最好。

为了便于了解各种常用偶联剂的结构性能及使用范围,以利于正确选用,现列于表 6-17 中。

表 6-17 偶联剂结构及其对树脂基体的适用性

商品名称	化学名称	化学结构式	适用的树脂基体
沃兰 (Volan)	甲基丙烯酸氯化铬盐	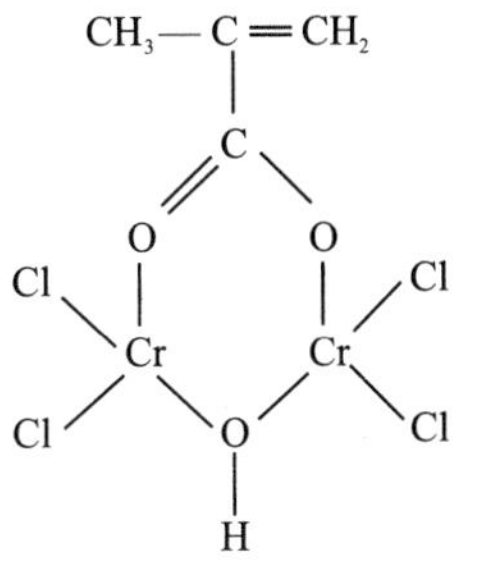 $CH_3-C=CH_2$ 结构式(含 C、O、Cl、Cr、H)	聚酯、环氧、酚醛、PE、PP、PMMA
A-151	乙烯基三乙氧基硅烷	$CH_2=CHSi(OC_2H_5)_3$	聚酯、1,2-聚丁二烯,热固性丁苯,PE、PP、PVC
A-172 Z-6075	乙烯基三(β-甲氧乙氧基)硅烷	$CH_2=CHSi(OCH_2CH_2OCH_3)_3$	不饱和聚酯、PP、PE
A-174 KH-570 E-6030	γ-甲基丙烯酸丙酯基三甲氧基硅烷	$CH_2=C(CH_3)COO-(CH_2)_3Si(OCH_3)_3$	不饱和聚酯、PE、PP、PS、PMMA
A-1100 KH-550	γ-氨丙基三乙氧基硅烷	$H_2N(CH_2)_3Si(OC_2H_5)_3$	环氧、酚醛、三聚氰胺,聚酰亚胺、PVC
A-1120 KH-843 Z-6020	氨乙基氨丙基三甲氧基硅烷	$H_2N(CH_2)_2NH(CH_2)_3Si(OCH_3)_3$	环氧、酚醛、聚酰亚胺、PVC

续表 6－17

商品名称	化学名称	化学结构式	适用的树脂基体
KH－580	γ－疏基丙基三乙氧基硅烷	$HS(CH_2)_3Si(OC_2H_5)_3$	环氧、酚醛、PVC、聚氨酯、PS
A－189 KH－590 Z－6060	γ－疏基丙基三甲氧基硅烷	$HS(CH_2)_3Si(OCH_3)_3$	环氧、酚醛、PS、聚氨酯、PVC、合成橡胶
B－201 A－5162	γ－二乙三氨基丙基三乙氧基硅烷	$H_2NC_2H_4NHC_2H_4NH(CH_2)_3Si(OC_2H_5)_3$	环氧、酚醛、尼龙
B－202	γ－乙二胺丙基三乙氧基硅烷	$H_2NCH_2CH_2NH(CH_2)_3Si(OC_2H_5)_3$	环氧、酚醛、尼龙
南大－24 (ND－24)	己二胺基甲基三乙氧基硅烷	$H_2N(CH_2)_6NHCH_2Si(OC_2H_5)_3$	环氧、酚醛
A－111 Y－2967	双－(β羟乙基)γ－氨丙基三乙氧基硅烷	$HO(C_2H_4)_2N(CH_2)_3Si(OC_2H_5)_3$	环氧、聚酰胺、聚砜、聚碳酸酯、PVC、PP

6.2.2　偶联剂表面处理方法

6.2.2.1　表面处理方法

(1)迁移法　迁移法系将化学处理剂直接加入到树脂胶液中进行整体渗合,在浸胶的同时将偶联剂布施于被粘物上,借处理剂从树脂胶液中到纤维表面的"迁移"作用而与磨料表面发生物理作用或化学反应,从而在树脂固化过程中产生偶联作用。

在迁移法中,硅烷偶联剂的用量要视填料的品种、形状不同而异。一般用量不超过树脂量的1%。

(2)预处理法　这是目前国内外普遍采用的一种方法,首先把偶联剂与水、乙醇等配制成一定浓度的处理剂溶液,或者采用偶联剂直接浸渍被粘物(磨料等),再通过烘干等工艺,使磨料表面被覆上一层偶联剂,然后再用于树脂磨具中。

一般来说,预处理法效果较好,结合牢固,一般不会对树脂产生副作用。而迁移法处理的效果稍差,但它优点是工艺操作简便,不需要庞杂的处理设备,能源消耗也大大降低。

6.2.2.2　影响表面处理效果的因素

(1)偶联剂用量　偶联剂的用量会影响最后处理效果,经研究指出,在实际应用中真正起偶联作用的是微量的偶联剂单分子层。因此,过多地使用偶联剂是不必要和有害的。每种偶联剂的实际最佳用量,多数要从实验中确定,例如对KH－660作为迁移法用偶联剂,其用量一般为1%。

偶联剂用量也可采用计算法求得。100 g给定被处理的增强材料的表面积,被1 g硅烷偶联剂的最小涂覆面积所除,即得该硅烷偶联剂在 100 g 此种被处理材料上涂覆一单分子层时所需要的量。表 6 – 18 为经计算的部分硅烷偶联剂每克最小涂覆表面积与其分子量的关系。

表 6 – 18 不同硅烷涂覆表面积与相对分子量的关系

商品牌号	最小涂覆表面积/mm^2	相对分子量
A – 151	410	190
A – 172	378	280
A – 174(KH – 570)	314	248
A – 186	317	246
A – 187(KH—560)	330	236
A – 1100(KH – 550)	353	221

偶联剂用量也与粒子粒度有关。纳米粒子的用量可增大到 5% ~ 7% ,甚至更多。上述的理论计算量可作为估算确定偶联剂用量的依据之一,最后实际用量要通过实验来确定。

(2)处理方法的影响 实验证明,不同的处理方法会影响处理效果。一般来说,以预处理法的效果最为明显。

(3)烘焙温度的选择 烘焙温度是使偶联剂与玻璃纤维表面发生偶联作用的关键因素之一,温度过低不起反应,达不到应有的偶联效果,温度过高又会引起偶联剂分解和自聚等不良后果,也会严重影响偶联效果,例如用 KH – 550 处理时经常采用的预烘条件为 80 ℃经 3 min,烘焙温度则为 120 ℃ 。

(4)烘焙时间的选择 烘焙时间应选择在一定烘焙温度下偶联剂与玻璃纤维表面的偶联反应能充分进行。例如用沃兰处理时,一般时间为 7 ~ 15 min,用 KH – 550 处理时,在 10 min 左右,随烘焙时间的延长,被处理布的憎水性有所提高,一旦时间长,生产效率就低。在保证制品性能的情况下,为提高生产效率应该采用高温短时的烘焙制度。

(5)处理液的配制及使用对效果的影响 处理液的配制及使用,直接影响着处理效果,特别应严格控制处理液的 pH 值。因为一般偶联剂在水的存在下都要发生水解而生成中性或酸性的醇或酸等物质,而酸性物质又是硅烷偶联剂水解产物的强缩合催化剂,就会使该水解产物缩合成为高分子物质而失掉了偶联能力。因此必须控制处理液的 pH 值以抑制水解产物的自行缩合,以保证与玻璃纤维表面的偶联效应。这也是影响偶联效果好坏的关键。在整个处理过程中,对处理液的 pH 值应不断调节。例如沃兰处理液配制时应在搅拌下慢慢滴加浓度为 5% 的氨水,调节 pH 值 5 ~ 6,配好的处理液再放置约 8 h 后,待 pH 值稳定后再使用,效果更好。

6.3 润湿剂

润湿剂在粉状树脂磨具压制成型中是必须采用的。其作用是使磨料润湿,以便树脂粉很好地黏附于磨粒的表面,提高磨粒与结合剂的临时黏附作用,使不同密度的材料不会分层,混出的料干湿程度合适,以利于投料及成型,并保持毛坯的强度。

对润湿剂有如下的几点要求:①必须保证混出的料松散,不易结块;②无毒,不刺激人体;③在硬化中不破坏树脂的结构;④价格便宜,来源广;⑤在硬化过程中挥发物最少。

作为粉状树脂磨具的润湿剂:热固性酚醛树脂液、环氧树脂液、糠醛、甲酚、煤油、机油、蒽油等。常用的是酚醛树脂液和甲酚。

因为磨粒和各种填料、树脂粉等的密度相差较悬殊,混制成型料时,虽经采取各种措施,使混制得的成型暂时均匀一致,但放置时间久后,因外界因素的影响成型料会产生分层现象,密度小的材料"浮"到上面,密度大的材料"沉"到底部,使成型出的砂轮磨粒分布不均,质量恶化。当然润湿剂的加入必须适度,使料既不结团又不过分松散。

作为树脂磨具的润湿剂种类很多,常用的有甲酚、酚醛树脂液、糠醛、三乙醇胺等。

6.3.1　甲酚

甲酚是苯酚的衍生物,它是由三种沸点相近的同分异构体构成的,即邻甲酚、间甲酚和对甲酚。

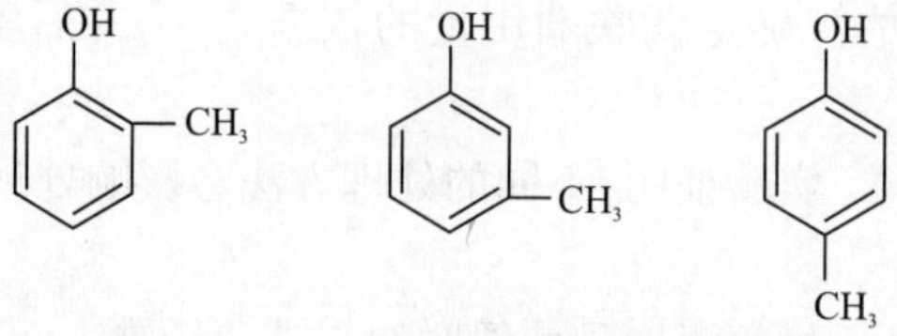

用甲酚做湿润剂,能使磨粒与结合剂很好润湿。混料也很方便,成型料松散性能好,热压成型硬化时,能与乌洛托品一起参加树脂的缩聚反应(即活泼氢基团和羟甲基团产生缩聚反应)增加结合剂强度。它的缺点是毒性大,污染环境,对人体有害。甲酚的加入量必须适当,通常以混合后的料较松散,又不飞扬为好。甲酚加入过多,一来增加混料困难,成型料显得很湿,使投料时不易摊匀;二来会使成型料中的游离酚太多,甚至会引起产品发泡。加入量一般以$100~cm^3$成型料加入$5~g$左右甲酚为宜,同时还必须根据磨料粒度粗细及空气湿度加以调节,磨料粒度粗适当少加,天气潮适当少加,反之亦然。

6.3.2　树脂液

通常使用涂$4^{\#}$杯黏度为$100\sim150~s$的树脂液作为树脂磨具的润湿剂。因其具有一定的黏度,因此对其他成型料组分的临时黏附力较强,减少了各组分下沉上浮的概率,混料均匀性更容易控制。其次在树脂液中含有反应基团,可参与到最终反应体系中,作为结合剂增加了制品的强度。但由于树脂液具有一定的黏度,因此在混料过程中初始混料没有甲酚方便,当黏度较高时混出的成型料易结块,更适合于粗粒度磨具的混料成型。

环氧树脂液(如E-44)对酚醛树脂粉的溶解能力较差,而且硬化收缩率小,因而常用于细粒度磨具制造。有试验表明,在作为润湿剂的酚醛树脂液中按比例加入一定量的E-44环氧树脂,既能改善成型料的性能,消除成型料的结块,而且能提高磨具的自锐性,减少烧伤。

6.3.3　糠醛

糠醛又叫α-呋喃甲醛,其结构式为:

$$
\begin{array}{c}
\mathrm{CH-CH} \\
\| \quad \quad \| \\
\mathrm{CH} \quad \mathrm{C-CHO} \\
\backslash \mathrm{O} /
\end{array}
$$

纯的糠醛是无色透明液体,沸点 162 ℃,熔点 36.5 ℃,有类似杏仁油味,毒性不大,对皮肤有局部刺激性,在空气中易变成棕色。糠醛能溶于水,并能与乙醇、乙醚混溶,其技术条件见表 6 - 19 所示。

表 6 - 19　糠醛的技术条件

外观	糠醛含量/%	密度/($\times 10^3$ kg/m^3)	溶解性	沉淀物
无色至淡黄色液体	>95%	1.15 ~ 1.16	能完全溶于甲醇	无

糠醛做润湿剂,其成型料松散性比酚醛树脂液为好,但由于它有一定的毒性和气味,所以限制了它的使用。

6.3.4　偶联剂

在树脂磨具中也有人开始使用偶联剂作为润湿剂使用。使用偶联剂作为润湿剂的优点表现为:①偶联剂是小分子物质,因此黏度低,易于混料均匀;②偶联剂中均有一定的反应基团,可参与反应,提高各组分间的结合;③挥发分少。通常,偶联剂更适宜于细粒度磨具的成型料混合。

6.3.5　三乙醇胺

三乙醇胺$[N(C_2H_4OH)_3]$,系叔胺类化合物,很活泼,无色黏稠液体。它用作树脂磨具的湿润剂,具有一定黏结能力,硬化后还能增加磨具的强度,这可能是活泼的叔胺分子参与了树脂的固体作用。但由于吸湿性强,料混合后马上压型,否则随着时间的延长,使成型料结团,影响成型料的摊料均匀和成型性。

6.3.6　蒽油

蒽油是蒽、菲、咔唑等的混合物。绿黄色油状液体,可用于制造炭黑。煤焦油在 300 ~ 360 ℃分馏得蒽油。

有人根据润湿剂能否溶解树脂粉,把它分为主要润湿剂和辅助润湿剂两类。主要润湿剂(如酚醛树脂液、糠醛、苯酚、乙醇等)能使树脂粉溶解,并能保证结合剂与磨料很好的黏结,辅助润湿剂(如甲酚、水、机油、煤油)不溶解树脂粉,只湿润树脂粉,能提高成型料的松散性。因而一般认为要使制件具有一定的成型强度又减少成型料的结块,必须同时加入两类润湿剂——主要的和辅助的润湿剂。

总之,润湿剂的使用与加入量要根据树脂含量、磨粒的粒度及润湿剂的黏度来确定。一般增加树脂粉含量,需同时增加润湿剂的加入量。在其他条件相同的情况下,粗粒度的磨料所需的润湿剂量要比细粒度的多。

6.4　润滑剂

润滑剂是具有特定物理、化学性能的减磨材料,用于加入相互作用对偶表面之间,具有较强的承载负荷的能力,其内摩擦系数远小于对偶表面之间的摩擦系数。润滑剂的加入可以减轻砂轮与工件之间的摩擦,降低磨削力、磨削热。通常,在要求表面粗糙度较小,不需要磨削锋利的磨具配方中都需要添加此类辅助材料。但若用量过大,砂轮磨削效率会明显降低。

按润滑剂的存在状态可分为固体润滑剂、半固体润滑剂和液体润滑剂。

固体润滑剂主要有层状固体材料(如石墨、二硫化钼、氮化硼等)、其他无机化合物(如氟化锂、氟化钙、氧化铅、硫化铅、滑石粉等)、软金属(如铅、铟、锡、金、银、镉等)、高分子聚合物(如尼龙、聚四氟乙烯、聚酰亚胺等)和复合材料。半固体润滑剂主要指润滑脂。液体润滑剂包括各种润滑油、皂类等。在树脂磨具中常用的固体润滑剂主要有石墨、二硫化钼、聚四氟乙烯粉等。

二硫化钼(MoS_2)的外观为灰黑色,莫氏硬度为 $1 \sim 1.5$,相对密度为 $(4.7 \sim 4.8) \times 10^3 \ kg/m^3$,熔点为 $1\ 185\ ℃$。二硫化钼晶形属六方晶系,具有各向异性的性质。二硫化钼晶体受到平行于层面的切向力作用时,剪切强度很低,故具有较低的摩擦系数,一般为 $0.03 \sim 0.15$。二硫化钼在 $349\ ℃$ 以下可长期使用,快速氧化温度为 $423\ ℃$,是一种很好的润滑减磨材料,大多用于高强度的聚酰亚胺树脂砂轮。

石墨是碳的同素异形体,色泽为铁黑或钢灰,有金属光泽,划痕呈光亮黑色,有滑腻感。石墨莫氏硬度 $1 \sim 2$,密度 $(2.1 \sim 2.3) \times 10^3 \ kg/m^3$,熔点达 $3\ 850\ ℃$,具有良好的导电、导热和耐高温性能。其导电性比一般非金属矿物高一百多倍,导热性超过钢、铁、铅等金属材料。因此石墨用于磨具制品的润滑剂材料时,不仅有润滑作用,而且可以提高砂轮的耐热性。但石墨是鳞片状结构,很软,用量大时会降低砂轮硬度和强度。

石墨属六方晶系,形状呈六角状或鳞片状,石墨矿物的晶体结构越完整、越规则,上述的特性就越明显。工业上将石墨矿物分为晶质(鳞片状)和隐晶质(土状或称无定形)两大类,通常称它们为鳞片石墨和土状石墨,鳞片石墨结晶较好,土状石墨一般呈微晶集合体,减摩作用不如鳞片石墨。

CBN 砂轮常用固体聚四氟乙烯作为润滑剂,它具有减少砂轮与工件接触面间摩擦,促使切削的形成,防止磨削堵塞砂轮,有保持单颗粒 CBN 磨粒锋利性的作用。

作为填料加入的铜粉也具有较好的低温减摩作用和高温减摩作用。同时起到提高制品的热传导性和降低摩擦表面温度的作用。

使用固体润滑剂的优点:润滑油脂的使用温度范围一般为 $-60 \sim +350\ ℃$,超过这一温度范围,润滑油脂将无能为力,而固体润滑剂却能充分发挥其效能;固体润滑剂的时效变化小,保管较为方便;固体润滑剂特别适合于要求无毒、无臭、不影响制品色泽的制品。

6.5　脱模剂

脱模剂的作用就是隔离磨具制品与成型模具,防止发生粘模。

作为优良的脱模剂,需要满足以下几个条件:①对被隔离的两种材料完全保持化学惰性;②脱模剂表面张力要小;③脱模剂要有一定的耐热性,尤其对于热压成型工艺;④挥发性要小,防止高温下的挥发。

常用的脱模剂有硬脂酸锌、硅油、肥皂液、煤油 – 石蜡、地板蜡、机油等。

（1）硬脂酸锌 化学式$[CH_3(CH_2)_{16}COO]_2Zn$，纯粹的是白色轻质粉末，普通的是淡黄色粉末。熔点约120 ℃，密度$1.095×10^3$ kg/m³，有滑腻感，不溶于水，溶于热的乙醇、苯和松节油等有机溶剂。用作脱模剂时一般取10wt%~15wt%的硬脂酸锌溶在乙醇溶剂中。

（2）硅油 无色、无味、无毒，不易挥发的液体或半固体。有各种不同的黏度。有较高的耐热性、耐水性、电绝缘性和较小的表面张力，以甲基硅油最为常用。

6.6 着色剂

着色剂可赋予制品漂亮的色彩，以提高商品价值；同时着色剂选择得当，可提高制品的耐候性、耐腐蚀性，从而对制品起到防护作用；此外还可起到一定的分类标示作用。

着色剂应具有良好的着色力和遮盖力，不影响制品的物理机械性能和耐老化性能，不易褪色或变色；易于分散，使胶料色泽均匀一致；不能有迁移和渗透现象；与树脂之间不发生化学反应，也不促进树脂的分解；着色剂也不可与其他添加剂之间产生相互影响甚至化学反应；无毒。选择着色剂应从耐热性、耐光性、树脂本身颜色等方面考虑，尽可能选择着色力高和粒度细的着色剂。

着色力是着色剂以其本身的颜色影响整个混合物颜色的能力。着色力取决于颜料本身的性质。相似色调的颜料，有机颜料比无机颜料着色力强，同样化学结构的颜料着色力取决于颜料的粒子大小、形状、粒度分布、晶型结构。一般细小粒子有较高的着色力，且在某一值时有极大值，但太细时遮盖力下降，并且分散极其困难。

遮盖力是颜料加在透明基料中使之成为不透明，完全盖住基片的黑白格所需的最少颜料量。颜料的遮盖力与着色树脂的折射率差异、颜料的吸光特性、粒径、晶型等因素有关。

颜料的迁移性指制品经若干日后，表面发生浮色现象。

常用的各种着色剂主要有以下几种。

（1）氧化铁红 简称铁红、铁丹、锈红，俗称红丹。是一种廉价的红色着色剂，分散性好，着色力和遮盖力都很强，无油渗性和水渗性，无毒。含$Fe_2O_3$96%~98%，密度$(5~5.25)×10^3$ kg/m³。具有优良的耐光、耐高温性能，并耐大气影响、耐污浊气体、耐一切碱类。只有在浓酸中加热的情况下才会逐渐溶解。不溶于水，溶于盐酸、硫酸，微溶于硝酸。由于制法、工艺条件的不同，造成晶体结构和物理性状有较大的差异，产品色泽变动于橙光到蓝光至紫光之间，使用时应予以注意。

（2）氧化铁黄 主要成分是三氧化二铁，是晶体的氧化铁水合物。由柠檬黄至褐色的粉末。密度$(2.44~3.60)×10^3$ kg/m³，熔点350~400 ℃。不溶于水、醇，溶于酸。粉粒细腻。由于生产方法和操作条件的不同，水合程度不同，晶体结构和物理性质有很大差别。着色力、遮盖力、耐光性、耐酸性、耐碱性、耐热性均佳。150 ℃以上失去结晶水，转变成红色。一般用于加工温度不高时的着色。

（3）氧化铁黑 简称铁黑，化学式Fe_3O_4。别名磁铁、吸铁石，为具有磁性的黑色晶体，故又称为磁性氧化铁。氧化铁黑是铁的一种混合价态氧化物，熔点为1 597 ℃，密度

为 $5.17 \times 10^3 \ kg/m^3$，不溶于水，可溶于酸，在自然界中以磁铁矿的形态存在，常温时具有强的亚磁铁性与颇高的导电率。黑色粉末，是氧化铁和氧化亚铁的加成物，一般氧化亚铁的含量在 18%~26%，氧化铁的含量在 74%~82%，具有饱和的蓝光黑色。遮盖力非常高，着色力很大，但不及炭黑。对阳光和大气的作用都很稳定。耐一切碱类，但能溶于酸。

（4）氧化铬绿　简称铬绿，组成为 Cr_2O_3，密度 $(4.9~5.2) \times 10^3 \ kg/m^3$，平均粒径 0.3~1 μm，不溶于水，难溶于酸，有优良的耐高温、耐光性、耐各种化学溶剂性，无毒。颜色可从亮绿色至深绿色，适用于多种树脂着色，主要用于不透明制品，着色性小，色泽不鲜艳，价格较高。

（5）炭黑　松软而极细的黑色粉末状物质，密度 $(1.8~2.1) \times 10^3 \ kg/m^3$。其主要成分是元素碳，并含有少量氧、氢、硫等。不溶于各种溶剂。炭黑有较好的耐光性、耐热稳定性以及耐迁移性等优点，无毒。用于着色时，一般采用槽法炭黑。槽法炭黑带蓝光，pH值在 3.0~5.0，着色力可分为普通着色力、中等着色力和高着色力三个等级。常用三个字母的分类系统，前两个字母表示炭黑的着色能力，最后一个表示生产方法。国际上通用代号如下：

高色素槽法炭黑　HCC　　高色素炉法炭黑　HCF
中色素槽法炭黑　MCC　　中色素炉法炭黑　MCF
低色素槽法炭黑　LCC　　低色素炉法炭黑　LCF

炭黑除着色用以外，还可应用于紫外线屏蔽的老化防护，降低表面电阻率等作用。一般根据制品黑度要求选择炭黑种类，黑度要求高的选用粒径细、黑度高的色素炭黑。炭黑着色时，黑度主要基于对光的吸收，因此在特定浓度炭黑时，粒径越小，则光吸收程度越高，光反射越弱，黑度越高。要获得满意的着色效果，需特别注意炭黑的分散性，只有解决炭黑的分散性，才能达到最高的炭黑着色力。

（6）二氧化钛　TiO_2，俗名钛白或钛白粉，白色粉末，密度为 $(3.8~4.3) \times 10^3 \ kg/m^3$。它有金红石型和锐钛型两种晶型，一般选用金红石型，是白色颜料中着色力最强的，有优良的遮盖力和着色牢度，黏附力强，有良好的热稳定性，有良好的紫外线掩蔽作用，无毒。需要注意，其遮盖力大小与粒径有关，最好粒径为 0.25~0.30 μm。

（7）有机染料

1）直接耐晒绿 BLE　黑色粉末，水溶性一般，溶于水呈绿色，不溶于有机溶剂。于浓硫酸中呈黄绿色，稀释后产生深蓝色沉淀，用锌和氨还原呈绿黄色光。染色时遇铜离子色光泛黄，遇铁离子色光稍暗、浅。

2）直接耐晒绿 GLL　直接染料，指能直接溶解于水，对纤维素纤维有较高的直接性，无须使用有关化学方法使纤维及其他材料着色的染料。直接染料能在弱酸性或中性溶液中对蛋白纤维（如羊毛、蚕丝）上色，还应用于棉、麻、人丝、人棉染色。色谱齐全、价格低廉、操作方便。

6.7 增强材料

为提高磨具制品的强度和刚度,可加入各种纤维状材料作为增强材料,例如玻璃纤维、石棉纤维、碳纤维和晶须等。目前最常用的是玻璃纤维和碳纤维增强材料。

6.7.1 玻璃纤维

玻璃纤维是玻璃在熔融状态下,以外力拉制、喷吹或以离心力甩成的极细的纤维状材料。但由玻璃拉成丝后,大大减少了玻璃内部存在的细微裂纹和缺陷,因此玻璃纤维的强度比玻璃大得多。

6.7.1.1 玻璃纤维的分类与技术指标

(1)玻璃纤维的分类 玻璃纤维的化学组成主要是二氧化硅、三氧化硼,前者称为硅酸盐玻璃,后者称为硼酸盐玻璃。玻璃纤维可按化学组成不同分为:高碱玻璃纤维(A),化学组成中 R_2O 含量在 14% ~17% 的钠钙玻璃系统的纤维;中碱玻璃纤维(C),化学组成中 R_2O 含量在 8% ~12% 的钠钙玻璃系统的纤维;无碱玻璃纤维(E),化学组成中 R_2O 含量在 0 ~2% 硅硼硅酸盐玻璃系统的纤维;特种玻璃纤维,指化学组成适应的特殊用途的玻璃纤维,例如:高强度玻璃纤维(S)、高弹性模量玻璃纤维(M)等。玻璃纤维也可以按直径粗细分为超细纤维(直径在 4 μm 以下的单丝)、中细纤维(直径在 4 ~10 μm 的单丝)和粗纤维(直径在 10 ~20 μm 以上的单丝,用作各种增强基材)。按玻璃纤维的形态又可分为连续纤维(C)和定长纤维(D)。连续纤维是长纤维,主要用于制造玻璃布、玻璃带等;定长纤维又叫短切纤维,主要用于复合材料制品中的增强作用。

(2)玻璃纤维的基本概念与技术指标

1)玻璃纱的支数 指质量为 1 g 单丝所具有的长度(米)。支数越大,单丝越细,则玻璃丝的强度高。用于砂轮的增强纤维支数为 45 ~60。

2)线密度 线密度(纤度)指一定长度纤维所具有的重量,单位名称为特(克斯),tex,通常定义 1 000 m 长纱线在公定回潮率下质量的克数,$tex = \frac{g}{L} \times 1\ 000$,其中 g 为纱(或丝)的重量(g),L 为纱(或丝)的长度(m)。它是定长制单位,克重越大纱线越粗。

3)股和股数 股(原纱)是由单丝合并而成的玻璃丝束。每股的玻璃丝数目一般为 50、100、200 或 400。股数:每根纱中所含股的数目称为股数。如 20 股纱表示这根纱是由 20 股丝束(原纱)组成的,股数越大,纱就越粗。

玻璃纤维在制成织物前,应先经过纺纱的过程,组成的纱有加捻纱和无捻纱。加捻纱:玻璃纤维经过退绕、加捻(即沿顺时针或逆时针方向旋转,使单丝拧紧),并股、络纱而制成。无捻纱:不经过退绕加捻,由单丝直接并股,络纱而制成。

4)断裂强度 一般指纤维在连续增加负荷的作用下,直至断裂所能承受的最大负荷与纤维的线密度之比。单位是牛/特,即 N/tex。

5)初始模量 初始模量(弹性模量 E)表示抵抗外力作用形变能力。指纤维受拉伸,当伸长为原长的1%时所需的应力。表征纤维对小形变的抵抗能力。初始模量越大,越不易变形,即在纤维制品使用过程中形状的改变也越小。

6.7.1.2 玻璃纤维表面特性及物理、化学性能

玻璃纤维表面比内部结构的活性大得多,因此其表面上就容易吸附各种气体、水分、尘埃等,容易发生表面化学反应。一般玻璃纤维表面上往往有弱酸性基团存在,这就会影响其表面张力,引起与黏结剂基体间的黏结力的改变。

若以高倍显微镜观察,就会发现其表面具有很多的凹穴和微裂纹,这会使复合材料性能下降。因此,应该防止玻璃纤维表面的水分及羟基离子浓度的增加,以避免复合材料受水浸蚀后强度下降,所以一般玻璃纤维增强树脂的耐酸性好而耐碱性差。

玻璃纤维横截面几乎是完整的圆形,由于其表面光滑,所以纤维间的抱合力小,不利于与树脂结合。

玻璃纤维力学性能的最大特点是拉伸强度高。玻璃纤维的弹性模量约为 70 GPa,约与金属铝的弹性模量相当,是普通钢的弹性模量的三分之一。若加入 BeO、MgO 能提高其弹性模量。玻璃纤维的耐磨和耐扭折性很差,这是玻璃纤维的一个很大的缺点。

玻璃纤维的导热性非常小,室温下导热系数是 0.027 W/(K·m),其耐热性较高。玻璃纤维在较低的温度下受热其性能变化不大,但却会发生收缩现象。

玻璃纤维的化学稳定性较好,其主要取决于化学组成、介质性质以及温度和压力等的条件。一般说来在玻璃纤维中二氧化硅含量多则化学稳定性高,而碱金属氧化物含量多则化学稳定性降低。

6.7.1.3 玻璃纤维制品

玻璃纤维制品主要有玻璃布、玻璃带、玻璃丝束、玻璃织束、玻璃席等。

玻璃布的品种,除以所用的纱支的粗细、经纬密度、排列和布的厚度来区别外,还有不同结构的织法。一般织法的玻璃布有平纹布、斜纹布、缎纹布以及单向平纹布等几种。特殊织法的玻璃布有高模量布、模利诺织法玻璃布、套形织法玻璃布等。

目前高速树脂砂轮所采用的玻璃纤维织品,几乎都是利诺和模利诺织法的玻璃纤维网格布。玻璃纤维网格布是以玻璃纤维机织物为基材,主要以耐碱玻璃纤维网布为主,采用中碱或无碱玻璃纤维纱(主要成分是硅酸盐,化学稳定性好)经特殊的组织结构——纱罗组织交织而成,后经高分子抗乳液浸泡涂层、增强剂等高温热定型处理。从而具有良好的抗碱性、柔韧性以及经纬向高度抗拉力。

利诺织法和模利诺织法的玻璃纤维网格布是把经纬纱在交错点上织结起来,同时构成多孔方格结构的一种织法,因此也叫玻璃网格布,利诺法是单向交织的,模利诺织法是双向交织的,其结构见图6-8所示。

玻璃纤维网格布中孔格俗称"目",表示方法有两种:第一种是用孔格的实际尺寸表示:5 mm×5 mm,表示经向长、纬向长尺寸分别为 5 mm;第二种是用每英寸多少目来表示:4 目/英寸,表示经纬方向每 1 英寸长度网布含有 4 个孔格。

增强玻璃纤维网布通常包括下列代号:①所用玻璃类型,E 表示无碱玻璃纤维,C 表

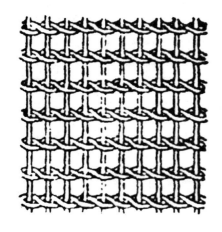 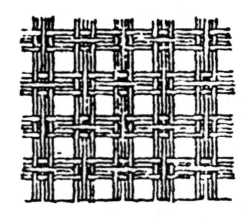

（a）利诺织法　　　　　　　　　　　　（b）模利诺织法

图 6-8　利诺织法和模利诺织法玻璃布的结构

示中碱玻璃纤维；②表示网布类型的字母，N 表示网布；③经纱密度，以根/25 mm 为单位的数值，后接×号；④纬纱密度，以根/25 mm 为单位的数值，后接 - 号；⑤网布的宽度，以 cm 为单位；⑥网布组织，L 表示纱罗组织，P 表示平纹组织；⑦单位面积质量，以 g/m^2 表示。

示例：经纬纱密度（网布密度，以根/25 mm 为单位的数值）为 6 根/25 mm，幅宽为 100 cm，单位面积质量为 180 g/m^2，纱罗组织的无碱网布代号为 EN 6×6 - 100 L(180)。

玻璃纤维编织物目前是高速树脂砂轮（如高速磨片、高速切割砂轮等）的标准加固材料，其作用是：①提高砂轮的回转速度；②减少砂轮的疲劳；③保留破裂砂轮的碎片；④提高薄片砂轮的侧面刚度。

6.7.1.4　玻璃纤维及制品的处理

目前，作为砂轮材料的网布，生产厂家多使用石蜡乳剂为浸润剂，因此玻璃纤维及其制品的处理包括两个部分内容：除去拉丝纺织过程所加的浸润剂及所吸附的水、油等物和对玻璃纤维表面进行处理。

（1）热处理　玻璃纤维及其制品的热处理，一方面是要将纤维制丝过程中采用的浸润剂除去；另一方面是除去玻璃纤维及其制品表面吸附的水、油等物，以提高其与树脂的黏结强度，保证制品的质量。热处理时，一般采用的温度为 300～450 ℃，时间为 3～6 min，处理后的玻璃纤维及制品强度下降 20%～30%。

（2）化学处理　玻璃纤维与树脂的黏结力，可采用一定的化学处理方法予以增强。即使用表面处理剂（偶联剂），通过它起一个中间桥梁作用，把玻璃纤维和树脂以化学力紧密地联系在一起，使玻璃纤维具有憎水性，改善玻璃纤维的湿润性，提高其黏结性能。

（3）浸润或涂覆树脂液　目前砂轮厂用的玻璃纤维制品普遍使用对玻璃纤维进行浸润或涂覆树脂液的方法进行表面处理，即使是强化型的浆料也要进行处理。所用树脂液有热固性 PF 液、E - 44 环氧树脂、聚乙烯醇缩丁醛酒精溶液等。随着树脂浸润或涂覆量的增加，磨具的强度提高。但 PF 液、E - 44 环氧树脂处理过的网布随放置过程网布会变硬,失去柔软性(国外资料表明 PF 处理的网布在 4 ℃左右干燥储存,存放期不超过 3 个月);聚乙烯醇缩丁醛酒精溶液处理的强度较差,但放置时间较长。

磨具中所用的网格布的技术指标包括网布密度、浸胶树脂含量、挥发物含量、不溶物含量等。玻璃纤维网格布中,单丝的支数、每股的单丝数、纱的股数以及网格尺寸等均对砂轮的强度有影响。

作为砂轮网布玻璃纤维单丝的支数一般为 40 ~ 60;支数大(直径细)的强度高,弹性、柔顺性好,但成本高。

一般认为平形砂轮以 20 ~ 60 股合适;高速磨片、高速切割砂轮以 10 ~ 40 股合适;在保证不起层的前提下,适当增加股数,有利于强度的提高,这样能承受圈套的压力和侧面作用力,但股数大,网布反弹力(即不可压缩性)也越大,强度反而下降。

网孔尺寸必须与磨粒相应(比磨粒尺寸大)。较细的磨料允许小网孔,而粗粒度则要求较大的网孔。一般平形砂轮采用 3 ~ 5 目/寸的网孔较合适;而高速磨片、高速切割砂轮采用 4 ~ 6 目/寸的网孔较合适。贴于砂轮表面的网布,可适当小些,可用 6 ~ 8 目/寸。孔格太小,磨粒混合物不能较多地"镶嵌"于其中,造成两面料结合不好,影响强度;孔格太大,砂轮抗挠曲性差,但薄片砂轮易产生凹陷现象。玻璃纤维增强砂轮 5、6、7、8、9、10、11、14 目网格布见图 6 - 9 所示。

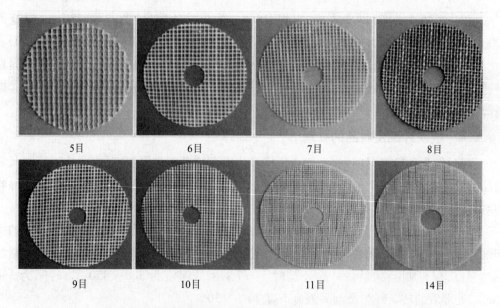

图 6 - 9　玻璃纤维增强砂轮 5、6、7、8、9、10、11、14 目网格布

网布的单位面积质量和网布的密度以及含胶量有关,通常认为涂覆树脂液的量一般认为是网布质量的 25% ~ 35% 较合适,极限值是 40%。涂覆量越大,网布变硬,甚至降低强度。也有同时加入一定量的偶联剂进行化学处理的报道。

拉伸断裂强力反映网布的拉伸强度。将网布裁成标准样条,在等速伸长(CRE)试验机上测试断裂时的应力。表 6 - 20 是玻璃网布的拉伸断裂强力要求。

表6-20 玻璃网布的拉伸断裂强力要求

标称单位面积质量/(g/m²)	拉伸断裂强力≥N/50mm		标称单位面积质量/(g/m²)	拉伸断裂强力≥N/50mm	
	经向	纬向		经向	纬向
≤80	500	500	291~310	2 230	2 350
81~120	800	800	311~330	2 450	2 550
121~150	1 100	1 100	331~350	2 650	2 750
151~170	1 300	1 320	351~370	2 700	2 800
171~190	1 500	1 560	371~390	2 750	2 800
191~210	1 600	1 700	391~410	2 820	2 800
211~230	1 700	1 800	411~430	2 900	2 800
231~250	1 830	1 900	431~450	2 950	2 800
251~270	1 960	2 000	451~470	3 000	2 800
271~290	2 100	2 200	>470	3 050	2 800

6.7.2 碳纤维

碳纤维(carbon fiber,简称 CF)是一种含碳量在95%以上的高强度、高模量纤维的新型纤维材料。它是由片状石墨微晶等有机纤维沿纤维轴向方向堆砌而成,经碳化及石墨化处理而得到的微晶石墨材料。碳纤维具有许多优良性能,碳纤维的轴向强度和模量高,密度低、比性能高,无蠕变,非氧化环境下耐超高温、耐疲劳性好,比热及导电性介于非金属和金属之间,热膨胀系数小且具有各向异性,耐腐蚀性好,X 射线透过性好具有良好的导电导热性、电磁屏蔽性。碳纤维与传统的玻璃纤维相比,杨氏模量是其3倍多;它与凯夫拉纤维相比,杨氏模量是其2倍左右,在有机溶剂、酸、碱中不溶不胀,耐蚀性突出。

碳纤维拉伸强度为 2~7 GPa,拉伸模量为 200~700 GPa。密度为$(1.5~2.0) \times 10^3$ kg/m³,这除与原丝结构有关外,主要取决于炭化处理的温度。一般经过高温 3 000 ℃石墨化处理,密度可达 2.0×10^3 kg/m³。再加上它的重量很轻,它的密度比铝还要轻,不到钢的1/4,比强度是铁的20倍。碳纤维的热膨胀系数与其他纤维不同,它有各向异性的特点。碳纤维的比热容一般为 7.12×10^{-1} kJ/(kg·K)。热导率随温度升高而下降,平行于纤维方向是负值(-0.72×10^{-6} ~ -0.90×10^{-6} K⁻¹),而垂直于纤维方向是正值(32×10^{-6} ~ 22×10^{-6} K⁻¹)。同钛、钢、铝等金属材料相比,碳纤维在物理性能上具有强度大、模量高、密度低、线膨胀系数小等特点。

碳纤维按原料来源可分为聚丙烯腈基碳纤维(市场上90%以上为该种碳纤维布)、沥青基碳纤维、粘胶基碳纤维、酚醛基碳纤维、气相生长碳纤维;按规格分 1K 碳纤维布、3K 碳纤维布、6K 碳纤维布、12K 碳纤维布、24K 碳纤维布及以上大丝束碳纤维布;按碳纤维碳化分为石墨化碳纤维布(可以耐 2 000~3 000 ℃高温)、碳纤维布(可以耐 1 000 ℃左右高温)以及预氧化碳纤维布(可以耐 200~300 ℃高温);按状态分为长丝、短纤维和短切纤维;按力学性能分为通用型和高性能型,通用型碳纤维强度为 1 000 MPa、模量为

100 GPa 左右。高性能型碳纤维又分为高强度型(强度 2 GPa、模量 250 GPa 左右)和高模量型(模量 300 GPa 以上)。用量最大的是聚丙烯腈 PAN 基碳纤维。

6.7.3 晶须

晶须是指在人工控制条件下以单晶形式生长成的一种纤维,其直径非常小(微米数量级),不含有通常材料中存在的缺陷(晶界、位错、空穴等),其原子排列高度有序,因而其强度接近于完整晶体的理论值。由于用晶须增强的复合材料具有达到高强度的潜力,因此晶须的研究和开发受到了高度重视。晶须除具有高强度性能外,具有保持高温强度的性能,高温时晶须比常用的高温合金强度损失少得多,还具有一些特殊的磁性、电性和光学性能,可开发为功能材料。晶须主要用作复合材料的增强剂,用于制造高强度复合材料。

晶须可分为有机晶须和无机晶须两大类。有机晶须主要有纤维素晶须、聚丙烯酸丁酯 – 苯乙烯晶须、聚 4 – 羟基苯甲酯晶须(PHB 晶须)等几种,在聚合物中应用较多。无机晶须主要包括陶瓷质晶须(SiC、钛酸钾、硼酸铝等)、无机盐晶须(硫酸钙、碳酸钙等)和金属晶须(氧化铝、氧化锌)等,其中金属晶须主要应用于金属基复合材料中,而陶瓷基晶须和无机盐晶须则可应用于陶瓷复合材料、聚合物复合材料等多个领域。

硫酸钙晶须长径比为 50。具有颗粒状填料的细度、短纤维填料的长径比、耐高温、耐酸碱性、抗化学腐蚀、韧性好、电绝缘性好、强度高、易进行表面处理,与树脂、塑料、橡胶相容性好,能够均匀分散,pH 值接近中性。优良的增强功能和阻燃性。用作填充剂、增强剂、阻燃和抗静电添加剂。

硼酸铝晶须($9Al_2O_3 \cdot 2B_2O_3$)性能稳定、机械性能优越、可适用性大。工业化的硼酸铝晶须单结晶极细,相对密度为 2.93,熔点为 1 440 ℃,耐热温度 1 200 ℃,莫氏硬度为 7,化学性质基本为中性;具有高的弹性模量、良好的机械强度、耐燃性、耐化学药品性、耐酸性(酸碱几乎不反应)、电绝缘性和良好的中子吸收性能;拉伸强度为 7.84 GPa,拉伸弹性模量为 392 GPa,主要用于航天、航空、建材、汽车等领域。

碳酸钙晶须是白色蓬松状固体(显微镜下为针状单晶体)。碳酸钙晶须综合机械强度高,并在使用过程中能减振,防滑,降噪,吸波;综合性能好,摩擦系数高,耐磨性能和耐热性能高;摩擦性能稳定,热衰退与热恢复性能较好,特别是碳酸钙晶须的填充更将增摩减摩有机地统一在一个体系中,高温摩擦磨损性能优越;产品寿命能提高 30%;原料来源丰富,价格低,不会因为原料问题而对生产产生影响;产品摩擦后产生的粉末无毒,污染小。

6.8　造孔剂和发泡剂

当磨具磨削金属等黏性材料时,容易产生碎削表面黏附现象,造成打滑、发热、磨削效率下降等问题。为了改善磨具的容屑、散热性能,达到特定磨削性能的要求,需要引入一些物质促使磨具产生气孔,这类物质称为造孔剂或成孔剂。目前常用的造孔剂主要分为两类,一类是在磨具成型过程中通过物理或化学作用成孔的物质,这是通常所说的发泡剂;另一类是已经成孔的材料,直接加入在磨具中。

6.8.1 发泡剂

所谓发泡剂就是使对象物质成孔的物质,它可分为化学发泡剂和物理发泡剂两大类。化学发泡剂是指那些经加热分解后能释放出二氧化碳和氮气等气体,并在聚合物组成中形成细孔的化合物;物理发泡剂就是泡沫细孔,是通过某一种物质的物理形态的变化,即通过压缩气体的膨胀、液体的挥发或固体的溶解而形成的。

6.8.1.1 物理发泡剂

物理发泡剂在使用过程中不发生化学变化,所以只能依靠其物理状态的变化来达到发泡的目的。

早期常用的物理发泡剂主要是压缩气体(空气、CO_2、N_2等)与挥发性的液体,例如低沸点的脂肪烃,卤代脂肪烃,低沸点的醇、醚、酮和芳香烃等。一般来说,作为物理发泡剂的挥发性液体,其沸点低于110 ℃。

从理论上来说,不管用什么方法,只要能放出气体的物质都可作为发泡剂。氟代烃几乎具有理想物理发泡剂的各项性能,因此它可以用来制造许多泡沫材料。例如,发泡聚氨酯抛光磨具就大量使用氟代烃作为发泡剂。

6.8.1.2 化学发泡剂

化学发泡剂必须是一种无机的或有机的热敏性化合物,受热后在一定的温度下会发生热分解而产生一种或几种气体,从而达到发泡的目的。

衡量一种发泡剂效能的指标很多,对于化学发泡剂而言,两个最重要的技术指标是分解温度与发气量。

分解温度决定着一种发泡剂在各种聚合物中的应用条件,即加工时的温度,从而决定了发泡剂的应用范围。这是因为化学发泡剂的分解都是在比较狭窄的温度范围内进行,而聚合物材料也需要特定的加工温度与要求。

发气量是指单位重量的发泡剂所产生的气体的体积,单位为 mL/g。它是衡量化学发泡剂发泡效率的指标,发气量高的,发泡剂用量可以相对少些,残渣也较少。

(1)碳酸盐 常用作发泡剂的碳酸盐主要有碳酸铵、碳酸氢铵与碳酸氢钠。

在工业上作为发泡剂使用的实际上是碳酸氢铵和氨基甲酸铵的混合物或复盐($NH_4HCO_3 \cdot NH_2CO_2NH_4$),习惯上将此复盐也叫作碳酸铵。商品的碳酸铵没有一定的组成,在30 ℃左右即开始分解,在55~66 ℃下分解十分剧烈。其分解产物为氨、二氧化碳和水。发气量为700~980 mL/g,其发气量在一般化学发泡剂中是最高的。

碳酸氢铵是白色晶状粉末,干燥品几乎无氨味。在常压下当有潮气存在时,碳酸氢铵在60 ℃左右即开始缓慢分解,生成氨、二氧化碳和水。发气量约为850 mL/g。

为了避免碳酸铵与碳酸氢铵热分解产生氨气,可采用碳酸氢钠做发泡剂。

碳酸氢钠为无毒无嗅的白色粉末,溶于水而不溶于乙醇。在100 ℃左右即开始缓慢分解,放出 CO_2,在140 ℃下迅速分解,但其分解速度仍能控制。其发气量较低,约为267 mL/g。

由于碳酸氢钠热分解产生的 CO_2 仅有理论量的一半,所以为了提高发气量,常加入一些弱酸性的物质,如硬脂酸、油酸和棉籽油酸等。

(2)亚硝酸盐 用作发泡剂的亚硝酸盐主要是亚硝酸铵。亚硝酸铵是极不稳定的化合物,作为发泡剂使用的基本上是氯化铵和等物质的量的亚硝酸钠的混合物,经加热而放出氮气。

与碳酸盐不同的是,亚硝酸铵的热分解是不可逆的,因此它可以作为加压发泡过程中的发泡剂。

(3)N-亚硝基化合物 仲胺和酰胺的N-亚硝基衍生物是有机发泡剂中重要的一类,其中 N,N′-二亚硝基五次甲基四胺(DPT)和 N,N′-二甲基-N,N′-二亚硝基对苯二甲酰胺(NTA)是两个重要的品种。

DPT:

$$ON-N \begin{array}{c} CH_2-N-CH_2 \\ | \quad\quad | \\ CH_2 \quad N-NO \\ | \quad\quad | \\ CH_2-N-CH_2 \end{array}$$

N,N′-二亚硝基五次甲基四胺(DPT),又名发泡剂 H。工业品为一淡黄色固体细微粉末, 其分解温度为 $190\sim205\ ℃$,若按 N_2 计,其理论发气量为 240 mL/g。由于在分解过程中会产生一定量的氨气,其实际发气量为 $260\sim275$ mL/g。在所有的有机发泡剂中,其单位发气量最大,是一种很经济的有机发泡剂。

(4)偶氮化合物 偶氮化合物包括芳香族的偶氮化合物和脂肪族的偶氮化合物两大类,主要有二偶氮氨基苯(DAB)、偶氮二甲酰胺(发泡剂 AC)和偶氮二异丁腈(AIBN)等品种,它们是很重要的一类有机发泡剂。

发泡剂 AC:

$$H_2N-\overset{\overset{\displaystyle O}{\|}}{C}-N=N-\overset{\overset{\displaystyle O}{\|}}{C}-NH_2$$

偶氮二甲酰胺(发泡剂 AC 或 ADCA)为黄橙色细微粉末,在塑料中的分解温度范围为 $170\sim210\ ℃$,分解生成 N_2,理论发气量为 193 mL/g,是常用的有机发泡剂中最高的。

发泡剂 AC 的分解产物随着使用条件的不同也有变化,除氮气以外,一般还生成相当量的 CO 与少量的二氧化碳与氨等。

(5)酰肼类化合物 在工业上应用最多的发泡剂很多都属于酰肼类化合物,尤其是芳香族的磺酰肼类化合物,是一类非常重要的有机化学发泡剂。

纯的磺酰肼一般都是无味、无毒的结晶状固体,受热易分解,分解温度在 $80\sim245\ ℃$,视不同品种而异。其分解残渣是无毒的,一般是无色的,对聚合物无污染,对聚合物的交联速度和熔融情况都没有影响。通常它们与聚合物有足够的相容性,所以发泡体表面不会产生残渣喷霜现象。

(6)尿素衍生物 N-硝基脲($H_2NCONHNO_2$),在空气中分解生成 N_2O、CO_2、NH_3 和 H_2O,其分解温度为 $158\sim159\ ℃$;在石蜡烃中的分解温度为 $129\ ℃$,发气量为 380 mL/g。可用作生产热塑性和热固性泡沫塑料的发泡剂。

磺酰氨基脲,其结构通式为 $R-SO_2-NH-\overset{\overset{\displaystyle O}{\|}}{C}-SO_2-NH_2$,R 主要为芳基。它们是高温发泡剂,主要用于高软化点的树脂(如聚丙烯、聚碳酸酯、聚砜、聚亚苯基氧和聚酰胺等)的发泡。

6.8.2 含孔材料

目前磨具中常用的包括空心玻璃珠、氧化铝空心球等中空材料。

6.8.2.1 空心玻璃珠

空心玻璃珠(ES)是由经特殊工艺制成的薄壁封闭的微小球形颗粒,具有中空、质轻、耐高低温、隔热保温、电绝缘强度高、耐磨、耐腐蚀、防辐射、隔音、吸水率低、化学性能稳定等优点。其主要化学成分是碱石灰硼硅酸盐玻璃。研究表明加入适量的玻璃微珠可以提高复合材料的硬度、抗压强度及耐磨性能;但由于存在相界面缺陷,复合材料的冲击强度降低;随着玻璃微珠含量的增加,磨损机制发生变化:由粘着磨损逐渐转变为磨粒磨损,摩擦系数有所增大。

6.8.2.2 氧化铝空心球

氧化铝空心球是一种新型的高温隔热材料,它是用工业氧化铝在电炉中熔炼吹制而成的,晶型为 $\alpha - Al_2O_3$ 微晶体。以氧化铝空心球为主体,可制成各种形状制品,最高使用温度 1 800 ℃,制品机械强度高,为一般轻质制品的数倍,而体积密度仅为刚玉制品的二分之一。

7 普通树脂磨具制造

机械加工对磨削工具的要求越来越高,而化工工业的发展为树脂磨具品种和性能的多样性提供了基础。目前,已经有酚醛、环氧、聚乙烯醇及缩醛、聚氨酯、不饱和树脂、聚酰亚胺、虫胶等十多种树脂作为结合剂,用于制造树脂磨具。通过对这些树脂的改性,结合剂的选择范围就更广。树脂的合成与改性和结合剂的性能密不可分。

众所周知,树脂磨具的主要成分是磨料、结合剂(树脂)和填料。当磨料确定之后,结合剂的选择非常重要,它决定磨具的性能和制造工艺。如对于高速磨削的砂轮,要求使用高强度的树脂,以赋予砂轮以高强度;而用于制造弹性抛光砂轮又要求选择弹性良好的树脂做结合剂。对于一些分别只适用于冷压、热压、浇注的树脂,只能采用相应的工艺。因此,不同用途的树脂磨具,使用不同的树脂结合剂,而采用不同的制造工艺。

7.1 配方设计

7.1.1 磨具配方及其表示方法

磨具制造时,对各种原材料用量、坯体投料重量、成型密度(或成型压力与坯体厚度)技术要求的规定,称磨具配方。

磨具配方分单个配方(专用配方)和系统配方。单个配方是指对某一专用砂轮其组织、粒度、硬度、强度而专门设计的配方。系统配方是指同一材质、同一粒度、不同硬度(或不同组织)的系列磨具配方。树脂薄片砂轮主要用于切割,故多为单个配方。

磨具配方是磨具制造的工艺依据,它对磨具的使用性能有决定性的作用。应利用自身的优势(如:材料价格、设备性能、能源情况等),制订出具有自己特色的磨具配方。

配方的概念及表示方法:

树脂磨具的配方与其他任何配方类似。就是为了制造设定磨具而确定磨料、结合剂、填料及辅助材料之间的比例关系。配方中的物料在磨具制造过程中可能有三种情况发生。第一种情况是基本不发生变化。如磨料本身有化学惰性,与其他物质不易发生化学反应,且不受温度影响。第二种情况是发生化学变化,而反应后仍留在磨具中,如结合剂,在温度或其他因素作用下结合剂将发生化学反应,常常伴随小分子的逸出。第三种情况是在磨具制造过程全部挥发,如作为成孔剂的精萘等。

配方的表示方法有两种。第一种方法是以磨料为100份,其他组分以此为基础,相应所占的份数。如某种薄片砂轮的配方为:

A24#   40 份

A30#   30 份

A36#	30 份
液体酚醛树脂	5 份
粉状酚醛树脂	14 份
重晶石粉	10 份
半水石膏粉	3.8 份
着色剂炭黑	0.5 份

第二种方法是以构成磨具配方的各种组分的总和为 100%,则上述配方可以表示为:

A24#	30%
A30#	22.5%
A36#	22.5%
液体酚醛树脂	3.75%
粉状酚醛树脂	10.5%
重晶石粉	7.5%
半水石膏粉	2.85%
着色剂炭黑	0.4%

两种表示方法没有本质区别,只是习惯的原因。一般来讲,第一种方法较直观,计算也简便,适合组成较简单的场合。对于研究试验对比用第二种方法表示的配方更能反映各组分量的大小对磨具性能的影响。目前,国内正常生产中大多采用前一种方法来表示配方。

7.1.2　配方设计的要求

磨具的配方设计是一个反复试验逐步完善的过程。普通树脂磨具经过几十年的发展,配方设计有了一定的理论指导和参考依据。但对一些特殊用途的新产品及产品的质量和性能的提高仍然需要不断设计新配方。

7.1.2.1　配方设计以满足磨削应用需要为目的

制造磨具都是针对不同的磨削对象,满足磨削工艺的要求。要求磨削的工件粗糙度值较低的时候,配方中要选择粒度较细的磨料。对硬而难磨的材料加工,应设计把持能力较弱的结合剂磨料易脱落的配方;对于易堵塞的材料,应选择疏松组织、大气孔的配方;平面磨削及易烧伤材料的磨削应有针对性的配方。国外磨具的发展趋势表明:针对不同的磨削对象,有针对的磨料及相应的磨具配方,往往磨具的生产厂家备案登记作为专用配方。由此可见,配方设计的针对性将越来越重要。

7.1.2.2　配方设计要具有规律性并符合相关标准

在强调磨具配方的针对性和专用性原则的同时,也要考虑其通用性原则。特别是一般磨具,用量不大,或是千家万户的分散使用的通用产品,不可能逐一制订专用配方。一般说来,符合国家标准的产品,基本能够满足用户的使用要求。符合国家标准的系列化产品为用户选择磨具提供了空间。

7.1.2.3　配方设计必须与制造工艺相结合

配方中的各组分物质按照一定的工艺制造磨具。在设计配方时要考虑采用的工艺方法。如冷压成型与热压成型配方有较大区别,擀片成型与压制成型的薄片砂轮配方中的液体与粉状酚醛树脂的比例差别很大。而压制成型的砂轮配方不可能浇注成型。而且,还要考虑到工艺实施的可行性与操作方便。

7.1.2.4 配方设计要符合经济性原则

配方选择的材料不但要考虑适用性。作为工业生产还要考虑其经济性和取材的广泛性。人造材料因为可以再生,应为首选。如原用天然金刚石作为磨料的,自从有了人造金刚石后,天然金刚石就很少使用。

在保证满足产品使用性能的情况下尽量节约原材料,降低磨具成本。或者在不提高成本的情况下,尽量提高产品质量。

7.1.2.5 配方设计要符合安全、环保要求

配方中的各种物料,应尽量选择非易燃易爆物质,低毒或无毒物质。如果必须采用有毒和易燃原料时,应采取相应的防范措施,保证工业化生产中的安全。

当今世界,环境保护越来越重要。配方设计和生产工艺的选择要充分考虑环保因素,特别是树脂磨具的生产中易产生废液、废气等污染物,应尽量避免或者较少使用。如果不可避免使用,应在配方设计时考虑其治理措施。

7.1.3 树脂磨具配方的基本规律

树脂磨具的基本要素是磨料种类、磨料粒度、磨具硬度、结合剂量、磨具的组织、成型密度(或压强)等,其相互关系见表7-1。

表7-1 树脂磨具基本要素关系表

配方基本要素	变化关系			
磨料种类	变化	不变	不变	不变
磨粒粒度	不变	变细	不变	不变
结合剂量	变化	增加	增加	不变
成型密度	不变	不变	不变	增大
磨具硬度	不变	不变	提高	提高

7.1.3.1 磨料种类与结合剂量的关系

在粒度和成型密度相同的条件下,要制成相同强度等级的磨具,碳化硅磨料所用的结合剂量比刚玉磨料用得多。这是因为:

(1)刚玉磨料的密度($3.95 \sim 3.97$ g/cm³)比碳化硅($3.12 \sim 3.20$ g/cm³)的大。当重量和粒度号相同时,碳化硅磨料的颗粒数比刚玉磨料多,因此总表面积大。

(2)碳化硅磨料的形状多呈片状和针状,而刚玉磨料多呈菱柱状。这样又进一步加大了碳化硅磨料的总表面积。

因此在其他条件相同时,碳化硅磨料的表面积大,所以需要更多的结合剂来黏结。

7.1.3.2 磨料粒度与结合剂量的关系

(1)在磨具强度(或硬度)、磨料种类和成型密度(或压强)相同的情况下,其结合剂

量随着粒度号的增加而增加。即磨料越细,所需的结合剂越多。这是因为同样重量的磨料,粒度越细,颗粒数目越多,总表面积越大。因此,包围表层所需的结合剂就越多。

(2)在其他条件相同的情况下,混合粒度所用的结合剂量比单一粒度要少一些。这是因为,细粒度磨料填充在粗粒度磨料的颗粒缝隙之间,替代(或占据)了一部分结合剂体积,所以减少了结合剂的用量。树脂薄片砂轮或钹形砂轮常采用混合粒度的磨料来提高砂轮强度,就是利用这一原理。所以,采用混合粒度磨料的磨具,虽然所用的结合剂量与单一粒度砂轮一样,但强度有明显提高。

7.1.3.3　结合剂量和硬度(或强度)的关系

磨具的硬度和强度的变化,一般是一致的。结合剂量是影响磨具硬度(或强度)的主要因素之一。在磨料种类、粒度和成型密度(或压强)相同的情况下,增加配方的结合剂量,能提高磨具的硬度和强度。反之,减少配方中的结合剂量,则磨具的硬度和强度下降。这是因为结合剂量增多时,磨料之间的结合剂桥变粗,使磨粒黏结得更牢固、更能抵抗外力作用。

7.1.3.4　成型密度(或压强)与磨具硬度的关系

在磨料种类、粒度和结合剂量相同的情况下,随着成型密度(或压强)的增大,磨具的硬度和强度也提高。这是因为成型密度(或压强)增大,磨具的密度也增大,磨粒之间的距离缩小,结合剂桥更加粗壮,磨粒被黏结得更牢固,因而磨具的硬度和强度被提高。因此,调整磨具的成型密度(或压强)是调整磨具硬度和强度的主要方法。尤其对高硬度磨具,往往提高成型密度比提高结合剂量的效果更为显著。

制造相同硬度的磨具,随着成型密度(或压强)增大,结合剂用量可相应减少,因此,成型密度(或压强)和结合剂量都是控制磨具硬度和强度的重要因素。

7.1.3.5　配方的调整

同一等级的硬度(或强度)可以有三种方法来实现:

(1)较多的结合剂量,较小的成型密度。

(2)较少的结合剂量,较大的成型密度。

(3)一般的结合剂量,一般的成型密度。

在一般情况下,制定配方时应遵循:随着硬度或强度的提高,结合剂量和成型密度也依次递增的规律。

7.1.4　配方设计的方法步骤

依据配方设计的原则,要制造出的磨具满足磨削要求,具体有强度、硬度、磨削效率、耐用度等指标,特殊新产品的配方设计很少有现成的资料参考,在选择结合剂、填料等方面需经过多次试验筛选。一般产品的配方用酚醛或环氧树脂等做结合剂,重点考虑硬度的规律性、连续性和系统性,以便用户选择。

配方设计的一般顺序如下:

(1)选定代表性的粒度,设定成型密度和结合剂量,填料等。

(2)做硬度块,做硬度块是配方设计的重要环节,应力求准确无误。

(3)测试硬度块的硬度,必要时对原配方进行调整。

（4）根据所做硬度块得到的数据进行处理,可以用内插法和外推法得到不同硬度和精度的配方。

（5）检查低硬度磨具的强度,初步验证较低和较高硬度磨具工艺配方的可靠性。

（6）在以上程序均正常后,可以对配方进行生产验证。为防止出现大批量废品,从小到大可逐渐增加验证的批量,生产全过程进行跟踪监控,发现问题及时研究解决。

以上讨论的是配方设计一般原则及方法、步骤。但理论和实践表明:设计是否合理影响因素很多,磨削对象和磨削工艺改变配方必须随之改变。最终必须经过生产验证和磨削试验和检验。如同样硬度的磨具由于组织号(密度)的不同,对某种工件的磨削效果差异很大,甚至是一种效果很好,而另一种根本不能用。这些磨削与配方的关系需要在理论中深入研究和在磨削试验中不断积累。

7.1.5 树脂磨具配方举例

树脂磨具配方举例见表7-2。

表7-2 树脂磨具配方举例

材料名称	A36# 液体树脂磨具	A46# 树脂磨具	高速树脂切割片	磨钢锭砂轮	环氧树脂磨螺纹砂轮	石墨导电砂轮
磨料/g	100	100	A24# 40 A30# 30 A36# 30	A12# 50 A16# 50	PA240# 100	GC240# 100
酚醛树脂液/g	9~17	2.5~5	5~6.5	4.5~6.5	—	10~18
酚醛树脂粉/g	—	6~15	11~14	6.5~10	—	18~22
E-44 环氧树脂/g	—	—	—	—	8.5~10	—
聚酰胺200/g	—	—	—	—	4.2~6.0	—
半水石膏粉/g	2.5~4.5	3~5	3~5	2~5	—	—
石墨/g	—	—	—	—	—	50~100
炭黑/g	—	—	0.5~1.0	—	—	—
填充剂/g	—	—	C180# 10	冰晶石 4~8	—	—
成型密度/(g/cm³)	2.36~2.55	2.55~2.60	2.55~2.62		2.50~2.60	1.70~1.80
硬度范围	J~T	G~R	—	P~R	K	—

7.2 成型料的配制

混料是将磨料、润湿剂、结合剂、填料等,按照一定的程序通过机械搅拌和人工混合的方式,使润湿剂、结合剂和填料均匀地黏附在磨粒上使其相互之间均匀分布的过程,称为混料。所得到的混料准备送往下一工序成型,通常称为成型料。

成型料的混合是制造树脂磨具的重要工序之一。其目的是使结合剂与磨粒充分地混合,并能均匀地黏附在磨粒的表面,从而得到高质量的产品。对成型料的基本要求:各组分分布均匀;保持松散性,便于摊料;具有良好的成型性能,保证坯体有足够的强度。

7.2.1　配料

配料工序可看成是混料的前期准备。根据混合料的混料量的大小,批次多少,预先把磨料等按要求称取分袋集中存放以备混料时使用,润湿剂等一般随时称取,若批量较少可随称随用。

7.2.1.1　配料前的准备工作

(1)原料的检验与处理　磨料作为产品已经过检验,使用前主要凭目测观看有无粗粒度磨料混入。对粉状料需进行过筛,不但可以除去杂质、块状物,而且可以使粉状料松散分散。现在也有采用首先把所有粉状料用球磨的方法先混合然后一块加入的方法,效果较好。

作为润湿剂的液体酚醛树脂本身又是结合剂的一部分,首先要检查有无缩聚析出的水分,若有应将水分除去后再用。液体环氧树脂应先加溶剂加热稀释后再用。

(2)对公用器具的检查　检查衡器的灵敏度,所用盛料的容器等有无粗粒度磨料混入。

7.2.1.2　成型料的计算

成型料的计算方法,如下:

(1)确定成型料的总投料量

①根据磨具的规格及加工余量,计算坯体体积、平形砂轮的体积。

$$V = \frac{\pi(D^2 - d^2)}{4}H$$

②根据配方的成型密度(r),计算成型单重。

$$单重 = V \cdot r$$

③根据磨具的数量,计算必需的投料量。

$$必需投料量 = 磨具的数量 \times 单重$$

④考虑混料成型过程的消耗,计算成型料的总投料量。

$$总投料量 = 必需投料量 \times (1 + 附加消耗百分数)$$

成型料附加消耗百分数和最小附加量见表7-3。

表7-3　成型料附加消耗百分数和最小附加量

必需投料量/kg	附加消耗百分数/%	最小附加量/kg
<1	20.0	0.10
>1~10	10.0	0.30
>10~50	4.0	0.60
>50~100	3.0	2.00
>100~500	2.5	3.00
>500	2.0	13.0

(2)计算总投料量中磨料的总重量

①以磨料重量为 100 份的配方表示法：

$$磨料总重量 = 总投料量 \times \frac{100}{配方中各种材料百分数总和}$$

②以各种材料的总量为 100 份的配方表示法：

$$磨料总重量 = 总投料量 \times 配方中磨料加入量百分比$$

(3)计算每次混料的磨料用量和混料批数

①每次混料的磨料用量　根据混料机的规格确定每次混料的磨料用量,见表 7 - 4。

②混料批数

$$混料批数 = \frac{磨料总重量}{每批磨料量}$$

表 7 - 4　每批混料重量范围(以磨料重量计算)

混料机规格/L	每批混料量/kg		
	磨料粒度 14# ~ 80#	磨料粒度 100# ~ 240#	磨料粒度 280# ~ W5
10	4 ~ 15	4 ~ 13	2 ~ 10
25	12 ~ 24	11 ~ 20	8 ~ 16
50	15 ~ 36	14 ~ 33	10 ~ 30
100	20 ~ 110	20 ~ 90	20 ~ 60

(4)计算每批成型料中,其他材料的加入量

①以磨料 100 份的配方表示法

$$结合剂量 = 每批磨料量 \times 配方中结合剂加入量百分比$$

$$辅助材料用量 = 每批磨料量 \times 配方中辅助材料加入量百分比$$

②以各种材料总量为 100 份的配方表示法

$$结合剂量 = 每批磨料量 \times \frac{配方中结合剂加入量百分数}{配方中磨料加入量百分数}$$

$$辅助材料用量 = 每批磨料量 \times \frac{配方中辅助材料加入量百分数}{配方中磨料加入量百分数}$$

计算实例：

计算制造 PB400 × 3.2 × 32 的树脂砂轮 600 片所需的各种材料用量。配方如下：

A30#	50
A36#	50
酚醛树脂粉	13
酚醛树脂液	5
半水石膏粉	5
炭黑	0.5
投料单重(g)	900

计算：必需投料量 = 0.900 × 600 = 540 kg

投料总量 $= 540 \times (1 + 2.0\%) = 550.8$ kg

$2.0\% \times 540 = 10.8$ kg 取最小附加量 13 kg

因此实际投料总量为 $540 + 13 = 553$ kg

磨料总量 $= \dfrac{100}{100 + 13 + 5 + 5 + 0.5} \times 553 = 448$ kg

选用 100 L 逆流混料机,分 5 批混,每批混的磨料量为 $\dfrac{448}{5} \approx 90$ kg

每批 A30$^\#$ 加入量 $= 90 \times 50\% = 45$ kg

每批 A36$^\#$ 加入量 $= 90 \times 50\% = 45$ kg

每批酚醛树脂粉加入量 $= 90 \times 13\% = 11.7$ kg

每批酚醛树脂液加入量 $= 90 \times 5\% = 4.5$ kg

每批半水石膏粉加入量 $= 90 \times 5\% = 4.5$ kg

每批炭黑加入量 $= 90 \times 0.5\% = 0.45$ kg

7.2.2　混料设备

在磨具生产中,制件的品种规格繁多,由于选用的结合剂材料不同,材料粒度不同,选用的混料机械也不同。采用不同的成型工艺,所采用的混制成型料的方法,以及所混制的成型料性能也有很大的区别。

树脂磨具成型料的混合,一般采用机械混合和手工混合两种。有些细粒度的成型料必须用机械和手工相结合的方法才能混合均匀。机械混料所用的设备有逆流混料机、双锅混料机、轮碾机、双轴叶片混料机、逆流轮碾混料机、球磨机等。

7.2.2.1　逆流混料机

逆流混料机是由一个水平旋转的容器和旋转的立式搅拌叶片等组成,成型料搅拌时,容器向左转,叶片向右转,由于逆流的作用,成型料各颗粒间运动方向交叉,互相接触的机会增多,逆流混料机对料的挤压力小,发热量低,搅拌效率高,混料较为均匀。该设备具有混料速度快、效率高且结构简单、操作维修方便等特点。除适用于混制粉状树脂成型料外,也可以用于混制液体树脂成型料。几种逆流混料机的规格及参数见表 7 - 5 所示。

表 7 - 5　逆流混料机规格及参数

混料机规格/kg	设备结构参数				设备能力参数	
	混料锅直径/mm	混料锅高度/mm	搅拌叶片转速/(r/min)	混料锅转速/(r/min)	每次混料质量/kg	每次混料时间/min
100	920	300	51	18	80	26
50	750	250	75 ~ 150	22 ~ 44	35	22
25	620	200	90	27	25	20
10	420	220	90	30	13	16

在此基础上已发展犁板混料机——即料锅与逆流式基本相同,但将搅刀改成固定犁板,只有料锅转动,犁板有二组,一组使料向外翻动,另一组使料向里翻动,混料过程使料在不断分开与翻动,达到混合的目的。该设备混料质量好,操作方便。

7.2.2.2 双锅混料机

本设备采用双锅结构,分上、下布置,将料锅固定不动,而由刮刀转动。每个锅内有三把刮刀,分为外刮刀、中刮刀、内刮刀,分别调整成不同半径,内刮刀贴近料锅中心壁,外刮刀贴近锅外圈内壁,通过刮刀的转动使物料充分混合。

料锅的底部有排料口,上锅混匀后,通过出料口过筛后送进下锅。上锅将树脂液与磨料、辅助料相混合混制湿料。下锅加入树脂粉,混制成成型料,过筛送往成型工序。

该设备针对树脂磨具混料工艺特点,采用的双锅结构,将湿混和干混分别在两个锅内完成,实现了联动,解决了传统混料设备的粘锅和清锅不便,成型料发热,混制的成型料质量稳定,松散性和成型性好,并对比重悬殊和粒度不同的料混合时不产生颗粒偏析,颗粒料不挤压,不磨碎,是混制粉状树脂成型的理想设备。

7.2.2.3 轮碾机

轮碾机是由碾盘和两个或一个碾轮组成的混料机构。碾盘由电动机带动,在摩擦力的作用下使碾轮转动并碾压物料,通过刮料板和人工用小铲将料翻松,从而使物料混合均匀。但混合时间长,生产效率低,一般只用于混制液体树脂磨具成型料。几种轮碾机规格及参数见表7-6。

表7-6 轮碾机规格及参数

混料机直径/mm	设备结构参数					设备能力参数	
	总容量/kg	圆盘(φ×H)/mm	滚轮(D×B)/mm	圆盘转速/(r/min)	电动机功率/kW	每次混料质量/kg	每次混料时间/min
1 300	300	1 300×230	560×280	12	5.6	28~100	20~30
1 000	160	1 000×215	480×245	26	2.8	10~50	15~25
900	127	900×200	450×180	20	2.7	5~30	10~20
800	90	800×180	400×165	20	2.7	5~25	10~20

7.2.2.4 双轴叶片混料机

双轴叶片混料机:是由两个"S"形叶片,以不同的速度(速比通常接近1:2)和相反的方向旋转,使成型料起到混合作用,因此,也叫"双轴S型混料机"。这种混料机对料有挤压、摩擦、搓散等作用,混料效率较高,但混合过程摩擦阻力大,发热量高,磨损快,它适宜混制液体树脂成型料。几种双轴叶片混料机的规格及参数见表7-7。

表7-7 双轴叶片混料机规格及参数

混料机规格	设备结构参数					设备能力参数	
	总容量/kg	搅刀直径/mm	搅刀长度/mm	搅刀速比	主动轮转速/(r/min)	每次混料质量/kg	每次混料时间/min
100	150	248	660	1.195	61.4	30 ~ 60	10
150	210	260	540	1.33	48	50 ~ 120	12 ~ 15
200	360	395	800	1.36	88.5	60 ~ 130	15 ~ 20

7.2.2.5 逆流轮碾混料机

逆流轮碾混料机是在逆流混料机上装上铁滚轮,它同时起到逆流机和轮碾机的作用,可用于混制液体或粉状树脂成型料。

7.2.2.6 球磨机

球磨机是一种广泛应用的粉碎设备,但也可作为粉料混合使用,它装有密闭的旋转筒,筒内装有许多瓷球或钢球,当筒旋转时,原料与瓷球同筒壁产生撞击和研磨作用,达到磨细物料或混合的目的。用球磨机作物料混合时应尽量减弱其破碎物料的作用,故瓷球的数量应少些,一般为转筒容积的5% ~ 10%,球的直径一般不大于40 mm。

球磨机用于细粒度成型料的干混,然后用其他混料机(或手工)加入湿润剂进行湿混,一般混合时间较长。

7.2.3 混料工艺

混料是磨具生产的重要工序之一,磨具制品的性能在很大程度上取决于成型料混成后各组分分布的均匀程度。成型料的混合一般采用机械混合和手工混合两种,粗粒度磨具的成型料可以用机械混合完成整个制备过程,而有些细粒度成型料必须用机械混合和手工混合及通过几遍过筛的方法才能混合均匀。

成型料采用的树脂结合剂有粉状和液体两种,因此成型料可分为粉状树脂磨具成型料和液体树脂磨具成型料。

7.2.3.1 粉状树脂磨具成型料的混制

粉状树脂磨具成型料,在混料过程中,需要加入润湿剂,它采用的润湿剂是低黏度的液体酚醛树脂或液体环氧树脂(硬化后又成为结合剂的一部分)。所混制的成型料具有良好的松散性和可塑性,便于摊料和实现成型的自动化,制得的磨具组织比较均匀,坯体的湿强度也较高。

粉状树脂磨具成型料的特点:磨粒表面首先被一层低黏度的液体树脂所包涂,在填料和粉状树脂加入后,液体树脂就把它们黏结在磨粒的外表面,液体树脂与粉状树脂的混料比例适当时成型料具有良好的松散性,每颗磨粒的外表面有一层干燥的树脂粉膜,使颗粒能彼此分开。若液体树脂配量少或粉状树脂配量多时,料就干燥多粉,未黏附在磨粒上的过量粉状树脂游离在混合料内,投料时易沉积在磨具底面,造成坯体积粉现象,导致硬化后产品硬度不均。当液体树脂配量多或粉状树脂配量少时,磨粒表面不能形成树脂粉膜,成型料则潮湿、结块,影响成型操作和制件的组织均匀性。为此混料时必须把液体树脂和粉状树脂的比例调节好,才能混出性能良好的成型料。

(1)粗粒度粉状树脂成型料混合工艺过程 粗粒度成型料采用液体酚醛树脂做润湿剂,其工艺过程如图7-1所示。

(2)细粒度粉状树脂成型料混合工艺过程 细粒度成型料采用液体环氧树脂做润湿剂比用液体酚醛树脂做润湿剂的效果要好得多,其工艺过程如图7-2所示。

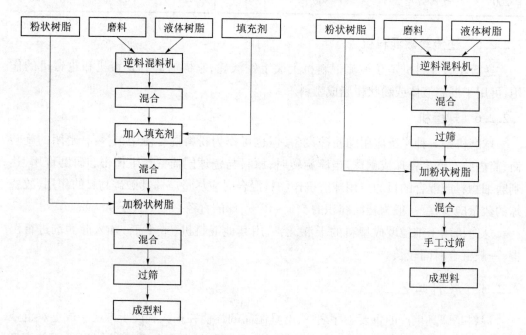

图7-1 粗粒度粉状树脂成型料混合工艺　　图7-2 细粒度粉状树脂成型料混合工艺

除了混合工艺程序外,混料过程中对物料混合时间和过筛号进行了具体规定,如表7-8。

表7-8 成型料粒度对应混合时间和过筛号参考表

成型料粒度	混合时间/min			过筛号
	加入润湿剂	加入填充剂	加入粉状树脂	
16# ~ 46#	2 ~ 3	1 ~ 2	1 ~ 2	8# ~ 12#
60# ~ 120#	3 ~ 5	2 ~ 3	2 ~ 3	14# ~ 16#
150# ~ 240#	20 ~ 30	—	4 ~ 5	16# ~ 30#
280# ~ W10	40 ~ 60	—	手混	20# ~ 36#

7.2.3.2　液体树脂磨具成型料的混制

液体树脂磨具成型料是一种具有可塑性的黏性混合料,具有成型压力低,便于制造异形磨具,硬化时结合剂流动性较大,黏结能力较强的特点。但是由于成型料的黏滞性而不呈松散状,增加了摊料操作的困难,不易把料分布均匀,因而制得的磨具容易产生硬度不均和组织不均等废品。同时坯体强度低,成型操作和运输过程中要特别细心预防坯体变形。

混制液体树脂磨具成型料的设备主要是:双轴叶片混料机、轮碾机。也可采用逆流混料机。

为了适应磨具成型的要求,应根据磨料粒度和室温情况选择适当黏度的液体树脂制备可塑性良好的成型料,若液体树脂的黏度太高时,成型料松散性差,易结成硬块,不利于摊料操作;若液体树脂的黏度太低时,成型料可塑性差,坯体强度低,易引起制件变形或倒塌。因此液体酚醛树脂磨具生产中对树脂黏度有明确的规定,根据粒度不同选择液体树脂的黏度,在一般室温下其规定如下:

磨料粒度	液体酚醛树脂黏度	
$14^{\#} \sim 46^{\#}$	$170 \sim 250$ s	(涂 $4^{\#}$ 杯法,25 ℃)
$60^{\#} \sim 120^{\#}$	$120 \sim 180$ s	

混料时间与数量与混料机的搅拌效率、物料的数量以及操作方法有关,采用轮碾机混料要不断地翻动碾实的物料才能混均匀。采用双轴叶片混料机时其搅拌效率较高,可以正方向搅拌,又可反方向搅拌,经过正反方向的搅拌就能很快把料混均匀,整个混料时间为 $10 \sim 15$ min。

(1)轮碾机混制粗粒度液体树脂成型料的工艺过程见图7-3。
(2)用双轴叶片混料机混制粗粒度液体树脂成型料的工艺过程见图7-4。
(3)球磨机混制细粒度液体树脂成型料(磨螺纹砂轮)的工艺过程见图7-5。

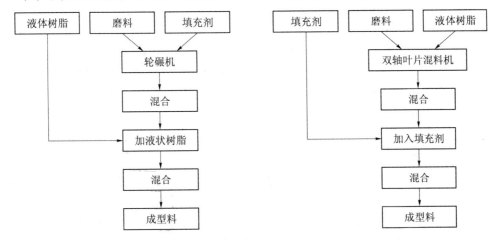

图7-3　轮碾机混制粗粒度液体树脂　　　图7-4　双轴叶片混料机混制粗粒度液体
　　　　成型料工艺　　　　　　　　　　　　　　　树脂成型料工艺

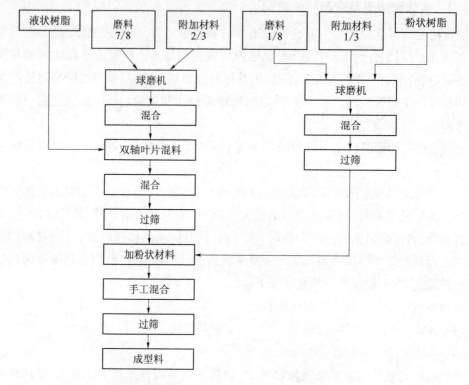

图7-5　球磨机混制细粒度液体树脂成型料工艺

7.2.4　影响成型料混制均匀的因素

7.2.4.1　加料次序的影响

成型料的均匀程度与加料次序有密切关系,加料次序不当时,极易造成混料不均匀现象。加料次序是由成型料的状态与混料机的结构特点来决定的。

例如:粉状树脂成型料的加料次序是:

磨粒—润湿剂—混合—填充剂—混合—粉状树脂

首先,润湿剂把磨粒表面润湿,然后加填充剂和粉状树脂,使结合剂均匀黏附在磨粒上,成型料既具有可塑性,又具有一定的松散性,因此这种加料次序比较合理。如果改变了加料次序,即先加填充剂和粉状树脂,再加润湿剂(液体树脂),这样的加料次序不能使料混合均匀。因为磨粒被粉状材料包围,不易被润湿剂润湿,而润湿剂将树脂粉黏结成小结合剂团,影响结合剂的均匀分布。

7.2.4.2　混料时间的影响

混料时间的长短与成型料的状态、树脂液的黏度、磨料粒度的粗细、混料机的结构和室温高低有关。一般而言,混料时间太短,混料不均匀,混料时间长些,则混料均匀些。但是混合时间过长也有害处。对于液体树脂成型料,由于黏性大,无法过筛,要使黏度较高的树脂液均匀地分布在磨粒表面,需要较长的混料时间。但对于粉状树脂成型料,若混料时间过长会使混合料颗粒之间互相摩擦次数增加而发热,易使磨料表面的树脂粉膜被溶解,使成型料失去松散性、造成结块。因此,加入粉状树脂后,分散均匀就应立即停止搅拌。

一般细粒度成型料的混制时间比粗粒度成型料长,因为细粒度的总表面积大,要使润湿剂充分润湿磨粒和结合剂分布均匀,必须有较长的时间。

7.2.4.3 树脂液黏度的影响

黏度高的液体树脂润湿性能差,混料时间长,若用于混制细粒度料是很难混匀的。从混料均匀这点出发,黏度低的树脂容易分散,有利于混料的均匀性,但黏度过低时由于液体树脂成型料又湿又软,易使坯体变形;而对于粉状树脂成型料,由于低黏度的液体树脂能溶解较多的树脂粉,造成成型料结块而失去松散性。

树脂液的黏度与其分子量及结构有关,但温度对黏度的影响也很大。若树脂液含有溶剂,黏度则会相应低一些。树脂液的黏度大,对磨粒的表面润湿效果差。但黏度过小,往往树脂液的分子量较小,挥发分较多,成型料的可塑性较差。

因此,对于粗粒度的磨料,而选用黏度较高的树脂液;对于细粒度的磨料,可选用黏度较低的树脂液。

7.2.4.4 粉状树脂的粒度及软化点的影响

在粉状树脂配量相同的条件下,粉状树脂粒度粗时所包涂磨粒的总表面积小,成型料易变湿;而粒度细时能包涂磨粒的总表面积大,成型料易变干。粉状树脂软化点低,成型料易结块,软化点高则相反,所以混料时应根据粉状树脂的粒度和软化点情况决定混料比例。

此外,混料比例与砂轮的形状有关,异形砂轮、薄片砂轮以及低硬度砂轮的成型,要求成型料偏湿,使成型料具有较好的可塑性,以利于操作和保持坯体的边棱。加入精萘的大气孔砂轮成型料,为使精萘颗粒均匀分布,也要求成型料偏湿些,避免精萘颗粒集中在一处。对于带底板出模的大规格砂轮则要求成型料有较好的松散性,以获得较好的平衡度,同时也方便操作。

7.2.4.5 树脂粉与树脂液配比的影响

成型料的质量和树脂液与树脂粉的配比(即干湿度)有很大关系,若太湿,即树脂液的比例过大,成型料易结块,摊料困难,磨具的组织均匀性难以保证;若太干,即树脂液的比例过小,树脂粉不能充分附着在磨粒表面,在成型料中处于游离状态,易造成硬度不均缺陷等。试验表明:树脂粉与树脂液量的比值与树脂液的黏度、环境温度、树脂粉的软化点、磨料的粒度、填料的加入量等因素有关。对于粉状料,树脂粉与树脂液量的比值,一般情况下应为3左右较适宜。

7.2.4.6 室温的影响

室温过高过低均影响黏度,而黏度又影响成型料的均匀性,为了稳定生产,国外树脂磨具车间均要求保持在室温25 ℃左右。如果不能保持恒温要根据季节进行调整。

7.2.4.7 过筛的影响

过筛的作用:对粗粒度料,可以消除结块,使料松散,便于摊料。对细粒度料,不但起松散作用,选择合适的筛网号可使成型料达到均匀的目的。对微粉级细料,单靠机械搅拌和延长时间,不易混均匀,因为料中存在许多小结合剂团,用过筛的方法,搓散结合剂小团,起着使料分布均匀的作用。加入润湿剂或加入树脂粉后的料,均用 20# ~ 36# 筛,过筛两遍,每过一次筛,料则进一步分布而提高其均匀程度。

根据以上讨论,混料过程由于受诸多因素影响,工艺不易稳定,成型料的质量难免出现波动。因此,一些先进工业国家首先采用了把混料车间密封,空调控制温度和湿度的方法,稳定混料工艺。我国 20 世纪 80 年代开始也有部分厂家采用,取得良好效果。为了提高成型料的松散性,国内外厂家有采用加入松散剂的方法使成型料松散不易结块,从而达到成型料均匀松散可塑性好的要求。

7.2.5 成型料干湿的调节方法

在混料过程中,常常由于室温变化等因素的影响,使成型料出现过干或过湿的现象(也称为过硬或过软)。料过干或过湿都不利于成型,因此在生产中必须进行调节。

7.2.5.1 成型料过湿的调节方法

(1)液体树脂磨具成型料　①在不改变结合剂配比量的情况下,改用较高黏度的液体树脂。②根据料的软硬情况加入一定比例的填充剂(如石膏粉,氧化钙与氧化镁的混合粉)或者干料。③将过湿的成型料放置通风处自然晾干一段时间。

(2)粉状树脂磨具成型料　①改用较高黏度的液体树脂。②在总结合剂量不变的条件下,增加粉状树脂用量,减少液体树脂的用量。③掺入一定数量同规格的干成型料。

7.2.5.2 成型料过干的调节方法

(1)液体树脂磨具成型料　①在不改变结合剂配比量的情况下,改用较低黏度的液体树脂。②加入适量的溶剂(如酒精)并混合均匀。③提高混料温度。

(2)粉状树脂磨具成型料　①改用较低黏度的液体树脂。②加入适量的辅助润湿剂(如糠醛、机油、邻苯二甲酸二丁酯、甲酚等)。③在总结合剂量不变的条件下,增加液体树脂用量,减少粉状树脂用量。

7.2.6 成型料均匀程度的检查

7.2.6.1 目视检查法

料的颜色一致,无结合剂团,填料团,可视为均匀。此法简便,但不准确。

用玻璃检查法,将料平摊在两块玻璃板中间,观察。

7.2.6.2 溶剂检验法

成型料混合的均匀性,可通过测定成型料组分的某些物理化学性能来评定。

溶剂检验法,就是测定成型料各部分树脂的含量,以衡量它的均匀性。

在混好的料堆不同部位上各取数克料,分别加入 50 ~ 60 mL 的酒精,搅拌(溶解树脂),然后滤去溶有树脂的酒精,剩余物在 105 ℃ 进行干燥,并称量。原试样与剩余物的重量差即为该试样中的树脂量,各个试样中树脂含量的差数不超过含有量的 0.1% 时,便说明该料已混制均匀。

此法较准确,但所需时间较长。

(1)夹杂　成型料中含有粗粒度或杂物,即产生夹杂废品。

主要原因:由于设备,工具不干净和原材料处理不良所造成的。

夹杂会引起:加工件烧伤,损害工件表面粗糙度。

(2)配错料

主要原因:大多数是粗心大意造成的(看错衡器、没校正等)。

会造成:硬度不符、强度低、变形等废品。

及时发现可以补救。

(3)混料不均匀 有可见辅料疙瘩,干磨料团,以及坯体表面有液体树脂斑点、粉状树脂沉积花纹等都属混料不均匀。

主要原因是混料时间短,加料次序不对,树脂液黏度高,混料设备某些部件严重磨损等。

混料不均会造成组织不均,硬度不均,产生花脸。磨削时,自锐性不良,磨耗不均,易烧伤工件,影响工件精度。

7.3 树脂磨具成型

磨具制造过程中,将给定的成型料,通过一定的方法使它成为具有一定形状、一定强度的磨具坯体,称为磨具的成型。

成型坯体的优劣与成品质量有密切关系,不仅坯体的形状、尺寸要符合技术规定,而且坯体的组织均匀和单重准确也很重要,这是保证制品硬度均匀和准确的先决条件。因此需要依靠熟练的操作技术和合适的成型方法来实现。同时坯体应具有一定的湿强度,便于在运输、装炉过程中不变形不碎裂。

7.3.1 模压法成型

模压法是磨具生产的主要成型方法,应用范围广,既适于粉状树脂磨具,又适于液体树脂磨具。模压法成型原理是将一定份量的成型料投入模具内分布均匀后,用压力机压制成型料而得到具有一定密度、一定形状和尺寸的坯体。压制力大时成型料的黏结性强,成型坯件的密度大所得到的坯体的湿强度较大。反之坯体的强度就较小。相对于热压来讲,常温模压法通常称之为冷压法。

冷压成型是指在室温下,将成型料均匀分布于模具内,在压力的作用下而压制成一定形状和密度的磨具毛坯的过程。冷压成型方法简单,应用广泛,主要特点有:①生产效率高;②坯体的成型密度组织结构较易控制;③尺寸稳定准确;④毛坯强度较高。但冷压成型相对于其他方法还有些不足:①压力传递中损失较大,造成磨具密度中部低、两端高;②摊料难以均匀,易造成组织不均;③难以制造出高密度、高硬度的磨具,如重负荷砂轮等。

对于高厚度(如 $H > 150$ mm)砂轮成型,为了克服中间层密度小的缺陷,常采用下列措施:

(1)降低成型料与模壁的摩擦阻力,方法有:①提高模具工作表面的粗糙度和硬度,均匀涂上脱模剂(如硅油、石蜡、煤油、黄蜡及其混合物等);②改善成型料的性能,增加润湿材料或尽量使料调湿。

(2)对模内中间层成型料加捣或加压,以增加中间层密度。

(3)多次使用垫铁,使之在达到总压力时,模套与底板基面仍有一定距离。

7.3.1.1 压力机

压制某种规格磨具要用多大的压力机,必须根据所需的总压力来选择(见表7-9)。

表7-9 油压机选择一览表

磨具的直径	油压机的公称压力/t	
/mm	粉状树脂磨具	液体树脂磨具
1.0 ~ 10	1.6 ~ 6.3	1.6 ~ 6.3
11 ~ 75	6.3 ~ 25	6.3 ~ 25
80 ~ 175	50 ~ 63	50 ~ 63
200 ~ 300	160 ~ 250	100 ~ 160
350 ~ 500	300 ~ 500	250 ~ 400
600 ~ 750	630 ~ 800	500 ~ 630
750 ~ 900	800 ~ 1600	630 ~ 800

磨具压制的总压力按式(7-1)计算:

$$W = 10PS \qquad (7-1)$$

式中 W——压制磨具所需的总压力,N;

　　　P——磨具单位面积所需的压力,MPa;

　　　S——磨具的垂直投影面积,cm^2。

成型压力按式(7-2)计算:

$$P_0 = \frac{PS}{S_0} \qquad (7-2)$$

式中 P_0——压力机的表压,MPa;

　　　S_0——压力机活塞的横截面积,cm^2;

　　　P——磨具单位面积所需的压力,MPa;

　　　S——磨具的垂直投影面积,cm^2。

7.3.1.2 工模具

(1)模具　模压法成型是在模具中压制成的,由于磨具的形状与尺寸各不相同,因此要备有大量的不同模具。模具的结构取决于磨具的形状和尺寸。一般平形砂轮所用的模具较简单,由六个部分组成,即模套(模圈、模环)、底板(垫板)、模盖(压板、上压板)、芯棒、加压圈(压头、压环)、垫铁(垫叉)。异形砂轮所用的模具较为复杂。

模具是实现工艺要求的重要条件,对模具的基本要求是:具有足够的强度,保证产品质量,结构简单,加工容易,使用寿命长,操作方便,劳动生产率高。

磨具成型有时要采用相当大的压力(大至40 MPa),因此要求磨具必须有足够的强度,通常模具用淬火钢制造。在模套与芯棒表面要求有一定的粗糙度和锥度,以减少成型时的摩擦阻力和便于脱模。

　　磨具的尺寸有工艺余量的,在设计模具时,必须考虑其工艺余量,模套的内径一般略大,而芯棒的外径根据砂轮的孔径大小和是否加工而定。

　　模套壁厚尺寸,见表7-10;一般砂轮坯体外径、孔径和厚度的留量,见表7-11、表7-12、表7-13。

表7-10　模套壁厚尺寸　　　　　　单位:mm

磨具外径	模套壁厚	磨具外径	模套壁厚
≤100	10	450~500	25
125~150	12.5	600~650	30
175~200	15	750~800	35
250~300	17.5	900	40
350~400	20	1 100	45

表7-11　砂轮坯体外径留量　　　　　　单位:mm

砂轮直径	直径留量	砂轮直径	直径留量
小于100	0	550~600	+6
100~200	+2	650~700	+7
250~300	+3	750	+8
350~400	+4	900	+9
450~500	+5	1100	+11

表7-12　砂轮坯体孔径留量　　　　　　单位:mm

砂轮孔径	孔径留量		
	不加工的砂轮	精加工的砂轮	灌孔的砂轮
~32	+0.4	+0.4	+6
65~70	+0.6	-2	+7
100~280	—	-3	+10
305	—	-5	+10
380~480	—	-5	—

表7-13　砂轮坯体厚度留量　　　　　　单位:mm

砂轮的直径	厚度留量	砂轮的直径	厚度留量
50~200	+2	450~750	+4
250~400	+3	900	+5

　　一般成型料在未压制前,它的体积比压制后的体积大得多,为了在操作时保证能容纳全部成型料,一般模套和芯棒的高度必须大于磨具所要求的厚度(即成型厚度),模套和芯棒的高度要适当,过高时,模套内壁和芯棒外壁对成型料的摩擦阻力大,过低时,成型料装不完,影响操作。通过生产和实验得出下列经验公式,用来确定模套与芯棒的高度。

$$H = Kh + B \tag{7-3}$$

式中　H——模套(或芯棒)的高度,mm;

　　　h——磨具的成型高(厚)度,mm;

　　　B——模盖和底板的厚度,mm;

　　　K——压型系数(压缩比),$K = \dfrac{\text{成型料自由填充高度}}{\text{磨具成型厚度}}$。

　　压型系数(压缩比)K 取决于成型料中磨粒的粒度、磨具的硬度等。其数值约为 1.4~2.0,一般粗粒度砂轮 K 值小些,而细粒度砂轮的 K 值要大些。对于异形磨具或高厚度的磨具,由于需要分次加捣加压,因此 K 值也可小些。对于定模成型 K 值为1。

　　模套壁厚尺寸见表 7-14,芯棒壁厚尺寸见表 7-15,上压板、底垫板厚度尺寸见表 7-16,模具零件材料选择及热处理技术要求见表 7-17。

表 7-14　模套壁厚尺寸

単位:mm

磨具外径	模套壁厚	磨具外径	模套壁厚
≤100	10	450~500	25
125~150	12.5	600~650	30
175~200	15	750~800	35
250~300	17.5	900	40
350~400	20	1 100	45

表 7-15　芯棒壁厚尺寸

単位:mm

磨具孔径	芯棒壁厚	磨具孔径	芯棒壁厚
≤50	整体	250~305	13
65~127	8	305~400	16
140~229	10	480	19

表 7-16　上压板、底垫板厚度尺寸

単位:mm

磨具外径	上压板厚度	底垫板厚度
≤80	8	12~15
90~125	12	12~15
150~200	15	12~15

续表 7 - 16

磨具外径	上压板厚度	底垫板厚度
250 ~ 350	18	18
400 ~ 500	20	18
600 ~ 1 100	22	22

表 7 - 17　模具零件材料选择及热处理技术要求

零件名称	材料	热处理技术要求	适宜范围
模套 芯棒 芯型	T10	淬硬 HRc56 ~ 62	用于小尺寸模具
上压板 底板	T8	淬硬 HRc56 ~ 60	用于小尺寸模具
模套 芯棒 芯型 上压板 底板	B_3	渗碳淬硬 HRc56 ~ 62	用于大尺寸模具
硬化垫板	A_3	不热处理	

（2）工具　在成型时必须使用工具,才能顺利进行摊料、刮料、压制、卸模等操作,工具按用途分成下列几类:

1）加料工具　有漏斗、加料圈、加料斗、加料盒等。

2）捣料工具　有捣锤、捣棒(圆形、半圆形、弧形等)。

3）摊料工具　有搅料叉、定距刮板、齿形刮板、平刮板、斜刮板和弧形刮板等。

4）垫铁　有弹簧垫铁、垫条、垫叉、垫柱等。

5）施压工具　有压头、压圈、压块等。

6）量具　有钢尺、卡尺、平尺、测厚仪等。

摊料刮板、压头、垫铁、加料工具等都必须与模具大小及磨具形状相适应,否则就不能保证质量。例如:刮板与模具不适应,就会摊料不均。捣具与模具不适应,就会捣料不实。压头选择不当,就会使模具变形,磨具出现凸度。垫铁选择不当,就会使磨具中成型料不能上下两面均等受压,造成磨具上下组织不均。

7.3.1.3　模压法成型工艺

模压法成型的主要操作是:装模、称料、投料、摊刮料、压制和卸模,以及将制件放于硬化架上。整个工艺过程如图 7 - 6 所示。

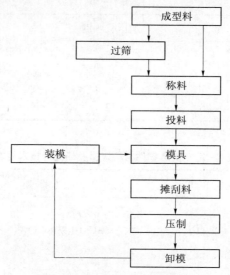

图7-6　模压法成型工艺流程

（1）装模　成型前模具的安装在非机械化设备的情况下都是采用手工操作的,方法很简单,在压力机工作台上放上底板,底板边摆上垫铁,套上模套,插上芯棒,即算完成。如果采用弹簧垫铁,必须使垫铁卡紧模套。使用垫铁的目的是使成型料达到双面受压,得到组织均匀的磨具。装模时,必须根据磨具厚度的不同,分别选用不同厚度的垫铁,表7-18所示为不同厚度砂轮所使用的垫铁厚度。

表7-18　模压法成型选用垫铁厚度　　　　　　　　　单位:mm

磨具成型厚度	选用垫铁厚度	
	粉状树脂磨具	液体树脂磨具
6~10	允许不同	允许不同
11~19	4~6	允许不同
20~49	8~12	8~10
50~119	14~18	12~16
120~220	18~20(两次)	18~20
>200	20~25(两次)	20~25

一般直径小(如直径小于400 mm)的砂轮用两块垫铁,直径大的砂轮用三块垫铁。垫铁放置要均称,而且厚度要一致,才能保证制件的质量。

（2）称料　首先计算好单重,按规定的筛号把成型料筛松(过筛号见表7-8),称取坯体所需的成型单重,误差保证在允许范围内。

筛料与称料应选择好的时机,最好在筛松称好料后立即投入模具内,防止筛后停留时间过长而结块。

（3）投料　投料就是将计算好的成型料按照工艺要求投入模具内,并使其在模具内均匀分布的过程。投料对磨具的组织均匀性有很大影响,特别是对于直径大,厚度较大的砂轮,对于一般手工投料,要求在模具转动的情况下对准芯棒均匀投料,而对高厚度砂轮则用分次投料加捣或预压的方法。加捣是保证磨具的密度上中下均匀的方法之一。对杯形、碗形砂轮也很有效果。但由于加捣,一般属人工操作具有不确定性,同样会造成砂轮的组织不均现象。因此,近年来有人提出,对规格较大的砂轮应尽量不用加捣的方法。

投料也有采用自动计量、输送带传送成型料的方法,有效地保证了磨具的组织均匀性,但对成型料的松散性要求较高。

(4)搅料与刮料 由于成型料几乎没有流动性,投入模具后不会自动均匀分布,必须在转盘带动模具转动的情况下,用搅料叉把料反复搅动,使得成型料在模具内均匀分布。然后按要求的形状选择刮板把料刮好。

搅料与刮料是保证磨具组织均匀的关键环节。有些产量较大的品种和设备先进的企业已实现了机械化和自动化。对提高产品的质量和产量具有重大意义。但就大多数产品和厂家而言,还要靠手工操作。手工操作因人而异,经验和熟练程度起决定作用。

(5)压制 在刮料完成后,加上压板和压头即可摊入压机中压制。压制要定好尺寸与压力,先缓缓施压至总压的1/3左右,再去垫铁,压制总压力附近,观察尺寸是否达到,若达到,即卸压退出。若未达到则压到尺寸,记下压力,卸压再调整压力,达到要求为止。

对于细粒度的砂轮,如石墨砂轮在压制过程中可适当放气,压到尺寸保压30 s左右,有利于防止砂轮的裂纹与起层。

(6)卸模 常用脱模剂有:硅脂、石蜡、煤油、黄蜡等。

7.3.2 热压法成型

热压法成型工艺的基本原理是以加热的方式压制。使结合剂快速熔化,并在保压时间内缩聚硬化或半硬化。热压是压制和硬化同时进行的过程,故不易引起制件起层和发泡,可以制取硬度高、组织紧密甚至无气孔的磨具。国内外对热压工艺极为重视,用这种方法可生产冷压法难以生产的许多特殊用途的产品。

热压法成型与冷却法成型相比具有如下优点:

(1)可以制造在常温下(冷压法)难以生产的细粒度、高硬度、高强度磨具。

例如:超硬级细粒度磨螺纹砂轮,重负荷磨钢坯砂轮,高速磨片,铜粉导电砂轮,微型轴承导轮等。

(2)可以避免硬化时,产生起层、发泡、裂纹等废品;这是由于在加热加压条件下,硬化或半硬化可以克服硬化过程低分子物质挥发和排除引起的膨胀现象。

(3)成型压强低(因为结合剂处于熔化状态)。

(4)在相同配方及工艺条件下,采用热压法可以提高磨具的强度和硬度。

(5)某些产品在相同条件下,采用热压法,其磨削性能比冷压法的好。

但也存在下列不足:

(1)由于加热和保温要占去时间(约为冷压法的3~10倍)。生产效率低,设备利用率低。

(2)卸模较困难,卫生条件差。

（3）设备较复杂，操作不方便（电、热）。

热压机一般是在普通压力机上装上电热板和控温系统而改造成的，模具多半以定模法设计，利于传热和保温。

热压温度的高低取决于树脂结合剂的性质和成型的质量要求。如以聚砜、尼龙1010、聚乙烯醇缩丁醛等热塑性树脂为结合剂，可采用较高的热压温度（一般为 160 ~ 230 ℃）；如以酚醛、环氧、新酚等热固性树脂做结合剂，可采用较低的热压温度（一般为 60 ~ 185 ℃）。

一般选在树脂能变成弹性体的温度范围内，环氧树脂、酚醛树脂、聚砜、聚酰亚胺树脂等结合剂的磨具热压温度见表 7 – 19。

表 7 – 19　各种树脂结合剂的热压温度

树脂结合剂	热压温度
酚醛树脂	120 ~ 180 ℃
酚醛 – 环氧 E – 44	100 ~ 140 ℃
酚醛 – 环氧 E – 06	160 ℃左右
酚醛 – 尼龙 1010	230 ℃左右
酚醛 – 新酚	170 ~ 180 ℃
酚醛 – 聚砜 – 缩丁醛	210 ℃左右
聚酰亚胺	190 ~ 230 ℃

热压温度的确定必须保证坯体不粘模。这与树脂粉的熔点（或软化点）有关。热压温度必须低于树脂粉的熔点。因此，酚醛树脂结合剂的薄片砂轮与铍形砂轮的热压温度，通常为 60 ~ 80 ℃。

保压时间与制件的规格、厚度以及树脂的聚合速度有关，规格大、厚度大的制件传热需要时间，保压时间要长些；含挥发物多、聚合速度慢的树脂需要充分的时间将挥发物排除及转化成硬化状态，故需较长的保压时间，含有液体酚醛树脂的热压料尤为突出；热压过程中排出的气体多、流动性大、在保压前需多次放气以排除反应中的水分等挥发物，这种料最好先进行预干燥，破碎后再投料热压，也可先冷压成坯体（加 2 ~ 3 mm 厚度留量），再进行干燥，然后放入模具内进行热压，效果更好。

粉状树脂挥发物少，在较高温度下缩聚速度快而利于热压。当磨料粒度细时，可用磨料与粉状树脂在球磨机里混合制备热压料。粗粒度磨料则需以少量液体树脂或高沸点溶剂（如糠醛、甲酚）做润湿剂把磨料表面润湿混匀，再加入粉状树脂及填料等制备成型料。

成型料投入预热到一定温度的模具内，迅速摊匀、刮料、放入上压板和加压圈，送入热压机中略加施压，待模具加热到热压温度时（用表面温度计测量）施压将模具压平，5 ~ 10 min 后放气三次，即可保压至完成压制过程。

树脂磨具热压成型时，由于砂轮与模具黏着力较大，脱模较困难，因此一般要在砂轮与模具接触部位涂上脱模剂，以利于脱模。常用的脱模剂有硅油、肥皂水和石蜡。对于个别粗粒度、高硬度的磨具,若脱模剂效果不好,可采用垫纸的方法解决。

由于磨具经热压后结合剂(树脂)已呈半硬化或接近硬化的状态,具有一定的机械强度,所以可以采用快速升温硬化的方法使它完全硬化。

7.3.3 擀压法成型

擀压法是用擀杖或锥辊对成型料进行滚压而成型磨具坯体的工艺方法,曾经用于制造液体树脂结合剂薄片砂轮。液体树脂成型料有较好的可塑性,可以擀压成很薄的制品。擀压法可分为手工擀压法和机械擀压法两种。这种成型方法生产效率很低,操作者要有熟练的技术和丰富的经验,目前仅在直径小于 200 mm,或厚度小于 1 mm 超薄片生产中得到少量应用。

7.3.4 滚压法成型

滚压法成型也叫滚轧法成型。适于制造厚度小于 20 mm 的液体树脂细粒度、高硬度砂轮和薄片或超薄片砂轮。根据资料介绍,用这种方法制成的树脂薄片砂轮,其耐用度为橡胶砂轮的 5 倍。其制造工艺过程近似于橡胶的滚压法成型。这种成型方法,需要专门设备(如橡胶对滚机、压光机、冲床等),生产效率低,劳动强度大,组织难控制,而且产品制造范围小,目前国内极少采用。

7.3.5 浇注法成型

浇注法成型是将呈泥浆状的成型料注入模具内,待固化后卸模而制取磨具坯体的方法,广泛用于制造环氧树脂珩磨轮和 PVA 砂轮、酚醛树脂、环氧树脂、不饱和树脂抛光块等。

浇注法成型与其他成型方法有显著的不同,它是不施加外压力而实现成型过程。其成型料是一种能流动的浆料,需在特制的搅拌机内制备,无论在搅拌或浇注过程中要保持一定的温度,使浆料具有适宜的流动性。

浆料的均匀性和磨料颗粒能悬浮于料中直至固化,是制取优良浇注产品的重要条件。在成型过程中(即浇注、固化过程)要防止磨粒沉积,主要措施是增大树脂溶液的黏度,提高砂结比和加快固化速度。

浇注法成型的优点是工艺简单,劳动强度低,成型料在模具固化可以设计模型制取形状复杂的磨具,如齿轮状、蜗杆状的珩磨轮。

浇注法成型砂轮在制造过程中必须除去浆料中的气泡,才能保证产品的致密性和粒度。假若砂轮内气孔多或分布不均匀,会使砂轮不均匀磨损,降低强度而且在气孔多处产生破裂。

浇注法成型砂轮在制造过程中消除气泡的方法:

(1)真空法 也叫真空浇注法,成型料用真空搅拌机制备(真空度约为 700 mm 汞柱)。这种方法适于大批量生产,气泡排除较完全,质量好。

(2)振动法 放于振动台上或用小锤轻轻敲击,使气泡漂浮上面,然后用针刺破,这种除气泡方法用于手工浇注成型,适于小批量生产。

(3)离心法 利用离心力的作用,除去气泡,而且可以制成磨料浓度由外向内逐渐降低的砂轮。

7.3.6　振动法成型

成型料在一定频率的振动下,质点相互撞击,动摩擦代替质点间的静摩擦,成型料变成具有流动性的颗粒。由于得到振动输入的能量,颗粒在成型料内部具有三维空间的活动能力,使颗粒能够密集并填充于模具的各个角落,而将空气排挤出去,达到所需的密度。

这种成型方法适用于小尺寸和大尺寸($\phi > 1\,000$ mm)的磨具成型。也可以采用振动和压制相结合的方法——"加压振动成型"来制造磨具。

7.3.7　成型过程中常见废品分析

成型过程中出现的废品多数是没有按照工艺要求操作,粗心大意造成的,也有因设备、模具不良造成的,常见的废品类型如下所述。

7.3.7.1　组织不均(或不平衡)

用肉眼观察制件表面,其组织紧密程度有明显差别,硬度测定数据有明显差别,几何形状正确而严重不平衡均属组织不均废品,造成组织不均的主要原因是:

(1)成型料结块,干湿度不均使各部分料堆积密度不一致;

(2)摊料不均,捣实不均,料面未刮平;

(3)放模盖板时过分倾斜,成型料被挤到一边;

(4)模具底板下面有积砂或底板未放平;

(5)压力机精度差,工作台不平行度过大;

(6)垫铁厚度选择不当,压制时两端面压制力不一致,这种情况易使制件两端面组织不均。

组织不均的砂轮对工件的磨削精度有严重影响,因砂轮磨耗不均会使工件精度及粗糙度达不到技术要求,甚至烧伤工件,磨削时往往出现工件跳动、磨削噪声、机床振动等异常情况。

预防制件组织不均的关键在于精心操作,首先应将成型料按规定筛号过筛,保证料的松散性,投料后仔细摊匀和刮平料面。其次是加强自检互检,对不合格的坯体可碾碎过筛重新制作。

7.3.7.2　裂纹

常见的裂纹废品:平面裂纹、周边裂纹、孔径裂纹和对角裂纹等类型。

(1)产生平面裂纹的主要原因　坯体因强度低,卸模时手工取放坯体的方法不妥而使其变形而产生裂纹;坯体底面有凸度或垫板不平,放置时因坯体本身重量引起变形而产生裂纹。

(2)产生周边裂纹的主要原因　模套严重磨损,卸模阻力大;卸模垫圈太小,使用打棒用力不均,模套过度偏斜。

(3)产生孔径裂纹的主要原因　成型料偏干,坯体强度低,卸模时剧烈振动,易使孔径首先振裂;芯棒严重磨损或卸模锥度太小;卸模次序不符合工艺规定。

(4)产生对角裂纹的主要原因 弹簧垫铁选择不当,因弹力不一致使模具偏斜受压;细粒度磨具的对角裂纹往往是由于压制速度过快,保压时间短,以及模具芯棒与盖板的间隙大等原因造成的。

7.3.7.3 凹凸

产生凹凸的主要原因在于压机工作台、模具底板或模盖板、压头、转盘等零件已严重磨损或变形所引起的,较轻者可经机械加工消除其缺陷,严重者即为废品。

7.3.7.4 偏斜

产生制件厚度偏斜(两端面不平行)的主要原因是由于压机精度差,压制台不平行以及摊料不均、刮料不平、模板偏斜等。

7.3.7.5 尺寸不符

产生坯体尺寸不符的主要原因是由于操作者粗心大意,如衡器定错、模具选错、标尺看错等。

为了预防废品,成型过程中应注意以下两点:

(1)成型前必须检查使用的设备和工模具:如压力机是否正常?压制台平行度是否符合要求?选用的模具是否合适?底板、模盖、转盘的磨损情况和变形是否在允许范围内?垫铁是否选择适当等。

(2)成型操作过程中应严格执行工艺操作规程,加强责任心,精心操作,经常检查磨具单重、坯体尺寸和外观质量,发现问题及时解决。

7.3.8 自动化成型设备

7.3.8.1 推进式多工位纤维增强树脂薄片砂轮自动成型机

φ150 - 230 推进式三十六工位纤维增强树脂薄片砂轮自动成型机,如图 7 - 7 所示。

图 7 - 7 φ150 - 230 推进式三十六工位纤维增强树脂薄片砂轮自动成型机

根据产品和工艺要求不同,推进式自动成型机可派生为二十四工位、三十工位、三十六工位等形式。推进式多工位纤维增强树脂薄片砂轮自动成型机主要用于成型 φ150 - 230、厚 1 ~ 8 mm 平形薄片或铙形砂轮,刮料方式为定重旋转刮料、电动斜板微提;生产效率大幅度提高,生产节拍为 9 ~ 10 秒/片砂轮(合 2 880 ~ 3 200 片砂轮/八小时)。

7.3.8.2　回转式多工位纤维增强树脂薄片砂轮自动成型机

$\phi300-405$ 回转式十工位纤维增强树脂薄片砂轮自动成型机,见图 7-8。

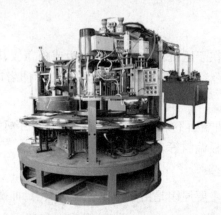

图 7-8　$\phi300-405$ 回转式十工位纤维增强树脂薄片砂轮自动成型机

该自动成型机主要用于成型 $\phi300-405$、厚 3.2 mm 树脂切割片,采用圆盘回转式组织;生产节拍达到 12~14 秒/片砂轮(合 2 050~2 400 片砂轮/八小时)。

自动化成型设备由于采用 PLC 控制系统,自动投料和放网片,极大地提高生产效率,减少工人数量。

(1)自动投料和摊料刮平　包括一次摊料、二次粗摊料、二次精摊料等工序,其实质是按工艺要求自动称量成型料并自动投入模腔,通过自动摊料机构摊平;动作过程为:人工向提升机料斗内投放或补充成型料;提升机将成型料倒入储料斗,储料斗出口的碎料装置将成型料击碎并筛松后送入皮带或振动给料机,皮带或给料机将成型料送入称量料斗;自动称料装置按工艺要求称量成型料,并由气缸翻转称料斗将成型料倒入模腔;自动摊料机构将成型料刮平。

(2)自动放玻璃纤维增强网片　自动向模腔内放入增强网片。动作过程为:人工向网片托盘放置或补充网片;采用胶带粘连或负压吸附方式的网片拾取头将网片送入模腔;烤网、压网,即将网片加热软化并压平于成型料面上。

(3)放商标　用负压拾取头在摊好的成型料上自动放入商标纸。

(4)放芯圈　振动盘对芯进行单向有序排列,带有气动卡爪的芯圈拾取头将芯圈送入模腔。

(5)压制成型　将摊好的成型料在液压机下热压(或冷压)成型。

(6)自动涂蜡　自动向压头上涂抹脱模剂。

(7)卸模、取坯　将成型完成的砂轮坯体自动取出并储存于输送皮带上。

(8)模腔涂蜡　自动向模腔内涂抹脱模剂。

7.4　树脂磨具的硬化

将成型具有一定形状的坯件,经过热处理,使其发生化学反应,固结成为具有一定强度、硬度和耐热性能的磨具,这个过程叫作硬化或固化。

硬化过程是树脂分子进一步缩聚(热固性酚醛树脂液)和进行交联(热塑性酚醛树脂

粉、新酚树脂、环氧树脂等)的过程,即由低聚物或线型聚合物缩聚交联成网状或体型结构的高聚物,同时一部分挥发物从坯体中排出。

树脂分子间发生交联的过程中,其形态也发生变化,粉状酚醛树脂在加热硬化过程中首先熔化成液态,继而变成弹性体,最后变成坚硬的固体。处于熔化状态的树脂起了进一步润湿磨粒和填料颗粒的作用,重新分布和黏结它们的表面,在磨粒间形成结合剂桥,这样就把每颗磨粒黏结成一个牢固的整体,硬化后成为符合要求的磨具。

坯体的硬化特征与树脂的性质有密切的关系。坯体从室温进入硬化炉内加热,在80~100 ℃时,由于树脂的熔融和黏度降低而处于软化阶段,此时坯体的强度降低,对于异形砂轮和高厚度砂轮来说要预先采取灌砂围纸的措施防止坯体变形或倒塌。当温度升到100~130 ℃时树脂聚缩反应加快、挥发物排出较多,树脂黏度剧增,由液态变为弹性体,坯体由软逐渐变硬,此时对于细粒度或高硬度砂轮来说要采取保温措施,使挥发物逸出速度降低,防止制品起泡产生裂纹。随着温度继续增高至180~190 ℃,并保温一段时间,树脂则变为坚硬的固体并排出游离苯酚,使磨具坯体完全硬化。

7.4.1 硬化设备

7.4.1.1 电烘箱

电烘箱即室式电阻炉,这种电阻炉的构造十分简单,主要部件是一个由铁皮做成的多层室式炉体,内中填充有石棉等绝热材料,在炉的底部及两侧均装有电阻丝,当电阻丝通电时,便产生热量,直接烘烤装在炉内的磨具。

硬化必须采用带有鼓风设备的电烘箱。带有鼓风设备的电烘箱结构比较优良,它可以通过鼓风机调节炉内温度,使炉温较均匀。

7.4.1.2 室式热风循环电热硬化炉

室式热风循环电热硬化炉是磨具行业自行设计的室式硬化炉,它由室式炉体、底座、通风机和加热箱等组成,实物图见图7-9。

这种硬化炉的加热箱在炉体后面。内装有加热用电阻丝,以加热空气之用。炉内的空气通过鼓风机进入加热箱加热,再进入炉内加热制件,热风不断循环。因此,这种硬化炉,炉内温度较室式电阻炉均匀,操作较方便,构造也简单,宜于小批量生产磨具之用,是目前我国应用的室式硬化炉中较好的一种。其缺点是温度仍不够理想,上下温差在10 ℃左右,全为人工操作,劳动强度较大,因是间隙式,导致热量损失较大。

7.4.1.3 隧道式硬化炉

隧道式硬化炉是一种连续性生产较先进的硬化

图7-9 室式热风循环电热硬化炉

设备,它的优点是产量高、劳动强度低、热能利用率高、制品受热均匀,便于实现机械化和联动生产,经济效果好。加热方式有电加热方式、天然气加热方式和燃油加热方式等。

隧道式硬化炉的炉体有的是用金属薄板结构建造的,有的是用砖砌成的,炉的全长分为预热带、硬化带和冷却带三部分。利用热工仪表以及计算机自动控制各带温度,鼓风机驱使热风循环,使各带保持规定的温度,并达到均匀。炉内的废气从烟囱排出。隧道式硬化炉内设有轨道,干燥架装在炉车上,由推进器按规定时间间隔将炉车推进炉内,磨具坯体即可按照预定的曲线,经预热带、硬化带、冷却带而完成硬化周期。48 米电热隧道式树脂砂轮硬化炉见图 7 - 10。

图 7 - 10　48 米电热隧道式树脂砂轮硬化炉

隧道式硬化炉具有以下优势:

(1)连续式干燥硬化作业形式,比间歇式周期硬化作业方式减少了炉体蓄热损失及大部分产品蓄散热损失,节能效果显著。平均产品硬化单耗可降低 25%。

(2)炉车由液压推车机推动,缓慢步进式平稳前进,保证产品渐次均匀通过各均温区,不会因推进而使炉内温度场波动。

(3)设置顶部横向热风循环搅拌系统,标准化离心风机用后叶式叶轮,配合独有的分流装置和流线型风道,有效降低温差,强化对流换热和热风循环。

(4)采用固态继电器过零触发,智能仪表控制,多对控制测量温度点(各控温区均双侧控温),控温精度高;设有巡检测温点,清楚直观地反映炉内温度情况;也可配备全窑电脑温度监控系统;还可据产品规格和工艺需要方便地调整硬化温度曲线。

(5)在生产运行过程中,主控温区及横断面上温差不大于 ±3 ℃。固化区最高温度为 200 ℃。

(6)产量大,效率高,一条隧道式硬化炉年产量可达 4 000~6 000 t 砂轮。

7.4.2　硬化方法

树脂磨具的硬化方法主要分常规硬化方式和新型硬化方式两种。常规硬化方式包括在普通压力下进行硬化和在增高压力下进行硬化。新型硬化方式主要包括微波硬化和光硬化。

最广泛采用的是在普通压力下硬化,增高压力下硬化的方法一般用于细粒度和高硬度磨具的硬化。

7.4.2.1　在普通压力下的硬化方法

在普通压力下硬化树脂磨具的方法通常又分为两种:即一次硬化法和二次硬化法。

(1)一次硬化法　此种方法是把成型后的制件直接装入硬化炉中,一次完成硬化过程,省去了单独进行干燥的工序。为了防止产生起泡、变形等废品,往往硬化时间较二次硬化的时间长。粉状树脂结合剂磨具挥发物较少,多半采用一次硬化法的升温速度,使结合剂较充分地熔融湿润磨粒,增加磨具的结合强度,大部分制品硬化时间为 10~15 h。

(2)二次硬化法　此种硬化法大都应用于液体树脂磨具,它把整个过程分成两步进行:首先把成型坯体送入干燥室,在 60~80 ℃下进行干燥,时间须 1~2 d,然后再装架进入硬化炉中完成硬化过程。

通过干燥工序,坯体中的水分和低温挥发物被除去,树脂分子在 $60 \sim 80$ ℃较长时间的干燥过程中也进行缩聚反应,由 A 态树脂可变为 B 态树脂,而不产生变形或发泡,经过干燥的坯体进行叠装也不产生粘连。二次硬化法的优点是能缩短坯体的硬化时间和提高炉的产量。

细粒度高硬度的粉状树脂磨具,因结合剂量多、组织紧密、挥发物不易排除,也常采取二次硬化法。

成型坯体在室温下放置一段时间,也能排除部分水分,使坯体强度增大,这一过程称为自然干燥,它有利于装炉操作。凡是大规格、高厚度以及异形砂轮都应进行自然干燥,防止制件变形。

7.4.2.2 在增高压力下的硬化方法

对于高硬度、高密度以及结构特殊的磨具,由于结合剂量多、成型密度大等原因,硬化过程中如果挥发物逸出的速度太快、可能引起制件的起泡和变形。在普通压力下,采用一次硬化法,加热必须非常缓慢;采用二次硬化,其干燥时间必须延长。这样一方面经济上很不合算,另一方面生产周期很长。若在外部施加压力于制件上,既可阻止制件变形,又可加快硬化速度。增高压力进行硬化的方法一般有热压成型硬化、带模硬化法、弹簧拧紧法、空气增压法四种。

(1)热压成型硬化 本质上就是热压成型法。最合理的方法是在模具中进行热压,使制件得到半硬化或接近硬化,然后把制件从模具中取出,放在硬化炉中进行最后热处理。这样可以减少成型压力机的负荷,同时,可以使制件的挥发物得到排除。

(2)带模硬化法 是将模压法成型的制件随同模具放在硬化炉中进行硬化,硬化前模盖和底板之间用螺栓拧紧。为了防止芯棒被砂轮夹持着,要求模具的芯棒有一定的锥度。在成型前模具要涂擦脱模剂,以利卸模。

(3)弹簧拧紧法 是将成型后的砂轮用轴穿起来,砂轮之间用金属板隔开,最上层用弹簧和螺帽拧紧,由于弹簧的作用,硬化过程中对砂轮始终施加一定的压力,使砂轮不易起层。此法对于用玻璃纤维增强的砂轮有较好的效果。至于所装砂轮片数和弹簧直径的粗细则视实际规格而定。

(4)空气增压法 是将制件从模中取出(或带上模盖和底板)放在带压力的硬化炉(压力罐)中进行硬化。压力硬化炉中的压力是由空气压缩机供给的,所用的空气压力可达 $8 \sim 12$ 个大气压,为了排除制件中的大量挥发物,可以定期用空气来吹洗压力硬化炉而不必降低已调好的压力。硬化过程完成后,应缓缓卸除压力,温度降低至 50 ℃左右出炉。

7.4.2.3 微波加热和硬化

由于树脂是热的不良导体,传热速度慢、温度梯度大,用传统加热方法硬化时会直接导致硬化不均匀和硬化速率低,如果硬化工艺控制不当还会产生热应力。微波硬化技术恰恰弥补了热硬化这方面的缺点,这是由于微波加热不同于一般的外部热源由表及里的传导式加热,且微波不用加热容器即可加热样品,能大幅度提高加热速率和能量利用率,硬化效率更高。因此,微波硬化具备传热均匀、加热效率高、硬化速度快、易于控制等优点。通过对不饱和聚酯树脂微波硬化特性进行研究发现,微波加热凝胶硬化时间比后者快几倍至二十多倍,热性能、力学性能基本相当。

绝大部分树脂硬化体系的微波吸收能力还较弱,限制了微波加热快速高效特性的发挥,还会造成硬化不均。目前通过添加吸波微粒的方式来实现体系微波吸收能力的提升是一种简单易行的方法。加入微波吸收剂后都能缩短硬化时间,且剪切强度变化不大,其中单质和大部分氧化物都能提高剪切强度,这可能是它们经表面处理后,与树脂有一定相容性,起到了填充增强作用。很多微粒不仅对微波有吸收作用,而且可以调节产品的导热和膨胀性能。目前加入的颗粒主要有铝粉、纳米铁颗粒等金属粉末。无机粉末属于微波介质或磁性化合物,能不同程度地吸收微波能而被加热,升温效果明显,对微波的损耗机制主要是介质损耗及磁损耗。无机粉末加入到热固性树脂中后,在微波场中吸收微波能或通过磁损耗方式吸收微波能,从而提高混合体系的微波利用率,对热固性树脂复合材料的微波硬化及复合物的力学性能也具有积极作用。通过加入 SiO_2、炭黑、纳米黏土、粉煤灰、TiO_2、Fe_3O_4 等。

7.4.2.4 光硬化

光硬化快速成型是快速成型制造技术中开发最早、应用最广泛的一种技术。其硬化能量来源于激光或紫外光的辐射能,其硬化时间不长,通常短短几秒的时间就可以实现完全的硬化,所以光硬化成型的优点是快速的硬化速度、污染性小和消耗能源量小。

影响光硬化快速成型技术的因素主要包括硬化设备和硬化材料两方面,其中光硬化树脂的性能是光硬化快速成型技术中的关键。为了改进光硬化树脂的性能,人们对光硬化树脂材料的各个组成包括单体、预聚物、光引发剂和稀释剂等进行了大量的研究,使得光硬化树脂的力学性能和化学性能等多方面都得到了提高。这些对光硬化树脂的研究在满足了光硬化快速成型要求的同时,也为光硬化树脂在磨料磨具的应用上奠定了基础。

7.4.3 装炉

把需要固化的磨具放入炉内进行升温固化,为了保证磨具的固化质量和形状,需要按照一定的工艺装炉。装炉的方法有敞开法、加盖法、埋砂填砂法、围纸法、叠装法。

7.4.3.1 敞开法装炉

这种方法是将制件平放在垫板上,置于硬化炉中进行硬化。简单省力,操作方便。但易造成上下两端面硬度不一致(相差 1~2 小级或更大)。

实践中发现:敞开装炉时,若装粉状树脂磨具,上端面硬度低,下端面硬度高。若装液体树脂磨具,上端面硬度高,下端面硬度低。

造成粉状树脂磨具硬度上低下高的原因:

(1)由于两面受热不一致,硬化中树脂粉流动性大,上面的树脂粉先熔融流动,而下沉到底面。

(2)炉内有害气体(如:游离酚等)对磨具表面的腐蚀。

(3)由于受热条件不一致,表面的硬化剂(乌洛托品)受热分解物(甲醛及氨)挥发掉,使硬化交联作用下降。

为了解决上述问题,可采用混合粒度磨料,选用流动性小的树脂粉,并且及时排除有害气体,采用盖板或带槽、带孔的垫板等方法。

造成液体树脂磨具硬度上高下低的原因:

由于液体树脂磨具的挥发物多,特别是游离酚含量较高,在硬化过程中,表面的游离酚、水分等挥发物能顺利排除,而底面的挥发物受阻,不能顺利排除,对结合剂起破坏作用,造成底面硬度低。

解决办法是采用带槽、带孔的垫板或陶瓷板,以利于挥发物的排除。尽量排除硬化过程的挥发物。

7.4.3.2 加盖法装炉

这种方法是在制件上端面加上垫板,坯体夹在两垫板之间进行硬化,这样可使坯体上下两端面受热条件一致,不但保证制品两端面硬度相同,而且能提高磨具的强度。

实践证明,加盖法是解决粉状树脂磨具制件硬化时易出现上软下硬的有效措施。除异形砂轮外,凡是能实现加盖的制品如平形系列的砂轮和薄片砂轮用加盖法装炉,即使是异形砂瓦也制作相应的盖板盖上,这种方法虽然增加了装炉劳动量,但对产品质量有利。对于小规格的平形砂轮采用叠装法,也类似加盖法装炉,这样可以提高炉产量。叠装高度不应超过 150 mm,否则易使坯体变形。

7.4.3.3 填砂埋砂法装炉

(1)填砂 也叫灌砂,在制件的孔中灌入石英砂进行硬化。

(2)埋砂 将制件埋入石英砂(或石英砂箱)中进行硬化。

(3)垫砂 在制件底面垫上石英砂(把碗形、碟形、双面、双面带锥等异形砂轮)进行硬化。

主要作用是防止异形砂轮的变形废品。埋砂可以保证某些制件受热均匀一致,避免炉内气氛和温度波动的影响。

此法适用于,硬度低、厚度高的筒形砂轮、个别异形砂轮和砂瓦等制件。

但这种方法劳动强度大,不经济,而且表面易粘上粗砂或灰尘,影响制件外观。

7.4.3.4 围纸法装炉

在成型后的制件外径表面围上纸(如牛皮纸)进行硬化的方法。

其目的是防止硬化过程中制件的倒塌和变形。

这种方法主要应用于具有粒度较粗、硬度较低、壁薄、硬化易变形倒塌等特性的筒形砂轮。

据介绍,国外有的砂轮厂,为了保证制件的外观质量,采用牛皮纸把砂轮全包起来进行硬化。

7.4.3.5 叠装法装炉

某些粉状树脂磨具和经干燥后的液体树脂磨具(如:薄片砂轮、平形砂轮、某些砂瓦等),为了防止硬化时变形和提高装炉密度节省垫盖板,采用叠装法装炉。热后的制件也可采用叠装法装炉。

其方法是:铁板(或陶瓷板)—砂轮—树脂垫板—砂轮—……—铁板(或陶瓷板)。

叠装高度一般不应超过 150 mm,厚则易使制件变形。根据制件干燥的程度,叠装时中间可用垫板,也可不用垫板。

实际应用时,有些制件必须同时采用几种方法才能保证质量。

例如:某些筒形砂轮,外径围纸,孔径灌砂;某些砂轮(为双面、双面带锥等),底面垫砂,上面加盖板。

装炉时,除了上述的不同装法外,还要根据炉内各部分温度的不同;考虑不同制件的装炉部位。对于大规格,高硬度及易变形的制件,应装在温度变化较小的部位。以防制件的起泡、裂纹和变形。

在保证产品质量,防止废品产生的前提下,也必须考虑生产率。因此要有合适的装炉密度。

7.4.4 硬化规范

合理的硬化规范,是保证得到优质制件的重要环节之一。

一个合理的硬化规范包括:最高硬化温度、最高保温温度、最高保温时间、最高升温速度等条件。

目前还不能用公式来计算,只能用试验的方法来确定。

硬化规范受到很多因素的影响:

(1)原材料方面 磨料的材质、粒度等;结合剂的用量、挥发物、缩聚速度、流动性等;辅助材料的种类、用量、挥发物、性质等。

(2)磨具方面 磨具的形状、规格(组织、硬度)、密度(气孔率)等。

(3)热处理方面 硬化炉的种类及特点、装炉方法、硬化方法、加热方法等。

制订一个合理的硬化规范,不但能使制件符合其特性要求,而且也能使制件得到较高的机械强度和最佳的磨削效果。

7.4.4.1 硬化条件对磨具机械性能的影响

(1)最高硬化温度的影响 树脂磨具最高硬化温度根据所选用的树脂种类来确定。最合适的温度是能使树脂硬化完全的温度。如果温度过低,树脂未完全硬化,其化学稳定性差,机械强度低;若温度过高,则可引起树脂的分解和炭化,降低磨具的强度、硬度和耐水性,并影响磨削效果。

生产实践证明:在现有的硬化设备和工艺条件下:

①粉状酚醛树脂磨具最高硬化温度以 180 ~ 190 ℃ 为好;

②液体酚醛树脂磨具最高硬化温度以 175 ~ 185 ℃ 为好;

③环氧树脂磨具最高硬化温度由环氧树脂种类和硬化剂种类所决定。

以酚醛树脂做硬化剂时最高硬化温度为 160 ~ 170 ℃ ;

以邻苯二甲酸酐做硬化剂时最高硬化温度为 190 ~ 200 ℃ ;

以三乙醇胺做硬化剂时最高硬化温度为 120 ~ 140 ℃ ;

以乙二胺做硬化剂时最高硬化温度为 80 ℃ 左右。

试验表明:随硬化温度的升高,强度相应提高,但超过某一温度数值后,强度要下降。当硬化温度过高时,砂轮发黑,拉断它的时间很短,说明砂轮脆性增加,强度和韧性下降,这种发黑砂轮脱落快,不耐用。

(2)保温时间的影响 树脂磨具硬化过程的保温,一方面是使结合剂中的挥发物能够得到缓慢的排除,另一方面在最高硬化温度下保温能使树脂磨具硬化完全。

实践证明,液体酚醛树脂在80 ℃以前,主要是流动变形,并有少量挥发物逸出,80 ~ 100 ℃时树脂起剧烈反应,伴有大量挥发物产生,这个阶段必须有保温时间,否则极易引起制件变形和发泡。对于细粒度、高硬度、高厚度的制件,在80 ℃以前或100 ℃以后也要保温时间,才能保证制件不出废品,并有一定的机械强度。粉状树脂成型料硬化过程中挥发物较少,在90 ~ 120 ℃时反应比较剧烈。

最高硬化温度下的保温时间与硬化温度的高低有关。最高硬化温度越高,保温时间越短。保温时间还与制件的规格大小和结合剂量的多少有关。实践证明,粉状酚醛树脂磨具在180 ~ 190 ℃的最高硬化温度下,保温时间为3 ~ 7 h合适,液体酚醛树脂磨具在175 ~ 185 ℃的最高硬化温度下,保温时间为2 ~ 5 h合适。如果延长保温时间,反而会使磨具的机械强度降低。

(3)升温速度的影响　升温速度应根据磨具的特性来决定,它与下列因素有关:

1)磨具硬度的影响　硬度高的制件,结合剂量大,密度高,在硬化过程中挥发物多,升温速度不宜过快;硬度低的制件,可快速升温。

2)磨料粒度的影响　粒度越细,磨具的气孔越小,硬化时磨具中的挥发物不易排出,升温速度应放慢;粗粒度的磨具,则可提高升温速度。

3)磨具规格和形状的影响　规格大的磨具,硬化时外部向制件内部传热需要时间,形状复杂的制件要防止结合剂熔化流动而变形,因而升温速度均不宜过快;规格小、形状不复杂的磨具,则可快速升温。总之,在保证坯体不起泡、不变形的前提下,可采用较快的升温速度,以缩短磨具的硬化周期。

7.4.4.2　磨具的硬化曲线

以时间和对应的温度作成的曲线,称为磨具硬化曲线。从硬化曲线可以一目了然地看出升温速度、保温时间、最高硬化温度。硬化曲线因树脂种类、磨具规格而异。

(1)粉状酚醛树脂磨具15 h硬化曲线　适用于中等硬度的普通磨具(升温时间包括在内)。

60 ℃保温2 h,90 ℃保温2 h,110 ℃保温1.5 h,120 ℃保温2.5 h,140 ℃保温2 h,160 ℃保温1 h,185 ℃保温4 h,自然冷却。

(2)粉状酚醛树脂磨具30 h硬化曲线　适用于粒度细、硬度高、规格大的磨具,包括磨螺纹砂轮和石墨砂轮。

60 ℃保温2 h,80 ℃保温3 h,90 ℃保温3 h,100 ℃保温2 h,110 ℃保温3 h,120 ℃保温3 h,130 ℃保温2 h,140 ℃保温2 h,155 ℃保温2 h,170 ℃保温2 h,185 ℃保温6 h,自然冷却。

(3)液体酚醛树脂磨具30 h硬化曲线　适用于经干燥后的各种细粒度、高硬度液体树脂磨具。

在60 ℃下保温10 h,80 ℃下保温6 h,100 ℃下保温2 h,110 ℃下保温1 h,120 ℃保温3 h,140 ℃保温1 h,160 ℃保温1 h,180 ℃保温6 h,自然冷却。

7.4.4.3　冷却和出炉

一般来说,树脂磨具冷却可采用强制冷却的方法。如用鼓风机吹风冷却,磨具降到

60 ℃便可出炉。

但对于细粒度、高硬度、薄片砂轮、石墨砂轮等不能采用强制冷却的方法,只能自然冷却,即不允许立即敞开炉门,需降温到 60 ℃后才可出炉。

7.4.5 树脂磨具硬化程度的检查

检查树脂磨具制件的硬化程度的方法有溶剂作用法、色泽判断法、折光率测定法等。我国目前常用的检验方法有以下两种。

7.4.5.1 溶剂作用法

此法是取一定数量的磨具样品,浸入合成树脂的溶剂中(如丙酮、酒精等),让其在溶剂中浸泡一定时间(一般在 24 h 左右),取出察看样品对溶剂的抵抗能力,以判定其硬化程度。若样品和溶剂的颜色无变化的,视为完全硬化;若样品在溶剂作用下发生膨胀或溶解变成松散的物料,溶剂中由于树脂溶解其中而变成浅黄色的,视为未完全硬化。

此种方法的缺点是往往要损坏制件,需要的时间也较长,对过度硬化现象无法判断,对生产检验价值不大。

7.4.5.2 色泽判断法

这种方法十分简单,完全根据制品的外观加以判断:硬化好的制品其颜色呈浅棕色或深棕色;未硬化完全制品的外观,碳化硅磨具为绿色,白刚玉磨具为浅黄色,棕刚玉磨具为浅黄绿色;过度硬化的制品颜色呈黑色。目前我国在树脂磨具硬化制品的检验上,大都采用色泽判断法。

7.4.6 硬化过程中常见的废品分析

在装炉、硬化、冷却、出炉过程中,如操作不妥、温度控制不当,容易造成磨具废品。混料、成型工序的差错,不符合要求的制件未返制或未检验出来,也会在硬化后出现废品,硬化过程中常见的废品主要类型如下。

7.4.6.1 桥楞

制件表面"翘曲"没有平整的平面称为桥楞。这是由于冷却不均而使制件收缩不一致或者装炉的垫板不平所造成的。多出自薄片砂轮和细粒度薄制品。薄片砂轮在冷却速度太快时极易产生桥楞废品。

7.4.6.2 起泡与膨胀

制件局部表面凸起变形或整个表面膨胀,并呈树脂光泽,有的出现龟状裂纹。

产生的原因如下:

(1)升温速度太快或温度波动大,容易使粒度细、硬度高、组织紧的制件起泡或膨胀。因这类产品含结合剂量多或气孔小,若温度控制不准确使升温速度太快,会引起结合剂反应激烈,挥发物量急增,坯体内部气体压力大而使制品起泡或膨胀。

(2)成型料混合不均匀,料内有结合剂疙瘩或含有较多的沸点较低的溶剂(如酒精、丙酮)。

(3)混料、成型工序的差错所致,使制件结合剂量增多,单重增大,压强增高等。

7.4.6.3 变形、倒塌

制件在硬化过程中变形、倒塌的原因有：

(1)装炉时坯体露出硬化垫板外或坯体互相挤靠在一起,以及垫板不平使坯体倾斜。

(2)高厚度制件未按工艺规定进行围纸灌砂。

(3)自然干燥时间短或未经低温干燥而直接进炉硬化。

(4)升温速度太快,结合剂急剧熔化使坯体软化后下塌。

7.4.6.4 红心

制件中心出现发红现象,造成砂轮硬度不均易破裂。产生的原因如下：

(1)硬化设备排风系统不良,废气排出困难。

(2)硬化曲线不合理,升温速度过慢。

(3)液体树脂坯件的垫板透气性差。

(4)液体树脂料的树脂游离酚含量过高,固体含量过低。

7.4.6.5 硬度不符

产生的原因是：

(1)硬化温度过高使结合剂部分炭化而降低磨具硬度。硬化温度过低使结合剂未完全硬化,硬度也偏低,但可重新回炉硬化而得到挽救。

(2)装炉未按工艺规定进行。如该加盖的没有加盖,致使制件偏软或两面硬度不一致。

(3)一些人为的因素,配方不准确、成型密度变化等。

7.4.6.6 回转破裂

制件在进行检验回转时破裂,这是由于结合强度低或磨具有裂纹造成的。产生原因是：

(1)硬化温度过高,结合剂已部分炭化使磨具强度降低。

(2)配混料差错,如磨料配多,结合剂配少,或结合剂质量不良本身强度降低。

(3)卸模、运输、装炉时剧烈震动,使制件受机械损伤,内部有暗裂纹。

(4)砂轮组织不均,不平衡克数过大。

(5)砂轮严重偏心或孔径过大。

7.4.6.7 掉边、掉角

制件在成型后直至硬化后都应小心操作,保证制件边棱完好,避免机械损伤。掉边、掉角多属于装炉、运输中取放不小心所造成。对操作不熟练的工人应加强培训,提高技能。液体树脂磨具坯体湿强度较低应采取翻板法转移或取放,不能直接用手搬动坯体。

8 超硬材料树脂磨具制造

超硬材料树脂磨具是以金刚石或立方氮化硼为磨料,以树脂粉为黏合剂,加入适当的填充材料,通过配制、混合、热压成型、硬化、机械加工等工艺过程制成的具有一定几何形状、能适用不同磨削要求的一种加工工具。

作为超硬材料磨具,树脂结合剂磨具所占比例为60%~70%,与陶瓷结合剂或金属结合剂磨具相比,它具有制造工艺简单、原材料易得、成本低等特点。更主要的是树脂磨具可以利用大量廉价的金刚石,而且适合的加工对象很多,如:硬质合金、玻璃、陶瓷、石材等。由于树脂磨具在磨削加工过程中具有良好的自锐性、不易堵塞、效率高、磨出的工件表面质量好、砂轮易修整等优点而深受广大用户的欢迎,因此超硬材料树脂磨具在超硬材料磨具中一直占据着重要的位置。

8.1 超硬材料树脂磨具的一般特性

超硬材料树脂磨具磨削效率高,磨具消耗较快;自锐性好,磨削发热量小,不易堵塞,可减少出现烧伤工件的现象;磨具有一定的弹性,有利于改善工件表面的粗糙度,主要用于精磨、半精磨、刃磨、抛光等工序;制造工艺简单,生产周期短,成本低。

金刚石树脂磨具主要用作硬质合金、玻璃、陶瓷、铁氧体、半导体、电碳制品、耐火材料、宝石、铱合金和普通磨具的磨削、抛光或切割。CBN 树脂磨具主要用作各种高速钢、轴承钢、铸铁、不锈钢、特殊合金钢等难磨材料的磨加工(包括珩磨)和抛光。

曾经由于超硬材料十分昂贵,为了节约超硬材料,充分发挥它的效用,又考虑到金刚石及 CBN 砂轮耐磨,使用周期长,因此,在超硬磨具中增加一层过渡层。目前随着金刚石价格的迅速降低,过渡层已经在大多数超硬磨具中消失,只存在基体和工作层,如图 8-1 所示。

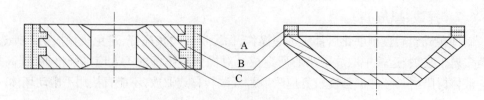

图 8-1 金刚石及 CBN 砂轮的结构

A——工作层。由金刚石及 CBN 磨料、结合剂、填料组成的压制层。它是金刚石及 CBN 砂轮的工作部分,起磨削作用。

B——过渡层。由结合剂和填料组成的压制层,不含金刚石及 CBN。它是联结基体和工作层的过渡,其作用是保证工作层被充分利用,目前已经较少运用。

C——基体。起支撑压制层作用,而且便于装卡磨具。在使用时,用法兰夹具通过基体把磨具装夹在机床上。树脂磨具的基体一般用钢材、铝合金、树脂增强材料等制成,并且要求有一定的几何形状和尺寸精度。在基体与压制层的交界面上,常加工成沟槽或网纹,以便彼此牢固联结。

金刚石及 CBN 磨具的特性,一般有以下几方面来表征:形状、尺寸、磨料、粒度、结合剂、浓度,其标志与书写顺序按照国家标准如下:(以平形砂轮为例)

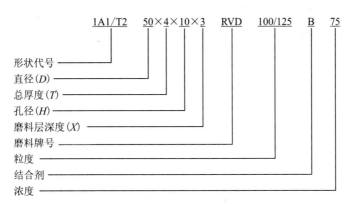

浓度是超硬磨具特有之特性。以金刚石砂轮为例,它是指砂轮金刚石层每立方厘米体积中所含金刚石重量的对应百分比。金刚石在磨具中浓度基础值是 100 时,等于 4.4 ct/cm³(0.88 g/cm³);当金刚石密度为 3.52 g/cm³ 时 CBN 密度为 3.47 g/cm³,此值相当于体积的 25%,所有其他浓度均按此比例计算,详见表 8-1,体积与浓度百分数成简单的直线关系:

$$V = 0.88C/r \tag{8-1}$$

式中 V——体积,%;

C——浓度,%;

r——磨料的密度(一般金刚石取 3.52 g/cm³,CBN 取 3.47 g/cm³)。

将金刚石的密度代入式(8-1),则 V(%)是浓度 C(%)的 1/4,即

$$V = 0.25C \tag{8-2}$$

表 8-1 常用浓度与含量对照表

浓度	金刚石体积/%	金刚石含量/(ct/cm³)	金刚石含量/(g/cm³)
25%	6.25	1.1	0.22
50%	12.5	2.2	0.44
75%	18.75	3.3	0.66
100%	25.00	4.4	0.88
150%	37.50	6.6	1.32
200%	50.00	8.8	1.76

金刚石树脂磨具一般采用浓度为 75% 左右,CBN 砂轮一般刃磨时选用 75% ~ 100%,成型磨削选用 100% ~ 150%。

8.2 制造工艺流程

超硬材料树脂磨具的制造生产与普通树脂磨具基本相同,但在配方和工艺操作上略有区别。配方特点是填料多,磨料少;工艺特点是热压成型,热压温度分别为:酚醛树脂 180 ℃、聚酰亚胺 225 ℃,单位压力为 $(300 \sim 750) \times 10^5$ Pa,甚至 100 MPa,硬化时间为 $10 \sim 30$ h。由于超硬材料树脂磨具结构的特殊性,使得成型模具和成型操作变得复杂,要求操作更加细致和精确。酚醛树脂结合剂金刚石砂轮生产工艺流程:

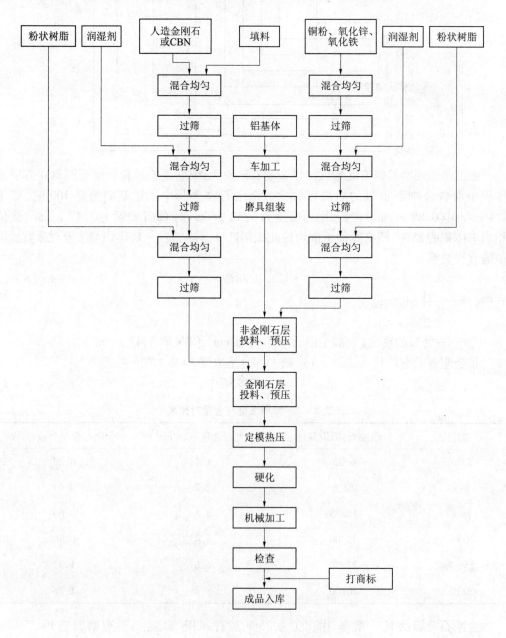

8.3 配方设计

对于任何磨具来说,至关重要的当然是根据磨削对象而设计出的配方。配方是组成磨具产品的原材料种类和数量的反映,是生产中配制成型料的重要依据,它是根据磨具的使用性能与工艺要求而拟定的。严格地讲它应该包括所使用的磨料、结合剂、填充料等,以及与之有关的磨料类别、浓度和砂轮的成型密度、气孔率等。

配方设计的一般过程:首先在分析各种原材料作用的基础上,根据加工要求,进行结合剂成分混配,热压制成试样;硬化后测定其强度、硬度等各项性能参数;选择性能优良的配方,进一步试制成磨具;对磨具进行性能测试以及磨削鉴定对比试验,从而选取最佳配方;最后经反复试验,并经一定时间的生产验证,达到稳定成熟。

8.3.1 配方设计原则

配方设计的总原则:应该对技术可行性研究与经济指标进行综合评估。技术上主要考虑所设计的配方中原材料的性能及配比能不能适合磨削加工质量的要求;经济上则要考虑包括砂轮制造和使用两方面因素在内的总的加工费用。

超硬材料树脂磨具配方与普通树脂磨具一样,由磨料(金刚石、CBN)、结合剂、气孔三部分组成,磨具的总体积等于三者之和。

假设磨具的总体积为100,则:

$$V_{磨具} = V_{磨料} + V_{结} + V_{气} = 100 \tag{8-3}$$

式中 $V_{磨具}$——磨具的总体积,cm^3;

  $V_{磨料}$——金刚石所占的体积,cm^3;

  $V_{结}$——结合剂所占的体积,cm^3;

  $V_{气}$——气孔所占的体积,cm^3。

其中:

$$V_{结} = V_{黏} + V_{填} \tag{8-4}$$

式中 $V_{黏}$——黏合剂所占的体积,cm^3;

  $V_{填}$——填料所占的体积,cm^3。

$$成型密度 = \frac{V_{磨料} \times r_{磨料} + V_{黏} \times r_{黏} + V_{填} \times r_{填}}{100} \tag{8-5}$$

式中 $r_{磨料}$——金刚石的密度,g/cm^3;

  $r_{黏}$——树脂粉的密度,g/cm^3;

  $r_{填}$——填料的密度,g/cm^3。

配方中各数据取决于三者的比例关系,要使三者的比例关系搭配合理,须抓住影响配方的几个因素(如浓度、硬度、磨料粒度)进行分析。

8.3.1.1 磨料浓度与结合剂的关系

浓度即代表了磨料在磨具中所占的体积。浓度越高,说明在同等体积的磨具中磨料占的体积越多,磨削时单位时间内有较多的磨粒切削刃切削工件。根据磨具三要素的关系,浓度过高,结合剂量减少,金刚石把持不牢,使磨料过早脱落,不能充分发挥每颗金刚石应起的作用,而且造成砂轮的成本高。浓度过低,磨具的磨削能力降低,摩擦阻力大,造成磨削力增大。必须根据加工要求选用各种浓度,根据浓度的大小,采用黏结剂量不同的结合剂。浓度小时,黏结剂加入量少;当浓度增加时,黏结剂量也相应增加,减少填料量,以增加对磨粒的把持力。

8.3.1.2 磨料粒度和结合剂用量的关系

配方中磨料粒度决定被加工工件的粗糙度和磨削效率。粗糙度要求高,使用细粒度金刚石。磨削效率要求高,使用粗粒度金刚石,粒度与表面粗糙度的关系见图 8 – 2。由于粒度的粗细不同,磨料的比表面积也不同。粒度越细,比表面积越大,所需结合剂量也多,所以气孔率相同的磨具,细粒度比粗粒度软。

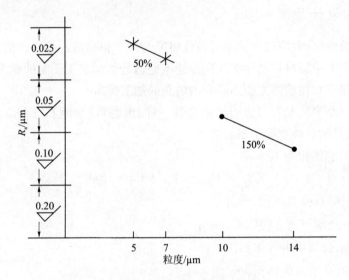

图 8 – 2 粒度与表面粗糙度的关系

8.3.1.3 结合剂用量与硬度的关系

在同一浓度的磨具中,随着结合剂用量的增加,磨具的硬度也提高,但当结合剂量过多时,不但硬度提高很少,同时给混料与成型带来很多困难。因此往往不用增加结合剂的办法来提高硬度,而用增加填料的办法来提高磨具的硬度和强度。提高硬度的另一个办法就是增加成型压力,使磨具密度增大,磨粒之间的距离缩小,结合剂桥加粗,因而使磨粒被黏结的更牢,硬度更大。

8.3.2 配方的表示方法

超硬材料树脂磨具配方表示方法,最常用的方法有两种:即体积表示法和重量表示法。

表 8-2 以体积表示的金刚石树脂砂轮配方

浓度	粒度	金刚石	结合剂	Cu	Gr_2O_3	ZnO	甲酚	成型密度 /(g/cm³)
50%	50/60 ~ 100/120	12.5/44	48/60	15/134	13/68	9/50	5	3.61
	120/140 ~ 200/230	12.5/44	50/63	15/134	12/63	8/45	5	3.54
	230/270 ~ 325/400	12.5/44	52/65	12/107	12/63	8/45	5	3.29
	M20/30 ~ M0.5/1	12.5/44	55/69	7/62	7/63	$MoS_2 6/29$	5	2.45
75%	50/60 ~ 100/120	18.75/66	46/58	15/134	10/52	7/39	5	3.54
	120/140 ~ 200/230	18.75/66	48/60	15/134	9/47	6/34	5	3.46
	230/270 ~ 325/400	18.75/66	50/63	12/107	9/47	6/34	5	3.22
	M20/30 ~ M0.5/1	18.75/66	53/66	7/62	5.5/29	$MoS_2 5/24$	5	2.52
100%	50/60 ~ 100/120	25/88	44/55	15/134	7/36	5/28	5	3.46
	120/140 ~ 200/230	25/88	46/58	15/134	6/31	4/22	5	3.38
	230/270 ~ 325/400	25/88	48/60	12/107	6/31	4/22	5	3.13
	M20/30 ~ M0.5/1	25/88	51/64	7/62	4/21	$MoS_2 3/14$	5	2.54

注:粒度号近似套用新标准

8.3.2.1 体积表示法

由磨具的结构可知:

$$V_{磨具} = V_{磨料} + V_{结} + V_{气}$$
$$= V_{磨料} + V_{黏} + V_{填} + V_{气} \tag{8-6}$$

此表达式可直观地表现出三者之间的关系:当磨具的浓度确定以后,其磨料的体积($V_{磨料}$)即已确定,然后根据"同一浓度,粒度越粗,黏结剂量越小,孔隙体积越小;同一粒度,浓度越高,黏结剂量越大,孔隙体积基本不变;粒度越细,浓度越高,黏结剂量越大"的原则,确定按浓度分档的各种粒度磨具的配方。为简化起见,同时也考虑到磨削加工工艺的要求,一般将磨粒粒度合并成四个档次,分别用作粗磨(50/60 ~ 100/120)、半精磨(120/140 ~ 200/230)、精磨(230/270 ~ 325/400)、抛光(M20/30 ~ M0.5/1)。表 8-2 列出了几种常用浓度以体积表示法表示的金刚石磨具配方。

8.3.2.2 重量表示法

重量表示法实际上是由体积表示法演变而来的,它在工业生产中使用起来比较方便。将表 8-2 中的各种材料的体积乘以该材料的密度,然后换算成重量百分比就使体积表示法的配方表变成了重量表示法的配方表。

例如:在表 8-2 中选取 75% 浓度、120/140 ~ 200/230 粒度这一组数据进行配方换算。由式(8-1)可知:

$$V_{金} = 0.88C/r$$
$$= 0.88 \times 75\%/3.52$$
$$= 18.75\%$$
$$G_{金} = V_{金} \cdot r_{金}$$
$$= 18.75\% \times 3.52$$
$$= 0.66 \text{ g}$$
$$G_{树} = V_{树} \cdot r_{树}$$
$$= 0.48 \times 1.25$$
$$= 0.6 \text{ g}$$

上面式中 $G_{金}$ 为金刚石的重量，g；$V_{金}$ 为金刚石的体积，cm^3；$r_{金}$ 为金刚石的密度，g/cm^3；$G_{树}$ 为树脂粉的重量，g；$V_{树}$ 为树脂粉的体积，cm^3；$r_{树}$——树脂粉的密度，g/cm^3。

同理，求得其他材料的重量有：铜粉 1.34 g、三氧化二铬 0.47 g、氧化锌 0.34 g、甲酚作为润湿材料，每 100 cm^3 体积加入量为 5 g，所以这一组配方的成型密度为：

$$r_{成} = G_{金} + G_{树} + G_{Cu} + G_{Cr_2O_3} + G_{ZnO} + G_{甲酚}$$
$$= 0.66 + 0.60 + 1.34 + 0.47 + 0.34 + 0.05$$
$$= 3.46 \text{ g/cm}^3$$

换算成重量百分比，配方如表 8 - 3 所示，成型密度为 3.46 g/cm^3。

表 8 - 3　重量百分比配方

材料名称	金刚石	树脂粉	铜粉	三氧化二铬	氧化锌	甲酚	成型密度（g/cm^3）
重量百分比	19.1	17.3	38.6	13.6	9.7	1.4	3.46

由此将表 8 - 2 进行换算，得到表 8 - 4。

表 8 - 4　以质量表示的金刚石树脂砂轮配方

浓度	粒度	金刚石	结合剂	Cu	Gr_2O_3	ZnO	甲酚	成型密度 /（g/cm^3）
50%	50/60 ~ 100/120	12.2	16.6	37.0	18.8	14.0	1.4	3.61
	120/140 ~ 200/230	12.4	17.7	37.7	17.7	12.7	1.4	3.54
	230/270 ~ 325/400	13.4	19.8	32.5	19.0	13.6	1.5	3.29
	M20/30 ~ M0.5/1	18.0	28.1	25.4	14.9	11.8	2.0	2.45
75%	50/60 ~ 100/120	18.6	16.2	37.7	14.7	11.1	1.4	3.54
	120/140 ~ 200/230	19.1	17.3	38.6	13.6	9.7	1.4	3.46
	230/270 ~ 325/400	20.5	19.4	33.2	14.6	10.4	1.6	3.22
	M20/30 ~ M0.5/1	26.2	26.2	24.7	11.4	9.5	2.0	2.52

浓度	粒度	金刚石	S	Cu	Gr$_2$O$_3$	ZnO	甲酚	成型密度 /（g/cm^3）
	50/60 ~ 100/120	25.4	15.9	38.6	10.5	8.1	1.4	3.46
100%	120/140 ~ 200/230	26.0	17.0	39.5	9.2	6.6	1.5	3.38
	230/270 ~ 325/400	28.1	19.2	34.1	10.0	7.2	1.6	3.13
	M20/30 ~ M0.5/1	34.6	25.1	24.5	8.2	5.7	2.0	2.54

注:粒度号近似套用新标准

但是,重量表示法配方在工业生产中操作起来仍有诸多不便,主要表现在每一种材料都要现称现配,大大增加了工作量,而且材料越多,所出的差错也越多。另外每一种磨具计算出磨削层的体积后,还需对各种材料进行计算。因此必须简化这一程序。目前行业上普遍采取的方法是:先按照体积表示法设计好配方,再通过重量计算,将黏结剂(树脂)和填料所占的重量算出,列出结合剂的重量配方表,然后按此表将结合剂预先混合好。使用时只需按磨具体积,计算出金刚石的用量,再混合均匀即可使用。

现在仍以 75%、120/140 ~ 200/230 粒度这一组配方为例:

$$V_结 = V_黏 + V_填$$
$$= V_树 + (V_{Cu} + V_{Cr_2O_3} + V_{ZnO})$$
$$= 48 + (15 + 9 + 6)$$
$$= 78 \ cm^3$$

$$G_结 = G_黏 + G_填$$
$$= G_树 + (G_{Cu} + G_{Cr_2O_3} + G_{ZnO})$$
$$= 60 + (134 + 47 + 34)$$
$$= 275 \ g$$

故结合剂的密度为:

$$r_结 = \frac{G_结}{V_结} = \frac{275}{78} = 3.52 \ g/cm^3$$

为配料方便起见,需将上述结合剂配比折合成重量百分比,并列成表 8 - 5 的形式,成型密度为 3.52 g/cm^3。

表 8 - 5　结合剂配比

材料名称	树脂	铜粉	三氧化二铬	氧化锌
重量比	22	49	17	12

这样在配制成型料时,仅需按磨具的体积算出金刚石及结合剂重量,准确称量后就可以配制出成型料。

上例中成型料配比例入表 8 – 6,成型密度为 3.46 g/cm³。

表 8 – 6　成型料配方表

浓度	粒度	金刚石/g	结合剂/g
75%	120/140 ~ 200/230	0.66	2.75

尽管体积表示法和重量表示法在配方表示中都很常用,但是通过实践发现重量表示法在调整配方中具有优势。例如,用体积法首先设计一个基础配方,若要调整某一填料来改进配方,则需根据此填料的增减来改变另一组分体积含量来维持配方总体积的 100% 不变。由于另一组分同时变动,不能准确得到此填料增减对配方的影响,会给配方调整造成混乱。调整用重量法表示的配方,则可避免这种问题,因此推荐使用重量法表示超硬材料树脂磨具配方。

8.3.3　配方设计方法

配方设计的方法有很多种,如普通树脂磨具中所用的回归设计法,是建立在传统法的基础上,采用应用数学的方法,利用计算机辅助进行配方设计的。超硬材料树脂磨具也是如此,必须建立在一定的经验基础之上来进行配方设计。

8.3.3.1　优选法

优选法是应用数学中最通用的一种方法,既适用于单因素优选,也适用于多因素优选。实践证明,优选法在选择配方、配比、操作工艺条件等方面均有广泛的应用。

在金刚石树脂磨具原材料的配比中,树脂粉常用量的使用范围是 20wt% ~ 40wt%,其余为填料占 80wt% ~ 60wt%。因此在配方设计中针对不同的磨削对象,来确定树脂(填料)的最优加入量,即可采用单因素优选的方法进行优化配方设计。

采用 0.618 法对树脂粉加入量进行优选。首先确定优选范围即为 20 ~ 40,作图如图 8 – 3所示。

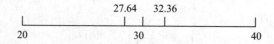

图 8 – 3　树脂粉的优选范围

确定第一试验点:20 + (40 − 20) × 0.618 = 32.36

在 32.36 处做第一次试验;

确定第二次试验点:新试验点 = 左端点 + 右端点 − 第一试验点

$$= 20 + 40 - 32.36$$
$$= 27.64$$

在 27.64 处做第二次试验,然后进行两个试验点的比较,再确定第三试验点。

比较结果显示,第一试验点好于第二试验点,那么舍去 27.64 左边部分,得到如图 8 – 4所示的图形。

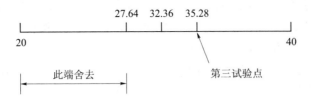

图8-4 树脂粉第二次优选范围

在图的实线部分内,再选定第三试验点,仍然按公式:

$$第三试验点 = 左端点 + 右端点 - 内点$$
$$= 27.64 + 40 - 32.36$$
$$= 35.28$$

在35.28处做试验,与32.36点的试验结果相比较,32.36处较好,再舍去35.28右边那部分。最后则剩下27.64至35.28这一线段,然后再重复上述方法求出第四、第五……直到满意为止。

本试验求出的树脂粉含量最佳值为29.5wt%,那么配方可按下列配比作为其最佳配方:

$$树脂:填料 = 29.5:70.5 \quad (重量比)$$

假若填料选择碳化硅粉,按上述配方计算出结合剂的密度值:

$$r_{结} = \frac{100}{G_{树}/r_{树} + G_{填}/r_{填}}$$
$$= \frac{100}{29.5/1.25 + 70.5/3.2}$$
$$= 2.19 \text{ g/cm}^3$$

式中 $G_{树}$——树脂粉的重量,g;

$\quad\quad r_{树}$——树脂粉的密度,g/cm³;

$\quad\quad G_{填}$——填料的重量,g;

$\quad\quad r_{填}$——填料的密度,g/cm³。

则:某一磨粒粒度的结合剂的配方如表8-7所示,成型密度为2.19 g/cm³。

表8-7 某粒度结合剂配方

材料名称	酚醛树脂粉	填料(SiC)
重量比	29.5	70.5

优选法在解决单因素问题中有独到的好处,快捷方便,准确经济,易于掌握。但事实上影响产品质量的因素往往是多方面的,因此需要采取多因素的方法来解决。

8.3.3.2 正交试验设计法

正交试验设计法是解决多因素、多指标等一类问题的配方设计方法,工业应用较为广泛,但它也必须建立在实践经验的基础上加以应用。

例如:首先通过优选法确定结合剂中树脂和填料的体积比为52:48,填料由三种物质混合组成,它们分别是 A(ZnO 粉),B(Cr$_2$O$_3$粉),C(Cu 粉)。现采用正交试验设计法来分别确定这三种材料的量。

为叙述方便起见,三种填料用量仍采用重量表示法。这是一个属于三因素优选问题。根据经验,每个因素暂定取三水平,列于表8-8中。

表8-8 填料水平选择

因素	水平		
	1	2	3
A(ZnO)	20	18	22
B(Cr$_2$O$_3$)	20	16	24
C(Cu 粉)	58	52	64

根据分析,这三种填料之间并不存在交互作用,因此本试验可采用 L$_9$(3^4)的正交表安排试验如表8-9。试验结果见图8-5。

表8-9 试验安排

试验号	ZnO	Cr$_2$O$_3$	Cu	试验结果	
				硬度(HRB)	强度/MPa
1	1(20)	1(20)	1(58)	33.38	100.7
2	1(20)	2(16)	2(52)	32.04	101.0
3	1(20)	3(24)	3(64)	34.83	110.3
4	2(18)	1(20)	2(52)	30.08	98.7
5	2(18)	2(16)	3(64)	35.10	107.2
6	2(18)	3(24)	1(58)	34.00	104.3
7	3(22)	1(20)	3(64)	34.89	105.3
8	3(22)	2(16)	1(58)	31.03	105.0
9	3(22)	3(24)	2(52)	30.01	99.1
K$_1$	100.25	98.35	98.41		
K$_2$	99.18	98.17	92.13		
K$_3$	95.93	98.84	104.82		
R$_1$	33.42	32.78	32.80		
R$_2$	33.27	32.72	30.71		

续表 8-9

试验号	ZnO	Cr_2O_3	Cu	试验结果	
				硬度（HRB）	强度/MPa
R_3	31.97	32.95	34.94		
K'_1	312.0	304.7	310.0		
K'_2	310.2	313.2	298.8		
K'_3	309.2	313.7	322.8		
R'_1	104.0	101.6	103.3		
R'_2	103.4	104.4	99.6		
R'_3	103.1	104.6	107.6		

表中的硬度和强度为三个试块的平均值，它是将每一试验号的填料混合物与树脂按 48:52（体积）的比例做成试块的。

$K(K')$、$R(R')$的计算：如第一列的 $K_1(K'_1)$ 表示对应第 1 列"1"的三个硬度值（强度值）之和。即 $K_1 = 33.38 + 32.04 + 34.83 = 100.25$。而 R_1 为 K_1 的平均值。

即 $R_1 = K_1/3 = 100.25/3 = 33.42$ 其余类推。

$R(R'_1)$ 有明显的物理意义：它表示 A_1（ZnO）取"20"时的平均硬度（强度），$R_2(R'_2)$ 是 A 取"18"时的平均硬度（强度）。

作图：用 $R_1(R_1')$、$R_2(R_2')$、$R_3(R_3')$ 为纵坐标，对 A、B、C 分别作图，得到图 8-5 所示的图形。

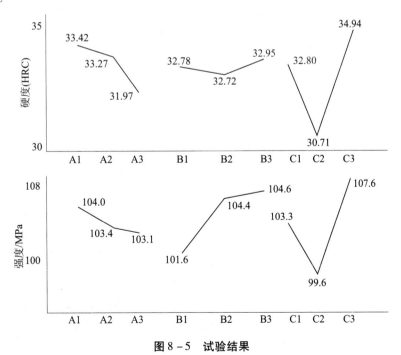

图 8-5　试验结果

由图 8-5 可以直观地看出:①ZnO 用量以"20"为佳;②Cr$_2$O$_3$用量以"24"为佳;③Cu粉用量以"64"为佳;④从图中点子散布的大小可以分析因素的主次,点子散布大,影响明显,是主要因素。在试验中,Cu 粉是主要影响因素。

结果分析:通过这样九次试验,便可得到一组较好的填料配比(仅对硬度和强度而言)。它们的关系是:

$$ZnO : Cr_2O_3 : Cu = 20 : 24 : 64$$

并由此求出混合填料的密度:

$$r_{填} = \frac{G_A + G_B + G_C}{G_A/r_A + G_B/r_B + G_C/r_C}$$

$$= \frac{20 + 24 + 64}{20/5.6 + 24/5.2 + 64/8.9}$$

$$= 7.03 \ \text{g/cm}^3$$

式中　G_A、G_B、G_C——代表三种材料的重量,g;

　　　r_A、r_B、r_C——代表三种材料的密度,g/cm^3。

根据树脂和填料的体积比为 52:48 的比例关系,计算结合剂的重量配比,列入表 8-10。

表 8-10　结合剂配方

材料名称	配比/g	密度/(g/cm^3)
酚醛树脂	65	4.02
混合填料	337	

根据结合剂的配方,设计出某种粒度的超硬材料树脂磨具的配方表,如表 8-11所示。

表 8-11　用正交试验设计法优化出的配方

浓度	金刚石	结合剂	成型密度/(g/cm^3)
25%	6.25	93.75	3.98
50%	12.5	87.5	3.95
75%	18.75	81.25	3.92
100%	25	75	3.89

对于其他粒度,则需改变树脂和填料的比例关系,按照配方设计的原则加以调整。当然仅从结合剂的硬度和强度等指标还难以完全确定其磨削性能是否最佳。上述例子只是为了说明配方设计的一些方法,实际上通过试块硬度强度的确定,还需适当选取有代表性的配方搭配,做成标准砂轮进行磨削试验,测定其生产率及磨削比(G 值),最后进一步优选。

8.4   配混料工艺

8.4.1   结合剂的配混

结合剂是由黏结剂和填料组成。它的配制一般按下列顺序进行：

（1）黏结剂的配制　将干燥的块状树脂放入球磨机内按比例加入一定量瓷球,球磨约24 h,然后加乌洛托品混合均匀(按树脂粉:乌洛托品 =9:1 比例加入),再过 120# 筛网 2 ~ 3 遍,装入干燥器内保存待用。存放时应保持阴凉干燥。

（2）填料的配制　按配方分别准确称取各种填料,装入混料机内,均匀混合 1 ~ 2 h,过 180# 筛网 2 遍,装入干燥器内,密封待用。为了保证配件料的准确性及粒度的均匀性,各种填料在称量前均需预先过 180# 筛。

（3）结合剂的配制　将已混合均匀的黏合剂及填料按配方准确称取放入瓷球磨机罐内进行混合,混料介质采用质量较轻的瓷球,因为黏结剂容易摩擦生热而结块或粘壁。料球比采用1:1,混料时间视料的多少和粘壁情况而定,既要混合均匀又要不因时间过长而结块,一般混至无白点或颜色一致,然后过 80# 筛 2 ~ 3 遍,储存在干燥的密封容器内待用。混好的结合剂需做好标记,以免搞混或超期使用。

（4）混料所用的设备　常用的有研钵、混料机及各种类型的球磨机等。

（5）结合剂的检验　结合剂混合是否均匀,配比是否准确无误,是生产高质量磨具的关键,因此必须进行严格检验。其方法分两步:首先检验料的均匀性,通常可以从容器中随机抽取若干混合料,放在玻璃板上,用平尺将料摊平;如果料中没有肉眼可见的白点,即视为均匀。然后按四分法取样规则,取 10 g 试样,送化验室对其成分进行化验,如果含量在误差范围之内即可使用。否则将会引起成型困难、组织不均、多孔、磨具的硬度不均匀,强度降低,严重时会引起金刚石层脱环等废品。

8.4.2   成型料的配混

成型料就是将结合剂、磨料和润湿剂等按一定比例混合均匀,以备成型磨具之用的混合物。

8.4.2.1   成型料的计算方法

（1）磨具体积计算　金刚石磨具的体积分为两部分,金刚石层体积和非金刚石层体积。金刚石层体积的计算方法,与磨具的形状、结构有关。根据我国标准规定,各种常用磨具的金刚石层体积公式归纳于表 8 - 12 中。磨具非金刚石层的体积计算,与金刚石相似,可根据其结构参照使用。

表 8 - 12　磨具体积计算公式

序号	形状代号	磨具图形	体积计算公式
1	1A1	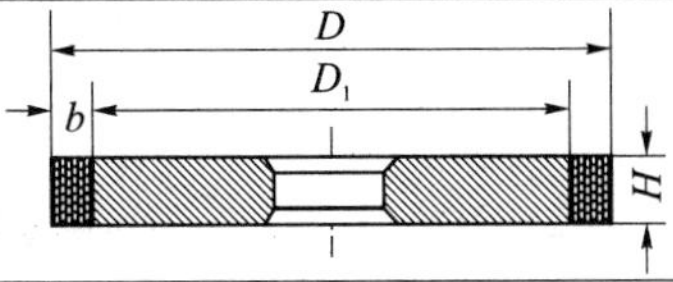	$V = \frac{\pi}{4}(D^2 - D_1^2) \cdot H$ $V = \pi H b(D - b)$

续表 8-12

序号	形状代号	磨具图形	体积计算公式
2	11A2		$V = \dfrac{\pi}{4}(D^2 - D_1{}^2) \cdot H$ $V = \pi H b(D - b)$
3	6A2		$V = \dfrac{\pi}{4}(D^2 - D_1{}^2) \cdot H$ $V = \pi H b(D - b)$
3	1F1		$V = 2\pi\left[\dfrac{2}{3}R^3 + (D - 2R)\dfrac{\pi R^2}{4}\right] +$ $\pi H(b - R)(D - b - R)$
4	HMA/2		$V = LbH$
5	HMA/1		$V = \pi R H L \dfrac{1}{90}\sin^{-1}\dfrac{b}{2R}$

现举例如下:磨具规格 1A1　150×10×32×4　RVD　120/140　B　75,磨具的剖面图形如图 8-6 所示。

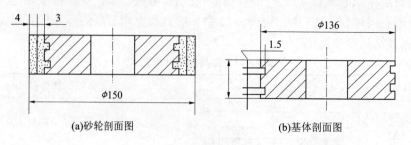

(a)砂轮剖面图　　　　　(b)基体剖面图

图 8-6　磨具剖面图

1)金刚石层体积的计算　从表 8-12 中查出 1A1 的计算公式为

$$V_{金} = \pi b(D-b)H$$
$$= 3.14 \times 4 \times (150-4) \times 10$$
$$\approx 18\ 338\ mm^3$$
$$\approx 18.34\ cm^3$$

式中　$V_{金}$——金刚石层体积，cm^3；

H——金刚石层厚度，mm；

D——金刚石层外径，mm；

b——金刚石层环宽，mm。

2)非金刚石层的体积计算　由图 8-6 可知,非金刚石层体积应包括两部分:即沟槽体积及与金刚石相接的非金刚石层体积。沟槽部分体积为:

$$V_{沟} = n\pi b_2(D_2-b_2)h$$
$$= 2 \times 1.5 \times 3.14 \times (136-1.5) \times 2$$
$$\approx 2\ 534\ mm^3$$
$$\approx 2.53\ cm^3$$

式中　$V_{沟}$——沟槽部分体积，cm^3；

n——沟槽数目；

b_2——沟槽深度，mm；

h——沟槽宽度，mm；

D_2——基体外径，mm。

与金刚石层相接的非金刚石层体积:

$$V_{非1} = \pi b_1(D_1-b_2)H$$
$$= 3.14 \times 3 \times (142-3) \times 10$$
$$= 13\ 470.6\ mm^3$$
$$\approx 13.47\ cm^3$$

式中　$V_{非1}$——与金刚石层相接的非金刚石层体积，cm^3；

b_1——非金刚石层环宽，mm；

D_1——非金刚石层外径，mm；

b_2——沟槽深度，mm；

H——非金刚石层厚度，mm。

因此,非金刚石层的总体积为:

$$V_{非} = V_{沟} + V_{非1}$$
$$= 2.53 + 13.09$$
$$= 15.62\ cm^3$$

（2）成型料的计算

1)金刚石层用料的计算

①金刚石用量计算　根据公式 $G_{金} = V_{金} \cdot C$ 计算:

$$G_{金} = V_{金} \cdot C$$
$$= 18.34 \times 0.66$$
$$\approx 12.10 \text{ g}$$
$$= 60.50 \text{ 克拉}$$

式中　$G_{金}$——金刚石层中金刚石重量，g；

C——金刚石浓度，75% 单位体积内磨料含量为 0.66 g（3.3 克拉）。

②结合剂用量计算　按 $G_{结} = (V_{金} - V_{金} \times 18.75\%) \cdot r_{结}$ 计算：

$$G_{结} = (V_{金} - V_{金} \times 18.75\%) \cdot r_{结}$$
$$= (18.34 - 18.34 \times 18.75\%) \times 3.51$$
$$\approx 52.30 \text{ g}$$

式中　$G_{结}$——结合剂用量，g；

$r_{结}$——结合剂的成型密度，g/cm^3（查配方表 8 - 5）。

2）非金刚石层用料的计算　由表 8 - 7 可知，非金刚石层料的成型密度为 3.00 g/cm^3，按 $G_{非} = V_{非} \cdot r_{非}$ 计算：

$$G_{非} = V_{非} \cdot r_{非}$$
$$= 15.62 \times 3.00$$
$$= 46.86 \text{ g}$$

式中　$G_{非}$——非金刚石层料重，g；

$r_{非}$——非金刚石层料的成型密度，g/cm^3。

8.4.2.2　成型料的配混工艺

根据计算结果，准确称取各种原材料，按工艺分别加入，使其充分混匀，确保成型料的质量。金刚石层成型料一般采用手混，非金刚石层料则可采用机混。

（1）成型料以甲酚、三醇胺为润湿剂的工艺流程

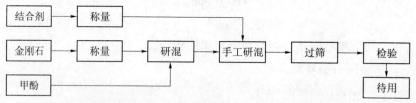

注：这一过程必须预先用机混方法将结合剂配制好，适用于批量生产。

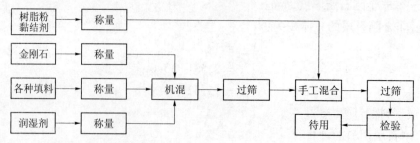

注：这一过程填料和黏合剂可不预先混合，适用于小生产验证或配方试验。

（2）成型料以稀树脂液为润湿剂的工艺流程

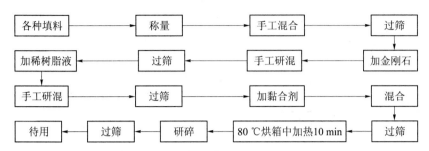

注：这一过程填料和黏合剂可不预先混合。

（3）影响成型料均匀性的因素

1）原始状态　原材料的原始状态是指料的细度、料的表面状态、料的干湿程度等。由于黏合剂中含有固化剂乌洛托品，特别容易吸潮发黏；填料比较细，比表面能很大，不易分散均匀，而且也容易吸潮。因此，在某种程度上极大地影响了成型料的均匀性，使用时可进行烘干处理。

2）混料时间　一般来说，混合的时间越长，料混合的越均匀。但由于黏合剂树脂粉的存在，混料时间过长，颗粒之间容易摩擦生热，成型料发黏结块而失去松散性。因此注意准确掌握混料时间。

3）加料次序　与普通磨具一样，先用润湿剂将磨粒表面充分润湿，然后加结合剂（或黏合剂），使磨粒表面的结合剂（或黏合剂）均匀分布，这样便可得到既有松散性，又有可塑性的成型料。否则，成型料容易黏结成团。

4）混料设备　成型料的混制大多数都采用研钵，可根据料的多少来选择不同大小的研钵。料多钵小，即使延长混料时间，也会影响料的均匀性。另外，成型料过筛所采用的筛网号也是非常关键的。若筛网号与磨料的粒度号一致时，容量使黏附于磨粒周围的结合剂脱去，达不到混均的目的。因此，筛网号的选择必须大于磨料两个粒度号以上为宜。

（4）成型料的检查

1）用原始记录来检查各种料称量的准确性。

2）核对原材料的种类、结合剂的配比、磨料的品种型号和粒度浓度，是否与生产料单相符。

3）检查成型料混合是否均匀、松散。主要观察料的颜色是否均匀一致，有无白色、绿色或红色的斑点，是否有料团等。

8.5　成型工艺

成型是将混好的成型料装入模具，按规程热压成具有一定形状规格和强度的毛坯制品的工艺过程。

8.5.1　工艺原理

超硬材料树脂磨具多以热压为主，其原理是在压制的过程中，使树脂熔融流动，并在保压的时间内逐渐缩聚硬化或半硬化,以保证磨具的密度、强度和硬度,同时还可避免磨具发泡起层和变形等废品。热压成型工艺流程如下:

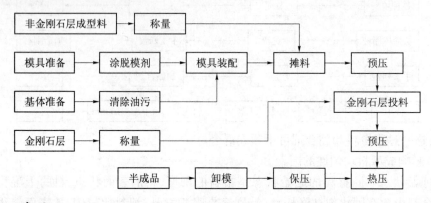

8.5.2 基体

因为超硬材料磨具价格昂贵,所以它不能像普通磨具那样制成整体,只能在磨削层部位采用超硬磨料,而且尽可能地窄些,其余部分只起着支撑磨削层、装卡在机床主轴上的作用,我们把这部分统称为基体。

基本包括:铝基体、钢基体、胶木基体、酚醛铝粉基体、纤维增强树脂基体和钛合金基体等。

8.5.2.1 铝基体

目前国内普遍使用锻造铝合金材料做基体。它属于 Al – Mg – Si – Cu 合金系,具有较高的强度、良好的塑性和可加工性。锻造铝合金的机械性能(如强度和刚性)介于钢和酚醛树脂之间,这意味着它的性能比钢更接近树脂。因此,在树脂砂轮中应用更加广泛。

基体的形状尺寸与砂轮相适应,可在机床上加工而成。加工表面粗糙度一般达到 6.3 以上;为了与过渡层结合牢固,常在结合面上开沟槽和滚刀花。结合面较宽的可开多道沟槽,结合面较窄无法开槽的,只有滚花。沟槽一般为直槽,深 1 ~ 2 mm。大尺寸基体也可加深,但槽深与槽宽应有比例。窄而深的沟槽内,物料压制后密度低,强度低,起不到增强的作用。图 8 – 7 至图 8 – 9 是几种开槽基体的情况。为了便于成型和简化模具结构,对于异形砂轮基体,在成型之前一般先制成类似于平形砂轮的简单形状,待成型硬化之后,采用后加工方法车制所需要的准确几何形状。

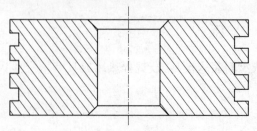

图 8 – 7 平形砂轮基体

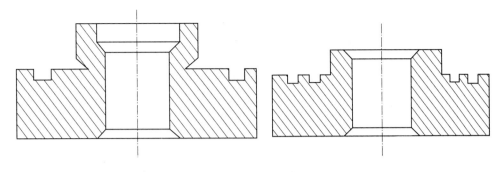

图 8 - 8　异形砂轮基体

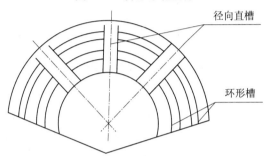

图 8 - 9　宽环单面凹砂轮基体

8.5.2.2　钢基体

钢基体一般用 45 号钢制成,钢基体刚性和强度较高。由于钢基体的质量较重,磨具的加工稳定性较好。不过,在高速磨削时,用钢基体的磨具对机床主轴的刚性要求较高,限制了钢基体的使用范围。

8.5.2.3　胶木基体

胶木基体是采用胶木粉为主要原料,加入黏结剂在一定的温度和压力下制成的。胶木粉比重小,制成的磨具质量较轻,有较好的弹性,适合制作小规格的各种刃磨砂轮。制造工艺简单,成本低,但加工性能差。

8.5.2.4　酚醛铝粉基体

工业生产中有两种制造方法:①先将酚醛树脂粉与铝粉按比例混合均匀,然后热压成基本形状,最后再车加工成所需的基体形状。②先投金刚石层料,冷压到要求的尺寸,然后投入酚醛树脂粉与铝粉混好的基体料,最后热压成型。它的特点:重量略轻于铝基体,弹性较好,导热性好于胶木基体,金刚石层与基体联结十分牢固,但模具结构复杂,操作要求高。

不同类型的基体材质,机械性能不同,对磨削效果会产生一定的影响。如:①基体性能与磨削比的关系:可从图 8 - 10 看出,砂轮的磨削比(G 值)随着基体的弹性模量 E 的增大而降低。也就是说,磨削比随砂轮刚性增大而迅速下降。②基体与加工表面质量的关系:一般规律是弹性模量低而磨削比高的砂轮,加工表面粗糙度也高,酚醛铝粉基体高于铝基体,钢基体最低。③基体与磨削效率的关系:在一定范围内,砂轮的磨削效率随基体的柔韧性增大(E 值下降)而提高,但当挠曲性过高(E 值很小时),G 值很高,砂轮磨耗很少,效率反而降低。

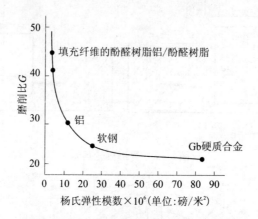

图 8-10　基体弹性模数与磨削比的关系

8.5.2.5　纤维增强树脂基体

纤维增强复合材料(Fiber Reinforced Polymer/Plastic,简称 FRP)。FRP 复合材料是由纤维材料与基体材料(树脂)按一定的比例混合后形成的高性能型材料。具备以下优点:①轻质高强,相对密度在 1.5～2.0,只有碳钢的 1/4～1/5,可是拉伸强度却接近,甚至超过碳素钢,而比强度可以与高级合金钢相比;②耐腐蚀好,对大气、水和一般浓度的酸、碱、盐以及多种油类和溶剂都有较好的抵抗能力。

常用的纤维增强树脂基体包括玻璃纤维增强树脂基体(GFRP)和碳纤维增强树脂基体(CFRP)。玻璃纤维增强树脂基体的强度接近铝基体,但质量更轻。碳纤维增强树脂基体的强度超过铝基体,而且比重较小,对高速磨床的主轴刚性要求较低,适应高速磨削的加工要求。

8.5.2.6　钛合金基体

与传统上选择使用的其他基体材料相比较,钛合金基体具有以下物理机械特性:

(1)钛合金基体密度小、强度高、比强度大　钛合金的密度为 4.51 g/cm³,是钢合金基体的 57%,不到铝合金基体的两倍,强度比铝合金基体大三倍。钛合金基体的比强度(拉伸强度/密度)是常用的工业合金中最大的。钛合金的比强度是不锈钢基体的 3.5 倍,是铝合金基体的 1.3 倍,是镁合金基体的 1.7 倍。在 300 ℃ 到 350 ℃ 下钛合金基体的强度比铝合金基体高 10 倍。

(2)钛合金基体熔点高,耐热性能优良　钛合金基体材料熔点可高达 1 668 ℃,沸点为 3 400 ℃,高于铁、镍金属,因此钛合金作为轻型耐热材料具有优良的基础。耐热性高,其工作温度在 500 ℃。经过高速运转以及长期工作仍然能够保持良好的力学性能。通常钛合金基体在 550 ℃ 以上,而不锈钢基体在 310 ℃ 即失去了原有较高的力学性能。

针对超硬材料行业专门研发的超硬磨具钛合金基体,可以广泛应用于航天航空、超音速飞机、航天飞行器、航海船舶、发动机轴、起动架以及石油化工、数控机床、医疗器械、汽车制造等高精度零件加工。

8.5.3 成型工艺

按工艺流程进行,分几个步骤:

(1)**基体的准备** 铝基体在加工过程中带有油污和杂质,使用前必须用汽油或二甲苯将基体清理干净,然后在基体与料的接触部位,刷上环氧树脂或液体酚醛树脂,以保证磨具与基体的牢固结合。特别是对不带非金刚石层的基体,其联结部位没有滚花及沟槽,更应该涂刷胶黏剂。

(2)**模具的装配** 将模具与成型料接触的部分均匀地涂上脱模剂,如二硫化钼、硬脂酸锌、肥皂液、硅脂等能起润滑作用的物质,以免砂轮被模壁粘坏,同时可减少成型时料层与模壁的外摩擦力,尽量避免压力损失。然后连基体一起装配在转台上备用。

(3)**非金刚石层压制** 将非金刚石层的料投入模腔内,搅匀后刮平、捣实;一次投料有困难,可分二、三次投料,再用送料环压紧;然后放上压环送入压机进行冷压。杯型、碗型、碟型、单面凹型、双面凹型砂轮,加压使非金刚石层与基体在同一水平,如图8-11所示。平形砂轮冷压至要求厚度的1.5~2倍,如图8-12所示。

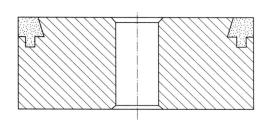

图8-11 杯、碗、碟形砂轮非金刚石层压制

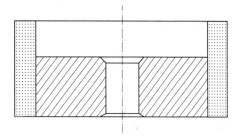

图8-12 平形砂轮非金刚石层压制

(4)**金刚石层压制** 取出非金刚石层毛坯,将非金刚石层与金刚石层的接触面打毛,涂上一层类似环氧树脂的胶黏剂,重新装模;再投入金刚石层料,搅匀、刮平、捣实;然后放上压环、垫铁,送入热压机内进行预压;待上面压平后,撤掉模套下的垫铁,再加压使底板全部压入模套内。加垫铁的目的是使模具两面受压均匀,保证磨具密度上下一致。热压参数:

1)**成型压力** 由于黏合剂在热压过程中软化流动,充满模腔各个部位,因此无须太高的成型压力,通常单位压力为300~600 kg/cm^2。

2)**加压速度** 由于成型料粒度较细,速度过快,空气不易跑出,容易造成起层和发泡废品,所以通常加压速度较慢;并且在加压一段时间后,再卸压放气,使空气和挥发物充分逸出,然后重新加压到规定尺寸。

3)**热压温度** 酚醛树脂为180 ℃±5 ℃;聚酰亚胺树脂为235 ℃±5 ℃。

4)**热压时间** 随砂轮的规格变化而变化,见表8-13。

表8-13 热压时间与规格大小的关系

砂轮规格	直径	<150 及异形	φ150~φ200		φ250~φ400	
	厚度	所有厚度	<10	>20	<20	>25
热压时间/min		40	40	60	90	120

(5)卸模 磨具压制完毕,从压机取出后,急速冷却,将模套、芯棒、芯体、压环等卸除,这一操作应尽量采用机械卸模的条件,避免撞击,以防止磨具在卸模时损坏。由于树脂热胀冷缩的现象比较显著,冷却后收缩比较大,影响卸模。为了保证产品的质量,有的砂轮不能冷却,需要趁热卸模:如1N9等。粉末基体砂轮需要热卸芯棒;6A2等。

8.6 硬化工艺

经热压成型的砂轮毛坯虽然已具备了一定的形状和强度,但还不能达到完全硬化,必须经过进一步的热处理,使树脂与固化剂充分反应,形成交联的网状或者体型结构,砂轮才具有更高的强度、硬度和良好的磨削性能。

8.6.1 硬化机制

酚醛树脂属于热塑性线型高分子化合物,具有可溶可熔性,分子量通常在300~1 000。由于在树脂结构中还存在未反应的活性点,因此当遇到固化剂乌洛托品时,就会进一步产生缩聚反应,形成不溶不熔的网状或体型结构的产物。

聚酰亚胺的硬化属于一个不加固化剂的内聚过程,它分两步进行:第一步,双马来酰亚胺与4,4二氨基二苯甲烷预聚成可熔性聚酰亚胺;第二步,将预聚物在较高的温度下环化成不熔性聚酰亚胺。

8.6.2 硬化方法

常用的硬化方法有一次硬化法和二次硬化法两种。

(1)一次硬化法 砂轮在压机内保压时,加热硬化30~40 min后即成产品,它特别适合小而薄的砂轮及异形砂轮。

(2)二次硬化法 对于大而厚的产品,一次在压机上只能进行初步加热硬化,必须送进电烘箱内进行二次补充硬化。

8.6.3 硬化设备及装炉

硬化所用的主要设备是电热干燥箱。

经热压成型的砂轮制品,已具有一定的强度,并有基体支撑,为了充分利用烘箱空间,可将多片砂轮重叠装炉进行二次硬化。但对个别异形砂轮和容易变形的砂轮还需采用铁板夹好进行硬化,甚至还要装模硬化,对于ϕ10 mm以下的冷压砂轮则必须垂直埋入石英砂中进行硬化,以保证制品受热均匀,不受烘箱内温度波动的影响。

8.6.4 硬化规范

(1)最高硬化温度的确定 根据结合剂性质的不同而采用不同的温度。对于酚醛树脂来说,它与固化剂产生反应的温度一般是180 ℃左右,所以砂轮最高硬化温度范围应在180 ℃±5 ℃为好,低于或高于这个温度范围,就会出现生烧或炭化,砂轮的机械性能就无法保证。

对于聚酰亚胺树脂来说,它需要在高温下脱水生成环化的聚酰亚胺链,以增加分子的刚度,变为不溶不熔产物,故聚酰亚胺树脂磨具最高硬化温度应在230 ℃左右。温度降低时,环化反应不易进行,制品强度低。

(2)升温速度 升温速度应根据磨具的特性来确定。它与下列因素有关:

1)与热压时的硬化时间有关 在热压机上硬化时间长的,挥发物基本上已排除干净,可以升温快,压机上硬化时间短的,则二次硬化时升温要慢,冷压砂轮挥发物多,升温速度更宜缓慢。

2)与结合剂种类有关 热塑性酚醛树脂的聚合温度为100 ℃。因此在低于100 ℃以前,没有什么聚合反应发生,故可以自由升温。140 ℃以后,树脂与硬化剂有固化剂反应发生,升温宜慢。对于聚酰亚胺来说,由于预聚温度高,故在180 ℃以后,应慢速升温至230 ℃。

3)与磨具的形状、粒度有关 磨具形状复杂的,细粒度的,宜采用慢速升温,反之,则可快速升温。

4)保温时间 为了使磨具硬化完全,保证磨具的强度。树脂磨具在最高温度应具有一定的保温时间,保温时间的长短与最高硬化温度有关,硬化温度高,时间可短;硬化温度低,时间应长。酚醛树脂磨具在180 ℃保温2~3 h,聚酰亚胺树脂磨具在230 ℃保温4~5 h。

(3)硬化曲线 根据上述原则,制定出适用于生产的硬化曲线,举例如下:

1)长曲线 适于大而厚的磨具,或者硬化过程中易于变形的磨具。如图8-13所示。

2)短曲线 适于一般的产品。如图8-14所示。

3)冷压小磨头硬化曲线 如图8-15所示。

4)聚酰亚胺硬化曲线 如图8-16所示。

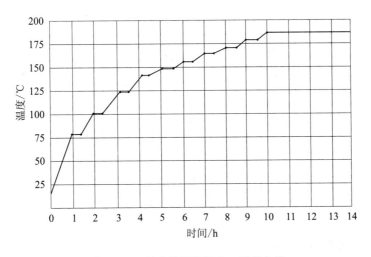

图8-13 长曲线硬化温度-时间曲线

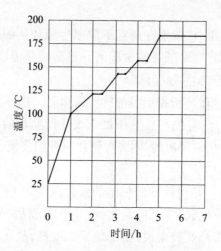

图 8-14　短曲线硬化温度 – 时间曲线

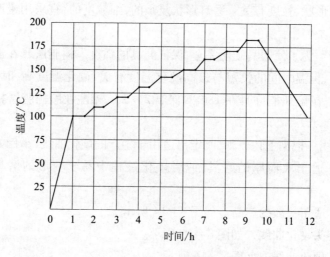

图 8-15　冷压小磨头硬化规范及硬化时温度 – 时间曲线

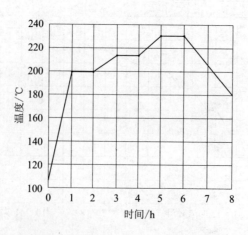

图 8-16　聚酰亚胺树脂模具硬化规范及硬化时温度 – 时间曲线

8.7 废品分析与加工检查

8.7.1 废品分析

超硬材料树脂磨具在生产过程中,由于原材料、配方设计、工艺设计、技术操作和设备条件等因素,常出现一些废品,大部分的废品只要在工艺上加以严格的控制是完全可以避免的。现就造成废品的原因进行分析,然后采取相应的措施进行预防,见表8-14。

表8-14 树脂砂轮废品分析

废品类型	造成废品的原因及预防措施
裂纹	①热压温度过高;②产品急冷急热;③脱芯型时温度过低,应及时脱芯型;④原材料受潮变质,或配混料错误
起泡	①成型温度过高或过低,需要调整温度;②硬化温度过高,硬化炉温度失控;③结合剂配错
组织不均	①投料时摊料、刮料不均;②混料偏湿,或料结团,投料不均;③模具磨损,漏料严重,需更换模具
层厚超差	①选用垫铁尺寸不当;②基体厚度超差;③补压时间太迟,应在10 min左右补压

8.7.2 加工检查

硬化后的砂轮需要在机床上进行机械加工,主要包括:

(1)基体修整和打光 按照图纸要求的形位的尺寸公差,通过精车的磨光,达到规定的精确度和粗糙度。

(2)异形砂轮加工 需要首先将基体加工成规定的砂轮形状,然后才进行上述的修整和磨光。

(3)金刚石修整 通过精磨将砂轮外径、工作层环宽、环厚等尺寸加工到符合标准要求。以图8-17砂轮举例说明:

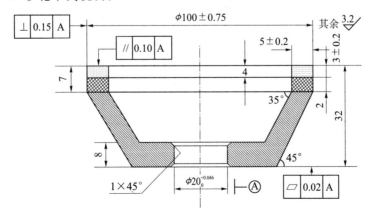

图8-17 11A2 100×32×20×5×3 砂轮断面及公差尺寸示意图

1)精车修整基体 ①用普通砂轮和金刚石砂轮将端面毛边研平。②上胎具,或将砂轮端面靠平卡盘卡住,精车内孔($\phi20_0^{+0.046}$, $\overset{1.6}{\triangledown}$)和平端面(一次装卡)至总长 32 mm 并倒角 $1\times45°$。③倒头,校正卡具,精车内锥面及内平面,倒角 $1\times35°$。④上芯轴,孔定位,精车基体外圆直径 $\phi100$ mm 至非金刚石层以下 0.3 mm,并精车外锥面至符合图纸要求。

如果内外锥面成型前未加工最后形状,则后加工时首先要粗车轴内外锥面,然后精车。

2)精磨 ①取上道工序转来的合格品,用 TL 或 TH ZR1 – ZR2100 ~ 150# 砂轮磨削。②上芯轴,校正,上金刚石砂轮,孔定位,检查基准面偏摆、跳动(过大者不能加工),然后靠端面磨削至环厚 3 mm ± 0.2 mm,再磨砂轮外径至 100 mm ± 0.75 mm,并注意环宽尺寸 5 mm ± 0.2 mm。③精磨后,用煤油清洗干净,稳拿轻放,首件送检。

(4)金刚石检查标准 检查项目:砂轮孔径的精度、磨具总厚度、平行度、粗糙度、砂轮直径的公称尺寸、金刚石的环宽、环厚以及外圆的跳动、端面的偏摆等。

尺寸可用千分尺等量具测量,粗糙度可用标准样片或粗糙度仪测定。偏摆用专门的偏摆检查仪检查。也可以在车床上用磁力千分表检查偏摆和跳动。

国外金刚石砂轮还须在动平衡试验机上进行动平衡检查。

目前国内执行的检查标准如下:

①孔径:二级精度(基孔制),粗糙度 $\overset{1.6}{\triangledown}$。

②砂轮公称尺寸(外径)

外径尺寸	至 80 mm	大于 80 ~ 200 mm	大于 200 ~ 400 mm	>400 mm
允许偏差	±0.5	±0.75	±1.0	±1.2

③金刚石层厚度

厚度	至 1	大于 1 ~ 5	大于 5 ~ 16	大于 16 ~ 32
允差	±0.1	±0.2	±0.3	±0.5

④薄片砂轮两端不平行度

厚度	至 1	大于 1 ~ 3	大于 200 ~ 400
不平行度	0.1	0.2	0.3

⑤薄片砂轮及切割砂轮凸凹度及弯曲度

砂轮外径	至 200	>200 ~ 400
凸凹度或弯曲度	0.3	0.5

⑥金刚石砂轮偏摆规定

砂轮形状	PSX	PSA	1A1、1F1	11A2
外圆跳动 ≤	0.03	0.07	0.1	0.15
端面摆动 ≤	0.05	0.05	0.15	0.10

(5)形位及尺寸公差标准图例

例一:图8-18为1A1 150×15×32×5剖面图,图上标明了机械加工的技术要求标准。

图中B为基准面,外圆面φ150±0.75对于内孔φ32±0.02的轴线径向跳动不大于0.10,端面对于基准面B的⊥度不大于0.10,端面偏摆不大于0.15。

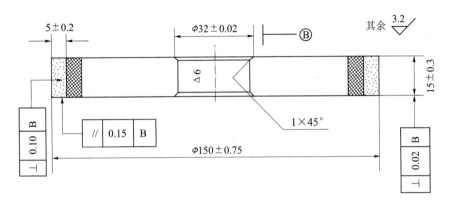

图8-18 1A1 150×15×32×5砂轮断面及公差尺寸示意图

例二:图8-19为11A2 100×32×20×5×3砂轮断面及公差要求。图中A为基准面,砂轮外圆面φ100±0.75对孔径φ20$_0^{+0.046}$的轴线径向跳动≤0.15,端面对于基准面A的不⊥度≤0.02,端面偏摆≤0.10。

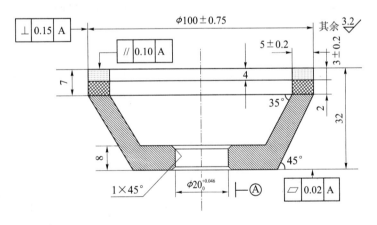

图8-19 11A2 100×32×20×5×3砂轮断面及公差尺寸示意图

9 橡胶磨具制造

9.1 概论

9.1.1 橡胶磨具的特性

由天然或合成橡胶与配合剂作为结合剂,黏结磨料制成的硫化橡胶制品,就是橡胶磨具。

橡胶磨具虽然产量不高(一般不超过磨具总产量的5%),但仍为橡胶磨削加工中不可缺少的一种工具。

其特点有:

(1)富有弹性,抛光性能好 橡胶是一种分子量相当大的线型分子,在常温下具有高弹性,制成的橡胶磨具和其他橡胶制品一样,分为:

软弹性制品——交联密度低,常温下有明显的柔顺性和弹性,受热后更柔软。

硬质制品——交联密度高,常温下是较刚硬物体,微弹性,受热时软化,弹性增大。

无论是软弹性或硬质磨具,在磨削时,由于磨削热的影响,它与被加工工件的接触表面处于弹性状态。当它受压力时,磨具表面的磨粒可以被压缩进入弹性的结合剂(橡胶)中,因而被磨工件表面留下较浅的划痕,从而使被磨工件表面获得较高的粗糙度。

(2)机械强度较高 绝大多数橡胶磨具属于硬质硫化橡胶制品,有很高的机械强度,并有一定的弹性,所以能在较高的转速下使用。

表9-1列出硬质硫化橡胶与硬化酚醛树脂的性能比较。

表9-1 硬质硫化橡胶与硬化酚醛树脂性能对比

项目	硬质硫化橡胶	硬化酚醛树脂
抗张强度/(kg/cm^2)	576~720	504~576
抗冲强度/(kg/cm^2)	0.5	0.2~0.36
伸长率/%	5~705	1.0~1.5
软化温度/℃	60	115~126
比重	1.1	1.3

(3)组织紧密、气孔率低 生胶是一种高粉状液体,受热即软化成黏弹性物质,由于成型加工都在热塑状态下,所以成品的组织特别紧密,气孔率很低或无气孔。因而磨加

工时,摩擦生热较高。排屑和散热性较差,限制了它的使用。

(4)耐热性差 天然硬质胶60 ℃开始软化,在100 ℃以上开始有 H_2S 分解放出,受热到250～280 ℃,就熔融成黑色树脂状物质,进行燃烧,产生强烈臭味。所以一般加工时均需要采用冷却液,不适于干磨加工。

(5)其他 生产周期短,耐油性差,天然胶、丁苯胶不耐油,而且价格较高。

9.1.2 橡胶磨具的用途

橡胶磨具具有以上的一些特性,它的主要用途如下:

(1)制成硬质橡胶砂轮 用于磨量较小的精磨工序,特别是广泛用于轴承工业中,用多种磨削方式来精加工多种轴承零件,以求达到较佳的表面粗糙度。

磨轴承砂轮——磨轴承套圈的内外滚道;

磨螺纹砂轮——磨小螺距的螺纹;

无心磨砂轮——磨滚子和滚针的滚动面;

筒形砂轮——磨圆锥滚子端面(基面)。

(2)制成硬质橡胶薄片砂轮 制成硬质橡胶薄片砂轮(厚度可薄至0.08 mm),对仪表、量具中的精密零件进行刻槽与开沟,以及对贵重金属材料(如钨钢)进行切割与切断,刻出的沟槽表面或切下的切口断面与使用其他结合剂磨具时相比,具有较高的表面质量。

(3)制成硬质橡胶砂轮 用作无心磨床上的导轮(即摩擦轮),利用硫化橡胶结合剂所具有的较高的摩擦性能,使圆柱形工件在磨削轮与导轮之间受摩擦而产生稳定的转动,从而实现无心外圆磨削。此时导轮的转速很低,仅13～94 r/min,线速度0.2～1.5 m/s。导轮除起摩擦作用外,也有抛光作用,对被磨工件的表面质量也有很大的影响。

(4)制成柔软抛光砂轮 用于某些工具和机械零件表面或沟槽的抛光修饰。

抛光钻头砂轮——抛光钻头的螺纹沟槽;

抛丝锥砂轮——抛光丝锥沟槽;

抛叶片砂轮——抛光涡轮叶片;

抛板牙、抛丝锥柄砂轮——抛光板牙外圆、丝锥柄部。

9.1.3 橡胶磨具分类

9.1.3.1 按制造工艺分类

(1)滚压法砂轮 采用开放式炼胶机,混制成型料。出片后,单片或多片叠在一起,再用冲刀制成砂轮毛坯。

1)单片成型 砂轮毛坯为一片用冲刀成型(单片厚度 H 一般在20 mm以下)。

2)多片成型 两片或两片以上的料片叠在一起,用压光机或油压机压成砂轮毛坯。如粗粒度精磨砂轮。

（2）模压法砂轮　采用松散机、开炼机或逆流机混制成型料,再用模具压制成砂轮毛坯。

1）叠片模压法　固体天然胶用开炼机混制成型料,出片后冲型,再多片叠在一起用模具压型。如无心磨导轮。

2）松散料法　固体丁苯胶用松散机或开炼机混制成型料,再用松散机或开炼机挡板打散,装入模中压型。如无心磨导轮、磨轮、杯形砂轮、筒形砂轮及细粒度砂轮。

3）液体胶法　液体胶用逆流混料机混制成粉状料,再装模压型。如杯形砂轮和筒形砂轮。

9.1.3.2　按结合剂性质分类

（1）软质胶砂轮　具有较高弹性和柔软性。例如一级柔软抛光砂轮。

（2）半硬质胶砂轮　在外力作用下,可产生微变形。例如二级柔软、丝锥、板牙等抛光砂轮。

（3）硬质胶砂轮　硬度高,基本无变形。例如精磨砂轮、切割砂轮及无心磨导轮等。

9.1.3.3　按用途分类

（1）精磨砂轮　用于精磨和终磨工序,有内圆及外圆磨砂轮、无心磨及轴承沟道磨砂轮,以及磨螺纹砂轮等。

（2）导轮　用于无心磨削,带动工件匀速转动,确保工件外形尺寸及形位公差。

（3）切割砂轮　用于切割及开槽。一般厚度在 5 mm 以下。

（4）抛光砂轮　用于工件的抛光。有一级和二级柔软抛光砂轮和丝锥、板牙及各种专用抛光砂轮等。

9.1.4　橡胶磨具的特征及标志

橡胶磨具的形状、尺寸、材质、粒度的标准代号和图形等标志方法和书写顺序见 GB/T 2484—2006。

橡胶磨具硬度不分小级,因其弹性影响,目前未做硬度检验,大级硬度及代号见表 9 - 2。

表 9 - 2　硬度及代号

砂轮名称	硬度及代号			
	中软	中	中硬	硬
精磨砂轮	K～L	M～N	P～R	S～T
切割砂轮	K～L	M～N	P～R	S～T
导轮	K～L 至 M～N		P～R 至 S～T	
抛光砂轮	$R_1 R_2 R_3 R_4 R_5 R_6 R_7 R_8 R_9 \cdots R_n$			

9.2 橡胶结合剂

9.2.1 橡胶的主要性能

橡胶是一种高分子化合物,具有许多独特的性能。磨具制造主要采用固体胶,它与磨具制造有关的特性有:高弹性、可塑性、硫化作用、氧化作用、黏结性等。

9.2.1.1 高弹性

我们知道,高分子由于大分子链段的运动,使其有一个高弹区,在外力作用下,大分子能沿着外力作用方向舒展,发生很大形变;外力除去后,链段要恢复它原来的平衡状态(形成卷曲状态)。

测定橡胶弹性的方法很多,有弹性模量、定伸强度、断裂伸长率、永久形变及应力 – 应变曲线等。一般可以采用拉力试验机测定。

永久形变——试样拉断,停放 3 min 后的伸长率(%)。

定伸强度——橡胶受力拉伸一定长度(如360%或500%)时所需的力。

9.2.1.2 可塑性

弹性是橡胶制品的特有性能,但是在制造过程中,弹性给其加工成型带来了困难。在磨具制造中给混料和成型也带来了不便。

在橡胶工业中常用可塑性的概念表示,黏性液体的黏度表示液体流动阻力大小;可塑性的大小和黏度相反,黏度大即表示可塑性小。

可塑性是指材料受外力作用时产生变形,除去外力后,不能恢复原来形状的能力。

生胶实质上也是一种高黏性的液体,所以我们说,橡胶兼有弹性固体和黏性液体的双重性,这种性质称黏弹性。

对于可塑性高的橡胶有利于混料与成型。但可塑性过高,不易混炼,容易粘辊,胶料黏结力降低,成品的机械性能降低。

橡胶的可塑性与其结构、分子量大小等有关,结构相同,分子量小的橡胶弹性小、塑性大。

提高橡胶可塑性的方法有机械塑炼、加热塑炼和加入增塑剂等。

用于测定生胶、塑炼胶及混炼胶等可塑性的方法很多,概括起来可分成下列三大类:

(1)压缩型

1)定负荷压缩型 试样在一定温度、时间和压力下,产生压缩形变的情况。如威氏塑性计与华莱氏塑性计。

威氏塑性计是将$\phi 16$ mm,$h10$ mm(h_0)的圆柱状试样在 70 ℃ ±1 ℃ 温度下,先预热 3 min,然后加负荷(5 kg),压缩 3 min(试样高为 h_1),除去负荷后,停放(在室温下)3 min(h_2),根据试样高度的前后变形量用式(9 – 1)来计算试样的可塑度 P:

$$P = \frac{h_0 - h_2}{h_0 + h_1} \qquad (9-1)$$

式(9 – 1)计算的可塑度数值为 0 ~ 1。

P 值越大,可塑性越好。

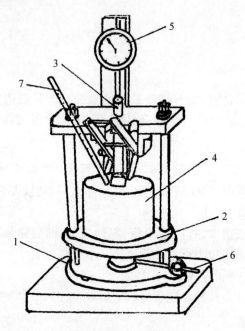

图9-1 威氏塑性计

1,2-钢板;3-主柱;4-负荷;5-测厚仪;6-调节杆;7-温度计

2)定形变压缩型 如德弗可塑计。

以在一定温度和时间内试样压缩至规定高度时所需的负荷值(g)来表示。将 ϕ10 mm×10 mm 的试样,在 80 ℃ ±1 ℃恒温下预热 20 min,施加适当负荷,在 30 s 内试样压缩至 4 mm 所需的克数,称为德弗可塑性,又称德弗硬度(除去负荷后在 30 s 所恢复的高度称德弗弹性值)。

德弗值测定范围为 50～20 000 g,所得数值越大,可塑性越小。

(2)旋转型 如转动黏度计(门尼黏度计)、硫化仪等。

门尼黏度计测定可塑度的方法:在一定温度、时间和压力下,根据试样在活动面(转子)与固定面(上、下模腔)之间变形时所受的扭力来确定可塑度。如图9-2 和图9-3 所示。

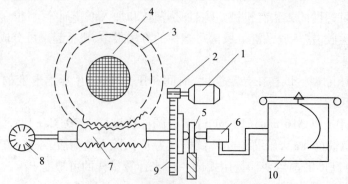

图9-2 门尼黏度计结构示意图

1-电动机;2-小齿轮;3-蜗轮;4-转子;5-弹簧板;6-差动变压器;

7-蜗杆;8-百分表;9-大齿轮;10-记录仪

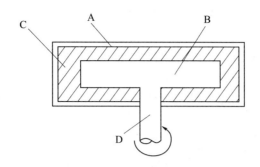

图 9 - 3　门尼黏度计的转子
A - 模腔；B - 转子；C - 生胶；D - 转子轴

门尼黏度值视测试条件不同而异，所以要注明测试条件。在国内通常以 $ML_{1+4}^{100\ ℃}$ 来表示，其中 M 表示门尼黏度，$L_{1+4}^{100\ ℃}$ 表示用大转子(直径为 38.1 mm，转速为 2 r/min)在 100 ℃下预热 1 min 转动 4 min 所测得的扭力值(一般用百分表指示)。也有不经预热而直接测试的，如 $ML_{-4}^{100\ ℃}$ 和 $ML_{-8}^{100\ ℃}$ 分别表示试样不经预热在 100 ℃下，分别转动 4 min 和 8 min 的门尼值。

由于试样的塑性不同，给予转子的扭力也不同，百分表上数值越大表示黏度越大，即可塑性越低。

门尼黏度计测值范围一般为 0 ~ 200。

天然胶的门尼黏度值 $ML_{1+4}^{100\ ℃} = 95 ~ 120$。混炼一般需要门尼黏度值在 60 左右。

门尼黏度法较威氏法、德弗法迅速简便，且表示的动态流动性更接近于工艺实际情况。

另外，用门尼黏度计能简便地测出胶料的焦烧时间：即用直径为 30.5 mm 的小转子，在 120 ℃下门尼黏度升高 5 个门尼值所需的时间。及时了解胶料的加工安全性。因此，门尼黏度法在科研及生产上应用颇为普遍。

(3)压出法　如：格里弗斯压出塑性计、毛细管流变仪等。

在一定温度、压力、口型下，于一定时间内测定胶料的压出速度，以每分钟压出的毫升数(或重量克数)表示可塑度。

在我国威氏、德弗、门尼三种塑性计均已订入标准。

9.2.1.3　硫化作用

从狭义来说，橡胶与硫的化学反应，称为硫化作用。

从广义来说，硫化作用是指橡胶线型分子在一定条件下交联成网状或体型结构的过程。

一般未硫化的橡胶叫生胶，硫化后的橡胶叫硫化胶或橡皮。

硫化的最早概念是由于天然胶与硫黄共热，硫原子在橡胶分子的双键 C＝C 上起加成反应，并通过硫原子的"架桥"作用，使相邻分子相互通过化学键交联而成网状或体型结构。

交联后使分子链在受力或受热时，不再容易相互位移，从而产生一系列的性质变化：

失去可塑性和可溶性,提高强度、硬度、耐热性和化学稳定性,弹性随交联密度的增大而下降。

当硫黄用量很小时(3%以下),线型分子之间的交联密度很小(大约每200个碳原子之间才出现一个交联点),这样的结构,并不影响分子链的内旋转,在外力作用下,仍能发生很大的形变,外力消除后,形变能完全恢复。这种硫化橡胶称"软质硫化胶"或"软橡皮",简称"软橡胶"。

随着硫黄用量的增加,线型分子间的交联密度增大,交联点越来越多,于是分子链的内旋转运动受到约束,变形能力减小,抗张强度逐渐增大,当交联密度很大时(硫黄用量30%以上)整个分子链像"冻结"一样,于是,在常温下就处于玻璃态。这种硫化橡胶称为"硬质硫化胶"或"硬橡皮",简称"硬橡胶"。

介于软质胶与硬质胶之间的硫化胶,有的也叫半硬质胶。

例如:天然橡胶,硫黄用量在0.5%~4.0%时的硫化胶是软橡胶;硫黄用量在32%以上时的硫化胶是硬橡胶;硫黄用量介于两者之间的硫化胶是半硬橡胶。

表9-3列出几种胶的主要性能比较。

表9-3　天然橡胶与某些合成橡胶的硫化胶性能比较

性能		天然橡胶	丁钠橡胶	硬丁苯-30	硬丁腈-26
未经硫化	抗张强度/MPa	1.0~4.0	0.2~0.3	—	—
无填料软胶	抗张强度/MPa	18~22	2.0	3.5~5.0	3.5~4.0
	伸长率/%	800~900	550~600	600~700	500~600
炭黑补强软胶	抗张强度/MPa	20~35	13~25	22~28	24~30
	伸长率/%	600~700	600~700	500~650	550~650
	回弹性/%	50~55	26~38	38~44	25~30

随着科学技术的发展,特别是合成橡胶出现以后,人们发现除硫黄以外,尚有许多其他物质(如过氧化物)都能与橡胶线型分子化合并使之交联。而且除化学方法外,也可用一些物理方法(如辐射能的作用)使之交联。

9.2.1.4　氧化作用与臭氧作用

天然胶和其他不饱和橡胶,在储存和使用过程中,由于与空气中的氧气和臭氧作用,引起氧化反应和臭氧反应。在双键附近(α-位置)生成不稳定的过氧化物,使分子链裂解成小分子物质。

氧化后的橡胶可塑性增大,弹性降低,乃至变成黏性的树脂状物体,物理机械性能大大降低。这就是所谓"老化"现象的主要原因。特别是交联密度低的不饱和胶,最容易起氧化反应,所以,一般要加防老剂,阻止氧化反应的产生。

从另一方面来说,生胶的氧化作用和臭氧作用,也是塑炼工艺过程的基本原理和依据。

9.2.1.5　黏着性与自黏性

生胶料的胶黏性可表现为"自黏性"与"互黏性"（或黏着性）两个方面。自黏性是指黏性物质的自相黏合,如橡胶与橡胶的黏合。黏着性则是指不同物质之间的黏合,如橡胶与磨料间的黏合。

橡胶的自黏性与黏着性的差异,主要由橡胶的结构来决定,一般来说,天然橡胶的自黏力大于黏结力。丁苯橡胶的黏结力大于自黏力,且天然胶的黏结力小于丁苯胶的黏结力,在用天然橡胶制造橡胶磨具坯体时,由于天然胶的自黏力大,不易被破碎为颗粒状松散料,只能用炼胶辊筒进行压片成型,成型厚度极其有限。高厚度的磨具坯体则需要把多个薄片状坯片装入模具中,用压机合模,并需连同模具去加热硫化。当使用丁苯胶时,由于丁苯胶自黏力小,很易把含磨料的丁苯胶料破碎为颗粒状松散料,从而可以装入模具中用压机进行模压成型,并随之可从模具卸出,托在铁板上去加热硫化。

橡胶的自黏性及黏着性除取决于橡胶的结构外,也受外界条件的不同而变化。例如:提高温度,天然胶的黏着力增大而自黏力下降,但丁苯胶的黏着力和自黏力都下降;加入补强剂（如炭黑）后,天然胶自黏力的增长幅度远大于黏着力的增长,而丁苯胶的黏着力仍大于自黏力。加入增黏剂后,丁苯胶的黏着力增长更多。因此在实际工作中,可以通过温度的变化及加入不同的添加剂来调整生胶料的自黏性与黏着性,以获得较好的工艺性能。

橡胶的自黏性与黏着性除在外观表现上有所不同外,它们的产生机制也不尽相同。自黏力实质上是橡胶自身分子间内聚力的反映,是自扩散的结果,因而影响因素较少;而黏着力的大小除与橡胶本身的内聚力及扩散作用有关外,还与被粘物的化学性质、表面状况及施工因素等多种因素有关。

用橡胶结合剂把磨粒黏接起来构成一定形状的固结磨具。这种橡胶磨具在高速转动中与被加工材料的表面相互挤压、相互摩擦而进行磨削加工,因而要求橡胶磨具要有很高的强度及耐热、耐磨性能。这就要求固化后的橡胶结合剂能与磨料产生很高的黏结强度,而且结合剂本身具有很高的内聚强度,否则,在高速转动下产生破裂。此外,也应有较高的耐热、耐磨性能。

由于橡胶磨具使用性能的需要,到目前为止还没有合适的能单独使用的低分子量液体橡胶或胶浆（橡胶溶液）、胶乳等流动性物质,而只能使用高分子量（几十万）的固体生胶。

固体橡胶分子量大,与磨料黏结强度较高,且自黏性好,具有很高的内聚强度,但由于它自黏性好,弹性高,在橡胶磨具制造过程中,必须用大功率的炼胶辊筒,使它紧包一个辊筒。在转动中受另一个辊筒碾压,因而生热软化,然后把大量磨料碾混进去,形成磨料颗粒被结合剂生胶料包结的板块成型物料。

对滚压成型料,要求橡胶成型料具有适宜的自黏结力,使坯体自身内的胶层能易于黏合而不起层,但又不易于严重黏着辊筒。

对于模压成型松散料又必须使橡胶结合剂对磨料的黏结力大于自黏力,以便能滚碎成为松散料,若自黏力大于黏结力,则容易形成所谓"游离砂",引起磨料在成型料、磨具坯体以及成品磨具内分布不均、造成组织不均等废品。但是,生胶料的黏着性也不宜过大,否则成型料不易滚碎,松散性不好。而且模压成型不易脱模,容易造成起层、裂纹等。

为提高橡胶结合剂(包括生胶料和固化后的结合剂)与磨料的黏接性能,在固体生胶(特别是丁苯胶)中加入适宜的增黏剂及填充剂,同时提高橡胶的黏着力与自黏力,就可以综合提高橡胶结合剂的胶黏性能。丁苯橡胶的黏着力与自黏力都很低,但黏着力又大于自黏力。如仅加入增黏剂,虽会明显提高其黏结性,但自黏力却提高不多,必须同时加入适宜的填充剂来提高其自黏力,综合起来,才能明显提高丁苯胶的胶黏性能。

增黏剂的选用,以能在橡胶加热硫化过程中增黏剂自身也能缩合或聚合成较高的结构为好,这样才不致降低成品磨具的耐热耐磨性能。理论与实践表明:古马隆树脂和液体橡胶有这样的特性(液体橡胶参与硫化交联)。液体酚醛树脂在加热中也有缩合反应,但因它是极性有机聚合物,与橡胶互溶性不好,增黏作用稍差。

至于填充剂,以有补强性能为好。粉状酚醛树脂有此功能,但增黏作用不明显。轻质碳酸镁是轻细粉末,能明显增大丁苯橡胶的自黏力。

(1)在滚压成型的丁苯橡胶成型料中加入适量的古马隆树脂和轻质碳酸镁填料,可使磨轴承砂轮的极限转速从 90 m/s 提高到 110 m/s,符合 50~60 m/s 高速磨削的要求。

(2)在滚压成型的丁苯橡胶成型料中加入适量的液体聚丁二烯橡胶以制成橡胶磨螺纹砂轮,在 50 m/s 的转速下用 0.25 mm 小螺距的螺纹磨削中,除能保证被磨工件表面粗糙度为 0.32 μm 级以上外,砂轮本身也能良好地保持磨削部位的尖角形状。

(3)在模压成型的丁苯胶松散料中加入适量的粉状酚醛树脂,所制成大规格的橡胶无心磨砂轮(D 为 500~600 mm,H 为 150~200 mm),能保证在通常的回转速度(56 m/s)下,从未产生过破裂现象。

(4)在模压成型的丁苯胶松散状成型料中,加入适量的液体酚醛树脂与轻质碳酸镁填料,可以使结合剂生胶料明显增大对磨料颗粒的黏附力,因而明显地减少磨粒与结合剂生胶料相互分离的现象。

(5)在磨料表面上预先包涂上一层液体酚醛树脂(可以经过干燥或不干燥),然后才与橡胶结合剂生胶料混合及成型,所制成的橡胶磨具(软弹性磨具或硬质磨具,天然胶的或丁苯胶的,粗粒度的或细粒度的)都能因黏结强度的增大而获得良好的耐热耐磨性能。

9.2.2 橡胶的化学组成和结构对其性能的影响

9.2.2.1 橡胶分子量及分子量分布与性能的关系

橡胶分子量的大小与橡胶的物理机械性能有密切的关系。当分子量增加到一定程度后才具有良好的使用性能。实际使用的橡胶分子量一般在 20 万~30 万之上。

橡胶分子量的大小及其分布对橡胶的加工性能和物理机械性能都有重要的影响。

分子量低的可塑性大,容易压延,压出的胶片表面光滑、收缩率小。分子量高的因其可塑性小,弹性大,压延比较困难,胶片收缩率大,但胶片有较高的强度。

分子量分布宽的橡胶综合了上述两个方面的优点,其加工性能最好;反之分子量分布较窄的橡胶,其加工性能就不好。图9-4所示为丁苯胶、氯丁胶和天然胶分子量分布曲线,从图9-4中可看出,天然胶分子量分布较宽,因而其加工性能良好,丁苯胶和氯丁胶分子量的分布较窄,所以加工性能较差。

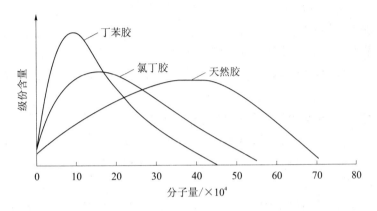

图9-4　丁苯胶、氯丁胶和天然胶分子量分布曲线

分子量与强度的关系,如图9-5所示。当丁基胶的分子量增加时,其强度迅速增加,其中以10万~30万上升得最快,过后上升就逐渐趋于平稳。当丁基胶分子量需达30万左右,才能呈现较高的强度。

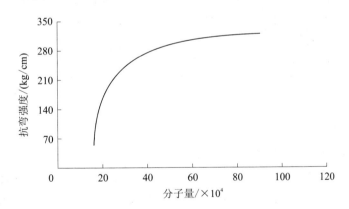

图9-5　硫化丁基橡胶抗弯强度与分子量的关系

由此可见,对一般橡胶的要求,应是有较高的分子量,而又有较宽的分子量分布。

9.2.2.2　橡胶分子主链中存在的双键与性能的关系

橡胶分子中主链的组成大多数是由碳原子组成的,称碳链橡胶。碳链橡胶中组成主链的价键有 C—C 键和 C=C 键。C—C 键是由 σ 键组成的,它具有较高的键能(约263 kJ/mol),不易断裂。因此完全由 C—C 键组成的橡胶分子呈饱和性,不易与硫、氧起反应,具有耐热、耐氧化的性能。C=C 键是由 σ 键和 π 键共同组成的双键,它有较高的键能(约422 kJ/mol)。但其中的 π 键,强度小,容易断裂,造成双键不稳定,化学活性大。

同时双键容易受极化,极化后使邻近的基团(特别是 α 位的次甲基)变得非常活泼。因此,含双键的橡胶不耐热、不耐氧化。

橡胶分子中凡主链含有不饱和双键的容易老化,相反不含双键的及主链上不含双键的橡胶分子,其耐老化性能好。天然胶具有一系列的优点。它的最大弱点是容易老化,这是因为它的分子主链中含有活泼的双键,易与空气中的氧气和臭氧起作用,橡胶分子链因而断裂或交联,使橡胶变黏或龟裂,产生老化现象,其他合成橡胶,如丁苯胶、丁腈胶、丁钠胶等的耐老化性能也都较差。

不饱和橡胶分子的耐老化性能还会受其他因素影响,如氯丁胶由于氯原子具有吸引电子的性质,使双键的活泼性降低,所以氯丁胶比天然胶耐老化。此外,橡胶分子中双键的含量多少对老化也有影响,如丁苯胶含双键的量比天然胶少,可以说饱和性较高,所以其耐老化性较天然胶好。

9.2.2.3 橡胶分子结构的规整程度与性能的关系

橡胶的分子链,有些是由一种单体连接而成的,有些则是由两种或三种单体连接而成的,单体连接的方式有可能多种,于是就产生各种各样的构型。分子链的构型不同,橡胶的性质也不一样。

天然橡胶是由异戊二烯单体聚合而成的,在聚合时,根据其单体连接的方式不同,生成四种不同构型的产物,分成顺式 1、4 结合,反式 1、4 结合,3、4 结合,1、2 结合等四种异构体,这些产物其化学组成相同,只是分子结构型式不同。四种异构体中,顺式 1、4 构型排列比较规整,因而弹性最好,抗张强度大。1、2 和 3、4 构型均含有侧链,侧链上还有双键。这些侧链会阻碍分子链的运动,对橡胶的强度和弹性都有不良影响。所以橡胶分子中,如果顺式 1、4 构型多,则强度和弹性都较高,例如:天然橡胶、顺丁橡胶,主要是顺式 1、4 结构,因而强度较高,弹性较好。

丁苯橡胶中的丁二烯与苯乙烯,两者排列杂乱,既有丁二烯与丁二烯相结合,也有丁二烯与苯乙烯相结合,又有苯乙烯与苯乙烯相结合的结构单位,因而这种丁苯生胶的强度很低非用炭黑等补强剂不可。

9.2.2.4 橡胶分子中主链上所含侧基与性能的关系

在碳链橡胶分子主链上所连的侧基有:—H,—CH₃,—C₂H₅ 以及各种极性基团(如 —Cl、—CN、—F 等),由于这些基团有不同的性质,因此使橡胶具有不同的性质。

(1)主链侧基为 H(氢原子)的橡胶,如顺丁橡胶,H(氢原子)不显出电性,对双键性质无影响,H(氢原子)的空间体积小,不妨碍单键的转动,橡胶有良好的弹性。

(2)主链侧基上含有—CH₃的橡胶,如天然橡胶、异戊橡胶等。—CH₃侧基的体积比 H(氢原子)大得多,对单键旋转有阻碍作用,因此使双键有较大的化学活性,易与硫、氧起反应。

(3)主键含—C₆H₅侧基的橡胶,如丁苯胶等,苯环比—CH₃的体积更大,因而丁苯橡胶的弹性比天然橡胶差。但由于丁苯胶是共聚体,分子链是丁二烯基和苯乙烯基两部分组成,在主链上双键的含量相对较少,因此化学活性也相对较低。

(4)主链上含极性侧基的橡胶,如氯丁胶(含—Cl)、丁腈胶(含—CN)、氟橡胶(含—F)等。这些极性侧基使橡胶具有极性,按照相似相溶的规律,极性橡胶在非极性溶剂和油类中不易溶胀,因此含极性侧基的橡胶能耐油。另外,由于极性基因的电负性大,对邻近双键有屏障作用,使双键不易被氧化,因而耐老化性能好些。但由于极性侧基存在,使分子间的作用力增大,不利于分子键的活动,所以极性橡胶的弹性比较低。

9.2.3 橡胶的化学改性

全部化学改性方法可以分为如下三大类:

(1)在生胶体系,用改性的低分子化合物进行聚合或缩聚。或者生胶与低分子化合物相互作用的改性方法。

(2)以生胶与高分子化合物相互作用为基础的改性方法。

(3)在生胶合成阶段进行的改性方法。

所有这些方法现在都广泛用于制备各种橡胶材料。但是,在橡胶工艺的弹性体加工过程中,加入活性低分子化合物(或齐聚物)是最重要的改性方法,通常是在弹性体基质中加入能聚合或缩聚的,或不能聚合或缩聚的多官能化合物。当弹性体与这些化合物或大分子结构分解产物相互作用时可形成新的官能团。

目前在化学改性方面已积累了大量的实验材料,对它的概括已做初步尝试,目的在于创建理论,确定改性方法,引入官能团的类型和制成品性质之间的关系。

大分子反应能力的若干理论观点,成为弹性体改性的基础。

9.2.3.1 生胶应用低分子化合物聚合改性

合成弹性体在胶料加工前采用有反应能力的低分子化合物改性。双烯弹性体溶液和胶乳的环氧化就属于这种改性。在弹性体中引入环氧基可以改善橡胶的综合性能,尤其是它的黏结特性。环氧化天然橡胶目前已经工业生产,规模达年产 2 000 t。

用马来酸酐或酸改性的合成双烯弹性体。在双烯弹性体中引入酸酐基,在合成聚异戊二烯大分子链结构中,用羰基合成引入羰基和酯基,在这种情况下只观察到大分子链的破坏。这些生胶和以它为基础的胶料具有很高的黏结强度和良好的黏附性能。

含芳氨基的合成聚异戊二烯(称为异戊橡胶)是工业上合成聚异戊二烯重要的改性方法。这种胶采用合成聚异戊二烯与亚硝基化合物,特别是对亚硝基二苯胺及其同系物相互作用而成。

上述合成双烯弹性体在其加工前进行改性的方法得到极大的好评,并获得工业上的应用。许多种改性方法还处于研究阶段,这些改性方法包括加氢、羟基化、氢卤化、磺化、氯磺化、卤化、环化、辐射改性、氯醛与乙醛相互作用、用偶氮二甲酸反应、腈反应、臭氧反应、硫代化合物反应等。双烯弹性体可以用溴代琥珀酰胺"络合"改性,使大分子中引入羟基、羧基、溴基等。

弹性体化学改性非常有前途的方法是利用各种形式的卡宾($R_2C:$)作为改性剂,利用它可以在聚合异戊二烯大分子结构中引入各种官能团,如卤素、羧基。卡宾的特点是具有非常高的反应能力,不但对不饱和弹性体如此,对饱和的橡胶也是如此。

双烯橡胶用含羧基的化合物(其中包括氨基酸和 Na^+盐,NH_4^+盐,芳香族的 N^-卤代磺酰胺)改性。这些含羧基化合物固定在弹性体基质上,引用了天然橡胶蛋白质组成的剖析结果,可以利用构成天然橡胶组成的蛋白质片段对合成聚异戊二烯进行改性。

上述合成橡胶在加工前进行改性,一般说来,首先是为了改进增强材料的黏结力及黏附力。此外,在弹性体大分子中引入官能团可以解决许多特殊问题,例如提高橡胶的耐寒性、耐热性及热稳定性,改善其疲劳耐久性、耐臭氧性、耐氧及耐大气老化性,提高弹性滞后及强度性能等。

因此,目前选择生胶改性最佳方法和选择改善生胶和橡胶性能所需的最佳官能团非常重要。将来会在改性生胶和以生胶为基础的橡胶的性能与结构之间建立起明确的关系。

9.2.3.2 用低聚物化学改性

应用低聚物对橡胶改性效果明显。例如利用 C - 亚硝基化合物进行化学改性的方法,它可以在弹性体本体结构中引入芳氨基,强化分子间的相互作用;强化弹性体——填充剂的相互作用;强化弹性体——增强材料的相互作用。

亚硝基化合物与异氰酸酯并用的改性,可以获得具有特殊硫化网络的硫化胶,赋予橡胶以高的动态弹性特性,提高耐热性和热稳定性。利用异氰酸酯对橡胶改性,其中包括封端的异氰酸酯。改性剂 TK 是用 ε - 己内酰胺封端的 2,4 - 甲苯二异氰酸酯。封端的二异氰酸酯赋予橡胶对各种纤维以高的黏结特性。

用低分子化合物马来酸酐及其衍生物,如间亚苯基双马来酰亚胺进行橡胶化学改性。用马来酰亚胺改性的橡胶的特性是耐高温硫化、耐热耐老化,其黏结性能大为改善。这种改性方法的缺点在于必须利用各种给电子游离基引发反应,因此在弹性体相中可能生成马来酰亚胺的均聚物以及引发剂直接与橡胶相作用。

除上述低分子改性剂一般直接参与大分子改性外,还利用其他改性剂,如以有机硅化合物为基础的橡胶改性剂等。

化学改性除了利用低分子化合物,还广泛利用含官能团的低聚物改性,这些低聚物能与橡胶制品的弹性体母体和其他组分相互作用。它们可以是以异戊二烯、丁二烯以及嵌段共聚物为基础的含有端羧基、异氰酸酯基、酰肼、亚硝基及其他官能团的低聚物。用双官能团低聚物改性能明显提高橡胶受到局部重荷作用时的强度、耐热性、多次变形下的疲劳耐久性以及改善橡胶的黏结特性。利用各种结构的环氧树脂做低聚物改性,其中有从页岩提炼的低分子醚化环氧化合物。利用液体环氧化生胶作为含环氧化合物低聚物。环氧树脂的高改性、活性是由于其结构中存在环氧基,这种环氧基对弹性体材料有相应反应能力,尤其是以极性生胶为基础的材料。

丙烯酸酯低聚物属于橡胶低聚物改性剂。根据丙烯酸酯低聚物官能度的不同(四官能团、八官能团、多官能团),这类低聚物橡胶中显示出不同的改性活性。应用丙烯酸酯低聚物要求在橡胶中同时加入能打开这些化合物中乙烯基双键的游离基引发剂。总的改性效果取决于丙烯酸酯低聚物分子如何接枝到弹性体本体上,也取决于与弹性体本体化学键合的丙烯酸酯均聚物的微观非均相的形成。弹性体用丙烯酸盐和甲基丙烯酸盐及用乙烯基吡啶络合物改性和硫化具有重要意义。属于这一类改性剂的还有以丙烯酰胺的卤素有机衍生物等。这些化合物在各种引发剂存在下也是活泼的。它们可以接到弹性体链上引起链的改性,还可以在弹性体相中产生均聚物粒子而形成微观非均相结构,并能与橡胶的大分子形成化学键。因此,在胶料中引入丙烯酸酯低聚物,以及引入以丙烯酸和吡啶衍生物为基础的盐和络合物,最终所达到的效果都彼此相近,可以把它们统一在特种橡胶和通用橡胶的改性剂和硫化剂中。

所以,能够在改性聚合物本体中进行聚合的化合物,无论是低聚物或是单体,都受到它们与大分子反应的限制,在改性的硫化胶中生成微观非均相,形成特殊的硫化网络。在利用不饱和低聚物、盐和乙烯衍生物的络合物改性时,它们在胶料中的用量比对其特性具有重要作用。改性剂量小于 10 份时,主要观察到弹性体链的改性;而改性剂量大时,在弹性体中产生均聚物非均相,与生胶以化学键相连接,起着活性填充剂的作用。

9.2.3.3 用酚类及亚甲基给体改性

以各种酚类及亚甲基氨基化合物为基础的低分子化合物和低聚物作为胶料改性剂,其特点在于弹性体中除进行橡胶大分子的改性外,还有缩聚反应,能在聚合物本体中生成固化树脂——缩聚物的微粒。

利用这种改性剂由来已久。Giller,Vandet,Meer,Holtsch 详细研究了含羟甲基的烷基酚醛树脂与橡胶相互作用的机制。橡胶用酚醛树脂硫化和改性的过程。以二元酚——间苯二酚和 5 - 甲基间苯二酚为基础的树脂在橡胶改性中具有最高的活性。彼此处于间位的两个羟基使苯环邻对位强烈活化,决定了间苯二酚在缩合反应中的高活性。间苯二酚、邻苯二酚和对苯二酚与甲醛相互作用的反应速率分别为苯酚与甲醛反应速率的 81.4 倍、2.3 倍和 1.2 倍。间苯二酚分子间位上有第 2 个 —OH 基,使该化合物的酸性增大(苯酚的 K_a 为 1.0×10^{-10},间苯二酚的 K_a 为 3.6×10^{-10})。在二元酚的间位有取代基的情况下,缩合反应仍有最大数量的活性中心(2 - 邻位和 1 - 对位)可以利用,这就决定了间苯二酚衍生物作为橡胶改性剂和硫化剂有高的活性。

橡胶用间苯二酚和六次甲基四胺改性。将这个体系与胶体硅酸同时使用,从而达到了很高的改性效果。利用这些体系首先是为了改善橡胶和胶乳薄膜的黏结特性。在氯丁胶乳中加入间苯二酚和六次甲基四胺使薄膜强化,也提高了它对腐蚀性介质的抵抗能力。应用这些体系最大的改性效果只有当同时使用胶体硅酸时才能达到,而与亚甲基给体是什么样的化合物无关,如六次甲基四胺、六次甲基三聚氰胺及其醚类、聚甲醛等。而改性体系采用间苯二酚和亚甲基给体预先载附在硅酸载体上稍有改进。

间苯二酚 - 六次甲基四胺改性体系可以用各种添加剂活化。胶料中含有各种组分的改性体系虽然效率很高,但有许多缺点。高温下,在胶料中加入间苯二酚时,间苯二酚会升华。为了防止六次甲基四胺过早与间苯二酚作用,在低温下加入六次甲基四胺会使间苯二酚分散不好。此外,六次甲基四胺有毒并胶料易于焦烧等缺点。对于以间苯二酚和六次甲基四胺为基础的改性体系,只要这些组分不是单独添加,而是先使它们相互作用,以作用产物(即所谓间苯二酚托品)的形式添加进去,其许多参数就可以大为改善。这种产物具有分子络合物的结构,其特点是组分的反应能力很强。不论间苯二酚和六次甲基四胺是分别加入胶料中,还是将间苯二酚托品加入胶料中,胶体硅酸(白炭黑)对改性工艺都是有利的。间苯二酚托品大大改善了橡胶的黏结特性,提高了硫化胶的模量和其他强度指标。间苯二酚托品可在不减少焦烧时间的条件下,加速硫黄硫化,提高硫化程度。

为了创造高黏结强度的橡胶黏结剂,必须研究橡胶与胶料和黏合剂中的官能团之间、橡胶与改性剂 PY(间苯二酚托品)转化产物之间相互作用的机制。这些改性剂与含酰胺基、丙烯醛基、醛基、吡啶基和羧基的橡胶相互作用。改性剂 PY 及其转化产物与含羧基、氨基和环氧基的橡胶之间发生反应。间苯二酚托品及其同类物在以聚氯丁二烯及氯磺化聚乙烯为基础的橡胶和以氟橡胶为基础的橡胶中都是有效的。橡胶用酚与六次甲基四胺的络合物(酚托品)同间苯二酚结合起来改性,可以减少间苯二酚在胶料中的总用量。四氮金刚烷可用作亚甲基氨基的给体,而间苯二酚及其同类物可用作受体。三氮磷酸金刚烷或其有机酸盐用作改性体系的四氮金刚烷组分引起了人们的注意。以这些化合物为基础制得的改性剂具有活性高的特点,不过随着时间推移其活性并不稳定。

有人提出了不用间苯二酚或以它为基础的树脂,而用它们的烯基化同类物,后者与弹性体本体共硫化时活性更高。在间苯二酚基础上创造出了新型的多组分改性体系,如:以氨基甲基化的间苯二酚为基础的改性剂,以间氨基苯酚为基础的改性剂,以三聚脱水甲醛基苯酚为基础的改性剂,以天然无机化合物为基础的改性剂,以改性剂 PY 的卤化有机化合物为基础的改性体系等。应用天然无机化合物为基础改性剂可以大大地降低改性剂 PY 的消耗,从而降低橡胶成本,此改性剂用在以极性橡胶为基础的橡胶(如丁腈橡胶)中非常有效。间苯二酚托品与氧化橡胶并用,其作用效率大大提高。当橡胶中有三烷基乙酸锌盐的亚麻油或汽油溶液以及有一系列钴化合物存在时,间苯二酚托品具有很高的活性。经过改性的橡胶有很强的黏合力。

以改性剂 PY 和对亚硝基苯酚或对亚硝基二苯胺这类亚硝基化合物为基础的改性体系具有很高的效率。尤其在环烷酸钴存在时,该体系具有很高的活性。改性剂 PY 和亚硝基化合物并用可改善胶布的耐海水腐蚀性。在含改性剂 PY 的涂敷用胶料中添加对亚硝基二苯胺,这种橡胶的整体综合性能得到改善,但同时也观察到其疲劳耐久性降低,这是改性剂 PY 的转化产物与对亚硝基二苯胺相互化学反应制约的结果。对亚硝基二苯胺和改性剂 PY 可以提高胶料的黏结强度、耐热老化性,并且在使用工业炭黑时可改善硫化胶的疲劳耐久性。采用改性剂 PY 和对亚硝基二苯胺可以降低胶料中氧化锌的含量。改性剂 PY 与其他有反应能力的低分子化合物并用的情况已为大家所熟悉。这种橡胶对织物具有很高的黏合力。由改性剂 PY 和带官能团的低聚物或聚合物组成的改性体系很有价值。例如:改性剂 PY 与末端带环氧基或异氰酸酯基的双烯低聚物和有机钴盐并用。这种改性体系可以显著增加橡胶黏合力。改性剂 PY 与带有双脲氨基团取代的低聚氨基甲酸酯并用。在这种情况下橡胶的耐寒性、耐热老化性、耐撕裂性和疲劳耐久性可以提高。改性剂 PY 宜与环氧树脂并用,这可以从根本上改善橡胶的黏结特性;或与低聚环氧醚化物并用。在胶料中再添加卤代聚合物,包括氯化丁基橡胶、聚氯丁二烯、聚氯乙烯、氯化天然橡胶或氯化聚异戊二烯,可以提高改性剂 PY 的活性。这种橡胶对金属具有较高的黏合力。氯丁橡胶与改性剂 PY 配合使用尤其有效。上述改性方法对以合成乙丙橡胶为基础的橡胶是有效的。改性剂 PY 在以顺式聚异戊二烯为基础的胶料中,与高压聚乙烯并用时活性可以提高。这种胶料用于制造软管,其特点是介电性能好,对熔融金属的喷溅有很高的稳定性。以改性剂 PY 为基础的改性体系与钴盐和有机酸并用,可提高橡胶黏结强度。

目前轮胎橡胶和工业橡胶应用最广的改性剂是以多元酚(主要是间苯二酚)和亚甲基氨基给体(六次甲基四胺、四氮金刚烷和其他化合物)为基础的体系。利用这些改性体系可以解决各种实际问题,创造出综合性能独特的橡胶。

9.2.4 天然橡胶

天然橡胶是从自然界含胶植物经采集加工而得的弹性体物体。自然界中含胶植物有多种,如三叶橡胶树、银叶橡胶菊、橡胶草、杜仲橡胶树等。但是其中具有工业价值的只有三叶橡胶树一种,它原先野生于南美洲巴西(故又名巴西橡胶树)后移植到东南亚地区人工栽培,现我国海南、广东、广西、云南、福建和台湾等地也有种植。

天然橡胶多为从热带的橡胶树中提炼出来的。把从橡胶树中取出的胶浆(或称胶乳),经过稀释、沉降、过滤、凝固、压片、干燥或熏烟等过程作用而制成。由于制作过程等的不同,天然胶又分为烟片胶和绉片胶两大类,烟片胶共分为五级,我国目前橡胶磨具采用的为烟片胶,其等级为 2 ~ 4 级。

9.2.4.1 天然橡胶的物理性能

天然橡胶相对密度在0.9 ~ 0.95,无一定熔点,温度变化对弹性影响较大。在常温下稍带塑性,温度降低逐渐变硬,至 0 ℃时弹性减小;冷却到 - 70 ℃则变成脆性物质。经冷冻过的生胶加热,则弹性随之恢复。加热到 50 ℃以上时变为柔软性物体;130 ~ 140 ℃完全软化到熔融状态;200 ℃时开始分解;270 ℃急剧分解;300 ℃以上便完全炭化。

9.2.4.2 天然橡胶的化学组成

烟片胶中的纯胶物质主要是线型的顺式 - 1,4 聚异戊二烯,化学结构式如下:

$$\left[CH_2 - \underset{\underset{\displaystyle CH_3}{|}}{C} = CH - CH_2\right]_n$$

其中 n 为聚合度,平均 5 000,亦即其平均分子量为 3.5×10^5。但实际分子量分布在 $1.0 \times 10^5 ~ 7.0 \times 10^5$,少数分子量可达 1.0×10^6。

9.2.4.3 天然橡胶的技术条件

生胶中的非橡胶成分,虽然含量少,但对橡胶产品质量有一定的影响。蛋白质(含氮化合物)有天然的防止老化和促进硫化的作用,但容易吸收水分;丙酮抽出物是一种树脂状物质,它不但是天然的防老剂和硫化促进剂,而且在混炼中能帮助某些配料分散均匀;灰分中含有钾、磷、钙、镁、铜、锰等矿物质,灰分的含量虽然很小,但却有严重的影响,特别是铜、锰的存在能促进生胶的老化,必须严格控制它的含量。

制造橡胶磨具所用天然橡胶的技术条件如表 9 - 4 所示。

表 9 - 4　天然橡胶的技术条件

橡胶含量/%	加热减量/%	水溶物/%	丙酮抽出物/%	蛋白质/%	灰分/%	相对密度
>9.0	≤1.0	≤1.5	≤4.0	≤3.5	≤0.8	0.9 ~ 0.93

烟片胶中的非胶杂质来自胶乳。胶乳经凝固除水制成胶片后,杂质可以减少,但仍有相当数量留存于胶片中,它们对生胶及硫化胶的性质也有一定影响:

(1)丙酮抽出物　主要是一些脂肪酸和固醇类物质。前者有促进硫化、帮助粉状配合剂分散和软化生胶等作用;后者则有防止老化的作用。

（2）水溶物　主要是一些糖类和酸性物质。它对生胶的可塑性及吸水性影响较大，吸水就会降低橡胶制品的耐水性及电绝缘性。

（3）蛋白质　凡生胶中的含氮化合物都属蛋白质。它也有吸水性，并易使生胶腐败变坏发臭;但却有防止生胶氧化老化的作用。

（4）灰分　主要是一些无机金属盐类物质，也会增大橡胶的吸水性。其中有些金属（如锰、铜）离子如含量稍多则会大大加速生胶及硫化胶的氧化老化，必须严加控制。

（5）水分　生胶含水量与其干燥程度、储存温度及杂质的吸水性有关。如含水过多，则生胶易发霉，以及使橡胶制品的坯体在硫化时产生气泡（技术标准的加热减量就是指含水量）。

9.2.4.4　天然橡胶的特性与应用

（1）天然橡胶常温下具有很好的弹性、很小的可塑性。如用威氏可塑度试验机测量，可塑度只有 0.06 ~ 0.08 左右。因此混料前必须先进行塑炼，以降低弹性，提高塑性。塑炼时，无论用机械塑炼法或热氧化塑炼法，都很易获得良好的塑炼效果（例如:在 $\phi 400 \times 1100$ 炼胶机上，在辊距为 2 mm，胶温 50 ~ 60 ℃中、胶量 15 kg 等情况下，塑炼 20 次，停放一夜后测定其可塑度平均为 0.36，这是一段塑炼;如再进行一次同条件的机械塑炼，即二段塑炼，则可塑度可达 0.46。如用热氧化塑炼，则需耗电 7 倍以上，所得可塑度平均为 0.49）。

（2）天然橡胶常温下呈现高弹性，但遇热便慢慢软化，130 ~ 140 ℃时则开始流动，至 160 ℃以上则可变成黏性很大的黏流体，当温度上升到 200 ℃左右时开始分解，270 ℃则急剧分解;如温度从室温往下降低，则天然橡胶慢慢变硬，弹性逐渐降低，至 0 ℃时弹性减小，继续冷却至 −72 ℃以下，则变成像玻璃一样既硬又脆的固体，这时进入玻璃态，但当温度恢复到常温时，则它又可恢复原来的高弹性。

（3）天然橡胶受力拉伸时会产生局部结晶，因而抗张性能较好，生胶抗张强度在 1 ~ 4 MPa。即使经过塑炼，其内力或自黏性仍然很好，故在混料及成型过程中，无论结合剂或成型料均不易粘辊、散碎，亦即具有较好的工艺及操作性能。使用天然橡胶制作橡胶磨具时，只能用"滚压压片法"来进行磨具坯体的成型，厚度大的磨具要在压片后再装模叠压及带模硫化。

（4）天然橡胶在塑炼及混炼过程中，亦即在受力反复拉伸回缩的变形过程中，自身产生的热量较低。

（5）天然橡胶的化学性质比较活泼，反应能力较强，容易与氧和硫化合。所以天然橡胶容易老化;与硫黄的化合速度也较快。

（6）由天然橡胶制成的软质硫化橡胶，其弹性和抗张强度都比一般的合成橡胶好，但耐磨性能较差。

（7）用天然橡胶制成的硬质硫化胶，其机械强度（抗张、抗弯、抗冲击等）比一般合成橡胶高，但耐热性能（软化温度）较低。

（8）用天然橡胶硬质硫化胶做结合剂制成的硬质胶磨具，用于主磨削时（如无心磨砂轮、磨轴承砂轮及切割用的薄片砂轮),则在磨削热的影响下,磨具表面易软化和熔化,因而磨削力很差。这可能与天然胶分子量太大,其硬质胶的机械强度较高而耐热性较低等因素有关。于是,曾有人采用高温热氧化的方法,较大程度地降低橡胶分子量、降低其强韧性,以增大磨具的脆性,结果磨具自锐性能得到改善,磨削性能及磨削工件表面粗糙度都得到改善;但是耐磨性下降,与合成橡胶相比,相差较远。使用合成橡胶、特别是硬丁苯橡胶制作磨削用的橡胶磨具,具有耐热性好、脆性适宜、自锐性好、磨削力强、耐磨耐用等优点,获得广泛和大量应用。

但是,用天然橡胶混制而成型的成型料,用压片后装模叠压成型及带模硫化而制成的硬质无心磨导轮,在低速低温下配合无心磨砂轮做无心外圆磨削时,则会使被磨工件容易获得较高的几何精度与较佳的表面粗糙度,而且导轮表现有较好的耐用度。这可能与天然胶硬质胶韧性大及弹性好等因素有关。只是,用装模叠压、带模硫化的方法来生产橡胶导轮时,劳动强度大,生产效率低,生产成本高,难以适应日益发展的无心磨削的需求。因此,要提高合成橡胶松散料模压成型橡胶导轮的使用性能。

(9)由于天然橡胶的软质硫化胶和半硬质硫化胶具有较高的抗张强度和较好的回弹性,因此,用它作为结合剂来制作软弹性的抛光磨具,具有较好的柔软弹性,适应复杂形状的被抛物表面(如螺形沟槽等),而且也使被抛工件表面获得较好的光亮度。

9.2.5 丁苯橡胶

丁苯橡胶是目前合成橡胶中产量最大,应用最广的一种通用型橡胶。它是由两种不同的单体丁二烯和苯乙烯共同聚合而成的。其化学结构式如下:

$$\left[CH_2-CH=CH-CH_2\right]_x \left[CH_2-\underset{\underset{CH_2}{\overset{|}{\underset{|}{CH}}}}{CH}\right]_y \left[CH_2-CH\bigcirc\right]_z$$

丁苯胶按单体配比、聚合温度、聚合方法、填充剂、软化剂的不同分成各种不同的牌号。

9.2.5.1 丁苯橡胶分类

(1)按单体配比 丁苯-10、丁苯-30、丁苯-50,数字代表苯乙烯的含量,随着苯乙烯含量的增加,其耐老化性能、耐热性能、耐磨性能及硬度提高,而弹性、黏着性、耐寒性能下降。

(2)按聚合温度 高温丁苯胶和低温丁苯胶,高温丁苯胶的聚合温度为50℃,低温丁苯胶聚合温度为5℃。低温聚合的丁苯胶,其强度、弹性、耐寒性、加工性能均比高温丁苯胶的好。

(3)按聚合方法 乳液丁苯胶和溶液丁苯胶。

(4)按所用填充剂 充油丁苯胶、充炭黑丁苯胶、充树脂丁苯胶等。

(5)按所用软化剂 硬丁苯胶和软丁苯胶。在低温丁苯胶中,采用低温聚合用歧化松香做乳化剂制成的分子量较低、可塑性较大的丁苯橡胶为软丁苯胶,称"香软丁苯"或

"松香软胶"。这种生胶不需要塑炼,就可直接进行混炼,工艺加工性能良好。

9.2.5.2　丁苯橡胶特点

丁苯橡胶外观为淡黄褐色,稍具有苯乙烯的臭味或块状的固体物。能溶于汽油、煤油和苯等溶剂中。其物理性能和加工性能方面特点如下:

(1)由于是不饱和橡胶,因此可用硫黄硫化,与天然及顺丁苯橡胶等通用橡胶的并用性能好。但因不饱和程度比天然橡胶低,因此硫化速度较慢,而加工安全性提高,表现为不易焦烧、不易过硫、硫化平坦性好。

(2)由于分子结构较紧,特别是庞大苯基侧基的引入,使分子间力加大,所以其硫化胶比天然橡胶硫化有更好的耐磨性、耐透气性,但也导致弹性、耐寒性、耐撕裂性(尤其是耐热撕裂性)差,多次变形下生热大,耐屈挠龟裂性差(指屈挠龟裂发生后的裂口增长速度快)。

(3)由于是碳链橡胶,取代基属非极性基范畴,因此是非极性橡胶,耐油性和耐非极性溶剂性差。但由于结构较紧密,所以耐油性和耐非极性溶剂性、耐化学腐蚀性、耐水性均比天然橡胶好。又因含杂质少,所以电绝缘性也比天然橡胶稍好。

(4)由于是非结晶橡胶,因此无自补强性,纯胶硫化胶的拉伸强度很低,只有 2 ~ 5 MPa。必须经高活性补强剂补强后才有使用价值,其炭黑补强硫化胶的拉伸强度可达 25 ~ 28 MPa。

(5)由于聚合时控制了分子量在较低范围,大部分低温乳胶聚丁苯橡胶的初始门尼黏度值较低为 50 ~ 60,因此可不经塑炼。但由于分子链柔性较差,分子量分布较窄,缺少低分子级分的增塑作用,因此加工性能较差。表现在混炼时,对配合剂的湿润能力差,温升高,设备负荷大;压延、压出操作较困难,半成品收缩率或膨胀率大;成型贴合时自黏性差等。

总之,与天然橡胶比,丁苯胶具有较好的耐热、耐老化性能和较高的耐磨性能。但丁苯胶的弹性、耐寒性、耐屈挠龟裂性、耐撕裂性和黏着性能均比天然橡胶差,工艺加工性能不如天然橡胶,多次变形下的升热量大,滞后损失大。由于硫化速度较慢,所以硫化促进剂用量较大,但硫化过程中操作比较完全。

9.2.5.3　丁苯橡胶制造的磨具

目前,国内橡胶磨具制造过程中,没有把丁苯橡胶大量应用于软弹性橡胶磨具,而主要是用于硬质胶磨具的制造。

(1)利用丁苯橡胶生胶强度(亦即内聚力或自黏力)低、受力拉伸易断裂散碎的特性,将含磨料的胶料(即成型料)在一定形式的机械设备内把它滚碾成颗粒状松散料,然后用模具及压机进行模压成型,以制作厚度较大及异型的磨具坯体(当然,也可使用滚压压片法成型较薄的磨具坯体),这比使用天然胶成型料必须压片、装模叠压及带模硫化以制作大砂轮,具有劳动强度小、生产效率高、使用质量好等优点,成为国内橡胶大砂轮的主要生产方法。

(2)所制成的硬质橡胶磨具,在磨削使用中表现出磨削力强、耐热、耐磨等优点。

(3)丁苯橡胶硬质胶磨具的主要特点是脆硬性大而弹性不足。因而,由它制作的无心磨导轮,其使用性能远不如天然胶导轮好。

(4)由高温乳液聚合硬丁苯胶所制成的硬质硫化胶磨具,比低温乳液聚合软丁苯的磨具具有更好的耐热耐磨性能,特别是用以制作薄片砂轮,在没有冷却液的干磨条件下,表现出其优异的切削性能。

9.2.6 丁腈橡胶

丁腈橡胶(NBR)是由丁二烯和丙烯腈两种单体经乳液或溶液聚合而得的一种高分子弹性体。工业上所使用的丁腈橡胶大都是由乳液法制得的普通丁腈橡胶,其分子结构是无规的,化学结构式可为:

$$\left[CH_2-CH=CH-CH_2 \right]_x \left[\begin{array}{c} CH_2-CH \\ | \\ CH \\ || \\ CH_2 \end{array} \right]_y \left[\begin{array}{c} CH_2-CH \\ | \\ CN \end{array} \right]_z$$

其中,丁二烯链节以反式 $-1,4$ 结构为主,还有顺式 $-1,4$ 结构和顺式 $-1,2$ 结构,如在 28 ℃下聚合制得的含有 28% 结合丙烯腈的橡胶,其微观结构为,丁二烯顺式 $-1,4$ 结构含量为 12.4%;反式 $-1,4$ 结构含量为 77.6%;顺式 $-1,2$ 结构含量为 10%。

溶液法聚合的交替共聚丁腈橡胶,由于结构规整,能够拉伸结晶,使拉伸强度、抗裂口展开性能及抗蠕变撕裂性能等都得到了提高。

9.2.6.1 乳聚丁腈橡胶品种与分类

乳聚丁腈橡胶种类繁多,通常依据丙烯腈含量、门尼黏度、聚合温度等分为几十个品种。而根据用途不同又可分为通用型和特种型两大类。特种型中又包括羧基丁腈橡胶、部分交联型丁腈橡胶、丁腈聚氯乙烯共沉胶、液体丁腈橡胶以及氢化丁腈橡胶等。

通常,丁腈橡胶依据丙烯含量可分为以下五种类型。

极高丙烯腈丁腈橡胶:丙烯腈含量 43% 以上;

高丙烯腈丁腈橡胶:丙烯腈含量 36% ~42%;

中高丙烯腈丁腈橡胶:丙烯腈含量 31% ~35%;

中丙烯腈丁腈橡胶:丙烯腈含量 25% ~30%;

低丙烯腈丁腈橡胶:丙烯腈含量 25% 以下。

国产丁腈橡胶的丙烯腈含量大致有三个等级,即相当于上述的高、中、低丙烯腈含量等级。

对每个等级的丁腈橡胶,一般可根据门尼黏度值的高低分成若干牌号。门尼黏度值低的(45 左右),加工性能良好,可不经塑炼直接混炼,但物理机械性能,如强度、回弹性、压缩永久变形等则比同等级黏度值高的稍差,而门尼黏度值高的,则必须塑炼,方可混炼。

按聚合温度可将丁腈橡胶分为热聚丁腈橡胶(聚合温度 25~50 ℃)和冷聚丁腈橡胶(聚合温度 5~20 ℃)两种。热聚丁腈橡胶的加工性能较差,表现为可塑性获得较难,吃粉也较慢。而冷聚丁腈橡胶,由于聚合温度的降低,提高了反式-1,4结构的含量,凝胶含量和歧化程度得到降低,从而使加工性能得到改善,表现为加工时动力消耗较低,吃粉较快、压延、压出半成品表面光滑、尺寸较稳定,在溶剂中的溶解性能较好,并且还提高了物理机械性能。

国产丁腈橡胶的牌号通常以四位数字表示。前两位数字表示丙烯腈含量,第三位数字表示聚合条件和污染性,第四位数字表示门尼黏度。如NBR—2626,表示丙烯腈含量为26%~30%,是软丁腈橡胶,门尼黏度为65~80;NBR—3606,表示丙烯腈含量为36%~40%,是硬丁腈橡胶,有污染性,门尼黏度为65~79。

9.2.6.2　乳聚丁腈橡胶结构特点

(1)分子结构不规整,是非结晶性橡胶。

(2)由于分子链上引入了强极性的氰基团,而成为极性橡胶。丙烯腈含量越高,极性越强,分子间力越大,分子链柔性也越差。

(3)因分子链存在双键,一是不饱和橡胶。但双键数目随丙烯腈量的提高而减少,即不饱和程度随丙烯腈含量的提高而下降。

(4)分子量分布较窄。如中高丙烯腈含量的丁腈橡胶分子量分布指数$\dfrac{M_w}{M_n}=4.1$。

9.2.6.3　丁腈橡胶性质、性能及应用

丁腈橡胶为浅黄至棕褐色、略带腋臭味的弹性体,密度随丙烯腈含量的增加而由0.945~0.999 g/cm³不等,能溶于苯、甲苯、酯类、氯仿等芳香烃和极性溶剂。其性能和丙烯腈含量的关系如表9-5所示。

表9-5　丙烯腈含量与丁腈橡胶性能的关系

性能	丙烯腈含量 低→高	性能	丙烯腈含量 低→高
加工性(流动性)	良→好	耐热性	良→好
硫化速度	→加快	弹性	→减小
硬度,定伸应力,拉伸强度	低→高	耐寒性	→降低
耐磨性	良→好	耐透气性	→加大
永久变形	→加大	与软化剂的相溶性	→变差
耐油性	良→好	与极性聚合物的相溶性	→加大
耐化学腐蚀性	良→好		

现将丁腈橡胶的优点简述如下:

(1)丁腈橡胶的耐油性仅次于聚硫橡胶和氟橡胶,而优于氯丁橡胶。由于氰基有较高的极性,因此丁腈橡胶对非极性和弱极性油类基本不溶胀,但对芳香烃和氯代烃油类的抵抗能力差。

(2)丁腈橡胶因含有丙烯腈结构,不仅降低了分子的不饱和程度,而且由于氰基的较

强吸电子能力,使烯丙基位置上的氢比较稳定,故耐热性优于天然橡胶、丁苯橡胶等通用橡胶,选择适当配方,最高使用温度可达 130 ℃,在热油中可耐 150 ℃高温。

(3)丁腈橡胶的极性,增大了分子间力,从而使耐磨性提高,其耐磨性比天然橡胶高 30% ~45%。

(4)丁腈橡胶的极性以及反式 -1,4 结构,使其结构紧密,透气率较低,它和丁基橡胶同属于气密性良好的橡胶。

(5)丁腈橡胶因丙烯腈的引入而提高了结构的稳定性,因此耐化学腐蚀性优于天然橡胶,但对强氧化性酸的抵抗能力较差。

(6)丁腈橡胶是非结晶性橡胶,无自补强性,纯胶硫化胶的拉伸强度只有 3.0 ~ 4.5 MPa。因此必须经补强后才有使用价值,炭黑补强硫化胶的拉伸强度可达 25 ~ 30 MPa,而优于丁苯橡胶。

(7)丁腈橡胶由于分子链柔性差和非结晶性所致,使硫化胶的弹性、耐寒性、耐屈挠性、抗撕裂性差,变形生热大。丁腈橡胶的耐寒性比一般通用橡胶都差,脆性温度为 -20 ~ -10 ℃。

(8)丁腈橡胶的极性导致其成为半导胶,不易做电绝缘材料使用,其体积电阻只有 $10^8 ~ 10^9 \Omega \cdot m$,介电系数可达 7 ~12,为电绝缘性最差者。

(9)丁腈橡胶因具不饱和性而易受到臭氧的破坏,加之分子链柔性差,使臭氧龟裂扩展速度较快。尤其制品在使用中与油接触时,配合时加入的抗臭氧剂易被油抽出,造成防护臭氧破坏的能力下降。

(10)丁腈橡胶因分子量分布较窄,极性大,分子链柔性差,以及本身特定的化学结构,使之加工性能较差。表现为塑炼效果低,混炼操作较困难,混炼加工中生热高,压延、压出的收缩率和膨胀率大,成型时自黏性较差,硫化速度慢等。

(11)丁腈橡胶属于高价格橡胶之一,因此生产成本高于氯丁橡胶。由于丁腈橡胶既有良好的耐油性,以保持有较好的橡胶特性,因此广泛用于各种耐油制品。其次,由于丁腈橡胶具有半导性,因此可用于需要导出静电,以免引起火灾的地方。如加工非金属材料等。丁腈橡胶还可与其他橡胶或塑料并用以改善各方面的性能。

此外,许多特种丁腈橡胶,依其特性不同,又各有其专门用途。如羧基丁腈橡胶,由于引入了丙烯酸结构,可提高强力、耐磨及黏合性能;部分交联丁腈橡胶,由于引入了二乙烯基苯,可改进加工性能,有利压延、压出操作,减少半成品的收缩率和膨胀率;氢化丁腈橡胶(又称高饱和丁腈橡胶),其硫化胶在保持优异耐油性的基础上,提高了耐热性能。它的耐热性介于氯磺化聚乙烯、氯醚橡胶和三元乙丙橡胶之间,比普通丁腈橡胶的耐温约高 40 ℃;低温性能优于丙烯酸酯橡胶;耐胺性和耐蒸汽性优于氟橡胶,与三元乙丙橡胶相似;压缩永久变形性接近乙丙橡胶;压出性能优于氟橡胶。

9.3 橡胶配合剂

未经硫化的生胶,分子之间没有交联,缺乏良好的机械性能。实用价值不大。所以必须加入各种不同的化学物质。使它硫化交联成具有一定机械性能的硫化胶,这些物质统称为配合剂或助剂。

（1）橡胶加入配合剂的目的（作用）　①使制件具有一定的使用性能，如：强度、硬度、耐热性等；②便于制造过程的工艺操作，如：具有一定的塑性、分散性、黏着力等；③在保证质量的前提下，降低成本。

配合剂的种类根据其在橡胶磨具中所起的主要作用分为：硫化剂、硫化促进剂（促进剂）、活性剂（助进剂）、软化剂（物理增塑剂）、补强促进剂（促进剂），还有着色剂、防泡剂等。

（2）对配合剂的基本要求　①具有高度的分散性：粉状料，粒度越细，分散得越好；②有一定的湿润性：增强黏着力；③原材料不含或少含水分，含水量一般控制在 1% 以下；④清洁纯净，杂质尽量少；⑤无毒，不刺激人体。

9.3.1　硫化剂

在一定条件下，能使橡胶产生硫化交联的物质，叫硫化剂，也称交联剂。

（1）硫化剂的种类

1）主要用于天然橡胶及二烯烃类通用合成胶（如：丁苯胶、顺丁胶、丁腈胶等）的硫化剂有：硫黄（主要硫化剂）、含硫化合物（如：一氯化硫、二氯化硫、二硫化吗啡啉等）、硒（Se）或碲（Te）及其氯化物（为第二硫化剂）、树脂类（如：烷基苯酚甲醛树脂、叔丁基苯酚甲醛树脂等）。

2）主要用于饱和度较大的通用合成胶或特种胶的硫化剂有：过氧化物（少量用于不饱和二烯烃橡胶、耐热性增强）、醌类化合物、胺类化合物、树脂类（如：2123 酚醛树脂用于丁基橡胶）、金属化合物（如：$ZnO，MgO$ 等）

（2）硫黄的概述　用硫黄硫化天然胶，至今有 150 多年的历史。但至今它仍是天然胶及二烯烃类合成胶的主要硫化剂。硫黄价格低，来源广，效果佳。

目前橡胶磨具所用的橡胶是天然胶和丁苯胶，所以硫黄是它们的主要硫化剂。

1）硫黄的性质　硫（S）为黄色固体。有结晶型及无定型两种。结晶型硫主要有两种同素异形体：在 95.6 ℃ 以下稳定的是 α - 硫或斜方硫，相对密度（20 ℃）2.07，熔点 112.8 ℃，折射率 1.957；在 95.6 ℃ 以上稳定的是 β - 硫或单斜硫，相对密度（20 ℃）1.96，熔点 119.3 ℃，折射率 2.038。结晶型硫不溶于水，稍溶于乙醇和乙醚，溶于二硫化碳、四氯化碳及苯。无定型硫主要有弹性硫，是将熔融硫迅速地注入冷水中而得，不稳定，可很快转变成 α - 硫。熔融硫在 444.6 ℃ 沸腾，能燃烧，着火点 363 ℃。

橡胶磨具实质上是一种含磨料的橡胶制品，因而橡胶磨具的硫化可看成含磨料的橡胶制品的硫化。

单用硫黄硫化橡胶时，硫黄用量多，硫化时间长，交联密度低，硫化胶的性能也不好。

实际生产上除用硫黄外，还有各种类型的促进剂、活性剂组成硫黄硫化系统来硫化橡胶，因而它的硫化过程比单用硫黄硫化更加复杂。而且，促进剂和活性剂除起到促进硫黄与橡胶相互反应的催化作用外，促进剂和活性剂同样也发生化学变化。所以，应把硫黄硫化过程看成是多组分体系中的相互作用。而且硫黄硫化是平行的和依次进行的许多双分子反应的总和。

2）硫黄的硫化过程　硫化过程是个十分复杂的过程,但一般认为:硫黄分子在常态下是 8 原子的环状结构,溶于胶料中的硫黄在硫化温度下,在约 30 L/mol 分子的能量作用下,即开环、生成链状的双基硫。

根据不同条件,硫环断裂后可生成自由基(电子对均裂)或离子基(电子对异裂——得失电子)的双基性硫。例如:

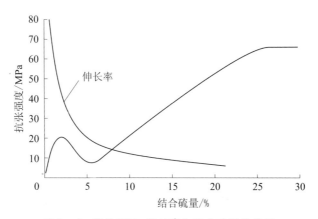

实际上由于橡胶大分子双键上的极化作用,降低了开环能量,所以在 140 ℃ 左右即可开环。

双基性硫与橡胶大分子在双键(或 α - 碳原子)处反应时,可能在一根分子链上生成"分子内的化合物",也可能在两根分子链之间生成"分子间的化合物"即产生交联。

随着硫黄用量的增加,结合硫量也增加,硫化胶的强度、硬度、耐热性提高,弹性下降。

例如:天然硬质胶中结合硫量与软化温度关系见表 9 - 6。

表 9 - 6　天然硬质胶中结合硫量与软化温度的关系

硬质胶中结合硫量/%	27.8	29.7	30.8	31.5
硬质胶中软化温度/℃	56	74	82 ~ 84	85

天然胶硫化时,随硫黄的不同,其强度和弹性(伸长率)的变化曲线如图 9 - 6 所示。总的规律:随着硫黄量的增加,抗张强度、耐热性、耐溶剂性、耐水性均提高;而弹性、冲击强度下降,橡胶发脆。

图 9 - 6　橡胶强度、伸长率与结合硫量的关系

因此,硫黄用量也是调整橡胶磨具硬度的主要因素。

但是,硫黄加入量不是无限的,有一个最大限度,称"硫化系数",是指 100 份生胶的最大硫黄结合量。由生胶的不饱和度决定。理论上是按每一双键结合一个硫原子来计

算(即一个硫原子和一个橡胶分子单体反应)。

例如:天然胶按一个 C_5H_8 结合一个 S 来计算,则 $\dfrac{S}{C_5H_8} = \dfrac{32}{68} \approx 0.47 = 47\%$ 。这是天然胶的理论硫化系数。丁苯胶(苯乙烯 25%)的理论硫化系数为 44.5% ,但实际比理论的大,其原因是:①并非全部生成单硫键(即硫化物);②存在没有参加反应的游离 S。

但硫黄加入量过大,多余的硫以固熔体的形式存在于硬质胶中,使其强度下降。

硫黄与生胶的反应,初期是吸热反应(供给一定热量使硫黄溶解,硫分子开环),随后产生放热反应。放出的热量,随硫黄用量的增加,促进剂的存在而增加(见表9－7)。

表9－7　结合硫黄量与生胶硫化生成热的关系

结合硫黄量/%	8	10	12	18	24	32
生胶硫化生成热/(T/g)	352	382	546	982	1 382	1 856

9.3.2　促进剂

凡能促进硫化反应的物质,均称为硫化促进剂,简称促进剂。

9.3.2.1　在胶料中加入促进剂的主要作用

(1)加快硫化速度,缩短硫化时间,提高生产率。

例如:促进剂 M 对某种天然软质胶的硫化时间的影响见表9－8。

表9－8　促进剂 M 对某种天然胶的硫化时间的影响

天然生胶	硫黄	促进剂 M	145 ℃"正硫化"时间
100	3	—	100 ~ 120 min
100	3	0.7	5 ~ 20 min

含量很高的硬质胶料,促进剂加入可缩短硫化时间一半以上。

(2)提高或改善硫化胶的物理机械性能。例如:上述天然软质胶不同配比的抗张强度比较见图9－7。

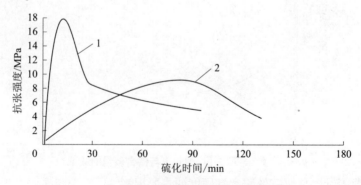

图9－7　天然橡胶不同配比的抗张强度比较

1－加0.7份促进剂;2－无促进剂

对于硬质胶,使用促进剂也能提高强度,但不如软质胶的明显。

(3)相应减少硫化剂(硫黄)用量,及由此引起的"喷硫"现象,保证制件的外观质量。

所以促进剂成为胶料配方中不可缺少的材料之一。因此有人把硫化剂和促进剂,称为基本配合剂。

9.3.2.2 硫化促进剂的要求

除了要满足配合剂所提出的基本要求外(如:分散性、润湿性等),对促进剂的要求还有:

(1)使胶料有相当的焦烧时间,或适宜的硫化临界温度。也就是焦烧时间的长短应适宜工艺操作条件的需要。

胶料的焦烧时间是指"胶料热硫化开始以前延续的时间"。

促进剂应使胶料有相当的焦烧时间,这使胶料的混炼、压延、压出过程中的操作安全性,硫化初期的流动性,及对被粘物的附着力,皆有重大作用。

焦烧时间短,易产生早期硫化"自硫",使胶料降低或失去可塑性。

焦烧时间过长,会导致总硫化时间的增加,不利于提高生产率,易产生变形废品。

胶料的焦烧用门尼黏度计测定,称门尼焦烧。测定时采用小转子(ϕ30.5 mm),温度控制在120 ℃ ±1 ℃范围内,先将试样在密封室预热数分钟,然后开动机器,记录初始黏度值,然后每隔半分钟或1分钟记录一次黏度值。这时黏度开始下降(可塑性提高),然后趋向平坦,硫化反应开始后,黏度急剧上升。从黏度最低值开始再转入上升五个转动(门尼)黏度值所需的总时间,即为门尼焦烧时间,测定的结果准确到半分钟。

促进剂的抗焦烧性能,直接与其硫化临界温度有关。

临界温度是指"硫化促进剂对硫化过程开始起作用的温度"。在此温度之下,促进剂活性并不显著;在此温度上,促进剂活化,充分发挥其促进硫化作用。

临界温度低的促进剂,硫化起步快,易产生早期硫化。

临界温度高的促进剂,硫化温度高,硫化时间长。

表9-9列出几种促进剂在天然胶中的临界温度。

表9-9 几种促进剂在天然胶中的临界温度

促进剂名称	ZBX	T·T	M	D	DM	CA
临界温度/℃	100	105～125	132	142	147	160

注:ZBX 为正丁基黄原酸锌;CA 为 N,N′-二苯硫脲

当多种促进剂配合使用时,有些活性受到抑制。有些活性增大,临界温度低。

(2)使胶料有较宽(长)的硫化平坦线。胶料达到正硫化点(各项指标达到最佳状态的时间,也叫正硫化时间)后,所持续的时间,在这段时间硫化胶的性能不应呈现明显的变化(见图9-7)。

硫化时间-物理机械性能的坐标曲线,是一条近似于横坐标(硫化时间)的曲线,所

以叫硫化平坦线。硫化平坦线(AB)越宽(长),硫化完全,易控制。

橡胶是热的不良导体,硫化时胶料的内部和表面受热情况并不一致,宽(长)的硫化平坦线,是避免过硫化,并使制品各部分硫化均匀的保证,特别对厚制品尤为重要。

(3)有较高的活性,以缩短硫化时间,提高生产率。

(4)对橡胶的老化性能及物理机械性能不产生恶化作用。

实际上各种促进剂对上述性能都有影响。有的产生好的作用,有的则相反。不同种类的促进剂,对硫化胶性能的影响也不尽相同。通常将几种促进剂并用,彼此取长补短,以收到较好的效果。

9.3.2.3 促进剂的分类

橡胶工业中应用的促进剂种类很多。

(1)按性质和化学组成 可分为无机促进剂和有机促进剂。

1)无机促进剂 无机促进剂应用历史长,促进效率大,用量大,硫化胶性能差。如:PbO、MgO、CaO、ZnO 等。

2)有机促进剂 有机促进剂促进作用强,用量小,硫化胶性能好,得到广泛使用。

有机促进剂按化学结构不同可分为:噻唑类,如促进剂 M(硫醇苯基并噻唑)、促进剂 DM(二硫化二苯并噻唑);秋兰姆类,如促进剂 T·T(二硫化四甲基秋兰姆);胍类,如促进剂 D(二苯胍);醛胺类,如促进剂 H(六次甲基四胺)、次磺酰胺类、二硫化氨基甲酸盐类;硫脲类,如 N,N′-二苯(基硫脲);黄原酸盐类,如正丁基黄原酸锌;胺类等。

(2)根据促进剂的硫化速度不同 国际上习惯以促进剂 M 为标准,凡硫化速度大于促进剂 M 的属于超速或超超速促进剂。硫化速度低于促进剂 M 的为中速或慢速促进剂。和 M 相同或相似的为准超速促进剂。

对天然胶及多数通用合成胶(如丁苯胶)来讲,超促进剂,如秋兰姆类促进剂;半超促进剂,如噻唑类促进剂;中等促进剂,如胍类促进剂;弱促进剂,如一部分醛胺类促进剂。

(3)按其与硫化氢反应所呈现的酸碱性 酸性促进剂(A),如秋兰姆及噻唑类;中性促进剂(N),如硫脲类;碱性促进剂(B),如胍类、醛胺类。

促进剂本身呈酸性、中性、碱性,或在硫化时与放出的硫化氢作用而生成:酸性物的促进剂;酸性或碱性物的促进剂;碱性物的促进剂。

硬质胶中除使用有机促进剂外,还可以使用无机促进剂,以提高橡胶与硫黄的反应速度。

常用的无机促进剂有 MgO 和 CaO,后者能提高硬质胶的硬度、耐热性,但脆性大。

在实际应用中,往往不单独使用一种促进剂,而是采用两种或两种并用。其中一种用量多,起主导作用,另一种或两种用量少,起辅助作用。前者称第一(或主)促进剂,后者称第二(或副)促进剂。

促进剂并用时有的互相活化,降低临界温度。如 M,132 ℃;D,142 ℃;M + D,85 ℃。

有的互相抑制,提高临界温度。如 M + DM > 147 ℃。

促进剂合理并用可以互相取长补短,改善胶料的特性,提高产品质量,按不同橡胶品种的要求,将几种促进剂按比例掺和后,作为产品出厂,以简化配料手续。例如:促进剂 F 是促进剂 DM、D、H 的混合物。

1)噻唑类 这是有机促进剂中较早的品种,属于半超促进剂。其特点是具有较高的硫化活性,能赋予硫化胶良好的耐老化性能和耐疲劳性能。所以在橡胶工业中应用比较广泛,耗用量较大。

常用的噻唑类促进剂品种见表 9-10。

表 9-10　常用的噻唑类促进剂品种

品种	化学名称	结构式	性能
促进剂 M（MBT）	硫醇基苯基噻唑	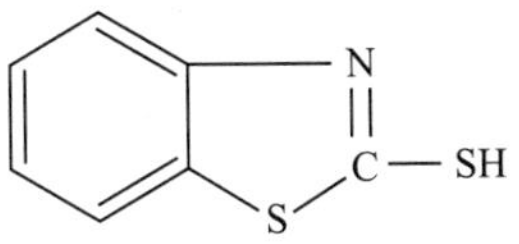	浅黄色粉末,味苦,具有快速的硫化作用,易燃烧,用量0.5~1.5 份
促进剂 DM（MBTS）	二硫化二苯基噻唑	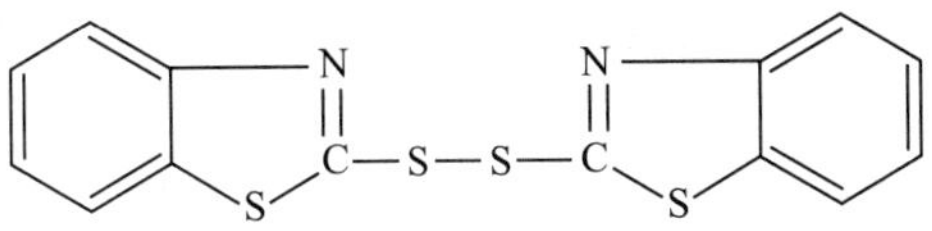	浅黄色粉末,有苦味,硫化速度较 M 慢,焦烧时间较长,用量0.8~2 份
促进剂 MZ	2-硫醇基苯基噻唑锌盐	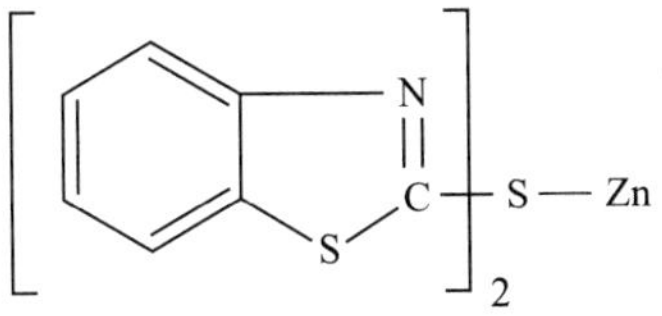	黄色粉末,促进效力较 M 弱,不易焦烧,有防老化作用,用量 0.5~1.5 份

噻唑类促进剂的主要特性:硫化平坦期长,不易过硫,硫化速度较快,硫化胶有较好的综合性能。在这类促进剂中,又以 M 的促进效力最强,但易焦烧;DM 的促进效力次之,其焦烧时间较长;MZ 的促进效力则较低。这类促进剂可以单用,也可以与促进剂 D 等并用,并用时效果更佳。这类促进剂可用于一般的橡胶制品。

2)秋兰姆类 这类促进剂呈酸性,属于超速促进剂。它包括:一硫化秋兰姆、二硫化秋兰姆和多硫化秋兰姆。作为促进剂一般用作第二促进剂,与噻唑类和次磺酰胺类促进剂并用以提高硫化速度。

采用秋兰姆促进剂的硫化胶,其物理机械性能和耐老化性能受促进剂和硫黄用量比例的影响。一般来讲,硫黄用量正常,硫化胶的定伸强度较高,其物理机械性能也比较好;当硫黄用量较低,促进剂用量较大时,则硫化胶的耐老化性能可以得到改善。

秋兰姆类促进剂最常用的品种见表 9-11。

表 9-11　常用的秋兰姆类促进剂的品种

品种	化学名称	化学结构式	性能
TMTM	一硫化四甲基秋兰姆	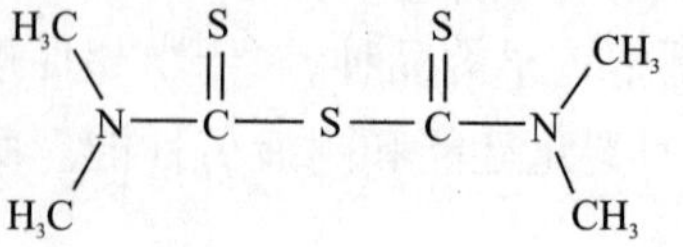 H_3C、H_3C—N—C(=S)—S—C(=S)—N—CH_3、CH_3	浅黄色粉末,临界温度105℃,焦烧性比 TMTD 好
TBTS	一硫化四丁基秋兰姆	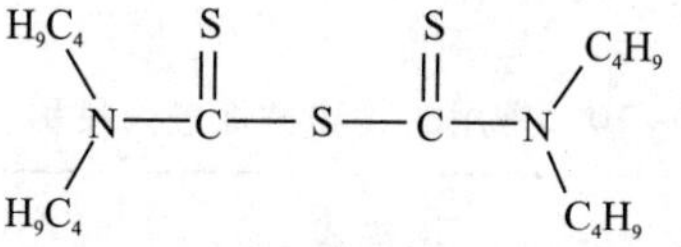 H_9C_4、H_9C_4—N—C(=S)—S—C(=S)—N—C_4H_9、C_4H_9	棕色液体,性能与 TMTD 相近,焦烧性较好
TMTD	二硫化四甲基秋兰姆	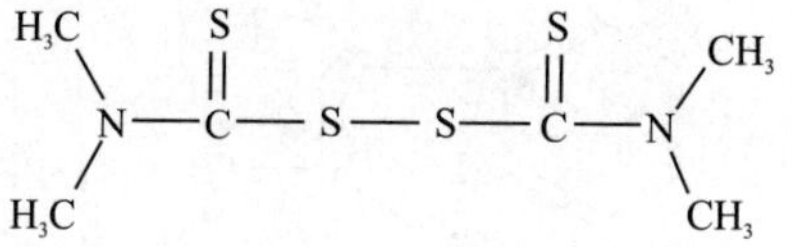 H_3C、H_3C—N—C(=S)—S—S—C(=S)—N—CH_3、CH_3	白色粉末,临界温度100℃,易焦烧,硫化速度快,平坦性差,可作硫化剂,用量0.2~0.5份
TETD	二硫化四乙基秋兰姆	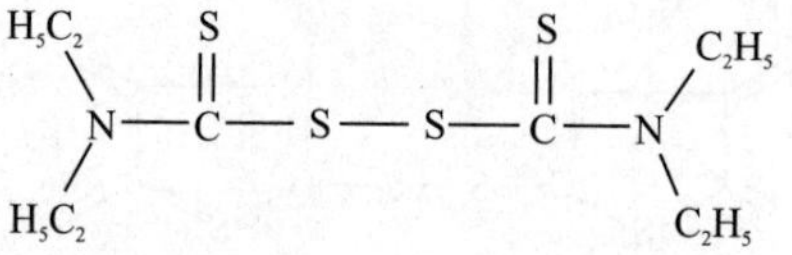 H_5C_2、H_5C_2—N—C(=S)—S—S—C(=S)—N—C_2H_5、C_2H_5	灰白色粉末,临界温度比 TMTD 高,焦烧性较好,容易混炼,可作硫化剂
TMTT	四硫化四甲基秋兰姆	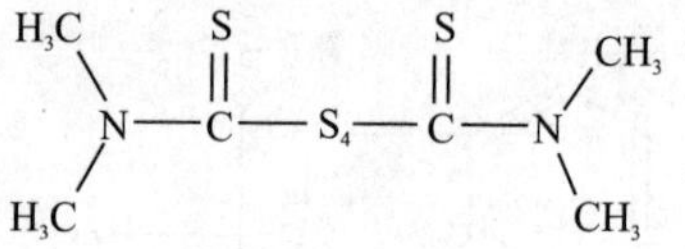 H_3C、H_3C—N—C(=S)—S_4—C(=S)—N—CH_3、CH_3	灰黄色粉末,活性比 TMTD 大,含硫量高,可作硫化剂

TMTD,简称促进剂 TT。

促进剂 TT 为灰白色粉末,无味无毒,能溶于苯、丙酮,不溶于水,吸湿性较大,容易吸水结块,促进剂 TT 促进能力较强,硫化临界温度低(100~125℃),硫化平坦性差,极易产生焦烧,其用量不得超过1%,一般为0.2%~0.5%。

促进剂 TT 有刺激作用。相对密度为1.29。熔点不低于136℃。溶于氯仿、二氯乙烷、二硫化碳、苯、甲苯、丙酮、乙醚,难溶于乙醇、汽油和烯酸,不溶于水。储藏稳定。

秋兰姆类促进剂,临界温度低(即在较低温度下可起硫化反应),硫化速度很快,常用于要求低温和快速硫化的场合。但其硫化平坦范围较窄、焦烧时间短,因此,在加工中容易出现焦烧和过硫现象。

3)胍类　这类促进剂为碱性,中速促进剂,使用较早。硫化平坦性差,硫化起点较慢,焦烧时间短,硫化操作安全性较差,具有污染性,很少单用或用作第一促进剂,一般并用作第二促进剂。其硫化胶的抗张强度、定伸强度和弹回率均比较高,生热性低,常用的品种见表 9-12。

表9-12 胍类促进剂

品种	化学名称	化学结构式	性能
D(DPG)	二苯胍	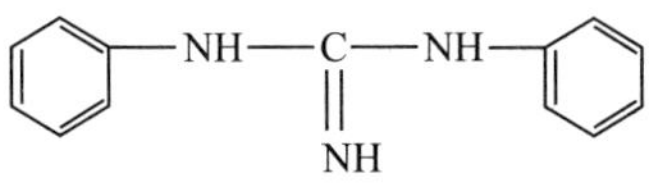	白色粉末,无毒,无味,焦烧时间短,但活性却较低,硫化平坦性差,单用时1~2份,并用时0.1~0.5份
DOTG	二邻甲苯胍	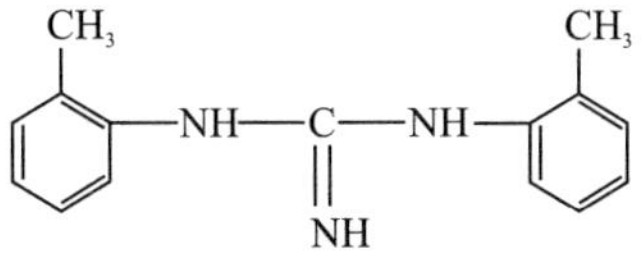	白色粉末,性能与D相似,焦烧性和硫化平坦性比D好,用量为0.8~1.2份

促进剂D为白色或黄色粉末,无毒无味,但与皮肤接触时有刺激性,比重1.13~1.19,熔点不低于144 ℃,硫化临界温度为141 ℃,硫化平坦性较差。

促进剂D作第一促进剂时用量为1%~2%,与噻唑类促进剂并用作第二促进剂时用量为0.1%~0.5%。

由于促进剂D容易被炭黑吸收,因此配方中若使用炭黑,要相应增加其用量。

促进剂D是白色粉末,无毒,但与皮肤接触时有刺激性。相对密度1.13~1.19。熔点不低于144 ℃。溶于苯、甲苯、氯仿、乙醇、丙酮、乙酸、乙酯,不溶于汽油和水。储藏稳定。

4)醛胺类 这些促进剂是脂肪族醛和氨或胺(脂肪族胺和芳香族胺)的缩合物。呈碱性,品种不同时,它们的硫化活性及所得硫化胶性能的差别都较大。其活性范围一般从准超级到慢速级。有较好的硫化平坦性,焦烧时间长。不易焦烧,最大特点是所得硫化胶的耐老化性优良。其中活性较弱的促进剂(如六次甲基四胺)多用作噻唑类或次磺酰胺类促进剂的第二促进剂。

醛胺类促进剂主要品种见表9-13。

表9-13 醛胺类促进剂

品种	化学名称	结构式	性能
H	六次甲基四胺	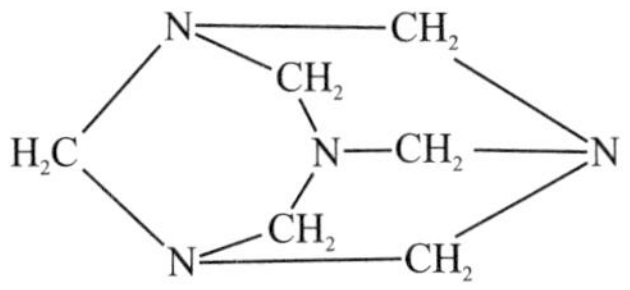	白色结晶粉末,在146 ℃时可分解出甲醛和氨,硫化速度缓慢,焦烧性很好
808(A-32)	丁醛与苯胺的缩合物	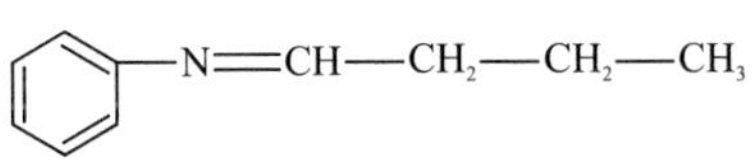	褐色半透明液体,促进作用缓慢,但硫化平坦性好

促进剂H为白色至淡黄色结晶粉末,几乎无臭味。对皮肤有刺激作用,比重为1.3。加热至263 ℃即升华,并部分分解。稍有潮解性。硫化临界温度为140 ℃,硫化温度低

时不太活泼,焦烧危险性小。多用作噻唑类促进剂的第二促进剂。促进剂 H 不污染,不易分解。

5)次磺酰胺类 次磺酰胺促进剂是一种"后效性"的促进剂,所谓"后效性"是指它们具有较长焦烧时间、较快的硫化速度等特点,一般来说,氨基的碱性越强,其焦烧时间较短,硫化速度较快,氨基上的取代基的空间阻碍效应在,则其焦烧时间长,硫化速度相应地较慢。

次磺酰胺类促进剂主要品种见表9-14。

表9-14 常用的次磺酰胺类促进剂

品种	化学名称	化学结构式	性能
AZ	N,N-二乙基2-苯基噻唑次磺酰胺	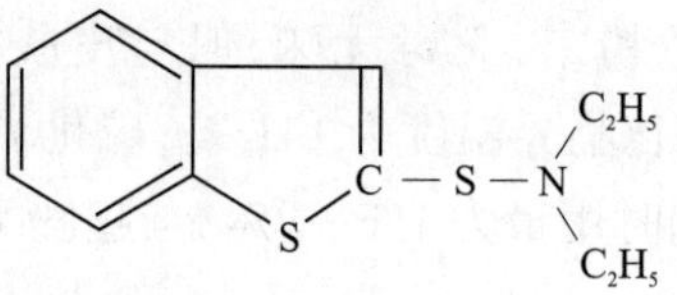	呈棕色油状固体,有胺味,有污染性和苦味,其作用与 CZ 相近,用量0.5~1.5份
CZ (CBS)	N-环己基-2-苯基噻唑次磺酰胺	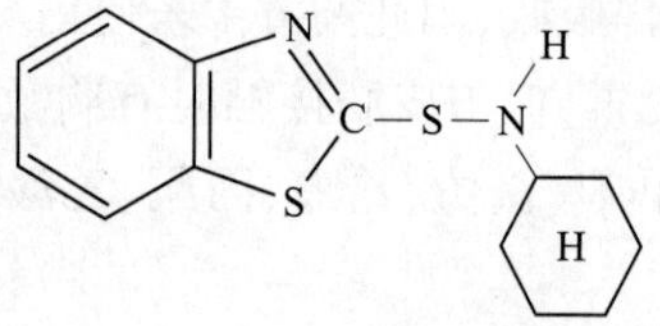	浅黄色粉末,稍有气味,作用较强,焦烧时间长,用量0.5~2份
NS	N-特丁基-2-苯基噻唑次磺酰胺	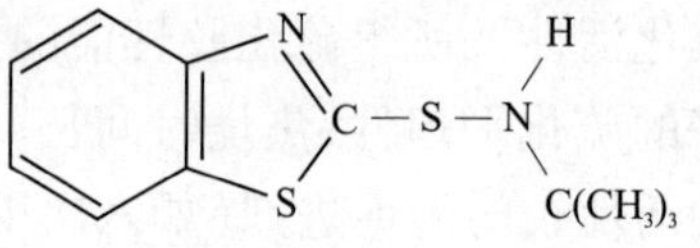	浅黄棕色粉末,有特殊气味,性能与 CZ 相近,用量0.5~1份
NOBS (MOR)	N-氧二乙基-2-苯基噻唑次磺酰胺	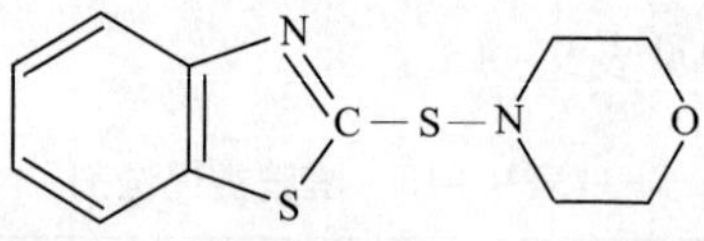	浅黄色粉末,性质与 CZ 相似,但焦烧时间较 CZ 长,用量0.5~1份
DIBS (DPS)	N,N-二异丙-2-苯基噻唑次磺酰胺	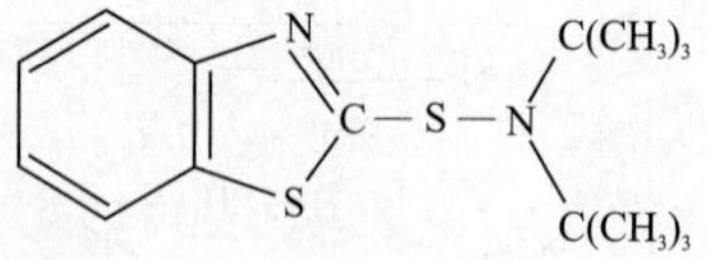	淡黄色至灰白色粉末,性质与 NOBS 相近,但焦烧时间较长,用量0.4~1.5份
DZ	N-二环己基-2-苯噻唑次磺酰胺	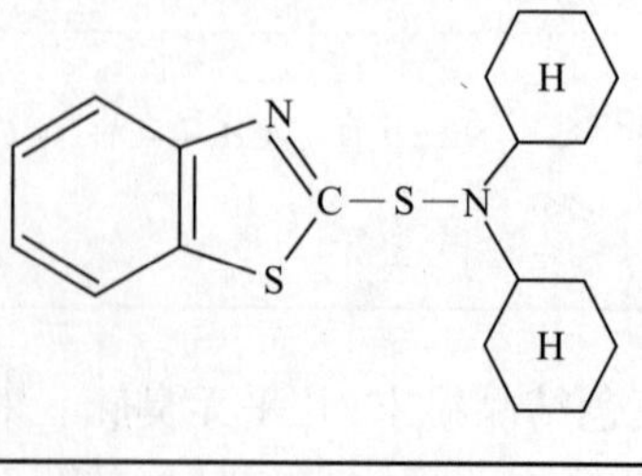	黄棕色粉末,性能与 DIBS 相近,用量0.5~1份

次磺酰胺促进剂,因其具有焦烧时间长,硫化速度快、硫化平坦性好等特点,所以特别适用于配用炉法炭黑的合成胶胶料。以增加胶料的加工安全性和在模型内的流动时间。用这类促进剂硫化时,所得到的硫化胶其拉伸强度高,动态性能好,生热低。

9.3.3 硫化活性剂

活性剂作用有两方面:一方面,加速发挥有机促进剂的活性和促进作用,减少促进剂用量,缩短硫化时间;另一方面,提高硫化胶的热稳定性,提高交联密度,减少交联键中的硫原子数。

几乎所有的有机促进剂都必须加入活性剂,才能充分发挥其作用,在橡胶配方中,经常使用的活性剂有金属氧化物类、有机酸类、胺类三大类。

(1)金属氧化物 常用的是氧化锌、氧化铅、氧化镉。

氧化锌对电子的亲合能力强,所以对促进剂的表面吸附作用大,其活性作用也最强。见表9-15。

表9-15 氧化锌用量对橡胶抗张强度的影响

硫化时间/min	硫化胶的抗张强度/MPa	
	无 ZnO	加 ZnO
15	0.7	16.0
30	2.8	20.3
60	7.3	20.3
90	9.1	20.3

胶料配方:天然橡胶100,硫黄3,促进剂0.5,硫化温度142 ℃

在硫化温度下,氧化锌与硫黄作用而生成硫化锌。

$$2ZnO + 3S \Longrightarrow 2ZnS + SO_2$$

生成的硫化锌进一步与脂肪酸反应放出硫化氢,生成硬脂酸锌。

$$ZnO + 2C_{17}H_{35}COOH \Longrightarrow H_2S + Zn(OOCC_{17}H_{35})_2$$

硫化氢再进行分解,而生成活性硫,交联橡胶。

$$2H_2S + O_2 \Longrightarrow 2H_2O + 2S$$

(2)有机酸 由于氧化锌不溶于橡胶,故单独使用时,其活性作用不能充分地发挥,而必须与硬脂酸一起使用。产生能溶于橡胶的硬脂酸锌后,再发挥其作用,所以少量硬脂酸,加入硫黄硫化的橡胶中,可以起到助促进剂的作用。

(3)胺类 大多数是高沸点的液体,目前橡胶磨具不使用。

9.3.4 增塑剂

橡胶进行混炼、压延和压出前,必须首先使它具有塑性。这除了依靠炼胶机的机械塑炼外,有时还加入一些加工助剂,以进一步增加胶料的塑性流动。增塑剂就是这些助剂的总称。

增塑剂是能使橡胶增加塑性,易于加工,并能改善制品某些性能(如黏结性等)的物质。

9.3.4.1 橡胶增塑的途径

(1)切断分子链,使它们断裂。这种化学结构发生改变的是化学增塑作用。

(2)将油类加入橡胶使其溶胀,橡胶分子间的距离增大,分子之间的引力减小,链与链之间的相对滑动增加,从而使胶料的塑性增加。这种橡胶化学结构本身没有发生改变的是物理增塑作用。

因此,凡是加入橡胶中,能促进橡胶分子断裂的物质,叫化学增塑剂,习惯上称塑解剂。

9.3.4.2 常用的增塑剂

(1)化学增塑剂 常用的化学增塑剂大多数是含硫化合物(如,硫酚、亚硝基化合物、硫代苯甲酸等)以及偶氮苯、过氧化苯甲酰。此外,噻唑类和胍类促进剂(如促进剂 M、DM、D 等)对天然橡胶具有中等增塑作用。化学增塑剂由于用量少,因此,在硫化胶网状结构中的遗留量极微,使硫化胶的性能受影响很小。

(2)物理增塑剂 即软化剂,用量较大,遗留在硫化胶中,对硫化胶的性能有一定的影响。首先它们继续起润湿作用,因此降低了硫化胶的硬度和定伸强度,但又赋予硫化胶以较高的弹性和较低的生热量。在磨具生产中,可作为调整(降低)橡胶磨具硬度的方法之一。

软化剂的来源广、品种多。习惯上根据不同来源来分类。

1)石油类软化剂——石油加工的产物 主要有:芳香烃油、环烷烃油、石蜡烃油、机械油、高速机械油、锭子油、变压器油、重油、凡士林、石蜡、沥青和石油树脂等。此类软化剂来源充足,价格便宜。

2)煤焦油类软化剂——煤加工的产物 主要有:煤焦油、古马隆树脂、煤沥青、RX - 80 树脂等。

3)松油类软化剂——林业化工产物 主要有:松焦油、松香、萜烯树脂及妥尔油。

4)脂肪油类软化剂 包括由植物油及动物油制取的脂肪酸(如硬脂酸等)、干油、柿子油、亚麻仁油及聚合油、黑白油膏、硬脂酸、油酸、蓖麻酸、月桂酸等。

5)酯类化合物软化剂 苯二甲酸二酯类(如邻苯二甲酸二丁酯、邻苯二甲酸二辛酯)、脂肪二元酸二酯类(如癸二酸二辛酯)、脂肪酸酯类(如油酸丁酯等)、磷酸酯类(如磷酸三甲苯酯等)以及聚酯类。

6)液体聚合物 如液体丁腈、液体聚丁二烯、液体聚异丁烯、半固态氯丁、氟蜡等。

橡胶磨具常用的几种软化剂使用性能,见表 9 - 16。

表 9 - 16　橡胶磨具常用的几种软化剂使用性能

品种	来源及主要成分	外观	物理性质	使用性能
硬脂酸	十八烷酸 $C_{17}H_{35}COOH$ 动物油、植物油加氢后变成极度硬化油,再进行加水分解	白色或微黄色块状鱼鳞片和粒状	相对密度 0.940 8 熔点 71.2 ℃ 沸点 360 ℃	对橡胶的软化作用大,有利炭黑等填料均匀分散,同时,又是硫化活性剂
松焦油	松根、松干的干馏油除去松节油后的残留物质,主要成分为萜烯和松香酸,还含有酚类、脂肪酸、沥青等物质	深褐色黏稠液体	相对密度 1.01 ~ 1.06,沸点 204 ~ 400 ℃	溶剂型软化(增塑)剂,对胶料的软化、增黏作用强,且分散作用好,加工温度下有防焦烧的作用,污染性大,迟延硫化,用量 5 ~ 10 份
松香	松脂蒸馏除去松节油后的剩余物,再经精制而得,主要成分为松香酸及萜烯	浅黄至棕红色透明固体	相对密度 1.1 ~ 1.5	增黏性软化剂,主要用于擦布胶及胶浆中,因属不饱和酸性物质,故有促进老化和迟延硫化作用,因此,不宜多用,一般用量为 1 ~ 2 份
黑油膏	不饱和植物油与硫黄共热制得	黑褐色半硬黏性固体	相对密度 1.08 ~ 1.20,游离硫≤1.0%	促使胶料在橡胶中很快分散,有助压延、压出操作,使半成品表面光滑,收缩率小,挺性大,硫化时易脱模,产品表面洁净、柔软性好,具有防止喷硫和耐日光、耐臭氧龟裂作用,因含游离硫,使用时应减少促进剂用量,略有污染性,作为软化剂一般用量 10 份以下,作为增容剂用量可达 30 ~ 60 份以上
石蜡	由石油蒸馏残余物或由沥青经氧化制得,是一种由各种复杂烃类组成的混合物	白色或黄色晶体	熔点 50 ~ 62 ℃,相对密度 0.9 以下	对橡胶有润滑作用,使胶料容易压出、压延和脱模,并能改善成品外观;物理防老剂,能提高成品的耐臭氧、耐水、耐日光老化性能,一般用量 0.5 ~ 2 份(丁基橡胶中可用至 6 份),用量过多会降低胶料的黏着性

品种	来源及主要成分	外观	物理性质	使用性能
固体古马龙树脂	由煤焦油的 160～185 ℃馏分(主要含苯骈呋喃和茚)经催化聚合制成	淡黄至棕褐色脆性固体	相对密度 1.06～1.10,软化点 75～135 ℃	溶剂型软化剂,有助炭黑分散,改善胶料压延、压出及黏合等工艺性能,能溶解硫黄,帮助硫黄均匀分散,减少喷硫及焦烧倾向,有补强作用,能改善硫化胶的拉伸强度、撕裂强度和耐屈挠龟裂性,最高用量 20～25 份

这些软化剂对橡胶磨具硬度和强度影响较大的是硬脂酸和石蜡。随加入量的增加,硬度和强度有明显的下降。

9.3.5　补强剂和填充剂

9.3.5.1　填料的种类

填料的种类很多,按其在橡胶中的主要作用可分为补强性填料和增容性填料。补强性填料的主要作用是提高橡胶制品的硬度和机械强度,如耐磨性、撕裂强度、定伸应力、拉伸强度等,称为补强剂或活性填料。后者的主要作用则是增加胶料容积,从而节约生胶、降低成本,称为填充剂也有一定的补强作用。特别是由于生胶的类型不同,也使补强剂和填充剂之间的界限难以划分。

根据填料的化学组成和形状可以将其分成粒状填料、树脂填料、纤维填料三大类。粒状填料是橡胶工业中应用最广泛的一类,主要有炭黑、白炭黑和其他矿物填料,树脂填料是近年来发展起来的,主要用于橡胶补强的一类填料,主要有改性酚醛树脂、聚苯乙烯树脂、木质素等。纤维类填料在橡胶中的应用也比较早,但不及前两类广泛,主要有石棉、玻璃纤维、有机短纤维(如聚酯纤维、聚酰胺纤维)等,采用纤维填料补强橡胶可获得良好效果,其硫化胶具有高定伸强度及良好的动态性能,而且耐热、耐腐蚀、耐压缩变形性好。提高纤维和橡胶的黏合作用,即提高两者的结合力,是充分发挥纤维补强效果的关键。

填料在橡胶中的作用:提高橡胶制品的机械强度和硬度,提高硬质胶的耐热性,降低硬质胶在硫化中的生成热,增加胶料的容积,降低制品成本。调整和改善结合剂及成型料的工艺性能。

橡胶磨具制造中常用的填料有炭黑、氧化镁、氧化锌、氧化铁、酚醛树脂、环氧树脂、碳酸镁以及黏土、氧化钙、冰晶石、硬橡胶粉等。其中炭黑是软橡胶结合剂的主要填料。

炭黑是天然气或石油产品不完全燃烧的产物。根据制造方法不同,可以分为接触法炭黑(如槽法炭黑、混气炭黑和滚筒炭黑等)、炉法炭黑(如油炉法炭黑和气炉法炭黑等)和热裂法炭黑(如乙炔炭黑等);根据工艺性能和物理性能,可分为硬质炭黑和软质炭黑两种;也可根据所用原材料,分为瓦斯炭黑、乙炔炭黑等。

在橡胶工业实际应用中,习惯从炭黑对橡胶的补强效果和加工性能来命名,如高耐磨炉黑(HAF)、超耐磨炉黑(SAF)、中超耐磨炉黑(ISAF)、快压出炉炭黑(FEF)、半补强炉炭黑(SRF)和细粒子热裂炭黑(FT)等。

9.3.5.2 炭黑的补强机制

炭黑的粒子很细,但橡胶的分子链更细,由于补强炭黑粒子表面有活性,能够与橡胶相结合,使橡胶分子链能很好地吸附在炭黑表面上。当炭黑与橡胶之间的吸引力大于橡胶分子之间的内聚力时,橡胶分子即被炭黑吸附在表面上,这种物理吸附的结合力比较弱,还不足以说明炭黑补强作用的主要原因。主要的补强作用在于有一些活性很大的活性点,能与橡胶起化学作用,橡胶分子吸附于炭黑的表面上而有若干个点与炭黑表面的活性点相反应,称为化学结合,也叫化学吸附。化学吸附的强度比单纯的物理吸附大得多。炭黑对橡胶分子的化学吸附,使橡胶分子链能够较容易地在炭黑表面上滑动,但不易于脱离开炭黑的表面。这种橡胶被化学吸附于炭黑表面的结果,使得橡胶与炭黑形成了一种能够滑动的牢固的链。当橡胶受外力作用而变形时,分子链的滑动(以及大量的物理吸附的解吸附作用)能吸收外力而起到缓冲作用。另外这种滑动的牢固的链能够使应力分布均匀。这样就使得橡胶的强力增加,抵抗破裂。

炭黑对橡胶的补强作用,主要取决于炭黑的表面化学活性、粒子大小、结构性这三个基本因素。

9.3.5.3 炭黑的基本性质对橡胶性能的影响

(1)炭黑的化学活性对橡胶性能的影响 炭黑的化学活性对补强性能具有重要作用。化学活性大的炭黑,其补强作用大;而化学活性低的炭黑(如石墨化炭黑),其补强作用就非常之小,因为,化学活性大的炭黑,表面上的活性点多,在炼胶与硫化过程中与橡胶分子反应形成的网状结构(结合橡胶)数量多。而这种炭黑与橡胶形成的网状结构,赋予硫化胶以强度。因此,炭黑的化学活性是构成补强性能的最基本因素,称为影响炭黑补强性能的第一因素(或强度因素)。

炭黑的化学活性越大,混炼时生成的结合橡胶数量越多,从而使胶料的门尼黏度提高,压出时口型膨胀率和半成品改缩率加大,压出速度减慢。而硫化胶的拉伸强度、撕裂强度、耐磨性等越高。

在炭黑表面的活性点中,含氧官能团对不饱和橡胶的补强作用极微,这也是近代发展炉法炭黑而较少采用槽法炭黑的原因之一。但含氧官能团对饱和度高的橡胶(如丁基橡胶)的补强作用则有较大贡献。

(2)炭黑的粒径与橡胶性能的关系 既然炭黑的活性点存在于炭黑的表面上,因此炭黑粒子越小,比表面积越大,相同质量的活性点也越多,这就能更好地发挥炭黑对橡胶的化学结合和物理吸附作用,从而提高了补强效应。所以,炭黑的粒径是影响炭黑补强性能的第二个因素,即广度因素。

炭黑的粒径越小,硫化胶的拉伸强度、撕裂强度、定伸应力、耐磨性、硬度越高,耐屈挠龟裂性越好,回弹性和扯断伸长率减小。但粒径过小,会因粒子间聚凝力大,易结团,而导致混炼时分散困难,并使可塑性下降,压出性能变坏。

(3)炭黑的结构性与橡胶性能的关系 炭黑的结构性是影响炭黑补强性能的第三因素,即形状因素。这是因为,结构性高的炭黑,其聚熔体形态复杂,枝杈多,内部空隙大,当与橡胶混合后,形成的吸留橡胶(或称包容橡胶)由于炭黑聚熔体能阻碍被吸留的橡胶分子链变形,因而对硫化胶的定伸应力、硬度等性能的提高有显著贡献,从而体现了补强作用。同时,吸留橡胶的形成,对提高炭黑在混炼时的分散性以及改善压出操作性能等方面也起着显著的作用,即使压出口型膨胀率和半成品改缩率减小,半成品挺性大,且表面光滑。

炭黑的结构性对结晶体和非结晶体橡胶的补强性能的影响不同。主要表现在对拉伸强度和撕裂强度的影响上。一般规律是,当粒径相同时,高结构炭黑对非结晶橡胶的补强作用大,一般有较高的拉伸强度和撕裂强度,这是由于炭黑的结构提高了非结晶橡胶的结晶倾向。而较低结构的炭黑对结晶性橡胶的拉伸强度和撕裂强度的提高较为有利,这主要是由于结构性低时,被吸留橡胶少,有利于橡胶的伸长结晶。

(4)炭黑的表面粗糙度与橡胶性能的关系 炭黑的表面粗糙度会对炭黑的补强性能产生不利影响,并使胶料的工艺性能变坏,当炭黑粒径相同时,增大表面粗糙度会使补强性能下降,其原因是橡胶分子链不能进入只有零点几个纳米的炭黑表面孔隙中,因而使炭黑与橡胶能够产生相互作用的有效表面积减小,补强作用下降。其结果表现为硫化胶的拉伸强度、定伸应力、耐磨性、耐屈挠龟裂性能下降,但回弹性、扯断伸长率以及受其影响的抗撕裂性能提高。

炭黑表面的这些孔隙能吸附一些低分子的促进剂和硫化剂等,使之失去活性作用,从而导致迟延硫化,并影响硫化胶性能。

(5)炭黑的表面酸碱性与橡胶性能的关系 炭黑的表面酸碱性则直接影响胶料的硫化速度。呈酸性的槽法炭黑有迟延硫化作用,一般不易引起焦烧;而呈碱性的炉法及热裂法炭黑则有促进硫化的作用,因此当大量使用炉法炭黑时,有引起胶料焦烧的危险。

几种填充剂的技术条件,见表9-17。

表9-17 几种填充剂的技术条件

名称	分子式	技术条件
氧化铁	Fe_2O_3	红色到深红色粉末,纯度 >90%,水分 <0.5%,100# 筛余物 <0.3%,比重 5~5.25
锌	ZnO	白色粉末,纯度 95%,水分 <0.5%,100# 筛余物 <0.3%,比重 5.4~5.8
轻质氧化镁	MgO	白色粉末,纯度 >88%,100# 筛余物 >0.3%,灼碱 <7.5%,比重 3.1~3.6
氧化铅	PbO	黄色粉末,纯度 >96%,水分 <0.5%,100# 筛余物 <0.3%,比重 9.1~9.7
碳酸镁	$MgCO_3$	白色粉末,氧化镁含量 >45%,纯度 >85%,100# 筛余物 <0.5%,灼碱 <2%,比重 2.2
滑石粉	$3MgO \cdot 4SiO_2 \cdot H_2O$	白色有光泽粉末,盐酸不溶物 83%,灼碱 9%,100# 筛余物 <0.3%
硬橡胶粉	—	棕褐色粉末,水分 0.9%,灰粉 15%,100# 筛余物

软质制品(如柔软抛光砂轮)主要采用炭黑 ZnO 等。

硬质制品(如精磨切割片、无心砂轮、导轮等)采用 MgO、ZnO、Fe_2O_3、酚醛、环氧,还有滑石粉,PbO、CaO、橡胶粉等。

在橡胶制品(包括橡胶磨具)中,填充剂具有十分重要的作用。但是,不同品种的填充剂,其具体作用不尽相同。在实际工作中必须根据橡胶的种类、生胶的可塑性、结合剂中的含硫量、成型料的磨料含量、粒度以及成品磨具的用途与要求等的不同,加以适当选择,并通过实际试验来加以确定。

在橡胶制品中,每一种填充剂的用量都有一个"填充极限",在此限度内可以使制品的性能得到较好的改善和提高。如果超过此限度,制品的性能反而降低。例如。炭黑本是橡胶最好的补强填充剂,但其用量也不是越多越好,而总是有一个极限值或"峰值",在峰值之前,随着用量增加,补强效果就增加。过峰值后补强效果反而下降,磨具制品不同于一般橡胶制品。在磨具制品中,含有大量的磨料,它本身就类似于无机填料,因而更不可能像一般橡胶制品那样再加入很大量的填充剂(一般是:生胶为 100 份时,填充剂只能加入 50~60 份)。否则,会使成型料显得过于刚硬,难以进行包辊混料、磨碎、滚压成型及模压成型。

此外,对于填充剂的使用,也和其配合剂一样,常常是两种或多种并用,以使相互"取长补短",特别为了改善成型料的工艺性能,更需如此,反之,如单独使用一种填充剂,常常得不到理想的填充效果。例如:加入滑石粉可以提高成品磨具的耐热性能和有助于磨加工表面粗糙度的改善,但是,单独使用它时,会使结合剂及成型料混制时极易粘辊以及断裂、散碎。如果并用一些能增大胶料密实性的填充剂(如氧化铁等),就可改善上述性能。

9.3.6　防老剂

橡胶及其制品(主要指软质胶制品)在生产、使用及储存等过程中,经常产生性能自然变坏的现象,或者是变硬变脆,或者是软化发黏,总之是失去弹性,不能使用。这种现象,统称为"老化"。

橡胶老化的产生原因有多方面,但主要的原因是氧化。为了防止橡胶及其制品的老化,常在生胶或生胶料中加入一些防老化添加剂,也就是防老剂。有物理防老剂和化学防老剂。前者如石蜡等物质,加入橡胶后能在橡胶表面生成薄膜,保护橡胶及其制品不被氧化;后者则有多种多样的有机低分子化合物,它们加入橡胶后可阻止或消除氧对橡胶的氧化作用,从而达到防止橡胶老化的目的。

橡胶在热和氧的作用下,橡胶分子中与双键相邻的 α 位置上的碳原子所带的 H(氢原子),或叔碳原子上的 H(氢原子)都很易被氧夺走,使橡胶分子成为化学性质非常活泼的游离基 R·及 ROO·。这些游离基会自动袭击其他橡胶分子,可以连续不断地(即连锁地)产生大量的 R·、ROO·和 ROOH,继而自动断裂生成许多低分子量的醛、醇、酯等物质,因而破坏了橡胶大分子的线型长链结构,破坏了橡胶的弹性。

氧化的化学防老剂一般都含有化学性质非常活泼的 H(氢原子),其通式可用 AH 表示。当橡胶中有它存在时,则它的活性 H(氢原子)便能迅速与 R·及 ROO·等游离基结合而成为化学性质稳定的化合物,亦即及时阻止或消除这些游离基的生成,不使

橡胶氧化的自动催化反应进行下去,从而起到阻止橡胶氧化的作用。这些反应可表达如下:

$$AH + R \cdot \text{——} RH + A \cdot$$
$$AH + ROO \cdot \text{——} ROOH + A \cdot$$

置换反应生成的防老剂游离基 $A \cdot$ 化学活性很小,不易与橡胶发生化学反应。它们或者被氧化成为不活泼的化合物(如:$A \cdot + O_2 \text{——} AO_2$);或者相互作用而失去化学活性,或者再生为抗氧剂等。

化学防老剂的品种也很多,至今已有 100 多种,但制造软弹性橡胶磨具只用过防老化剂甲(又叫"防老剂 A")和防老剂丁(又叫"防老剂 D")两种。

(1)防老剂 A 学名:N - 苯基 - α - 萘胺,纯品为无色片状结晶。因含有甲苯胺及苯胺,故在空气中及阳光下渐变为黄褐色或紫色(但不影响效力)。比重为 1.16 ~ 1.17,熔点低于 52 ℃,闪点 188 ℃,易燃,可溶于汽油、不溶于水。本品易溶于生胶中,防热氧化效果好。但是,有毒性,常接触会刺激皮肤使之发炎。故生产使用不久,便改用防老剂 D。

(2)防老剂 D 学名:N - 苯基 - β - 萘胺,可用于天然胶和合成胶,对热氧化防护作用良好,并稍优于防老剂 A。在生胶中易分散,但在生胶中溶解只有 1.5%,较防老剂 A 差。故用量一般不超过 2 份,过多则会喷霜。

本品制作原料易得,制法简单,价格低廉,且防老化效果好,故在国内外,在各种橡胶的合成过程中都加有这种防老剂。

防老剂 D 技术条件见表 9 - 18。

表 9 - 18 防老剂 D 技术条件

结构	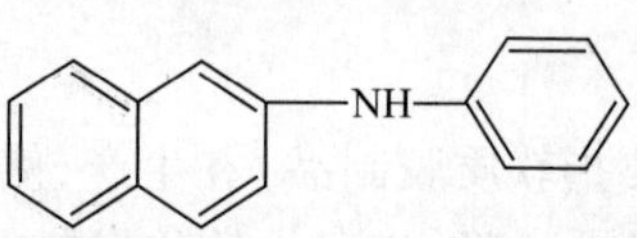		
一般性质	浅灰色或棕色粉末;在空气及阳光下渐变黑褐色,但不影响效力; 比重为 1.18;熔点 >104 ℃;易燃;溶于乙醇、丙醇,但不溶于汽油和水		
技术条件	项目	橡胶工业指标	磨具制造控制指标
	纯度,% ≥	—	95
	水分,% ≤	0.2	0.5
	灰分,% ≤	0.3	0.5
	游离胺(苯胺)	不呈紫色反应	—
	100# 筛余,% ≤	0.1	0.3

9.3.7 偶联剂

采用硅烷来改进填充橡胶和填充剂自身的性能是用有机硅化合物对橡胶改性的长远发展趋势之一。硅烷可提高弹性体对填充剂的黏结性能。为此目的所应用的硅烷,通常是双官能团的。它既能与弹性体进行化学相互作用,也能与填充剂固体表面进行化学相互作用,所以被称为偶联剂或黏结促进剂。用来改进增强填充剂(主要为玻璃纤维)与塑料连接的硅烷称为偶联剂。

填充剂改性用硅烷的一般结构为 $R_{4-y}SiX_y$,式中:$y=1,2,3$;R 为有机官能团(烯属烃、氨基炔属烃、巯基烷属烃及环氧基团等),能与聚合物相互作用;X 为卤素、烷氧基或酰氧基。Si—X 键能水解,形成硅烷基团并和填充剂表面的极性基团相互作用,形成共键价。有机自由基可与弹性体相互作用。R 和 X 基团的正确选择与弹性体和填充剂的类型有关。

硅烷应添加到用过氧化物或硫黄硫化过的胶料的铝氧土或沉积的硅酸内,这样可提高橡胶的耐磨性和降低生热。

硅烷先与橡胶很好地混合后再加入胶料中。其加入方法:100 质量份橡胶取 0.5~1 质量份硅烷同其他配合剂同时加入,或者硅烷作为添加剂加到填充剂中。

饱和脂肪族硅烷会改进填充剂的湿润性并促进其在胶料中更均匀地分散。这样可使硫化胶的拉伸强度有一定程度的提高。饱和硅烷不引起弹性体硫化交联。带有有机官能团(特别是巯基官能团)的硅烷,会使天然橡胶、丁苯橡胶、丁腈橡胶和氯丁橡胶交联,使橡胶的拉伸强度增加 1.5~2 倍,并提高了撕裂强度,降低了相对伸长率和生热。

用硫黄硫化时,带有不同官能团的硅烷对交联程度的影响排序如下:乙烯基硅烷 > 巯基硅烷 > 氨基硅烷。氨基化合物易引发有机过氧化物分解,以及中和填充剂和弹性体的酸性中心,因此氨基硅烷的活性较低。

有机烷氧基的乙烯基硅烷可增大硫化胶的模量、拉伸强度和撕裂强度,但不影响硫化速率。硅烷中含有 9%~14% 的氰基不影响硫化胶的性能。

有机硅烷对胶料的工艺性能有明显影响。例如,含有巯基和氨基的硅烷会提高以耐热乙丙橡胶为基础、高岭土填充的含硫胶料的预硫化倾向性。在以聚丙烯酸酯橡胶为基础的胶料中加入 γ – 氨基丙基三甲氧基硅烷会提高胶料的黏度和黏结的结合强度。

在以聚氨酯橡胶为基础的胶料中加入烷基硅烷,可提高硫化胶的拉伸强度、水解稳定性、耐热老化性及耐磨性。烷基硅烷对以氯磺化聚乙烯为基础的橡胶性能的影响比对以聚氨酯橡胶为基础的橡胶小。

在天然橡胶、丁苯橡胶或丁腈橡胶胶料中加入巯基硅烷,会降低硫化胶的生热。加入很少量(0.4 质量份)的巯基硅烷即可达到此目的。

在此双烯类弹性体为基础的胶中加入少量的有机硅化合物,可提高硫化胶的耐热性和耐臭氧性以及物理机械性能。

9.4 磨料

橡胶磨具有双重特性:它既是一种磨具制品,但又是一种橡胶制品——含磨料的特殊的橡胶制品。实质上,它是以橡胶为基体,磨料为填充料的复合材料。由于橡胶是高黏度液体,它在生胶料的分布是连续相,而填充剂磨料作为分散相,它的材质、粒度、数量等的不同,对结合剂生胶料及硫化橡胶的性能都赋予不同的影响。

9.4.1 橡胶磨具常用磨料

由于橡胶磨具的特性决定它的使用范围不宽,因而,橡胶磨具使用的磨料品种也极其有限。最常用的是棕刚玉和白刚玉,此外,也少量使用微晶刚玉、绿色和黑色碳化硅。

最常用的粒度为 $80^\#\sim120^\#$,少量使用 $40^\#\sim60^\#$ 和 $150^\#\sim240^\#$,个别使用 $280^\#$ 和 W_{20}。

9.4.2 磨料对橡胶性能的影响

9.4.2.1 不同品种磨料对生胶料操作性能的影响

以丁苯橡胶结合剂生胶料为例,当加进不同品种的磨料时,会表现出如下的特点:棕刚玉与生胶料的黏附性能比白刚玉好;细粒度与生胶料的黏附性比粗粒度好。含刚玉磨料的生胶料,其包辊性能远比碳化硅胶料好;含粗粒度磨料的生胶料,其包辊性能比细粒度的好。

9.4.2.2 不同数量的磨料对生胶料操作性能的影响

当生胶料中的磨料含量大时,则胶料性脆,易断裂散碎,压片成型困难;但压出的磨具坯体尺寸稳定,硫化变形小;制作松散料时,磨料含量大的生胶料易于被磨碎。反之,含磨料量少的胶料,压出的坯片尺寸膨胀大;磨碎为松散料时则胶料的粉碎性差。

9.4.2.3 不同品种磨料对磨具使用性能的影响

在相同的结合剂生胶料中,加入粒度和数量相同但品种不同的磨料后,制成相同规格的磨具,在相同磨削条件下使用时:

磨具强度——白刚玉(WA)和铬刚玉(PA)最低;

磨具耐用度——单晶刚玉(SA)最好,微晶刚玉(MA)最低;

工件表面烧伤——单晶刚玉(SA)最重,微晶刚玉(MA)和铬刚玉最轻。

9.4.2.4 磨料含量不同对磨具性能的影响

橡胶磨具几乎没有气孔,因此,一定体积的橡胶磨具只由磨料体积与结合剂两者构成。所以,磨料含量增大,结合剂含量相应减小。此时磨具的强度便会降低,且磨削表面粗糙度及磨具耐用度也差,但切削力强,且不易烧伤工件;反之,磨具的强度、耐用度及磨削表面质量较佳。

9.4.3 树脂砂

磨料是干燥的颗粒材料,绝大多数都不需要再进行处理,便可直接用于混料。但是,对于某些专门用途的橡胶磨具,如软弹性的抛光砂轮以及厚度特别小的超薄砂轮等,这些磨具所用的磨料,却需要预先使它的表面包涂上一层酚醛树脂薄膜,制备成"包涂磨料"(生产现场惯称它为"树脂砂"),然后才用于混料。把部分磨料预先包涂上一层树脂薄膜,其目的是增强磨料颗粒与硫化橡胶结合剂的黏结力,提高磨具的耐磨性能。

常用的几种橡胶结合剂分子链中没有极性基团,因而对于极性的磨料表面的吸附力很弱;另外,由于固体生胶是分子量很高的线型分子,虽然在硫化温度下呈黏流态,但是对于具有微孔粗糙表面的磨粒,仍然是难于扩散进去的,因而经过硫化交联(亦即固化)后与磨粒表面的机械结合力也是很弱的。总之,常用生胶及由它们制成的硫化橡胶与磨料颗粒的黏结强度是很低的,且磨粒越粗,黏结越差。

一方面,由含硫不多的硫化胶结合剂制成的软弹性抛光砂轮,在使用时会产生很大的弹性弯曲变形,而这些砂轮一般都使用较粗粒度(如46#)的磨料。如磨料与结合剂黏结不牢,在抛光时,磨具产生高频率的弹性弯曲变形,磨粒就很容易脱离结合剂,从而使磨具大大降低其至失去抛光能力。

为了增强磨粒与结合剂的黏结强度,在磨粒表面包涂上一个薄膜状的"中间层",使它一方面能牢固地联结起来,从而达到提高磨具抛削性能的目的。根据现代的黏合理论,有许多材料都可以作为这种"中间层"物质。目前广泛应用的是酚醛树脂,特别是液体酚醛树脂,有较好效果。

酚醛树脂是极性有机物质,分子中含有大量羟基(—OH)等极性基因,容易与磨料的极性表面产生较好的物理吸附力;另外,液体的甲阶酚醛树脂分子量不高(1 000 以下),在常温下就有很好的流动性,升高温度更易于流动和扩散入磨粒的粗糙表面。当它受热固化(热固化)后,就能牢固地把持住磨粒的表面。另一方面,当橡胶受热硫化时,酚醛树脂与橡胶也能发生类似硫化剂的作用,与橡胶分子发生交联反应,成为网状硫化橡胶结构中的一部分。所以,磨粒表面的树脂层便与硫化橡胶结合牢固地联结起来。因此,磨粒表面包涂的酚醛树脂中间层能起到增强磨粒与橡胶结合的黏结作用。

目前,不单粗粒度的软弹性橡胶磨具应用包涂磨料,而且,对于一些细粒度或刚弹性的硬质硫化橡胶磨具,也逐渐推广使用包涂磨料。实践表明,能显著提高磨具的耐磨性能。

用酚醛树脂来制备包涂磨料,具体方法有:

(1)单独使用液体酚醛树脂 一定重量的磨料,用黏度为50~300 s(涂4#杯法)的一定重量液体酚醛树脂(约100:3.75)使它在逆流混料机或双轴混料机中直接与磨料混合均匀(混料机最好带有加热装置,使之在 40~50 ℃温度中进行混合),然后取出,冷却到室温,再通过一定规格的筛网后,直接拿去与橡胶结合剂混合,制备成型物料。

(2)单独使用液体酚醛树脂 条件及配比与上述相同,但先用适量酒精将液体酚醛树脂稀释,才与磨料混合均匀。随后在干燥室中在 40~50 ℃中烘干,最后粉碎过筛,存放待用(存放期以不超过十天为好)。

(3)液体与粉状酚醛树脂并用 一定重量磨料,用粉状酚醛树脂(含有8%乌洛托品)和液体酚醛树脂(涂4#杯法 100~200 s)在逆流混料机中使之混合均匀(混合时,先将磨料与液体树脂混匀,再与粉状树脂混匀),然后取出放在8#~10#筛网,用手搓筛 1~2遍使之更加均匀。随后放在 40~60 ℃温度中干燥至干脆,再粉碎过筛备用(存放期最好不超过十天)。

上述方法的理论原则,是力求使酚醛树脂保持"甲阶"状态。这样,在磨具坯体受热硫化过程中,才能具有与生胶分子发生交联反应的作用。实践表明:如果干燥温度过高,干燥时间或存放时间过长,使酚醛树脂已转入"乙阶"状态,则会降低它与橡胶结合剂的黏结能力,从而降低成品磨具的机械强度与磨削性能。

9.5 橡胶磨具的配方

配方设计就是按照产品使用技术要求,国家规定的性能指标,根据原材料的性质和积累的经验,考虑选用原材料以及各组分之间如何配比的方案,然后通过试验来验证设计目的。如果能达到产品所需的性能及其各项要求,这种原材料的配比方案,就是我们所设计的配方。

目前,橡胶磨具制造与树脂磨具制造一样,还不能用理论计算的方法来确定原材料的配比,及其与橡胶物理机械性能的确切数据关系。

橡胶的配方为原材料的配合和炼胶提供了一定的依据。

配方是决定橡胶磨具性能的重要因素。它是反映成型料的成分及量的关系。根据使用条件和生产工艺条件,选择合理配方,才能使橡胶磨具具有所需的性能。

磨具的质量好坏是由硬度、强度、是否烧伤、振纹、粗糙度、耐用度等项指标是否达到要求来衡量的。

配方的内容包括:各种原材料的品种和数量,成型密度(指模压法成型的磨具),硫化条件(压力、温度、时间)等。

9.5.1 配方的表示方法

橡胶磨具的成型坯体和硫化后及加工的成品磨具一般气孔率很少,可以忽略不计。因此一定体积的橡胶磨具只由磨粒体积与结合剂体积构成,即:

$$V_{磨具} = V_{磨粒} + V_{结合剂} + V_{辅助材料} = 100$$

于是,橡胶磨具的性能(强度、硬度、耐热、耐磨等)主要由组成磨具的材料品种和数量比例来决定。所以,橡胶磨具的成型密度(模压法的投料单重)一般可以按配方的理论密度(比重)来计算,然后压至规定高度(亦即定密度成型),而不依靠成型密度的变化来作为调整磨具硬度的一个因素。因为,橡胶胶料的黏性液体而不是固体,模压成型时,为使磨具坯体上下组织均匀,必须用较大的压力把它压至最紧密的程度,否则,松疏的坯体在卸模时会因与模具产生黏性摩擦而破损。另外,松疏的坯体,硫化收缩大,使硫化后的坯体尺寸无法控制。至于滚压法压片成型时,坯片受大功率的辊筒滚压出来就已具有最大的密度,一般都不需要也无法调整其密度。

由此可知:橡胶磨具的性能,与配方以及所用原材料的品种与数量有极大关系。此外,也与硫化方法和条件(包括温度、时间、压力)有重要关系。所以在许多橡胶制品的配方(包括检验橡胶原材料所规定的标准配方)中,除列出配方所需原材料的品种与数量外,还列出试样的硫化条件,有的还规定出混料的工艺条件,如炼胶辊筒的辊距、辊温、加料顺序和混炼时间。因为,这些工艺条件也对试样或产品的性能赋予很大的影响。

橡胶磨具配方的表示方法通常有两种形式:

(1)结合剂和成型料配比分别列出的表示方法。结合剂配比以橡胶重 100 份为基准,其他配合剂按占橡胶的重量百分比列入;而成型料配比则以磨粒和结合剂重量百分比(即砂结比)列出。

(2)以磨料的重量为100份,其他材料(橡胶及配合剂)按占磨料的百分比列入的表示方法。

目前橡胶磨具配方多采用第一种表示法,这种表示法配方调整较方便,而且对于加入量少的组分,能得到较准确的配比,更主要的是目前常用的滚压成型工艺中,结合剂配制和成型料配制是分开进行的,因此这种表示法与生产工艺过程相符合。

9.5.2 配方制订的原则和方法

9.5.2.1 配方制订的依据

(1)配方的意义 配方是组成磨具产品的原材料种类和数量的反映。它们的作用主要有以下几方面:

1)配方是决定磨具使用性能的首要条件 橡胶制品和橡胶磨具所用的原材料是多种多样的,由不同种类和数量的原材料所制成的磨具产品,会具有不同的使用性能(如弹性、强度、硬度、耐热、耐磨等)。所以说,配方是决定磨具使用性能的首要条件。

2)配方是决定胶料工艺性能的重要条件 橡胶胶料(包括结合剂与成型料)在磨具制造过程中工艺性能的好坏,对产品质量和生产效率都有很大的关系。这是因为橡胶磨具的制造,主要使用的设备是开放式炼胶机(即橡胶对滚机)。橡胶结合剂和成型料的混制以及磨具坯体的压片成型,都需要在炼胶机两个相对转动的辊筒表面上进行,并必须辅以人工(手工)的多种辅助动作才能完成。这样,就要求胶料既不能过硬,又不能过软;既不能不包辊,又不能过分粘辊等,因此,要求胶料必须有较好的工艺性能。否则,会给人工操作带来很大困难,既影响质量又影响效率,也会带来生产不安全。此外,胶料的组成对磨具坯体的硫化有很大影响。所有这些,都说明橡胶磨具的配方,不仅对成品质量有直接关系,对生产过程中的工作环境也有极大影响,这是橡胶磨具制造的一个重要特点。

3)配方是决定产品成本的关键条件 橡胶磨具制造中,可用的原材料很多,它们的价格有贵有贱,悬殊很大,价格高的材料不一定好用,价格低的材料有时反而好用。因此,在不影响产品质量及工艺性能的前提下,开发使用价廉适用的原材料,对降低产品成本、提高经济效益,具有很大意义。

总之,磨具产品配方的制订(即设计)就成为橡胶磨具生产工艺设计的首要任务和主要内容。

(2)对配方的要求 配方设计者应该熟悉产品的使用要求,熟悉生产设备的性能,熟悉原材料的性质作用,力求所制订出的配方能够达到如下要求:①使磨具成品具有良好的使用性能;②使结合剂和成型料具有良好、稳定的工艺性能;③使产品尽可能具有较低的成本、较高的经济效益;④所选用的材料,尽可能无毒无害,以改善劳动条件。

9.5.2.2 配方制订的方法与步骤

橡胶磨具配方的设计方法和步骤如下:

(1)充分了解橡胶磨具的使用条件和使用要求。使用条件:如被磨工件的性质、磨具的使用部位以及磨削余量、磨削用量、冷却方法等。使用要求:如被磨工件的几何精度、表面粗糙度、磨具的耐用度等。在此基础上,大体上考虑出橡胶磨具应具有的技术特性,如强度、硬度、弹性、韧性、耐热性等。

(2)根据各种原材料的性质与作用。参考已有的经验(包括直接经验与间接经验),进行原材料品种和数量的选择,制订一个或几个初步配方。

选择原材料的一般程序是:

1)根据磨具的用途,选择生胶的品种。例如:作为磨削使用的橡胶,应选用丁苯或丁腈等合成胶,非磨削轮(如导轮、抛光轮等),可以使用天然胶等。

2)根据磨具的硬度要求,选择硫黄用量。例如:半硬质胶的软弹性磨具,硫黄用量在14~18份为宜,而硬质胶磨具,则要使用35~60份等。

3)根据磨具尺寸及硫化条件(指有无压力),选择促进剂品种和数量。例如:在常压中硫化或较薄的磨具,可使用硫化速度稍快的促进剂(如 M、TMTD 等),以求较早定形,加压硫化或装模硫化,不易流动变形,则可使用硫化速度较慢的促进剂(如 D、DM 等)。另外,这可防止磨具坯体内部生热过快过高等。

4)根据磨具强度、硬度的要求,选择补强剂或填充剂的品种和数量。例如:软抛光轮使用炭黑,硬磨削轮使用树脂粉;薄片砂轮多用填充剂,无心磨导轮少用填充剂等。

5)根据磨料粒度、补强剂及填充剂等的用量,以及磨具耐热性等的要求,选择软化剂的品种和用量。例如:粗粒度磨料及填充剂较多时,宜用增黏性较好的软化剂;反之则用一般软化剂。

6)根据磨具用途,选择磨料数量(即确定砂结比)。例如:磨削轮的磨料用量应稍多,非磨削轮则稍少。至于磨料的品种和粒度,通常都按照用户的订货要求来使用。

7)根据磨具尺寸硬度以及配方内各成分性质,选择适宜的硫化条件(包括压力、温度、升温速度及保温时间)。

(3)按照所订的初步配方,制作磨具样块及样品,对原材料进行必要的性能测定(包括生胶及胶料的可塑性、焦烧时间、成品的强度、硬度、软化温度等);做成磨具样品后送到用户去做磨削鉴定。

(4)根据磨削试验的结果,找出最佳配方。

(5)根据最佳样品配方,在生产条件下进行批量验证,从中观察在批量制作过程中所显现出的工艺性能,是否适合大批生产,否则重新对配方加以调整,并再做磨削验证。如此反复多次,直到配方的工艺性能也达到较理想的状态为止,才算配方定型,可以决定投产。

目前橡胶磨具,根据橡胶的不同交联密度,有软橡胶磨具和硬橡胶磨具两类。

软橡胶磨具(如柔软抛光砂轮等),常温下具有一定的柔软性,在加工过程中可以改变自己的形状,因而它适用于加工不同弯曲面的工件。用于制造软橡胶磨具的合成橡胶,机械强度都较低,因此必须加入大量的填料,炭黑是具有最好补强作用的填料,它是合成橡胶不可缺少的补强材料,由于软质胶交联密度小,易氧化裂解,所以要加入适量的防老剂,并在较低的温度下硫化。

硬橡胶磨具常温下是坚实的固状物,它要求橡胶具有较高的弹性系数和抗张强度。结合剂的配方,决定磨具的硬度、耐热性及弹性。当硫黄的数量增加,并加入填料及合成树脂时,硬度就会提高,软化剂会使硬度降低。因此调整硬度可有四个因素:结合剂中的含硫量、填料、树脂及软化剂。

橡胶磨具常用材料用量范围见表9-19。

表9-19 橡胶磨具常用材料用量范围

原材料	滚压精磨砂轮	切断砂轮	柔软抛光砂轮	松散料砂轮和导轮	滚压导轮
胶种	松香丁苯胶	松香丁苯胶	天然橡胶	松香丁苯胶	天然橡胶
含胶率/%	48~52	44~49	53~59	55~58	62~66
		40~55		40~55	
硫黄粉	40~60	50~65	16~20	35~45	38~45
促进剂M	1.5~2	2	1~1.25	2	0.3
促进剂DM				1.5	
促进剂T、T			0.5		
氧化锌	2.3~2.5	10	20~30	5~12	
氧化铁	9~12	10			
氧化镁		5		10~15	5
氧化铅	9	10		5	
滑石粉				7	
碳酸镁					5~15
炭黑			20~50		
酚醛树脂粉	2~25	5		10~20	
硬脂酸	0.5~7	2	1~1.6	0.5~4	
松焦油		2			
黑油膏					5~30
固马隆树脂					5~10
防老剂D			3		
砂结比(常用)	75/25	75/25	78/22	80/20	82/18

注:除含胶率和砂结比外,各项用量范围均以橡胶为100计算

9.6 原材料的加工准备

制造橡胶磨具所用的原材料有磨料、生橡胶、橡胶配合剂三大类。这些材料进入车间后,根据它们本身的质量情况(化验结果)、生产过程的工艺要求以及成品磨具的质量

要求,常常需要采用一定的方法分别进行加工处理,然后才用于配混料。原材料加工处理的内容包括有:固体生胶的切块及塑炼;粉状配合剂的干燥和筛选;固体软化剂的切碎与粉碎等。

加工好的材料,按生产配料单进行称量和盛放,以备混料使用。

9.6.1 生胶的加工

9.6.1.1 切胶

进厂的橡胶块都较大,使用前必须切成小块,方能进行破胶、混炼和混料,块的大小根据炼胶机的规格大小而定。为了塑炼或混料时安全,一般要切成三棱形小块。

为了便于切割起见,天然胶在切胶时可预先在 40 ~ 70 ℃下加热 24 h 以上,在切胶时,可以在刀口外洒上适量的水,以便于切割。

切胶的方法可用手工切割,也可用切胶机切割。切割机有单刀切胶机和多刀切胶机。星形多刀切胶机。这种切胶机切割一次,可将胶块沿径向切成 6 ~ 12 部分。星形多刀切胶机比单刀切胶机优良。

对于片状的橡胶,必须采用专门的切胶设备和方法。

9.6.1.2 生胶的塑炼

(1)塑炼的目的　弹性是橡胶固有的极宝贵的性能,人们就利用这个特性制造了许多有价值的产品。但是在橡胶配料、炼胶、压延和成型等生产工艺过程中,弹性反而造成许多困难,使得所消耗动力增加,因此要求在橡胶加工过程中具有较大的可塑性,这样才能便于混料,成型的操作,才能保证获得准确尺寸的制件。

为了满足工艺要求,必须降低某些生胶(如天然橡胶等)的弹性,提高它的可塑性。

提高橡胶可塑性的工艺过程,称为塑炼(也称素炼)。

生产工艺制造过程中要求生胶可塑性高,便于加工成型,但可塑性过高,降低了硫化胶的强度、弹性、耐磨性等。因而塑炼操作时要严加控制。表 9 - 20 简要地列出了生胶可塑性对性能的影响关系。

表 9 - 20　生胶可塑性对橡胶制品性能的影响

性能	可塑性		性能	可塑性	
	高	低		高	低
收缩性	小	大	混炼发热量	小	大
流动性	大	小	物理机械性能		
溶解性	大	小	强度、弹性	低	高
黏着性	大	小	耐磨性、耐老化性		
渗入性	大	小			

天然橡胶在使用前必须经过塑炼,才能适合生产应用。天然橡胶经过塑炼,可以提高下列性能:

1)使生胶的弹性降低、可塑性提高,才能适用于混料和成型。天然橡胶弹性很大,可塑性很小。高弹性是天然橡胶特有的宝贵性能。但高弹性是成品的需要,而在生产过程中就会带来很大困难。高弹性的生胶无法使它与各种配合剂及磨料混合,也无法把它的弹性适当降低,可塑性适当提高,才能用于混料和成型。这是塑炼的首要目的。

2)提高生胶的黏结性。天然橡胶经过塑炼,在可塑性提高的同时其黏结性也得到提高。这样才能与磨料颗粒实现良好的黏结。此外,可以使颗粒状松散成型料或板块状成型料相互间实现良好的黏结而成为一定厚度的磨具坯体。

3)提高成品磨具的硬质硫化橡胶制品,其特点是机械强度很高而耐热性不好。因而,由它制成的磨具在磨削时会表现出磨粒与结合剂不易脱落,即自磨锐性能不好。与此同时,由于它的耐热性不高,于是磨削时磨具表面易呈现熔融状态,导致磨削力降低,而且易使被磨工件表面烧伤或粘上一层硫化胶薄膜(称为"粘胶")。实验证明:天然橡胶经过适当的塑炼,所制成的磨具具有较好的自锐性,较好的磨削性能和抛光性能。

此外,天然橡胶经过塑炼后,溶解性能提高,与增塑剂能更好地互溶;化学反应能力提高,与炭黑等补强剂更好发生反应,增加"结合橡胶"的生成量;在硫化时,能提高与促进剂、硫化剂等的化合速度。

总之,天然橡胶必须经过塑炼,才能适合于生产使用。

天然橡胶的塑炼程度(即可塑性)也不是越高越好。过度的塑炼,可塑性太大,混料时反而容易使粉状材料黏结成粒团,不易在生胶中均匀分散;另外,可塑性过大,黏结性也过大,在混料时容易使生胶黏着于辊筒表面(粘辊)。过度的塑炼,也会明显地降低成品磨具的弹性、机械强度和耐磨性能,增大软弹性磨具的老化速度,使磨具在存放中易变硬变脆。

因此,必须根据各种磨具成品及生产工艺过程的不同要求,通过试验,对塑炼胶的可塑性加以确定,在工艺规程中规定下来,此外,配置适当的检测设备,对塑炼胶进行可塑性的检验,以控制塑炼胶的质量。

(2)塑炼的机制 橡胶可塑性与其分子量有密切联系。分子量越小黏度越小,则可塑性越大。

实验证明:生胶在塑炼中可塑性(度)的提高是通过粘均分子量的降低来获得的。因此,塑炼实质上就是橡胶分子链断裂,大分子长度变短的过程。

通常,在热、光、氧、机械力和某些化学物质的作用下,橡胶分子主链和侧链均可断裂。

下面从工艺条件讨论影响橡胶分子链断裂的主要因素:

1)影响橡胶分子链断裂的因素

①氧的作用 为了观察氧在塑炼中的作用,在相同温度下将生胶于不同介质中进行塑炼。在氮气等不活泼气体中,可塑性增加极慢;在氧气中,可塑性增加迅速。

实验表明:生胶结合0.03%的氧,就能使分子量减少50%;结合0.5%的氧分子量从10万降到5 000,可见,在塑炼中氧化作用对分子链断裂的影响是很大的。

生胶在塑炼过程中,随时间增长,橡胶的重量增加,说明氧确实参与了橡胶的化学反应。

②温度的作用(热的作用) 温度(或热)对生胶的塑炼效果是有着重要影响的,而

且在不同温度内的影响也不同。

以天然胶为例：

在110℃以下的低温范围内,温度升高,黏度增大,可塑性低。塑炼效果下降,升温对塑炼起不良影响。

在110℃以上的高温范围内,温度升高,黏度降低,可塑性高,升温对塑炼起促进作用。如图9-8所示。

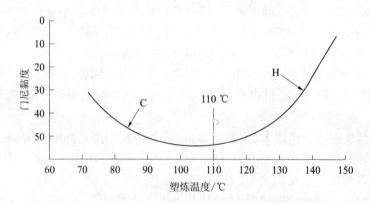

图9-8 天然橡胶的塑炼温度对门尼黏度的影响

这表明塑炼过程对应的曲线可视为两个不同曲线组合而成,并代表两个独立过程：

110℃以下(C线)是所谓"冷"塑炼,110℃以上(H线)相当于"热"塑炼。

很明显"冷"塑炼(低温塑炼)阶段,塑炼效果随温度升高而降低,表明此时氧化并不起主导作用。不同橡胶(包括天然胶和合成胶)的氧化能力尽管很不相同,但是在低温时,塑炼速度却都相近。这些事实充分说明低温塑炼时分子链断裂的主要原因不是氧的作用,而是机械力的作用。当然,并不是无须氧存在。温度越低,生胶黏度越高,塑炼时所受的力就越大,机械作用对橡胶分子链的断裂效应也越剧烈。塑炼效果也越好。

而"热"塑炼主要是氧化作用使分子链断裂。氧化裂解反应随温度升高而增强,故塑炼效果随温度升高而增大。

③机械力作用 生胶在塑炼机械(对滚机)剧烈的拉伸、挤压和剪切应力的反复作用下,长链分子产生应力集中,致使分子链断裂(R_1—R_2⟶R_1·+R_2·大分子自由基),断裂的活性自由基被氧或其他自由基转移或终止,变成较短的分子而增加可塑性。随着温度升高,生胶黏度增大,分子不易滑动,则生胶所受作用力增大,分子易于被机械(剪切力)所切断,塑炼效果增大。

塑炼时,橡胶分子链受机械力作用的断裂并非杂乱无章,而是遵循一定规律。研究表明,当剪切力作用于橡胶时,其分子将沿流动方向伸展,其中央部分受力最大,伸展也最大。当剪切力达到一定值时,大分子链中央部分的链便首先断裂。分子量越大,分子链中央部分所受切应力也越大,该分子链也越容易被切断。

根据这个原理,在低温塑炼过程中,生胶的最大分子量级分将最先受断链作用而消失。低分子量组分可以不变,而中等级分子量得以增加,因此,对初始分子量分布较宽的生胶来说,塑炼后其一般规律是分子量分布变窄,如图9-9所示。

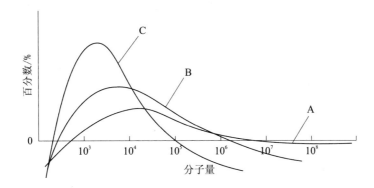

图9-9　天然胶分子量与塑炼时间的关系(GPC测量)

塑炼时间：A-8 min；B-21 min；C-38 min

与上述情况相反，在高温塑炼时，并不发生分子量分布变窄的情况，因此氧化对分子量最大组分和最小组分都起同样作用。在高温塑炼中机械力作用与低温塑炼中的断链作用不同，主要是不断翻动生胶，以增加橡胶与氧的接触，促进橡胶分子自动氧化断裂，即：

低温阶段：主要机械力作用使分子链断裂，氧起稳定作用，分子量分布变窄。

高温阶段：主要是氧的作用使分子链断裂，机械力起翻动作用，以增加生胶与氧的作用，分子量分布不变。

所以从高、低温塑炼时，橡胶分子量分布变化情况不同，进一步证明了橡胶塑炼时，低温以机械断裂为主，高温以氧化裂解为主的这一基本原理。

④化学增塑剂的作用　使用化学增塑剂(塑解剂)能提高塑炼效果，其作用与氧的作用相似。

不同种类塑解剂的作用机制也不同，根据它们的适用温度范围，可以分为：

低温塑解剂——主要有硫酚、苯醌和偶氮苯等；

高温塑解剂——主要有过氧化苯甲酰和偶氮二异丁腈等。

硫醇及其二硫化物类(促进剂M、DM)等在低温、高温下均有效。低温塑解剂又称接受型塑解剂，在低温起着和氧一样的自由基接受体作用，使断链的橡胶分子自由基稳定，而生成较短的分子。

高温塑解剂又称引发型塑解剂。在高温时，分解成极不稳定的自由基，促使橡胶分子生成自由基，进而氧化断裂起着引发剂作用。

一般塑解剂都是在空气存在下使用的，所以起着加速氧化的作用，促使橡胶分子断链、增大塑炼效果。

⑤静电作用　塑炼时，生胶受到炼胶机械的剧烈摩擦产生静电。据测定，辊筒(或转子)的金属表面与橡胶接角处所产生的平均电位差在2 000～6 000 V，个别可达15 000 V。因此，使生胶表面周围的空气中的氧活化，生成原子态氧和臭氧，从而促进了氧对橡胶分子的断裂作用。

2)生胶塑炼反应机制　综上所述，生胶在塑炼时的分子链断裂，是一件复杂的物理-化学现象。机械力、氧、电热和化学增塑剂(塑解剂)因素的作用都与此有关。其中起主要作用的则是氧和机械力,而且两者相辅相成。

根据温度对塑炼全过程的影响,可将塑炼剂归纳为:

低温(机械)塑炼——机械力作用为主(先引起分子链断裂),氧起稳定自由基的作用。

高温(氧化)塑炼——自动氧化作用为主(使分子链断裂),机械作用是增加橡胶与氧的接触。

①低温(机械)塑炼机制

A. 无化学增塑剂(塑解剂):

$$R_1—R_2 \longrightarrow R_1 \cdot + R_2 \cdot$$

在氮气等惰性气体中或缺氧时,被切断的橡胶分子自由基重新结合。

$$R_1 \cdot + R_2 \cdot \longrightarrow R_1—R_2$$

在空气中,生成的自由基与氧作用,生成大分子过氧化游离基。

$$R_1 \cdot + O_2 \longrightarrow R_1OO \cdot$$

$$R_2 \cdot + O_2 \longrightarrow R_2OO \cdot$$

新生成的大分子过氧化游离基,在室温下不稳定,通过从橡胶或其他物质中吸收氢原子而失去活性。

$$R_1OO \cdot + R'H \longrightarrow R_1OOH + R' \cdot$$

$$R_2OO \cdot + R'H \longrightarrow R_2OOH + R' \cdot$$

生成稳定的产物,分子长度比以前变短。有的人认为 R_1OOH 还能进一步分解成更小的分子。

B. 有化学增塑剂(塑解剂):

当有硫酚等接受型塑解剂存在时,会使机械断链作用生成的橡胶分子游离基

($R_1—R_2 \longrightarrow R_1 \cdot + R_2 \cdot$)产生如下反应。

$$R_1 \cdot + HS—\bigcirc \longrightarrow R_1H + \cdot S—\bigcirc$$

$$R_2 \cdot + HS—\bigcirc \longrightarrow R_2H + \cdot S—\bigcirc$$

结果使大分子游离基稳定,也能生成端部为 $—S—\bigcirc$ 所封闭的较短分子。

②高温(氧化)塑炼机制

A. 无塑解剂:

高温时,在空气中氧的自动氧化作用下,橡胶分子中 α-碳原子上的氢原子被脱出,生成自由基。

$$HR_1—R_2 + O_2 \longrightarrow \cdot R_1—R_2 + HOO \cdot$$

在氮气中,或空气不足时,产生交联;

在空气充足时,继续氧化,生成过氧化游离基。

$$R_1—R_2 + O_2 \longrightarrow R_1—R_2 \atop \qquad \quad | \atop \qquad \quad OO \cdot$$

生成的过氧化游离基与其他橡胶分子反应生成氢过氧化物。

$$R_1 \!-\! R_2 + R'H \longrightarrow R_1 \!-\! R_2 + R'$$
$$\quad | \qquad\qquad\qquad\qquad |$$
$$\quad OO· \qquad\qquad\qquad\quad OOH$$

生成氢过氧化物不稳定,立即分解生成较稳定的较小的分子。

$$R_1 \!-\! R_2 \longrightarrow R_1 \!-\! CHO + HO \!-\! R_2$$
$$\quad |$$
$$\quad OOH \qquad (醛类化合物)\quad(醇类化合物)$$

B. 有引发型塑解剂:

高温时,引发型的塑解剂(如过氧化苯甲酰)的存在会对橡胶自动氧化产生促进作用。

生成的大分子游离基,按上述无塑解剂的作用机制进行氧化裂解,从而生成分子链较短的产物。

(3)塑炼方法 既然炼胶的基本原理在于降低固体生胶的分子量,亦即胶分子的降解反应,因此,凡与降低生胶分子量有关的工艺,都可作为生胶的塑炼方法。但在橡胶磨具制造中,最常用的有机械塑炼法与热氧化塑炼法两种。

1)机械塑炼法 用于橡胶机械塑炼的设备有开放式炼胶机、密封式炼胶机、螺旋炼胶机和四滚筒炼胶机等。制造橡胶结合剂磨具主要用开放式炼胶机。不但橡胶的塑炼,而且磨具成型料的制备和滚压成型等,都能在这种设备上进行。

开炼机的主要工作部分是两个速度不等相对回转的空心辊筒。当胶料加到两个相对回转辊筒上面时,在胶料与辊筒表面之间摩擦力的作用下,胶料被带入两辊的间隙中。由于辊筒的挤压作用,胶料的断面逐渐减小。这时,在辊筒速度不同而产生的速度梯度作用下,胶料受到强烈的摩擦剪切和化学作用。这样反复多次,达到炼胶目的。

在炼胶过程中,两辊筒的上面应有适量的堆积胶存在。积胶不断地被转动的辊筒带入辊缝中,同时新的积胶又不断形成。这样有利于提高炼胶效果,特别是有利于混炼过程中提高径向混合作用。但是,辊筒上面的积胶不能过多,否则会有一部分积胶只能在辊距上面抖动或回转,而不能及时地进入辊缝,从而降低炼胶效果。

①开放式炼胶机的塑炼方法 使用开放式炼胶机对天然橡胶进行机械塑炼,具体操作方法分有:包辊塑炼或薄通塑炼,一次塑炼或分段塑炼,纯胶塑炼或加塑解剂塑炼等多种方法。

A. 包辊塑炼法 把生胶块从靠辊筒一端的辊缝上方逐块投入,通过辊缝后使它包在慢速前辊筒表面上,连续不断地使它受碾炼直至达到所要求的时间为止。

B. 薄通塑炼法 用最小辊距(0.5~1.0 mm),当生胶通过辊缝后不使它包辊,让它直接落在接料盘上,然后按此法反复多次进行,直到规定次数或时间为止。

C. 分段塑炼法 固体生胶在辊筒上受强力碾压时,会因反复拉伸形变而自身发热,所以,不论包辊塑炼或薄通塑炼,要想一次连续塑炼而获得很高的可塑性,是不可能的。为达到较高的可塑性,应当使用多次、分段塑炼法,每次塑炼一定时间,然后取下停放冷却 4 ~ 8 h,再进行第二次或第三、第四次塑炼。

D. 加塑解剂塑炼法 单纯使生胶受辊筒碾压的塑炼方法,可称为纯胶塑炼法。在橡胶制品工业中,为了提高塑炼,常常在包辊塑炼时加入一些化学物质以加速进程,这些化学物质称为"塑解剂"。

②开放式炼胶塑炼的影响因素

A. 辊温和塑炼时间 开炼机塑炼属于低温机械塑炼,塑炼温度一般在 55 ℃ 以下。温度越低,塑炼效果越大。所以,在塑炼过程中必须尽可能对辊筒进行冷却,使辊筒温度控制在 50 ℃ 以下,采取薄通塑炼和分段塑炼的目的之一就是为了降低胶料的温度。

开炼机塑炼在开始的最初 10 ~ 15 min 时间内,胶料可塑度迅速增大,随后趋于平稳。这是由于随着塑炼时间的延长,胶料温度升高使机械塑炼效果下降所致。为了提高机械塑炼效果,当胶料塑炼一定时间以后,必须使胶料经过下片冷却放一定时间,然后再重新塑炼,才能充分发挥设备的塑炼作用,获得更大的可塑度。这就是分段塑炼的根本目的。

B. 辊距和速比 当辊筒的速比一定时,辊距越小,胶料在辊筒之间受到摩擦剪切作用越大,同时,由于胶片较薄易于冷却,又进一步加强了机械塑炼作用,因而塑炼效果也越大。薄通塑炼就是基于这个道理。

辊筒之间的速比越大,胶料通过辊缝时所受到的剪切作用也越大,塑炼效果就越大;反之则相反。所以在塑炼过程中,胶料的塑炼效果与辊筒的速比有密切关系。用于塑炼加工的开炼机辊筒速比一般在 1:(1.25 ~ 1.27)。速比不能太大,因为过分激烈的摩擦作用反倒会使胶料生热量太大,温度急剧上升,反而降低机械的塑炼效果,而且增加电能消耗。所以,必须合理地选择速比。

C. 装胶量 开炼机装胶量大小依炼胶机规格大小及胶种而定,一般凭经验公式来确定。为提高产量,可适当增加装胶量。但装胶量过大会使辊筒上面的积胶过多而难以进入辊缝,胶料热量亦难散发,从而降低机械塑炼效果,并且会使劳动强度增大。合成橡胶塑炼生热性大,应适当减小装胶量。

2)热塑炼法 制造磨具的橡胶(如天然胶、硬丁苯胶等)等靠机械塑炼不能达到所需要的可塑性,因而必须采用热塑炼法。热塑炼法作用原理是橡胶在高温下与氧发生氧化作用,引起分子裂解的过程。这种方法获得的塑炼胶可塑性大,塑炼效率高,缺点是不均匀,必须要用机械的方法补充加工。

①热塑炼设备 热塑炼的主要工艺条件是热与氧,因此,凡能发生热空气的设备都可用以对天然橡胶进行热塑炼。目前,国内磨具工厂都使用橡胶磨具坯体加热硫化用的硫化箱、硫化炉或硫化罐来热塑炼,包括常压的电热热空气硫化炉与有压缩空气的加压电热热空气硫化罐。

②热塑炼方法 既然热塑炼全靠热与氧两个因素起作用,因此,温度越高,加热时间越长,生胶与空气接触的面积越大,氧的浓度越高(加有压缩空气),则塑炼所得塑炼胶的可塑度就越高。

热塑炼具体方法如下：先在炼胶机上用最小的辊距将天然胶块挤压（叫"破胶"）成薄胶片；用切胶机把它剪切成宽度（30~40 mm）不大的胶条；规定每炉的装胶盘数和每盘的装胶重量，把胶装在盘内，放入热风炉内（压胶、切胶、装盘等过程中，都刷上或撒上滑石粉不使胶片、胶条与铁盘相互黏结）；固定加热规范，包括升温速度与时间、最高温度以及在最高温度下的保温时间；热塑炼结束后，可以立即把它送到炼胶机上碾压均匀并折成卷状，停放待用，但也可把它自然摆放到混料时才在炼胶机碾压一段时间使之均匀，然后进行混料。

当天然胶做热塑炼时，首先将其在炼胶机上压成薄片，其厚度在4~6 mm，然后置于事先刷有滑石粉的筛网上，再把其放在架子车上，即可堆入炉中进行热塑炼了。涂滑石粉的目的是防止粘住筛网。装在筛网上的厚度最好不要多于2片。塑炼的温度一般在160~180 ℃，在此温度下用炼胶机压炼十余分钟，使之均匀一致后，便可做混料之用。

当用硫化罐时，可以采用0.1~0.15 MPa的压力下进行塑炼，在压力的条件下塑炼效果将大为提高，可以采用较低的温度和较短的时间，即可达到要求的可塑性。用压力硫化罐做塑炼时，其塑炼温度在140~150 ℃，在此温度下保温30~40 min即行。

高温丁苯胶一般采用热塑炼，很少采用机械塑炼，因机械塑炼对其效果极差，并要消耗很多的电能。丁苯胶做热塑炼时，一般将其剪成10~15 mm宽的胶条，长度不限，然后放在筛网中进行塑炼，塑炼的温度为130~135 ℃，时间约30 min。

高温丁苯胶在塑炼过程中不仅起氧化裂解作用，同时也起结聚的作用，时间过长，不但不能增大可塑性，反而会降低胶的可塑性。因此，必须严加注意塑炼工艺。

③影响热塑炼的因素

A. 氧的浓度　若空气压力越大，则氧的分压越大，氧化作用加剧，空气的循环速度加快，则氧容易透入橡胶，但循环速度太大，塑炼速度反而降低。

这两个因素对热塑炼的影响很大。其中循环速度比压力的影响更大。因此，最好采用循环热风炉来进行热塑炼。

B. 接触面积　为了使橡胶与氧充分接触，橡胶必须有足够大的表面积。因此，热塑炼的胶条要切成"长4~6 mm、宽40~50 mm"的细条。

C. 温度　温度越高，则热塑炼速度越快，这是因为温度可以增加橡胶分子的内能，即增加橡胶分子的活动性，容易与氧结合，引起分子裂解，增大可塑性。

实际上温度不能无限增高，当温度过高时，则橡胶表面发黏，阻止氧气渗入橡胶，同时内部聚热而使橡胶的温度升高，发生聚合，产生体型结构。一般根据不同胶料，热塑炼在120~170 ℃下进行。

D. 时间　用机械方法塑炼，开始时的塑炼作用特别强烈，继而逐渐缓慢。但在热塑炼时，可塑性随着处理时间的增长而增加，在一定条件下控制时间可得到一定的可塑性。

9.6.2　配合剂的加工和处理

9.6.2.1　加工处理的内容与目的

橡胶配合剂种类繁多，形态不一，有细粉状的（如硫黄、各种有机促进剂和无机填充剂）；有无定形的固体（如黑油膏、松香、硬脂酸等）；也有可流动的黏液体（如松焦油、液体环氧树脂和液体橡胶）。这些配合剂来源广泛，性能不同，应本着生产简便的原则，采取适应的方法,给予加工处理。

配合剂加工处理的内容,包括有:粉状材料的干燥与筛选,固体软化剂的粉碎与筛选,液体材料的蒸发等。

上述各种配合剂的加工处理,目的是使材料中的低温挥发物含量和粒度都符合技术要求,以保证在下一道工序(混料过程)中易于混制出质量均匀的结合剂和成型料,并保证磨具坯体在加热硫化时防止因挥发物过多而产生膨胀或起泡等不良现象,导致废品出现或使用性能降低。

9.6.2.2 粉状材料的处理

粉状材料经化验后,如果100#筛余物超过规定,可以重新进行筛选处理,以筛除大粒或杂物。根据材料特性的不同,可以分别通过不同号数的筛网。如粉状酚醛树脂,可以通过46#~60#筛网,各种无机填充剂可以通过80#~100#筛网;如果水分含量超过规定,则需要先经过干燥,然后再过筛以使它松散。干燥时,有机粉状材料(包括有机促进剂、防老剂及硫黄)熔点较低,只能在46~60 ℃的较低温度下焙烘,无机粉状材料可在100~120 ℃下焙烘,直到水分含量符合技术要求为止。

经过处理的各种粉状材料,都应储放在密闭的容器中,放置在干燥的地方,以防吸湿返潮。

9.6.2.3 软化剂的加工

一些固体软化剂如松香、古马隆树脂等,都是块状硬脆固体,使用前需要把它们破碎,并通过36#~46#筛网;黑油膏、石蜡、硬脂酸等较松软的固状物,则只需把它切碎或挤碎即可。

液体软化剂(如松焦油)的水分含量或挥发分含量常常会超过规定,使用前需要加热至150~200 ℃,经历一定时间,使水分及挥发分蒸发至符合规定。

9.6.2.4 粉状材料的预混合

将粉状材料预先混合均匀,过筛待用。

9.7 混 料

用一定的设备和方法把橡胶配合剂和磨料混入生胶或塑炼胶中,使之成为质量均匀,性能优良的橡胶结合剂和成型料,这就是混料工序的任务。

混料工序是橡胶磨具制造过程中一个极为重要的工序,混料质量的好坏对于后续工序——成型与硫化的工艺以及成品磨具的性能都有极大的关系和影响。

要使磨料和配合剂完全均匀地混合在生胶中,得到混合均匀而且性能良好的成型料是比较困难的,因为它要受一系列因素的影响。其中主要的因素:磨料和配合剂对橡胶的浸润性,配合剂在混料过程中的分散性,橡胶的黏度,加料的顺序,混炼的温度和时间,以及配合剂的纯度、湿度和细度等。

固体生胶用开放炼胶机或松散混料机进行橡胶磨具结合剂及成型料的混制,操作过程比较复杂,影响因素也较多。因此,必须认真细致操作,使混好的结合剂和成型料达到如下质量要求:

（1）要有较高的混合均匀度和适当的混合时间 橡胶磨具使用的原材料多种多样。这些原材料能否均匀分散在生胶中,对产品性能关系极大,当混合时间适中,分散性材料在胶料中分散较均匀,则生胶料及硫化胶的质量都较好——黏度较低(即可塑性良好),有利于成型;硫化胶强度高,弹性形变能大(表现在伸长率较大),而且磨耗量低。若混料时间过短,则易产生混合不匀。若混合时间过长(远超过 8 min),生胶分子遭受过度的破坏,分子量过度降低,则会降低成品磨具的强度及耐磨性能,则生胶料及硫化胶的性能都不好。

（2）防止胶料产生焦烧现象 生胶在炼胶机中塑炼时会自身生热。当生胶与各种配合剂及磨料在炼胶机中混炼也将会自身生热。生热高低与生胶品种及配合剂性质有关,但也与操作方法有关。如果操作不当,生热过高,则结合剂及成型料会产生焦烧(即早期硫化)而变坏;即使是较轻度的焦烧,也会降低结合剂及成型料的可塑性与胶黏性,从而使后道工序的工作发生困难。必须认真注意控制好辊温胶温,不使胶料变质。

（3）防止橡胶遭受"过炼" 混料时间过短,则易产生混合不均;但时间过长也不好。因为混炼时间过长,生胶分子遭受过度的破坏,分子量过度降低,则会降低成品磨具的强度、硬度及耐磨性能。故操作者必须遵照时间,既要混匀,又不要"过炼"。

混料所用设备,根据橡胶性质不同而异。目前我国使用的有开放式炼胶机、松散混料机、逆流混料机、轮碾机等。

开放式炼胶机主要用于混制固体的橡胶料,它是目前橡胶磨具混料的主要设备,其构造与生胶塑炼用的相同。不同者主要是其速比较小。

松散混料机主要用于混制模压法成型的固体橡胶成型料。这是砂轮行业自行设计制造的专用设备,混料机的总投料量为 25～30 kg。松散混料机的主要工作部件是两个带螺旋突棱的椭圆形空心辊子,平行安装在同一水平面上,并分别安放在两个半圆弧的锅座内,以不相等的速度相对转动。每个辊子的表面都带有两条长度相等的螺旋形突棱,螺纹与轴心成 35°夹角,整条突棱螺纹的扭转角为 90°,突棱上各点与辊子轴心的距离不相等。因而辊子转动时突棱上各点的线速度不相等,相应,两个辊上对应点的速比也不是一个固定值,此外,辊子表面与锅底之间的间隙以及两个辊子之间的间隙会在较大范围内变化。

9.7.1 开放式炼胶机的混料

采用开放式炼胶机进行混料时,通常分为三个阶段进行:结合剂的混合、成型料的混制(加砂)和成型料的辊碎(即松散料的制备)。

9.7.1.1 结合剂的混制

（1）混合方法 结合剂的混合通常采用变距法——即在混料中逐渐增大滚筒间的距离。

首先开动炼胶机,先调整较小辊距(3～4 mm),然后在紧靠大牙轮一端的辊缝上方,逐块投入丁苯生胶或经过塑炼的天然橡胶,使之先受小辊距的强力挤碎,随后再使之包辊碾炼 3～5 min,目的是使生胶进一步塑化,并使之达到质地均匀一致,然后加入配合剂,这一小段操作也可称为"塑炼"(或补充塑炼),塑炼时也应不断进行左右割刀翻动和捣合。

塑炼时间达到后,可适当放大辊距,以使辊缝上方的堆积胶能达到充分转动为准。然后按一定的顺序将各种配合剂沿辊筒的全长均匀撒在辊缝上方。分段加入、分段翻割各 3~5 遍,使之均匀分散。

待全部配合剂都加完并都被"吃入"生胶中后,再通过适当的割刀与翻动,促使配合剂与生胶更好达到均匀混合,然后切下胶料,停放冷却。

(2)影响结合剂混合质量的因素　开炼机混炼依胶料种类、用途和性能要求不同,工艺条件也各有差别。但对整个混炼过程来说,须注意掌握的工艺条件和影响因素主要有以下几方面:

1)辊筒的转速和速比　辊筒的转速越快,配合剂在胶料中分散的速度也越快,混炼时间越短,生产效率越高。反之,则相反。但若转速过高,则操作不安全。一般说来,规格较小的炼胶机,辊筒转速较小。

两辊筒间速比产生剪切作用,促使配合剂在胶料中分散,无速比则无混合作用,速比越小,混合作用越低;速比越大,混炼速度越快,但摩擦生热越多,胶料升温越快,容易引起焦烧。开炼机混炼时的速比都比塑炼时小。合成橡胶胶料混炼时的速比应比天然胶胶料小。用于混炼时的开炼机速比一般在 1:(1.1~1.2)。

2)辊距　在容量比较合理的情况下,辊距一般为 4~8 mm,在一定辊速和速比条件下,辊距越小,辊筒之间的速度梯度越大,对胶料产生的剪切作用越大,混料效果和混炼速度越大。辊距不能过小,否则会使辊筒上面的堆积胶过多,胶料不能及时进入辊缝,反而会降低混炼效果。为使堆积胶保持适当,在配合剂不断递增的情况下,辊距应不断放大,以求相适应。

3)辊温和混料时间　混炼过程中胶料因摩擦产生大量的热,如不及时导出,会使辊筒表面温度及胶料温度急剧升高,导致胶料软化而降低机械剪切作用,降低混炼效果,并且引起胶料焦烧和使某些低熔点配合剂熔化结团,无法分散,对混炼过程极为不利,对操作也不安全。所以必须不断通入冷水冷却,使辊筒表面温度保持在 50~60 ℃。合成胶混炼辊温度要适当低些,一般在 40 ℃以下。

混炼时间依辊筒转速、容量大小及配方特点而定。在保证混炼均匀的前提下,可适当缩短混炼时间,以提高生产效率。时间过短则容易混炼不均匀,而混炼时间过长不仅会降低生产效率,而且容易产生胶料过炼现象,降低胶料物理机械性能。天然橡胶胶料混炼时间一般在 20~30 min,合成橡胶胶料混炼时间较长。

4)装胶量和堆积胶　合理的装胶量是根据胶料全部包覆前辊以后,并在两辊筒的上面存有一定数量的积胶来确定。一般按下述经验公式计算:

$$Q = KDL \tag{9-2}$$

式中　Q——一次加胶量,L;

　　　K——经验系数(K = 0.006 5~0.008 5 L/mm^2);

　　　D——辊筒直径,cm;

　　　L——辊筒工作部分长度,cm。

生产中可根据实际情况适当增加和降低公式计算数值。如填充量较大,比重较大的胶料,装胶料可适当减小。装胶量过大,会使辊筒上面堆积胶过多而降低混炼作用,影响分散效果,并导致设备超负荷、轴承磨耗加剧,胶料散热不良,劳动强度加大等一系列问题。装胶量过小,降低生产效率并易产生过炼现象。因此,适宜的装胶量是允许辊筒上方保持适当的堆积胶,使胶料在此不断形成波纹和皱褶,夹裹配合剂进入辊缝中,并产生横向混合作用,使混炼作用提高。

5)包辊性　生胶及胶料包辊是混料操作的前提,理想的包辊性是生胶及胶料能够光滑无缝地紧包于前辊,既不脱辊又不严重粘辊。这样,各种配合剂才能均匀地被混合入生胶中去。生胶及胶料的包辊性与下列因素有关:

①与生胶特性有关　天然橡胶是自补强性生胶,强度较高,伸长较大,包辊性能良好;丁苯胶强度低、伸长小,且可塑性不均,因而常常包辊不严实,出现很大的裂洞,甚至脱辊。遇到这种情况,应立即收小辊距,多加滚炼,以增大塑性并使之塑炼均匀,而后加些粉状填料,提高其强度和伸长性能,使之严密包辊,再继续进行混合。

②与配方有关　如配方中润滑性软化剂过多,也易使胶料脱辊;增黏性软化剂过多,则易使胶料粘辊。

③与辊温有关　一般而言:天然胶易包热辊,丁苯胶易包冷辊,因此,混料时,前辊和后辊应当调整使其有一定温差,混天然橡胶时前辊温度应稍高于后辊;混丁苯胶时前辊温度要稍低于后辊,辊温不当,也容易导致脱辊或粘辊。

④与操作方法有关　如生胶尚未塑炼均匀,便过早及大量投入粉状配合剂,也易引起脱辊。遇此情况,亦应立即停止加料,收小辊距并使生胶多受滚炼,然后才逐步放大辊距,继续缓慢加料。

6)加料顺序　加料顺序是影响混料质量的重要因素之一。如加料顺序不当,轻则影响混料均匀性,重则导致脱辊、过炼或焦烧。

加料顺序应服从配合剂的特点及作用,同时要兼顾用量的多少,配合量少及难分散的先加,用量多易分散的后加,其中,值得注意的是硫黄与促进剂必须分开加入,不能同时加入。

一般的加料顺序是:生胶—固体软化剂—小料(促进剂、助促进剂、防老剂等)—补强剂与填充剂—液体软化剂—硫黄—翻割混均—下料。

但也有把硫黄与促进剂的加入顺序颠倒过来,即硫黄先加,最后才加入促进剂。

7)割刀翻动方法　割刀翻动的方法对混料均匀性有非常重要的影响,用开炼机来进行结合剂生胶料的混制,由于炼胶机的剪切作用方向单一,加上固体生胶黏度很高,受力作用时只能产生单向的“层流”。因而,虽有堆积胶的设置,但是,仅靠机械力作用,仍无法混合均匀。具体表现:包辊胶沿辊筒圆周的表面能被激烈的捏混,均匀性好,而紧贴辊筒表面内层则混合较差,此外,在辊筒长度的两端也混合较差。为了均匀混合,必须靠人手持刀进行适当的切割与翻动,来弥补机械混合的不足。

割刀翻动和方法,应依据设备规格、胶料成分等的不同及在各阶段中要求的不同来选用。常用的割刀与翻动方法有:拉刀法、八字刀法、三角包法等多种。

(3)结合剂停放、冷却　混炼好的橡胶结合剂,一般规定要停放冷却一定时间(一般都是8 h以上),然后才转入下道工序使用,停放的目的有:

1)结合剂胶料停放的作用是使它冷却,降低胶料温度,以保证下道工序不易产生早期硫化。

2)有利于硫黄、促进剂和配合剂进一步扩散,达到分散均匀的目的。

橡胶是一种高黏度液体,而配合剂是固体粒子,根据物质的扩散原理可知:配合剂(固体)在黏液中的扩散能力与配合剂种类、生胶种类和温度等有关,实验研究表明:硫黄在生胶中的扩散速度,当温度在 40 ℃时为 0.507×10^{-7} cm/s,在 50 ℃时为 0.925×10^{-7} cm/s,在 60 ℃时为 2.5×10^{-7} cm/s。可见,生胶黏度虽高,但只要存在有分布不均现象,胶中各部位配合剂浓度有差异,就要进行扩散。严格来讲,配合剂与生胶在炼胶机上混合,不会十分均匀的。所以,胶料停放有助于它们在生胶中进一步分散均匀。

3)停放有利于胶分子的应力松弛,减少内应力的作用,消除或恢复"疲劳"。

生胶的分子链长而卷曲,且相互缠结。在炼胶或混料时受机械剪切力的急速拉伸作用,大分子链被迫处于伸直状态,便产生内应力,如要消除胶料内应力或使内应力均化,必须停放一定时间使链段经过热运动,克服分子间作用,才能消除内应力,恢复原来的自然卷曲状态,这就是"应力松弛"。否则,如不停放而连续加工,就会使分子链过度"疲劳"而断裂,导致硫化胶性能下降,或因胶料内应力分布不均,导致硫化胶性能不均匀。

4)胶料停放有利增进补强填充剂与生胶的结合,生成更多的"结合橡胶",提高补强效果。

所谓"结合橡胶"是补强填充剂(如炭黑)与橡胶表面产生复杂的物理化学作用而生成网状结构的凝胶,结合橡胶越多,补强效果越好,而影响结合橡胶生成量的因素很多,如生胶品种、补强剂品种、混炼时间与温度等。但实践证明:混炼后停放时间的延长,也能增大结合橡胶的生成量(一般是经一周后才趋于稳定)。

综上所述,停放是有利于产品质量的提高。但是,胶料停放需要增加作业场地,而且要增加工序,延长生产周期。在橡胶磨具制造中,结合剂的混制只是混料过程的第一步,下一步还有结合剂与磨料的混合,即成型料的混制。因此,到目前为止,不同的厂家,做法不同:有的是结合剂要停放,与磨料混合后也要停放;有的是结合剂不停放,待与磨料混合后才停放;也有干脆都不停放,混好结合剂后,立即与磨料混合,并随即进行压片成型,或随即把成型料滚碎进行模压成型。

大批量长期生产的实践证明:混入磨料后的成型料,如经停放冷却 8 h,然后压片成型,就可明显发现,成型料紧密挺实,滚压所得的坯片组织均匀,致密光滑;反之,如混磨料后立即压片,则成型料松散易碎,很不黏实,滚压出的坯片组织疏松,易生裂纹。由此可见:混制的成型料必须经过停放,使结合剂生胶料能充分向磨粒表面扩散与黏附(当然还有结合剂中各种配合剂与生胶的相互扩散与黏附),从而显著增进结合剂胶料与磨料的黏结强度。

9.7.1.2 成型料的混制(加砂)

开动炼胶机,从大牙轮一端把混好的结合剂投入辊缝,压炼至软后使之包前辊。然后用铁铲均匀连续地在辊缝上方加入磨料,混丁苯橡胶料时,待磨料加入大约总数的 2/3 时,松动辊距或用刀切割胶料使之翻转包到后辊,再继续把磨料加完。混天然橡胶料时,加砂到一定程度后会自动脱辊,这时要用手不断地将料块扶到辊筒上,使砂完全压入胶料。吃砂完毕后,再混炼一定时间,待成型料颜色均匀一致,便可使它脱辊卸出。加砂过程中,适时开放冷却水,使胶料温度不超过 80 ℃。

如不能实现自动脱辊,则需适当缩小辊距,用手工持刀把成型料割开并从辊筒上拉撕下来,放在地面或铁板上冷却至室温后,再等分成几份,按份重新投入等速的辊缝中压软,并打卷压均,压成长块,撒上滑石粉,停放待用。

9.7.1.3 成型料的辊碎——松散料的制备

用炼胶机两个不等速相对转动的辊筒把板块状的橡胶磨具成型料碾碎成松散料,以便使用压机和模具进行厚大的磨具坯体的制作,这一过程称之为成型料的"碾碎"或"磨碎",是橡胶磨具松散成型料制备方法之一。

丁苯或丁钠生胶强度低,大量磨料加入后,内聚力更低。在热塑状态下,在一定的机械力作用下很容易散碎。利用这一特性将混好的片状成型料包于不等速辊筒的炼胶机的后辊筒,在辊筒不断转动下,成型料发软变松,与炼胶机挡板碰撞时便散碎成松散料。

散碎后的成型料要过筛,筛上料仍送回炼胶机继续辊碎。制备好的成型料应松散。均匀、无杂质、无大块、无游离砂。制备好后应立即送到下道工序进行压模成型。

9.7.2 松散混料机的混料

松散混料机是在橡胶塑炼闭式炼胶机的原理基础上,设计制造而成的一种橡胶磨具成型料专用混料机。它可以从原材料的投入直接混制出松散状的成型料。也可以在开放炼胶机上混好结合剂,再在松散混料机上混制成型料(加砂)到松散料。

9.7.2.1 松散混料机的混料工艺

(1)结合剂的混制,加砂到松散料的制备

1)破胶把硬弹性的固体丁苯胶投入混料机中,在多种机械力的作用下,把它挤成胶团。

2)第一次软化:投入部分软化剂,使它与胶团捏炼并使之分散为小胶团,随后,软化剂逐渐均匀加入,使生胶成为柔软的大胶团。

3)混结合剂:把粉状配合剂(硫黄、促进剂、氧化锌、氧化镁等)通过筛网均匀加入,使柔软的大胶团与粉状配合剂进行混合,逐渐吃入胶中,成为柔软的大胶团。

4)第二次软化:在加入磨料之前,再把剩余的部分软化剂加入,使结合剂大胶团再度软化成烂泥团状的结合剂。

5)混砂:把磨料一次加入与烂泥状的结合剂混合。开始,结合剂被大量的磨料分散为小结合剂团块,成为小结合剂块与"游离砂"的混合散料。随着混合的继续进行,磨料逐渐被均匀加入结合剂中,并被混合成混合料块,没有"游离砂"。

6)打散与过筛:开动翻锅机,通过蜗轮及蜗杆的动作使混料锅座从后面升起并向前倾斜进行过筛,即得成型用的松散状成型料(筛余物返回锅中去再打散,直至剩余少量"料头",在下次混料中掺入)。

混料工艺流程如下:

破胶→第一次软化→混结合剂→第二次软化→过筛→打散→混砂→筛余物

注:混料过程要开放冷水使料温不超过 70 ℃。

(2)直接加砂到松散料的制备

1)把结合剂(来自开放炼胶机)投入后碾炼 3~5 min 使之软化;加入树脂液使之湿润,搅拌 1~2 min 结合剂成烂泥状。

2)然后加入磨料,混合时间约 15～20 min,最多不超过 30 min(在此过程中要不断开放冷却水,使料温不超过 70 ℃)。

3)混合至成型料出现大团块为止(此时说明磨料已全部被混入结合剂中去。反之,如散料太多、料不成块,说明设备已磨损太大,不能使用,需要大修)。

4)当磨料全部混入结合剂后,随即进入"打散"阶段。此时,可开动翻倾装置,使锅体从后面升高并向前倾斜 70°。然后用小铲把块料铲出,并立即再投入两螺旋辊子之间使碾碎。随后把散料铲出过筛,便得到松散状成型料。

注:当连续混料时,磨料粒度应从粗到细,因为粗料块较松,宜用较小的锅壁间隙;细料块较硬,宜用较大的锅壁间隙。

9.7.2.2 影响混料质量的因素

(1)容量 每种松散混料机都是按一定的混料容量来设计的,如 70 kg、30 kg 等。使用时,都应按固定的量进行混合,不要随意变大变小。否则,容量不定,也影响混合均匀性。

(2)温度和开炼机相似 松散机混料时,由于橡胶被强烈挤压、拉伸、剪切而自身生热,如果不注意控制温度(不能超过 70 ℃),则橡胶成型料容易产生早期硫化(降温的主要方法:在辊子内腔及锅壁内腔都通入冷却水;必要时则空车空转)。

(3)加料顺序 混制结合剂时,加料程序较多;混制成型料时,虽较简单,但也有一定步骤。都必须遵照规定步骤来混料。否则,易产生混合不均。

(4)间隙磨损 突棱辊子与锅壁之间的间隙,是最易被磨损的部位,如果磨损程度过大,则会明显减弱对橡胶的混炼作用,混制出的成型料质量不均(常见有可见的结合剂小团粒),故遇到这种情况,应立即停止使用,进行修理。

9.7.3 逆流混料机的混料

逆流混料机在橡胶磨具中,主要用作液体橡胶成型料的混合,用这种混料机作液体胶混料时,较为简单:在混粗粒度成型料时,其加料次序是先加磨料后加液体胶,最后加配合剂。对于较细粒度(如:280# 以细)的磨料混合时,则先把磨料与各种粉状配合剂在其他容器中(或手工)混合均匀后,并过筛。再加入逆流混料机中与液体胶混合。

混料时的温度和时间直接影响到混料的质量,如果温度低,胶料硬混不开,形成料团,制件产生斑点。因此,当室温低于 15 ℃时,必须把胶料和磨料预热至 20～25 ℃(对于粗粒度的胶料可预热到 40～50 ℃,磨料预热到 40 ℃)。混料时间不宜过长,应在保证得到既松散又均匀的混合料为宜,过长的混合时间,往往易造成料过湿和结块。当混均匀后,将料取出,通过一定的筛网过筛,即可得到松散的成型料。

混料加料次序对成型料的均匀性也有较大的影响,不合理的加料次序混出的成型料块状物很多,成型后的制件有严重的白色斑点等。

9.8 橡胶磨具成型

将混合好的含磨料胶料,即橡胶磨具成型料,用一定的方法把它制作成各种形状及尺寸的橡胶磨具坯体,这就是成型工序的任务。

橡胶磨具的成型方法有滚压法、叠压法、模压法、压铸法、挤压法等。目前常采用的是滚压法、叠压法、模压法三种。前两种主要用于固体胶的成型,后一种可用于固体胶,但多用于液体胶的成型。

9.8.1 滚压法成型

用两个相对等速转动的重型辊筒把板块状的橡胶磨具成型料滚压成片,然后用冲刀切成圆形的橡胶磨具坯体,这种成型方法称为"滚压成型"。

滚压法是固体胶的主要成型方法,也是目前橡胶磨具中应用最多的一种成型方法。滚压的目的是使成型料变成均匀的薄片或一定形状的半成品。

滚压只能适用于在压延机上压出要求厚度的较薄制件,凡厚度在 20 mm 以下的制件均可采用此种方法成型。它主要的缺点是劳动强度大,操作不安全,难以控制磨具的组织,不能制造异形和高厚度的磨具。优点是组织较均匀,制件硬度较高,生产率高,对小规格及薄件而言,此优点更为显著。这种成型方法通常包括出片、压延、冲切成型三道工序。

9.8.1.1 出片

将混制好经放置一定时间以后的片状成型料在等速滚筒(速比为1:1)的对碾机上压软和滚压成一定厚度的毛坯,然后用剪片机(或手工)剪切成适当的方块或长方块,刷上滑石粉,以防黏结。

为防止橡胶分子平行排列,造成纵横方向具有不同的物理机械性能,要求出片叠成 2~3 折,纵横交错地放在两辊筒之间辊压。

经混合好的固体胶成型料,一般都要经过 8 h 以上的停放,使之充分冷却、松弛和各种材料间的相互浸润,然后才用于成型。此时成型料都是冷的和硬的。压片成型时首先要通过对滚机两辊筒反复碾压使它发热变软,并进一步达到均匀一致,然后才滚压成所要求厚度的片状坯料。因此,这一步骤常称为胶料(即成型料)的"预热"。

压料时,习惯使用"打卷压料法"。具体做法是:把多个小块的板状冷料逐块通过对滚机辊缝多次,使它受碾压至较为柔软。然后叠加起来再投入辊缝,压出后立即用双手在辊面上借助辊筒转动的力把它折叠成卷。随后把料卷转向90°,再投入辊缝。压出后又折叠成卷,又转向90°,再投入辊缝,……如是反复多次进行,直到凭手感与目测认为成型料已被压热、压软、压均,并有适宜的黏性为止。

在压料过程中,确定料卷的大小和宽度(稍大于成品磨具的直径)以及料片的厚度即辊距的大小(成品磨具的厚度加上半成品加工的余量)。如果要经压延时,还要加上压延留时。然后把料卷投入辊缝压出,再对半折叠成双层,再通过辊缝,滚压成大体是方块或长方块的坯片。

根据成品磨具直径的大小,以及下道设备配置的情况,用剪片机把坯片剪切成形状规整的方形或长方形坯片。

9.8.1.2 压延

把对滚机压出的并经过剪切而得的方形或长方形橡胶磨具坯片再通过立式压延机

两辊筒滚压至冲切成型所要求的厚度,这就是压延机的任务。

压延的目的是获得表面光滑、组织均匀、厚度均匀、无疤纹及气泡的料片。它可以实现三个工艺要求:①滚制厚度很小的薄片砂轮;②对滚机滚压的坯片表面再加以滚压平整;③利用压延机两辊筒间的间隙(即辊距)可以调整较宽的特点,采用多个坯片叠合起来通过压延辊筒使之黏合成厚度较大的坯片。

压延时使用的压延机有两辊筒、三辊筒和四辊筒等。两辊筒的有立式和卧式两种。

根据生胶种类和特性、磨具品种、厚度等不同,采用不同的压延方法。

(1)热压延与冷压延 对滚机出片后,原则上都应趁热把坯片再通过压延机辊筒进行压延。也就是说,还应使含磨料的橡胶坯片在热塑态下使之受压延,这样才能使所得坯片具有紧密的组织。否则,经冷却后,坯片弹性增大,如此时才去压延,则压延后弹性恢复较大,厚度膨胀较多,坯片的组织就会变得较松,相应会降低成品磨具的耐磨性能。

有些品种如薄片砂轮,由于厚度小,需要通过压延机的次数很多,要完成一批薄片砂轮的压延成型需要很长时间,因而不可能实现热压延,只好采用冷压延。具体做法是:对滚机出片并经剪切成方形坯片后,让它存放下来,时间不限,然后采用多次压延的方法把它滚压成薄片砂轮坯片。

除薄片砂轮的坯片不得不采用冷压延外,实践发现:一些磨粒较粗、厚度较大、由可塑性较大的生胶(例如经热氧化塑炼而得的天然橡胶塑炼胶)构成的坯片,由于受碾压时呈现明显的塑性流动,于是热压延时坯片的周边因受力碾压流动而呈现"塌边"现象(边沿薄、中间厚),因而不易进行厚度测量,也不得不采用冷压延,使坯片在较低温度下受碾压时由于弹性恢复较大而消除塌边现象。

为了实现坯片的热压延,也可以通过放蒸汽入压延机辊筒中,适当提高辊筒温度,从而提高坯片的温度,使它弹性降低,塑性提高,更有效地呈现塑性形变行为。

(2)单片压延与多片叠压 对滚机的出片厚度大体上是从 6~16 mm,而压延机的压延厚度可以是 1~40 mm。因此,成品磨具厚度为 1~16 mm,即可单片通过压延机把它压成。如果成品磨具厚度薄于 1 mm 或厚于 16 mm 时,则可采取多片叠合压延的方法去压成。叠压时又分为隔离叠压、黏合叠压两类情况:

1)隔离叠压 这是对成品厚度在 1 mm 以下的坯片所采用的叠压方法。具体做法是:把对滚机压出的并经过剪切而得的大约厚度在 10 mm 的坯片,先单片多次通过压延辊筒滚压变薄,薄至 1 mm 左右,即在坯片表面上均匀涂撒上滑石粉做隔离剂,然后多个薄片叠合在一起,多次通过压延辊筒滚压到 1 mm 左右(这是压延机的最小辊距),然后逐层分离开便可得到厚度小于 1 mm 的橡胶磨具坯片。叠压的层数越多,则压成后分离出每层坯片的厚度越小。例如:由八层坯片叠合压成总厚度为 1 mm 左右时,则分离后每层坯片的厚度便接近 0.15 mm,便可称为"超薄"橡胶砂轮。

2)黏合叠压 这是对成品厚度大于 16 mm 而薄于 40 mm(即压延机两辊筒间的最大辊距)的坯体所采用的叠压方法。具体做法是:把对滚机滚压出并经剪切而得的坯片多个叠合起来(各个坯片之间不能粘有任何杂物),然后通过压延辊筒使之受滚压而黏合成厚度大于 16 mm、薄于 40 mm 的整体坯片。

(3)一次压延与多次压延 厚度较大(例如 6 mm 以上)、压延去量又较小的坯片,一般都可以一次通过压延辊筒把它压成;但是厚度较小(例如5 mm以下)的坯片,由于压延变薄的量很大,不能不采取多次压延的办法。否则,一次压延去量很大,易使坯片表面产生裂纹。另外,压延去量太大,设备负荷太大,容易使设备损坏。

(4)单向压延与双向压延　压延时成型料坯片会顺着压延方向做大幅度伸长,而横向伸长很小。因而,压延后的坯片在停放时会在压延的纵方向收缩大,而横向收缩较小。如果坯片停放温度太高、停放时间不够,就进行冲切成型(冲切成圆形的磨具坯体),则它会在加热硫化时继续收缩,于是,硫化后得到的是"椭圆"形的半成品,轻则影响整形加工,重则报废。

因而,从理论原则上说,所有磨具坯片都应进行"双向压延",即从"纵"和"横"两个方向上压成。但是,由于磨具成型料含有大量的磨料,它在成型料起到填充剂的作用,会降低坯片的弹性收缩率;另外,大量的磨具坯片厚度较大,因而,在实际生产中"压延效应"并不太明显。于是,为了提高效率,一般都采用单向压延,只对少数成型料及少数规格的磨具坯片,才采用双向压延。

9.8.1.3　冲切成型

经出片和压延,成型料成为要求厚度的料片,要把一定厚度的料片变为具有一定大小尺寸的磨具坯体,还必须进行冲型的工序。

冲型的方法,通常是把停放4~6 h以上的料片放在冲床的工作台上,再将模刀置于料片上,然后开动冲床进行冲压,为了防止粘模刀,可在模刀上涂上滑石粉,对薄的制品,可以将数片料叠在一起进行冲型,这样可提高工作效率,但料片之间必须均匀地刷以滑石粉,否则易造成粘在一块,经冲型后得到的砂轮坯体,检查合格后便可转入硫化工序。对于检查不合格的废品和冲型中剩余的料头,可以重新出片使用。

在无冲床的条件下,可以用手工切型代替冲型,用手工切割时,先将料片用模刀刻出一定的形状,后用小刀依其形状进行切割,这种方法劳动强度大,不易保证质量。

冲型所用的设备是冲床和冲刀,冲床可采用旋臂冲床,也可以采用压力机(如单柱曲轴压力机)来进行冲型。

9.8.2　叠压法成型

叠压法可视为滚压法的一种,它主要用于固体胶的高厚度磨具的成型,凡厚度在20 mm以上的磨具,均可采用叠压法,它除具有滚压法相同的优点外,最大的优点便是能制造高厚度的制品,此法同样要经出片的工序。出片的操作与滚压法中相同,叠压法一般又可分为两种。

9.8.2.1　不用模具的叠压法

此种方法是将压出的料片趁热叠在一起,其料的宽度及叠片高度应比要成型的磨具规格大些,这样才能保证磨具的质量,然后在最上一片的表面上均匀地刷上滑石粉,便可送至压延机或油压机上进行施压,使其数片黏结在一起,然后便可用模刀进行切型。

9.8.2.2　用模具的叠压法

这种方法是先将模子进行预热到90~100 ℃,然后在模子上均匀地涂上润滑剂,以防粘模,待模子的温度降至 70~80 ℃时,这时便可将冲出的料片趁软和热的时候装入模中,装时每片料片应用手捣平,后盖上模盖进行施压,对于流动变形大的需要装模硫化的制品,在施压过程中用螺丝卡紧,然后带模送去硫化,对于硫化中流动变形小的制品,可卸模后再去硫化,此种方法所用的模子,通常是由模盖、模套、芯棒及卡紧用的螺杆等部分组成,对于厚度大于 75 mm 的制品,为了便利卸模起见,芯棒和模套往往均做成带有一定的锥度。

以上两种叠压方法,均要求胶料必须具有较大的黏性,否则易产生压不合的起层废品。这两种叠法相比较,第一种因不用模子,故可节省大量的模具,劳动强度也较第二种小,因不用模子,成型中施加的压力是较第二种小,故制品密度和硬度均较第二种叠压法低,起层的危险性也较第二种方法大。

在滚压法与叠压法中,热炼和出片时,滚筒的温度不宜过高或过低,温度过高时,易产生气泡,粘辊现象,严重时乃至造成自硫的危险,压出的料片表面也不光滑;温度过低时,压料困难,消耗动力大,易损坏设备,对叠压法成型的制品,易造成压不合的起层废品。故应严格地控制滚筒的温度,一般温度控制在 45~60 ℃,对于易产生气泡的细粒度制品,压片的温度可以采用更低一些。

采用叠压法成型的制品,压出的料片应严防机油、滑石粉等杂质黏附于料片的表面,否则将降低料片的相互黏结力,造成压不合的起层废品。

9.8.3 模压法成型

用压机和压模把松散状的橡胶磨具成型料挤压成一定形状的橡胶磨具坯体,这种成型方法称为"模压成型"。与滚压成型相比,第一,模压成型所得磨具坯体的紧密程度较小,并且可以适当调节成型密度,因而成品磨具的密度较小,硬度较低;第二,生产范围大得多,不仅形状可以多样,而且尺寸,特别是厚度范围可大为扩展。

模压法用于液态胶的成型料和固体胶松散成型料的成型。

9.8.3.1 模压法成型设备与模具

模压成型使用的设备主要为压力机。有机械传动的压力机和液压传动的压力机。橡胶磨具模压成型主要使用液压传动的压力机,简称"液压机"。

要使松散状橡胶磨具成型料受压成一定形状与尺寸的磨具坯体,必须使用一定形状与尺寸的模具和一些辅助工具。

用橡胶松散成型料成型磨具坯体,所用模具有如下特点:

(1)由于橡胶松散成型料虽有很大粘塑性,但仍有一定弹性,故成型料疏松,自由装填高度大。实际自由装填系数在 2.5 左右。例如:生产常见的 φ500~600 mm 的大砂轮,当厚度在 150~200 mm 时,所用模环高度分别为 380 mm 和 480 mm(由此考虑到压机行程、卸模机顶出高度以及压头高度等因素,高度为 480 mm 的模具要做成两节活动连接的模环和芯棒,以便多次添放压头及多次加压)。

(2)由于橡胶磨具坯体的成型密度较大(参照理论计算即最大的密度来投料),因而,需要较大的成型压力,压强一般为 30~32 MPa。而橡胶胶料的性质接近液体,当以相等压强传递给模环及芯棒,相应,要求的模环所能承受的压强要远大于这些数值,特别是模环的焊接强度要远超过这些数值。

（3）由于橡胶胶料有很大黏性,与钢铁的摩擦系数很大,致使成型好的磨具坯体脱模较难,除要求模具部件要有较高粗糙度外,几乎所有的橡胶磨具都需要借用压机的压力来卸模,而不能靠卸模机顶芯的顶出力来卸模。模具的结构需要适应此特点,锥度要稍大而且模环都是"上大下小"而芯棒则是"上小下大"。

9.8.3.2 模压成型工艺

用橡胶松散料进行模压成型时,整个工艺过程可简示如下:

装模—筛料—投料—摊料—压制—卸模

（1）装模 根据磨具规格,预先选好模具(包括模环、芯棒、盖板、底板及压头等)。然后在活动小车的转盘上安放上垫铁,随后安放上模环、底板与芯棒,并在模环内芯棒表面涂刷上润滑剂(一般是黏稠的肥皂液),并在底板上撒上垫砂(一般都使用80#~100#的棕刚玉磨料)。

（2）筛料 模压成型所用橡胶松散料是由炼胶机或松散混料机磨碎而得,虽已经过一次筛选,但由于橡胶料黏性大,易黏聚成团,故投料前还必须经过筛料。

1）筛松 把黏聚成团的橡胶松散料再筛选一遍,使之松散,便于均匀投入模内。

2）筛除杂物 用炼胶机混制出的橡胶磨具成型料都经过在地面或铁板上冷却,容易黏附杂物。因此,在成型时必须再行筛选一次,就能筛除料中的杂物。

筛料时所用筛网应比炼胶机制备松散料所用筛网粗1~2个筛网号,较为适宜。

另外,筛料时,筛料量应随着成型用量而定,亦即要做到"随筛随用",不要堆积过多,以免橡胶松散料重新黏聚成团,不利于在模子松散、均匀分布。

（3）称料及投料 根据规定的投料单重(即一片磨具的总投料量)和磨具规格的大小,确定分次投料的次数,一般:单重在20 kg以下橡胶磨具坯体,可以一次称料及一次投料。较厚较大的磨具,则应分次称料投料,以使成型料较易均匀分布于模内。对于高厚度磨具,在分次投料中间还应进行分层加捣,以增加中间层的密度,并可减少松散料的装填高度,便于往后的操作。

橡胶磨具投料次数见表9-21。

表9-21 橡胶磨具投料次数

砂轮外径/mm	砂轮厚度/mm	投料次数
400	~50	1
400	63~75	2
500	75	2
300~500	100~125	3
300~500	150	4
300~500	200	4
600~700	75~150	4
600	200	6

（4）摊料刮料　为了使成品磨具达到组织均匀，其他结合剂磨具在成型时都十分注重使用多种摊料刮料工具，在投料过程中及投料完毕后，认真对模具内的松散料进行多种摊刮料操作，以求得成型料在模具内均匀分布。但是，橡胶松散料黏性大，装填高度也大，因此，对橡胶松散料的摊刮操作是比较困难的。一般是在投料前开动转盘，在转盘转动下，一面把松散料均匀缓慢往模内撒入，一面用小铁棍适当搅动，使料松散开来（搅动时不能用力过大过速，以免破坏模环及芯棒表面的肥皂液，造成卸模困难）。待全部松散料投完后，使用长方形刮板把面上的料刮平。然后放上盖板和压头，把小车连带模子推入压机工作台中心位置，准备施压。

（5）压制　根据磨具坯体厚度，可分别采用一次压成或两次压成。当坯体厚度小于100 mm 时，先预压至压力表指针稍动，即可除去垫铁，然后加压至规定的坯体厚度，便可卸压。如坯体厚度在 100 mm 以上，先进行第一次预压，除去垫铁后，只加压到总压力的 $\frac{1}{3}$ 左右，用铁棒把模环撬起，重新垫上垫铁，进行第二次预压，当预压至 1/3 压力后，除去垫铁，再加压至规定厚度。这就是两次加压，目的是使厚度较大的磨具坯体的下部，多受一次加压，以使下部组织接近中上部组织的紧密程度，达到上下组织均匀一致。

当加压至坯体厚度达到规定后，对于厚度 100 mm 以上的坯体，还应在最大压力下保压半分钟，以便克服或减少橡胶料的弹性膨胀，以使坯体具有紧密的组织；此外，对于 $180^{\#} \sim 240^{\#}$ 细粒度的松散料，在施压过程中，应该分步进行加压，亦即可以"加压—稍停—再加压"，如是多次直至压到预定厚度为止。这样缓慢加压的目的是排除松散料中的空气，避免起层和裂纹。

橡胶磨具压制时，使用垫铁情况，见表 9 – 22。

表 9 – 22　橡胶磨具压制时垫铁的厚度

砂轮厚度/mm	垫铁厚度/mm
9 ~ 30	4
32 ~ 40	6
50 ~ 75	10 ~ 12
100 ~ 150	15
200	16 ~ 18

橡胶磨具是采用定密度的成型方法，一般成型压强只作为参考值。由于橡胶磨具大多数用于精磨，因此，不应该有气孔，以免影响被磨工件的几何精度。所以投料的成型密度是按理论的密度计算的，它是配方中各种物料总重量除以配方中各种物料总体积而得的值。

橡胶磨具模压成型需要考虑到橡胶的高弹性变形，也就是在最大的压力下，多停留一些时间，并在模压时尽可能提高成型料的温度。对于特殊的磨具（如细粒度、高厚度、胶料黏性很小的磨具），可以考虑模压与硫化同时进行，即在压力机下进行成型硫化。

（6）卸模 当磨具坯体压成后，即可拉出小车，进行卸模。由于橡胶松散料在热塑态下黏着性很大，成型前即便对模具各部位涂有肥皂液等隔离剂（润滑剂），但在加压成型过程中很大一部分隔离剂会被松散料摩擦掉，因而，成型好磨具坯体，对模环及芯棒的摩擦很大，仅靠卸模机的顶出力是很难把磨具坯体从模子中顶卸出来的。因此，绝大部分橡胶磨具坯体都需要借助油压机的压力来进行卸模。

9.8.4 压铸法成型

压铸法又叫传递模法或移模法。该法的生产过程是先将预先准备好的胶料装在模具上部的塞筒（压铸室）内，在强大的压力（50～80 MPa）下铸入模腔，然后移入硫化罐硫化，得到的制品比较密实。

压铸法成型如图9–10所示。

压铸法成型制备聚氨酯弹性体砂轮工艺如下。

9.8.4.1 磨具条的制备

将磨料与结合剂（陶瓷结合剂或树脂结合剂），在真空炼泥机或螺杆出机上挤压，从喷管上压出，喷管应能保证得到所需断面的长形毛坯，横切或斜切而得磨料条坯，经烧成或固化得到磨料条。

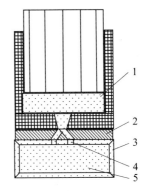

图9–10 压铸法装置简图
1–压力室;2–过渡垫圈;3–模型;4–浇注孔;5–磨料混合料

9.8.4.2 压铸成型

将制成的磨料条堆放到砂轮模具内，闭合模具后，用压铸法将橡胶料经注孔压铸到模具内，移动模具到硫化罐中硫化，即得到橡胶连续相而磨料条为分散相，这一特殊结构的弹性砂轮。

这种弹性砂轮已在石材加工和抛光刀具方面得到广泛应用。

9.9 橡胶磨具的硫化

在加热条件下，结合剂中的生胶与硫化剂发生化学反应，使橡胶由线型结构的大分子交联成为网状或体型结构的大分子，导致制件的物理机械性能及其他性能有明显的改善，这个过程称为硫化。

硫化是制造橡胶结合剂磨具中最重要的一道工序，也是决定制件性能的最后一个过程。硫化的目的是使制件固定其形状并变成具有一定要求的物理机械性能的磨具。

正常的硫化，将使制件的强度、硬度、耐热性提高，而伸长率永久变形下降。对硬质胶的弹性有所下降，而对软质胶的弹性有所提高。

在橡胶工业中，有多种多样的硫化方法，其中，首先划分为冷硫化法和热硫化法两个类型。

冷硫化是在橡胶胶料中加入超速促进剂，让它在室温中即能发生硫化反应，或使它浸渍在氯化硫溶液中，在室温中发生硫化反应。这些方法主要是应用在一些薄膜型制品和一些胶黏剂中,因而应用范围很小,大多数橡胶制品是采用热硫化法,即需要加热使它发生硫化反应。橡胶磨具坯体使用天然胶、丁苯胶等通用生胶,而且使用较大量的硫黄作为硫化剂,因而更需要使用热硫化法。

9.9.1 橡胶磨具的硫化历程

在硫化过程中,橡胶的各种性能都随硫化时间而变化。若将橡胶的某一性能变化与硫化时间作曲线图,则从曲线图中可以表示出整个硫化历程,故称硫化历程图,如图9-11所示。

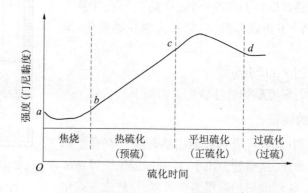

图 9 - 11　硫化历程图
(图中前部是门尼焦烧曲线,后部是抗张强度曲线)

根据硫化历程图的分析,橡胶的硫化历程可分为焦烧阶段、热硫化阶段、平坦硫化阶段、过硫化阶段四个阶段。

9.9.1.1　焦烧阶段

图中 ab 段是热硫化开始前的延续时间,相当于硫化反应中的"诱导阶段",称为焦烧时间,在这阶段内交联尚未开始,胶料在模具中有良好流动性。这段时间的长短(即焦烧时间的长短)决定胶料的焦烧性及操作安全性,这段时间的长短,取决于所用配合剂,特别是促进剂的种类。

由于橡胶具有热积累的特性,所以胶料的实际焦烧时间,包括:操作焦烧时间 A_1——指加工过程中,由于热积累效应所消耗掉的焦烧时间,这取决于加工条件(如混炼、热炼、压延、压出等)。剩余焦烧时间 A_2——指胶料在加热时,保证流动性的时间。

A_1 和 A_2 之间不可能有固定的界限,它随胶料操作和停放条件而变化。胶料经历的加工次数越多,它的 A_1 就越长,而缩短了 A_2,即减少胶料在模具中的流动时间。因此,一般的胶料应避免经过多次的机械作用。

9.9.1.2　热硫化阶段

热硫化阶段又称预硫阶段、欠硫阶段。图中的 bc 段,这一阶段即是硫化过程的"交联反应阶段"。交联开始以一定的速度进行,逐渐产生网构。热硫化时间的长短取决于胶料的配方,这个阶段常作为衡量硫化反应的标志。

在此阶段,由于交联度低,橡胶制品应具备的性能大多还不明显。尤其是此阶段初期,胶料的交联密度低,其性能变化甚微,制品没有实用意义。但是到了此阶段的后期,制品轻微欠硫化时,尽管制品的抗张强度、弹性、伸长率等尚未达到预想水平,但其抗撕裂性、耐磨性和抗动态裂口性等则优于正硫化胶料。因此,如果着重要求后几种性能时,制品可以轻微欠硫。

9.9.1.3   平坦硫化阶段

又称正硫化阶段,图中的 cd 阶段,这个阶段相当于硫化历程中的"网构形成阶段"的前期。这时交联反应已趋完成。继而发生交联键的重排、裂解等反应,因此胶料的抗张曲线出现平坦区。这段时间称为平坦硫化时间,它的长短取决于胶料配方(主要是促进剂及防老剂)。

由于这个阶段硫化橡胶保持最佳的性能,所以作为选取正硫化时间和正硫化温度的范围。

9.9.1.4   过硫化阶段

也称过硫阶段,图中 d 以后的部分曲线。这一阶段相当于硫化历程中"网构形成阶段"的后期,这阶段,主要是交联键发生重排作用,以及交联键和链段热裂解的反应,因此胶料的抗张性能显著下降。

另一种描述硫化历程的曲线,是用硫化仪测出的硫化曲线,见图 9 − 12。

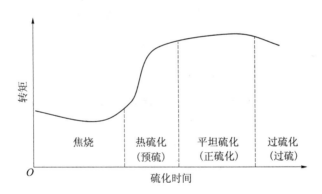

图 9 − 12   硫化仪测定的硫化曲线

这种曲线的形状与硫化历程图的曲线相似,但它是一条连续的曲线。从图中可直接计算各硫化阶段所对应的时间。

在硫化历程图中,从胶料开始加热时起,到出现平坦期止,所经过的时间,称为产品硫化时间,也就是通常所说的"正硫化"时间,它等于焦烧时间与热硫化时间之和,但是,由于焦烧时间有一部分为操作过程所消耗,所以实际上胶料的加热硫化时间等于图中的 A_2 + 热硫化时间。

9.9.2   正硫化及正硫化条件

9.9.2.1   正硫化及正硫化点的测定

正硫化又称最佳硫化,是指硫化过程中胶料综合性能达到最佳值的阶段。

正硫化点(也称正硫化时间),是指达到正硫化所需的最短时间。也就是前硫化历程

图的 C 点时间(即 ac 时间)

橡胶工业中测定正硫化点(正硫化时间)的方法很多。在工艺上常用的测定方法可分为物理化学法、物理机械性能法和专用仪器法三大类。

(1)物理化学法

1)游离硫测定法　此法是分别测定各种不同硫化时间下试片中的游离硫量,然后绘出游离硫量－时间曲线,从曲线上找出游离硫量最小值所对应的时间为正硫化时间。

此法简单方便,但由于反应并非全部构成有效交联键(如分子间的硫环等),因此所得结果误差大,而且不适于非硫黄硫化的胶料,仅适于硫黄交联的天然胶。

2)溶胀法　溶胀法(膨润试验法)是将不同硫化时间的试片,置于适当的溶剂(如苯、汽油等)中,在恒温下经过一定时间达到溶胀平衡后,将试片取出称量,然后计算出溶胀率(溶胀增重率),并绘成溶胀曲线。如图 9－13 所示。

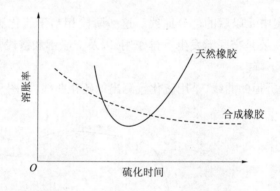

图 9－13　不同硫化时间与溶胀关系曲线

溶胀率(胀润率)的计算公式:

$$溶胀率 = \frac{G_2 - G_1}{G_1} \times 100\% \qquad (9-3)$$

式中　G_1——试片溶胀前的重量,g;

　　　G_2——试片溶胀后的重量,g。

对于天然橡胶,溶胀曲线呈 V 字形(因为在过硫化情况下,由于复原的原因,溶胀率又复增大),曲线的最低点为正硫化点,对于合成橡胶来说,曲线形状类似于渐近线,其转折点处为正硫化点。

橡胶具有在溶剂中溶胀的特性,溶胀程度随交联度增大而减少,在充分交联时,将出现最低值。

溶胀法是公认的测定正硫化的标准方法,由此法测定的正硫化点,为理论正硫化点。

(2)物理机械性能法　硫化过程中,由于交联键的生成,橡胶的各种物理和机械性能随之变化。因此,可以说所有的物理机械性能试验方法都能作为测定硫化时间的方法。但在实际应用中,通常是根据产品的性能要求,而采用一项或几项性能试验作为正硫化时间的测定方法。

1)300% 定伸强度法　此法是测定不同硫化时间试片的 300% 定伸强度,然后绘成如

图 9 – 14 的曲线。

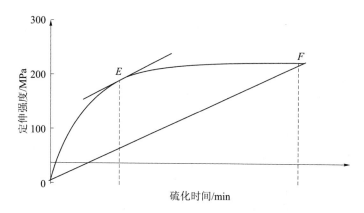

图 9 – 14 不同硫化时间与 300% 定伸强度关系曲线

正硫化时间一般可用图解法来确定。通过原点先作一条直线,与定伸强度曲线上的硫化终点(图中的 *E* 点)相连接,然后再画一条与之相平行的直线,此直线与定伸强度曲线相切点(图中的 *F* 点),所对应的时间为正硫化时间。

实验表明:300% 定伸强度是与交联密度成正比的,因此,由 300% 定伸强度所确定的正硫化时间与理论硫化时间一致。

2)抗张强度法 此法与定伸强度法相似,通常选择抗张强度达到最大值或比最大值略低一些时所对应的时间为正硫化时间。

3)压缩永久形变法 此法是测定不同硫化时间试样的压缩永久形变数值,绘成曲线(如图 9 – 15 所示),曲线中第二转折点对应的时间为正硫化时间。

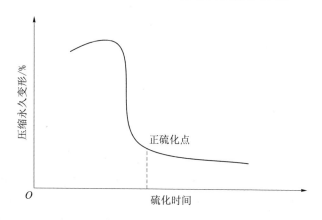

图 9 – 15 不同硫化时间与压缩永久形变关系曲线

恒定压缩永久形变(率)公式:

$$K = \frac{h_0 - h_2}{h_0 - h_1} \times 100\% \tag{9 – 4}$$

式中 h_0——压缩前高度,mm;

h_1——使试样压缩到规定高度,mm;

h_2——试样停放一小时后的高度,mm。

对于软质胶,在硫化过程中,胶料塑性逐步下降,弹性逐渐上升,胶料受压缩后的弹性复原倾向也就逐渐增加,压缩永久变形,则越来越减少。

4)综合取值法 此法是分别测出不同硫化时间试样的抗张强度、定伸强度、硬度和压缩永久变形等四项性能的最佳值所对应的时间,然后按式(9-3)取加和平均值作为正硫化时间:

$$正硫化时间 = \frac{4T + 2S + M + H}{8} \qquad (9-5)$$

式中　T——抗张强度最高值所对应的时间;

S——压缩形变率最低值所对应的时间;

M——定伸强度最高值所对应的时间;

H——硬度最高值所对应的时间。

由此法所确定的正硫化时间为工艺正硫化时间。

(3)专用仪器法 这种方法是应用专用仪器来进行测试,这类仪器常用的有门尼黏度计和各类硫化仪。如:初始黏度、焦烧时间、硫化速度、正硫化时间等。但门尼黏度计不能与交联密度有正比例的关系。因此,它实际上反映了胶料在硫化过程中交联度的变化。

1)门尼黏度计法 是早期出现的测试胶料硫化特性的专用仪器。由这种仪器测得的胶料曲线称为门尼硫化曲线。如图9-16所示。

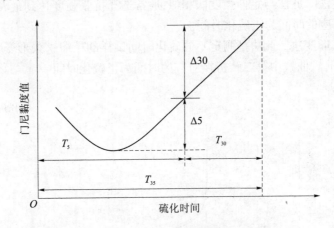

图9-16　门尼硫化曲线

从图9-16中可见,随硫化时间的增加,胶料的门尼值先是下降,至最低点后,又复上升。一般取值是由最低点上升至5个门尼值时所对应的总时间为门尼焦烧时间(T_5),从最低点起上升至35个门尼值所需的总时间为门尼硫化时间(T_{35}),T_{35}与T_5之间单位时间内的黏度上升值则称为门尼硫化速度。

由门尼黏度不能直接测出正硫化时间,但可以用下列经验公式来推算:

$$硫化时间 = T_5 + 10(T_{35} - T_5) \qquad (9-6)$$

2)硫化仪法 硫化仪是近年来出现的专用测试橡胶硫化特性的试验仪器,它的形式有多种。但根据作用原理可归纳为两大类:

第一类是在硫化中对胶料施加一定的振幅力,测出相应的变形量,如硫化仪等。

第二类是在硫化中对胶料施加一定振幅的剪切变形测出相应的剪切力,如振动圆盘流变仪等。

我国制造的 LH – Ⅰ 型和 LH – Ⅱ 型硫化仪均属于第二类。

用硫化仪测得的转矩读数的变化规律与交联密度相一致。这是因为硫化仪的转矩读数实际上是反映胶料的剪切模数,而剪切模数是与交联密度成正比的。

实际应用上,一般都直接从曲线中取值,如图 9 – 17 所示。

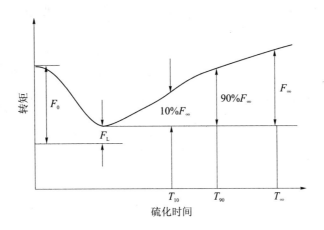

图 9 – 17 硫化仪硫化曲线

图中:F_∞ 为最大转矩值,它代表最大交联度;

F_0 为起始转矩,代表胶料的初黏度;

F_L 为最小转矩,代表胶料的最低黏度;

T_{10} 为 10% F_∞ 所对应的时间,称焦烧时间;

T_{90} 为 90% F_∞ 所对应的时间,是工艺正硫化时间。

橡胶磨具至今尚未有适当的检验方法,一般只依靠做成的磨具进行磨削鉴定来确定。

9.9.2.2 硫化条件

对于天然、丁苯等常用生胶来说,要使它硫化,必须加硫和加热。加硫是生胶硫化的内部因素,即内部条件;加热是生胶硫化的外部因素,即外部条件。此外,为了提高硫化胶的质量,生胶硫化时还需要施加一定的外加压力。所以,对于含硫的橡胶胶料(包括含硫的橡胶磨具坯体),加热温度、加热时间及硫化压力,被称为橡胶硫化的"三要素"或"硫化条件"。

(1)硫化温度 温度常是促进化学反应的重要因素,温度升高使化学反应速度加快,橡胶的硫化也适用上述的规律,即当温度升高时,硫化速度加快,达到正硫化点所需的时间就越短,由于硫化温度与硫化时间关系影响因素很多,不能用简单公式加以换算,在橡胶制品制造中有人用式进行粗略大致的换算。

$$\frac{\tau_1}{\tau_2} = K^{\frac{t_2-t_1}{10}} \qquad\qquad (9-7)$$

式中 τ_1——当温度为 t_1 时所需的硫化时间;

τ_2——当温度为 t_2 时所需的硫化时间;

$t_2 - t_1$——温度差；

K——硫化温度系数，即当硫化温度每变更 10 ℃ 时达到同一硫化程度所需时间比。

硫化温度系数 K 随各种胶料而不同，它的数值可以通过实验来测定。各种胶料的 K 值一般为 1.5 ~ 2.5，在实际计算上，为了方便起见一般取 $K \approx 2$。

由上述公式可知，当硫化温度每升高 10 ℃ 时，硫化时间大约可以缩短一半。因此在生产上，在一定条件下可以考虑采取提高硫化温度的方法来缩短硫化时间，从而达到提高硫化的生产率。但是，事实上硫化温度具有一定的限制，因为高温硫化时，会加剧胶料的氧化速度，加速橡胶分子链的裂解，以致造成制件机械性能下降。同时，橡胶的传热性很差，使制件（特别是厚制件）均匀达到高温也是困难的。一般橡胶磨具的硫化温度为 150 ~ 180 ℃，具体采用的温度，要根据产品不同用途和要求，通过试验来确定。我国某砂轮厂不同的橡胶磨具所采用的最高硫化温度见表 9 – 23。

表 9 – 23　橡胶磨具的最高硫化温度

磨具品种	最高硫化温度/℃	备注
柔软抛光砂轮	155 ~ 160	常压硫化
磨轴承沟道砂轮	160 ~ 165	常压硫化
薄片砂轮	160 ~ 165	常压硫化
无心磨砂轮	180	常压硫化
松散料导轮	135 ~ 140	加压硫化
装模导轮	160	装模硫化

采用多高的硫化温度，必须根据生胶的种类、配方的组成、磨具的尺寸及其用途等多种因素加以考虑，并通过实际试验来加以选择。一般对于作为主磨削用的橡胶磨具，在保证有足够的回转强度下，宜采用较高的硫化温度，以使磨具具有适宜的脆性和自锐性能。反之，硫化温度过低，则磨具的弹性和韧性过大，自锐性能不好，磨削时结合剂不及时脱落，就会使磨具表面因过热而熔融，使被磨工件表面产生"粘胶"等不良现象，严重影响工件表面质量。对于不是作为主磨削用的橡胶磨具（如无心磨导轮），则应采用较低的硫化温度，以使它具有较大的弹性和韧性。

（2）硫化时间　硫化时间包括升温时间、保温时间和冷却时间。

1）升温时间　硫化温度（即最高温度）确定后，由常温升到这个最高温度所经历的时间，便是升温时间或升温阶段。

升温阶段的设置，主要是由于橡胶是一种热的不良导体，导热系数很小，传热性能很差。为了使橡胶磨具坯体里外受热一致，除个别情况外，绝大多数坯体在硫化时都必须缓慢升温。

此外，为了防止橡胶磨具坯体在受热硫化过程中因反应气体的排出而引起坯体膨胀变形甚至爆裂，也应缓慢升温。特别是在常压下硫化厚大型的橡胶磨具坯体，更应如此。至于，升温阶段的长短，要根据产品配方、产品尺寸以及硫化时有无外加压力等情况，通过试验来确定。

坯体较小较薄,内含低温挥发物较少、硫化又外加压力,则升温速度可以较快,升温时间较短。

坯体较大较厚,或内含低温挥发物较多,而且硫化又没有外加压力,则升温速度要慢,甚至要采用分阶段逐步升温,即所谓"阶梯式"升温方法。

2)保温时间　当温度由室温升到已确定的最高温度(例如150 ℃或180 ℃等)后,一般都是在这个温度下保持不变,使磨具坯体在这恒温下进行硫化反应。这个恒温硫化阶段就是"保温阶段"。

保温阶段是决定橡胶磨具成品性能的重要阶段。保温时间的长短要由磨具规格、配方组成等因素来决定,但是都以能使磨具坯体达到正硫化状态为准。

3)冷却时间　当达到正硫化时间后,即可停电并打开炉门冷却或自然冷却到50 ℃,出炉。

(3)硫化压力　在硫化过程中硫化剂与生胶分子的作用是固相反应,压力对反应速度有影响。但是在胶料中橡胶和配合剂含有水分,吸附的空气,溶解的气体等。在硫化过程中,由于胶料受热使水分蒸发及部分配合剂的分解,气体的析出以及硫化的副反应放出的 H_2S 等气体,都会使制件产生变形、膨胀等现象。在加压下进行硫化,可免除这种现象。而且在加压条件下,可提高硫化温度和缩短硫化时间。实验证明,加压硫化的产品,组织紧密、机械强度、弹韧性和抛光性能好,耐磨性能和加工粗糙度均较高。

在橡胶制品工业中,由于橡胶制品的形状复杂,因而加压硫化的方式方法也是多种多样的。橡胶磨具的形状较为简单,因此加压硫化的方法也较简单。常用的有如下几种:

1)装模硫化　把多个圆形薄坯料,叠装在经过加热的模具内,使它受热并受压,使坯料软化流动充满模型,然后再用螺栓卡紧,连同模具一起放入硫化炉内加热硫化。硫化结束并经冷却后才从模具中卸出固化了的半成品磨具(因还要经过整形,故称半成品)。这样的加压方式很有效,成品磨具的组织紧密耐用。但生产效率很低,且要准备大量模具,生产成本高。

2)用平板硫化机加压硫化　在带加热板的平板硫化机中加压并加热,使磨具坯体进行硫化。但由于生产效率太低(一次只能进行一片或两片),多数是使它只达到半硫化的程度,使形状和尺寸固定后便取出,大批装入硫化炉再次进行加热到完全硫化。这样的加压方法,成品磨具的密度也能达到最高,特别是对于细粒度的磨具坯体能完全消除气泡的产生(但事前如发现生坯有气泡,应用针刺破,排出气体,然后加压硫化)。

3)装卡硫化　使用平整铁板把多个磨具坯体分隔叠装成垛,再串入螺栓并把它拧紧,然后装在炉车上送入硫化炉加热硫化。这样能使磨具坯体的两平面表面受到相当大的压力,不至于在加热硫化中产生气泡或平面膨胀,至于坯体的外圆表面,是没有受压的,因此会产生一定程度的膨胀变形。但是与平面的膨胀现象相比,对磨具密度降低的影响程度要小得多。

用加盖铁板并串上螺栓、拧紧螺帽以使磨具坯体平面受压这一方法,当然也较麻烦。于是有人根据新料坯在硫化中厚度收缩这一特点,主张只盖铁板、不拧螺栓,甚至不用铁板只盖轻金属板或非金属板(如玻璃板等),更有甚者,完全不加盖任何平板,让坯体裸露地摆放炉车上在常压热空气中进行硫化,这是不妥当的。固然,如上所说,由新混的成型料滚制成的橡胶坯体,由于生胶与磨粒黏结较不紧密,硫化时气体较易由坯体内排散出来,因而坯体体积不易膨胀,反而收缩。但是,在生产规模较大的情况中,边角料反复使用这一现象是不可避免的。而前面已指出,由于反应气体从内部排出,必然引起坯体体积膨胀,磨具成品密度降低,耐磨性能下降。因此,为了获得质量优良的产品,不但要使用铁板加盖,还要串上螺栓,把螺栓拧紧。

4)用压缩空气加压硫化 把磨具坯体装入耐压、密封的电热硫化罐中,由空气压缩机提供压缩空气(4~8个大气压),然后由罐内的电热元件把空气加热,使坯体受压受热硫化。这种加压硫化方法适用于多种形状磨具坯体的硫化,特别适用于异形的磨具。而上述几种方法中除装模硫化可用于异形磨具外,平板机加压与铁板加压硫化都只能适用于平形磨具。因而,用压缩空气加压硫化,具有效率高、适用性广、成品密度高、耐磨性能好的优点。

只是,要设置耐压密封的硫化罐、压缩空气机及耐压管道,设备费用和维修费用都高,因而生产成本较高。

9.9.3　硫化设备

橡胶磨具坯体的硫化普遍采用热空气为传热介质,并且都用电力为能源,由电热元件把空气加热,然后传递给磨具坯体使之受热硫化。

硫化过程所用的设备是多种多样的,目前,我国橡胶磨具采用的有电阻炉(电烘箱)、循环热风炉、硫化罐三种。前两种与树脂磨具所用的设备相同,硫化罐又分两种:一种是带压力的,一种是无压力的。

9.9.3.1　圆形卧式间接热风硫化炉

该硫化设备是在常压状态下加热硫化炉,其结构如图 9-18 所示。

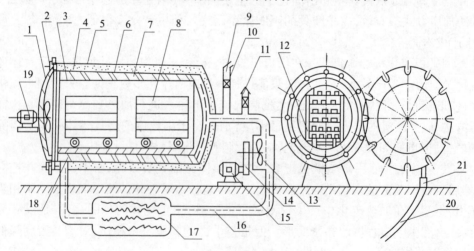

图 9-18　圆形卧式间接热风硫化炉
1-炉门;2-螺钉;3-夹套;4-保温层;5-炉体外壳;6-导向板;7-炉体内壳;8-小车;9-排风口;
10-调节阀;11-进冷风口;12-小车轨道;13-鼓风机;14-皮带轮;15-电机;16-风管道;
17-加热器;18-进热风口;19-风扇;20-炉门轨道;21-炉门支轮

它具有下列特点：

（1）空气受电阻丝发热体加热后被鼓风机吹到炉前夹层，经螺旋夹套绕保温层流动到炉的后部，再回到加热箱，如是循环流动。热空气先把炉的内壳钢板加热，然后通过内壳钢板再把炉膛内的空气加热，再传送到炉车上的磨具坯体，这就是所谓"间接加热"。

间接加热的好处是：当电流或电压变动时，由于有内壳钢板隔离，不会立即引起炉膛内热空气温度的波动，因此不易造成炉内温度产生"忽高忽低"的现象。亦即是说，加热状况比较稳定。

（2）由于炉门内装有强力风扇的搅动，因而使炉膛内热空气处于激烈的"紊流"状态，而不是定向流动。这就使炉内小车各部位的温度比较容易达到均匀，温差较小。圆形、卧式、螺旋形风道等只是炉内温度均匀的配合因素，决定因素则是炉前的风扇的强力搅动作用。实践表明，如没有此搅拌风扇，炉内各部位温差仍然很大，可以高达20～30℃。

但是，要使炉内各部位温度差降到最小（例如±2℃），还必须遵守如下原则：①炉车上装放的磨具坯体，不宜太多太密（上下左右相互间隔至少50 mm）；否则仍会产生受热不均现象。②正式升温前必须进行炉体的预热（俗称"温罐"）。这是由于热风是从炉前进入夹层的，则炉的前半部总会先受热，因而前半部的温度总比后半部高。为弥补此缺陷，要采取"温罐"的办法：先把后炉车推进炉内，半敞开炉门，送电加热炉体及后炉车，待炉的后半部温度先升高到30～40℃（可从炉后壁的温度计观察出），然后才推入前炉车，关闭炉门，正式升温硫化。这样就容易使炉前、炉后及炉车各部位温度趋于平衡。

但是，这样结构的硫化设备仍存在有如下缺点：①由于间接加热，当要求炉内空气达到硫化所需温度（例如163℃或180℃）则夹层内热空气需高达190～240℃，因而会使炉体内壳对炉膛内部产生一定的辐射热。这对于硬质胶磨具的性能影响不太明显，但对软质胶磨具的性能影响较明显。具体是：由这种间接传热硫化炉所制成的柔软磨具，硬脆性较大而软弹性较差。②由于是间接加热，耗费电能就要大得多。

9.9.3.2　加压热空气硫化罐

加压热空气硫化罐的结构如图9-19所示。

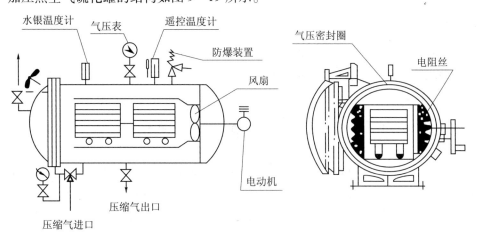

图9-19　加压热空气硫化罐结构图

加压热空气硫化罐也是一种圆形卧式的硫化设备,并也以电阻丝为电热元件,但它直接装设在罐体内部(两侧),送电后先把罐内的压缩空气加热,然后由带热的压缩空气把热量传递给炉车上的磨具坯体。故是一种电热加压热空气的硫化装置。

橡胶磨具坯体采用加压硫化时,还需较高的空气压(0.5～0.8 MPa),因此,除压力罐体及送电控制等装置外,还需配置专用的空气压缩机及储气罐。

由此可见,加压硫化所用设备较多,结构较复杂,造价较高,维修也不方便(因要高压密封)。但是,因有上述多种优点,所以,为了使磨具产品获得优异的使用性能,还是应该加以采用。

至于加压的操纵方法,则并不复杂。只要采用轴流式鼓风机而不应使用轮叶式鼓风机就能使炉内各部温度达到均匀一致。经多次精确测检证明:在装炉容量适当(1 200～1 300 kg磨具坯体)的前提下,炉车各层温度差都不超过 ±2 ℃,最小温差也不曾超过 1 ℃,采用该设备硫化的橡胶磨具使用性能均比常压硫化好。

橡胶磨具坯体在受热硫化过程中,由于化学反应而产生多种气体排出,在常压加热设备中磨具坯体周围没有压力,则会因气体的排出而引起体积膨胀,组织变松,成品磨具耐磨性能不高;而在硫化过程中,为避免磨具坯件过度膨胀,被迫缓慢进行升温,因而硫化时间较长。相应,成品磨具的弹性较低,脆性较大,于是磨加工粗糙度也不佳。

但若磨具坯体周围有压缩空气存在,则可以较快升温,缩短硫化时间,成品磨具弹性较好,磨加工粗糙度较佳;而且,磨具坯体体积不会膨胀,反而会收缩,因而成品磨具密度较高,耐磨性能较好。

例如:①用同一种松散料模成型制成的磨具坯体,常压硫化后成品密度 2.50～2.53 g/cm^3;但加压硫化后成品密度可以提高到 2.66～2.68 g/cm^3。②用同一滚压成型制成的磨轴承沟道小砂轮(A100#P30×6×6)坯体,常压硫化后每个砂轮磨加工工件数只有 46～75 个,被磨工件表面粗糙度▽1.25～▽0.8 级;加压硫化后每个砂轮则能磨加工 126～128 个工件,工件表面粗糙度可稳定达到▽0.4 级。

9.9.4　硫化工艺

橡胶磨具坯体的硫化工艺过程包括以下几个环节:
装垛装车—炉体预热—升温—冷却—卸垛卸车

9.9.4.1　装垛装车

把成型好的橡胶磨具坯体单片或多片叠放在平整的铁板上,然后按适当的间距整齐摆放在炉车上,这就是装垛装车。

用常压热空气硫化炉来进行硫化时,磨具坯体表面没有加压力,则它受热时容易因气体挥发而产生体积膨胀,特别是细粒度或经多次滚压压片而成的磨轴承砂轮坯体以及挥发物较多的天然胶柔软砂轮坯体,都应加盖上铁板并串上螺栓,多片叠装成垛;坯体的层数以及垛的高度要适当,以防因传热不良,致使各层坯体硫化程度不均一。因此,国外有人提出,最合理的装垛方法是层与层之间用垫块间隔开。

用松散状成型料并用模压成型的磨具坯体,密度较滚压成型的坯体为小,硫化中气体较易挥发出来,坯体膨胀变形小得多,因而,即使在常压热空气中硫化,也不需要加盖铁板及串上螺栓,而只需用铁板承托住平放在炉车上即可。

不论哪种装垛方法,装垛后都应按适当的间隔距离整齐摆放在炉车上,以使热空气能畅通地流动,容易达到垛与垛间受热均匀。千万不能为了追求产量,紧密堆放,以致造成传热不良,硫化不均的后果。

9.9.4.2　炉体预热

已如前述,对于圆形卧式间接传热的常压电热热空气硫化炉,若是间歇而不是连续使用时,必先经过炉体预热,然后才能关闭炉门,正式升温。

至于其他结构的几种硫化炉,可以不需进行炉体的预热。

9.9.4.3　升温和保温

按照已制订的硫化规范,适量输入电流,通过仪表的监测使炉内温度均匀上升。到达预定的最高温度后,准确保持恒定温度,直到保温终点时间。一般地说,要求升温过程中炉内实际温度与计划温度偏差不应超过 ±5 ℃,保温期间温度偏差不应超过 ±2 ℃。

9.9.4.4　降温与冷却

从硫化的理论来说,保温阶段结束后,应立即停止硫化。并且应立即打开炉门,拉出炉车,卸模卸垛,以防止磨具坯体进入过硫化阶段。但是,从物体热胀冷缩的原理来看,特别是从硫化反应放热等原理来看,则应区别对待,并做不同的处理:

(1)在常压热空气中硫化的软弹性橡胶磨具,过硫化性能会明显变劣,在硫化结束后,应立即打开炉车,在室温中进行较快的冷却,以防过硫化。这些软弹性产品即使急速冷却也不会产生炸裂或变形。

(2)在常压热空气硫化的硬质胶磨具,保温结束后,打开炉门,让它在炉内自然缓慢降温,到100 ℃以下,拉出炉外降温至室温下,进行卸垛及卸车。

(3)装模硫化的新产品,硫化结束后,可以立即拉出炉车,但必须使其留在模内,待模子温度降低到80 ℃以下,方能启模。否则,容易因内热及压力过高而炸裂。

(4)在加压硫化罐硫化的新产品,特别是尺寸较大的新产品,硫化结束后让其在炉内自然缓慢降温到80 ℃以下,才打开罐门,拉出炉车。待冷却到室温后,才进行卸车。

9.9.5　硫化曲线

9.9.5.1　硫化曲线的制订

制订橡胶磨具硫化曲线时,根据硫化条件,结合制件的特点,通过实验而得到,它主要由下列因素决定:①磨具上所受的外压力;②磨具中挥发物的多少;③磨具尺寸的大小;④硫化过程中放出热量的多少;⑤硫化反应速度;⑥磨具与周围介质间的传热条件;⑦结合剂的性质及在磨具中的数量。

外压力可以防止磨具在硫化过程中的变形,膨胀作用,因此磨具在压力硫化罐中或在模子中硫化时,可以采用高于敞开硫化时的硫化温度和较短的硫化时间。当磨具中含有大量挥发物,如含有大量水分的液态树脂等,则必须缓慢地升温,以便于排出水分,若升温过快和硫化温度过高时,则易形成膨胀变形,使硬度降低,乃至发生炸裂的危险。对于小规格的制品,其传热和散热均较大规格的制品容易,挥发物也易逸出,因此小规格及薄的制品,可以采用较高的硫化温度和比较短的硫化时间。厚度高、规格大的制品流动变形也较大,挥发物排出也困难,因此必须保持低一些的温度及长一些的升温时间和保温时间,在制订硫化条件时还应考虑到硫化过程中放热的大小,因硬质橡胶的硫化过程是一个放热反应的过程,制品中的温度常常是高于介质中的温度,按理论计算时,若空气温度 140 ℃时,则磨具内部温度可达 350 ℃。但实际上是 190～240 ℃,因内部热量向周围空气传递所致。对于放热效应大的及规格大的制件,应相应地采用缓慢的升温曲线,对于硫化反应速度快的磨具,可以采用较低硫化温度和长时间硫化方法。

总之磨具规格越大,挥发物越多,流动性越大的制件应选用较低的温度及较长的硫化时间为宜。

9.9.5.2 橡胶磨具硫化曲线

硫化曲线是根据不同的产品和不同的硫化设备而制得的,下面举几个例子供参考:

(1)滚压精磨砂轮硫化曲线

1)采用卧式硫化罐硫化 硫化温度 165 ℃,硫化时间 8 h,其中升温 5 h,保温 3 h。

2)采用循环热风炉硫化 硫化温度 175 ℃,硫化时间 9 h,其中升温 5 h,保温 4 h。

(2)柔软抛光砂轮硫化曲线 以抛钻头砂轮为例:

1)采用卧式硫化罐硫化 硫化温度 160 ℃,硫化时间 8 h,其中升温 5 h,保温 3 h。

2)采用循环热风炉硫化 厚度 4～8 mm 的抛钻头砂轮,硫化温度 155 ℃,硫化时间 8 h,其中升温 5 h,保温 3 h;厚度 10～16 mm 的抛钻头砂轮,硫化温度 145 ℃,硫化时间 10 h,其中升温 5 h,保温 5 h。

(3)松散料砂轮硫化曲线

1)采用卧式硫化罐硫化 硫化温度 180 ℃,硫化时间 15 h,其中升温 10 h,保温 5 h。

2)采用循环热风炉硫化 直径大于或等于 300 mm,厚度大于或等于 75 mm 的砂轮,硫化时间 12 h,其中升温 8 h,保温 4 h。

直径 500～600 mm,厚度 150～200 mm 以及粒度 180#以细的砂轮,硫化温度 175 ℃,硫化时间 14 h,其中升温时间 8 h,保温时间 6 h。

(4)薄片砂轮和带模导轮硫化曲线

1)采用电阻炉硫化 硫化温度 170 ℃,硫化时间 8 h,其中升温 3 h,保温 5 h。

2)采用循环热炉硫化 硫化温度 180 ℃,硫化时间 8 h,其中升温时间 3 h,保温时间 5 h。

(5)液体橡胶砂轮硫化曲线 采用卧式硫化罐硫化,硫化温度 180 ℃,硫化时间 25 h,其中升温时间 20 h,保温时间 5 h。

(6)磨螺纹砂轮,脱模导轮硫化曲线 采用带压卧式硫化罐硫化,硫化温度 135 ℃,硫化时间 6.5 h,其中升温时间 4 h,保温时间 2.5 h,硫化压力 5 atm,硫化完毕,停电保压 1 h,然后的第 1 小时内放压 1 atm,第 2 小时内放压 2 atm,第 3 小时内放压 2 atm。

9.10 橡胶磨具废品分析

橡胶磨具在生产过程中,由于原材料、配方设计、工艺设计、操作技术及设备工装条件等诸因素影响,常产生一些废品。

9.10.1 产生裂纹起泡的原因

(1)结合剂或成型料混合不均匀;

(2)成型料内挥发物过多,或含有反应过激成分,在硫化中放热反应过剧烈,大量反应物排出;

(3)硫化温度过高,硫化时间过短,引起硫化反应过剧烈,大量气体排出;

(4)装炉容量过大,反应放热过多,炉内温度过高。

9.10.2 产生起层的原因

(1)出片成型料预热不一致(压料不均匀),尤其新旧料黏结不好;

(2)料片粘有油、水、滑石粉等隔离物;

(3)紧固螺栓不牢。

9.10.3 出现不平衡的原因

(1)成型料混合不均匀;

(2)出片时辊距不平行;

(3)成型摊料、搅料、刮料不均匀;

(4)压机的压头、转盘、模具偏斜。

9.10.4 出现组织不均的原因

(1)成型料混合不均匀,游离砂较多;

(2)成型料有松散,有料团;

(3)成型操作不当,投、摊、搅、捣、刮料不均匀;

(4)垫铁选择不合适。

9.10.5 产生变形膨胀的原因

(1)新旧料搭配不当;

(2)新旧料预热(压料)不均匀;

(3)硫化托板尺寸小,装垛方法不当;

(4)成型料早期硫化(自硫)。

9.10.6 出现强度低的原因

(1)配方设计不合理;

(2)粗粒度磨粒与结合剂强度低；

(3)料温高,产生早期硫化；

(4)料的均匀性差,磨粒分布不均；

(5)硫化欠硫或过硫。

9.10.7　出现夹杂的原因

(1)设备、工装、料箱及操作周围环境、工作服等劳保用品不洁净；

(2)原材料运输、保管中混入杂质；

(3)结合剂混炼中,操作不当产生的配合剂粒子等。

参考文献

[1] 黄发荣,万里强. 酚醛树脂及其应用[M]. 北京:化学工业出版社,2011.

[2] 唐路林,李乃宁. 高性能酚醛树脂及其应用[M]. 北京:化学工业出版社,2008.

[3] 殷荣忠,山永年. 酚醛树脂及其应用[M]. 北京:化学工业出版社,1994.

[4] LOUIS PLIATO. Phenolic Resins:A Century of Progress[M]. Berlin,Springer – Verag,2010.

[5] TREVOR STARR,KEN FORSDYKE. Phenolic Composites[M]. Chapman &Hall,1997.

[6] A. KNOP,L. PLIATO. Phenolic Resins:Chemisity,Applications and Performance[M]. Berlin,pringer – Verag,1985.

[7] 黄世德. 粘接和粘接技术手册[M]. 成都:四川科学技术出版社,1990.

[8] 李盛彪. 胶粘剂选用与粘接技术[M]. 北京:化学工业出版社,2002.

[9] 张向宇. 胶黏剂分析与测试技术[M]. 北京:化学工业出版社,2004.

[10] 阿方萨斯 V. 波丘斯. 粘接与胶黏剂技术导论[M]. 2 版. 潘顺龙,赵飞,许关利,译. 北京:化学工业出版社,2004.

[11] 顾继友. 胶粘剂与涂料[M]. 北京:中国林业出版社,1999.

[12] 孙德林,余先纯. 胶黏剂与粘接技术基础[M]. 北京:化学工业出版社,2014.

[13] 刘益军. 聚氨酯树脂及其应用[M]. 北京:化学工业出版社,2012.

[14] 邓如生. 聚酰胺树脂及其应用[M]. 北京:化学工业出版社,2002.

[15] 赵成超. 有机硅树脂及其应用[M]. 北京:化学工业出版社,2011.

[16] 陈平,刘胜平,王德中. 环氧树脂及其应用[M]. 北京:化学工业出版社,2011.

[17] 陈平,王德中. 环氧树脂及其应用[M]. 北京:化学工业出版社,2004.

[18] 朱建民. 聚酰胺树脂及其应用[M]. 北京:化学工业出版社,2011.

[19] 李玲. 不饱和聚酯树脂及其应用[M]. 北京:化学工业出版社,2012.

[20] 雷隆和. 脲醛树脂及其应用[M]. 北京:化学工业出版社,2012.

[21] 沈开猷. 不饱和聚酯树脂及其应用[M]. 北京:化学工业出版社,1988.

[22] 赵敏. 硼酚醛树脂及其应用[M]. 北京:化学工业出版社,2015.

[23] 潘祖仁. 高分子化学[M]. 5 版. 北京:化学工业出版社,2011.

[24] 华幼卿,金日光. 高分子物理[M]. 4 版. 北京:化学工业出版社,2013.

[25] 何曼君. 高分子物理[M]. 3 版. 上海:复旦大学出版社,2007.

[26] 何平笙. 高聚物的结构与性能[M]. 北京:科学出版社,2009.

[27] 焦剑,雷渭媛. 高聚物结构、性能与测试[M]. 北京:化学工业出版社,2003.

[28] 中国磨料磨具工业公司. 磨料磨具技术手册[M]. 北京:兵器工业出版社,1993.

[29] 李伯民,赵波,李清. 磨料、磨具与磨削技术[M]. 北京:化学工业出版社,2016.

[30] 中国标准出版社第三编辑室,磨料磨具标准汇编 上[M]. 北京:中国标准出版

社,2008.

[31] 中国标准出版社第三编辑室. 磨料磨具标准汇编 下[M]. 北京:中国标准出版社,2008.

[32] 王琛. 高分子材料改性技术[M]. 北京:中国纺织出版社,2007.

[33] 于守武. 高分子材料改性原理及技术[M]. 北京:知识产权出版社,2015.

[34] 郭静. 高分子材料改性[M]. 北京:中国纺织出版社,2009.

[35] 戚亚光,薛叙明. 高分子材料改性[M]. 北京:化学工业出版社,2009.

[36] 杨明山,郭正虹. 高分子材料改性[M]. 北京:化学工业出版社,2013.

[37] GEORGE WYPYCH. 填料手册[M]. 程斌,译. 北京:中国石化出版社,2002.

[38] 段予忠. 塑料填料与改性[M]. 郑州:河南科学技术出版社,1985.

[39] 黄文润. 硅烷偶联剂及硅树脂[M]. 成都:四川科学技术出版社,2010.

[40] 张先亮,唐红定,廖俊. 硅烷偶联剂原理、合成与应用[M]. 北京:化学工业出版社,2012.

[41] 袁继祖. 非金属矿物填料与加工技术[M]. 北京:化学工业出版社,2007.

[42] 邓福铭,郑日升. 现代超硬材料与制品[M]. 杭州:浙江大学出版社,2011.

[43] 万隆,陈石林,刘小磐. 超硬材料与工具[M]. 北京:化学工业出版社,2006.

[44] 吕智,郑超,莫时雄. 超硬材料工具设计与制造[M]. 北京:冶金工业出版社,2010.

[45] 方啸虎. 超硬材料科学与技术 上[M]. 北京:中国建材工业出版社,1998.

[46] 方啸虎. 超硬材料科学与技术 下[M]. 北京:中国建材工业出版社,1998.

[47] 王秦生. 超硬材料及制品[M]. 郑州:郑州大学出版社,2006.

[48] 方啸虎. 超硬材料基础与标准[M]. 北京:中国建材工业出版社,1998.

[49] 曹湘洪. 合成橡胶技术丛书[M]. 北京:中国石化出版社,2008.

[50] 杨清芝. 实用橡胶工艺学[M]. 北京:化学工业出版社,2011.

[51] 张惠民,樊雪琴. 改进酚醛树脂液的黏度测量[J]. 金刚石与磨料磨具工程,2004,03:70 - 72.

[52] 王秦生,华勇,宋诚. 金刚石树脂磨具的改进[J]. 金刚石与磨料磨具工程,2004,04:25 - 30.

[53] 彭进,张琳琪,邹文俊,等. 纳米端羧基丁腈橡胶增韧酚醛树脂及其在有机磨具中的应用研究[J]. 河北化工,2008,03:4 - 6.

[54] 彭进,侯永改,张琳琪,等. 超硬树脂磨具用聚酰亚胺树脂的性能研究[J]. 河南化工,2008,06:17 - 19.

[55] 彭进,张琳琪,邹文俊,等. 超细全硫化粉末丙烯酸酯橡胶增韧酚醛树脂及其在有机磨具中的应用研究[J]. 信阳师范学院学报:自然科学版,2008,04:547 - 550.

[56] 梁宝岩,杨本勇. 玻璃纤维增强树脂磨具复合材料的制备及性能研究[J]. 中原工学院学报,2013,05:31 - 33 + 52.

[57] 关长斌,王艳辉. 玻璃纤维对薄片树脂磨具的强化作用[J]. 复合材料学报,1993,03:25 - 28.

[58] 关长斌,王艳辉. 硬化工艺对薄片树脂磨具机械性能的影响[J]. 磨床与磨削,1993,03:55 - 56 + 72.

[59] 周华,尹育航,陶洪亮,等. 羧基丁腈橡胶对酚醛树脂磨具的性能影响[J]. 超硬材料工程,2011,03:11-15.

[60] 郭立云,李敬民,张远胜. 酚醛树脂磨具成型料松散性研究[J]. 金刚石与磨料磨具工程,1997,03:18-20.

[61] 华勇. 不饱和聚酯树脂磨具的研制[J]. 郑州工业高等专科学校学报,2002,04:17-18.

[62] 刘民强,郭志邦,郑勤,等. 树脂磨具低温硬化研究与应用[J]. 金刚石与磨料磨具工程,2001,02:47-48.

[63] 徐宇彤,万隆,范晓玲. 树脂磨具用玻纤网布处理中的添加剂试验[J]. 金刚石与磨料磨具工程,1998,06:22-24.

[64] 杜慷慨,林志勇,吴宏. 环氧树脂在异型石材磨具中的应用[J]. 现代化工,1999,04:39-41.

[65] 杜慷慨,林志勇. 酚醛树脂在异型石材磨具中的应用[J]. 华侨大学学报:自然科学版,1999,03:32-34.

[66] 徐三魁,肖娜,彭进,邹文俊. 聚酰亚胺树脂的耐热改性研究进展[J]. 化工新型材料,2010,01:29-31+46.

[67] 彭进,侯永改,张琳琪,等. 超硬材料工具纳米 SiO_2 酚醛树脂结合剂的制备与性能研究[J]. 金刚石与磨料磨具工程,2007,01:50-52+49.

[68] 高翀,朱峰,刘明耀,赵延军. 酚醛树脂改性及在超硬磨具中的应用研究现状[J]. 金刚石与磨料磨具工程,2014,01:64-69.

[69] 胡玉静,邹文俊,彭进. 酚醛树脂耐湿热老化性能研究进展[J]. 塑料工业,2014,04:7-11.

[70] 许傲. 光固化树脂结合剂磨具的研究探讨[J]. 山东工业技术,2014,15:158.

[71] 杨晓刚,张何林,王宏力,等. 密胺树脂的改性工艺研究[J]. 现代化工,2012,08:52-53+55.

[72] 夏绍灵,邹文俊,彭进,张琳琪. 聚氨酯改性酚醛树脂的研究[J]. 金刚石与磨料磨具工程,2006,03:62-64.

[73] 彭进,张琳琪,邹文俊,等. 双马来酰亚胺改性酚醛树脂的合成研究[J]. 金刚石与磨料磨具工程,2003,02:45-47.

[74] 彭进,张琳琪,邹文俊,等. 双马来酰亚胺改性酚醛树脂的应用研究[J]. 金刚石与磨料磨具工程,2003,03:43-45.